图 1-9 左图所画是一幅法向图。图中每一点的 x、y 坐标对应于球面上一点的纬度和经度。每个点处存储的 RGB 颜色分量决定了球面上对应点的法向量将如何倾斜。淡紫色表示无倾斜，而四周的 4 个条纹表示该点处的球面法向量将分别朝上、朝下、朝左、朝右倾斜。右图中法向映射生成的形状看上去似乎凹凸不平，但从侧影轮廓线可看出，表面实际上是光滑的。注意，它采用了天空的镜面映像作为“颜色纹理”

图 1-13 每条窄带为一种颜色，但每条窄带的左侧窄带颜色更亮，其右侧窄带稍暗，从而使得各窄带之间的分界线被凸显出来，该效应称为马赫带效应

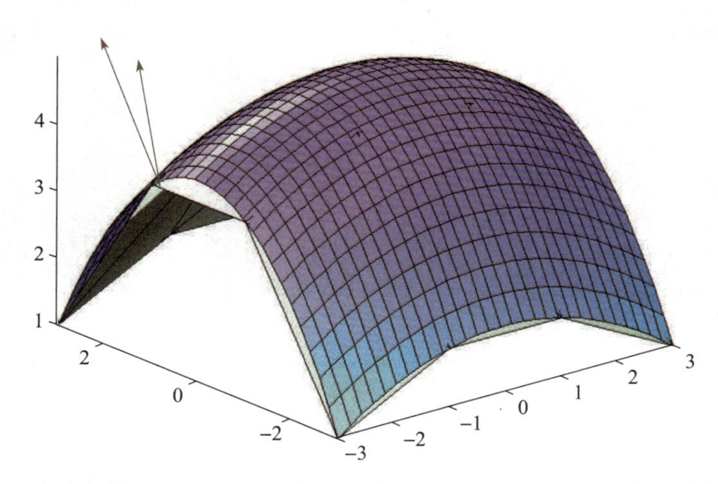

图 1-17 一个半透明的光滑表面及其法向量（红色）。该表面可采用一个多边形网格（白色）来近似，图中的绿色法向量为多边形网格在相应点处的法向量

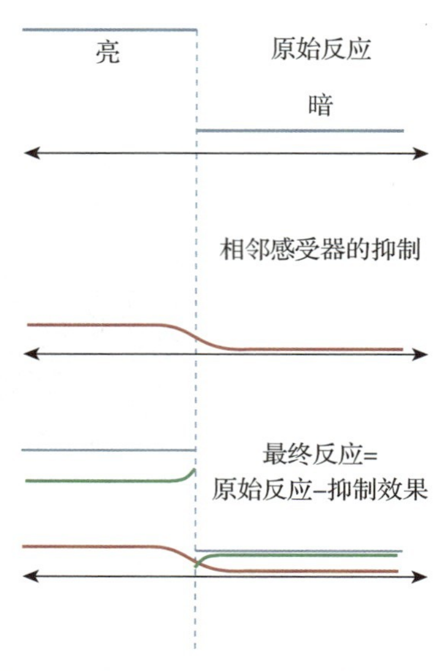

图 5-6　明暗区域感受器的原始反应（上面，蓝线表示），相邻感受器的抑制效果（中间，红线表示），以及下面绿线表示的两者差值，即实际反应。可以看到，用虚线表示的明暗边界的对比度增强

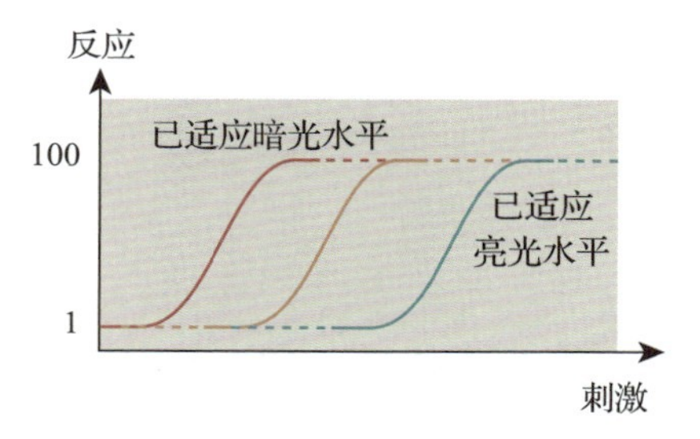

图 5-7　已适应暗光的眼睛对低刺激水平光饱和度的反应；已适应亮光的眼睛无法检测到很多弱光刺激间的差异

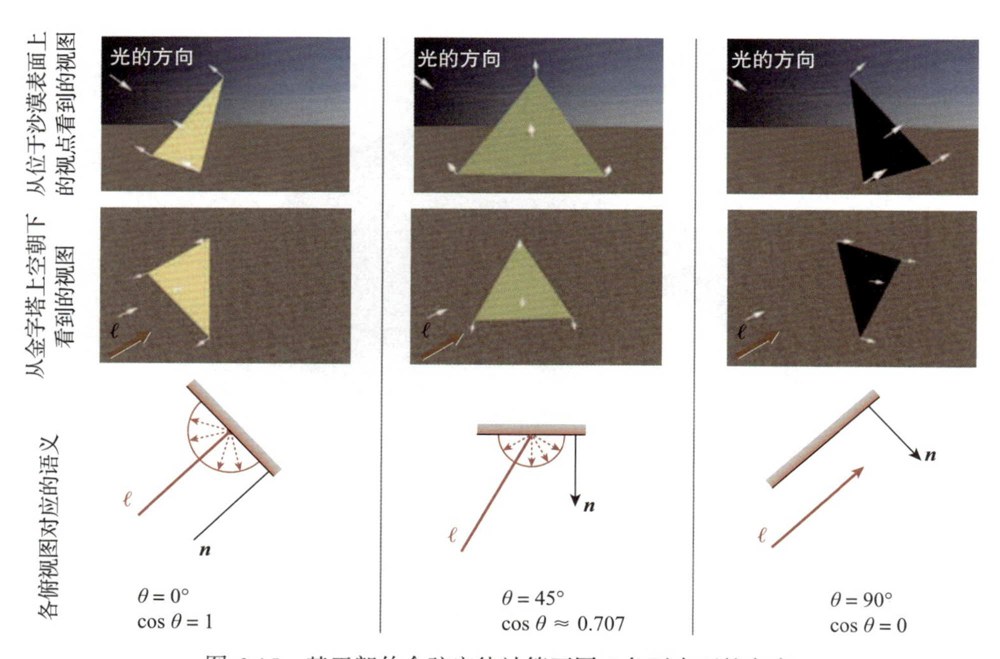

图 6-15　基于郎伯余弦定律计算不同 θ 角下表面的亮度

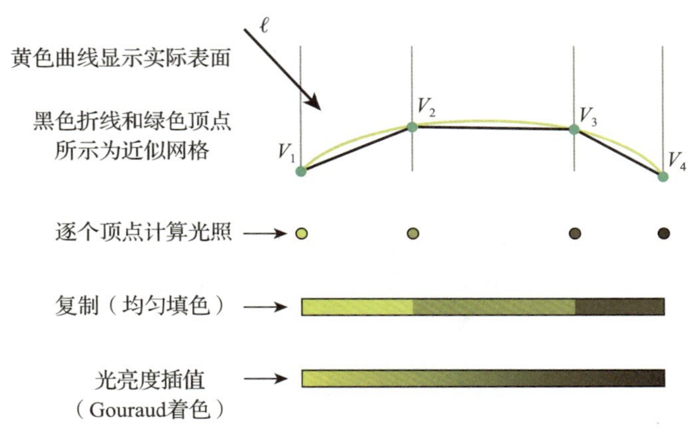

图 6-23　均匀着色方法和 Gouraud 着色方法的比较，两种不同的方法均用来确定顶点间各点的光亮度值（顶点的光亮度值已预先计算）

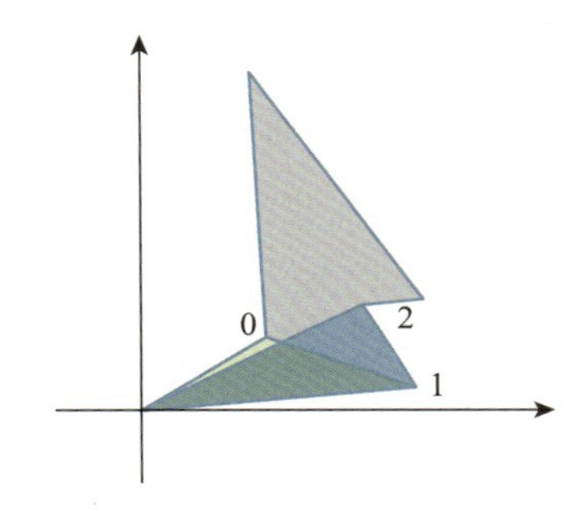

图 7-22　浅黄色三角形（包含原点和顶点 0、1）的符号面积为负，蓝色三角形（包含原点和顶点 1、2）为正。接下来的三个三角形的符号面积分别为负、正和负，它们的符号面积的累加结果即为灰色多边形的面积

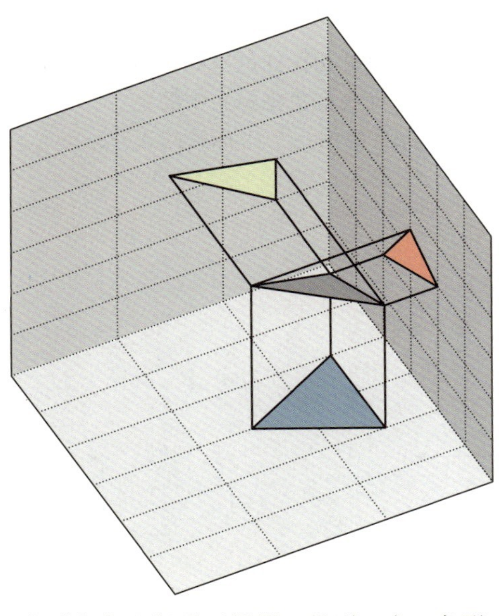

图 7-23　灰色三角形朝各坐标平面投影，得到 3 个三角形，橙色、黄色和蓝色三角形的符号面积即为灰色三角形法向量的坐标分量

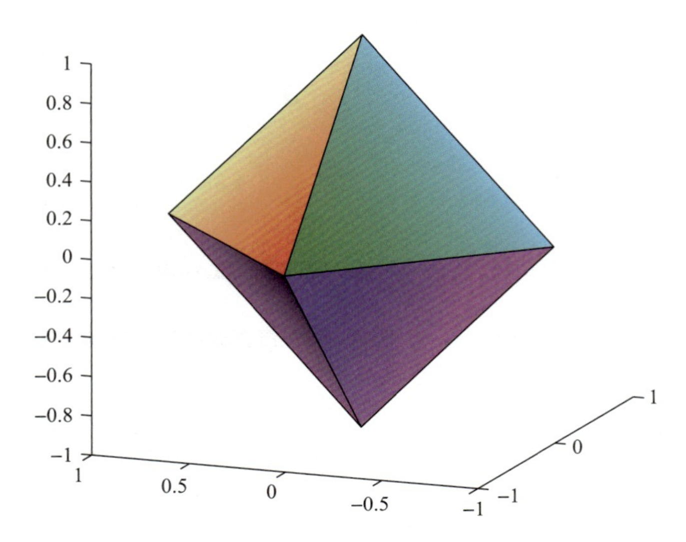

图 9-11　八面体上每个面的颜色都在渐变，在八面体的每个顶点处，需要存储 4 个不同的颜色值

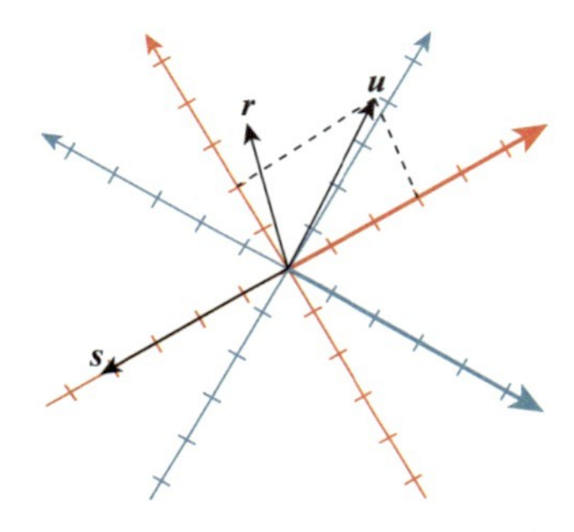

图 10-7　2D 空间下两个不同的坐标系：向量 ***u*** 在红色坐标系中的坐标为 3 和 2，用虚线表示，而在蓝色坐标系中的坐标近似为 0.2 和 3.6。每一坐标系的第一个坐标轴的正向均采用粗线表示

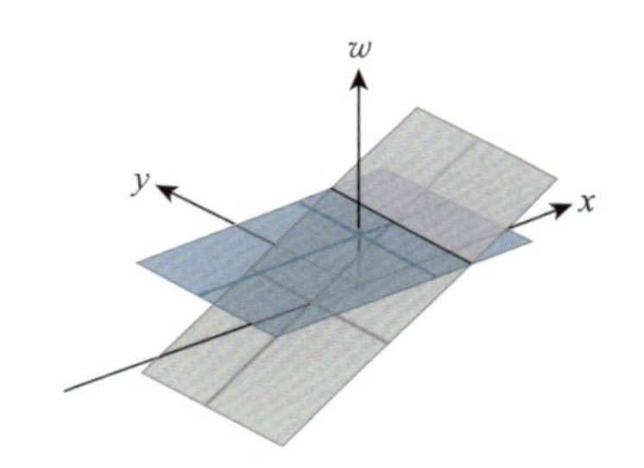

图 10-22　经过 T_M 变换，蓝色平面 $w = 1$ 变换为倾斜的灰色平面

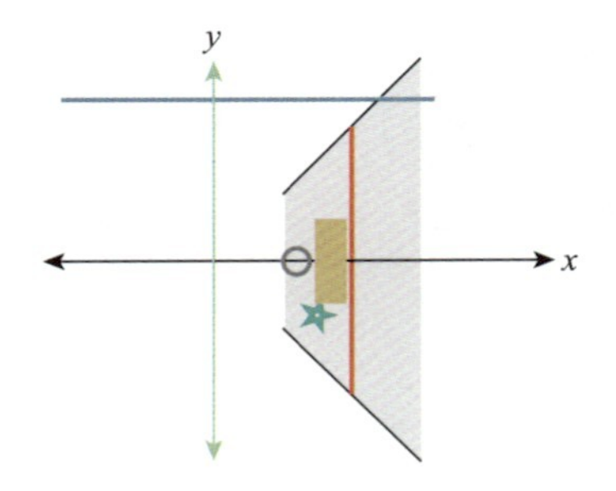

图 10-24　变换之前平面 $w = 1$ 中的物体

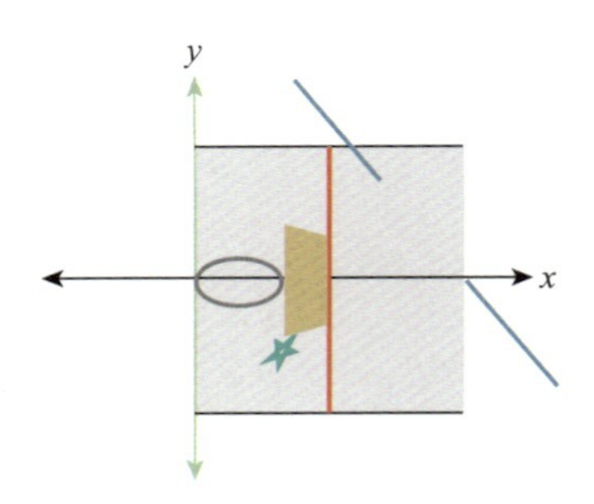

图 10-25　同样的物体但是经过变换 S 后的效果

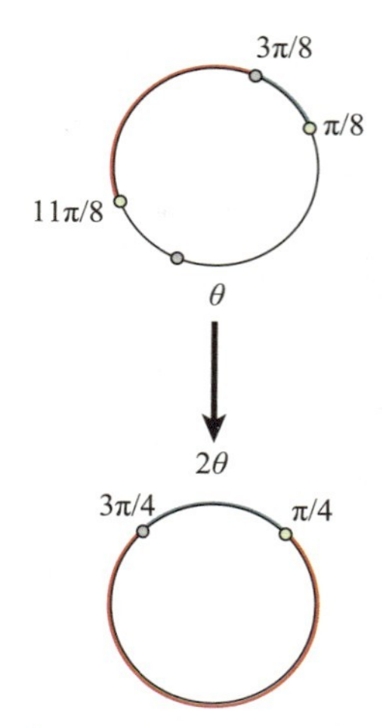

图 11-7　定义域内的蓝色路径映射为陪域内 π/4 和 3π/4 之间的短弧，而红色路径映射为它们之间的长弧

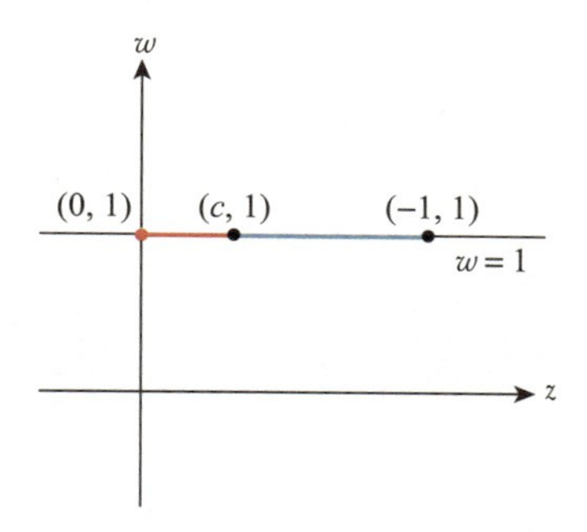

图 13-11　“展平”变换前，视域四棱锥和视域体的 zw 平面侧视图

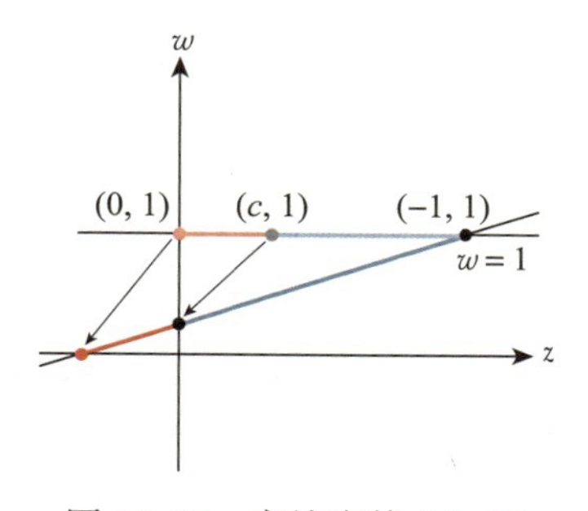

图 13-12　实施变换 $\boldsymbol{M}_{\mathrm{pp}}$ 后

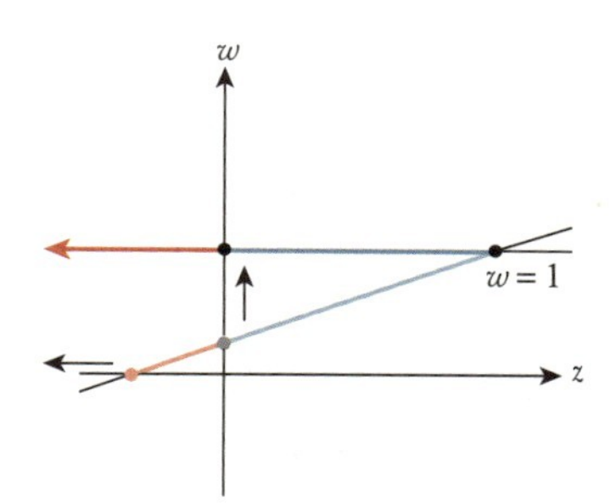

图 13-13　经过齐次化变换后

图 14-1　顶部带有一个光源且全部 5 个面被精确测量的康奈尔方盒模型，常作为标准测试模型用于度量绘制算法的精确度。此图是使用 100 万个光子跟踪的光子映射结果

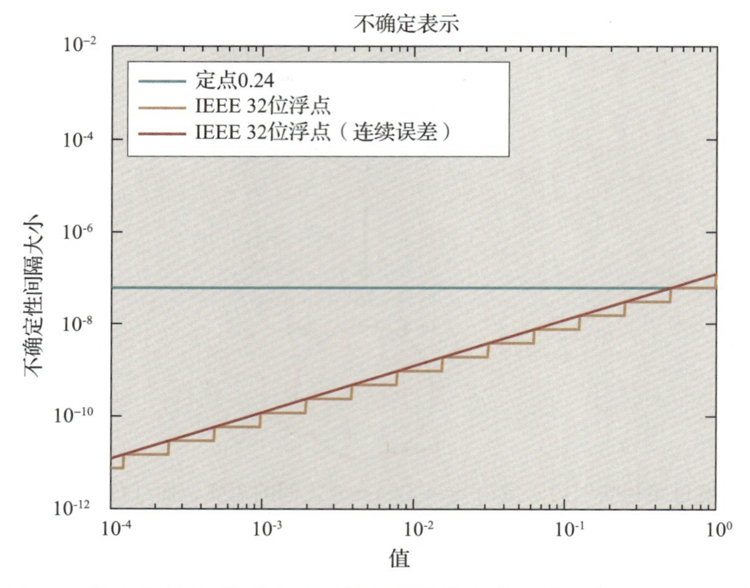

图 14-4　用 8.24 位定点和 32 位浮点表示的相邻实数在范围［10^{-4}，1）的距离［AS06］。其中浮点表示精度随幅度变化。© 2006 ACM 授权许可

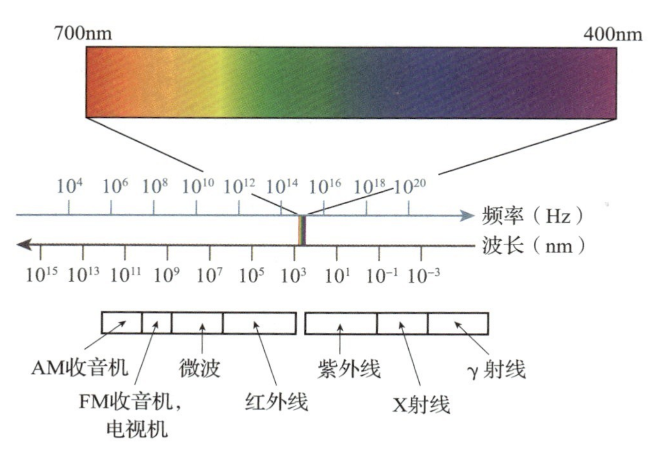

图 14-9　可见光谱是整个电磁波频谱的一部分。我们所感知的源于某一电磁波的光的颜色是由它的频率决定的。而频率和波长的关系取决于电磁波传播时所通过的介质（由 Leonard McMillan 提供）

图 14-16　水滴状模型，每一滴都由多个 3D 高斯密度函数之和的等值线定义［Bli82a］（原图由 James Blinn©1982 ACM，Inc. 所有，获准转载）

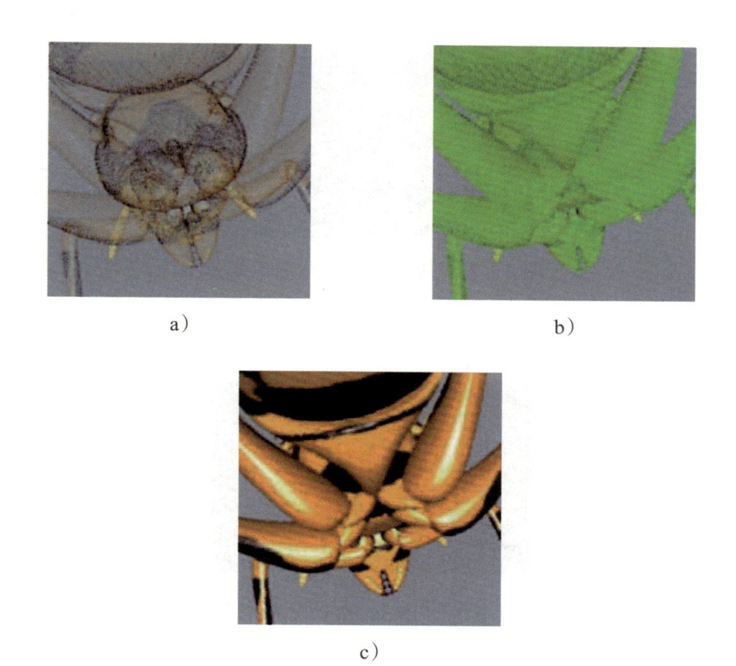

图 14-19 a）一个附加了曲面属性的点集。b）按当前分辨率对点进行绘制时留下的空隙。c）由原始点集的抛雪球插值所定义的曲面［PZvBG00］（授权：计算机科学 Wang 讲座教授 Hanspeter Pflister 提供，©2000 ACM）

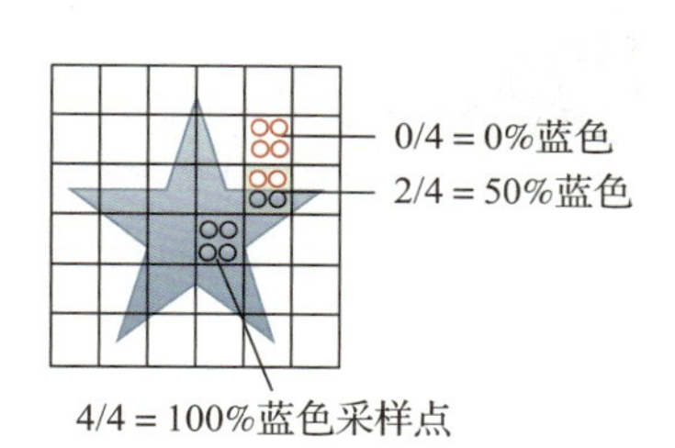

图 14-27 在低分辨率像素网格上的理想蓝色向量星星形状。圆点代表要计算覆盖率的采样点

图 15-4 视线方向的可视化结果

图 15-6 单个三角形场景，其颜色取为交点的重心坐标，通过这种可视化来调试求交代码

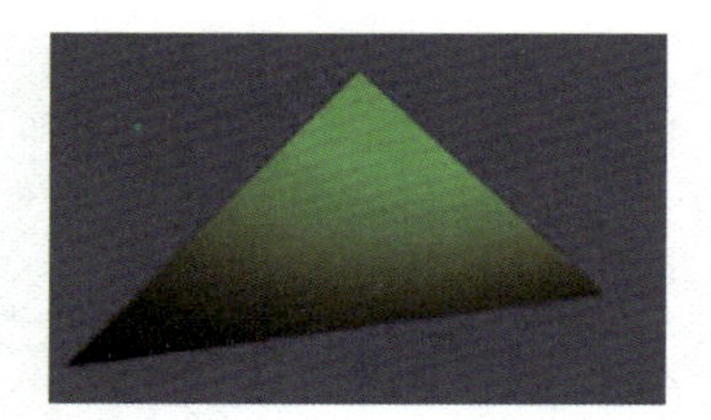

图 15-7　一个绿色的朗伯三角形

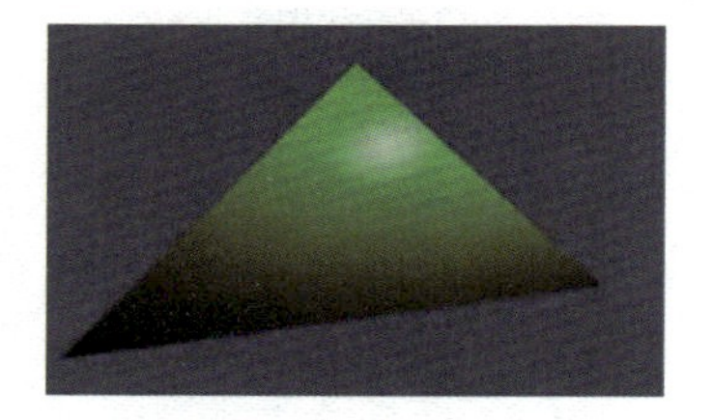

图 15-8　使用归一化的 Blinn-Phong BSDF 绘制的三角形

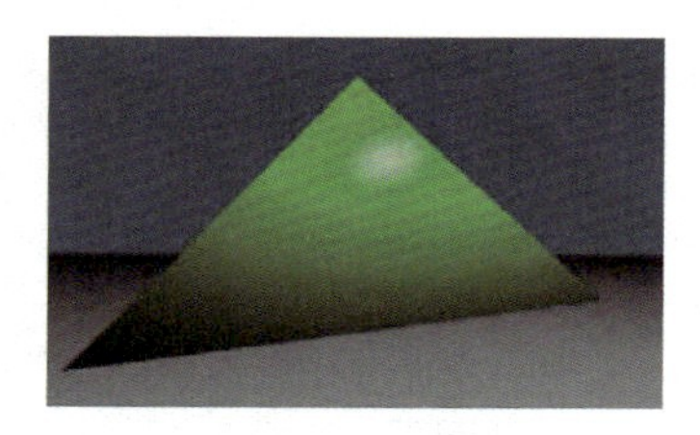

图 15-9　绿色三角形场景中添加了由两个灰色三角形构成的地“平面”。同时引入绿色三角形的背面

图 15-10　由四个三角形组成的场景，其中绿色三角形是双面的，采用 `visible` 函数生成光线投射阴影

图 15-11　绿色三角形上的**麻点**。产生这种瑕疵的原因是阴影探测光线交于当前正在着色的三角形的背面，本质上属于自身阴影

计 算 机 科 学 丛 书

原书第3版

计算机图形学 原理及实践

[美] 约翰·F. 休斯（John F. Hughes）安德里斯·范·达姆（Andries van Dam）
摩根·麦奎尔（Morgan Mcguire）戴维·F. 斯克拉（David F. Sklar）
詹姆斯·D. 福利（James D. Foley）史蒂文·K. 费纳（Steven K. Feiner）
科特·埃克里（Kurt Akeley） 著

彭群生 刘新国 苗兰芳 吴鸿智 等译

Computer Graphics Principles and Practice Third Edition

图书在版编目（CIP）数据

计算机图形学原理及实践（原书第3版）（基础篇）/（美）约翰·F. 休斯（John F. Hughes）等著；彭群生等译．—北京：机械工业出版社，2018.10（2024.10重印）
（计算机科学丛书）
书名原文：Computer Graphics: Principles and Practice, Third Edition

ISBN 978-7-111-61180-6

I. 计…　II. ①约…　②彭…　III. 计算机图形学－教材　IV. TP391.411

中国版本图书馆CIP数据核字（2018）第235230号

北京市版权局著作权合同登记　图字：01-2013-7580号。

本书是计算机图形学领域公认的经典教材，与上一版相比，新版从内容到形式都有大幅变化。为了便于教学，中文版分为基础篇和进阶篇两册，此为基础篇，包括原书第1～16章，内容涵盖图形学基本概念、主要的图形生成算法、简单的场景建模方法、2D和3D图形变换、实时3D图形平台等。

本书可作为高等院校计算机相关专业学生的教学用书，对业界研究人员和技术人员也有很大的参考价值。

出版发行：机械工业出版社（北京市西城区百万庄大街22号　邮政编码：100037）

责任编辑：朱秀英	责任校对：李秋荣
印　　刷：北京建宏印刷有限公司	版　　次：2024年10月第1版第7次印刷
开　　本：185mm×260mm　1/16	印　　张：25.5　　插　　页：4
书　　号：ISBN 978-7-111-61180-6	定　　价：99.00元

客服电话：（010）88361066　68326294

计算机图形学是信息社会的重要支撑技术之一。在众多的计算机图形学教材中，J. D. Foley等人编写的《Computer Graphics：Principles and Practice》是公认的经典教材。早在1982年，J. D. Foley就和A. van Dam合作出版了《Fundamentals of Interactive Computer Graphics》，1990年，他们继续与Steven K. Feiner和John F. Hughes合作，编写了该系列教材的第2版。1995年，作者将第2版中的所有实例和算法程序从用Pascal语言编写改为用C语言编写。我国学者唐泽圣、董士海等将该版教材译成中文版《计算机图形学原理及实践：C语言描述》。由于第2版教材概念清晰，叙述深入，注重实践环节和能力培养，因此被广大图形学教师作为教材或作为必备的教学参考书，产生了很大的影响。

在过去的20年间，图形学飞速发展。基于CPU的传统图形流水线(又称为2D显卡)被基于GPU的3D图形流水线所取代。与此同时，三角形网格表面成为图形系统中景物表面的主要表示形式。计算机图形学与数字图像处理、计算机视觉等学科日益交叉，形成了基于图像的绘制、增强现实等新的学科方向。为了反映图形学的新发展，由第2版4位作者中的John F. Hughes领衔，作者增加至7人，于2013年7月出版了本教材的第3版。

新版教材由38章组成。与第2版(共21章)相比，新版教材从内容到形式都有巨大的改变。第一，传统的线画图形内容，包括直线和圆弧的生成算法、线裁剪、线消隐、基于扫描线的多边形生成等经典算法已不是计算机图形学关注的重点，因此不再列为本书的教学内容。第二，三角形网格面由于便于GPU处理，因而成为图形学研究的热点。本书专辟章节介绍三角形网格面的表示和简化、多层次网格的构建和传输以及细分曲面的生成。第三，新增了若干图像处理的内容，包括常用的图像格式、图像信号的采样与重建、图像的自适应缩放等。第四，由于计算机图形学是一门面向应用的学科，本书重点讲述了图形学中各种常用的近似模型及其表示方法、基于CPU的图形流水线的组成以及各种实用的实时3D图形平台。由于新版教材内容丰富，为了便于安排教学，我们将中文版划分为基础篇和进阶篇两册出版。其中基础篇为原书的第1～16章，内容覆盖了基本的图形学概念、主要的图形生成算法、简单的场景建模方法、2D和3D图形变换、实时3D图形平台等。进阶篇则讲述与图形生成相关的图像处理技术、复杂形状的建模技术、表面真实感绘制、表意式绘制、计算机动画、现代图形硬件等。

翻译如此一本经典教材无疑是一件极为艰巨的任务，尽管我们有翻译D. F. Rogers的《Procedural Elements of Computer Graphics》第1、2版的经验，但面对这本久负盛名的教材，我们仍感到压力巨大。在翻译中，我们采取了分工合作的方法。参加基础篇各章初稿翻译的有浙江大学CAD&CG国家重点实验室的冯结青、陈为，浙江师范大学的苗兰芳，武汉大学的肖春霞等。浙江大学的彭群生翻译了前言并对第1、5、7、8、9章的翻译初稿进行了审核和修改。浙江师范大学的苗兰芳(第2、10、11、12、13章)，浙江大学的刘新国(第3、4、6章)、吴鸿智(第15、16章)、廖子承(第15章)，杭州电子科技大学的吴向阳

(第14章)参加了对所列各章翻译初稿的审核和修改。浙江工业大学的陈佳舟对插图中的文字进行了翻译。全书最后由彭群生逐章仔细校对，修改定稿。

由于译者的水平和学识有限，译文中翻译不当之处在所难免，恳请读者批评指正。

译者

2018年10月

前言

本书面向学生、研究人员和从业人员，介绍计算机图形学的许多重要概念和思想。其中一些概念读者并不陌生，它们早已出现在广为流行的学术出版物、技术报告、教科书和行业报刊中。在某个概念出现一段时间后再将其写入教科书的好处是，人们可以更充分地理解它的长远影响并将其置于一个更大的背景中予以领悟。本书将尽可能详细地介绍这些概念(当然也略过了一些曾经火热但现在已不再重要的概念)，并以一种清晰、流畅的风格将它们呈现给初学者。

本书属于第二代图形学教科书：我们并不将之前的所有工作全部认定为天然合理的，而是按今天的理解重新审视它们，进而更新其原有的陈述方式。

甚至一些最基本的问题也可能变得非常棘手。举例来说，假如要设计一个适用于低光照环境(如电影院的暗环境)的程序。显然，我们不能采用亮屏幕显示器，这意味着在显示程序中采用亮度对比来区分环境中的不同对象不再适宜。也许可以改用彩色显示，但遗憾的是，在低光照环境中人们对颜色的感知同样有所降低，某些颜色的文字要比其他颜色更易读。在这种情况下，光标是否仍容易被用户看到呢?一种简单的应对方式是利用人眼对运动的感知能力，让光标持续抖动。于是，一个看似简单的问题最后涉及交互界面设计、颜色理论以及人类感知等领域。

尽管上述例子很简单，但仍隐含了某些假设：采用图形方式输出(而不是通过触觉或封闭良好的耳机来输出)；显示设备既非常规的影院屏幕，也不是头盔显示器。其中也包含了一些显式的假设，例如采用光标(也有一些用户界面不使用光标)。上述每一种假设都是对用户界面的一种选择。

遗憾的是，这种多方面内容相互交织的关系使得我们不可能完全按照某种顺序来讲述各主题，而且还能很好地介绍它们的研究动因和背景，也就是说，这些主题无法以线性方式展开。也许，我们可以先介绍它们涉及的所有相关的数学、感知理论或其他内容，总之，将较为抽象的内容和主题放在前面介绍，再介绍图形学应用。尽管这种内容组织方式可能便于参考(读者很容易找到讲述一般化向量叉积的有关章节)，但对一本教科书而言，其效果并不好，原因是那些涉及主题研究动因的应用都要等到书的最后才会介绍。另一种展开方式是采取案例研究的思路，分别介绍各种不同的任务(难度不断增大)，然后根据问题的需要讲述相关内容。在某些情况下，这确实是一种自然的内容演绎方式，但难以对各主题做出整体性、结构化的呈现。本书是这两种方式的折中：开始部分介绍了广泛使用的数学知识和常规的符号标记方式，然后逐个主题展开内容，根据需要补充介绍必要的数学工具。熟悉数学的读者完全可以跳过开始部分而不致错过任何图形学知识。其他人则可从这些章节中获益良多。教师授课时可根据需要对其进行取舍。基于主题的章节安排方式可能会导致内容上的重复。例如，本书从不同的细节层次对图形流水线进行了多次讨论。与其让读者回头参考之前的章节，有时我们会再次陈述部分内容，使对该问题的讨论更为流畅。毕竟让读者返回500页之前去查看一幅图并非令人惬意的事。

对本教材的作者来说，另一个挑战是选材的广度。本书的第1版确实覆盖了当时图形学出版物中的大部分内容，第2版也提到了其中大部分的研究工作。本版教材不再追求内容的覆盖度，理由很简单：当本书第 2 版出版时，我们一只手就能拿起 SIGGRAPH 会议的全部论文集(这些论文几乎包含了图形学领域的代表性工作)；如今，SIGGRAPH 会议的全部论文集(仅仅是许多图形学出版物中的一种)叠在一起高达数米。即使是电子版的教材也无法将全部内容塞进 1000 页中。本书这一版旨在为读者指明在哪里可以找到和复制当今的大部分 SIGGRAPH 论文。下面是几点说明：

- 第一，计算机图形学与计算机视觉的交叉面越来越大，但这并不能构成让我们将本书写成计算机视觉教材的理由，尽管一些有该领域丰富知识的人已经这样做了。
- 第二，计算机图形学涉及编程，尽管许多图形学应用规模很大，但本书并没有试图讲授编程和软件工程。当然，在书中我们也会简要讨论一些专门针对图形学的编程方法(尤其是排错)。
- 第三，许多图形学应用都提供了用户界面。在编写本书时，大多数界面均基于 Windows 操作系统，采用菜单和鼠标进行交互。不过基于触觉的交互界面正变得越来越常见。交互界面的研究曾经是图形学的一部分，但如今已成为一个独立的领域(尽管它仍和图形学有很大的交叉)。我们假定读者在编写含用户界面的程序方面已具备了一些经验，因此本书将不再对它们做深入讨论(除了其实现过程与图形学密切关联的 3D 界面外)。

毋庸置疑，图形学领域的研究论文区别很大：有些涉及很多的数学表述；有些介绍的是一个大规模的系统，涉及各种复杂的工程因素的权衡；还有些涉及物理学、色彩理论、地形学、摄影学、化学、动物学等各个学科的知识。我们的目标是让读者领会这些论文中的图形学贡献，而其他的相关知识则需要读者在课外自行学习。

历史上的方法

在历史上，图形学涉及的大多为一些面向当时急需解决的问题的专门方法。这么说并非对那些曾经使用这些方法的人有所不敬，他们手头有任务，必须想办法完成。其中一些解决方法中包含了重要的思想，而其他时候这些解决方法不过是让任务得以完成的途径。但这些方法无疑对后面图形学的发展产生了影响。举例来说，大多数图形系统中采用的图像合成模型均假定图像中存储的颜色可以线性方式融合。但实践中，图像中存储的颜色值与其显示的光亮度之间呈非线性关系，因此颜色的线性组合并不对应光亮度的线性组合。两者之间的差别一直到摄影工作室试图将现实场景的照片与计算机生成的图像合成时才为人们所注意，即上述图像合成方式并不能生成正确的结果。此外，尽管一些早期方法描述十分原则化，但其关联的程序对实现的硬件做了一些假设，几年后，这些假设不再适用，当读者看到这些实现细节时会说：“这不是过时的东西吗，与我们毫不相关啊!”于是，就忽略了这些研究工作中某些仍旧重要的思想。更多的时候，研究人员只是在重新利用其他学科运用多年的那些概念和方法。

因此，我们不打算按照图形学发展的年代顺序来讲述。正如物理学教程并不从亚里士多德的动力学讲起，而是直接介绍牛顿动力学(更好的是一开始就讲述牛顿动力学系统的局限性，将平台搭建在量子力学的基础上)，我们将直接从对相关问题的最新理解入手，当然也会介绍与之相关的各种传统研究思路。同时，我们还会指出这些思路的源头(可能不为大家所熟悉)，例如，关于 3D 多边形法向量的 Newell 公式即 19 世纪初期的 Grassmann 公式。我们希望，指出这些参考源头能增加读者对许多早已开发并有望应用于图形学的方法的了解。

教学方法

日常生活中图形学最令人瞩目的应用是视频游戏中的3D形象以及娱乐行业和广告中的特效。然而，我们每天在家庭电脑和手机中的交互也都离不开计算机图形学。这些界面之所以不那么显眼也许是由于它们太成功：其实，最好的界面是你完全忘记了它的存在。虽然“2D图形学要比3D图形学简单”这句话听上去很诱人，但是3D图形学不过是它的一个稍复杂的版本而已。2D图形学中的许多问题，诸如在方形发光单元(像素)组成的屏幕上如何最佳地显示一幅图像，或者如何构建高效且功能强大的界面等，都和在绘制3D场景图像时遇到的问题一样困难。而2D图形学中通常采用的简单模型在怎样最佳地表示颜色和形状等方面也可能对学生造成误导。因此，我们将2D和3D图形学的讲述交织在一起，分析和讨论两者共同的敏感问题。

本书设置“黑盒”的层次与众不同。几乎每一本计算机科学的书都需要选择一个合适的层次来讲述计算机的有关内容，该层次应便于读者理解和掌握。在图形学教科书中，我们同样需要选择一个读者将会遇到的图形学系统。也许，在输入某些指令后，计算机的硬件和软件就能在屏幕上生成一个彩色三角形。但这一切是怎样发生的？其中的细节与图形学的大部分内容并无关联。举例来说，假如你让图形系统绘制一个位于屏幕可显示区域下方的红色三角形，将会发生什么？是先确定那些应置为红色的像素的位置然后因其不在屏幕显示区域内而将其抛弃？还是图形系统尚未开始计算任何像素值之前因发现该三角形位于屏幕之外而终止后面的过程？从某种意义上说，除非你正在设计一块图形卡，否则上述问题并不是那么重要，它并非一个图形系统用户所能控制的。因此，我们假定图形系统能够显示像素的值，或画出三角形和直线，而不考虑该过程是怎样实现的。具体实现的细节将在光栅化和图形硬件的相关章节中介绍，但因其大都超出了我们的控制范围，诸如裁剪、直线反走样、光栅化算法等内容均将推迟到其后面章节予以介绍。

本书教学方法的另一特点是试图展示相关的思想和技术是怎样浮现出来的。这样做无疑会增加篇幅，但我们希望会对学生有所帮助。当学生需要独立推导自己的算法时，他们遇到过的研究案例可能会为当前问题提供解决思路。

我们相信，学习图形学最好的途径是先学习其背后的数学。与直接跨入图形学应用相比，先学习较为抽象的数学确实会延长你开始学习最初的几个图形算法所需的时间，但这个代价是一次性的。等你学习到第10个算法时，先前的投入将会完全得到补偿，因为你会发现新的方法组合了之前已经学过的许多内容。

当然，阅读本书表明你有兴趣编写一个绘图程序。因此，本书一开始就引入多个题目并直接给出解决方案，然后再回过头仔细讨论更广泛的数学背景。书中大部分篇幅都集中于其后面的处理上。在打下必要的数学基础后，我们将结束上述题目，延伸到其他的相关问题并给出求解思路。由于本书聚焦于基础性的原则，因此并未提供这些方法的实现细节。一旦读者领会了基础原则，每一个求解思路的具体算法就会了然于胸，并将具有足够的知识来阅读和理解其原始参考文献中给出的论述，而不是基于我们的转述。我们能做的是采用更为现代化的形式来介绍那些早期的算法，当读者阅读原始文献时，能比较容易地理解文献中词汇的含义及其表达方式。

编程实践

图形学是一门需要自己动手实践的学科。由于图形产业为观众提供的是视觉类信息以及相关的交互手段，图形工具也经常用来为新开发的图形算法排错。但这样做需具备编写图形程序的能力。如今已有许多不同的方法可在计算机上生成图像，对本书中介绍的大部分算法而言，每一种方法都有其优点。尽管将一种编程语言和库转化为另一种编程语言和库已成为常规，但从教学的角度，最好是采用单一编程语言以便学生可以聚焦于算法的更深层面。对本书提供的所有练习，我们建议使用 WPF(Windows Presentation Foundation，一种广泛使用的图形系统)完成。为此，我们编写了一段基本且易于修改的程序(称为 test bed)以便学生使用。对于一些不适于采用 WPF 的情形，我们通常采用 G3D(一个公共的图形库，由本书的一位作者维护)。大多数情况下，我们使用伪代码，因为它提供了一种简洁的算法表述方式，而且，绝大多数算法的实际代码(按你所选语言编制)均可从网上下载，因此将其编入书中并无意义。注意代码形成过程中的变化，在有些情形中，它的最初版本只是一个非正式的框架，然后逐步发展成采用某种语言编写的接近于完成的程序，因此对其之前的版本进行语法检查并无意义，可以免去。有时，我们希望代码能反映出数学的推导过程，故会采用诸如 x_R 之类的变量名，这使得其看上去如同数学表达式。总的来说，伪代码并非正式编程语言，我们用它来表达宏观的思路而非算法的细节。

本书并非一本讨论如何编写图形程序的书，也不讨论应用图形程序中的细节。例如，读者无法从本书中找到有关 Adobe 最新图像编辑软件存储图像的最好方式的任何提示。但只要读者领会了书中的概念并具备足够的编程能力，就一定能编写图形程序，并知道如何应用这些程序。

原则

在本书中，我们列出了一些计算机图形学的原则，希望对读者未来的工作有所帮助。本书也收入了一些有关图形学实践的章节，如怎样运用当今的硬件来逼近理想解，或者更快速地计算出实际解。虽然这些实现方法是面向当今硬件的，但对未来也有价值。也许十年后不能直接照搬这些实现方法，但其中蕴含的算法仍有意义。

预备知识

本书大部分内容所需的预备知识并未超出有一定实际能力的理工类在校生现有知识的范围，如：编写面向对象程序的能力；掌握微积分工具；对向量有所了解(可能是从数学、物理学甚至是计算机科学的课程中学到的)；至少遇到过线性变换等。我们也希望学生编写过一两个含有 2D 图形对象(如按钮、复选框、图标等)的程序。

本书一部分内容会涉及更多的数学知识，但在有限的篇幅内讲授这些知识是不现实的。一般而言，这些稍显复杂的数学知识将被精心安排于少数章节内，而这些章节更适合作为研究生的课程。它们和某些涉及一定深度数学知识的练习均注有“数学延伸”()标记。同样，涉及计算机科学中较深概念的内容注有“计算机科学延伸”()标记。

书中某些数学表述可能令那些曾在其他地方接触过向量的人感到困惑。本书的第一作者是一位数学博士，当第一次看到图形学研究论文中涉及数学问题的表述时，他也同样感到奇怪。本书试图清晰和彻底地解释它们与标准的数学表述之间的不同。

讲授本书的方式

本书可作为一个学期或一个学年的本科生课程的教科书，或者作为研究生课程的参考书。作为本科生的教学用书时，其中较深的数学内容(如仿重心坐标标架、流形网格、球面调和函数等)可以略去，而集中于几何模型的建模与显示，各种变换的数学原理，相机的数学描述，以及标准的光照、颜色、反射率模型及其局限性等基础问题上。也应介绍一些基本的图形学应用和用户界面，讨论在设计中如何对各种因素进行权衡以使其更有效率，也许最后再介绍几个特殊的主题，如怎样创建一段简单的动画、编写一个基础的光线跟踪程序等。上述内容对一学期的课程而言可能太多，即使是一学年的课程，也不可能覆盖书中的每一节，未讲授的内容可供有兴趣的学生课后学习。

安排较满的一学期课程(14周)可讲授下述内容：

1. 绪论和一个简单的2D程序：第1、2、3章。
2. 对绘制中几何问题的介绍，进一步的2D和3D程序：第3、4章。视觉感知和人类的视觉系统：第5章。
3. 2D和3D几何建模——网格、样条、隐函数模型：7.1～7.9节，第8、9章，22.1～22.4节，23.1～23.3节，24.1～24.5节。
4. 图像，第一部分：第17章、18.1～18.11节。
5. 图像，第二部分：18.12～18.20节、第19章。
6. 2D和3D变换：10.1～10.12节、11.1～11.3节、第12章。
7. 取景、相机以及post-homogeneous插值：13.1～13.7节、15.6.4节。
8. 图形学中的标准近似：第14章、某些相关的章节。
9. 光栅化与光线投射：第15章。
10. 光照与反射：26.1～26.7节(26.5节或可不选)、26.10节。
11. 颜色：28.1～28.12节。
12. 基本反射模型，光能传输：27.1～27.5节、29.1～29.2节、29.6节、29.8节。
13. 递归光线跟踪细节，纹理：24.9节、31.16节、20.1～20.6节。
14. 可见面判定和面向加速的数据结构，更前沿的图形绘制技术：第31、36、37章中的相关节。

不过，并非上面提到的每一节中的所有内容都适合初学者。

另外，也可参考作为本科生基于物理的绘制课(12周课程)的教学大纲。该课程按离线绘制到实时绘制的原则安排授课内容。可深入到其中的核心数学和光线跟踪背后的辐射度学，然后回过头来介绍计算机科学中提升算法可扩展性和性能的有关方法。

1. 绪论：第1章。
2. 光照：第26章。
3. 感知，光能传输：第5、29章。
4. 网格和场景图简介：6.6节、14.1～14.5节。
5. 变换：第10、13章(简要介绍)。
6. 光线投射：15.1～15.4节、7.6～7.9节。
7. 面向加速的数据结构：第37章、36.1～36.3节、36.5～36.6节、36.9节。
8. 绘制理论：第30、31章。
9. 绘制实践：第32章。
10. 颜色和材质：14.6～14.11节，第27、28章。
11. 光栅化：15.5～15.9节。
12. 着色器和硬件：16.3～16.5节，第33、38章。

注意上述授课内容并非按各章顺序排列。在编著本书时，我们试图让大多数章的内容独立成篇，彼此交叉引用而不互为必需的预备知识，以支持这种授课思路。

与之前版本的差异

尽管本版教材包含了之前版本中的大部分主题，但其内容几乎是全新的。随着 GPU 的出现，三角形的光栅化(转换为像素或采样)已采用完全不同的方法而非传统的扫描转换算法，对传统的算法本书将不再介绍。在讲述光照模型时，将更偏重测量所用的物理单位，这无疑增加了讨论的复杂性，而传统模型并未涉及各物理量的单位。此外，之前版本分别准备了 2D 和 3D 两个图形学平台，而本书采用现在广泛使用的系统，并提供了有助于学生起步的工具。

网址

在本书中常可看到本书的网址 http://cgpp.net，其中不仅包含测试程序和实现的实例，而且包含许多章节的附加参考材料以及第 2、6 章中的 WPF 交互实验。

致谢

本书虽系作者编著，但因包含了众多人的贡献而大为增色。

本书受到 Microsoft 公司的支持和鼓励，感谢 Eric Rudder 和 S. Somasegar 在本项目启动和结束时给予的帮助。

3D 测试程序最初源于 Dan Leventhal 编写的代码，kindohm.com 的 Mike Hodnick 慷慨提供他的代码作为早期版本开发的起点，感谢 Jordan Parker 和 Anthony Hodsdon 在 WPF 系统方面的帮助。

Williams 学院的两名学生为本书出版做出了很大努力。其中 Guedis Cardenas 协助整理了全书的参考文献，Michael Mara 则协助开发了在本书多章中均有应用的 G3D Innovation Engine，电子艺术系的 Corey Taylor 对开发 G3D 软件提供了帮助。

CMU 的 Nancy Pollard、Pittsburgh 大学的 Liz Marai 在他们的图形学课程中曾讲授过本书部分章节的早期版本，并向我们提供了有价值的反馈意见。

Jims Arvo 不仅是本书中有关绘制的一切问题的总指导，而且重塑了本书第一作者对图形学的理解。

除了以上提到的，还有许多人阅读过各章的初稿、提供了图像或插图、对主题或其讲述方式提出建议或通过其他方式提供帮助，他们是(按字母顺序)：John Anderson，Jim Arvo，Tom Banchoff，Pascal Barla，Connelly Barnes，Brian Barsky，Ronen Barzel，Melissa Byun，Marie-Paule Cani，Lauren Clarke，Elaine Cohen，Doug DeCarlo，Patrick Doran，Kayvon Fatahalian，Adam Finkelstein，Travis Fischer，Roger Fong，Mike Fredrickson，Yudi Fu，Andrew Glassner，Bernie Gordon，Don Greenberg，Pat Hanrahan，Ben Herila，Alex Hills，Ken Joy，Olga Karpenko，Donnie Kendall，Justin Kim，Philip Klein，Joe LaViola，Kefei Lei，Nong Li，Lisa Manekofsky，Bill Mark，John Montrym，Henry Moreton，Tomer Moscovich，Jacopo Pantaleoni，Jill Pipher，Charles Poynton，Rich Riesenfeld，Alyn Rockwood，Peter Schroeder，François Sillion，David Simons，Alvy Ray Smith，Stephen Spencer，Erik Sudderth，Joelle Thollot，Ken Torrance，Jim Valles，Daniel Wigdor，Dan Wilk，Brian Wyvill 和 Silvia Zuffi。尽管我们力图列出所有帮助过我们的人的名单，但仍可能有所遗漏，在此谨致歉意。

作为本领域团结与合作的例证，我们也收到了其他同类书作者的书信，他们对本书写作提供了极大的支持。Eric Haines、Greg Humphreys、Steve Marschner、Matt Pharr 和 Pete Shirley 对本书的出版发表了很好的意见。能在这样一个学术领域中工作我们深感荣幸。

没有彼此之间的支持、宽容、对任务的执着以及责任编辑 Peter Gordon 独到的视角，本书的出版是不可想象的！尤为感谢我们的家人在整个项目期间对本项工作的理解和巨大支持！

致学生

也许你的老师已经选择了一种讲授本书的方式，选择时已考虑各主题之间的相互衔接，或者可能采用了上面所建议的一种教学思路。不过你不必受此束缚。倘若你有意了解某些内容，可根据目录直接阅读。如感到缺乏某方面的背景知识，难以领悟所阅读的内容，可阅读必要的背景材料。因为有动机，你会感到此时比其他时候学起来更容易。停下来时，可从网上搜索他人的实现代码，下载并运行。假如你认为结果有问题，可检查执行程序，尝试进行反向推断。有时候这的确是一种学习某些内容的有效方式，即采用实践-理论-再实践的学习模式：先尝试做某件事，看能否成功，倘若不成，则研读别人怎样做此事，然后再试。初次尝试可能会遭遇一些挫折，一旦成功，你会获得对其理论的更深的理解。如果难以采取实践-理论-再实践的学习模式，至少应该花点时间完成你所阅读章节中的课内练习。

图形学是一门年轻的学科，经常可看到本科生作为合作作者在 SIGGRAPH 上发表论文。只需一年，你就可以掌握足够的知识并开始形成新的思想。

图形学也涉及许多数学知识。假如对你来说数学总是显得那么抽象和理论化，图形学将改变你的这一印象。数学在图形学中的应用可谓立竿见影，你很容易在所绘图中见到应用某一理论的实际效果。倘若你运用数学已得心应手，则可尝试采用本书提出的学术思路并做进一步推广，从而享受其中的乐趣。尽管本书包含了大量的数学内容，然而，对于当代研究论文中用到的数学而言，它不过刚刚触及其皮毛而已。

最后，质疑一切。尽管作者已尽最大努力按当今的理解讲述所有内容，但只能说绝大部分内容叙述准确。在少数地方，当引入一个概念时，我们有意只讲述了部分内涵，而在稍后章节讨论细节时才全面展开。但在除此之外的其他地方，我们并未都这样做。有时候甚至会出错，遗漏一个“负号”或在循环中犯“循环次数少一次”的错误。在某些情形中，图形学领域对某概念的理解可能存在偏差，而我们采信了另一些人的观点，这只能留待未来加以纠正。上述问题读者都可能遇到。正如 Martin Gardner 所言，在科学探索中真正的声音不是“啊哈!”而是“哟，有点奇怪啊……”。假如你在阅读中发现某处显得有点怪，请大胆质疑，再仔细看几遍。如果证实是对的，将可澄清你理解中的混乱之处。如果真有问题，则将成为你推动学科进展的机会。

致教师

如果你是教师，你也许已浏览了上面“致学生”的内容(尽管它不是面向教师的，但你的学生也读了此节)。在那部分中，我们建议学生可以任意顺序阅读本书各章，并可质疑一切。

我们向你建议两件事。第一，你应鼓励甚至要求你的学生完成本书中的课内练习。对那些声称“我有许多事要做，不能浪费时间停下来做练习”的人，你只需说：“是呀，我们没时间将车停下来加油……因为我们已经迟了！”第二件事是，你在给学生布置课题或作业时，应既有一个确定的任务，也有一个开放的目标。那些成绩稳定的学生将会完成确定的任务，并学习你指定的内容。而另一些学生，当有机会做点有趣的事时，可能会做朝向开放目标的练习而让你惊讶。在做此类练习时，他们将会感到需要学习一些恰巧不懂的知识，而当他们掌握了这些知识后，问题就会迎刃而解。图形学就是这样一种特别的学问：成功马上看得见而且立刻有回报，从而形成一个向前的正反馈。可见性反馈加上算法的可扩展性(计算机科学中经常遇到)能给人以启示。

讨论和延伸阅读

本书中许多章都包含了“讨论和延伸阅读”一节，其中会给出若干背景参考文献或对该章思想的深层次应用。对前言来说，唯一适合延伸阅读的内容并非特定文献而是一般化的读物：我们建议读者着手查阅 ACM SIGGRAPH 和 Eurographics、Computer Graphics International 或其他图形学会议的论文集。根据你的兴趣，还可关注一些更为专门的会议，如 Eurographics Symposium on Rendering、I3D、Symposium on Animation 等。乍一看，这些会议的论文似乎涉及大量的知识，但你很快就会觉察哪些事是有可能做到的(假若只看图形效果)，以及需要哪些技能才能达到目的。你会很快发现某些问题在你非常感兴趣的领域中多次出现，在后面学习图形学时这将指引你做延伸阅读。

John F. Hughes 普林斯顿大学数学学士(1977 年)，加州大学伯克利分校数学博士(1982 年)，现为布朗大学计算机科学系教授。主要研究方向为计算机图形学，特别是涉及图形学数学基础的方面。曾独立或合作发表了 19 篇 SIGGRAPH 论文，研究工作涉及几何建模、建模中的用户界面、非照片真实感绘制、动画系统等。现为《ACM Transaction on Graphics》和《Journal of Graphics Tools》的副主编，多次担任 SIGGRAPH 程序委员会委员，合作组织 Implicit Surface'99、2001 年 Symposium in Interactive 3D Graphics 以及第一届 Eurographics Workshop on Sketch-Based Interfaces and Modeling，是 SIGGRAPH 2002 的论文主席。

Andries van Dam 布朗大学 Thomas J. Watson Jr 技术与教育讲座教授、计算机科学教授。从 1965 年开始任职于布朗大学，是该校计算机科学系的创建者之一，任该系首任系主任(1979～1985 年)。2002～2006 年担任布朗大学首任主管研究的副校长。他的研究工作集中在计算机图形学、超媒体系统、post-WIMP 用户界面(沉浸式虚拟现实，基于笔和触觉的计算)以及教育软件。他致力于研究面向教学和科研、支持交互式插图显示的电子书的创建和浏览系统，时间长达 40 年。1967 年，他合作发起了 ACM SIGGRAPH 会议，1985～1987 年出任 Computing Research Association 的主席，现为 ACM、IEEE、AAAS 会士、美国工程院院士、美国艺术与科学院院士，拥有 4 个荣誉博士学位，编著或合作编著了 9 本书和 100 多篇论文。

Morgan McGuire 麻省理工学院电机工程与计算机科学学士、工程硕士(2000 年)，布朗大学计算机科学博士(2006 年)，现任威廉姆斯学院计算机科学副教授，是 Marvel Ultimate Alliance 和 Titan Quest 系列视频游戏、Amazon Kindle 用到的 E Ink 显示器、NVIDIA GPU 等产品的咨询顾问。在 SIGGRAPH、High Performance Graphics、The Eurographics Symposium on Rendering、Interactive 3D Graphics and Games、Non-Photorealistic Animation and Rendering 等学术会议上发表过多篇关于高性能绘制、计算机摄影等方面的论文。曾任 Interactive 3D Graphics and Games、Non-Photorealistic Animation and Rendering 等研讨会主席，G3D Innovation Engine 项目经理，是《Creating Games》和《The Graphics Codex》等著作以及《GPU Gems》《Shader X》《GPU Pro》中若干章的合作作者。

David Sklar 南卫理公会大学学士(1982 年)，布朗大学硕士(1983 年)，现任 Vizify.com 公司的可视化工程师，致力于研究可在宽广范围波形因数的计算设备上展示动态信息图的算法。20 世纪 80 年代曾任教于布朗大学计算机科学系，讲授基础入门课程。是本书第 2 版中若干章(及其辅助软件)的合著者。随后，他转入电子书出版业，聚焦于 SGML/XML 审定标准，期间曾多次应邀在 GCA 会议上做报告。之后，他和夫人 Siew May Chin 合作创建了 PortCompass，属首批在线离岸零售商，这也是从房地产到数据库咨询等业界开启中间商模式的第一次尝试。

James Foley 利哈伊大学电机工程学士(1964 年)，密歇根大学电机工程硕士(1965 年)，密歇根大学博士(1969 年)。佐治亚理工学院 Fleming 讲座教授，计算机学院交互计算领域教授。曾任教于北卡大学教堂山分校和乔治·华盛顿大学，担任过三菱电气研究院主管。1992年在佐治亚理工学院创建了GVU中心并一直担任中心主任（至1996年），同时出任《ACM Transactions on Graphics》期刊的主编。其研究成果集中于计算机图形学、人机交互、信息可视化等领域。他是本书三个版本及其前身（1980年出版的《Fundamentals of Interactive computer Graphics》）的合著者，ACM、AAAS、IEEE会士，美国工程院院士，SIGGRAPH和SIGCHI终身成就奖得主。

Steven Feiner 布朗大学文学学士（1973年），布朗大学计算机科学博士（1987年）。现任哥伦比亚大学计算机科学教授、计算机图形学与用户界面实验室主任、哥伦比亚视觉与图形学中心联合主任。其研究工作包括3D用户界面、增强现实、穿戴式计算以及人机交互与图形学交叉领域中的多个课题。他是《ACM Transaction on Graphics》期刊的副主编，《IEEE Transaction on Visualization and Computer Graphics》期刊编委，《Computer & Graphics》期刊顾问编委。他入选了CHI科学院，和他的学生一起获得ACM UIST持久影响力奖以及IEEE ISMAR、ACM VRST、ACM CHI、ACM UIST最佳论文奖。曾担任许多会议的程序委员会主席或联合主席，如IEEE Virtual Reality、ACM Symposium on User Interface Software & Technology、Foundation of Digital Games、ACM Symposium on Virtual Reality & Technology、IEEE International Symposium on wearable Computers以及ACM Multimedia。

Kurt Akeley 特拉华大学电机工程学士（1980年），斯坦福大学电机工程硕士（1982年），斯坦福大学电机工程博士（2004年）。现任Lytro Inc. 公司工程副总裁，Silicon Graphics（即后来的SGI）创始人之一，领导了包括RealityEngine在内的一系列高端图形系统的开发，以及OpenGL图形系统的设计和标准化。他是ACM会士、美国工程院院士，曾获ACM SIGGRAPH图形学成就奖。在SIGGRAPH以及《High Performance Graphics》《Journal of Vision》《Optics Express》等会议或期刊上发表或合作发表多篇论文，两次担任SIGGRAPH论文主席（2000年和2008年）。

第 16 章 实时 3D 图形平台综述 … 363

参考文献[⊖]

⊖ 参考文献为网络资源，请访问 www.cmpreading.com 下载。——编辑注

绪　论

本章从几个方面对计算机图形学做了全面的介绍，包括图形学应用、图形学研究的各个领域、采用图形学方法高效生成图像的一些工具、帮助你了解计算机图形算法和程序规模的一些数字以及编写第一个图形程序所需的基本思想等。我们将在本书中的其他部分更详细地讨论这些内容。

1.1　计算机图形学简介

计算机图形学是通过计算机的显示器和交互设备进行视觉交流的科学和艺术。视觉交流通常是指“从计算机到人”，而“从人到计算机”这个方向，则以鼠标、键盘、操纵杆、游戏控制器或触摸感应设备为媒介。然而，这种模式正在发生改变：基于计算机视觉算法可定义一个新的输入界面，对视频或深度相机的输入信息进行处理，将这些视觉信息重新作为计算机的输入。就“从计算机到人”这个方向而言，视觉交流的对象是人。因此，人类感知图像的方式是设计图形学[㊀]程序必须考虑的关键因素，这意味着，对人会忽略的一些视觉特征，既无须呈现，也不需要进行计算！计算机图形学是一个多学科交叉的领域，其中物理、数学、人类感知、人机交互、工程、平面设计以及艺术都起着重要的作用。我们将基于物理学原理对光的传播进行建模和动画仿真；采用数学方法来描述物体的形状；基于人的感知能力进行资源的配置——不将时间消耗在绘制那些不受注意的细节上；我们用工程方法来优化带宽、内存和处理器时间的分配；而平面设计、艺术与人机交互相结合，可以使从计算机到人的信息交流更为有效。在这一章中，我们将讨论一些应用领域，介绍传统图形系统是如何工作的，以及所涉及的学科在计算机图形学中的作用。

从狭义上说，计算机图形学可以定义为：给定场景中的物体模型(对场景中物体几何和它们如何反射光线的描述)和向场景投射光线的光源模型(这些光源的数学描述、辐射方向、光谱分布等)，生成该场景的特定视图(即到达场景中虚拟视点或相机的光线)。从这个角度看，你可能会认为计算机图形学不过是个“豪华”的乘法过程：将入射光能乘以场景中物体表面的反射率，得到物体表面的反射光，然后重复这一过程(把物体表面作为新的光源并递归地进行光能传递)，确定最终到达相机的全部光(实际上这个想法无法实现，但其思路是对的)。与之相反，计算机视觉相当于一个分解过程——给定一个场景的视图，计算机视觉系统的任务是确定光照和场景的内容(倘若图形系统可以将两者“相乘”，则可复制出相同的图像)。不过，目前视觉系统还不能解决上述问题，只能基于一些对场景、光照或者对二者的假设，或需要基于由不同相机拍摄的该场景的多个视图或者同一个相机在不同时间拍摄的多个视图。

> 在计算机图形学中，“模型”这个词指的可以是几何模型，也可以是数学模型。**几何模型**是我们想要呈现在图像中的物体的模型，例如我们构建的汽车模型、房子模型

㊀ 本书涉及的“图形学”即“计算机图形学”。

或犹徐模型。可以在模型中引入颜色、纹理或材料反射率等多种属性来增强几何模型的表达能力。所谓**建模**是从一无所有开始创建这样一个模型的过程，而所得到的对物体的“几何加其他信息”的描述为**模型**。

数学模型是物理或计算过程的模型。例如，第27章介绍了光从光泽表面反射的各种模型。还有物体如何运动的模型，以及关于数码相机中图像采集过程的模型。这些模型也许是可靠的(即对某种现象提供一个可预测而且正确的数学模型)，也可能是不准确的；可以是基于物理的，或从第一原理推导而来的，也可以是根据观察或直觉得到的经验模型或现象模型。

事实上，图形学的内涵远远超出了“绘制视图相当于做一个广义乘法”这样一个描述，就像视觉的内涵远比“分解”含义丰富一样。当前，图形学研究更多集中在创建几何模型的方法、表面反射率(以及表面下浅层的反射率、途经介质[如雾、烟等]的反射率)的表示、基于物理定律和近似模型的场景动画、动画控制、与虚拟物体交互、非照片真实感表示等。近年来，计算机视觉技术和计算机图形学日益交叉，成为图形学新的关注点。例如，考虑Raskar关于非真实感相机的工作：用相机对同一场景拍摄多张照片，在每张照片中，场景由放置在不同方位的闪光灯照明。然后基于这些图像，采用计算机视觉技术确定场景中物体的轮廓，估计其基本的形状属性，实现场景的非照片真实感绘制，结果如图1-1所示。

图1-1　使用非照片真实感相机创作艺术风格的绘制效果：采用计算机视觉技术处理同一场景在不同角度光照下的多幅图像，然后再用计算机图形技术对该场景进行绘制。左图是原始场景，右图是风格化绘制的效果(由Ramesh Raskar提供；© 2004 ACM)

在本书中，我们重点关注真实感图像的获取与绘制，这是计算机图形学中最为成功的领域，在运用相对较新的计算机科学来模拟相对古老的物理模型方面，它无疑是出色的。但是，图形学不仅限于真实感图形获取和绘制，例如动画和交互也同样重要。对这些主题，除了开设专章对它们进行讨论外，在本书的其他章节中也会有所涉及。不过，在这些非仿真领域(nonsimulation area)的研究似乎难以获得突破，究其原因，可能是由于这些领域本质上更加倾向于定性的描述，不像物理学那样存在明确的数学模型。

本书讲述的并不全是计算机图形学中诸多想法的具体实现；相反，它提供了对这些问题的更高层次的观察。本书旨在讲授一些思路，即使它们的具体实现方法已不再重要，仍具有长远的指导意义。相信通过综合数十年的研究成果，我们可以揭示计算机图形学的基本原理，为读者学习和使用计算机图形学提供帮助。至于具体的算法实现，读者则需要自行编写程序或在其他地方查找。

但这绝非意味着我们轻视具体算法实现或那些讲述相关内容的图书。相反，我们钦佩这些工作并从中受益良多，尤为钦佩那些能够以清晰和一致性的方式集成这些工作的学者。正因如此，我们强烈推荐你在阅读本书时，案头保留一本由Akenine-Möller、Haines和Hoffman合著的“实时绘制”专著[AMHH08]；另一个方法(并非最佳)是选择一个你感兴趣的研究主题，从网上搜索有关该主题的相关信息。数学家阿贝尔说他之所以在数学上取得成功，是因为他研读的是大师的作品而不是大师学生的作品。因而我们建议读者遵循他的成功之路。上述“实时绘制”专著是由该领域的大师撰写的，而随机查到的网页任何人都可以写。如果你想要从互联网获取一些信息，首先应该查找该主题的原始论文。

下面，我们介绍由 Michael Littman 给出的两条原则：

✓ **明确问题原则**：*知道你要解决的是什么问题。*

✓ **近似求解原则**：*寻找近似的求解方法，而不是对问题本身进行近似。*

这两条原则对于各种研究都有很好的指导作用，对图形学研究更是如此。在图形学中大量采用近似方法，有时容易忘记被近似的对象是什么。始终针对初始的、未经近似的问题，才能得到问题的更清晰的求解思路。

1.1.1 计算机图形学的世界

计算机图形学学术研究主要是由 SIGGRAPH 引领。ACM SIGGRAPH(the Association for Computing Machinery's Special Interest Group on Computer Graphics and Interactive Techniques)是美国计算机学会计算机图形学与交互技术特别兴趣小组的缩写，其年度会议是计算机图形学最新成果展示的主要场合，同时也是一个大型商贸展览会，还有在同一场所举行的若干相关主题的学术会议。由 ACM 出版的 SIGGRAPH 会议论文集是该领域从业者最重要的参考文献。近年来该论文集被收入 ACM 图形学会刊(ACM Transactions on Graphics)中，作为一期出版。

当然，计算机图形学也是一个产业，对电影、电视、广告、游戏等行业产生了巨大的影响。它还改变了我们察看医疗、建筑、工业过程控制、网络操作和日常生活中各种信息的方式，我们观看气象图以及对信息进行可视化即为这方面的例子。也许，最显著的是电话、计算机、汽车仪表板以及许多家用电器等的图形用户界面，它们都是运用计算机图形技术实现的。

1.1.2 应用领域的现状与前景

计算机图形学发展迅速，它很快就从一门新奇的学科进入日常生活的方方面面。像父母给孩子在飞机上打发时间的手持式游戏机这样的设备，也具有图形显示及图形界面。这归结于两点：第一，人类的视觉感知能力很强，视觉交流速度极快，因此各种设备的设计者都希望采用计算机图形技术；第二，基于计算机的器件的制造成本在迅速降低。(在 20 世纪 80 年代的讨论中，大部分人认为由于 GPS 元器件的复杂性，其制造成本永远不会低于 1000 美元。而 Roy Smith[Smi]认为：“总有一天，任何硅芯片的制造成本都不会超过 5 美元”。这是一个非常了不起的预言。)

随着图形学的日益普及，用户的需求水平也不断提高。视频游戏每秒可以显示几百万个多边形，电影特效已经逼真到令人难以置信的程度。数码相机和数码摄像机产生了海量的**像素**㊀(pixel)流(像素指构成图像点阵的基本元素)，而对像素流进行处理的工具也在快速发展。与此同时，不断增强的计算机处理能力为图形学形态的日益丰富提供了可能。随着数字摄影、精密扫描仪(图 1-2)及其他工具的广泛使用，我们不再需要对场景中的每个物体显式地进行建模，而是可以直接扫描物体，甚至忽略物体而采用多幅数字图像作为它的代理。对于含有丰富信息的数据流，从数据中提取更多的信息(如利用计算机视觉技术)的前景已

㊀ 我们称其为显示像素，以便与后续章节中介绍的“像素”的其他用法相区别。

经开始引领可能的图形学应用。例如，采用相机跟踪技术，可以通过肢体动作和手势操控游戏及其他应用(图1-3)。

图1-2　扫描仪将条纹投射到正在转盘上缓慢旋转的模型上，相机从不同方位记录条纹的模式，以此来确定物体的外形(由Polygon Technology，GMBH公司提供)

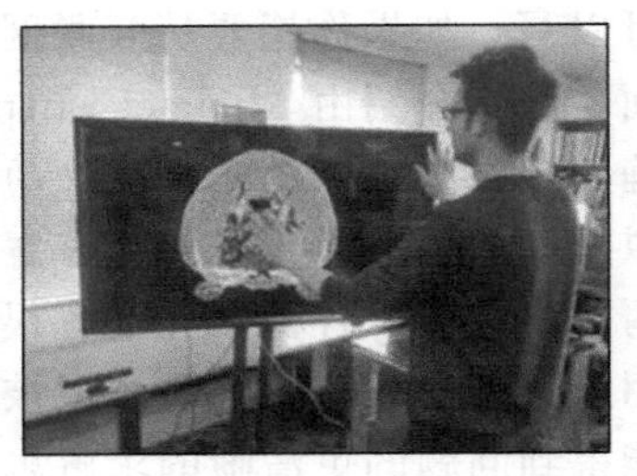

图1-3　微软的Kinect接口能感知用户的姿势及位置，科研人员可通过肢体语言来调整他观察数据的视角，而不必借助鼠标和键盘(数据视图由David Laidlaw提供，图像由Emanuel Zgraggen提供)

在图形学对娱乐产业产生巨大影响的同时，它对科学、工程(包括计算机辅助设计及制造)、医疗、出版、网站设计、社交、信息处理与分析等领域的影响也与日俱增。新的、形状从大到小的交互装置，如虚拟现实、房间尺度显示(图1-4)、装有两个LCD的头盔显示器、多点触控设备(包括大型多点触控桌和触控墙)(图1-5)以及智能手机等，为上述领域更具影响力的发展提供了新的机会。

图1-4　一位画家站在Cave(一个四周墙壁都是显示屏的房间)中，用画笔在3D空间中绘画。通过保持显示帧频与立体眼镜同步，形成立体图像，所显示场景犹如悬浮在空中一样。当用户移动视点时，头部跟踪技术使软件合成的图像与用户当前的方位、视角相吻合(由明尼苏达大学Daniel Keefe提供)

图1-5　两个用户对呈现在可触碰显示器和可触碰平板显示器上的一件大型艺术品的不同部分进行交互操作(由布朗大学图形学研究组提供)

在本章的其他部分中，当我们谈及图形应用时，脑海中浮现的是诸如视频游戏这样的应用，它依靠的关键资源是与**绘制**性能相关的处理器时间、内存和带宽，这里绘制是指将物体或图像呈现在显示器上。当然，还有许多其他类型的应用，每种应用有其自身的要求和所需的关键资源(见1.11节)。关于性能，一种实用的度量指标是**每秒可绘制的基本体个数**，这里的**基本体**是面向应用的基本构形单元。对于类似于拱廊场景的视频游戏，它可能是带纹理的多边形，然而对于流场可视化系统，它可能是带颜色的短箭头。每秒可显示的基本体个数等于每帧(即显示图像)可显示的基本体数乘以每秒的显示帧频。对有些应用，每帧需要显示更多的基本体，为此它们需要降低帧率；而对另一些讲求动画平滑性的应用，则需采用更高的帧率，为此它们需要降低每帧中显示的基本体的数量(或者通过近似降低每一基本体绘制的复杂度)。

1.1.3 关于用户界面的思考

在过去30年中，计算机图形学的根本变化主要体现在静态和动态图像真实感的提升方面，但同样重要的还有日常计算机图形中的新型*交互*方式[⊖]。不久之后，我们在观看画面时，即可通过视线与其进行*交互*。因此，用户界面(User Interface，UI)正在变得日益重要。

的确，用户界面领域沿着自己的途径一直在发展，如今它已不再是计算机图形学中一个小的组成部分，但两者仍密切相关、相辅相成。遗憾的是，直至本书写作时，与上一代的研究系统相比，目前商用桌面系统的用户界面并未发生根本性变化——计算机的输入仍然主要通过键盘和鼠标，通过鼠标进行的操作无非是点击按钮、指示图文的位置以及选取菜单命令。尽管这种点击式的WIMP(窗口、图标、菜单和指针)界面占据主导地位长达30年，但很少见到高品质、精心设计的界面。至少在早期，界面设计经常是事后再来考虑的。触摸式界面是一大进步，但是其中大多数操作仍在以不同方式模拟WIMP界面。随着用户复杂性和需求的不断增长，界面设计已成为几乎每一个应用开发中的重要部分。

> 以下两个并行且相关的发展趋势基于图形硬件的标准化以及软件和CPU速度的巨大进步。第一个是图像生成的质量和速度，可在日常图形应用中生成高质量的图像；第二个是图形用户界面的发展，它使得计算机应用程序变得直观且易于学习，即使不识字的孩子也能够使用。

界面为何如此重要？一个原因是出于经济考虑。在1960年，计算机会占据数个大房间甚至一栋小型建筑，耗资数百万美元，并由多个用户共享，相对而言，用户的薪金要低得多。到了2000年，计算机变得小型化，其价格仅为用户薪金的一小部分。图1-6展示了计算机价格与用户薪金的无量纲比例趋势。在1960年，计算机必须全时段地高效使用(至为关键)，为此用户必须做大量事情；但是到了2000年，情况截然相反：用户成为宝贵资源而计算机则相对廉价。现在用户的时间大都花费在了UI上，甚至对一些大型的、运行很慢的程序而言也是如此：仅当程序进入运行后，用户才可以做些其他事情。因此，我们应投入更多努力在界面和交互的研究与开发上。

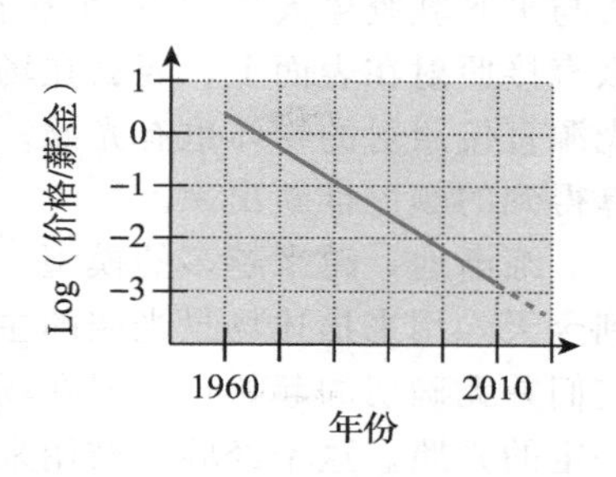

图1-6　计算机价格和使用计算机的用户的薪金(对系统的多个用户取平均)之比的对数随年份变化的趋势图

哪些因素会影响UI设计呢？大部分因素与心理学、感知以及人机工程相关。一方面，UI要使用颜色，但另一方面，又要保证UI适用于色觉异常的用户；一方面，UI要呈现需列出的全部菜单项，另一方面，又要对这些菜单项进行适当的排列和组合，使得一个典型用户能够快速查找和从中挑选，因此菜单项必须加以组织，且每一项要足够大，使选择过程更为简单。另外，还要确保UI支持用户可能使用的各种设备：台式计算机、智能手机、PDA或游戏控制器。

尽管界面非常重要，但我们不会过多地对其进行讨论；如今UI研究已自成体系，虽

⊖ 早期的图形系统应用于计算机辅助设计/计算机辅助制造(CAD/CAM)，通常具有一定程度的交互功能；但是这些系统非常昂贵且复杂，难以面向普通计算机用户。

与图形学相关，但它已不再是图形学的一部分。在某些情况下，有些界面元素可为有经验的图形用户提供独特的视角。第21章讨论了这些界面元素在建模和变换中的应用。

以上讨论表明，计算机图形学追求的目标不仅仅要基于物理学或者算法，而且十分依赖于人的因素。我们不光要计算场景中光能的传递，同时也要考虑人们对结果的感知：额外的计算时间对观察者而言是否值得？我们不仅仅是开发一个应用程序，为某些特定领域提供其所需的功能，满足其性能指标(例如在图书馆中播放音乐或帮助医生保存病历)，同时也要关注程序的界面是否易于使用。显然，UI界面的易用性与人类感知密切相关，我们会在第5章介绍相关的内容。

1.2 简要历史

图形学研究一直是目标导向的，但其目标在不断变化。早期的研究人员只能在具有有限处理器功能的环境中开展工作，因此通常会选择运行快速且容易生成结果的方法。早期的工作包括绘图(如绘制蓝图)和生成图像(如类似于照片的真实感图像)。在每一种情形中，都需要做出许多假设，这些假设通常必须迁就所用的处理器功能和显示技术。当显示一个结果的花费相当甚至高于一个工程师的薪金时，显示的每一张图片都必须有价值。在显示几百个多边形需要数分钟的时候，采用较少的多边形来逼近曲面无疑是明智之举。当处理器速度用MIPS(每秒百万条指令)来度量，但是图像却包括250 000或者500 000个像素的时候，人们通常不能在每个像素上耗费太多的计算(在20世纪60年代和70年代初期，许多研究机构尚只有一台图形显示器)。典型的简化假设是：所有物体对光的反射方式与平光乳胶漆大致相当(虽然在一些系统中采用了更加复杂的反射模型)，于是，光线要么直接照射在表面上，要么在场景中被多次反射，最终形成泛光照明效果，这使得未受到光源直接照射的物体也有光照；并且，三角形内部各点的颜色可以根据在三角形顶点处计算得到的颜色推断出来。

渐渐地，越来越多的模型——形状模型、光源模型、反射模型——加入进来，但即使到今天，用来描述场景光照的主流模型中还是包括了**泛光**这一项。泛光指一定量的光线，它们并无确切的起始点，但在场景中无处不在。泛光项保证了场景中的可见物体均可受到一定的光照。这个经验项被用来模拟光能传输中的某些分量，比如物体间的多重反射，20世纪60年代时的计算机尚不能直接计算出这种反射。泛光项至今仍在使用。虽然很多书在介绍模型时均按照光能传输历史发展过程讲述，但本书将选择一种不同的方式，即直接讨论理想的模型(对光传输的物理模拟)，包括目前的算法是如何逼近这个理想模型的，一些早期的方法是怎样来逼近的，以及哪些近似的痕迹仍为当前的常见模型所沿用。唯一的例外是，我们将在第6章介绍一个反射模型，该模型将表面对光的散射分为三项：**漫射项**，它对应于从表面朝各个方向均匀反射的光；**镜面反射项**，用来模拟朝一定方向的反射，包括类似于粗糙塑料表面的反射和如同镜子般的近乎完美的反射；最后一项是泛光项。我们将在第14章对这一模型予以改进，然后在第27章详细讨论其细节。提前介绍的优点是，可以让你在掌握光线的真实反射行为之前能早点体验建模和绘制场景的过程。

图像显示器数十年来有了巨大的发展，其中包括20世纪70年代～80年代从向量显示设备向**光栅**显示设备的转变。光栅显示器显示的是一个点阵，如CRT和LCD显示器。此外还包括过去25年中，显示器**分辨率**(单个点的精细程度)、大小(显示器的物理尺寸)以及**动态范围**(可显示的像素最亮与最暗光亮度值之比)稳定而持续的增长。图形处理器的性能也依照着摩尔定律大幅度提升(与CPU相比，图形处理器性能指数级增长的幅度更大)。

图形处理器的体系结构也在并行增长，至于它能走多远尚难以推测。

处理器和显示器在稳步改进的同时也曾有过重要的飞跃。从向量显示设备到光栅显示设备的转换、微机系统迅速取代工作站即为其中的例子。另一个例子是商业图形卡(及相关软件)的引入，它使得所写的程序能在各种机器上运行。在光栅显示器广泛应用的同时，还发生了另一大的变化：Xerox PARC 的 WIMP GUI 被采用，这使得图形学从实验室里研究的对象转变成计算机日常交互不可或缺的组成部分。

最后值得一提的飞跃是：引入了可编程图形卡，应用程序不是发送多边形或图像给图形卡，而是发送一些小的程序，分别描述应如何接替地处理随后的多边形和图像直至它们进入显示。这些所谓的“着色器”开辟了一个无须经过任何额外的 CPU 周期就能生成真实感效果的全新的领域(虽然在此期间 GPU——图形处理单元——在努力工作)，我们可以预期未来的几十年内图形处理能力将会发生更大的飞跃。

1.3 一个光照的例子

现在我们来看一个简单的场景，并问自己如何才能生成它的图像。

在黑暗的房间里，一个 100W 的点光源悬挂在桌子上方约 1m 处，桌面涂有灰色乳胶漆。我们从 2m 高处看这个桌子，会看到什么呢？先不管灯泡射出的可见光和景物表面的精确反射率是多少，场景中的大致光照分布(在灯下方较为明亮，而远离灯的区域较暗)可由物理学决定。可以做一个思维实验，想象一下该场景的理想“画面”。我们希望绘制该场景的图形系统能生成与之十分逼近的结果。

然而，即使最终结果只需显示出该场景的大致光照分布，也很难基于标准图形包来编写相应的程序。大多数标准图形包没有“米”“克”或“焦耳”等单位的概念，它们对光的描述中甚至不考虑波长。此外，传统的图形包在计算入射光的光强时令其与光源的距离相关。按物理学所述，入射光强按 $1/d^2$ 变化，但传统的图形包中采用了另一规则。公平地说，可以让传统图形包在计算入射光强时按二次衰减，但生成的画面看起来并不正确㊀，部分原因是显示器显示亮度的非线性、像素光亮度被表示为一个小范围内的值(通常为 0～255)，而且大多数显示器呈现的亮度只具有有限的动态范围(无法真实地呈现非常明亮或非常暗的物体)。采用线性衰减(通常掺入了一个小的二次项)可以部分地克服上述局限性，生成更好的画面效果。但它只是针对上述问题的临时解决方法。

要正确地绘制出如上所述的简单场景的图像，可能最好的办法就是直接进行物理建模，然后再考虑如何显示所得到的数据。在第 32 章的结尾，你就可以这样做了。

在上述例子中要生成一个物理正确的结果，我们需要研究图形学中一个特定的领域，即真实感。显然，在图形学发展的早期，由于偏重对真实感的追求，大多数计算并不是基于物理的。这归因于人的视觉系统(HVS)极为鲁棒：当呈现给眼睛的结果稍不像物理真实的图像，就会引起我们的视觉系统的注意。最近出现了将拍摄的图像(如数码照片)与采用图形技术生成的图像组合在一起的趋势，这证明把这件事做好是多么重要：倘若真实图像和合成图像的亮度不一致，马上就会被人们觉察到。

但在图形学中，我们追求的并非物理上的仿真，而是如何以视觉的方式来呈现信息(如一本书或报纸版面)。以上述情形为例，其典型的视图是一个光线好的房间，光以大致相同的强度从各个方向入射到景物表面，场景中各处反射光的差异大概在10^3 范围内。简

㊀ 错误之处并非由于我们对点光源不熟悉，即使我们构建了面光源的几何模型，结果仍然是错的。

单地将屏幕像素的显示亮度调整到合理的区间，让它在类似范围内变化，效果很好，因而无须在视图上模拟真实的物理反射。但是，必须要保证所显示的图像忠实于原作(在你和我的显示器上看到的颜色应该相同)；所显示的时尚物品或油漆颜色必须是准确的，确保用户看到的是它们真实的外观。

毫无疑问，上述过程对**抽象**而言是一个好机会，而抽象是视觉交流的一个关键因素：当用户看到文件时，文件的物理特性并不会对用户的观感产生很大的影响，而人们在讨论文件时使用的是形状、颜色和形式这些更为抽象的术语。当然，这些抽象必须能刻画讨论中会关注的内容，忽略那些对讨论的话题而言并不重要的细节，这是建模处理的一个关键特点，在本书中，我们会经常回顾这一点。

1.4　目标、资源和适度的抽象

上述灯泡的例子给出了另一条原则：在任何仿真中，首先要了解其背后的物理或数学过程(基于已知的有关它们的知识)，然后，在给定时间限制、处理器能力和类似因素(我们的资源)的情况下，确定可提供所需结果(目标)的最佳近似方法。

这种方法既适用于2D图形——例如你的Web浏览器界面上的图形对象，像用于导航的按钮和对后续文字信息的显示——也适用于含有特效的3D场景绘制。在前一种情况下，占主导地位的因素可能并非物理机制而是用户的感知以及设计方面的考量，不过这些因素仍然必须事先了解。除了选择包含丰富语义的抽象外，睿智建模的另一部分是选择便于操作的表示：为了表示平面上一个实数函数的值，可以采用矩形数组；也可以将平面划分成不同形状和大小的三角区域，然后将实数值存储在三角形顶点处(这在构建流体模型时很常见)，或者采用一个可存储矩形数组值的数据结构，每当相邻区域的值一致时即将它们合并成一个更大的矩形，因此细节出现在那些函数值急剧变化的区域。

我们将上面的讨论总结为以下原则。

✓ **睿智建模原则：** *对某一现象进行建模时，先深入了解需要建模的现象和建模的目标，然后选择一个含义丰富的抽象模型，再在资源的范围内为其选取合适的表示方法。最后，通过测试来验证所建的抽象模型是否合适。*

针对不同的情形，测试也会不同：如果建模时抽象的内容涉及人类的感知，那么这项测试会包含用户调查；如果抽象的内容涉及物理现象(例如，“可以使用正弦曲线来模拟海洋细浪”)，那么测试会包含对数据的度量。

Barzel[Bar92]认为计算机图形学中大部分实景模型由三部分组成：自身的物理模型、数学模型和计算模型。(比如说，物理模型为：海洋波形表现为海水表面的垂直位移，波浪的起伏运动完全是因周围的高度差而产生的力，而不是因为风力；而其数学模型是：将位移刻画为海洋表面整数网格点位置的时序函数，中间各点的值由插值定义；计算模型则可能是：海面在将来某个时刻的状态可由当前的状态决定，这可通过采用有限差分来逼近所有导数，然后求解一个线性方程组实现。)在程序中对这三者进行区分有利于程序调试。但是这也意味着，在调试的时候，必须记住当前的模型及其抽象层次，以及它们对你所期待结果的限制(例如，在上述例子中，所采用的物理模型不能模拟分裂的浪花，而数学模型则告诉你将看不到小于网格尺度的海面波浪细节)。不过，这在计算机科学中并不常见：在计算机科学的大部分领域中，你可能构建了一个计算模型或一个机器模型，这一模型即可为你提供所需的基础。但在图形学中，必须同时构建问题的物理、数学、数值、计算和感知模型，而且这些模型还存在相互作用。

在2D和3D图形学中，弄清楚我们工作的最终目标至为关键，图形学讲求的是视觉形式的交流，一般是与人的交流。这个最终的目标会影响我们在图形学中要做的许多事情，乃至一切。(功能决定形式，这句话在图形学中也是适用的。)举一个简单的例子，光是一种电磁辐射波，我们应该如何对它进行模拟呢？由于人类的眼睛只能感知一定频率范围内的可见光，尽管普通灯管(包括太阳)发射的也有不可见光，而且这些不可见光也具有一定的能量，但在图形学中我们无须模拟它们(如无线电波或者X射线)。因此，人类视觉系统的局限性可使我们的程序节省许多计算量。类似的，由于眼睛对于光能的感知能力大致呈对数关系，故我们在构建显示硬件时也使一定量的像素值差异与它们所显示的光能之比相对应。

✓ **视觉系统影响原则：** *在求解图形学问题和构建模型时需考虑人类视觉系统的影响。*

即使在2D显示中，也需要考虑感知方面的因素。由于人类视敏度有限，显示的对象必须具有一定的尺寸才能被感知；同样，人类运动控制系统也有局限性，交互方式必须适应这种局限性。我们不能让用户在1280×1024像素、17英寸大小的显示器上用鼠标来点击某一个特定的像素，因为这实际上是做不到的。

但这并不意味着感知会影响图形学中的每一个决定。在第28章中将看到，在整个绘制过程中，如果认为光仅仅反映了人对颜色的3D感知，而不是作为整个光谱的表示，将引起风险。不过，在许多情形下，光的亮度变化范围有限，此时眼睛感光能力的对数特性不是特别重要，因此常见做法是取对应于对数亮度的像素值的平均。这类技术通常具有很好的实用效果。

1.4.1　深度理解与常见的做法

由于我们一直在使用计算机图形学，故不得不接受通常做法，这些做法也是逐步形成的，在其开发过程中，它们曾生成足够好的结果。但是经过对通常做法的讨论之后，我们将对其有个客观的认识，读者将认识到处理图形问题的不同方法的局限性。

1.5　图形学中的常数和一些参数值的量级

由于我们对图形学的学习将从对光的讨论开始，如果能了解一些刻画日常场景中光的特征的数字，将是非常有帮助的。比如说，可见光大约位于400~700nm(1nm为1.0×10^{-9}m)的波长范围内。人的头发的直径约为1.0×10^{-4}m，大约为波长的100~200倍，使用人的尺度有助于我们理解要讨论的现象。

1.5.1　光能量和光子到达率

单一光子(不可分的光线粒子)的能量E随着波长λ而变化，如式(1-1)所示：

$$E = hc/\lambda \tag{1-1}$$

其中，**普朗克常量**$h\approx6.6\times10^{-34}\,\mathrm{J\cdot s}$，光速$c\approx3\times10^{8}\,\mathrm{m/s}$。由此，可以得到

$$E \approx \frac{1.98\times10^{-25}\,\mathrm{J\cdot m}}{\lambda} \tag{1-2}$$

令典型光子的波长为650nm，可以得到

$$E \approx \frac{1.98\times10^{-25}\,\mathrm{J\cdot m}}{650\times10^{-9}\,\mathrm{m}} \approx 3\times10^{-19}\,\mathrm{J} \tag{1-3}$$

即为一个典型光子的能量。

一个普通的100W(瓦特)白炽灯消耗100W或100J/s，但是其中只有很小的一部分被

转化为可见光，对于效率最低的灯泡，这个数值或许只有2%～4%。将2J/s除以3×10^{-19}J，可以算出这个灯泡每秒将发射出6.6×10^{18}个可见光子。假设有一个体积为4m×4m×2.5m的办公室，室内有一些家具，其总的表面积约为$100m^2=1\times10^6cm^2$，办公室采用100W的灯泡照明，则每平方厘米每秒将入射10^{12}量级的光子。

相比之下，太阳光直射时的光子到达率大约为上述数字的1000倍，而一间卧室采用一个小夜灯照明时的光子到达率只有1/100。因此，进入眼睛的光能可在数个量级的范围内变化。有证据表明，已经适应了黑暗环境的眼睛可以感知单个(或少量)光子。不管哪种说法，白天和黑夜进入眼睛的光能之比可接近于10^{10}。

1.5.2　显示器的特性和眼睛的分辨率

因为我们工作时总是和计算机显示器打交道，而驱动这些显示器的计算机通常会在屏幕上绘制一些多边形，采用一些数字来描述这一切更能说明问题。2010年产的一台典型的显示器有100～150万个像素(像素为可独立控制的显示单元㊀)，其分辨率不久将上升到400万个像素，显示器宽度为37厘米(约15英寸)，像素中心间的对角线距离为0.25mm。一个典型显示器的动态亮度范围约为500∶1(即最亮的像素所发射的光能约为最暗像素的500倍)。一台设备齐全的2010年产的桌面显示器可在观察者视角25°范围内显示。

人眼的角分辨率约为1弧度，相当于在1km远的距离观察300mm的长度，或者在约1m距离处观察0.3mm长度(对观看计算机屏幕更为实际)。如果像素比当前尺寸小一半，眼睛将无法分辨它们㊁。将一行文字中某个字符的位置移动一个像素，可能完全看不出来。另外，偏离视图中心越远，眼睛分辨率会越低，因此显示器屏幕四边处的像素密度大部分时间并无作用。另一方面，眼睛对于运动非常敏感。在一片灰色区域内，如果两个相邻的像素交替闪烁，则很容易被发现，从而导致人眼的运动错觉，这对于吸引用户的注意力是非常有效的。

1.5.3　数码相机的特性

现在消费级数码相机镜头的面积约为$0.1cm^2$。假设我们用它来拍摄上述100W的白炽灯，并使灯泡的图像占据整个画面。为此，我们把镜头放到距离灯泡10cm的地方。由于10cm半径球面的表面积为$1200cm^2$，因此镜头只接收了灯泡所发光的约1/10 000，或者说每秒6.6×10^{14}个光子。如果曝光时间为0.01s，感光器具有100万个像素，那么每个感光器像素大约接收10^6个光子。然而如果镜头对准上述虚拟办公室内一片暗色的地毯，则每个感光器像素所接收的光子大约只有100个。

1.5.4　复杂应用的处理需求

计算机游戏是当前图形学需求最大的应用。为了让游戏中的场景出现在玩家的屏幕上，需要将描述场景的多边形传送给图形处理器。这些多边形通常具有各种属性(如颜色、纹理、透明度等)，它们通过各种技术(反走样、平滑着色等，后面会详细讨论)予以绘制

㊀ 每一个显示单元实际上由几部分组成。例如一台典型的LCD显示器，其红色、绿色、蓝色部分为3条平行的垂直竖条，它们组成一个矩形。也有可能是其他方式的组合，如CRT屏幕上每个像素由红、绿、蓝三种荧光粉组成的三角形发出红、绿、蓝色的光。

㊁ 这并不意味着进一步降低像素的尺寸没有意义。300dpi的打印机每个打印点的尺寸约为0.1mm，其打印质量远不如1200dpi的打印机，即使在0.5米外观察也能看出。能清晰分辨相邻的打印点和生成平滑的整体画面打印效果是两件不同的事。

和展现。在绘制多边形时，它们所覆盖的每一个像素都需要进行着色计算。因此，每秒绘制的多边形数和每秒着色的像素数成为衡量绘制效率的两个指标，注意这两个指标的值时刻变化。显然，绘制一个覆盖 500 个像素且具有纹理、反走样和透明效果的多边形和绘制一个单一颜色、只覆盖了 10 个像素的三角形的计算量大不相同，故很难基于这两个指标进行比较。但是可进行交互显示、含有一百万个多边形的复杂场景早已不足为奇，其中约十万个是可见的(其他或被其前面的物体遮挡或不在视域内)，平均每个可见多边形占据 10 个像素。由于形状复杂的物体大多采用多边形网格表示(见图 1-7)，许多多边形甚至占据不到 1 个像素。当然，对于高质量、无交互或包含特殊效果的场景，最终生成的画面可采用非常高的分辨率，但与此同时，场景很可能包含数百万个多边形，此时多边形在屏幕上的投影小于一个像素的情形比比皆是。

图 1-7　由 Martin Newell 制作，并在图形学领域被多次引用的经典茶壶模型

1.6　图形管线

标准图形系统的实施流程通常称为**图形管线**(graphics pipeline)。“管线”一词在这里指从数学模型到生成屏幕上像素的过程，它包含多个步骤。在经典的体系结构中，这些步骤是按序执行的，即一个阶段的结果输出给下一阶段，前面阶段随即开始处理新的多边形。

图 1-8 展示了这一管线的简化示意图：待绘制的场景的数据可从多个渠道输入，最后生成屏幕上的像素。

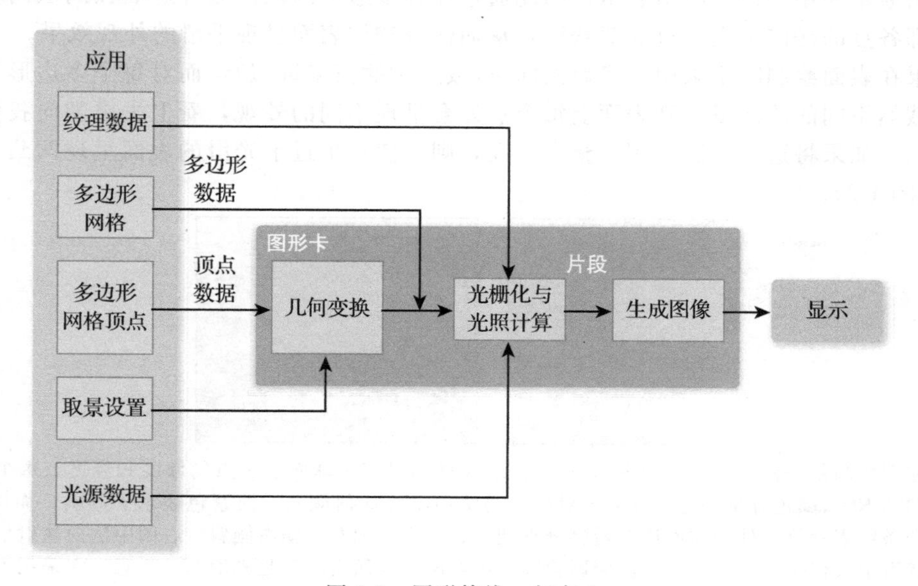

图 1-8　图形管线，版本 1

在许多情况下，管线的实现细节并非关注点，这时可以把它看成一个黑盒，通过黑盒，场景几何模型被转化为场景多边形的光栅透视投影(这里我们暂时忽略平行投影情形)图像。从另一角度看，对图形处理的特性有所了解还是有价值的，尤其是绘制效率举足轻

重的时候。对图形管线中各方框详细内容的讲述将贯穿本书。

即使将图形管线看作黑盒子，也能编写出许多实用的程序。这时你无须考虑它的具体实现，而只需将其视为由黑盒子定义(非物理定义)的从模型到图像的变换(如之前提到的光强非二次衰减)。

不过，过去十年间的发展使得上述图形管线几乎被废弃。由于图形应用编程接口(API)提供了可调整管线中每一阶段参数的实用方法，因此上述固定功能的管线模型被快速淘汰，取而代之的是由称为着色器(shader)的程序来实现管线中某些阶段甚至是整个管线的功能。很容易编写一个小的 shader 程序来模拟固定功能管线，并且现代 shader 程序变得越来越复杂，可以实现许多之前的图形卡无法做到的事情。尽管如此，固定功能管线依然提供了一个很好的概念框架，可以在这个基础上添加变化，即需要编写多少个 shader 程序。

1.6.1 纹理映射与近似

图形管线中的一个标准模块是**纹理映射**(texture map)。纹理映射通过查表的方式将纹理图像的颜色映射到一个或多个多边形上。这个过程就像在表面上刻画图案或是将一张花纹纸粘贴到物体上。纹理图像可以是扫描到系统中的艺术画作，可以是数码相机拍摄的照片，或者是用绘图软件制作的图像。你可以将纹理图案想象成一张有图案的橡胶片。而纹理坐标描述了为了使这张橡胶片准确覆盖物体的某些部位，是如何对其进行拉伸和变形的。

通过纹理映射来指定图像上每个点的颜色仅仅是纹理映射的众多应用之一。纹理映射的核心思想已被推广并用于调整表面的多种外观性质。例如，一个物体的外观部分取决于表面的**法向量**(外表面每一点处垂直表面的向量)。计算光从表面的反射时就涉及法向量。由于表面通常采用多边形网格表示，因此通常在各多边形的顶点处计算表面的法向量，多边形内部各点的法向量则通过插值获得，从而使该物体表面呈现平滑的外观效果。

如果在表面绘制时不采用*真实的*法向量(或通过插值来近似)，而对每个多边形不同的点采用截然不同的法向量，则表面上每个点处会呈现不同的外观，看上去更朝向我们或更远离我们。如果将这一方法应用于整个表面，则可使一个近乎光滑的表面呈现凹凸不平的效果(见图 1-9)。

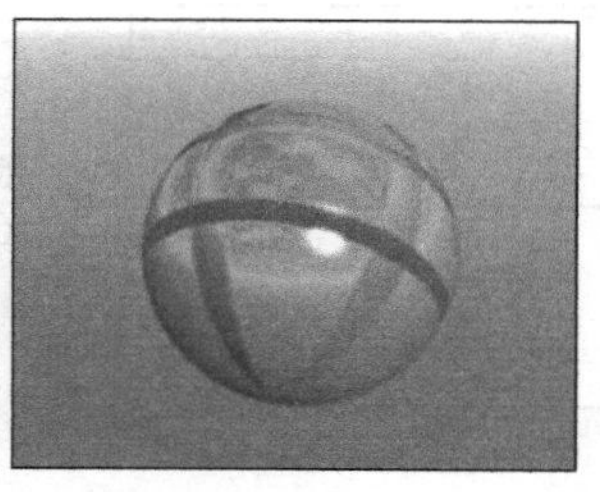

图 1-9 左图所画是一幅法向图。图中每一点的 x、y 坐标对应于球面上一点的纬度和经度。每个点处存储的 RGB 颜色分量决定了球面上对应点的法向量将如何倾斜。淡紫色表示无倾斜，而四周的 4 个条纹表示该点处的球面法向量将分别朝上、朝下、朝左、朝右倾斜。右图中法向映射生成的形状看上去似乎凹凸不平，但从侧影轮廓线可看出，表面实际上是光滑的。注意，它采用了天空的镜面映像作为“颜色纹理”

从图 1-9 可以看出，即使是一个真实的球形表面，也可让它的外表看上去有很多几何上的变化。不过，在表面轮廓线附近，上述方法并无效果，这是这类映射方法共同的局限性。另一方面，采用法向映射的方法，只需绘制少量多边形就可以生成原本需要数千个多边形才能实现的效果，这是该方法的突出优点。在图形学中，这类选择很常见：要么追求物理上正确(通常需用更复杂的模型)，要么采用小得多的模型来生成近似图像。如果模型的大小和处理时间的长短会影响总的工程预算，那么对这些因素必须要加以权衡。

1.6.2 更为详细的图形管线

上文已经提到，管线结构让我们能并行处理很多任务，管线上的每一阶段针对一部分数据执行某个任务，然后将处理结果传送给下一阶段，接着这一阶段立即开始处理下一部分数据。如果管线设计合理，则能大大提高处理能力。当然，随着管线所含阶段数的增多，从输入数据到生成最终结果所需的时间总量也将增加。对于交互性能要求很高的系统，这种**滞后**或者**潜在滞后**也许是关键性的。

图形管线包括 4 个主要部分：顶点几何处理和变换、三角形处理(光栅化)和片段(fragment)生成、纹理映射和光照以及用来组装最终图像的片段组合操作。我们下面就会概述这些内容(在第 15 章和第 38 章中将详细介绍)。你可以将这一管线看成嵌入了典型程序结构的更大管线的一部分(如图 1-10 所示，其中顶点处理部分被标记为“几何变换”，片段生成、纹理和光照合起来放到一个单独的框里，最后的片段加工处理则标记为“生成图像”)。

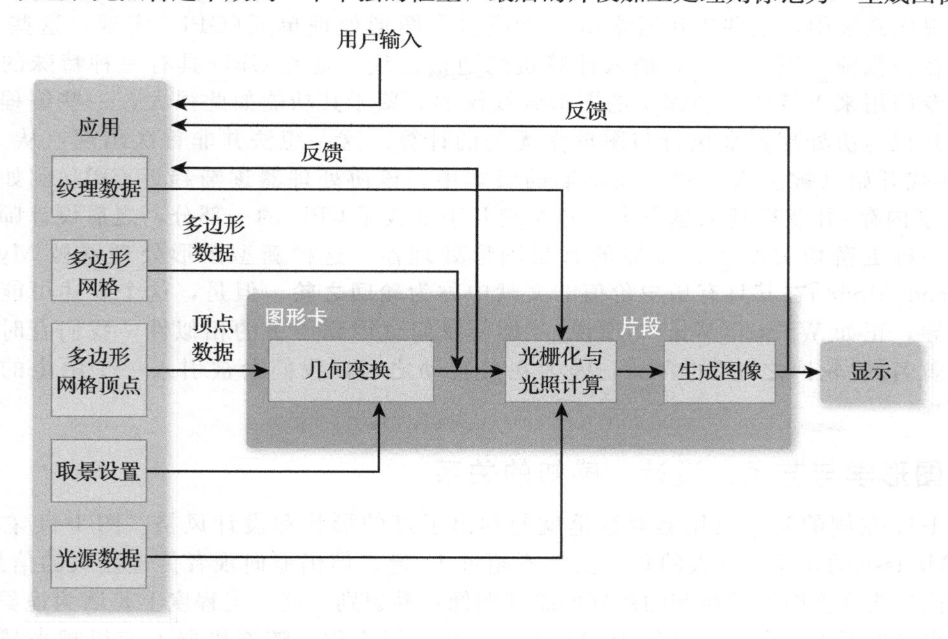

图 1-10 根据对这个更大的图形管线的描述，应用程序(如动画)将执行某些操作来确定需显示的几何物体；然后将相关的几何描述交给图形管线，最终生成图像。其间，由于图形管线可返回许多数据，用户根据显示图像实时输入的信息可能会影响应用程序的下一步操作

在这个更大的管线里，应用程序提供显示所需的数据，而图形管线则生成最终的图像。但在此期间用户可能会输入信息对应用程序进行控制(例如对所显示的图像有所回应)，还有从图形管线中返回的信息，它们组合起来用于计算下一帧画面。

该图形管线的每一部分都包含了几个按序执行的任务。在实际执行中(见第 38 章)，各任务的先后顺序可能有变化，但用户仍可认为它们是依序执行的，图形程序员在创立应用程序时应基于管线这一概念。大部分 API 都提供了可用来控制图形管线的“**程序员模型**”。尽管各部分内任务的执行顺序(甚至各部分间的顺序)可以改变，但是图形系统最终生成的结果必须与按序执行所生成的结果一样。因此，图形管线只是一个抽象的概念——一种思考工作流程的方式，它让我们了解最终会生成什么结果，而忽略底层具体的实现过程。

管线的顶点几何处理部分负责输入物体的几何描述(通常为逼近物体表面的多边形网格的顶点位置，这里所说的网格是共享顶点和边的一系列多边形的集合)以及施加于这些顶点的特定变换，然后计算变换后顶点的实际位置。顶点变换后，由这些顶点定义的多边形网络自然也会随之变换。

三角形处理阶段输入的是多边形网络(通常为三角形网格)和用来拍摄场景的虚拟相机的参数，然后对多边形逐个进行**光栅化**处理，将它们从连续的几何表示(三角形)转化为面向显示的离散像素表示(确定三角形包含哪些像素或者像素部分)。

在**片段**生成过程中，将根据场景中的光照和网格纹理(例如豹斑)来计算片段(三角形内的像素或像素部分，如果未被其他片段遮挡，将展示在最终画面中)的颜色。

如果多个片段覆盖同一像素，通常绘制位于最前面的片段(最接近观察者的片段)，不过也可以实施其他面向单个像素的操作(例如透明计算，或者进行“掩膜”使得特定的片段被绘制，而其他处于“掩膜”状态的片段则不加处理)。㊀

在现代系统中，这些工作通常由一个或多个图形处理单元(GPU)实现，这些GPU通常嵌在一张独立图形卡上，插入计算机的通信总线。这些GPU具有一种特殊的体系结构，专门用来支持快速和深层的图形管线流程。鉴于其功能如此强大，一些编程人员开始将其视为协处理器来执行与图形学无关的计算。这一想法并非首次出现，从20世纪60年代开始已被多次重塑。在早期的版本中，该协处理器逐渐趋近CPU(例如，与CPU共享内存)并变得越来越强大，直至它几乎变成了CPU的一部分，之后设计师们开始构建一种更密切关联于显示器的新型图形处理器。这种新型图形处理器被Myer和Sutherland[MS68]在其具有历史价值的文献中称为**轮回之轮**。但是，这个表述可能存在某种误导，正如Whitted[Whi10]所说：“即使我们意识到历史的相似性，我们有时仍会忘记这著名的‘轮回之轮’的含义，因为在其转动之时，我们会被引入一个陌生的技术领域。”

1.7　图形学与艺术、设计、感知的关系

图1-11左侧的简图只用寥寥数笔就勾勒出了灯的形状和设计风格。图1-11右侧的Henri Matisse的作品“女人的脸”虽然不超过13笔，但仍能向观者传递巨大的信息量。它甚至比当前许多图形学绘制的最好的脸部图像更易识别。这一定程度上是因为**诡异谷理论**——来自机器人学中的一种假说[Mor70]，这一假说称：随着机器人变得越来越像人类，观察者对它的亲近感在增长到某一程度之后会急剧下降，直到机器人跟人非常像之后亲近感会迅速超越先前的水平。诡异谷即指其中的一段区域，它与人类相似度非常高，但人对它的亲近感却非常低。同样，绘制生成的几乎“接近真实”人的图像常被形容为“令人毛骨悚然”或者“怪异”。除此之外，还有另外的重要区别：Matisse的绘画非常简洁，但采用绘制技术来生成一张真实的脸，则需要耗费大量的计算。这是因为艺术家和设计师们采用逆向工程的方法来模拟人类视觉系统，力图以最小的“绘画开销”来获得最大的感

㊀ 注意，选择像素(一个光栅网格)作为图像显示的基本单元隐含着最终结果所包含的信息是有限的：你无法通过放大一个像素来查看更多的细节。但有时在计算中，为获得满意的结果，单个像素显示的内容需要在子像素精度上进行计算。我们时常会遇到这种情形。

知效果。他们的工作使我们领悟到图形显示的目的是交流，而要实现这个目标，有时通过其他方式比“真实感”绘制更好。例如，在汽车修理手册中，可以采用照片来做说明，但最优质的手册却使用手绘图来进行说明(见图 1-12)，以便突出重要的细节并略去其他无关的细节。哪些细节更重要？这既取决于图像创建者的意图，也取决于人的视觉系统。例如，我们知道人类视觉系统对亮度的急剧变化很敏感，对垂直和水平线比对斜线更敏感。这部分地解释了为什么线画图是有效的表意手段，以及为什么人会优先注视垂直线和水平线而忽略对角线。

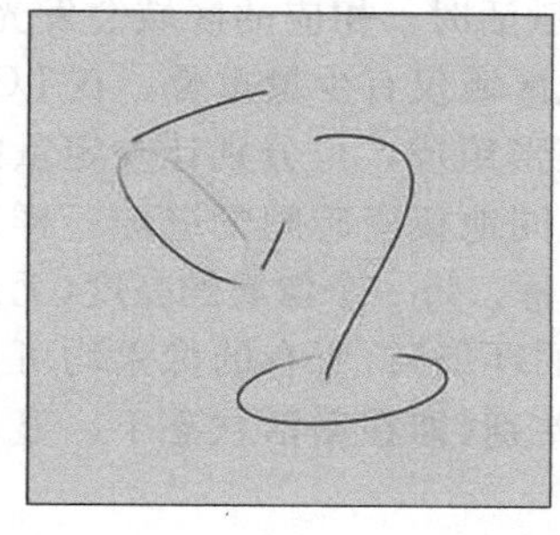

图 1-11 Jack Hughes 提供的“灯”由 5 笔组成，而 Matisse 的作品“女人的脸”只用 13 笔就勾勒出了女郎脸部的外形和情绪

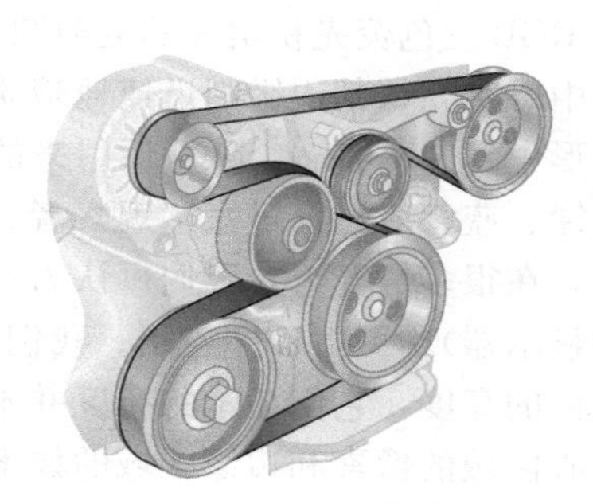

图 1-12 2D 修理手册只绘出所需的细节，而略去了无关的内容

每一工程问题都会涉及经费预算，图形学也不例外。在生成下一帧显示画面之前，你将受限于可以传送给图形管线的多边形的数量、可以填充的像素总数以及 CPU 可以承受的计算量，在此基础上决定画哪些多边形。艺术家在创作时也面临类似的考量，甚至包括在页面上设置标记的工作量、场景呈现所要画的风景之前需等待的时间(你无法在半夜画一幅日出的画)等。而且他们已经开发了一些技术，可以用较少的开销来表现一个场景。例如，画轮廓线图以及通过单色填充来增加对比度以区分不同的物体等。我们可以从艺术家采用逆向工程模拟人类视觉系统的思路中得到启发，运用他们的技术来提高绘制效率。毕竟，计算机生成的大多数图形是给人看的，画得好不好最终得由人的大脑来评价。还有一个因素需要考虑：观众的注意力。图形同样受限于观众能花费多少时间和精力来理解其传递的信息。当然，我们对于“是否满意”的标准也随着时间而有所改变：20 世纪 60 年代和 70 年代生成的图像在当时看起来非常好，但已完全不符合现在的标准。

另一方面，视觉系统的特性让我们可以采用简单有效的表达方式对现实进行近似来合成令人信服的结果。早期的云模型[Gar85]虽然采用极其简单的近似表示来描述云的形状，但非常有效，原因是人的眼睛不会特别关注云的几何图形，只要它看上去是蓬松的就可以了。但是更多时候，这样的简化会失败。例如，我们或可采用许多小的三角形来构建表面网格，每个三角形填充单一颜色(**平面着色**)，并让相邻三角形的颜色之差也很小，从而使整个网格表面呈现平滑的颜色过渡。不幸的是，除非三角形非常小，否则会导致**马赫带效应**(见图 1-13)，产生很差的视觉效果。

图 1-13 每条窄带为一种颜色，但每条窄带的左侧窄带颜色更亮，其右侧窄带稍暗，从而使得各窄带之间的分界线被凸显出来，该效应称为马赫带效应

1.8 基本图形系统

一个现代的图形系统包括若干交互装置(键盘、鼠标、写字板或触摸屏)、一个 CPU、一个 GPU 和一个显示器。如今的显示器或者是液晶显示器(LCD)，或者是阴极射线管(CRT)显示器，与此同时，新的显示技术(如等离子和 OLED)不断刷新着行业的面貌。每一种显示器显示的都是排列成矩形阵列的像素，或者说可呈现不同颜色和亮度的微小区域(通过控制红、绿、蓝三种颜色来调节所显示的颜色)。在 CRT 的情形中，每一个像素都对应屏幕上一个由 RGB 三色荧光粉组成的近似圆形的小区域。当一个像素被激活时，相应的区域会发光，而且中心明亮，其边缘则迅速地暗淡下来，因而相邻像素的发光区域仅有少量重叠。在 LCD 的情形中，屏幕有一个从背后射来的光，每一个像素由三个小矩形组成，可分别让一定量的红、绿、蓝背射光穿过直达观察者。像素之间的间隙非常小(如同地板瓷砖间的缝隙一样)。但是，在很多情况下，我们可认为 LCD 像素覆盖了整个 LCD 屏幕。每一个像素的亮度(无论哪种显示器)均可由程序控制。我们也可以假设(除非极为严格的环境)：所有的像素均可显示同样的亮度，它们显示的亮度并不因其位置不同而有明显的差别(即在激活状态下，显示器中心区域的像素和边缘区域的像素亮度相同)。

图形程序通常在 CPU 上运行，程序对来自交互设备的输入信息进行处理，然后将描述应显示内容的指令发送给 GPU；反过来，又引发用户做进一步交互，如此循环下去。在几乎所有情形中，上述运行流程均由图形平台(作为图形应用程序和硬件之间的桥梁)提供，不过现在我们来考虑一个简单的情况：从头开始构建一个基本的图形程序。一般而言，在大多数时间，显示器稳定地刷新(例如，每 1/30 秒刷新一次)，而用户输入只是偶尔发生。最简单的应用模型是在每一次屏幕刷新时都向 GPU 发布一条新的显示指令，这时的帧速通常为每秒 15～75 帧。帧速过低将严重降低交互的质量，形成很大的延迟(动作发生至屏幕产生响应的时间，动作可以是用户的点击或当前帧的刷新)，所以必须谨慎使用这个简单的模型。

1.8.1 图形数据

通常情况下，图形模型会创建于某一方便的坐标系中。一个用作骰子的立方体可以建模为一个单位立方体立方体的中心位于 3D 空间的原点，各点的 x、y 和 z 坐标均位于－0.5 和 0.5 之间。我们称这个坐标系为**模型空间**或**对象空间**坐标系。

然后，将这个立方体放置在**场景**中(场景是由一系列物体和光源组成的模型)。假设骰子放在桌子上，桌子的 y 坐标为 6 个单位；在场景描述中，可通过对立方体的所有顶点(角点)的坐标实施一定的变换来将骰子移动到给定位置。具体而言，对于上述骰子，可将立方体的所有顶点的 y 坐标加上 6.5，使骰子的底部刚好位于桌子的顶面。所得到的坐标称为**场景空间**坐标(见图 1-14)。(第 2 章非常详细地描述了建模过程的一个例子。)

虚拟相机的位置和朝向亦表示为场景空间坐标，虚拟光源的位置和物理特性同样如此。现考虑一个新的坐标系，其原点设置在虚拟相机的中心(见图 1-15)，x 轴指向相机的右侧(从后面看过来)，z 轴指向相机的后侧(这意味着 z 轴负方向朝相机的拍摄方向)。场景空间中的所有景物均可表示为这一坐标系中的坐标；该坐标系称为**相机空间坐标系**或者简单地称为**相机坐标系**[⊖]。基于场景坐标计算其对应的相机坐标相对简单(第 13 章)，图形平台通常提供了这种变换功能。

⊖ 又称为摄像机坐标系，本书中文版中对摄像机和相机不加区别。——译者注

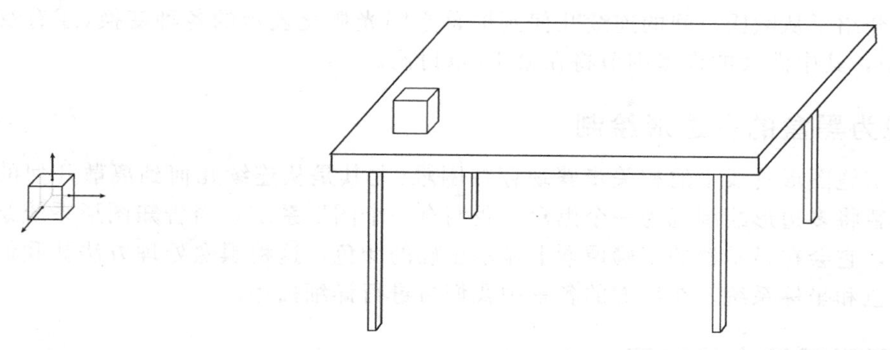

图 1-14　在左图中，一个骰子位于其模型坐标系的中心。在右图中，同一骰子被移到场景坐标系中，每个顶点的 y 坐标（y 轴正方向朝“上”）增加 6.5

随后，景物上各点的相机坐标被转换为**规格化设备坐标**，在这一坐标系中，可见景物的 x、y 坐标被表示成−1 和 1 之间的浮点值，z 坐标为负值（x、y 坐标超出此范围的景物不在相机的视域内；而 $z>0$ 的景物则位于相机背后，不在镜头之前）。最后，可见片段被变换为**像素坐标**。注意像素坐标为整数，其中像素(0，0)位于显示器的左上角，像素(1280，1024)位于显示器的右下角，这一变换可通过坐标值缩放和取整来实现。所得到的坐标值有时也称为**图像空间**坐标。回到被作为一对骰子之一的立方体上，我们希望立方体的每一面看起来都像骰子。为此，可以使用包含了骰子每一面图案的图像作为纹理图。立方体每个面的顶点也赋予纹理坐标，用以确定哪一区域的纹理将映射到它们上面（见图 1-16）。

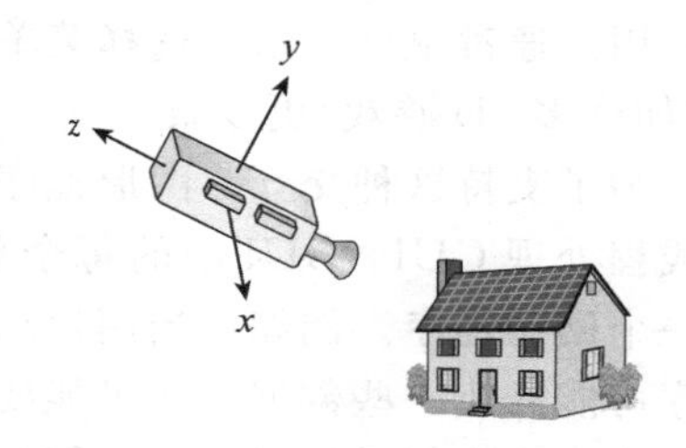

图 1-15　虚拟相机取某一朝向（姿态）从指定位置观看场景。我们可以以相机的中心为原点创建一个坐标系统，其 z 轴正向与视线方向相反，x 和 y 轴分别指向相机的右侧和上方。该坐标系中的点的坐标称为相机坐标

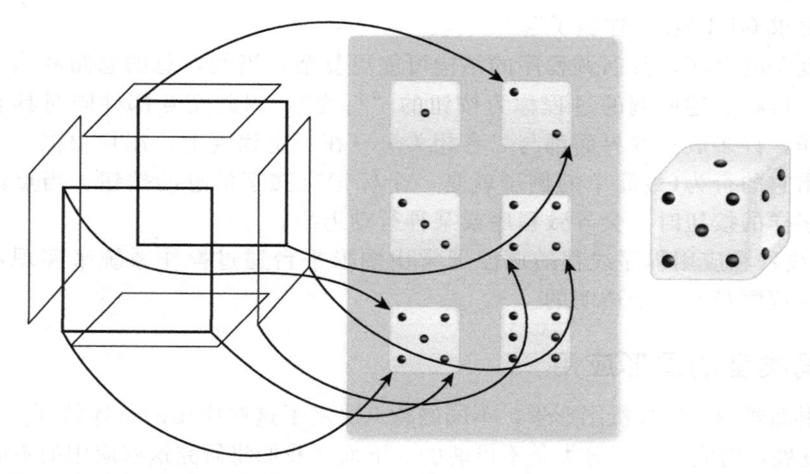

图 1-16　给骰子六个面中每一个面的顶点（通过一个拆分的视图显示）赋予纹理坐标（各顶点赋值如图中箭头所示）；然后将纹理图像映射到骰子的每一面上（可将同纹理视为贴在立方体表面的一张可拉伸的橡胶片）。值得注意的是，由于同一点可由多个表面共享，同一 3D 位置可能对应于多个纹理坐标。不过，在骰子的例子中，这并无争议，因为其 3D 点的所有实例均被赋予相同的纹理颜色。第 20 章将更深入地讨论这一题目。最终生成的带有纹理的骰子如右图所示

上面介绍了从欧氏空间的连续几何到屏幕空间光栅化表示的各种变换(还有纹理图像的光栅化)，其中涉及的许多细节将在第18章讨论。

1.9 视为黑盒的多边形绘制

鉴于实施图形管线中的相关步骤现存在困难(尤其是从连续几何到离散几何的转换)，我们目前暂将多边形绘制视为一个黑盒：我们有一个图形系统，当告知图形系统绘制一个多边形时，它会在显示器的正确像素上显示正确的颜色。这种黑盒处理方法让我们能体验交互、颜色和坐标系统。在后面的各章中我们再进行详细描述。

1.10 图形系统中的交互

图形程序在以某种方式显示图像的同时，也涉及一定的用户交互。例如，在许多程序中，用户通过鼠标点击、选择菜单项、在键盘上打字进行交互。然而，某些程序的交互层次(如许多3D游戏)更复杂。

为了支持这种交互，图形程序通常采用两个并行的线程；一个线程处理主程序，另一个线程处理GUI。GUI中的每个部件——按钮、复选框、滑动条等，都关联于主程序中的一个**回调程序**。例如，当用户点击某一按钮时，GUI线程就会启动按钮的回调程序。该程序可能修改一些数据，还可能要求GUI去做另一些改变。

作为一个例子，想象一个简单的游戏：让用户来猜计算机已经选择好的一个数字——1、2或者3。为此用户在三个按钮中点击一个。如果用户点击的是正确的按钮，显示屏会显示“你赢了”；如果不是，它会提示“请再试一次”。在这种情况下，即用户点击按钮2而秘密的数字是1时，按钮2的回调程序会做如下事情：

1）检查2是否是那个秘密的数字。

2）因为2并非那个秘密数字，故让GUI显示“请再试一次”的消息。

3）GUI将按钮2的颜色改为灰色(禁用)，以避免用户再做同一尝试。

当然，对按钮1和按钮3的回调过程是相似的，在每一种情况下，如果猜测是正确的，按钮会要求GUI显示“你赢了”。

对于更复杂的程序，其回调程序的结构可能更复杂，当然，总的思路和这个简单的例子是一样的。可将上述回调的过程称为按钮的“行为”，因此交互部件同时具有外观和行为。毫不奇怪，许多成功的界面都与二者相关——在一定程度上，用户根据一个部件的外观即可推测出它的行为(最简单的例子就是一个标记有文字信息的按钮。当点击一个标记有“退出”字样的按钮时，会导致程序或某种行动退出。

对GUI线程和应用程序线程的调度通常由图形平台通过操作系统来实现，而且在一定程度上它对程序员是完全透明的。

1.11 不同类型的图形应用

很多应用都要用到计算机图形学，不同的特点决定了这些应用的整体特征。随着应用和领域的迅猛发展，将它们进行分类是不可能的。下面，我们将研究这些应用的不同之处。

以下是一些相关的判据。

- 所显示的画面是否在每一刷新周期都会改变(如电脑游戏)或不常改变(如文字处理器)?
- 程序中使用的像素坐标是否由程序中的浮点数抽象而来(如许多游戏中的情形)，或者只是对屏幕上位置的一种度量方式(如某些早期的绘画程序)?

- 对于一个有待显示的数据模型，是以相机模型(典型的 3D 游戏)的视角来定义其从当前空间到显示器的变换，还是采用其他的考量方式(如在文字处理程序中仅显示文档的可见部分)？在每一种情况下，都需要**裁剪**(不予显示)位于显示器给定矩形窗口外的那部分数据。
- 显示对象时是否关联相应的行为？GUI 中的按钮和菜单即为这类对象；在视频游戏中的“坏人”照片却不是(点击画面中的一个坏人不会产生任何反应。对一个坏家伙进行射击会杀了他，但是这是另一种交互，它基于游戏的逻辑而不属于被显示对象的交互行为)。
- 显示器是试图呈现一个物理真实的物体模型，还是展示物体的一个抽象表示？一个用来绘制电路原理图的工具不会着力表现原理图印在纸上的效果，或在一个阳光明媚的办公室中观看它的画面。相反，它旨在展示一个抽象的示意图，其中所有的线条均为同一黑色，背景上的所有区域均为同等亮度，其各自显示的亮度/黑色由用户确定而不是物理模拟的结果。相比之下，在 3D 电脑游戏中的画面通常会追求照片真实感。不过，为了传递某种氛围，现在有一部分显示有意采用非真实感的绘制风格。

还有一些不是最关键，但仍然很重要的因素：

- 抽象的浮点坐标是否有单位(英尺、厘米等)，或者它们只是简单的数字？带有单位的优点是，只要确定所采用的显示器(19 英寸的桌面显示屏幕或 1.5 英寸的手机显示屏)，程序即可自行适应该显示器。驾驶导航的桌面显示屏可以显示整个路线，而手机显示屏只能显示一个可滚动和缩放的小图。由于显示器的像素尺寸差异很大，在许多情况下，物理单位比像素个数更有实际意义。
- 图形平台是否可通过改变模型来进行更新？倘若平台允许你更新一个有待显示的模型，随即自动更新屏幕上显示的画面(通过查询模型)，这对编程的要求是简单的，但平台更新处理的方式不在你可操控的范围内。相反，对于一个不能提供这种更新的系统，当原本重叠的窗口被移出从而呈现出一个有待显示的新窗口时，会要求应用程序执行“损坏修复”。对于屏幕显示内容涉及非常昂贵计算(一些图像编辑程序就如此)的程序通常会选择自行处理“损坏修复”，这样当用户移动一个正在显示图像的窗口时，在其移动过程中程序只是偶尔填充新出现的窗口区域。这是因为持续填充会使移动过程变得非常缓慢，从而影响用户交互的舒适感。

许多 2D 图形并不具有物理上的真实感，其中大多数显示对象均与一定的行为相关联，其显示的图像也很少更新。很多的 2.5D 图形应用程序采取了多个 2D 图形“依次往上叠加的”方式(很多图像编辑程序中的层次架构即为这种模式)，其外在形象也毫无真实感。不过，画面更新的低成本反而成了这些程序的一个重要资源。相比之下，许多 3D 图形应用程序追求仿真和真实性，3D 场景中的物体很少与行为(类似于采用鼠标或键盘等进行交互时所引起的反应)相关联，尽管这种情况在快速改变。

2D、2.5D 和 3D 程序的不同要求意味着，对图形中的许多问题并不存在一个最佳的答案。电路设计程序不需要物理真实感的绘制功能，反过来，激烈的游戏通常也不会涉及很深的交互层次。

1.12 不同类型的图形包

当程序员着手编写一个图形程序时有多个可供选择的起点。因为不同机器上的图形卡——一种生成可在屏幕上显示的数据的硬件——或其等效芯片差别很大，通常会对图形卡的功能进行某种软件抽象。这种抽象称为**应用程序编程接口**(Application Programming Interface)，简称API。图形API可以非常简单，比如一个允许用户为屏幕上的像素设置颜色的函数(尽管在实践中，该功能通常是一个更一般的API内的小部件)，也可以如同系统一般复杂：编程人员可通过API描述一个场景，该场景由高层对象及其属性、光源及其属性、相机及其属性组成；然后假定场景中的对象受到这些光源的照射，并以给定的相机为视点，对场景进行绘制。这样的高级API也仅仅是一个更大的应用程序开发系统的一部分，如现代的游戏引擎。除绘制功能外，引擎中还提供了物理仿真、角色的人工智能等功能，以及为了保持帧速自适应调节显示质量的系统等。

目前，已开发了一系列软件系统来辅助图形编程，从简单的、可以所有方式对硬件进行直接访问的API到可对所有交互、显示刷新和模型表示进行处理的更复杂的系统。这些系统常被称为图形平台(虽然这个名字我们一直以模糊的方式使用到现在)。在第16章中将介绍各种各样的系统和它们的功能。

1.13　构建真实感绘制模块：概述

当你想要基于现实场景模型生成一幅真实感图像时，必须对以下方面的知识有所了解：

- 光线的物理性质与传播机制。
- 与光线发生交互的材质的模型以及交互的过程。
- 如何捕获来自画面的光线(是采用真实的或虚拟的相机，还是通过人的眼睛)。
- 现代显示器的工作原理。
- 人类视觉系统以及它如何感知入射光线。
- 描述这些事情所涉及的数学模型。

这是一种自下而上的方式，其困难在于：你必须学习大量的知识才能生成第一张图像；很多爱思考的学生会问："为什么不可以直接从网页上获取某些程序直接运行，然后进行修补，直至生成我们想要的画面?"(答案是："可以这样做，但与首先对上述问题有所了解相比，可能需要花费更多的时间才能得到最终的结果。")作为本书的作者，我们理解读者急迫的心情。我们的方法是告诉你上面每一项的一些基本知识——以便让你知道，在生成你的第一张图时，你正在做的哪些事情是近似的，哪些是正确的——然后让你能通过一些非常有效的近似方法来生成图像。在此之后，我们再回到全面理解的高层目标，以及如何实现这一目标。

1.13.1　光线

第26章将详细地描述光线的物理性质，现在，我们根据读者已有的对光的直观理解列出一些最基本的原理(在后面章节会再次讨论)。

- 光在真空中沿直线传播，直到遇到某一表面时停止。
- 光线遇到光滑表面发生反射，其反射角等于入射角；或者被表面吸收，或者是这两种情形的组合(比如40%被吸收，60%被反射出去)。
- 大多数看上去光滑的表面(比如一支粉笔的表面)从微观看是粗糙的。在光线照射下，它们的表现类似于很多光滑的微小平面的组合，且每个微平面都遵循前面所述的镜面反射规则。因此，入射到这类表面上的光会向各个方向散射(或被吸收)。
- 平板上的针孔只允许一束光线通过，这些光线或直接穿过针孔的中心，或与之非常接近。
- 当相机的一个感光像素或者眼睛中的一个细胞检测到光时，会累计(通过积分)在一小段时间到达其一小片区域的所有的光。积分值即为传感器对入射的所有光子的反应，它对应于像素或细胞所“看见”的光的总量。

- 可对显示器上的像素进行调节，使之发出指定亮度和颜色的光。

基于上述的光的物理模型知识，足以生成一幅非常真实的图像。虽然前面所提的每一项都只是大致正确，但是其正确性已可满足很多用途。除此之外，还有三项大的挑战。第一，需要构建适当的数据结构来表示场景中的表面、相机和场景中的光源。第二，需要一个可计算所有的光反射并进行集成的算法。第三，也是最重要的，数据结构和算法都必须是高效的。阳光照射下的自然场景每平方米每秒入射的光子数高达 10^{21}。即使计算机的能力比现在强 10 亿倍，我们仍然无法采用循环方式或者数据结构来具体模拟每个光子的运动。

1.13.2 物体和材料

我们对场景中物体的初始假设是：在受到光照时，物体表面或者反射光或者吸收光(或两者都有，只是比例不同)，而具体的反射和吸收性质取决于组成物体的材料；我们还假设空气既不反射也不吸收光，而是简单地让光直接穿过。我们暂且忽略可透射光的材料，比如水和玻璃，以及皮肤这样的半透明材料。

因为我们假设光仅与物体在表面处发生交互，故物体可表示成其表面的集合，而表面通常采用三角形网格表示。注意到位于各三角面之间的网格边无面积，所以在计算光与表面的交互时可忽略这些边而认为光与物体的所有的交互均发生在三角面的内部。多面体上每一个三角面 T 都位于某个平面上，可计算垂直于这个平面的单位向量 $\boldsymbol{n}$。取 $\boldsymbol{n}$ 指向物体的朝外一侧(空的空间)，我们称它为三角面 T 的**法向量**。如果多面体网格能很好地逼近原始表面，则这个法向量也将近似于(通常可视为)原始曲面的法向量(更确切地说，在表面上某个特定点处垂直于表面的向量，见图 1-17)。

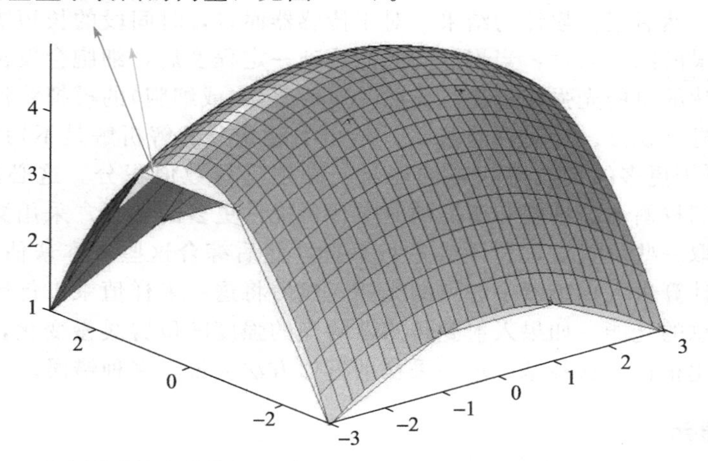

图 1-17　一个半透明的光滑表面及其法向量(红色)。该表面可采用一个多边形网格(白色)来近似，图中的绿色法向量为多边形网格在相应点处的法向量

设光线的入射方向[^1]为 ℓ，对于像镜子这样的理想反射面(**镜面**)，其反射光线位于 $\ell\boldsymbol{n}$ 平面上，反射向量和 $\boldsymbol{n}$ 之间的夹角与 ℓ 和 $\boldsymbol{n}$ 之间的夹角相等。

而对于其他表面，其入射到表面的光将朝许多方向散射。

[^1]: 在描述表面的入射光时有两种选择：或者给出从光源到表面的入射方向(从光能传递的角度)，或者给出表面上该点指向光源的方向(从表面反射的角度)。此处 ℓ 表示前者，不过也有许多书中用 ℓ 表示后者。

对于完全散射表面，光将朝所有方向散射(图 1-18)，反射光亮度与$|\ell \cdot \boldsymbol{n}|$点积的绝对值[㊀]成正比，也就是与入射光方向和表面法向夹角的余弦值成正比[㊁]。所以正对光源的表面无论从哪一方向看，都明亮一些，而其朝向与光源有点偏斜的表面则稍显暗淡。早在计算机图形学出现之前，朗伯(Lambert)就描述过这种散射现象，故称其为朗伯反射。作为散射的一个先决条件，表面必须面向光源，即$\ell \cdot \boldsymbol{n} < 0$。**朗伯反射**(Lambertian reflectance)模型将会在后面第 6 章和第 17 章讨论。

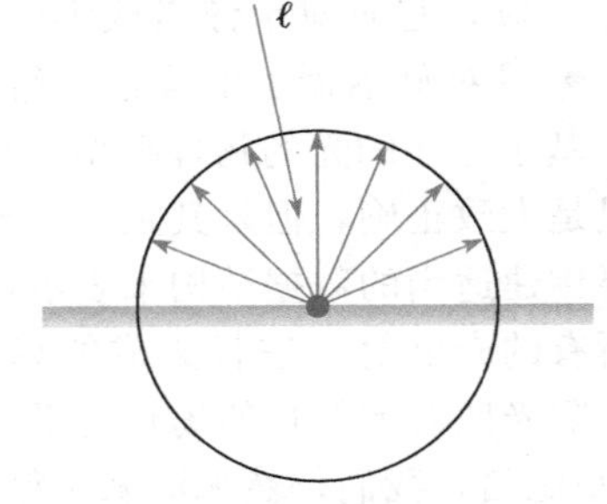

图 1-18 沿着ℓ方向入射表面的光朝所有方向反射。假定光源的发射光强为恒定值，当ℓ垂直于表面时，反射光的强度最大

对于那些光泽表面，其表面的外观与观察者的视角相关。倘若在一间明亮的房间观看该表面，当观察者前后移动头部时，会看到表面上的高光在移动。这一现象可以采用一个经验模型来较准确地模拟，在该模型中，反射光与$(\boldsymbol{n} \cdot \boldsymbol{h})$的$k$次幂成正比，其中$\boldsymbol{h}$是从表面到光源的向量$-\ell$和从表面到视点的向量$\boldsymbol{e}$的角平分向量，然后进行单位化，即

$$\boldsymbol{h} = \frac{\boldsymbol{e} - \ell}{\|\boldsymbol{e} - \ell\|} \tag{1-4}$$

这个散射模型最早由 Phong[Pho75]和 Blinn[Bli77]提出，现在已经广泛应用于图形学中。

对于一般的表面，其表面反射是漫反射、光泽表面反射以及镜面反射情形的组合。

1.13.3 接收来自场景中的光线

相机中的传感器和人的眼睛在感知光时的反应是类似的：它们对一段时间内所感知到的光能进行累计，然后报告累计的结果。对于传感器而言，时间段的长短决定于快门打开的时间；对于人眼的细胞而言，当累计的光能达到一定程度后，细胞会发出一个信号，即信号的频率与到达的总的光强成正比。显然，对传感器(或细胞)的模拟将涉及对到达传感器所有区域的光进行积分。针对任意场景，给出上述积分的解析解是不切实际的(最简单的场景除外)。对于更多的我们感兴趣的场景，必须进行数值积分。这必然会产生误差，但它同时也给我们权衡计算精度和所需的时空代价提供更多的选择。采用**数值积分**进行近似时，将涉及选取一些位置对被积函数进行**采样**，然后综合这些样本来估计总的积分值。最简单的版本是计算进入传感器中心点的光能，然后将这一采样值乘以传感器的总面积来估算它所接收的总的光能。如果入射到传感器的光的强度随位置缓慢变化，上述方法效果很好；但如果变化很快，这种基于单一采样的近似方法会带来多种错误。

1.13.4 图像显示

现代显示器屏幕通常被划分成许多细小的方形区域，称之为**像素**；每个小的方形区域[㊂]具有独立的地址，可按照给定的三元组(r, g, b)数字(每个数字在 0～255 之间)发出由红、绿、蓝形成的混合光。每个小的方形区域所发出的光的强度不是直接和数字成正比，而是

㊀ 点积在 7.6.4 节介绍。

㊁ 本处对光亮度的描述有些模糊。为了清晰起见，先需要明确如何度量光亮度，但这是一个十分复杂的问题。现在，只需认为光亮度的取值范围在 0～1 之间，并具有一定的单位。

㊂ “像素”一词指图像上某处存储的一个值或传感器上一个小的物理区域，两者的语义略有差异，因此不能认为“像素就是一块小的区域”[Smi95]。

遵循一种关系，即数值上的等量差异大体对应于等量的感知亮度上的差异。在一些图像编辑程序中，你可能已经见过如何使用 RGB 三元组了，通常是 RGB 的每个分量值占 1 字节，故总体上可采用一个 0～255 之间的数来表示，或写成两个十六进制的数。那么，一个表示成 0xFF00CC 的颜色就可以读成“红色分量值为 FF，也就是 255，绿色分量为零，蓝色分量值为 CC，即十进制的 204；这是一种紫红色”。不过，这并不意味着任意给定一个颜色三元组或者一组十六进制值都可以产生一个色调。关于颜色的详细说明将在第 28 章进行。

1.13.5　人类视觉系统

入射到眼睛的光先进入晶状体，穿过瞳孔，最后到达视网膜上。无论是黑暗卧室里微弱的光和比它亮 10^{10} 倍的太阳直射光，我们的眼睛都可看见并进行处理(不过不能同时对两者进行处理)。事实上，我们的眼睛很容易适应周边的光照环境，适应后，可区分强度范围在 1000 倍之内的光照。人眼在黑暗环境中可感知到的来自最暗淡的物体的光仅是此时能感知的最明亮物体光强的 1/1000。不过，人眼对亮度的感知不是线性的。假如你在一张白纸上打印若干黑色条纹，使之只剩下 20％的空白区域，显然入射在整张纸上的光只有 20％被反射出来。但是如果将这张打印过的纸放在一张同一类型的空白纸旁边，然后从足够远的距离来观察它们(远到无法分辨纸上的黑条纹)，那么打印纸的亮度看上去大约是未打印的空白纸的一半。大致上说，倘若眼睛已适应了某一亮度层次的光线，即使进入人眼的光的强度减少了 80％，感知到的亮度也只是减少了一半而已。

我们的视觉系统会对进入眼睛的亮、暗图纹进行组织并试图加以理解。即使输入的视图质量很差，我们的视觉系统仍有非常好的适应性。例如，可从一张添加了噪声(灰度变化)的黑白图片中辨认出其中的物体，可以在暴风雨中认出自己的家，无论在明亮还是黑暗的屋子里均可认出自己的朋友。事实上，我们的视觉系统对于形状的识别能力是如此之强，以至于在老的模拟电视上看到静态条纹时，甚至偶尔会以为看到的是似曾相识的模式。对于很差的输入，这种自动适应的一个结果是，只要可触发视觉系统大致正确的反应，任何刺激都会导致识别：无论是一对真实骰子的照片，还是描绘它们的铅笔画或明显走样的计算机渲染图，它们都会在我们脑中形成一种共同的感知，即我们见到的是一对骰子。对计算机图形学来说，这既是一种优势也是一种劣势。它意味着，即使所生成的图像是对真实物体很糟糕的近似，我们仍可以辨析，因此，计算机图形学很容易起步。但是另一方面，由于“看起来很像”，它也使我们容易接受很差的近似结果，因而阻碍这个领域的进步。视觉系统的适应性有两个影响。一是即使是一些随意的尝试也可能会令人鼓舞，但无论初始结果看起来多么好，考虑到视觉系统的自适应能力，你总以为只是取得了某种进展。二是可生成视觉上近乎完美结果的程序并不一定是正确的，但由于你的视觉系统，这些错误被隐藏起来。随意尝试其实是很有趣的(我们鼓励你尝试每一个可能)，但是它可能导致你远离真正的目标。我们安排这本书的结构时，力图让你能很快生成相当不错的图像，从而获得一种满足感。但也让你了解到，你正在学的方法还有很多技术上的局限性，以便为之后章节中将会遇到的更先进的方法做好准备。如果你问：“在某种情形下目前的方法是否会出错?”答案几乎是肯定的！后面的章节将会帮助你了解如何破解这些局限性。

再回到感知的重要性，对于资源紧张的应用程序，理解感知的过程有助于我们在视觉保真的同时选择一种合理的近似。

1.13.6　数学运算

与首先简要介绍涉及计算机图形学的所有数学知识相比，我们选择在需要用到的时候再介绍相关的内容。尽管它们中的大多数和基本的图形学并无直接关联，但却涉及对图形学中对象或工具的高效表示或近似。不过，在你通过第2章和第6章对2D和3D图形有初步体会后，我们将在第7章中列出一些读者很熟悉的数学知识，与此同时，建立起贯穿本书的统一符号标记方式。你只要具有算术和代数知识就可以编写图形程序，但是为了以更合理的方式来工作，还需要熟悉下面这些知识：

- 三角学。
- 对小的向量和矩阵的操作(在本章已经讨论过)。
- 积分和微分。
- 还有一些几何和拓扑的概念，比如连续性、3D空间中的曲面几何和曲率等。

运用基本的线性代数知识，将使所有这一切变得更容易是。在本书中，我们假设读者已具备了这些知识。

1.13.7 积分和采样

计算机图形学中发展最为充分的领域是**图形的真实感绘制**，即基于场景中的景物模型和光源生成一幅图像。和数码照片上的每个像素都记录了入射到相机传感器上一个小区域的光能一样，可以认为合成图像上的每个像素同样表示了穿过该像素的场景光线的光能。可以将其看作入射光在该区域上的积分。在大多数情况下，要准确计算这样的积分是不实际的，我们最终采用了近似计算方法(例如，前面提到“积分值可近似取为区域中心处的采样值乘以该区域面积”)。这种处理方式意味着我们用基于单一采样的计算结果代替了理想的值。无疑，我们应采用更多的样本(实际使用的样本总是有限的)，然后基于这些样本来计算积分值。因此，如何采样以及怎样使用这些采样来近似积分结果是图形绘制中的一个重要问题。

在科学上，每一次测量都是一种统计行为：我们使用的测量装置的性能并非每天完全一样；所得测量结果只是许多可能(尽管它们彼此十分接近)中的一种(例如测量烧杯中水的温度，你真正测量的只是烧杯中一部分水的温度)。在真实感绘制中，统计发生在积分过程中，其中随机变量为我们用来计算积分的样本集合，因此场景的绘制结果通常取决于某个随机数生成器：同样的场景采用同一软件进行多次绘制，即使是图像上的同一像素，每次生成的值都会不同。这些值(其中一个也许是正确的值)通常分布在某个平均值的附近，并有一个方差。如果相邻像素的方差不相关，则其图像可能呈现散乱的斑点或者噪声。如果是相关的，它可能显示为**锯齿状**——平滑斜线的阶梯状走样。这就意味着，算法质量的评估也会涉及统计计量。

1.14 学习计算机图形学

很难以一种合理的方式将计算机图形学的主题组织成线性结构。每个主题都和其他主题紧密交织，很难决定应先从哪个主题讲起，每一种演绎方式都会有后续的补充和扩展：一般是先描述，接着进行修正，再做进一步的改进，等等。读者大都喜欢条理清晰的书，比如，当你想了解有关多边形网格的内容时，你会希望书中有一章集成了有关多边形网格的所有内容。如果书一次能讲完每一主题的全部内容然后再转到下一主题，你就能在为期一个学期的学习后构建起图形学的一个基本框架，这也是最快的！

我们找到了一个折中的办法：在本章的绪论中，我们已经为你提供了一些有关光线、感知、形状表示、光线与物体的交互等初步信息，所以你已大致了解如何生成一幅图像。不过如果你真的采用这些粗糙的模型进行绘制，所生成的图像可能不太好。倘若你绘制的是一个盒形机器人，所生成的图像应该能认出来，但严格来说，这并不是照片真实感。你可以制作一个真实的机器人形状(例如用纸板、胶带和颜料制作)，再用真实的相机拍照。你很快会意识到你无法让生成的图像和拍摄的照片完全一致。尽管如此，绘制这些初始的图像可以让你积累有关场景建模、运用线性代数知识、多边形网格以及图形绘制等方面的经验，当你将来遇到更多、更精确的光源、反射、景物模型时，这些经验将使你能更好地理解和实践。

接下来的几章将介绍微软的 Windows Presentation Foundation(WPF)、一个编写图形程序的框架、图形绘制的核心思想、视觉感知概论以及图形学中常用的若干数学知识。

第 2 章介绍了 WPF 的 2D 图形功能，使你了解如何绘制简单的 2D 图形。与传统的 API 相比，WPF 采用了对图形的描述性语言。它之所以有价值，是因为提供了一种更高层次的抽象，而且其解释性的描述使得它极为适合快速原型生成。WPF 建模基于形状的层次表示，这种表示方法广泛用于几乎所有的图形 API 中。

第 3 章叙述了一个非常简单的 3D 图形绘制程序，让你一开始就明白图形学其实并不复杂。

第 4 章则介绍了两个 WPF 程序，在本书后面的大部分章节进行图形实验时，你将会用到它们。

第 5 章涉及感知，介绍了人类视觉系统与感知密切相关的若干方面。

在第 6 章，我们将介绍 WPF 的 3D 功能，同时非正式地介绍用于形状建模的几何工具、光与物体如何相互作用的简单模型及其应用。该章将继续描述第 2 章提到的复合形状的层次模型。

有了使用 WPF 的 2D 及 3D 版本的经验，你已为第 7 章阐述图形学的数学基础做好了准备。第 8～13 章将介绍计算机图形学许多地方中都会用到的线性代数知识，以及一些表示场景拓扑和几何的数据结构。

接下来，我们(在第 14 章)再次探讨了在基本图形系统中广为应用的传统近似模型。我们尽可能详细地描述了光源模型、形状模型、材质模型以及光在一个场景中如何传播的模型。这一章的篇幅有点长，它不仅能为你之后深入学习图形绘制、形状表示以及材质表示等做好准备，所介绍的一些题目对理解过去留下来的程序也大有裨益。

对光和反射的基本模型有所理解后，我们将构建光线跟踪和光栅化两个绘制程序的初始版本(第 15 章)，其间将介绍每一种绘制方法的关键思路和挑战。由于这两个初始版本过于简单，这一章也列出了每一个绘制程序尚待解决的问题以及传统近似模型中的问题。

在第 16 章，我们将讨论各种图形系统，并与 WPF 进行比较和对照。至此，你已经学过了图形学传统讲授的大部分内容。

本书剩余章节将讨论图像和信号处理、光、颜色、材质、纹理和绘制，介绍一些交互技术、几何算法、支持绘制的数据结构以及各种建模的方式，并介绍动画和图形硬件。这些章节不像前面的章节那样需要顺序衔接，它们的内容彼此交错。如果你想学习如何构建有趣的外形，你可以跳过若干章节直接阅读有关样条和细分曲面的内容，但你会发现其中含有对第 17～19 章所讲述的卷积和滤波方法的引用。在第 32 章你可以读到一些最好的绘制算法，但你会发现相关的探讨在很大程度上依赖于第 31 章所阐述的绘制理论。但这并不会妨碍你采用跳跃阅读的方法。对许多学生来说，正是成功编写出实际算法的愿望激励着他们学习更多的理论知识，如果你带着具体的问题来阅读第 31 章，也许会发现更容易理解其中的内容。

2D 图形学简介——基于 WPF

2.1 引言

在对计算机图形学做全面综述后，现在介绍一个更接近实用的题目：采用商业图形平台进行应用编程。在介绍 2D 平台的历史之后，我们将讨论一个具体的平台：微软的 Windows Presentation Foundation(WPF)。

我们之所以选择 WPF，是因为它是可同时支持 2D 和 3D 应用的少数现代图形平台之一。它提供了与程序员编程相一致的用户界面和绘制功能。此外，它还是一个极好的可对 2D 和 3D 图形学原理进行实验的快速验证平台。其可扩展的应用标记语言(XAML)是一种采用简洁方式构建场景的描述性语言(按 HTML 风格)。由于 XAML 解释器可支持虚拟的即时实验和调试，这使得我们能够快速地引入大量的 2D 和 3D 图形基本概念，读者无须经历耗时的学习过程就能立即进行实验。

当然，描述性语言有其自身的局限性，尤其在设立控制条件和控制流方面，WPF 开发者可采用 C#之类的命令式编程语言，编写面向过程的代码对 XAML 进行扩展。这种混合编程方式因 WPF 支持交叉语言而得以简化，例如，XAML 的每种元素类型都对应一个 WPF 类，元素的属性对应 WPF 类的数据成员。

对本书专设一章来讲述 2D 图形，读者可能会感到惊讶。首先，我们认为许多 3D 的概念，诸如几何形状的描述与变换、层次化建模和动画，先在 2D 的背景下进行介绍更容易理解，因为此时不必考虑与 3D 相关的复杂要求，例如模拟光照和材质之间的交互作用等。其次，我们注意到，从智能手机到平板电脑、台式机的各种应用中，2D 图形占据主导地位，而且 3D 绘制正与 2D 用户界面和可视化(例如地图、示意图、数据表格、图表等)日益整合。

本章和第 6 章的 3D 图形学构成一个序列，很好地理解本章内容、熟悉 XAML 是学习第 6 章的必备条件。我们强烈建议读者使用所附实验软件来完成相关的练习，该软件包含于集成的编辑器/解释器中，可提供即时反馈，从而节约学习时间，同时使实验变得简便和有趣。

2.2 2D 图形流水线概述

在第 1 章中，可看出 2D 图形平台是应用程序和显示硬件之间的中介，它提供的功能与输出(提请 GPU 显示有关信息)和输入(针对用户的交互操作，在应用程序中调用回调函数)相关联。为了便于讨论不同类型的图形平台，我们先从宏观的角度了解 2D 图形应用程序，如图 2-1 所示。

很少有一项应用的目的仅仅是画一些像素。这些应用通常是将某些数据(称为**应用模型**(Application Model, AM))转化为图像，并可通过用户交互来进行操控。在典型的台式/笔记本计算机环境中，应用程序运行时会启动一个窗口管理器，窗口管理器决定每一项应用在屏幕上的显示区域，并通过**窗口浏览器**(即标题栏、窗口大小调整、关闭/最小化按钮，等等）实施显示和交互。应用程序调用图形平台 API，在窗口内的**客户区域**进行绘制，图形平台则通过驱动 GPU 来回应程序调用，完成所需的绘制。

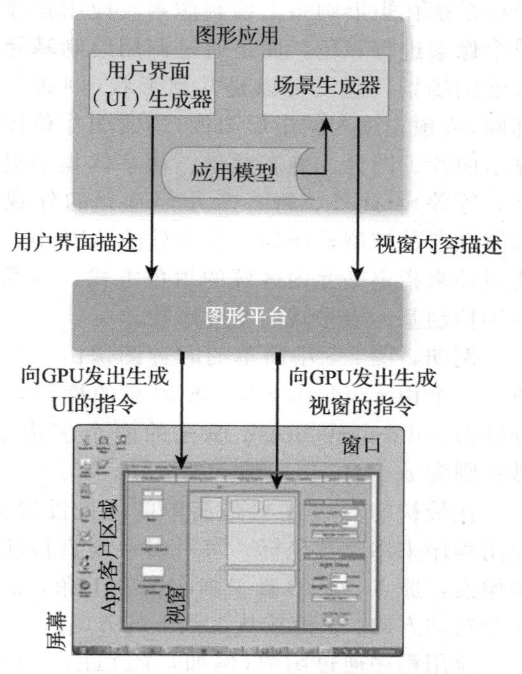

图 2-1　作为 2D 应用程序和窗口管理器分配的屏幕显示区域之间媒介的图形平台

一般而言，应用程序开设客户区域有两个目的：区域的一部分用于应用程序的用户界面(UI)控制，其余部分为**视图**，用来显示**场景**绘制的结果，显示内容由应用程序的**场景生成器**模块从 AM 中提取或导出。从图中可以看到，生成用户界面的 **UI 生成器**与场景生成器不同，操作方式也不同，虽然两者都使用底层的 2D 平台驱动显示。

在 2D 中使用术语“场景”和“视图”，可能会让具有 3D 图形经验的人感到惊讶，这些术语在 3D 图形中有其特定的含义。在 2D 场合，我们用“场景”这个术语指用来生成 AM 某特定视图的 2D 形体集合。注意，2D 场景生成器直接对应于 3D 场景生成器，而后者的主要功能是向 3D 图形平台提供信息以生成绘制结果。同样，2D 中用“视图”显示场景绘制结果，这与 3D 中的用法也是一致的。

考虑一个可对家具布局进行编辑和显示的室内设计应用程序，其 AM 记录了所选家具布局的所有数据，包含制造商、模型数量、价格、重量以及其他具体属性等非图像数据。其中有些为生成场景视图所必需，另一些仅用于非图像功能(例如，交易)。应用程序中场景生成器的任务是遍历 AM、从中提取或计算与所选场景相关的几何信息、调用图形平台 API 给出待绘制的场景的详细参数。

场景可能包含 AM 中描述的所有几何形状或其子集(例如，仅展示所设计房子中的一个房间)。而且，正如数据库可以有多个视图，应用程序也可以对相同的几何信息采用不同的表现形式以提供多幅视图(例如，仅画出家具的轮廓线或展示具有织物或木质纹理的形状)。

在以上例子中，AM 本质上是几何数据。然而，在其他应用中，它可能完全不包含几何数据，其典型例子是**信息可视化**应用。例如，存储有多个国家人口和 GDP 数据的数据库，在这种情形下，场景很可能是由场景生成器从 AM 中导出的图表或图，可通过直觉可视化方式来呈现这些数据。其他的数据可视化应用包括编制的图表、气象数据，以及叠加到地图背景上的选举态势。

2.3　2D 图形平台的演变

与编程语言和软件开发平台相似，图形平台经历了从低级到高级的演变(如图 2-2 所描述)。每一代新的光栅图形平台都将原来由应用程序负责的若干共性任务集成为一个更高层次的抽象任务。

2.3.1　从整数坐标到浮点数坐标

我们将从 20 世纪 80 年代和 90 年代初期的光栅图形的情况开始讲起。那时流行的 2D

光栅图形平台(例如苹果公司原始的 QuickDraw 和微软公司原始的 GDI 平台)均采用整数坐标系统在矩形画布上绘制像素。应用程序并非对单个像素进行着色，而是通过调用绘制**基元**的程序来绘制场景，基元可以是几何形状(例如多边形和椭圆)或预先读入的矩形图像(通常叫作位图，用来显示照片、图标、静态背景、从字体集中提取的文字，等等)。此外，每一个几何基元的外观由具体的属性参数控制，例如，在微软的 API 中，采用**画刷**属性来指定基元内区域的填色方式，而**画笔**的属性则控制基元应呈现的轮廓形状。

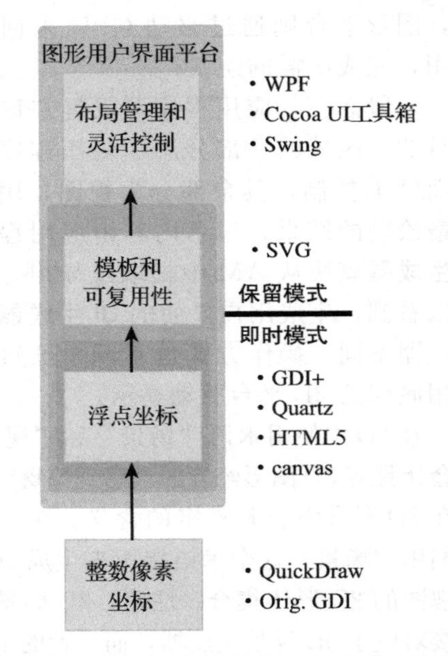

图 2-2　商业 2D 图形平台上抽象层次的演变——从即时模式到保留模式

例如，图 2-3 中简单的时钟图像由 4 个基元组成：一个由 solid-gray brush 填充的椭圆，时针和分针由 solid-nary brush 填充的两个多边形表示，秒针则为 red-pen 生成的一条线段。

在最初的 GDI 平台最简单的场景设置方式中，应用程序采用整数坐标，可一对一地直接映射为屏幕像素，原点(0，0)置于画布的左上角，x 值按从左至右的方向，y 值按从上到下的方向。

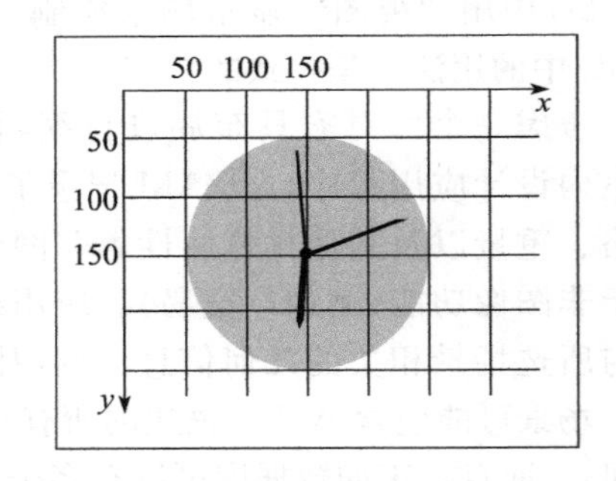

图 2-3　配有 GDI 坐标系统的时钟场景

应用程序通过函数(例如，`FillEllipse`)对每个基元进行设置，函数可同时接受整数型的几何形状详细说明和显示属性参数(本例的 GDI 源代码可从本章的在线材料获取)。这种设置方式让我们联想起在方格图纸上画图，例如，灰色圆形钟面的几何信息可通过以下数据对传递给 `FillEllipse` 函数：

- 中心点：(150，150)。
- 包围盒(轴向对齐的最小包围矩形)：左上角(50，50)，大小 200×200。

当在输出设备上进行绘制时，画出来的钟面会有多大呢？这个问题没有确切的答案。显示大小取决于输出设备的分辨率[⊖](例如，每英寸点的数目，或简称 dpi)。假定设计钟的应用程序时考虑的屏幕分辨率为 72dpi。如果采用更高分辨率的设备(例如，300dpi 的打印机或屏幕)进行测试，钟的图像会非常小，甚至可能看不清。相反，如果把目标显示设备换成早期智能手机那种低分辨率的小屏幕，图像可能会变得非常大，甚至只能看到图像的一小部分。

光栅图形领域的研究人员借鉴向量图形中早前就有的一些思想解决了图形显示尺寸依赖于设备分辨率的问题，即通过采用浮点数坐标系统将详细的几何参数与具体设备的特性分离开来。在 2.4 节中，我们将介绍并比较这两个坐标系统：**物理**坐标系统(基于实际测量单元，例如毫米和排版点)和**抽象**坐标系统(其语义由应用程序决定)。

⊖　注意此处“分辨率”的使用与另一个常见的用法——所显示的总像素数(如“LCD 显示器分辨率为 2560×1440”)有所区别。

2.3.2 即时模式与保留模式

尽管所有主要的2D图形平台都经历了从基于整数的数据表示到基于浮点数数据表示的演变，但最终它们“分道扬镳”，形成了两种不同目标和功能的架构：**即时模式**(IM)和**保留模式**(RM)。

前一类包括可高效访问图形输出设备的薄层平台(例如，苹果公司的 Java awt.Graphics2D 的 Quartz 和第二代的 GDI+)。这些精简的平台不保留任何应用程序所采用的基元的记录。例如，当 GDI+的 FillEllipse 函数被调用时，它立即(即时模式)执行任务，将椭圆的坐标映射为**设备坐标**并在显示缓冲器中对相关像素进行着色，然后将控制权返还给应用程序。简言之，在即时模式下程序员的工作就是：当要对绘制图像做任何修改时，让场景生成器遍历 AM，重新生成表示场景的基元集合。

即时模式平台的精简特性对以下人员有吸引力：想要尽可能让其编程贴近图形硬件以获取最大化性能的应用程序开发人员，以及想要让其产品占用的资源尽可能少的人。

但还有一类应用程序开发人员则寻求一种平台，可为他们免除尽可能多的开发任务。为了满足这些开发者的愿望，保留模式(RM)平台在一个专用数据库中保留了需绘制或观看的场景的表示，我们称之为**场景图**(在第6章和第16章将会进一步讨论)。如图2-4所示，应用程序的UI和场景生成器使用RM平台的API构建场景图，可通过编辑场景图对场景进行增量式修改。任何增量式修改都会导致RM平台的同步显示器自动更新客户区域的绘制结果。由于保留了整个场景，RM平台还能够承担除显示之外的许多与用户交互相关的常见任务(如**选择关联**，即决定哪些对象是用户点击的目标，参见16.2.10节)。

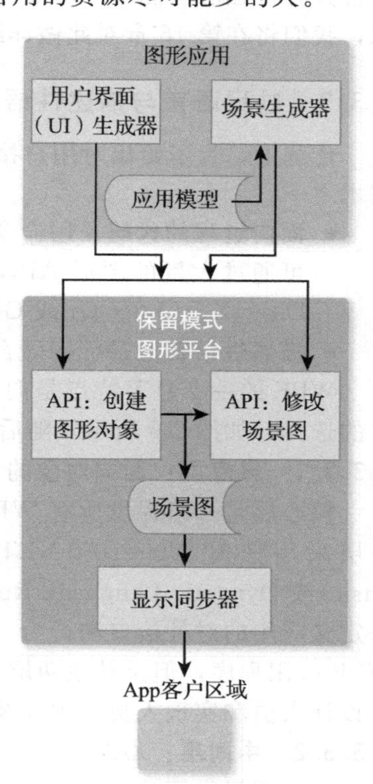

图2-4 存储场景图的保留模式平台上的图形应用程序示意图

所有的RM软件包都可以追溯到 Ivan Sutherland 在20世纪60年代初的先驱性项目 Sketchpad[stu63]，该项研究开启了交互图形学领域。Sketchpad 支持创建**标准模板**，可在画布上**实例化**一次或多次来构建场景。每个模板可包含若干基元或下级模板的实例，它们合并组成一个统一的图形对象。每个实例都可以进行几何变换(如改变位置、朝向和大小)，此外，实例保留了其标准模板的外观，标准模板的变化会立即在其所有的实例中体现出来。

Sketchpad 的关键思想为所有现代的RM平台保留下来，为这些平台创建用户接口打下了极好的基础。**UI 控制器**(也叫控件)是一种模板化对象，作为一体化的组合，它具有内在的、一致化的**外观**(look)和**感觉**(feel)。其中，“look”指图形的设计或外观(大小、形状、字体、颜色、阴影投影等)，“feel”指控件的动态行为，通常是对用户交互的回应，它们可以细分为内置的自动反馈行为和面向语义/应用的行为。内置反馈的例子包括将当前失效的控件置为灰色并令其逐渐消失，使指示器点击区域内的按钮变成高亮，以及当用户在文本框中输入字符时使光标闪烁。这些反馈行为经常包含漂亮的动画，由平台实现而与应用程序无关。当然，当用户初始化应用程序的行为时，会涉及应用程序(例如，点击按钮提交待处理表单)。为了实现这一功能,RM 只需调用附在操纵控件上的应用程序回调函数。

大多数 RM 的 UI 平台还包含界面布局管理器,它将控件的空间布局安排成美观整齐的形式,使彼此间的大小和间隔保持一致,并能依据程序或用户发出的更改 UI 区域大小或形状的指令对布局自动进行调整。

要设计一个良好的 UI 控件集,需要一支在图形学和 UI 设计方面有经验的团队付出巨大努力。构建一个舒适直观的 UI 框架并非一件简单的事。对用户界面的布局进行设计和绘制以及处理用户交互等将占创建交互式应用程序工作量的很大一部分,因此普遍采用能够免除上述多项任务的 RM UI 平台就毫不奇怪了。实际上,很难找到一个现代的 2D 应用程序,它不使用 RM UI 平台即可处理几乎所有的通过组件(如菜单、按钮、滚动表、状态条、对话框和计量器/刻度盘)的交互需求。

与保留模式在 2D 领域得到广泛采用相比,它在 3D 领域并不那么流行。尽管 3DRM 平台具有很强的功能——例如在简化层次建模和刚体动画方面——但这些功能非常消耗资源,我们将在第 16 章对此做详细讨论。

2.3.3　过程语言与描述性语言

传统上,为了给出对用户接口和场景的详细说明,每个图形平台都向开发者提供以下技术之一:

- **面向过程的代码**采用命令式编程语言编写(通常是面向对象的,但并非必须如此),可通过大量的图形 API,例如 Java Swing、Mac OS X Cocoa、Microsoft WPF 和 DirectX、Linux Qt 或 GTK 等,与显示设备进行交互。
- **描述性语言**通过标记语言表达,例如 SVG 或 XAML。

WPF 的一个显著特点是向开发者提供了一种对描述技术的选择,如图 2-5 所示及随后所述。

2.3.3.1　最底层:面向对象的 API

核心层是一组提供所有 WPF 功能的类,程序员可在这一层采用任何 Microsoft.NET 语言(例如,C# 或 Visual Basic)或 Dynamic Language Runtime 语言(例如 IronRuby)来定义应用的对外接口和行为。仅通过这一层即可创建一个 WPF 应用程序,但是其他两层可以提高开发效率和便利性,使设计人员和实现人员无须涉及过多的技术细节。

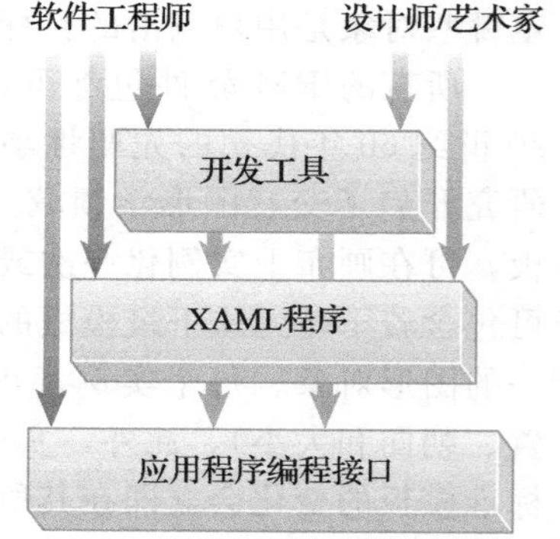

图 2-5　WPF 应用程序/开发接口层

2.3.3.2　中间层:XAML

中间层提供了定义 API 大部分功能的另一种途径,它使用描述性语言 XAML,其语法很容易为熟悉 HTML 或 XML 的人所理解。可通过对描述性语言的解释性执行程序支持应用的快速原型实现,并便于非程序员使用(与 HTML 比 PostScript 语言更易于接受的道理相同)。

2.3.3.3　最高层:工具

同任何其他语言一样,对 XAML 也有一个学习的过程。WPF 应用/开发界面的最高层集成了设计师和工程师用于生成 XAML 的实用程序,包括绘图工具(例如,Microsoft Expression Design 或 Adobe Illustrator)、3D 几何建模工具(例如,ZAM 3D)、创建复杂用户界面的工具(例如，Microsoft Expression Blend 或 ComponentArt Data Visualization)。

2.4　使用 WPF 定义 2D 场景

正如之前所述，WPF 提供了创建用户界面区域和定义 2D 场景的功能，前者不在本书讨论范畴，因此我们集中讨论如何定义 2D 场景。

2.4.1　XAML 应用程序结构

在整个 2.4 节中，我们将构造一个简单的 XAML 应用程序，来显示一个模拟时钟(如图 2-6 所示)。

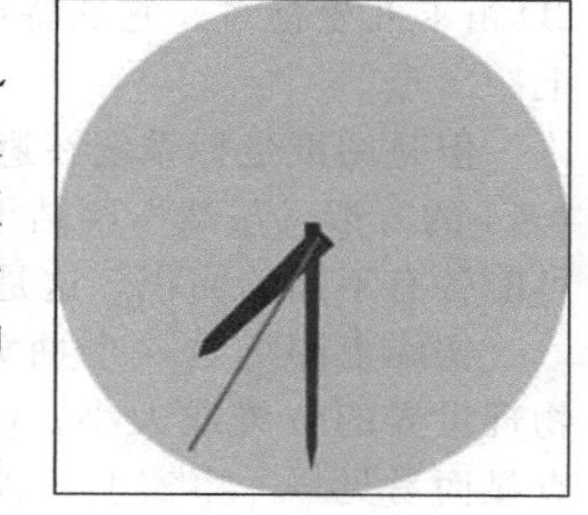

图 2-6　基于 WPF 的时钟显示程序

如果你熟悉 HTML 语法，将很容易领会 XAML。HTML 文件通过构建**元素**的层次化结构来定义一幅多媒体网页——根结点是<HTML>，子结点是<HEAD> 和<BODY>，如此下去直至段落结束。text-span 元素用来控制文本格式，例如<B> 用来指定粗体字，<I> 用来指定斜体字。其他元素则对媒体显示和脚本执行提供支持。

XAML 程序同样也给出元素的层次化结构，但其元素类型与 HTML 不同，它包含布局面板(例如，负责对紧密安放在一起的控件或菜单进行空间布局的 Stack Panel，以及用于创建电子表格风格的 Grid Panel)、用户界面控件(例如，按钮和文本输入框)以及用于绘制场景的被称作 Canvas(画布)的矩形“空白面板”。

在一个完整的应用程序中，像图 2-1 显示的那样，应用程序的外观由层次化的布局面板、UI 控件和作为显示场景视窗的 Canvas 定义，但是作为第一个简单的 XAML 例子，我们先单独创建一个 Canvas：

```
1  <Canvas
2     xmlns=
3       "http://schemas.microsoft.com/winfx/2006/xaml/presentation"
4     xmlns:x=
5       "http://schemas.microsoft.com/winfx/2006/xaml"
6     ClipToBounds="True"
7  >
8  </Canvas>
```

通常都将 ClipToBounds 设为 Ture，它将保证画布是有界的，即不会在指定的矩形区域之外显示任何数据。

我们没有指定画布大小，它的大小将由调用画布的应用程序控制。例如，2.4 节和 2.5 节的 lab 软件(在线提供)包含了“split-screen”布局功能，上面的方框为 WPF 画布，位于其下的方框显示 XAML 的源代码。该软件采用 WPF 布局管理器在两个方框之间分配显示区域，用户可通过 draggable-separator 控件对显示区域的位置和大小进行调整。

你也许会注意到，XAML 具有某些句法特性(例如上面提到的 Canvas 标签中奇特的 xmlns 性质)，但它们并不会掩盖标签和属性的语义，而且其中大多数已广为人知。如果你想研究句法中那些更神秘的部分，可使用 lab 软件：点击任意高亮的褐红色 XAML 代码就能获得一个简短的解释。

2.4.2　采用抽象坐标系定义场景

上面应用样例中的场景(简单时钟)由钟面和三根独立的指针组成。钟面是一个简单的灰色椭圆，分针和时针为形状一致但大小不同的深蓝色多边形，秒针表示为一条红色线段。

注意迄今为止，我们的简单场景图中的所有组成部件均为基本几何元素，但是在更复杂的场景中(将在 2.4.6 节介绍)可能会存在层次结构，其组成部件可能包含更低级的子部件。

按照已有的场景组成部件表，下面详细描述每个元素的精确几何以细化对场景的定义。

取一张空白的图纸，选择并标记坐标原点(0，0)，画上 x 轴和 y 轴，就构成了一个 2D 笛卡儿坐标系，它的特点之一是任意两个实数所标识的(x，y)坐标均唯一地确定平面上一个点。

但是图纸坐标系统在避免二义性方面也有局限性。倘若要求众人各自在图纸上画一个 4×4 的方形，虽然所画结果均为由 16 个网格组成的方形，但以物理单位(例如 cm^2)计量，可能各有不同的面积，这是因为图纸在网格大小或刻度尺寸方面并没有一个单一的标准。

实际上图纸是一个**抽象的坐标系**，它并不刻画景物在物理世界的位置或大小。使用抽象系统进行几何描述的优点显而易见——事实上，我们已用它构造了上例中的时钟。但在显示这样一个场景的时候，必须对其“真实”几何进行度量，并将抽象坐标系映射到显示器的物理坐标系。我们将在稍后介绍这种映射，但首先讨论几何描述。我们将使用图 2-7 所示的抽象坐标系。

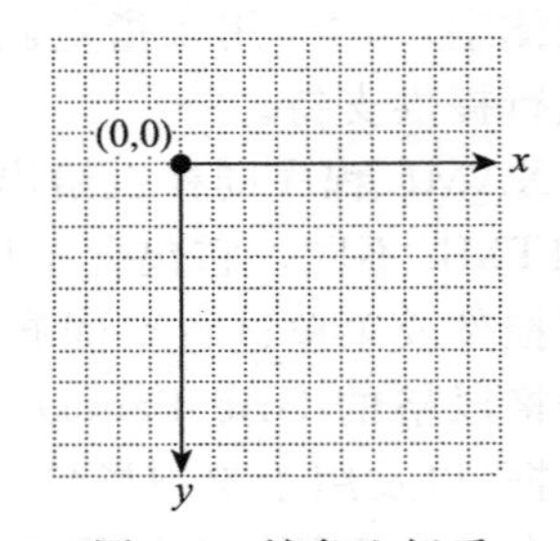

图 2-7　抽象坐标系

哪个物体应该先画？默认情况下，将依据定义的顺序。因此，如果元素 E 在元素 D 之后定义，而且它们之间部分重叠[⊖]，则 E 将(部分)遮挡 D。术语 2.5D 可描述这种前后堆叠的效果。

因此，我们需要按从后(离观察者最远处)向前(离观察者最近处)的顺序进行绘制。首先画圆的钟面。

图 2-8 展示了一个简单圆形的钟面设计，我们选取了 10 个图纸单位作为圆的半径，因为这个大小对于这种特定风格的图纸正合适。但从另一角度看，我们的选择确实是随机的：由于定义于抽象坐标系中，时钟并没有确定的直径。

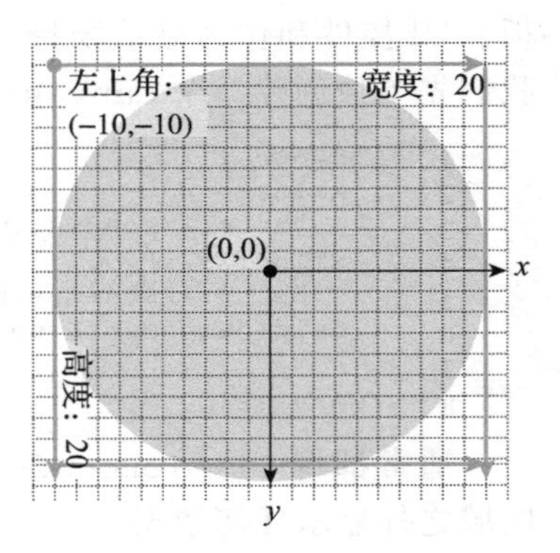

图 2-8　用抽象坐标系定义时钟表面几何

采用 solid-color 填充圆的句法如下：

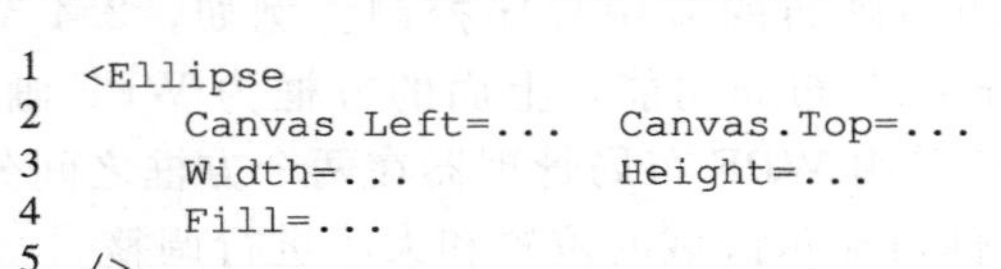

```
1  <Ellipse
2      Canvas.Left=...   Canvas.Top=...
3      Width=...         Height=...
4      Fill=...
5  />
```

其中 `Canvas.Left` 和 `Canvas.Top` 给出了几何元素的包围盒左上角的坐标，`Fill` 既可以是标准的 HTML/CSS 颜色名称，也可以是十六进制表示的 RGB 值(＃RRGGBB；例如，＃00FF00 是最高亮度的绿色)。

我们现在可以构造一个 WPF 程序将该单元放到画布上：

⊖　此处默认的基于先后顺序的叠加方式可通过自选属性 Canvas. ZIndex 进行更改。

```
1 <Canvas ... >
2   <Ellipse
3     Canvas.Left="-10.0" Canvas.Top="-10.0"
4     Width="20.0" Height="20.0"
5     Fill="lightgray" />
6 </Canvas>
```

（注意：为便于阅读，在上面以及本章后面的 XAML 代码中，我们将高亮显示其中新增或修改的部分代码。）

尽管以上描述没有二义性，但并不清楚在显示器上椭圆会是什么样子。由于圆的直径是基于一张任意的图纸上的方格计量的，直径为 20 个图纸单位的圆在屏幕上有多大呢？

图 2-9　XAML 时钟应用程序 V.01 版的绘制结果，在图像尺寸和位置上出现问题

建议读者运行 lab 软件(可从在线资源中下载)，选取 V.01 版来观察上述 XAML 代码的运行结果。图 2-9 为一幅绘制结果的屏幕截图(图中所示鼠标指针可做尺度参考)。这一结果显然无法接受，原因有两点：其一，显示出来的灰色圆太小，难以作为钟面使用；其二，只能看到圆的四分之一。

图 2-10 中的示意图展示了时钟椭圆的几何描述。左边展示了应用程序中的抽象几何数据，其中并无物理度量。箭头对应生成图像的绘制过程。

图 2-10　时钟表面椭圆的初始几何描述示意图

这里我们看到了将抽象坐标直接传递给图形平台可能导致的结果。基于抽象坐标设计场景没问题，但当需要将其显示在屏幕上时，我们必须考虑：1)显示设备的特征，诸如大小、分辨率、屏幕高宽比等；2)如何根据屏幕形状因素的约束选定绘制后图像的大小和在屏幕上的位置；3)如何在图形平台上给出几何描述以得到理想的结果。

2.6 节将以包含全部特征的应用为背景再次讨论这些问题。这里针对简单的时钟应用，假设画布将显示在笔记本电脑的屏幕上，钟如图标大小，直径 1 英寸(约 2.54 厘米)，且位于画布的左上角。那么，应该如何修改程序来获得上述效果呢？

2.4.3　坐标系的选择范围

现在我们的头脑中已有钟的具体尺寸(直径 1 英寸)，对采用抽象坐标系来设计几何这一选择是否应该重新予以考虑？为了回答这一问题，先考虑另外两个我们可能用来进行场景描述的坐标系。

可考虑使用 2.3.1 节所述的基于整数的坐标系，但由于我们需要在不受屏幕分辨率影响的情况下对显示场景的尺寸进行控制，因此它并不合适。

此外，我们也可以考虑采用 WPS 画布坐标系进行场景设计，该坐标系是“物理的”，其度量单位为 1/96 英寸，与显示设备分辨率无关。例如，在应用程序中，可以将一个 1/8×1/4 英寸的矩形的宽度指定为 12 个单位、高度为 24 个单位[⊖]。同样，我们可以将圆的直

⊖ 物理坐标系也有局限性。由于具体显示的尺寸还与显示过程中的各个部件(包括设备驱动程序和屏幕硬件)相关，因此无法保证所显示形状的大小绝对准确。

径指定为 96 个单位，从而生成一个直径 1 英寸的圆。

尽管直接使用 WPF 坐标系确实可使场景设计与分辨率无关，但我们并不建议采用这种策略，因为还需要考虑另外两种独立性。

- **独立于软件平台**：当使用某一具体图形平台的坐标系时，不必将一部分程序代码绑定于该平台上，倘若将来要将该项应用转移到其他平台上，这种绑定无疑会增加工作量。
- **独立于显示器的形状因素**：当今设备的显示屏幕在尺寸和宽高比(即形状因素)方面差异很大。为了兼容从手机、平板到计算机的各种显示屏形状，开发人员应以尽可能抽象的方式定义场景几何，运行时再根据当时情形(形状因素、窗口大小，等等)确定具体的几何信息。例如，在确定钟的 1 英寸直径时，我们当时考虑的是笔记本电脑屏上的图标；但完全可以为智能手机另行选择一种合适的尺寸。采用抽象坐标系可允许运行时再确定实际的物理尺寸。2.6 节将进一步深入讨论这一重要话题。

现在可以看到，使用抽象坐标系有多方面的好处，所以我们继续采用这一策略。

抽象坐标系还有进一步的好处：用小的数字来描述形状常更为方便——例如，“我需要一个 x 坐标和 y 坐标都是从 -1 到 1 的圆盘，然后将它的中心移动到(37，12)”，而不是“我需要一个圆盘，它的 x 坐标从 36 到 38，y 坐标从 11 到 13”。在前一种描述中，很容易发现圆盘半径是 1，形状为圆而不是椭圆。这一思想(即选择某些坐标系进行处理会比在其他坐标系下进行处理容易)还将被再三验证，我们将它归纳成如下原则：

✓ **坐标系/基原则**：始终选择你工作最为方便的坐标系或基，并通过变换使它和不同的坐标系或基关联起来。

2.4.4　WPF 画布坐标系

到目前为止你只知道 WPF 画布坐标的一个特征。图 2-11 展示了其他重要特征：原点(0，0)位于画布的左上角，x 坐标轴方向朝右，y 坐标轴方向朝下，画布沿 4 个方向都有边界(图中用浅蓝色矩形表示)。也就是说，每个 WPF 画布都有一个确定的宽度和高度(通常由前面提到的布局管理器控制)。在 `ClipToBounds="True"`这一常见例子中，边界严格受限，因此边界外的任何可视信息都不会被显示。[⊖]

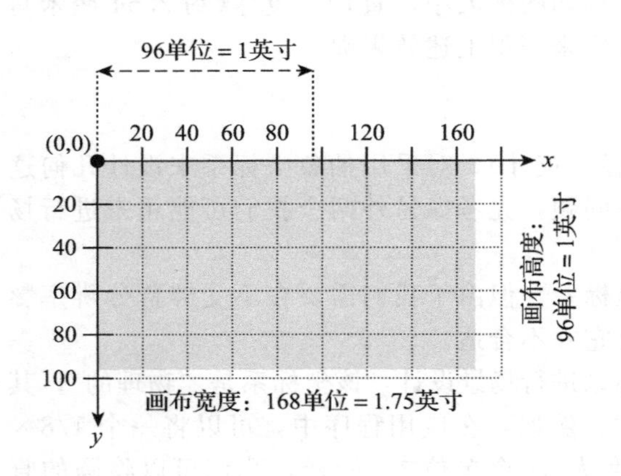

图 2-11　WPF 画布，其大小尺寸为 168×96 个单位，`ClipToBounds=True`。注意，原点取固定位置和 96 个单位对应 1 英寸的固定语义。当在显示设备上采用正确的设备驱动程序绘制时，这块画布的显示尺寸为 1.75×1 英寸。画布的四边都有界，只能显示位于边界内的可视信息

⊖ 当我们在 2.4 节中实现该应用程序时，曾假设画布足够大，可以显示整个时钟，但是课内练习 2.5 将让你考虑当上述假设不成立时的情况。

有了这些信息，现在可以回到时钟应用程序的开发中。先回顾一下从抽象坐标系，再到物理坐标系，再到设备坐标系场景几何描述的映射顺序，如图 2-12 所示。我们已经讨论了应用程序和 WPF 画布坐标系统，2.4.5 节中将讨论如何从前面的坐标系映射到后面的坐标系。所以，这里将简要说明上述过程中的最后一步转换，即从 WPF 画布到显示设备上实际像素的映射。管线的这一部分不完全受应用程序控制，更确切地说，它是由若干个模块合作完成：WPF 布局管理器(由应用程序创建和配置，用以控制客户区中所有组件的位置和大小，包括画布)，窗口管理器(控制应用程序客户区的位置和大小)，和底层的光栅化管线(由一系列模块组成，如像 DirectX 或 OpenGL 的立即模式程序包，底层设备驱动程序和图形硬件本身)。

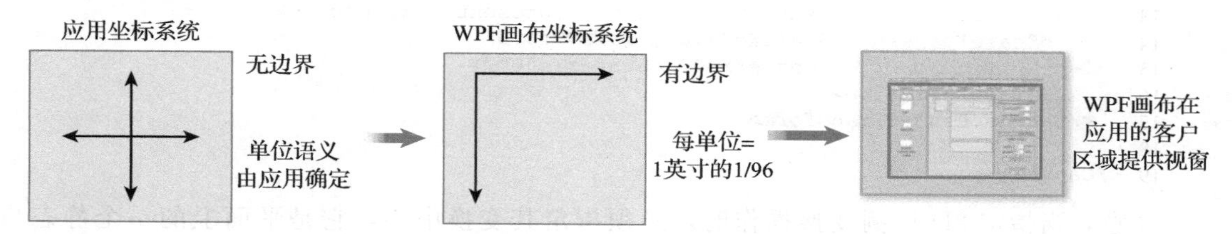

图 2-12 从应用程序的抽象坐标系，到 WPF 画布坐标系，最后到显示设备上应用窗口的客户区

> 在 20 世纪 80 年代中期，Mac 和 Windows 标准的设备无关单位(DIU)是 1/72 英寸，对应于当时的典型显示器的 dpi。但是微软的研究显示，典型的计算机用户距离显示屏幕比他观看打印页面要远三分之一。因此，为了确保在给定点尺寸下屏幕上和纸上呈现的文本大致相当，GDI 的 DIU 按比例扩大 33%，达到 96dpi。
>
> 记住，图形软件平台无法控制硬件显示的准确性，所以 DIU 只是一个近似值。WPF 画布上长度为 96 个单位的线段在“理想设备”上为 1 英寸长，但在实际的显示屏幕上不一定是这样。

2.4.5 使用显示变换

现在终于明白，为什么在抽象坐标系中定义的钟面会生成如图 2-9 所示的不可接受的结果。

- 圆的半径为 20 个单位。而 WPF 画布上 20 个单位小于 1/4 英寸，这当然太小了。
- 圆的圆心被指定在原点处。但 WPF 画布只显示在($+x$，$+y$)象限中的数据，因此圆的大部分不可见。

为了修复应用程序，我们将构造一个**显示变换**，在将整个场景几何从抽象坐标系变换到 WPF 画布系统的过程中，以数学方式实现以下调整：a)使时钟完全可见，b)使时钟具有合适的尺寸。

首先考虑几何尺寸的调整。时钟直径在抽象坐标系中是 20 个单位，我们希望它映射到 WPF 画布上后为 1 英寸，因此，需要将其映射为 96 个 WPF 单位。为此，图纸坐标上的每个坐标轴都要乘以一个倍数 96/20，即 4.8。为了在画布上实施这一比例变换，我们通过在画布系统上附加一个 `RenderTransform`[⊖]来指定一个几何变换，该变换将作用于

⊖ WPF 对这一变换使用的名称 `RenderTransform` 有点误导，似乎它只用于控制显示。更好的名称应是 `GeometricTransform`，因为它执行的是 2D 几何变换，可用于建模和显示控制等多个方面，对此本章中会有所展示。

场景中的所有对象。

```
1  <Canvas ... >
2
3    <!- THE SCENE ->
4    <Ellipse ... />
5
6
7    <!- DISPLAY TRANSFORMATION ->
8    <Canvas.RenderTransform>
9      <!- The content of a RenderTransform is a TransformGroup
10         acting as a container for ordered transform elements. ->
11       <TransformGroup>
12         <!- Use floating-point scale factors:
13             1.0 to represent 100%, 0.5 to represent 50%, etc. ->
14         <ScaleTransform ScaleX="4.8" ScaleY="4.8"
15                         CenterX="0" CenterY="0"/>
16       </TransformGroup>
17   </Canvas.RenderTransform>
18
19 </Canvas>
```

注意，当指定2D比例变换操作时，必须指定其变换中心，它是平面上的一个静态点——比例变换后所有其他点都会远离(或靠近)该点。这里，我们使用原点(0，0)作为中心点。

图2-13所示为修改后的应用程序版本(lab软件V.02)。显然，显示尺寸问题已经解决，但仍然只有四分之一的圆位于画布的显示区内。

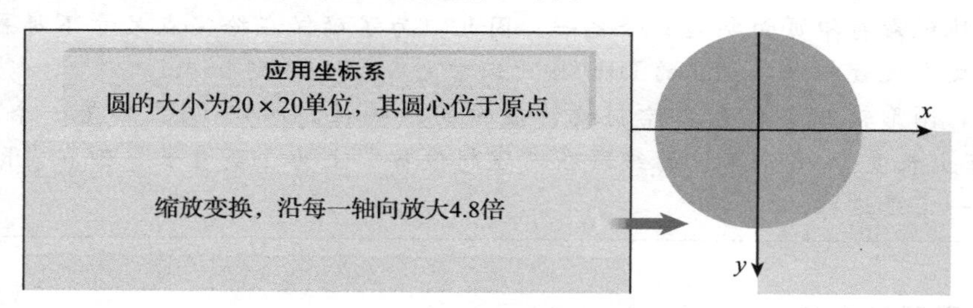

图2-13　添加比例变换后的应用程序示意图

为了使场景完全可见，还需要在画布上施加另一个变换，我们使用平移变换：

```
1 <TranslateTransform X="..." Y="..."/>
```

那需要平移多少个单位呢？由于比例变换后在WPF画布上圆的直径为1英寸，而现在每个坐标方向我们都只能看到圆的一半，因此需要将圆分别朝下和朝右移动半英寸(即沿画布上每个坐标轴移动48个单位)以保证圆完全可见。

以下是修改后的XAML代码(lab软件V.03)，其效果如图2-14所示。

```
1  <Canvas ... >
2    <!- THE SCENE ->
3    <Ellipse ... />
4
5    <!- THE DISPLAY TRANSFORM ->
6    <Canvas.RenderTransform>
7      <TransformGroup>
8        <ScaleTransform  ScaleX="4.8"  ScaleY="4.8" ... />
9        <TranslateTransform X="48" Y="48" />
10     </TransformGroup>
11   </Canvas.RenderTransform>
12 </Canvas>
```

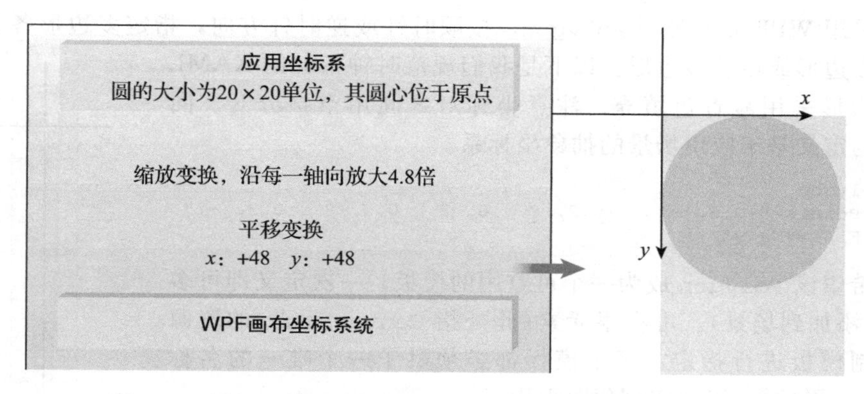

图 2-14　添加 2 次显示变换(缩放和平移)后的应用程序示意图

注意：本章中所有应用示意图的动画版本都已附在网上材料中。

回顾：我们使用了一系列附着在画布上的显示变换来实现几何位置和大小的自适应调整，使应用场景能在显示设备上满意地呈现。显示变换融合在从应用坐标系到 WPF 画布坐标系的映射过程中，图 2-14 通过不断变深的字符颜色凸显了坐标系表示的变换过程。

因为显示变换附着在画布上，故它将作用于整个场景，而不管场景有多大或多复杂。上例中的场景只是一个几何基元，但随着应用程序的继续开发，场景变得越来越复杂时，显示变换的价值将愈加明显。

课内练习 2.1：在平移变换之前实施比例变换只是进行显示变换的一种方式，按相反的顺序也同样可行，只是变换参数的取值会不同。试使用 lab 软件 V.03 并且对其 XAML 代码做适当修改来更改两种变换的先后顺序。首先，改变顺序但不调整变换参数的值，观察绘制场景会发生怎样的变化，再根据需要调整变换参数，恢复所要的绘制结果。

课内练习 2.2：图 2-14 所示应用例子中的圆紧贴画布的上边界和左边界。试修改 V.03 使圆向右移动 1/8 英寸，向下移动 1/8 英寸。注意正确的变换参数取值与该变换实施的顺序有关。

课内练习 2.3：对 V.03 进行编辑，增加一个小蓝点作为 12:00 的标记。

从课内练习 2.1 中，大家已经注意到变换结果与变换序列实施的顺序相关：比例变换在平移变换之前与比例变换在平移变换之后会产生不同的结果。与顺序相关的原因是线性代数的法则。在第 12 章中将会看到，每一变换(如旋转变换或平移变换)在计算机内将表示为一个矩阵，按序变换相当于一系列矩阵相乘，而矩阵相乘并不满足交换律。因此，变换的顺序非常重要。

2.4.6　构造并使用模块化模板

上述变换工具可施加在可重用模板(称作**控制模板**[⊖])的复制件上，对它们做重新定位和调整，从而创建场景。不同于无法改变大小的物理模板，可以对图形模板实施旋转、平移和缩放。

考虑一下我们应如何来定义时针和分针。我们希望它们具有相似的形状，但时针更短更粗，可通过对构建分针的多边形进行非均匀缩放来实现。因此我们考虑如何通过定义和使用图 2-15 中显示的模板来构造和放置这两个指针。

⊖ WPF 在其模板命名中使用“控制”一词指的是这种模板的典型用法：构建自定义可重用的 GUI 控件。

我们采用 WPF 元素类型 Polygon，按顺时针或逆时针方向，指定多边形各顶点，来创建轮廓多边形或填色多边形。以下是我们规范时钟指针的 XAML 描述，多边形采用藏青色填充。注意坐标对之间用空格分开。同时，指针的定义基于应用场景的抽象坐标系。

```
1  <Polygon
2     Points="-0.3, -1   -0.2, 8   0, 9   0.2, 8   0.3, -1"
3     Fill="Navy" />
```

图 2-15　时钟指针模板的几何定义

我们希望该 Polygon 成为一个可重用的模板，一次定义即可多次**实例化**(添加到场景)。可在根元素(此处指 Canvas 元素)的资源部分对控制模板进行指定。每个模板都必须赋予一个唯一的名称(使用 x:Key 属性)，以便实例化时引用。

```
1  <Canvas ... >
2
3    <!- First, we define reusable resources,
4       giving each a unique key: ->
5    <Canvas.Resources>
6     <ControlTemplate x:Key="ClockHandTemplate">
7       <Polygon ... />
8     </ControlTemplate>
9    </Canvas.Resources>
10
11
12   <!- THE SCENE ->
13   <Ellipse ... />
14
15   <!- THE DISPLAY TRANSFORM ->
16   <Canvas.RenderTransform> ... </Canvas.RenderTransform>
17 </Canvas>
```

如果现在执行以上应用程序，即使采用了新的模板描述，也不会发生任何变化，仍然只有灰色的钟面可见，因此必须通过对该模板进行实例化来改变所显示的场景。

为此，我们在场景中添加一个 Control 元素，它通过调用资源中的 ClockHandTemplate 进行实例化，即下面的 V.04 修改版。

```
1    <!- THE SCENE ->
2
3    <!- The clock face ->
4    <Ellipse ... />
5
6    <!- The minute hand: ->
7    <Control Name="MinuteHand"
8             Template="{StaticResource ClockHandTemplate}"/>
```

应用程序的新版本在屏幕上会生成什么结果呢？由于整个显示变换序列已关联于整个画布，分针多边形将执行全部显示变换，实际上，它跟随钟面圆共同经历了这些变换，如图 2-16～图 2-18 所示。

图 2-16　分针将执行所有显示变换(1/3)

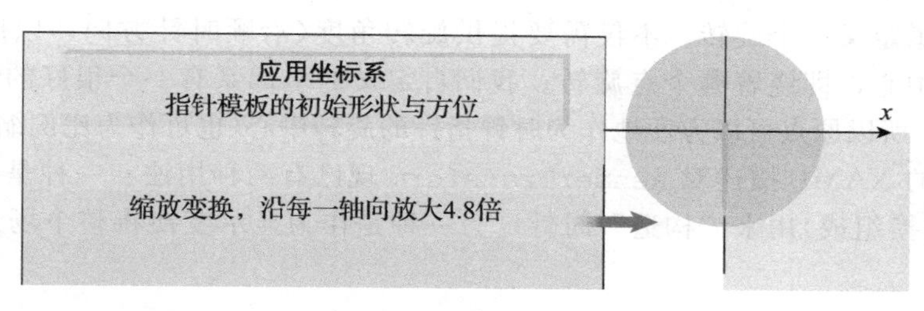

图 2-17　分针执行所有显示变换(2/3)

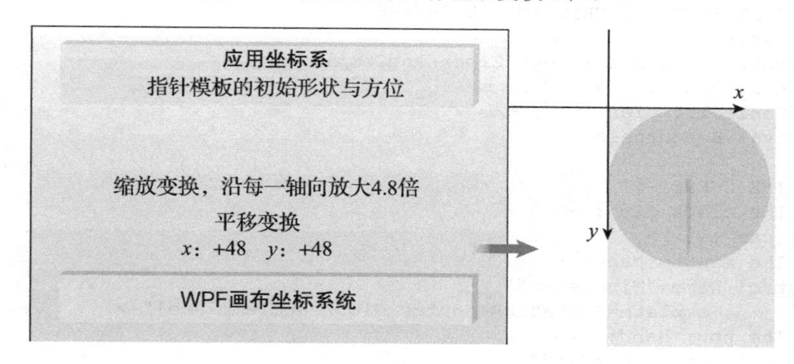

图 2-18　分针执行所有显示变换(3/3)

到现在为止，除了令 XAML 更加复杂，模板似乎并没有起到什么作用。我们完全可以在定义 Ellipse 后再定义一个 Polygon。但当我们构建时针(以及以后做练习)时，你就会理解使用模板的必要性。

现在用相同方法，即通过实例化这个模板来构建时针，但我们作两项调整。

首先是调整它的形状，以便与分针区分开来。为此，我们在这个实例上添加一个比例变换。虽然本章前面部分已用过比例变换，但这里目标有所不同。之前进行序列变换是为了控制场景在输出设备上显示的尺寸和位置(故称为显示变换)，此处我们将比例变换用于创建一部分场景，称之为**建模变换**(modeling transformation)。对于开发者而言，两者的用法不同，但对底层平台的实现机制而言并无差别，它们都使用 RenderTransform(两者区别在“使用的目的”，而不在其“实现方法”)。

其次，在组建整个场景时，为了容易区分两个指针，我们对其位置进行调整，使它们不会都与 y 轴重合。我们将时针顺时针旋转 45°，即钟上显示的时间为 7∶30。为此，我们需要第三个 WPF 变换类型 RotateTransform：

```
1 <RotateTransform Angle=... CenterX=... CenterY=... />
```

为了对时针进行实例化，我们使用曾在分针实例化时用过的同一 Control 标记，不过其中再添加一个 RenderTransform，从而执行一个建模变换序列。修改后的代码如 lab 软件中 V.05 版所示。

```
1 <!- The hour hand: ->
2 <Control Name="HourHand" Template="{StaticResource ClockHandTemplate}">
3    <Control.RenderTransform>
4      <TransformGroup>
5        <ScaleTransform ScaleX="1.7" ScaleY="0.7" CenterX="0" CenterY="0"/>
6        <RotateTransform Angle="45" CenterX="0" CenterY="0"/>
7      </TransformGroup>
8    </Control.RenderTransform>
9 </Control>
```

注意，为了定义一个旋转，不仅需要提供旋转角度(沿顺时针方向，以度数为单位)，还要提供旋转中心，即绕着哪个点旋转。我们自定义的坐标系有一个很好的特征：时钟中心取在(0，0)，所以原点可以方便地作为时钟指针的旋转中心(也可作为比例缩放的中心)。

我们场景的 XAML 描述对 RenderTransform 现已有两种用法：一种是作为建模变换(由两个基本变换组成)用来“构造”时针，另一种是作为显示变换将整个场景映射到画布上予以显示。

```
1  <Canvas ... >
2    <!- RESOURCES ATTACHED TO THE CANVAS ->
3    <Canvas.Resources>
4      <ControlTemplate x:Key="ClockHandTemplate">
5        <Polygon ... />
6      </ControlTemplate>
7    </Canvas.Resources>
8
9    <!- THE SCENE ->
10   <!- The clock face: ->
11   <Ellipse ... />
12   <!- The minute hand: ->
13   <Control Name="MinuteHand"
14            Template="{StaticResource ClockHandTemplate}"/>
15   <!- The hour hand: ->
16   <Control Name="HourHand"
17            Template="{StaticResource ClockHandTemplate}">
18     <Control.RenderTransform>
19           The modeling transform for the hour hand should be here.
20     </Control.RenderTransform>
21   </Control>
22   <!- THE DISPLAY TRANSFORM ->
23   <Canvas.RenderTransform>
24          The display transform for the scene should be here.
25   </Canvas.RenderTransform>
26
27 </Canvas>
```

让我们来观察一下时针在建模变换过程中的变化。图 2-19 所示为时针模板原有几何信息的实例化结果，时针的图像很小，不过这是显示变换之前的结果。为了清楚起见，我们对示意图做了放大。

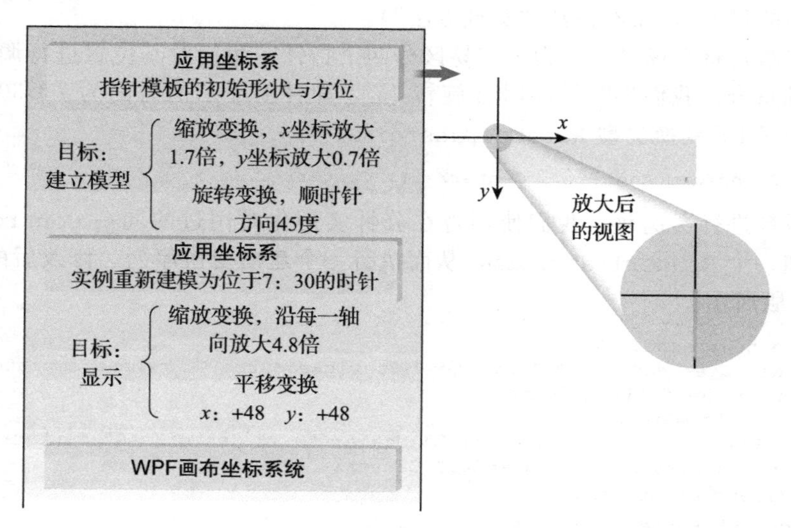

图 2-19　建模变换之前的指针模板实例

第一个建模变换是一个非均匀的缩放变换，它产生一个所期望的短而宽的形状。这正是我们所要的时针形状，如图 2-20 所示。

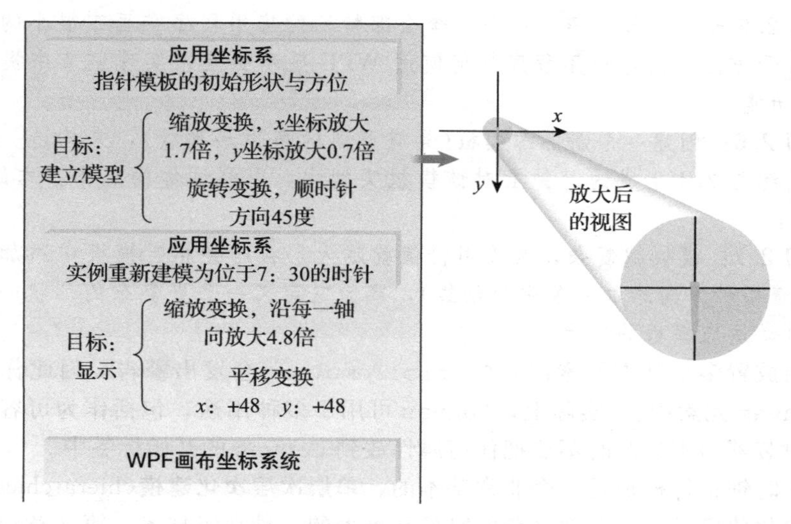

图 2-20　变换为时针形状的指针模板实例

第二个建模变换将它旋转到预定的 7∶30 位置，如图 2-21 所示。

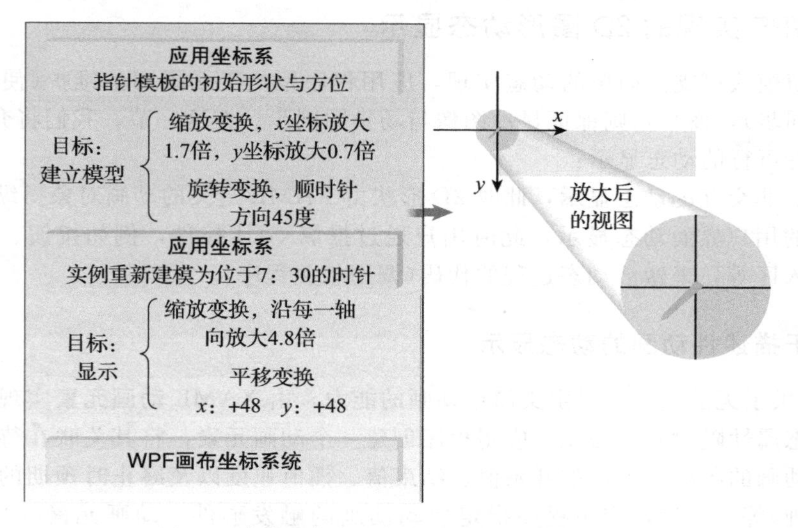

图 2-21 建模变换的最终结果：时针指向 7∶30

至此时针的建模已经完成，可以进行显示变换。在实施显示变换序列过程中它始终“伴随”场景(钟面和分针)中的其他元素。最终生成一幅完整的时钟图像，所显示时间为 7∶30。本章在线资源中包含了一段动画，演示了这一系列建模变换和显示变换完整的操作过程。

课内练习 2.4： 为了确保你已完全理解上述创建整个静态时钟场景的过程，请开启一个 XAML 开发环境，从一个空白画布开始。添加所有必需的 XAML 代码来构造一个时间定位在 1∶45 的时钟。如果你愿意，也可以在钟面上添加一个表示 12∶00 的圆点。

课内练习 2.5： 当在推荐方式(`ClipToBounds= "True"`)下使用 WPF 画布时，位于画布边界外的可视信息将不可见，也就是说，图像被画布边界“裁剪”了。

(a) 使用窗口管理器快速减小正在运行lab软件的窗口的大小，观察因画布太小不足以显示整个时钟图像时会发生什么。

(b) 跳到2.6节，该节介绍了一个包含全部特征的应用程序在画布很小的情况下显示整个场景的若干方法。思考应用程序如何使用WPF显示变换来实现该节中提到的缩小或摇拍/滚动等功能。

课内练习2.6：创建一个新的源模板(具有不同的多边形形状)，来构造一根细的红色秒针。在课内练习2.4生成的时钟上对该模板实例化，以测试你的工作。本题的解见lab软件V.06版。

课内练习2.7：模板越复杂，其重用价值就越大。在时钟指针模板中添加一些新的元素(例如，沿着指针方向添加一条中分细线)，或为它定义一个更复杂的形状……然后观察其实例如何自动适应模板的新定义。

提示：当放置多个基本元素时，`ControlTemplate`会发出警告，因此你需要将其内容封装到`Canvas`元素中。(实际上，`Canvas`可用于多种用途，包括作为可容纳多种基本元素的通用封装器。)不过此时不要把任何属性放到`Canvas`的开始标签中。

上述简单时钟指针模板是一个非常基本的、单层次**层次化建模**(hierarchical modeling)的例子，层次化建模是构建非常复杂的对象和场景的一种高级技术。第6章提供了对这一技术的介绍和应用例子。

2.5 用WPF实现的2D图形动态显示

采用保留模式可支持简单的动态实现，应用程序聚焦于场景图的维护(使之与应用程序模型保持同步)，而平台则保证显示图像与场景图同步。在这一节，我们将介绍WPF应用程序中两种可行的动态显示：

- 自动、非交互的动态显示，此时2D形状由XAML定义的动画对象操纵。
- 传统的用户界面动态显示，此时用户通过操纵GUI控件，例如按钮、列表框、文本输入区等，来激活动态过程的代码(调用相关程序)。

2.5.1 基于描述性动画的动态显示

WPF提供了无需过程代码定义简单动画的能力，由XAML**动画元素**实现，通过插值使对象的动态属性随时间而变化。应用程序创建一个动画元素，将其关联在待操控的属性上，并指定动画的各种特征，如开始值、结束值、插值速度以及终止时预期的行为(例如，重复该段动画)等。最后，应用程序指定启动动画的触发事件。动画元素一旦建立完毕，就会自动工作，无需应用程序干预。

实际上每一种XAML元素的属性都可以成为动画的对象，具体例子有：

- 形状的局部原点(例如，椭圆左上角)可由动画元素操控，从而使形状振动。
- 形状基元的填充色、边界色和边界粗细等属性均可通过动画元素操控，以实现反馈式动画，例如发光或脉动。
- 动画元素也可以操控旋转变换的角度属性，从而使指定物体产生旋转。

作为构建时钟的人，我们对最后一条有兴趣。可采用三个动画元素，各对应一条指针，从而让时针转动起来。

首先回顾一下之前设计的时针的建模变换。

```
1    <Control.RenderTransform>
2      <TransformGroup>
3          <ScaleTransform ScaleX="1.7" ScaleY="0.7" />
4          <RotateTransform Angle="45"/> <!- for 7:30 ->
5      </TransformGroup>
6    </Control.RenderTransform>
```

该变换实例中包含了一个 RotateTransform，使时针指向 7：30。一般将 12：00 选作默认的“初始”时针位置。现在考虑在应用程序中如何增添时间语义，首先改变旋转变换：

```
1 <!- Rotate into 12 o'clock default position ->
2 <RotateTransform Angle="180"/>
```

除此之外，为了能自动调控时针的位置，增加一个 RotateTransform 并且给它设置标签(ActualTimeHour)使其可被动画程序控制。做了这两处改动后，TransformGroup 变成：

```
1 <TransformGroup>
2    <ScaleTransform ScaleX="1.7" ScaleY="0.7" />
3    <!- Rotate into 12 o'clock default position ->
4    <RotateTransform Angle="180"/>
5    <!- Additional rotation for animation to show actual time: ->
6    <RotateTransform x:Name="ActualTimeHour" Angle="0"/>
7 </TransformGroup>
```

现在来看控制时针旋转的动画元素的描述。在 WPF 中，每个需自动进行动态显示的数据类型都对应一个动画元素。为了控制旋转角度，我们采用双精度浮点数表示该角度，并使用元素类型 DoubleAnimation：

```
1 <DoubleAnimation
2        Storyboard.TargetName="ActualTimeHour"
3        Storyboard.TargetProperty="Angle"
4        From="0.0" To="360.0" Duration="1:00:00.0"
5        RepeatBehavior="Forever"
6 />
7
```

通过 TargetName 和 TargetProperty 可将时针设置成动画，它们被关联于目标 RotateTransform元素的 Angle 属性上。其中，From 和 To 属性决定旋转的区间和方向，Duration 则控制旋转角度跨越这个区间所需的时间。Duration 按如下传统方式指定：

```
1 Hours : Minutes : Seconds . FractionalSeconds
```

采取 RepeatBehavior= "Forever"设置时，只要程序在运行，指针就会一直转动下去，直至旋转角度达到“To”给定的终点值，然后重新回到“From”值继续旋转。[⊖]

> 你可能会考虑生成的时钟动画是否准确，以上给出的描述是否精确。在 CPU 负载很重或计算能力不足的情况下，动画是否会进行？
>
> 虽然 CPU 压力大时动画的平滑性会受到影响，但图像均会保持当前时刻它应该有的状态。动画引擎以“绝对”方式工作，即随时计算属性的当前值，而不是采用累计增量的相对方式。因此，即使在长时间段内应用程序未能得到 CPU 的响应，一旦应用程序得到的 CPU 时间足以刷新图像，图像将立即跳转到正确的状态。

⊖ 其他可用的行为类型包括反向运动(即“反弹回来”)和简单的停止(即“一次性”运动)。

最后一步是安装动画程序的XAML代码。我们希望钟面显示时立即启动动画，因此，创建一个EventTrigger，通过它来设置画布的Triggers属性。在定义触发器时，必须指定启动它的事件类型(本例中为画布内容已全部载入)和它将执行什么操作(在本例中为三个同时实施的动画元素，它们被封装在WPF中的Storyboard中)：

```
1   <Canvas ... >
2
3     The specification of the clock scene should be located here.
4
5     <Canvas.Triggers>
6        <EventTrigger RoutedEvent="FrameworkElement.Loaded">
7             <BeginStoryboard>
8                <Storyboard>
9                 <DoubleAnimation
10                  Storyboard.TargetName="ActualTimeHour"
11                  Storyboard.TargetProperty="Angle"
12                  From="0.0" To="360.0"
13                  Duration="01:00:00.00" RepeatBehavior="Forever" />
14
15                  Two more DoubleAnimation elements should be located
16                  here to animate the other clock hands.
17
18                </Storyboard>
19               </BeginStoryboard>
20            </EventTrigger>
21       </Canvas.Triggers>
22
23   </Canvas>
```

lab软件修改版V.07展示了这一时钟动画，我们对XAML进行了修改，使时针移动加快，从而容易受人注意，有利于检查动画中的运动。为检验读者对本节内容是否理解，建议完成以下练习。

课内练习2.8：研究修改版V.07的XAML代码，做以下事情：

(a) 在目前版本中，分针实例加入场景时未经任何建模变换。增加必要的标签为其绑定一组变换，并设置两个旋转变换(一个将它的默认位置定在12：00，另一个用来驱动动画)。同时在storyboard中增加必要的标签，将分针设置成每分钟转动一次。

(b) 类似地设置秒针的动画。

(c) 完善时针动画设置使它正确运行。

(d) 如果你想将这个时钟演示给你的朋友看，手动修改指针旋转变换中默认的“初始位置”，以更好地呈现你所在地的真实时间，然后开始执行并观察时钟准确运行的过程。

(e) 时钟初始化问题的终极解决方案是使用过程代码来初始化时钟。如果你有Visual Studio软件和教程，请采用这一XAML原型，通过添加初始化逻辑来创建一个功能齐全、能正确显示当地时间的WPF时钟应用程序，将它“产品化”。

课内练习2.9：如果你想获得更多的有关基于模板的建模和动画的练习，请访问在线资源，下载关于“Covered Wagon”编程练习的指南。

2.5.2 基于过程代码的动态显示

显然，仅采用XAML构建应用程序尚不足以支持多方面的应用。在实现处理、逻辑、数据库访问和复杂交互等功能方面仍需采用过程代码。WPF开发者会将XAML用于最合适的场合(如场景初始化、资源储存、简单动画等)，而使用过程代码来描述应用程序中的行为特性。例如，在展示一个真实时钟时，可采用过程代码给出正确的本地时间、提供闹铃、对用户交互进行反馈等。

2.6 支持各种形状系数

从智能手机的小型屏幕到大型墙面LCD显示器，多种多样的光栅显示设备给应用程序带来了挑战。这与台式计算机中将应用程序的显示窗口尺寸降到某一合理极限之外时所面临的问题一样。在这两种情形下，应用程序需要做出调整以适应显示区域形状系数的变化。

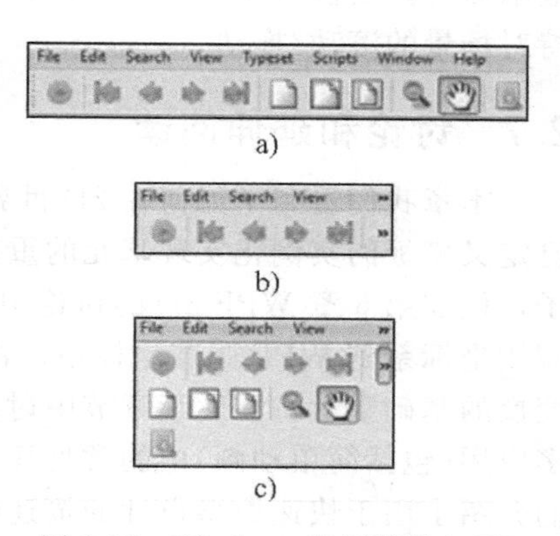

图 2-22　Windows应用程序中UI布局自适应显示示例

一个设计良好的应用程序会运用逻辑来检测当前的形状系数并根据需要对其显示进行适应性调整。让我们来考察典型应用程序中两个关键区域的调整策略：用户界面(UI)区域和屏幕显示区域。

当放置UI控件的屏幕区域有限时，缩小控件的尺寸并不明智。UI控件的可用性以及用户对常用控件位置的“空间记忆”而产生的依赖性，会因这一技术而受到不利影响。可以采用省略(例如，隐藏不常用控件)或重新布局等方法进行适应性调整。

后者的例子如图2-22的三部分所示。图2-22a显示最佳布局下的菜单栏和工具栏。如果窗口宽度明显变短，栏的右端会被裁剪掉，如图2-22b所示，所附标识“▶▶”的“扩展”按钮提示可对已隐藏的菜单和控件进行访问。图2-22c为按下扩展按钮后的结果(显示出工具栏剩余部分)。

当用于场景显示的视窗的尺寸受限时则需考虑另一套策略。可能的解决方案有以下几种：

- 缩小绘制图像以便视窗中容纳更多(或全部)场景。
- 在视窗边界处对绘制结果进行裁剪，同时提供屏幕拖动接口以支持对场景任意部分的访问。

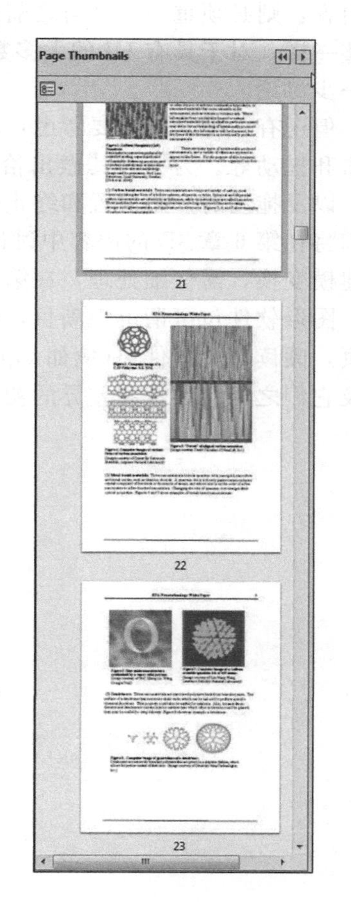

图 2-23　一个流行的PDF阅读器中场景自适应显示示例

上述选择不是互相排斥的，通常应用程序会联合使用缩放和裁剪；作为例子，图2-23显示出Adobe Reader的缩略图面板。在本例中，显示的内容是一个很长的PDF文档，可将它想象成一个非常高而细的场景，其宽度为一个标准的页宽，长度则为136个标准页。对于高度和宽度，应用程序采用了不同的处理方法。对于前者，它对场景进行裁剪，每次仅显示几页，并提供上下滚动功能对场景进行导航。对于后者，它采用比例缩放的策略使场景的宽度正好与显示面板的宽度匹配。用户可以加宽显示面板，从而增加缩略图的宽度并减小缩小的比例，使缩略图更易“阅读”。

以上两个自适应显示例子中，对于特定的形状系数/屏幕尺寸，应用程序负责选取相应的自适应策略，而WPF平台则提供实现这一策略的具体机制。例如，WPF的UI布局工具简化了上面所述的自适应过程。而对于场景自适应显示而言，变换可发挥重要作用：比例缩放为场景放大/缩小提供了方便，平移变换则支持对场景的滚动/拖动。

2.7　讨论和延伸阅读

本章我们看到了如何在2D世界的抽象应用坐标系中创建一系列基元，以及如何通过已定义模板的实例化实现基元的重用。虽然我们没有展示由简单模板组合成复杂模板的例子，但在第6章WPF 3D的讨论中我们会介绍这种常见的几何建模方式。在建模和从抽象应用坐标系到WPF画布坐标系、再到物理设备坐标系的映射中我们都运用过变换，有关变换的基础数学将在后续章节中讨论。我们也注意到，保留模式图形平台的优点在于将许多应用(包括简单动画)中的常见任务加以归纳和提炼，然后分离出来。最为重要的是，我们介绍了用于快速原型设计的描述性语言的基本特征，它可以方便地扩展，用于WPF 3D中的几何建模和绘制。

我们没有讨论面向用户交互(如按下按钮)的UI回调响应。如果这类交互会改变绘画的内容，则必须重画，这与之前提到的当交互改变了应用模型的状态时我们必须做出相应调整一样。对于具有UI的大多数程序来说，这样的回调响应已成标准，对此我们将不再进一步讨论。

但还有一种交互需要考虑：发生在视窗内的交互，如用户在当前显示的场景图上进行点击和拖动等。为了对其做出恰当的响应，通常需要知道用户点击了场景图上的哪个物体，以及拖动的开始位置和终止位置。确定被点击的物体称为**关联拾取**(pick correlation)，我们将在第6章3D的内容中讨论。在3D场景中的点击和拖动操作常会涉及层次化的几何建模变换，需仔细处理，在第21章中将讨论一些例子。

图形软件包可谓琳琅满目，倘若你从事图形学研究，至少会遇到几种。建议读者浏览网页，阅读有关软件包(例如OpenGL和Swing)的内容，获得对不同软件包的不同特征，以及它们之间的共性和差异的初步体验。

一个古老的绘制器

3.1 一幅丢勒的木刻画

1525年，阿尔布雷希特·丢勒制作了一幅木刻画，该画展示了一种可以绘制任一形体透视图的方法(见图3-1)。木刻画中，两个男人正在创作一幅鲁特琴的图。本章我们将开发一个软件来模拟丢勒所展示的方法。

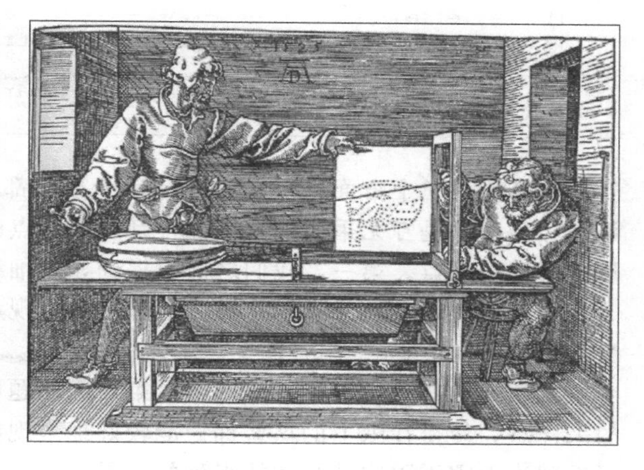

图3-1 两人采用早期的"绘制引擎"创作一幅鲁特琴图

该装置由几个部分组成。首先是一根很长的细线，它的起点位于一个小指针的针尖，细线穿过附在墙上的环首螺钉的孔眼，其终点处系了一个能维持线张力的小砝码。指针可由人四处移动，从而触及待绘制的物体上的各点。

其次，还有一个带板的长方形木框(这里称该板为快门)，板通过一个合页连在木框上，它可以完全转向一旁(如画中所示)或者部分地旋转以遮盖木框的开口(就好像快门遮挡镜头窗口)。板上覆盖了一张待绘画的纸，在木刻画中，可以看到纸上已部分完成的鲁特琴图。第一个人已将指针移动到琴上一个新位置。细线穿过画框，第二个人拿着铅笔指着穿过点，然后快门被关上，细线被推向一旁，铅笔则在纸上做出一个新的标记。该过程持续进行直至整个画作(以很多铅笔标记点的形式)形成。当然，在整个绘画过程中拿着铅笔的人都必须稳定地手持铅笔。

所完成的鲁特琴图由很多铅笔标记构成，将这些标记连在一起可呈现出一幅完整的绘图。这幅绘图就是鲁特琴的透视图，展示了观察者的眼睛位于墙上环首螺丝孔眼位置时所看到的画面。注意，墙上螺丝的高度和桌子的位置都是可调的，因此，视点和画面之间的相对距离应被视为该场景绘制引擎的参数。

绘图的可信度源于三大主要因素。第一，光沿着直线传播，而拉伸的细线代表了一条从鲁特琴到视点的光线路径。第二，鲁特琴的图位于场景内，当"快门"关闭后，它仍沿同一方向，向视点传递光线。场景中高对比度点亦可由绘图上的标记表示，这些标记本身即为图上的高对比度点。第三，人类的视觉系统似乎根据场景中具有高对比度的边来理解场景，因此，纸上的标记往往能激发我们的视觉系统对真实场景的关联反应。

注意，细线应穿过画框。如果指针移到的位置不能被位于螺丝孔处的视点通过画框所看到，那么，细线亦会因触碰画框而弯曲。在这种情况下，纸上将不会留下任何标记。

现在我们给出对此"绘制"过程的稍微正式一点的描述，如代码清单3-1所示。

代码清单 3-1　丢勒视角绘制算法的伪代码

```
1  Input: a scene containing some objects, location of eye-point
2  Output: a drawing of the objects
3
4  initialize drawing to be blank
5  foreach object o
6    foreach visible point P of o
7       Open shutter
8       Place pointer at P
9       if string from P to eye-point touches boundary of frame
10        Do nothing
11      else
12        Hold a pencil at point where string passes through frame
13        Hold string aside
14        Close shutter to make pencil-mark on paper
15        Release string
```

该算法有三个方面值得注意，这三个方面都体现在遍历所有采样点的循环中。第一，该循环面向的是可见采样点，因此，判定采样点的可见性很重要。第二，可能存在无限数量的可见采样点。第三，我们之前曾提到，当细线触碰画框而不是穿过画框内的空白区域时应该如何处理。如果物体足够大，必然会出现从螺丝处视点通过画框只能看到物体一部分的情形。

现在，我们来讨论第一个问题；第二个问题可通过逼近绘制来解决，即选择有限数量的采样点，使得在纸上的这些标记能较好地呈现出物体的外形。如何通过有限次计算最佳逼近理论上需无限次计算才能得到的结果？这个问题至为关键，将多次出现在本书中。本章中我们将要绘制的物体极其简单，因此可以暂时将这个问题搁置一边。

第三个问题：剔除视域(眼睛或相机能看见的那一部分世界)外的采样点，这是图形学中的一个常见操作，可以避免将绘制时间浪费在**视域**之外。该操作称为**裁剪**。裁剪可以非常简单，例如判定一个采样点(或整个对象)是否在视域之外，也可以涉及较为复杂的操作，例如对一个部分位于视域之外的三角形进行修剪，直至它成为一个完全位于视域之内的多边形。现在，我们将使用一个十分简单的点裁剪版本，也就是说，我们将忽略在视域之外的所有采样点。

我们做了一个实用的简化：为判定指针尖端是否在视域(一个 3D 体)之内，我们检测细线穿过画框的位置是否位于纸的边界内(而不是细线是否触及画框)。这两个测试是等价的，但从实现过程看，测试一个点是否在矩形内要比测试一个点是否在 3D 体内更容易。

课内练习 3.1： 假设你能移动丢勒木刻画中的鲁特琴。

(a) 如何移动它，才能使“touches boundary of frame”对于内部循环的每一次迭代都成立，因而使该算法执行时几乎所有工作(除了初始设置)都被纳入那条子句？

(b) 如何移动它，才能确保任何一步迭代都不会进入那条子句？

(答案应具有“将它移到离画框更近的位置，并将它抬高一点”之类的表述，即应描述鲁特琴在房间里的具体移动。)

课内练习 3.2： 假设不是在鲁特琴上移动位于细线一端的指针并观察细线在何处穿过画纸，而是板上贴一张绘图纸。对绘图纸上的每一个方格，手拿铅笔的人将笔尖置于方格的中心点，然后打开快门，另一个拿着指针的人移动指针，使得细线穿过铅笔尖，而让位于细线端点的指针触及鲁特琴、桌子或墙。记下指针触及的物体，当快门再次关闭时，手拿铅笔的人根据指针触及点处的明暗程度，用铅笔在该方格上填抹相应的灰度：若触及点处看上去很暗，则该方格完全涂黑。若看上去很亮，则该方格保留空白状态。假如在明暗之间，则该方块涂上浅灰色。试想一下这样会生成一张怎样的图。这种方法(逐像素操作，检测透过该像素应该看到什么)是光线跟踪的核心，将在第 14 章讨论。另一个稍有不同的版本也由丢勒开发，该方法如图 3-2 所示：将绘图纸平铺在桌子上；在快门上设有对应的方格，由横平竖直的铁丝围成，或覆盖一张半透明的绘图纸，先前的细线和指针则为画家透过前面的小孔观察场景的视线所取代。

图 3-2 另一种丢勒的绘制方法

采用细线和指针生成的图与基于绘图纸方法生成的图有很大的差别。前者生成场景中景物的轮廓(由第一个人仔细选择采样点)。而后者完全不管要绘制的是场景中的哪些景物，而仅在每一个方格中填充某一灰度值。假如场景很简单——只有少数几条轮廓线，那么第一种方法很快。若场景很复杂——例如一大碗意大利面，那么第二种方法因绘图纸上的方格数固定而会更快。当然，它之所以快是因为在真实的世界里，我们能即时确定每个方格的可见点，关于这一问题我们将在下一节做进一步讨论。然而，一般而言，图形学的很多技术都涉及由于场景复杂度不同而产生的折中，这仅仅是我们首次遇到的。

我们已经了解了绘制的基本过程，下一步是如何采用现代技术实现这一过程使之为计算机图形学所用。我们将继续关注如何生成一幅绘图，更准确地说，我们将构建一个模拟上述绘制方法的程序，希望读者能从中领悟计算机图形学描绘真实世界的各种方法。下面先从对可见性的讨论开始。

3.2 可见性

在丢勒木刻画所述情形中，选择可见的采样点并未成为问题，但对于我们而言却非常重要。根据丢勒所示方法，要确定采样点 P 是否可见，用户只需将指针定在 P 点，然后观察细线是沿着一条直线直达螺丝钉的孔眼，还是途中遇到鲁特琴的某处或其他物体而产生了弯折。不过，在构建绘制过程的简化模型时，我们将暂时忽略可见性检测，不是因为这个问题不重要(第 36 章将专门讨论加速可见性计算的数据结构)，而是因为这问题既十分复杂，又非我们构建简单绘制程序所必需。

3.3 实现

为了模拟木刻画的算法，我们将用到代数和几何知识，并对简单形状做简要描述：对于立方体，我们给出其 6 个**顶点**的位置，并记下哪些顶点通过边直接相连。因此，立方体模型可认为是**线框模型**(即用连接在一起的线段来表示一个物体)。

为了简化几何，我们将采用一个很好的度量室内各点坐标的方法。取墙上螺丝钉孔眼作为坐标系的原点(见图 3-3)，记为 E(作为“视点”)。令绘图的画框位于 $z=1$ 平面上(即测量螺丝钉孔眼到画框平面的距离，将该距离取为坐标系的 1 个单位长度)。记该平面上离螺丝钉

孔眼最近的点为 T；其坐标为(0，0，1)。令 y 轴竖直向上，x 轴沿水平方向，如图 3-3 所示。

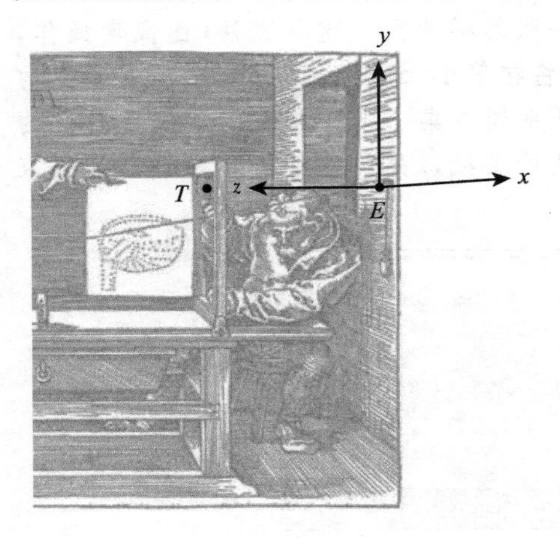

图 3-3 为丢勒版木刻图设置的坐标系统：原点位于螺丝钉孔眼，记为点 E，y 轴和 z 轴方向如图所示。画框位于 $z=1$ 的平面上，与墙所在平面 $z=0$ 平行。x 坐标轴沿水平方向，位于墙壁所在平面内，与墙上的阴影线几乎同向。而 z 轴亦在水平面上，并与墙面垂直。由于透视效应，x 轴和 z 轴看上去似乎平行，但实际上它们指向不同的方向。点 T 是画框所在的平面($z=1$)上离螺丝钉孔眼最近的采样点。z 轴正向从螺丝钉孔眼指向 T 点，故 T 的 xyz 坐标值为(0，0，1)

位于 $z=1$ 平面的画框的范围由角点($x_{\min}$，$y_{\min}$，1)、($x_{\max}$，$y_{\max}$，1)定义，顾名思义，$x_{\min}<x_{\max}$，$y_{\min}<y_{\max}$。为了简化几何并与原始的画作保持一致(画框看上去呈正方形[⊖])，我们假设其宽度 $x_{\max}-x_{\min}$ 与高度 $y_{\max}-y_{\min}$ 完全相等。更准确地说，画框的两个对角点的 3D 坐标分别为($x_{\min}$，$x_{\max}$，1)与($y_{\min}$，$y_{\max}$，1)。

课内练习 3.3： 画框的另外两个顶点的坐标是多少？

设想快门关闭后填充画框的纸是一张绘图纸，我们将它的左下角点标记为($x_{\min}$，$y_{\min}$)，右上角点标记为($x_{\max}$，$y_{\max}$)，基于这两个点可定义纸所在平面的坐标。因此，对于其最后坐标分量为 1 的每一个 3D 采样点(x，y，1)，可给出它在图纸上的坐标(x，y)。

现在，假设我们正在观察物体上的点 $P=(x, y, z)$，如图 3-4 所示；当点 P 到点 E 的线(细线)穿过画框时，交画框所在平面于 $P'=(x', y', z')$[⊜]。现只需基于已知坐标 x、y、z 计算得到(x'，y'，z')。

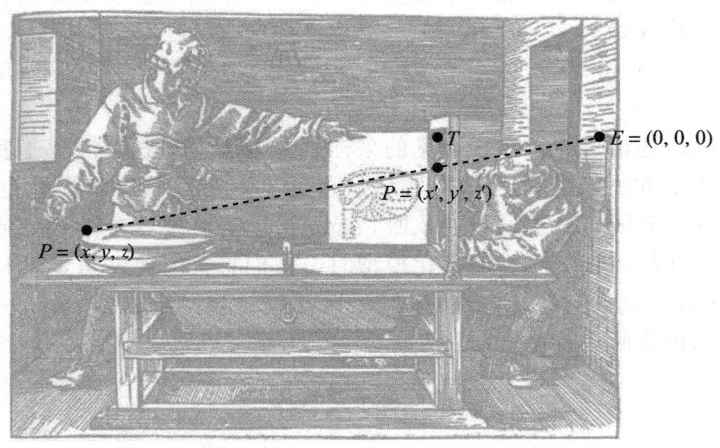

图 3-4 点 $P=(x, y, z)$是物体上一点。从 P 点到视点 E 的细线将穿过画框中某个位置 $P'=(x', y', z')$。注意此处 $z'=1$

⊖ 画框内的平板看上去并非正方形，为简化起见，我们不妨假设为正方形。

⊜ 点 P 和点 P' 分别代表某一采样点以及与该点相关的另一个点，这种标记方式有利于揭示两点之间的关联关系；不过，大多数程序语言不允许在变量的名称中使用“′”或类似的标记，因此我们的代码采用了另一不同的命名惯例。

我们已在 $x=0$ 平面上画出了两个相似三角形，如图 3-5 所示。小三角形的顶点为：顶点 $E=(0, 0, 0)$；P'在 $x=0$ 的平面上的投影，其坐标为$(0, y', 1)$；点$(0, y', 0)$，它位于 E 正下方。大三角形的顶点为：点 E；P 在 $x=0$ 平面的投影，其坐标为$(0, y, z)$；点$(0, y, 0)$，在 E 下方。

三角形的相似性告诉我们，两个三角形的竖直边与水平边之比必定相等，也就是说，$y'/1=y/z$。类似地，在$y=0$ 平面内的三角形(设想采用俯视视角来观察场景)中，有 $x'/1=x/z$，两者可简化为

$$x'=\frac{x}{z} \tag{3-1}$$

$$y'=\frac{y}{z} \tag{3-2}$$

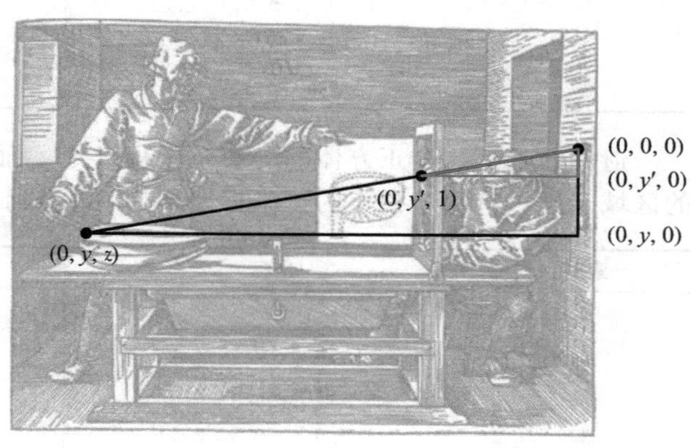

图 3-5 位于 $x=0$ 平面上相互重叠的两个相似三角形。小三角形与大三角形的竖直边的长度分别为 y' 和 y。那么，它们的水平边的长度是多少呢

现在，我们已经知道在一般情况下如何由 P 的坐标计算得到 P'的坐标！那么我们可以给出修正后的算法版本，如代码清单 3-2 所示。

代码清单 3-2 丢勒绘制算法的一个简单实现版本

```
1  Input: a scene containing some objects
2  Output: a drawing of the objects
3
4  initialize drawing to be blank
5  foreach object o
6    foreach visible point P = (x,y,z) of o
7    if xmin ≤ (x/z) ≤ xmax and ymin ≤ (y/z) ≤ ymax
8       make a point on the drawing at location (x/z, y/z)
```

让我们暂时停下来思考一下：我们已经得到了图纸平面上铅笔标记点的 x 和 y 坐标。但如果从位于墙上的螺丝钉孔眼来观察最终图像，那么 x 轴正向将指向我们的左侧。(y 轴正向仍然朝上。)我们可以将采样点绘在一张其 x 轴正向朝左的图纸上，也可以将 x 坐标反号使 x 轴正向朝右。现采用第二种方法，因为它与我们在后面将采取的更一般性的方法是一致的。为此，将算法的最后一部分进行修正，如代码清单 3-3 所示。

代码清单 3-3 对丢勒绘制算法的小改动

```
1    if xmin ≤ (x/z) ≤ xmax and ymin ≤ (y/z) ≤ ymax
2       make a point on the drawing at location (-x/z, y/z)
```

为了实现丢勒绘制方法的现代版，我们需要：一个场景，场景中一个物体的模型，绘制的方法。

为简单起见，我们的场景由一个正方体构成。正方体的初始模型由正方体的 8 个顶点构成。一个基本的正方体可由下表描述：

索引	坐标	索引	坐标
0	(−0.5，−0.5，−0.5)	4	(−0.5，−0.5，0.5)
1	(−0.5，0.5，−0.5)	5	(−0.5，0.5，0.5)
2	(0.5，0.5，−0.5)	6	(0.5，0.5，0.5)
3	(0.5，−0.5，−0.5)	7	(0.5，−0.5，0.5)

遗憾的是，这个正方体的中心位于视点处，而不是位于画框的另一侧，即我们感兴趣的区域。通过将每个顶点的 z 坐标增加 3，可得到一个更合理的位置：

索引	坐标	索引	坐标
0	(−0.5，−0.5，2.5)	4	(−0.5，−0.5，3.5)
1	(−0.5，0.5，2.5)	5	(−0.5，0.5，3.5)
2	(0.5，0.5，2.5)	6	(0.5，0.5，3.5)
3	(0.5，−0.5，2.5)	7	(0.5，−0.5，3.5)

3.3.1 绘图

正方体的顶点当然是需要绘制的点，但为了模拟丢勒的绘制风格，我们还需从正方体整个表面上选取一些点。倘若更细致地观察，可以发现画面中的两人选取的采样点均位于我们所称的“重要线段”上，例如鲁特琴的轮廓线，或相邻曲面之间的尖锐边界上㊀。对于一个正方体，这些重要的线段包含了位于正方体各边上的所有的点。绘制所有这些点(很大数量的点)会导致不必要的计算开销。幸运的是，有一种办法可以避免这笔开销：若 A 和 B 是一条边的两个端点，我们将 A 和 B 映射为图纸上的 A' 和 B'，可以发现 A 与 B 之间的点映射后也将位于 A' 与 B' 之间的连线上。可以从几何上证明这一结论，也可以基于直线拍成照片后看上去仍是直线㊁这样的经验。因此，无需逐点查找这些位于边上的采样点再绘制它们，而是简单地计算 A' 和 B'，然后在它们之间画一条线即可。

课内练习 3.4：从上面所述似可得出：“空间直线在平面上的透视投影仍然是直线”或者“线段的透视投影仍为线段。”仔细考虑第一条断言并找到一个反例。提示：透视投影的定义是否适用于空间里的每一点？

留给聪明人的话：在练习里揭示这些微妙之处并非吹毛求疵！它们往往会导致图形程序中的漏洞。由于图形程序常涉及对大量数据的操作，几乎程序的每一部分都经过样例测试。而那些在非严格系统中存活下来的漏洞，在图形学程序中常常很快就会兴风作浪。

对尚未想出反例的读者，下面提供一个。首先，穿过螺丝孔眼的直线对于以视点为中心的透视投影无定义。这条线上视点之外的点的透视投影为同一个点，而非一条线。即使忽略这些无定义的点，还有另一个问题：由于视点位于(0，0，0)，投影平面平行于 xy 平面，这意味着任何一条穿过 $z=0$ 平面的线段上都有一个无法进行透视投影的点。因此这类线段的投影会分成两段。试用下面的例子来验证：将起点为(1/2，0，1)，终点为(1/2，0，−1)的线段投影到 $z=1$ 平面上。

㊀ 场景中哪些边为重要边属于非真实感绘制或表意式绘制所关注的问题，将在第 34 章讨论。

㊁ 假设相机具有高精度、不变形的镜头！

用射影几何的话来说，“直线的透视投影还是直线，但对于包含投影中心点的直线束，其透视投影无定义。”

回到我们的程序，现在正方体的模型中增加一个边表，每条边用两端点的点的索引表示：

索引	端点	索引	端点
0	(0，1)	6	(2，6)
1	(1，2)	7	(3，7)
2	(2，3)	8	(4，5)
3	(3，0)	9	(5，6)
4	(0，4)	10	(6，7)
5	(1，5)	11	(7，4)

增加了边表的正方体模型如图 3-6 所示。

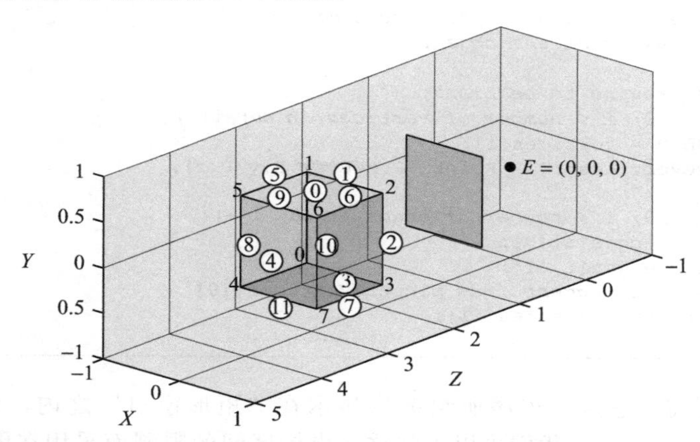

图 3-6　正方体模型各顶点和边的标号如图所示。其中边的标号带圈。丢勒木刻画中所采用的视点和画框也标示在图中，不过，我们调整了画框的相对位置，使其 x 和 y 的取值范围均从 $-1/2$ 到 $1/2$。调整后，水平视线正好穿过正方体的中心，而不是像丢勒观察鲁特琴那样，位于所绘景物的上方

现在确定用什么方法来绘制增强后的正方体模型。为了能绘制线段，需要对我们的算法进行更新。在更新时我们面临如下选择：是逐条边进行迭代，对每一条边，分别计算它们端点的投影位置，再将这两个投影点连接在一起；还是先遍历每一个顶点，计算各顶点的投影点，然后再基于计算得到的投影点逐边进行迭代？由于每个顶点为三条邻接边所分享，按照第一个策略，每个顶点需要重复投影 3 次；第二种策略则需要对数据结构重复访问 3 次。对于小的模型，这样的性能差异可能无关紧要。但对于大的模型，两者之间的差异则需慎重权衡；“正确的”答案取决于该任务是在硬件上实现还是由软件来完成，如果是在硬件上实现，需要考虑硬件的精确结构，对此将在后面的章节讨论。现使用第二种方法，但第一种方法也是同样可行的。采用这一方法绘制的正方体如图 3-7 所示，图中既画出了 3D 空间中的正方体，又有正方体在画框平面上的投影图。

此外，还引发了另一个问题：我们先前只考虑顶点的投影变换，故可以逐个顶点进行裁剪。而现在我们打算绘制边，如果边的一个端点的投影在画框内，另一个在画框外，则必须进行适当处理。我们暂且搁置这个问题，并假定在调用图形库绘制场景中的线段时，倘若该线段的投影位于画框外（或部分超出画框），画框外的部分不会被绘制。（此假设是

可行的，例如 WPF 库。)初步的程序如代码清单 3-4 所示。

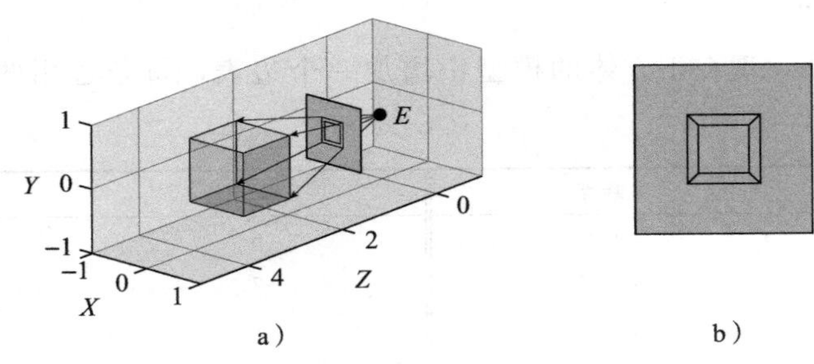

图 3-7　算法的绘制结果。a) 如图中所示(即画框内的图)，同时显示了从视点投向正方体 4 个较近顶点的射线，这些射线将 4 个顶点投影到画面上。b) 可直接看到的正方体，以及作为画框背景的包围正方形(在 x 和 y 轴上从 $-1/2$ 到 $1/2$ 的范围)

代码清单 3-4　可画出边的丢勒绘制算法版本

```
1  Input: a scene containing one object ob
2  Output: a drawing of the objects
3
4  initialize drawing to be blank;
5  for (int i = 0; i < number of vertices in ob; i++){
6      Point3D P = vertices[i];
7      pictureVertices[i] = Point(-P.x/P.z, P.y/P.z);
8  }
9  for {int i = 0; i < number of edges in ob; i++){
10     int i0 = edges[i][0];
11     int i1 = edges[i][1];
12     Draw a line segment from pictureVertices[i0]
13        to pictureVertices[i1];
14 }
```

最后，我们还需注意这个程序所绘图形显示在“矩形窗口”之内，而窗口的坐标从(x_{min}, y_{min})到(x_{max}, y_{max})。我们可以去除这一坐标区间的限制而采用在图形库中常用的、在 x 和 y 两个方向上均为 0～1 的区间。可按下面的方法对 x 坐标进行转换。首先，将 x 坐标减去 x_{min}；这样新的 x 坐标将位于 0 到 $x_{max}-x_{min}$ 范围之内。然后再除以 $x_{max}-x_{min}$，使新的 x 坐标位于 0～1 范围之内。于是得到

$$x_{new}=\frac{x-x_{min}}{x_{max}-x_{min}} \tag{3-3}$$

用类似的表达式亦可将 y 的坐标值转换到 0～1 的区间内。由于 $x_{max}-x_{min}=y_{max}-y_{min}$，$x$ 和 y 将除以相同的参数，对 x 和 y 的坐标作上述变换后将不会出现变形。添加了坐标变换的程序如代码清单 3-5 所示。

代码清单 3-5　在基于边的绘制代码中，将视图窗口的取值范围添加为参数

```
1  Input: a scene containing one object o, and a square
       xmin ≤ x ≤ xmax and ymin ≤ y ≤ ymax in the z = 1 plane.
2  Output: a drawing of the object in the unit square
3
4  initialize drawing to be blank;
5  for(int i= 0; i < number of vertices in o; i++){
6      Point3D P = vertices[i];
7      double x = P.x/P.z;
8      double y = P.y/P.z;
9      pictureVertices[i] =
10         Point(1 - (x - xmin)/(xmax - xmin),
11                (y - ymin)/(ymax - ymin));
12 }
```

```
13 for(int i = 0; i < number of edges in o; i++){
14     int i0 = edges[i][0];
15     int i1 = edges[i][1];
16     Draw a line segment from pictureVertices[i0]  to
17         pictureVertices[i1];
18 }
```

之前为了使画面右侧方向对应场景 x 坐标增加的方向，我们改变了 x 的符号。但 x_{new} 的符号取反后，其取值范围变为－1～0 之间。为此，我们将 x 加上 1，使得新坐标值的范围重新回到 0～1 区间内，如代码清单 3-5 中的第 11 行所示。

这些位于 0～1 之间的坐标常称为**标准化的设备坐标**：它们给出了显示设备从左到右或从上到下的取值范围；若显示设备非正方形，则 1.0 代表两个方向中较小的尺度。对一个典型的显示器而言，其竖直方向坐标的取值范围值常为 0～1，而水平方向坐标的取值范围则为 0～1.33。

这一**标准化**处理(将[x_{min}，x_{max}]转化到[0，1]范围)常被调用；公式(3-3)值得记住。

课内练习 3.5：证明，在代码清单 3-5 中位于视窗左下角的顶点，其坐标为(x_{min}，y_{min}，1)，确定其转换为最终画面的左下角点，其对应的 pictureVertex 为(0，1)；类似地，(x_{max}，y_{max}，1)转换为(1，0)。

3.4 程序

我们将使用一个简单的 WPF 程序来实现这个算法，该程序基于一个标准的测试平台，有关平台的细节将在下一章详细讨论。所生成的程序可以从本书的网站上下载，供读者运行和实验。在此项应用中，测试平台的关键功能是能在我们称为 GraphPaper 的 Canvas 上生成和显示点(采用小圆盘表示)以及绘制线段。图纸上的位置使用毫米作为度量单位，这比 WPF 默认的单位更容易掌握(WPF 默认的单位是 1/96 英寸)。为了使生成的画面具有合理的尺寸，我们将所有的计算结果(0～1 之间的坐标)乘以 100。程序中的重要部分如代码清单3-6 中方括号[…]所示。

代码清单 3-6 丢勒算法的 C#实现部分

```
1  public Window1()
2  {
3      InitializeComponent();
4      InitializeCommands();
5
6      // Now add some graphical items in the main Canvas,
7         whose name is "Paper"
9      gp = this.FindName("Paper") as GraphPaper;
10
11     // Build a table of vertices:
12     int nPoints = 8;
13     int nEdges = 12;
14
15     double[,] vtable = new double[nPoints, 3]
16     {
17        {-0.5, -0.5, 2.5}, {-0.5, 0.5, 2.5},
18        {0.5, 0.5, 2.5}, ...};
19     // Build a table of edges
20     int [,] etable = new int[nEdges, 2]
21     {
22        {0, 1}, {1, 2}, ...};
23
24     double xmin = -0.5; double xmax = 0.5;
```

```
25      double ymin = -0.5; double ymax = 0.5;
26
27      Point [] pictureVertices = new Point[nPoints];
28
29      double scale = 100;
30      for (int i = 0; i < nPoints; i++)
31      {
32          double x = vtable[i, 0];
33          double y = vtable[i, 1];
34          double z = vtable[i, 2];
35          double xprime = x / z;
36          double yprime = y / z;
37
38          pictureVertices[i].X = scale * (1 - (xprime - xmin) /
39            (xmax - xmin));
40          pictureVertices[i].Y = scale *      (yprime - ymin) /
41            (ymax - ymin);
42          gp.Children.Add(new Dot(pictureVertices[i].X,
43            pictureVertices[i].Y));
44      }
45
46      for (int i = 0; i < nEdges; i++)
47      {
48            int n1 = etable[i, 0];
49            int n2 = etable[i, 1];
50
51            gp.Children.Add(new Segment(pictureVertices[n1],
52                pictureVertices[n2]));
53      }
54
55      ...
56  }
```

有必要指出，本段代码中对 WPF 的使用与第 2 章中所展示的有很大的不同。在第 2 章中，WPF 的陈述部分很容易通过 XAML 显示出来。而测试平台只是基于这些陈述来创建窗口、菜单和控件，并安排 GraphPaper 在屏幕上的位置。在 GraphPaper 上生成画面的部分是采用 C#实现的。这是因为对于我们要编写的大部分程序，在 XAML 中表达要么非常麻烦要么不可能(并不是 WPF 的每一项功能都能通过 XAML 来表达)。一般情况下，我们会尽可能使用陈述性的说明，尤其是对画面布局和数据取值区间设定等，只是在需要进行实质性的代数计算时才使用 C#。

我们必须先解释一下。第一，上述代码并不高效(例如，不需要申明变量 x、y、z)，但它非常贴近算法。要编写一个便于调试的图形程序，这通常是最好的开始：在你的代码已成功运行有待进一步优化之前，不要先试图去追求编程的技巧和效率。第二，代码中仍然沿用了所有重要对象的习惯名字，如 xmin 和 nEdges，尽管它们可以被修改。这是因为大多数测试程序(包括我们所用的平台)都超出了原设想的生命周期，期间已改做其他用途；符号性的命名有利于我们和之前编程人员(最初写这个程序的人)的沟通。第三，这个程序并不是面向“软件工程师”的：我们并没有设计一个表示一般形状的类，而仅使用了一个固定大小的数组来表示一固定的形状——正方体。这是有所考虑的。编写这个程序的目的旨在用它来进行实验，之后即可抛弃(或许可用于其他的实验)。其要点在于验证我们对一个简单的概念的理解，而并非要构建某一大型项目的原型系统。如果你想要基于这个框架建立一个一定规模的系统，那无疑是在犯错误：这个框架原本就是设计来做简单的测试和调试。当你在运行这个程序时，如果你将光标置于其中某点上，提示工具将会立即显示出该点的坐标；边的情形是类似的。若你正在调试，这样做自然是有意义的，但若你在绘制 10 000 条边，那就会导致一笔很大的开销。记住这个框架只是一个用来做实验的测试平台，你在该平台上写的所有代码都应考虑是可抛弃的。虽然下面的这句话听起来似乎很矛盾：我们说要抛弃代码，但仍需用心地编程，因为基于我们的经验，它有可能被重用。不过，即使这些先前打算抛弃的代码被重用，也常常是为另一些一次性的应用！为了使后面的使用更简单一点，值得花一点时间来编写这些代码，但是无需仅为验证一个简单的想法而花费几个小时来编写。

图 3-8 所示即为我们想要的结果：一个正方体线框图的透视投影，从而完成了我们的第一个绘制！当然，距离绘制视频游戏或者是好莱坞电影里所见到的那种特殊效果，还有一段很长的路，但是其中一些重要的想法，如建立一个场景的数学模型，将其转化为 2D 图像[⊖]，均以其基本的形态呈现在我们的简单绘制器中。

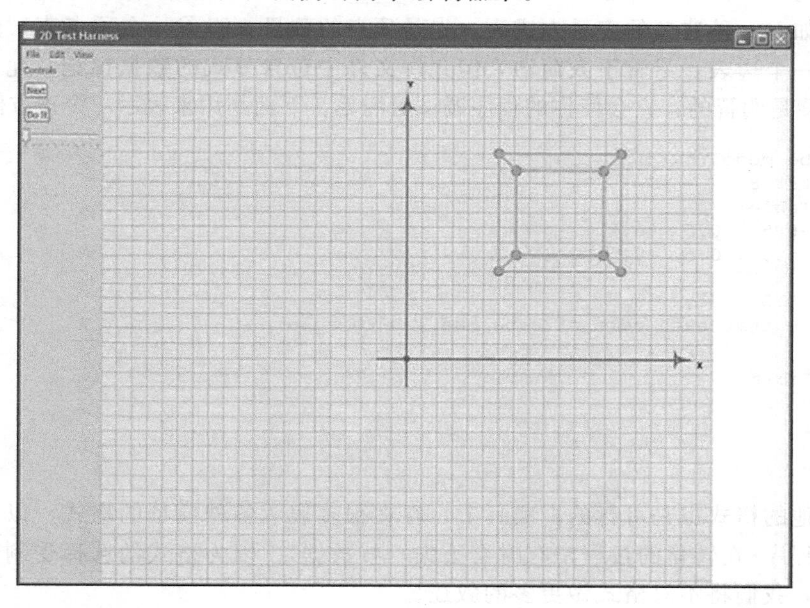

图 3-8 丢勒算法的绘制结果：一个正方体线框图的透视投影，显示在看起来像绘图纸的背景上。图纸上的轴线是 GraphPaper 的一部分，由测试平台创建，并非由丢勒绘制算法生成

3.5 局限性

我们现在回过头来审视这次的成功。当你运行程序时，会看到由 12 条线段组成(包括位于正方体角上的顶点)的正方体的透视投影，和我们所期待的结果一致。

尽管如此，该程序仍存在几个局限性。第一，生成的是线框图，这意味着我们既看到了正方体的正面又看到了它的背面。可以用绘制边所用的类似办法来解决这个问题：注意到正方体同一**面**(正方体某一正方形边界面)上的所有点将投影到一个由该面 4 个顶点的投影所定义的四边形上。因此，我们可保存正方体的面表来取代先前的边表，对于每一个面，绘制其 2D 平面上的填色多边形(也可以既绘制面又画出边)。采用这一方法时，我们必须要找到只绘制朝向视点的面而忽略背离视点的面的方法。有许多的方法可以实现这一点，但是或者它们涉及的数学知识超过本章所介绍的内容，或者它们需用到的复杂数据结

⊖ 我们在这里非正式地使用“图像”一词表示“你能看到的某种图”。

构本章尚未讨论。

第二，众所周知，我们之所以能看到物体，是因为物体发出光线(这些光线进入眼睛，才使我们得以感知物体，如第5章和第28章所示)。但在目前的程序中，没有任何地方涉及光线(除了采用直线投影是因为我们知道光线沿直线传播)。当然，不论我们是否考虑光的存在，均可以生成上面得到的正方体绘制结果。不过，其他所有的光照特征，如阴影和表面上的明暗变化，将无法得到呈现。在未引入显式光照模型的情况下添加这些特征是可能的，但是，根据睿智建模原则，这不是正确的做法。

第三，这个程序运行时，只显示了一个模型(该正方体)，而且只显示了它的一个位置。我们做了很多工作，但输出不多，且程序缺乏通用性，在不修改程序的情况下无法绘制生成其他的场景。可以将正方体的建模数据保存到一个可被程序读取的文件中来解决这个问题。例如，一种典型的表示方式为，先是顶点的数目，跟着一个顶点表，然后是边的数目，跟着一个边表。尽管不太简洁，但允许文件中包含显式的数据标记，允许在文件中添加注释无疑是明智的；它会使你的程序调试更简单。下面是用来表示一个正方体的文件：

```
1  # Cube model by jfh
2  nVerts: 8
3  vertTable:
4  0   -0.5  -0.5  -0.5
5  1   -0.5   0.5  -0.5
6  ...
7  7    0.5   0.5   0.5
8  # Note that each edge of cube has length = 1
9
10 edgeTable:
11 0   0  1
12 1   1  2
13 ...
14 11  7  8
```

当然其他的格式也是可行的。实际上，存在很多表示各种模型的格式，以及不同格式之间的转换程序(在转化的过程中有时会丢失一些数据)。因为格式的选择受制于潮流，而且变化很快，我们将不对格式做更多的叙述。

任何一种存储格式都能定义多种形状，如正方体、四面体，甚至是以多面体表示的球面，还可扩展程序使之能依次对它们进行加载，以增加变化。倘若你想要这么做，则需要阅读下一章的部分章节以获得对测试平台更全面的了解。

还可以通过添加一段有限形式的动画来扩展上述程序：我们所定义的正方体底面(或顶面)的4个顶点的 xy 坐标均匀地分布在一个半径为 $r=\sqrt{2}/2$ 的圆上，也就是说，各顶点的坐标可表示为 $r(\cos\theta, \sin\theta)$，其中，$\theta=\frac{\pi}{4}$，$\frac{3\pi}{4}$，$\frac{5\pi}{4}$和$\frac{7\pi}{4}$。可以令4个顶点的 $\theta=\frac{\pi}{4}+t$，$\frac{3\pi}{4}+t$，$\frac{5\pi}{4}+t$，$\frac{7\pi}{4}+t$，t 为某个很小的值，通过逐渐增加 t，每一次都重新绘制模型，可呈现出一个旋转的正方体。

该方法通过显式地改变正方体的坐标，然后重新显示来生成动画，但这一方法并不高效。实际上，正方体变成了一个以旋转量 t 为参数的**参数化模型**。问题是倘若我们想在 yz 平面而不是 xy 平面旋转正方体㊀，则必须对这个模型进行修改。而若希望先在某个平面

㊀ 我们说的是在 xy 平面的旋转，而不是围绕 z 轴的旋转，因为在某个平面的旋转可以推广到所有的维度上，但是绕某个轴的旋转，是针对3D的情况。第11章将会讨论该问题。

上旋转，再在另一个平面上旋转，还必须做一些烦琐的代数和三角运算。这远不如一次性地构建正方体的模型，然后学习如何对它的各顶点进行旋转变换(或者其他的操作)来得简单。对此，我们将在后面几章中详细讨论。

另一方面，确有一些以参数化方式定义的模型，通过改变参数来生成模型的动画。“样条”模型就是较为重要的典型例子，将在第 22 章讨论。还有基于物理的仿真模型：比如，流体模型包含有流体速度和密度之类的参数，还有初始位置、流体粒子速度这样的参数。这些参数也许对流体某个时刻的呈现效果的影响不那么直接——我们必须通过仿真才能理解它们的作用——但它无疑是一个参数化的模型。

3.6 讨论和延伸阅读

本章的所说的“绘制”的含义稍有一点特别，它实际上是将一个 3D 的场景转化为 2D 对象(顶点和线段)的集合，然后采用 2D 的绘画程序将其画出来。在这个意义上说，整个过程有点类似于一个将高级语言转换为低级汇编语言的编译器。只有当这个汇编语言被进一步转换为机器语言并执行时，才会真正进行计算。同样，只有当我们真正使用 WPF 的 2D 绘制工具绘制点和线段时，我们才生成了一张图。像这种需要转换为中间表示的情形也发生在图形学其他地方。在一些表意式绘制算法中，输入图像被转化为由一些边和区域组成的中间表示，其中边由图像处理算法确定，而区域则由这些边围成。这里，选取一个好的中间表示将决定结果的成功或失败。

在西方艺术品中发现透视投影以及建立相关的数学描述是一个诱人的题目。当现实空间中平行的两条线在绘制生成的图像中最终汇聚到一点时，观察者的视线会被吸引到这一点(称为**灭点**)上。与透视图的开发一样吸引人的还有画家对灭点的巧妙运用；有时，画家会为图像上不同的区域设立不同的灭点，将观众的视线吸引到场景中多处(Piero della Francesca 创作的“复活”据说具有这样的特色)。这样做是否属精心设计就不得而知了。有许多系统性方法，它们采用“灭点”和射影几何思想来创建合适的透视投影图像。这些方法被视作基本的绘制引擎，就像丢勒木刻画中的引擎一样。

从非西方绘画作品中所能领悟到的东西也非常有趣。比如，Rock 在关于感知的书[Roc95]中，解释了他在中国卷轴画上看到的一些画面，这些在西方人眼中看似奇怪的画面，实际上是取一个十分高的视点且投影面垂直于地面时所观察到的场景的透视校正视图。

透视投影不能保持相对长度(想象一张火车铁轨消失在远方的图片——保持等距的两条平行铁轨之间的距离在画面上变得越来越小)，但透视投影仍保持了一些其他的性质。对空间投影和与之相关的空间变换方面的研究逐渐形成了**投影几何**；对感兴趣的读者而言，Hartshorne[Har09]和 Samuel[SL88]的书是极好的入门书。

多面体模型的一种常见的表示方式由顶点数组、面的数组构成，其中面用各顶点的索引表示，这种表示方式有时称为**索引面集**(indexed face set)；Brown Mesh Set[McG]中收集了以这种方式存储的各种模型。虽然这种表示方式并非特别简洁，但是它很容易解析。PLY2 格式也是一种相似的简单格式。在互联网上可以找到许多基于这两种格式的样例模型。更为复杂的模型格式采用了较为简洁的二分表示。一个相当常见的格式是 3DS，由 3D Studio Max 软件(现称之为 3ds Max)开发，已为其他的工具软件所广泛采用。3ds Max 现在使用的格式是 .max 格式，属于专利，但许多 3DS 的模型仍可找到。还有 Maya，另一个流行的形状建模程序，也拥有自己的专利格式 .mb。这两种格式本质上都是元格式，它们指定了用来解析模型每一个子块的相关插件(共享库)；在实际应用中，要想逆向解出这种格式是不可能的，因而业余爱好者和教学人员仍在继续使用相对简单的老的格式。

本章中所述的“视图区域”(在生成的图像中所显示的那部分场景)是更一般的**视域体**的一个例子；视域体不是一个延伸无限远的棱锥体，它可以被截断，这样，超出一定距离之外的较远的物体将被截去，同样，位于给定距离之内的近距离物体也不予考虑。这里距离的“近”和“远”可以调整，使算法更高效(减少需考虑的待绘制物体的数量)或者更精确(采用定点计算以更精确地表示一定范围的值)。关于视域体定义等一般问题将在第13章深入讨论。

3.7　练习

3.1　假设在丢勒木刻画中握住铅笔的人不只是做标记，而且还在标记下边记下细线另一端砝码的高度(距离地面)。该数字即为视点到采样点的距离(加上某个常数)。假设已绘制出第一幅带有距离的鲁特琴的图画，而鲁特琴被其物主带回家了。现想要在图画中鲁特琴的前面(即在更靠近视点的位置)添加一个烛台。

(a) 假设我们将这个烛台放在一个现在空着的桌子上，但置于正确的位置处，然后绘制第二幅带有距离的图。请描述如何从算法上结合两者，生成一幅在鲁特琴前面摆放有烛台的图画。基于**深度的画面合成**是 z-buffer 的许多应用之一，你将在第14、32、36和38章再次见到。在每个采样点处记录的深度值类似于在 z-buffer 中的存储值，尽管并非同一值。

(b) 试想一下，如果记下图像中每一点到视点的距离，你还能做些什么事情。

3.2　在图3-8中仍然可以看到位于正方体边之后的4个角点，显然这不符合真实情况；试修改程序，使位于线段后面的顶点看上去稍显自然一点；继续修改，完全不画出这些顶点，而只绘制线段。

3.3　可采用面，而不是边，来表示一个形状，例如，在丢勒程序中的正方体可用6个面而不是12条边表示。于是，我们可以只绘制朝向视点的面，在这个情况下，可能只是绘制了面上的边。绘制结果是物体的线框图，但是只绘制了可见的表面。若物体是凸的，则这一绘制结果是正确的；倘若不是，则一个面可能对另一个面形成遮挡。对于一个像正方体这样的凸体，由于任一表面的前两条边都不会平行，因此就很容易确定其顶点为(P_0，P_1，P_2，…)的表面是否可见：你可以计算向量叉积[⊖] $\mathbf{w}=(P_2-P_1)*(P_1-P_0)$，将其与从视点 E 到点 P_0 的向量 $\mathbf{v}=P_0-E$ 进行比较，若 $\mathbf{v}$ 和 $\mathbf{w}$ 的点积为负，则该面可见。当然，这条规则依赖于每个面中顶点的排列顺序：即必须使叉积 $\mathbf{w}$ 是一个向量，若该向量位于面的中心，它将指向物体外部，而不是指向物体内。

(a) 列出正方体的面表，仔细排列每个面顶点的顺序，确保计算出的每一个面的“法向量” $\mathbf{w}$ 都朝外。

(b) 本练习所述的基于叉积和点积的可见性检测并不能处理较为复杂的形状。在本书后面，我们将看到判定可见面的更为周密的算法。请给出一个例子，其中应包括一个视点、一个几何形体，该形体上的一个面具有以下特征：$\mathbf{v}$ 和 $\mathbf{w}$ 的点积为负；对于给定视点，该面不可见的。你可以非正式地描述该形状。提示：该形体必定是非凸的！

3.4　如前面练习所提到的，我们可以改变绘制线框图的程序，用另一种办法来显示所绘制的对象位于前面还是后面。例如，我们可以将该物体的所有线段(在上例中即为正方体的边)从后向前排序。绘制时，如果两条线段无交叉(从视点观察)，以任意顺序绘制这两条边。如果它们发生交叉，则先绘制离视点较远的线段。而且在绘制线段时(假设背景为白色，线段为黑色)，先以白色绘制出该线段的较粗版本，然后再以黑色画出正常粗细的线段，这样可以产生较近的线段“跨过和遮盖”较远线段的视觉效果。

(a) 在纸上画一个例子，可使用白橡皮模拟线段下较宽的白色长条。

⊖　可复习向量的点积和叉积，在第7章。

(b) 考虑线段端点处的情形——采用白色长条会导致问题吗？

(c) 假设两条线段相交于它们的某个顶点，但无其他交点。两条线段绘制的先后顺序对结果有无影响？这个添加“光晕”的线段绘制方法，是早期图形系统绘制线框图时用来揭示深度顺序的一种方法[ARS79]，那时绘制填色多边形不仅慢而且耗费高，该方法后面还曾用于展示物体的内部结构。

3.5 创建几个简单的模型，例如一个三角形棱柱、一个四面体、一个 1×2×3 的长方体，然后使用上述绘制程序进行绘制。

对于最后的这两个练习，你可能需要阅读第 4 章中的部分内容。

3.6 在程序中添加一个“模型加载”按钮，使用该按钮可打开一个加载文件的对话框，用户可选择其中的一个模型文件，加载该模型，最后绘制该模型。

3.7 编写程序来显示一个正在旋转的正方体。在程序中添加一个按钮，正方体加载后，单击该按钮，便能基于新的 t 值和旋转量，来更新正方体各顶点的当前位置。为了使动画看起来较为平滑，可设每次单击按钮 t 值改变 0.05 弧度。

第 4 章

Computer Graphics: Principles and Practice, Third Edition

2D 图形测试平台

4.1 引言

既然读者已对 WPF 有所了解，并且在构建丢勒绘制程序的过程中看到了这一平台的用处，现在就来介绍该测试平台的详细内容(所谓测试平台即用于测试我们在图形学中一些想法的简易系统，且无需很大的开销)。有两种测试平台：2D 的和 3D 的。本章介绍 2D 平台；更为完整的文档资料及 3D 测试平台可登录本书网站查看。之所以将其称为“测试平台”，是因为它们类似于电气工程师使用的测试装置：一系列仪器、电源以及可供组装电路并进行测试的原型板。我们的设计目标合理适度：一个易于编写和调试简单程序的基本框架。其中，与速度相比，我们更关注采用平台进行调试的便利性；与通用性相比，则更看重平台的简单性。

在本书中，我们设置了一些练习，通过编写一些小程序来检查你对所学内容的掌握。例如，当讨论对形状进行数学建模时，我们从多边形开始，展示如何通过多边形来生成曲线。图 4-1 展示了一个例子：首先取一条封闭的**折线**(同一平面上首尾相连的一系列线段)，然后对它们进行**割角**操作，每条线段被等分成三小段，舍弃第一小段和第三小段，余下的小段顺序首尾连接。

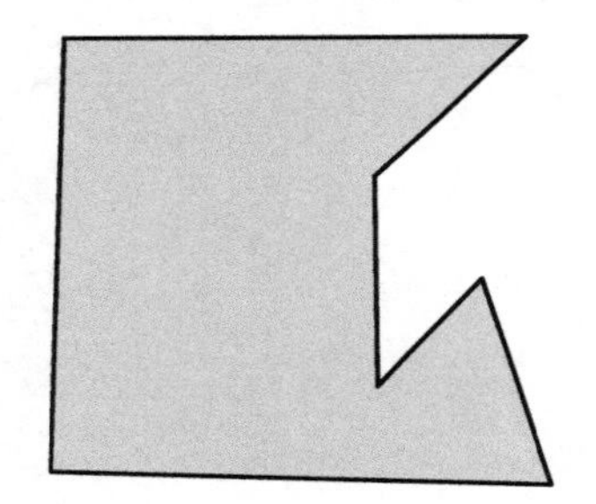
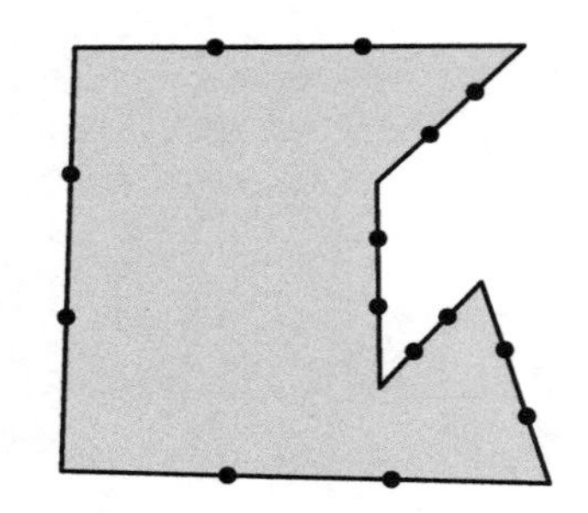
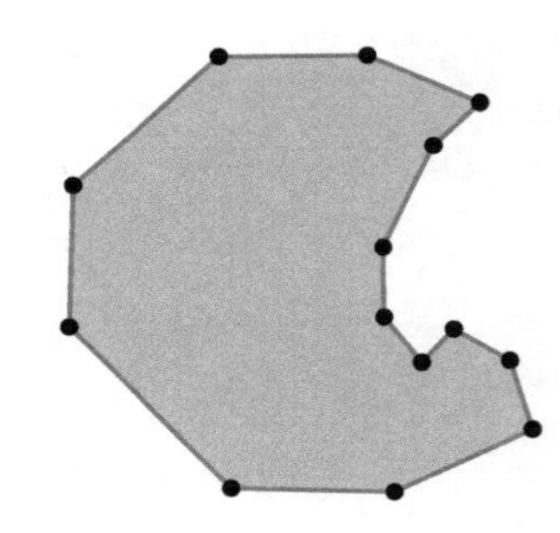

图 4-1　左：平面上的一条折线。中：每条线段都被三等分，等分点用黑点标示。右：位于线段中间的小段依次连接起来形成一条新的、更光滑的折线

以上过程似乎可以重复进行，所形成的折线会越来越光滑，最终逼近于一条光滑曲线。虽然可以采用数学方式来分析这个过程(这么做也是有价值的)，但是我们相信一图胜千言，而能对其进行交互则更胜一筹。所以我们提供一种工具来回答你的各种问题——例如曲线是否会越来越光滑；是否存在某条初始折线，无论迭代多少次，所生成的曲线还是带有尖角；以及如果每次保留线段中的一半而不是三分之一会发生什么——如此一来你就会深刻地理解这个过程。与此同时，通过编写程序来实施这些想法常有助于读者理解其中的奥秘。如果我们想要对一条开放折线进行割角，则在编写代码时必须确定首段和尾段如何处理。这种边界情形通常使程序变得复杂且不易理解，也容易出错。

我们可以叙述如何绘制单个点，如何画线、检测鼠标点击，如何创建菜单和按钮并将它们和你所编写程序中的动作关联起来，这些无疑都是有趣且有价值的话题。但我们希望

读者在开始时可以通过一种形象和直观的方式来学习图形学。为此，需要提供一些工具(其内部工作原理读者暂时无需知道)。

基于以上目标——提供易于修改的程序，在程序中读者可以实验各种有关图形学的想法——本章的其余部分介绍我们的 2D 测试平台。

在介绍 2D 程序的过程中，我们将会展示如何使用它来实现 2D 割角，并且提供一些练习，读者在这些练习中所进行的一些实验可为领会后面各章将要介绍的思想打下基础。

构建测试平台程序的目的是让读者能回避图形学程序中许多实施的细节。所有在屏幕上显示的图形学程序最终都归结为设置像素的颜色。在第 38 章中将详细讨论底层所涉及的软件和硬件。现在先让那些软件和硬件来处理这些事务，以便我们在更高的抽象层次上工作，即假设我们可以创建高层次的形状和图像，而 WPF 和 Direct3D 将负责将像素设置成我们所指定的属性。

4.2　测试平台的细节

如之前所说，我们的程序基于 WPF，本书全书和数千个网页都与 WPF 相关联。经验表明，对已有的程序进行修改比从头开始编写一个新的程序要容易。故我们开发了一个 2D 测试平台，并编写了一个可以实现若干想法的样本程序。读者使用测试平台时，可以复制这个样本程序，然后根据需要删除其中大部分内容，再对余下内容进行修改。该程序可以显示照片图像、由软件生成的图像、多边形、网格模型、箭头图(由基准点和方向表示的一系列箭头)等。另外还设置了几个按钮(其中一个用来更改当前显示的软件图像)和一个滑动条(用于移动多边形某一顶点的位置)。通过这些例子，读者很容易对其进行扩展，在程序中加入自己的交互元素。

注意，这个程序仍在开发中。我们希望按照学生所期待的方式对它做进一步扩充。这些扩充可能造成程序小的改动，我们会在本书的网站中注明此类改动。网站还包含有平台中各类实体的更全面的文档。本章仅提供了对测试平台及其用法的一个介绍，而不是完整的文档。

4.2.1　使用 2D 测试平台

至此，读者应该先停一下，去访问本书的网站并按其指示路径下载 2D 测试平台。另外还需要准备一个自己合意的开发环境。本书的例子中，我们使用 Visual Studio 2010 的免费“基本版”，另外还有微软 Windows SDK，用来查看文档，还有其他一些软件。然后在 2D 测试平台上采用样本程序进行以下实验：点击按钮或者拖动滑动条看看会发生什么。浏览源代码看你是否能理解其实现的原理。然后继续阅读。

我们假定你熟悉某个集成开发环境，例如 Visual Studio，且掌握一门编程语言，例如 C#、C++ 或者 Java。(测试平台采用 C#编写，熟悉 C++ 或 Java 的人应很容易使用 C#。)

4.2.2　割角

在 4.6 节中，我们将一步一步地开发一个割角程序。作为准备工作，先从本书网站上下载 `Subdivide` 程序并运行。程序开始后，在主窗口点击若干次创建一个多边形。接下来点击 Subdivide 按钮体验割角操作，或者点击 Clear 按钮重新开始。

查看 `Window1.xaml` 代码，你会看到单词“Subdivide”和“Clear”。这些词周围的 XAML 代码创建了你点击的按钮，`Click= "b1Click"`会通知 WPF：如果某一个按钮被点击，则调用过程 b1Click。后面会看到更多的细节，而这里我们只是希望你对这一例子的操作部位在程序中的位置有个整体的概念。

再来查看 Window1.xaml.cs 代码。Window1 类的初始化创建了一对 Polygon 对象，它们由 Window1 的构造函数初始化，然后被添加到 gp(graph paper 的缩写)中，注意 gp 表示将要绘制到屏幕上的所有对象。多边形初始化代码设置了多边形的一些性质，还有其他很多性质也应设置，不过它们采用了默认值。最后，b2click 和 b1click 过程描述了当用户点击这两个按钮时应产生的响应。对 Clear 按钮的操作，读者应该很容易理解；Subdivide 按钮的操作则复杂得多，不过读者可以看到：在其核心部分，很多坐标都被乘以 1/3 和 2/3，这正是我们所预料的。

以上就是割角程序的核心部分。其他部分几乎都是些**程式化**的内容——从而使编写此类应用程序更为容易。事实上，我们开发割角程序正是始于测试平台的样本程序，该平台创建了点、线、箭头、网格模型，还有其他很多可移动物体。开发割角程序时首先删除其中的大部分，然后在 XAML 中去掉不需要的用户界面组件，对余下部分重新命名。了解了这个例子后，我们来看测试平台的其余部分。

4.2.3　基于测试平台的程序的结构

如同读者在第 3 章所见，WPF 应用程序通常由两部分组成：一部分用 XAML 编写，另一部分采用 C# 编写，两部分构成整个程序。实际上，在编写的程序中，对象类亦可照此分为两部分，也可以完全用 C# 编写。我们的程序两类都有。

应用程序的顶层部分叫作 Testbed2DApp，由 Testbed2DApp.xaml(XAML 文件)和 Testbed2DApp.xaml.cs(与之关联的 C# 文件)实现。

在 XAML 文件(见代码清单 4-1)中，首先申明 Testbed2D 是 Application 类中的一个对象，这意味着它含有预先设定的属性、事件和方法。但除了 Startup 事件处理器外，其他几乎都用不到[⊖]。我们将在 C# 文件中查看 Startup 事件处理器。

代码清单 4-1　Testbed2DApp.xaml 代码

```
1  <Application x:Class="Testbed2D.Testbed2DApp"
2      xmlns="http://schemas.microsoft.com/winfx/2006/xaml/presentation"
3      xmlns:x="http://schemas.microsoft.com/winfx/2006/xaml"
4      Startup="AppStartingUp">
5    <Application.Resources />
6  </Application>
```

代码清单 4-1 中的代码只是申明了一个应用程序以及在哪里可以找到当前 XML 文件中有关名字解析(xmlns 开头的几行)的信息。我们关注的核心是 Startup= "AppStartingUp"一行，它指出处理 Startup 事件的代码可以在 Testbed2D.xaml.cs 文件中的 AppStartingUp 方法中找到。这等价于 C++ 或 Java 程序中的 main()函数。

相对应的 C# 文件见代码清单 4-2。关键字 partial 告诉我们：这里有关于该类的一部分说明，另一部分在其他地方(XAML 文件中)。文件中定义了 AppStartingUp 方法，它被用来创建 Window1 并进行显示。AppStartingUp 中所设置的参数未被用到。Testbed2DApp 中其余的事件处理器、方法等直接从 Application 类继承，维持不变。

⊖ 其他事件，例如 OnExit 发生在程序结束时；而 Activated 则发生在程序转化为前台程序时。WPF 中每一类的细节都可从在线文档中找到，不过构建测试平台的目标之一就是使用户无需了解大多数细节。

代码清单 4-2　相应的 C# 文件，Testbed2DApp.xaml.cs

```
1  using System;
2  using ...
3
4  namespace Testbed2D
5  {
6    public partial class Testbed2DApp : Application
7    {
8       void AppStartingUp(object sender, StartupEventArgs e)
9       {
10          Window1 mainWindow = new Window1();
11          mainWindow.Show();
12      }
13   }
14 }
```

如果我们运行 Testbed2DApp，程序开始时将会创建并显示一个 Window1。

Window1 类比 Testbed2DApp 类更丰富：它相当于一个传统应用程序的主窗口，并且包含了菜单栏、按钮和滑动条，还有一大块可供绘画的区域。这些组件的布局由 Window1.xaml 文件给定：如果用户想在测试平台中添加一个按钮，则需要编辑此文件；如果想将滑动条的拖动和程序中的某项操作关联起来，也需要编辑此文件。

而 Window1.xaml.cs 文件所关注的是创建可绘画区域中的内容。

现在来看两个 Window1 文件。我们忽略重复的、程式化的大段内容，而把焦点集中到编写自己程序所需的细节。

像 Window1.xaml 这样复杂的 XAML 文件(见代码清单 4-3)可以一次描述多个事项：**布局**(窗口中各个组件的位置)、**事件处理**(按压一个键盘按键或者点击一个按钮将会产生什么响应)、**风格**(文字显示用的字体、按钮的颜色)，等等。现在先看布局。首先阅读代码，尝试理解其含义，我们将马上解释一些细节。

代码清单 4-3　测试平台的 XAML 代码

```
1  <Window
2      x:Class="Testbed2D.Window1"
3      xmlns="http://schemas.microsoft.com/winfx/2006/ ..."
4      xmlns="http://schemas.microsoft.com/winfx/2006/xaml/presentation"
5      xmlns:x="http://schemas.microsoft.com/winfx/2006/xaml"
6      xmlns:h="clr-namespace:Testbed2D"
7      Title="2D Testbed"
8      KeyDown="KeyDownHandler"
9      Height="810"
10     Width="865"
11     >
12   <DockPanel LastChildFill="True">
13     <Menu DockPanel.Dock="Top">
14       <MenuItem Header="File">
15         <MenuItem Header="New" Background="Gray"/>
16         <MenuItem Header="Open" Background="Gray" ...
17       </MenuItem>
18       <MenuItem Header="Edit"/> ...
19     </Menu>
20
21     <StackPanel DockPanel.Dock ="Left" Orientation="Vertical" Background=
           "#ECE9D8">
22       <TextBlock Margin="3" Text="Controls"/>
23       <Button Margin="3,5" HorizontalAlignment="Left" Click="b1Click">Next
             </Button>
24       <Button Margin="3,5" HorizontalAlignment="Left" Click="b2Click">Do It
             </Button>
```

```
25        <Slider Width="100" Value="0" Orientation="Horizontal"
26          ValueChanged="slider1change" HorizontalAlignment="Left"
27          IsSnapToTickEnabled="True" Maximum="20" TickFrequency="2"
28          AutoToolTipPlacement="BottomRight" TickPlacement="BottomRight"
29          AutoToolTipPrecision="2" IsDirectionReversed="False"
30          IsMoveToPointEnabled="False"/>
31
32      </StackPanel>
33      <h:GraphPaper x:Name="Paper">
34      </h:GraphPaper>
35    </DockPanel>
36
37 </Window>
```

首先，代码中涉及数个命名空间：我们使用标准 WPF 实体，它们定义在 WPF 命名空间；还有其他实体，例如 GraphPaper 类，定义在 Testbed2D 命名空间。代码开始部分的 xmlns 语句指明我们将使用 WPF 所要求的命名空间。稍后再解释后面两条 xmlns 语句。

每个大型元素(Window、DockPanel、StackPanel 等)都有一个和该元素配对的结束标签(/Window，/DockPanel 等)。两者之间是组成该大型元素内容的其他组件。所以 XAML 中的所有语句都在 Window 和/Window 之间，表示所有内容都在一个窗口中。

查看 XAML，我们看到窗口包含了一个 DockPanel，而 DockPanel 又可包含其他的任何组件。DockPanel 是一个**面板**(窗口中的一个矩形区域)，面板上可以放置其他元素，这些元素自动排列，它们在 DockPanel 上的位置由 XAML 文件指定。例如第 17 行

```
<Menu DockPanel.Dock="Top">
```

表示我们希望 DockPanel 中有一个菜单(Menu)，且希望它安放(粘附)在面板的顶部(Top)。其他可选位置有 Bottom、Left、Right 和 None。该面板还有一个 StackPanel，安放在左侧；另外还有一个 GraphPaper，驻留位置未明确指定。由于在 DockPanel 中，其 LastChildFill 被设置为 True，故 GraphPaper 将占据 DockPanel 中余下的所有空间。我们即将讨论 GraphPaper 的功能。现在可将它理解为一张专用的 Canvas。

WPF 将所有的这些布局设置转换成用户界面，其外观恰如用户所指定。用户无需指定菜单栏的具体高度，如果程序运行时窗口的大小有所调整，上述各项布局会自动地做相应调整。这是 WPF 的 XAML 部分的一个巨大优势：可在很高的语言层次上描述用户界面的外观。

继续下降一层，XAML 中的 MenuItem 块也很好理解：其中有一个 File(文件)菜单，该菜单中设有“New”(新建)项和“Open”(打开)项，还有一个 Edit(编辑)菜单，等等。(其中一些使用了<TAG… /> 语法，该语法中最后的"/"代替了结束标签</TAG>。)

课内练习 4.1： 修改菜单栏，加入一个新菜单 Foo，其中含有菜单项 Bar 和 Baz，重新运行程序确保它们已显示在菜单栏中。然后将其删除。

StackPanel(按从上到下的顺序添加元素[⊖])内设有一个 TextBlock，两个 Button，还有一个 Slider。TextBlock 是这个面板的标签(注有“Controls”字样)。按钮和滑动条用于控制画布的外观。每个元素的 Margin 属性告诉 WPF 应在每一元素的周围留多少空白；HorizonalAlignment 告诉 WPF 如何确定该元素在剩余空白区域中的位置。Click=

⊖ 从上到下的顺序是由于 StackPanel 的 Orientation 被设置为 Vertical。如果设置成 Horizontal，则会从左到右排列。

b1Click 指明当用户按下 Next 按钮时哪个方法(在这个例子中是 b1click)被调用。最后，在<Button> 和</Button> 标签之间是按钮的内容，仅仅是一段简短的文字。

25～30 行的 Slider 类似：我们设定了几个选项，来指定滑动条的宽度、初始值(0)、最大值(20，即滑块滑动到最右端时的值)、水平放置、刻度的位置和数量。其中最重要的属性是 ValueChanged= slider1change，它指出，当用户改变滑动条的值时，WPF 应调用 slider1changed 方法(属 Window1 类)。

现在基本看完了 XAML 的所有代码。或许读者已有信心对这一文件进行编辑，例如加入几个新按钮和新的滑动条，弄清楚了如何更改按钮的颜色，或者将 StackPanel 分为两个并排放置的控制板，一个管理按钮，另一个管理滑动条。(提示：可以定义一个新的 DockPanel，将其设置为水平方向，然后将两个 StackPanel 都包含进去。)

课内练习 4.2： 在 StackPanel 中加入一个新的按钮或滑动条，但是不要包含相应的 Click= 或者 ValueChanged= 语句。运行程序，确保新组件在预定位置正常显示。

课内练习 4.3： 像上文中所建议的那样重新布置控制面板 StackPanel，将其一分为二：一个面板全都是按钮，另一个只是滑动块。证实你的修改有效。

如果你在添加一个新按钮时，设置 Click= b3Click 并尝试编译此程序，将会失败。这是因为需要在 Window1 类中定义 b3Click 方法。等一下我们会详细讨论这方面的内容。

课内练习 4.4： 添加一个新按钮且定义 Click= b3Click，证实该程序无法运行。尝试解析错误信息并且弄清它的意思。最后移除新按钮。

XAML 代码中的最后一项是 GraphPaper，它的语法有些独特。代码清单 4-4 显示了大幅度简化后的 XAML 代码。

代码清单 4-4　Window1.xaml 中创建 GraphPaper 的部分

```
1  <Window
2      x:Class="Testbed2D.Window1"
3      xmlns= ..."
4      xmlns:h="clr-namespace:Testbed2D"
5      ...>
6      ...
7      <h:GraphPaper x:Name="Paper">
8      </h:GraphPaper>
9   </DockPanel>
10
11 </Window>
```

高亮显示的 xmlns 语句表示 XML 命名空间 h 引自 Testbed2D 定义的 Common Language Runtime(clr)命名空间。这意味着 GraphPaper 不是一个标准的 WPF 类，而是本项目定义的 GraphPaper 类，因而并非 WPF 的 Canvas 类。实际上，GraphPaper 与 Canvas 十分相似(实际上，它继承自 Canvas)，只是 GraphPaper 上面预先画好了类似图纸的栅格和坐标轴，另外 GraphPaper 的度量单位是毫米而不是 WPF 单位(以 1/96 英寸为一个单位)㊀。我们目前仅仅是使用 GraphPaper 类，所以无需了解有关该类的完整说明。在你阅读了接下来的两章后，就值得花时间阅读定义 GraphPaper 的 XAML 和C# 文件了。

在 Window1 的 XAML 文件的最下面，我们创建了一个 GraphPaper 的实例。为此，我们必须申明 h:GraphPaper，告诉程序在哪个命名空间中查找它。我们还给它取了个名字——Paper——从而可在 C# 文件中引用它。

㊀ 有一个例外：如果你的显示器的 dpi 设置与物理显示设备的 dpi 不符，WPF 单位将不是 1/96 英寸。

图 4-2 显示了程序运行时的外观。所有内容由 C# 代码生成，程序界面的整体外观则由 XAML 代码决定。

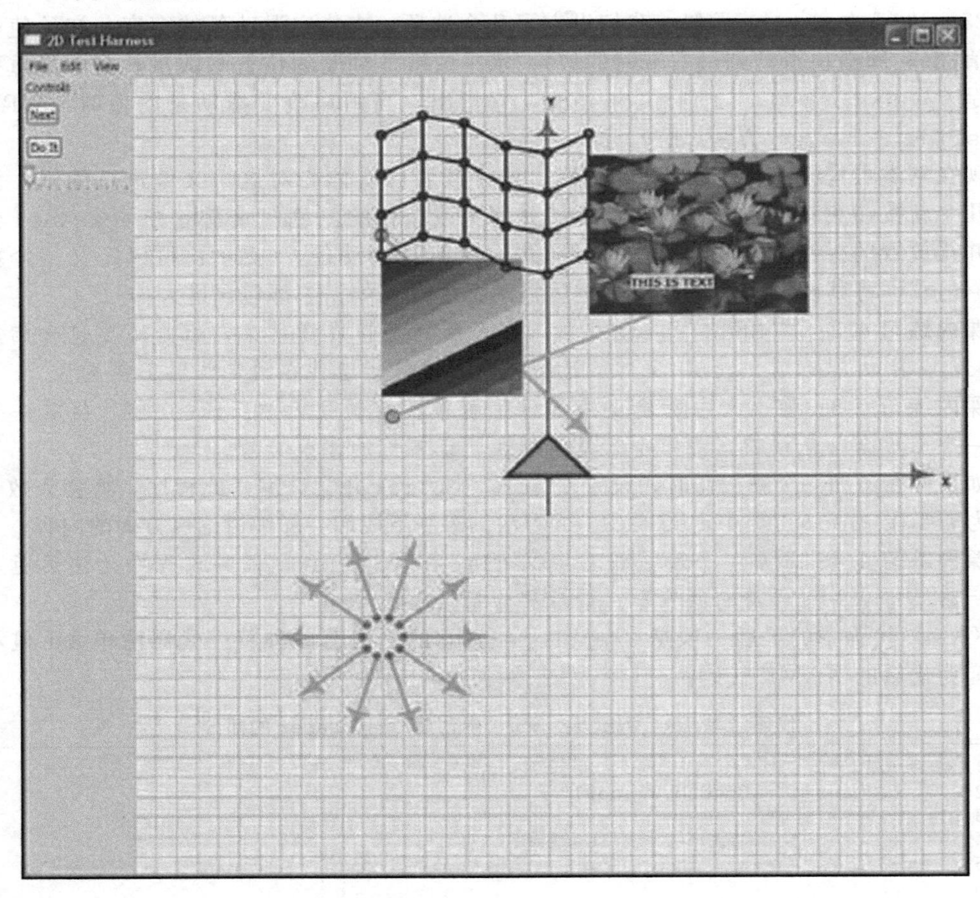

图 4-2　Testbed2D 程序运行效果。在 graph-paper 大窗口中的所有东西均由 Window1.xaml.cs 代码生成，而非 XAML 文件定义

4.3　C# 代码

相对应的 C# 代码（Window1.xaml.cs）较为简单（见代码清单 4-5），也不涉及软件工程技巧。这一测试平台的作用被设计成类似于便签本，而不是作为大型系统的基础。如果你想在 WPF 上开发一个大型应用程序，则应去熟悉 WPF 本身，而不是仅研究用于 2D 测试平台的 WPF 中的一部分内容。

代码清单 4-5　Window1 类定义的 C# 部分

```
1 using ...
2
3 namespace Testbed2D
4 {
5   public partial class Window1 : Window
6   {
7     GraphPaper gp = null;
8
```

```
 9        Polygon myTriangle = null;
10        GImage myImage1 = null;
11        GImage myImage2 = null;
12        Mesh myMesh = null;
13        Quiver myQuiver = null;
14
15        // Are we ready for interactions like slider-changes to
16        // alter the parts of our display (like polygons or images
17        // or arrows)?
18        // Probably not until those things have been constructed!
19        bool ready = false;
20
21        public Window1()
22        {
23            InitializeComponent();
24            InitializeCommands();
25
26            // Now add some graphical items in the main Canvas,
27            // whose name is "GraphPaper"
28            gp = this.FindName("Paper") as GraphPaper;
29
30            // A triangle whose top point will be dragged
31            // by the slider.
32            myTriangle = new Polygon();
33            myTriangle.Points.Add(new Point(0, 10));
34            myTriangle.Points.Add(new Point(10, 0));
35            myTriangle.Points.Add(new Point(-10, 0));
36            myTriangle.Stroke = Brushes.Black;
37            myTriangle.StrokeThickness = 1.0; // 1 mm thick line
38            myTriangle.Fill = Brushes.LightSeaGreen;
39            gp.Children.Add(myTriangle);
40
41            // A draggable Dot, which is the basepoint of an arrow.
42            Dot dd = new Dot(new Point(-40, 60));
43            dd.MakeDraggable(gp);
44            gp.Children.Add(dd);
45
46            Arrow ee = new Arrow(dd, new Point(10, 10),
47                          Arrow.endtype.END);
48             gp.Children.Add(ee);
49 [lots more shape-creating code omitted]
50             ready = true;  // Now we're ready to have sliders and
51                            // buttons influence the display.
52             }
53 [interaction-handling code omitted]
```

之前我们只描述了采用 XAML 写的 Window1；C# 文件包含其余的定义。本例中要显示一个多边形、三幅图像、一个网格模型和一个箭头图，所以需要将以上每个元素都申明为 Window1 类的一个实例变量。如果要写的程序只显示一幅图像，则应删除对其余元素的申明。

Window1 的构造函数首先初始化各组件——这是每个位于顶层的 WPF 窗口都需执行的步骤，各个子部件随即部署到位。接下来对菜单和键盘命令进行初始化。再接下来我们在 GraphPaper 中加入名为 Paper 的图形项，采用 FindName 方法确定它的位置。Canvas 有一个 Children 集，我们使用 gp.Children.Add(myTriangle)，使新创建的三角形成为 Canvas 的一个子元素，以便在 Canvas 中显示。

现在来看创建三角形的细节。首先申明三角形为一个新的 Polygon，在这个 Polygon 中加入若干 Point。不过这只是描述了三角形的几何，而不是它的外观。在 WPF 中，外观由 Stroke(画线方式)和 Fill(区域填充方式)描述，二者都由 Brush 定义，而 Brush 的功能可以非常复杂。在本例中，我们直接用 Brushes 类中预先定义的笔画和填充方式。线的颜色设置为黑色，三角形用浅绿色填充。笔画宽度设为 1.0，根据 GraphPaper 对单位的定义，它为 1.0mm。实际上，GraphPaper 中的所有单位都是以毫米计量的。例如相邻两条相邻栅格线之间的距离为 5mm，我们所创建的三角形高 10mm(由于笔刷宽 1mm，它实际上会稍高一点。可以想象成笔刷沿着轮廓线移动，而刷子中心始终在几何图形上[⊖])。总之，称作 Paper 的 GraphPaper 提供一个用来绘制几何形状的区域，Paper 内的单位为毫米，坐标系的原点取在画布中心。当点向右移动时，它的第一个坐标分量值增加；向上移动时，第二个坐标分量的值增加。注意，这里第二个坐标轴的正向不是 WPF 的默认方向，默认方向朝下。

4.3.1　坐标系

为什么 WPF 中第二个坐标分量增加的方向默认朝下？有多个赞成的理由(其中有些理由设计者自己也没有想到)，当然也有一些合理的批评。最自然的批评意见是学过数学的人都习惯于传统的笛卡儿坐标系，其中 y 轴垂直向上。对数学非常熟悉的人在测量角度时习惯于从 x 轴开始，随着角的另一条边沿逆时针方向转动，其夹角增大。对此用户已有多年经验，为何还要改变呢?

赞成意见是某一坐标分量增加的方向朝下时更能自然地表达另一些东西。例如矩阵的行和列，第一行总是位于顶部，第二行在第一行下面，等等。设想矩阵元素为灰度值的集合，可认为该矩阵描述了一幅黑白图像。假如在显示该图像时能采用一种“直观的方式”，即让生成的图像与矩阵表示方式保持一致(见图 4-3)，当然再好不过。但若我们采用笛卡儿坐标系，则所生成的图像就会上下颠倒过来。(顺便提一个更进一步的问题：矩阵元素的索引通常以(行，列)的形式给出。其中“列”的序号对应像素的水平位置，而“行”的序号则对应像素在垂直方向的位置，不幸的是，这与笛卡儿坐标系和 WPF 坐标系关于 $(x,\ y)$ 的约定恰恰相反。)

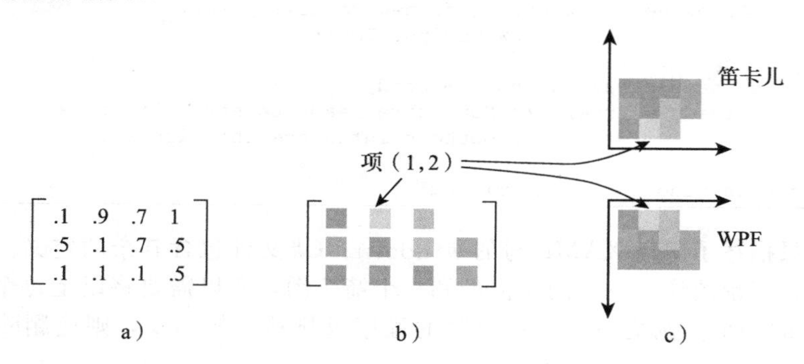

图 4-3　a) 一个 3×4 矩阵，矩阵元素对应 0 和 1 之间的灰度值，其中黑为 0，白为 1。如果将每个矩阵元素都转换为一个灰色的小矩形，元素的值对应灰色的亮度，则可得到如图 b 所示的“着色矩阵”。c) 在显示着色矩阵时如果将对应于第 j 列第 i 行矩阵元素的小正方形的中心置于笛卡儿坐标系中的 $(j,\ i)$ 点，所生成的图像会翻转到水平轴下方。但如果使用 WPF 坐标系，结果不会翻转

在图像之外，另一佐证是文字的书写顺序是由上而下，从左到右，因而我们想象中的

⊖ 本例中刷子画出的线在转角处是斜接的，因此生成的形状仍然呈现为三角形。其斜接性质可通过 Brush 的属性设置。注意，在非常尖锐的转角处，斜线可能会延伸很长的距离，可以通过设置 MiterLimit 限制该距离。

2D 布局方式也是这一顺序。另外，传统的界面也是从顶部开始(菜单栏的位置)，然后将用户的眼睛向下引导到下面的菜单选项。最后，很多早期的光栅图形系统也都使用这种方式来描述单个像素的位置，它们均将像素(0，0)置于屏幕的左上角。

不管有何根据，这一坐标轴的朝向是 WPF 开发者选择的。幸运的是，他们还包含了一个允许用户转换画布坐标系的机制[⊖]。故我们的测试平台采用了传统的笛卡儿坐标。

测试平台的第二个版本采取 y 向下递增的坐标系，该版本可以在本书网站中访问。当你实验的对象是图像数据时，可以选用这一版本。

4.3.2 WPF 数据依赖

三角形是一个含有三个点(Point)的 Polygon。WPF 内置了一种能力，可以判定物体何时发生了变化而需要重新绘制。当我们将三角形加入 GraphPaper 的子元素集时，并没有提供何时绘制此三角形的说明。当 WPF 决定要显示画布的时候，它会显示画布所含的所有子元素，而我们只需告诉它待显示的是哪些子元素。而提请 WPF 重新显示画布的事件是其中某个子元素“有所变化”。例如，如果我们将三角形从子元素集中删除，画布会自动重绘，该三角形将从画面上消失。如果我们以某种方式改变了这个三角形，同样会导致重绘。

遗憾的是，“查看子元素的状态有无改变”只能查看到某一固定的层次。如果组成 Polygon 的 Point 集有所改变，这属于 Polygon 自身的改变，应提示 GraphPaper 重绘。但是什么才算 Collection 的改变呢？根据 WPF 的设计者的选择，只有“组成集合的子元素的索引有所改变”才被视为 Collection 的改变，而不是“其中被引用的某个子元素发生改变”。因此，在集合中删除或插入一个子元素会被视为“改变”，但若仅仅改变某一子元素——例如改变其第一个点的 x 坐标——则不算“改变”。所以，如果我们改变组成多边形的第一个 Point 的第一个坐标，什么事都不会发生，因为这属于 Point 自身的变化，包含此 Point 的 Collection 对此既未识别也不会有所反应。反过来，倘若我们从集合中删除这个 Point，基于改变后的坐标创建一个新的 Point，再将这个新 Point 添加到集合中，就会向上传播“有所改变”的信号。具体细节见下一节。

对于类似 WPF 的系统而言，确定“改变”的内涵对系统性能影响巨大：如果其粒度定义得太细，平台的所有计算能力都会耗费在对“改变”的监测上；如果粒度太粗，则程序员需要自己来发布很多“改变”的通知，甚至为了便于自行处理，最终放弃系统对“改变”的监测，以便进行一致性的处理。

4.3.3 事件处理

WPF 接受用户以键盘按键、鼠标点击、鼠标拖动等形式对系统进行交互，并将它们作为**事件**。当检测到一个事件时，会引发一系列复杂的操作，最终 WPF 会调用相应的事件处理器。更确切地说，WPF 可能调用的事件处理器有很多，但是在我们的情况中，每一个事件只使用一个事件处理器，之后将这个事件标记为“已处理”，这样就不会再调用其他处理器。有些事件处理器是 WPF 的组件；在另一些情形中它们是程序员提供的回调函数。

⊖ 更确切地说，他们包含了一些东西，指定了怎样将画布坐标系转换为它所含对象——一个窗口、一个面板，等等——的坐标系，从而允许我们反转 y 坐标并将(0，0)移动到画布中间，正如我们在第 2 章的钟表例子中所做的那样。

具体来说，当 WPF 检测到某一按钮被点击，会调用该按钮的 Click 处理器。例如我们定义的第一个按钮(见代码清单 4-3 中第 25 行)，我们将其 Click 处理器设置为 XAML 代码中的 b1Click。b1Click 处理很简单：打印一个调试信息并对该事件设置一个标志，申明这一点击事件已被处理(见代码清单 4-6)。

代码清单 4-6　第一个按钮点击事件的处理器

```
1   public void b1Click(object sender, RoutedEventArgs e)
2   {
3       Debug.Print("Button one clicked!\n");
4       e.Handled = true; // don't propagate the click any further
5   }
```

代码中的 sender 是 WPF 中的实体，点击事件由它传递给我们。点击的传递过程涉及一个复杂的层次模型，我们大可忽略这个模型。在这个模型中，当点击位于画布某一网格点的按钮上的文字时会依次触发文字对象、按钮、格点以及画布的反应。如果要终止事件的传递，需要将 RoutedEventArgs Handled 变量设置为 True，说明我们已经处理了此次按钮点击，代码的其他部分无需对它进行另外的操作。

另一个更加复杂的事件处理例子是处理滑动条值发生改变的事件处理器，叫作 slider1change，如代码清单 4-7 中所示。可以看到，我们打印了一条信息，显示传入的新值(e.NewVaule)，然后改变三角形第一个点的 x 坐标。我们采取为整个顶点数组重新赋值的方法，而不是移除并重新插入某个顶点，因为数组中只有三个顶点。这样三角形将被标记为被“改变”，从而引起整个画布的重绘。最终的效果是我们用鼠标调整滑动条时，三角形的顶部产生左右移动。

代码清单 4-7　slider1change 方法，用于移动三角形的一个顶点

```
1   void slider1change(
2       object sender,
3       RoutedPropertyChangedEventArgs<double> e)
4   {
5       Debug.Print("Slider changed, ready = " + ready +
6               ", and val = " + e.NewValue + ".\n");
7       e.Handled = true;
8       if (ready)
9       {
10          PointCollection p = myTriangle.Points.Clone();
11          Debug.Print(myTriangle.Points.ToString());
12          p[0].X = e.NewValue;
13          myTriangle.Points = p;
14      }
15  }
```

现在简单介绍一下代码清单 4-5 第 19 行、第 50 行和代码清单 4-7 第 8 行中的标记 ready。在我们的程序构建 Window1 的过程中，WPF 创建了滑动条并在 XAML 代码中将它的初始值设为一个预先指定的值。这引发了一个 ValueChanged 事件[⊖]，驱使 WPF 调用 slider1change 方法。但这一切都发生在 InitializeComponent 过程中，此时三角形还未被创建。如果我们尝试改变其中某个 Point 的坐标，就会出现错误。所以我们选择忽略所有此类事件，直到 Window1 构建成功，该事件由 ready 标识。

⊖ 其值从“未定义”变为指定的初始值。

课内练习 4.5：修改测试平台，使它显示一个钻石形状的物体，而不是三角形，采用滑动条来同时调整其顶部和底部顶点的 x 坐标（朝同一方向）。再添加一个滑动条，调整钻石左侧和右侧顶点的 y 坐标。

4.3.4 其他几何物体

除多边形外，测试平台还可用来显示其他几种几何图形。其中包括圆点（类似几何上的点，不过可显示而且还附有该点坐标的提示信息）、箭头（用来表示向量）和箭头图（表示箭头的集合）、线段（点之间的连接线），还有网格和图像。关于这些实体的细节可以在本书网站查阅。

4.4 动画

正如读者在第 2 章所见，WPF 包含创建动画的工具。几乎所有类型的值都可以定义动画——double、Point 等——然后通过这些值的变化使显示结果不断改变。用户可以在 XAML 或者 C# 中定义动画。在 XAML 中，有许多预定义的动画，可以对它们进行组合生成复杂的动画。在 C# 代码中，既可以使用预定义的动画，也可以编写任意复杂的程序创建自己的动画。例如，用户可以写一个程序计算一个球在弹跳时不断变化的位置，用这个变化的位置控制屏幕上所显示的某个形状（例如一个圆盘）的位置。采用 XAML 来编写这类模拟程序尚不可行，用 C# 写则自然得多。

在我们的例子中，只有一个动画，但是它展示了动画的核心思想（见代码清单 4-8）。代码中，创建了一条线段，它的一个端点位于名为 p1 的 Dot 处。在该代码中，我们通过指定点的初始位置和终止位置、动画持续时间（本例中从 0 时刻开始，持续 5 秒钟），以及到达终止位置后应自动反向而且无限循环来生成点的动画。（顺便指出，这个相对简单的动画很容易采用 XAML 实现），其结果是一个点在两个指定位置之间随时间往复运动。注意这个 point 不会在 GraphPaper 中显示，不过它的值在持续变化。但是根据对线段 p1.BeginAnimation(Dot.PositionProperty,animaPoint1) 的说明，名为 p1 的 Dot 中的 PositionProperty 为 animaPoint1 所驱动，从而导致正在显示中的 Dot 做往复运动。这意味着，WPF 的数据依赖机制承担了主要的工作：它检测到 animaPoint1 中的每个变化并同时改变 p1 的 PositionProperty。这个属性决定了 Dot 在画布上的位置，形成了动画效果。

代码清单 4-8 Point 动画的代码

```
1   PointAnimation animaPoint1 = new PointAnimation(
2       new Point(-20, -20),
3       new Point(-40, 20),
4       new Duration(new TimeSpan(0, 0, 5)));
5   animaPoint1.AutoReverse = true;
6   animaPoint1.RepeatBehavior = RepeatBehavior.Forever;
7   p1.BeginAnimation(Dot.PositionProperty, animaPoint1);
```

我们之前对于 Point 的操作太过自由，例如可给 x 和 y 坐标赋值。如果严格遵循面向对象编程的法则，我们需要将这些坐标作为变量的实例隐藏起来，仅能通过访问器/设置器（或者 get/set）方法对其进行访问。实际上，Point 更类似 Pascal 中的 record 或者 C 中的 struct，而不像典型的 C++ 或者 Java 中的对象。当模糊 record（相关值的集合）和对象之间的区别时，C# 允许这种用法，此举对效率有巨大影响，而对可调试性的影响相对较小。

4.5　交互

我们已经讨论了在测试平台中(一般而言，在 WPF 中)如何处理点击按钮和改变滑动条值的事件：分别调用 Click 或 ValueChanged 方法。

对键盘交互的处理稍有不同。在主 Window 中任何地方按压按键都被分为两个阶段处理：首先，其中一部分会被识别为命令(例如“Alt+X”表示“退出程序”)；其次，未被识别为命令的按键动作由 KeyDownHandler 处理，该方法会对所有的按键做出响应，或者予以忽略(对于 Control 或者 Shift 之类的修饰键)，或者显示一个小的对话框，显示哪个键被按下。当你写稍复杂的程序时，可能想要改写这部分代码，使之在按下特定的键时执行特定的任务。

最后，对菜单项被选取时的处理由 InitializeCommands 方法定义。对于许多命令来说(例如 Application.Close，表明该程序要关闭一个窗口)，已经有预先设置好的处理方法，并且有与该命令关联的预定义按键。对于它们来说，用户只需写下如下的类似代码：CommandBindings.Add(new CommandBinding(ApplicationCommands.Close, CloseApp))。其中 CloseApp 是一个小过程，它将弹出一个对话框向用户确认是否要关闭程序。对于其他命令，可能涉及稍微复杂一些的机制。由于我们并不要求读者添加任何新的命令，所以将由读者自行决定是否要学习这类机制。

4.6　测试平台的一个应用程序

现在回到本章开头提到的割角例子。要创建一个可展示此效果的程序，我们需要移除 Window1.cs中的大部分代码，从用户创建简单多边形开始。我们将描述交互过程，然后编写代码。

GraphPaper 的初始状态为空白。有两个按钮，分别是“Clear”和“Subdivide”。用户在绘图区域(graph paper)上点击时会创建多边形 $P1$，其顶点位于用户点击的位置(点击两次之后，此多边形包含了两条相同的线段；点击三次后，形成一个三角形；等等)。当用户点击“Subdivide”按钮后，出现对第一个多边形的细分版本 $P2$；接下来点击“Subdivide”按钮，$P2$ 将取代 $P1$，再次点击，$P2$ 又被继续细分后的结果取代，以此类推。也就是说，屏幕上总是会同时显示当前多边形和它的细分结果。点击“Clear”按钮可以清除绘图区域上的现有显示。一旦用户完成了对多边形的细分，我们将使对绘图区域的继续点击失效。或许你希望通过继续点击，在细分好的多边形上增加一个新的顶点，但是因无法确定添加在什么位置，所以我们禁止了此类操作。

现基于以上描述来编写代码[⊖]。我们需要一个 isSubdivided 标记(初始值设为 false)告诉我们用户是否已经完成了对多边形的细分。在按“Clear”按钮时可以重设此标记，同时清除绘图区域。如果多边形中尚无顶点，细分不产生效果。

我们从测试平台代码的复制开始，修改 XAML，去掉滑动条并改变按钮上的文字：

```
1    <StackPanel DockPanel.Dock ="Left"
2                Orientation="Vertical" Background="#ECE9D8">
3      <TextBlock Margin="3" Text="Controls"/>
4      <Button Margin="3,5" HorizontalAlignment="Left"
5      Click="b1Click">Subdivide </Button>
6      <Button Margin="3,5" HorizontalAlignment="Left"
7      Click="b2Click">Clear</Button>
8    </StackPanel>
```

⊖ 完整程序可以在本书网站下载。

现在我们修改 Window1.xaml.cs 中的 C#代码。初始时将两个多边形都设为空：

```
1    public partial class Window1 : Window
2    {
3        Polygon myPolygon = new Polygon();
4        Polygon mySubdivPolygon = new Polygon();
5        bool isSubdivided = false;
6        GraphPaper gp = null;
7        [...]
8        public Window1()
9        {
10           [...]
11           initPoly(myPolygon, Brushes.Black);
12           initPoly(mySubdivPolygon, Brushes.Firebrick);
13           gp.Children.Add(myPolygon);
14           gp.Children.Add(mySubdivPolygon);
15
16           ready = true; // Now we're ready to have sliders
17                         // and buttons influence the display.
18       }
```

多边形初始化程序将这两个多边形设置为不同的颜色，其边取标准线宽，如果相邻的两条边所夹的角很尖锐，则进行截断，如图 4-4 的下图所示，以防止相交的尖角形成过长的斜接(见图 4-4 的中图)。

```
1    private void initPoly(Polygon p, SolidColorBrush b)
2    {
3        p.Stroke = b;
4        p.StrokeThickness = 0.5;// 0.5 mm thick line
5        p.StrokeMiterLimit = 1; // no long pointy bits
6        p.Fill = null;          // at vertices
7    }
```

图 4-4　如果将上图中的线条加粗，就必然导致过长的斜接，如中图所示。下图中斜接长度被限制

对点击“Clear”按钮事件的处理很直观：我们移去每个多边形中的所有顶点，将 isSubdivided 标识重新设置为 false：

```
1    // Clear button
2    public void b2Click(object sender, RoutedEventArgs e)
3    {
4        myPolygon.Points.Clear();
5        mySubdivPolygon.Points.Clear();
6        isSubdivided = false;
7
8        e.Handled = true; // don't propagate click further
9    }
```

点击“Subdivide”按钮时的情形要复杂一些：首先，如果多边形已经被细分，我们要用细分生成的多边形的顶点来替换 myPolygon 的顶点。接下来细分 myPolygon 并将细分结果放到 mySubdivPolygon 中。细分意味着，对每个顶点，找到它的前一个顶点和后一个顶点，接下来按照“2/3－1/3”模式组合，求出割角点的位置。(这个组合非常类似于求两个点坐标的平均找到连接它们线段的中点，可以回忆初等几何相关内容。)

```
1    // Subdivide button
2    public void b1Click(object sender, RoutedEventArgs e)
3    {
```

```
4           Debug.Print("Subdivide button clicked!\n");
5           if (isSubdivided)
6           {
7               myPolygon.Points = mySubdivPolygon.Points;
8               mySubdivPolygon.Points = new PointCollection();
9           }
10
11          int n = myPolygon.Points.Count;
12          if (n > 0)
13          {
14              isSubdivided = true;
15          }
16          for (int i = 0; i < n; i++)
17          {
18               int nexti = (i + 1) % n; // index of next point.
19               int lasti = (i + (n - 1)) % n ; // previous point
20               double x = (1.0f/3.0f) * myPolygon.Points[lasti].X
21                        +(2.0f/3.0f) * myPolygon.Points[i].X;
22              double y = (1.0f/3.0f) * myPolygon.Points[lasti].Y
23                        +(2.0f/3.0f) * myPolygon.Points[i].Y;
24              mySubdivPolygon.Points.Add(new Point(x, y));
25
26              x = (1.0f/3.0f) * myPolygon.Points[nexti].X
27                 +(2.0f/3.0f) * myPolygon.Points[i].X;
28              y = (1.0f/3.0f) * myPolygon.Points[nexti].Y
29                 +(2.0f/3.0f) * myPolygon.Points[i].Y;
30              mySubdivPolygon.Points.Add(new Point(x, y));
31          }
32          e.Handled = true; // don't propagate click further
33      }
```

最后，我们必须处理鼠标点击。当用户点击鼠标时，除非此多边形已经细分完毕，否则我们都需要在多边形中增加一个新顶点。为此我们检查 isSubdivided 标记，如果为 false，则将这个新点加入 Polygon 中。

```
1       public void MouseButtonDownA(object sender,
2                                    RoutedEventArgs e)
3       {
4           if (sender != this) return;
5           System.Windows.Input.MouseButtonEventArgs ee =
6             (System.Windows.Input.MouseButtonEventArgs)e;
7           if (!isSubdivided)
8           {
9               myPolygon.Points.Add(ee.GetPosition(gp));
10          }
11          e.Handled = true;
12      }
13    }
14 }
```

至此，读者可以运行程序，看看它的运行效果。当你只点击了两个点时，绘图区域中显示的多边形看上去像一条线段。细分后，线段看上去会变短。请自行解释一下：再次细分为何不会导致它更短。

可以对一个 3D 多面体进行类似的处理，通过割角使它变得更光滑。是否会变得越来越光滑呢？我们将在第 23 章讨论这个问题。现在，在发现细分可以很快地磨光曲线之后，你可以问问自己："如何确定割角曲线是否会趋于一个极限？这条极限曲线在某个特定点处是否保持光滑？"这个问题将在第 22 章讨论（针对另一不同的细分方法，但其原理是类似的）。

4.7 讨论

我们已经给读者介绍了一个工具，可用来创建简单的 WPF 程序，实践图形学中的想法。通过编写多边形细分程序，我们展示了该工具的用法。本章的练习为你探索这个测试平台的功能提供了进一步的机会，与此同时你还会接触到一些图形学中的有趣想法(在本书之后的章节中会再次碰到)。我们强烈建议你至少完成两个练习，这样，之后应用此框架会更加得心应手。

开发这个测试平台自然是有原因的。多年的图形学工作教会了我们另一个原理：

✓ **首像素原理**：生成第一个像素最难。

写新的图形学程序时，第一次结果最常见的情形是整个屏幕一片黑。这几乎不可能进行调试，因为无数种情况都可能导致这个问题。一旦有任何东西出现在屏幕上，你的调试工作就已经初见成效了。因此，首先编写一个程序，让其目标和你想要做的事有相似之处，然后逐步修改，直到它所做的就是你想要做的。注意在修改过程的每一步，你都应能通过观察，确定它所做的事符合你的预期。上述方法被证明屡试不爽。测试平台程序为你提供了一个起点，从这个起点出发可以编写出很多程序。我们希望它能够节省大量的调试时间。

4.8 练习

4.1 修改割角程序，将割断点置于线段上的 1/4 和 3/4 处。描述所得结果。

4.2 将割角程序修改成一个“对偶化”程序：将一个多边形置换成其**对偶**多边形，所谓对偶多边形是以原多边形每条边的中点为顶点，按照原来的顺序连接而成的多边形，因此正方形的对偶是菱形。试通过实验，判断反复对偶化是否能将一个原本自相交的多边形变为正常的多边形？能否找到一个多边形，它的后继对偶多边形总是自相交？

4.3 修改测试平台，让它只显示一张图像(例如睡莲)，直到某个按钮被点击。而每次点击该按钮，都会显示一幅新的图像(或循环显示四五幅图像)。但要显示新图像，需要更新 `BitmapSource`。这个练习比前面的难一些，因为留给你的提示较少。

4.4 阅读第 5 章结尾所述的运动诱发的盲视(motion-induced blindness)，写一个程序对该现象进行实验，其中包括修改格子的间距和颜色，修改“消失”点的颜色和尺寸，还要修改格子旋转的速度。尝试找到能有效导致“盲视”的参数设置。

人类视觉感知简介

5.1 引言

眼睛对计算机图形学起着引领的作用：如果没有眼睛，图形学将几乎毫无用处，因此对视觉系统(visual system)的工作机理，每位图形学工作者都必须有所了解。在图形学“完美”到与真实无法区分之前，我们应更好地利用计算和显示资源，致力于生成视觉系统认可的真实，而不必在眼睛无法察觉(或几乎察觉不到)的细节差异上下功夫。

本章介绍了一些重要的基本观点，同时概述了当前认识上的局限。正是由于认识上尚存在诸多局限，人类视觉科学和相关的机器视觉成为当今活跃的研究领域。当然，我们已弄清楚了其中许多问题，下面会适当提及。

视觉系统有强大的并行处理能力，这使得用户可以接收从计算机传递来的大量信息(但沿另一方向：从人到计算机，信息传递的带宽却非常有限，虽然这种局面令人失望，但也为巧妙的设计提供了机遇，见第 21 章)。视觉系统一方面可容纳简陋或粗糙的数据(例如视觉系统可理解小孩的笔画图或基于粗糙的照明模型绘制的图像)，但另一方面却对数据非常敏感。事实上，眼睛对某些类型的瑕疵极为敏感，给调试图形程序带来了特殊的挑战：例如，一个很小的错误(例如光照下球体的百万像素的灰度图像中有一个呈现为红色的像素)往往一眼就能发现，而百万分之一的错误在其他计算任务中却很难引起注意。当然，事物也存在正反两面，正如之前提到的：可以采用图像揭示程序运行中的大量信息，因此好的图形程序员会利用可视化显示理解和调试代码。

✓ **可视化程序调试原则：** *利用可视化显示帮助你调试和理解图形程序。*

在图形学中，计算机输出给用户的是从显示设备投射到用户眼睛的光。显示设备可以是传统的平板显示器、投影仪、头盔式显示器，或飞行员、汽车司机的抬头式面板。在所有情形中，光都需通过眼睛为用户所感知。人眼对光线的反应由视觉系统处理。

当然也存在其他的交互模式：触觉(触摸)和声音常作为人机交流的一部分通道。但是，大部分人机交流经由视觉系统，这是本章专门讨论视觉系统的原因。视觉系统之所以占优势，部分原因是与声音、触觉、嗅觉、味觉相比，向视觉系统传递信息的光具有其他感知通道信息所不具备的某些特殊性能。例如，光不会**朝各个方向发散**，沿某一方向发出的光束只能沿该方向传播；光的传播不需要介质，光在空气(最常见的介质)中传播时，几乎不受空气的影响(注意，空气折射率是空气密度的函数，变化的空气折射率可能导致光线扭曲，正如天气炎热时看到沙漠的“波动”)。相反，产生味觉和嗅觉的化学物质不仅向各个方向发散，还会通过飘动的空气进行传播；声音的传播方向会因风向的改变而变化。此外，光可以很好地将信息从源头传递到眼睛；相比之下，触觉只有当传感器(例如手指)接触到观测物体时才起作用。

一个极具诱惑力的想法是：在考虑视觉系统对外界刺激的响应时，可否从不同方面予以简化，从而简化视觉系统的建模？例如，人眼对光的处理始于眼睛上的敏感细胞对光的检测，据此可否认为：“视觉系统的响应仅由射入的光决定；对相同模式的入射光，人眼的视觉响应也相同。”然而，这一论断在生理和心理层面都是错的。例如，在生理上，从光线微暗的餐厅走出来眺望阳光沙滩，人的眼睛会本能地眯起来。但在室外停留几分钟后，面对同一沙滩，这种视觉生理或心理的反应就不会再出现。在心理方面，已经证明，如果最近某物体曾在你面前出现过，则面对一堆杂物时，你会很快地注意到其中与它相似的物体。因此，任何视觉处理模型不仅决定于当前刺激，也必须考虑近期刺激。更重要的是，人的模式识别能力也受训练和学习的影响。某个形状一旦被学习和识别过，下次再见到时就会很快被识别；典型的例子是文本阅读时遇到的字符和符号。视觉系统中的每一方面都几乎同样复杂，对此似乎找不到一个简单的解释。另一方面，已有大量的实验证据，可以帮助我们了解视觉系统是干什么的[Roc95]。本章聚焦于视觉系统及其如何感知世界，但在处理上做了必要的简化，仅限于其对图形系统产生影响的那些方面。本章最后简要地评述了视觉系统与其他感知模式之间的关系，如听觉和触觉。

每节的结尾处都包含了一、两段标注为“应用”的介绍，描述与本节内容相关的图形学应用。

5.2 视觉系统

人类视觉系统(见图 5-1)由眼睛(对入射光进行聚焦，并含有光敏细胞)、视神经(optic nerve)和大脑的**视觉皮层**(visual cortex)组成。视觉皮层的准确功能尚未完全清楚。已知部分“早期视觉”(即视觉信号处理的最初几步)可检测明度的尖锐对比、表面朝向和颜色的细小变化，以及**空间频率**(spatial frequency)；后者指每厘米明暗变化的次数。简言之：我们擅长于检测并留意“模式”的变化。对朝向、颜色或频率变化的检测是**局部的**，即指人们对相邻物体呈现的不同颜色很敏感，但早期视觉系统并不检测在我们的视域中相距较远的物体之间细小的颜色差异。早期视觉系统还有一部分，可将局部信息组合成更大区域的信息(例如，“将边的这一小段和下一小段拼接，构成两个区域之间一段长的边界”)。

视觉皮层的后面区域负责检测运动、物体(如“这一物体为前景；其他都属于背景”)、形状，调节“注意力”(attention)，以及控制眼睛(例如，控制眼部肌肉帮助眼睛追踪感兴趣的物体)。

图 5-1 的简化表达可能引发误导：尽管在宏观上视觉系统确实呈现出“流水线”结构，但其中也有大量并行处理，以及从后面层次向前面层次的大量反馈。

视觉系统可以非常好地完成许多任务，例如，确定物体的大小和方向而不论视点的当前位置及与该物体距离的远近；在不同的光照条件下辨识同一颜色；即便有噪声和失真(distortion)也能识别形状。但它执行有些任务时会比较差，例如，判断明亮度的绝对值、识别平行线、觉察位置不相邻但相同的颜色。视觉系统的某些优势和劣势似乎相互矛盾：我们很容易注意到与周围背景明显不同的一个小物体(例如白色沙子上的黑色鹅卵石)，但也很容易忽略有异于周围背景的许多东西；这使我们可以投入地观看胶片上包含很多斑点、划痕和噪声的老电影。从进化论的观点可以自然地解释视觉系统的这种特殊“本领”，常采用的

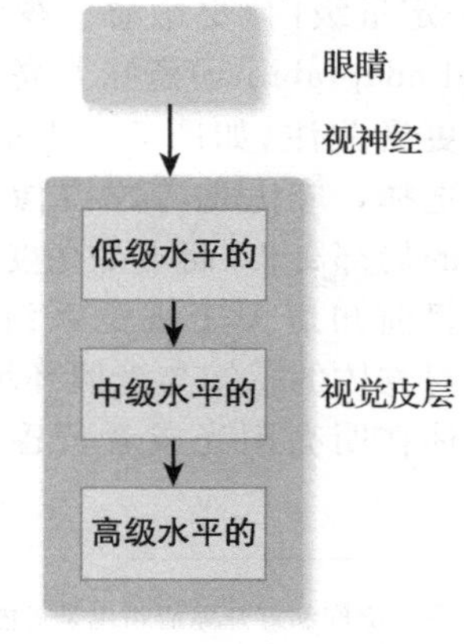

图 5-1 视觉系统的组成部分

例证是，视觉系统帮助人类寻找食物并避开捕食动物[一]。因此，人类对运动非常敏感(有助于帮助发现正在试图伪装自己的捕食动物)，却不擅长记住颜色。视觉系统能在不同光照条件下轻易地判断颜色的相似性(以便在中午和黄昏时识别食物，且在香蕉的一部分在光照下、另一部分处于阴影之中时能识别出它们都是香蕉)。视觉系统在深度判定方面也不错，尤其是邻近物体的深度，这在伸手去摘浆果或水果时有助于协调手的运动。如果完全忽略认知系统的意识方面的作用，手眼协调堪称神奇，它实际上是多个系统高效协同的结果，对运动员的动作或工匠的操作而言尤为出色。

第 28 章将广泛讨论颜色感知的细节，本章只做简单的介绍。同样，运动的感知将在第 35.3.2 节中集中讨论。

人们往往相信：我们知道怎样“看”。譬如说，“显然，我会根据颜色相似性寻找物体，例如一棵树上的树叶，然后将它们归为具有某种一致性的整体，这样树叶和枝干就被认为属不同的组。”但是，“显然”的不一定是真实的。稍加体验一下各种“视错觉”(optical illusion)就会理解这一点[Bac]。

视觉系统的功能与计算机图形学直接相关。在图形学中，一个经常会提的问题是，“所生成的图像与理想图像在视觉感知上是否有差异，或者两者在观察者看来是否足够相似因而不需要做进一步的计算?”这意味着，绘制与显示是否完美，其最终评判标准是感知。测量两幅图像间的相似性有一种简单方法(计算两幅图像中所有对应像素的像素值的差，求其平方和，再取平方根；这种方法称为**方差和**、**L^2 差**或 **L^2 距离**[二])。然而，这种差异度量并不总是符合两幅图像在视觉感知上的实际差异。图 5-2 给出了一个灰度图像的例子：上、中、下三幅图像的分辨率都是 41×41，上图中所有像素的值均为 118(像素取值范围从 0[黑]~255[白])，中图所有像素的值均为 128，下图中除中央像素值为是 255 外，其余像素的值都是 118。上图与中图的 L^2 距离与上图与下图之间的 L^2 距离几乎相等。但是下图看上去明显不同。

在开发某种距离函数以度量两幅图像在感知上的差异方面，已有大量研究工作[LCW03]，但仍有很多工作要做。与此同时，也提出了一些可以指导设计的有用的规则。后面将要介绍的视觉系统的对数灵敏度(logarithmic sensitivity)指出，视觉系统在黑暗区域比在光亮区域对辐射度[三]的误差(一定量级内)更敏感。视觉系统的局部适应性(local adaptability)意味着亮度的变化往往比其绝对值更受关注(如图 5-2 所示)；在画面设计时如果能选择，应优先考虑图像的梯度(gradient，即亮度的局部变化)而不是亮度的绝对值。

图 5-2　三幅 41×41 像素的图像。上图像素值都是 118；中图的像素值都是 128；下图居中一点的像素值是 255，其余都是 118。上图与下面两幅图像的 L^2 距离几乎相等，显然这不符合人眼的对“感知相同”的理解

目前知道关于视觉系统的以下事实：首先，我们对物体的感知与光照环境几乎无关(例如，无论物体在明亮阳光或者黄昏的余光下，都可以被

[一] 交配和避开障碍物也是可能的原因。

[二] 与之非常相近的是均方根距离，指每个像素的 L^2 距离。

[三] 辐射度是衡量光的一个物理量，具体细节将在第 26 章中叙述。

准确地识别)；其次，系统的早期视觉部分用于检测边(不同亮度区域间的边界)，并且将它们整合拼接，以便大脑从整体上进行感知。由此看来，若各图像之间对应像素的亮度之比在局部区域内近乎常数，且这些图像中的“边”都分布在相同位置，则可认为这些图像是相似的。“局部”的含义与观看图像的方式有关：在每个像素对人眼所张的夹角为1°时，“局部”可能指“几个像素的宽度”；如果每个像素相对人眼的视角为0.01°，“局部”可能意味着“几百个像素”。实际上，在某个距离看上去相似的两幅图像，从另一个距离去看却不相似。一个简单的例子是：一个黑白棋盘和一灰色矩形，靠近时两者明显不同，从远处(足以使视觉系统无法区分棋盘中的单个方块)看却难以区分。Oliva[OTS06]描述了一些更复杂的例子(见图 5-3)。

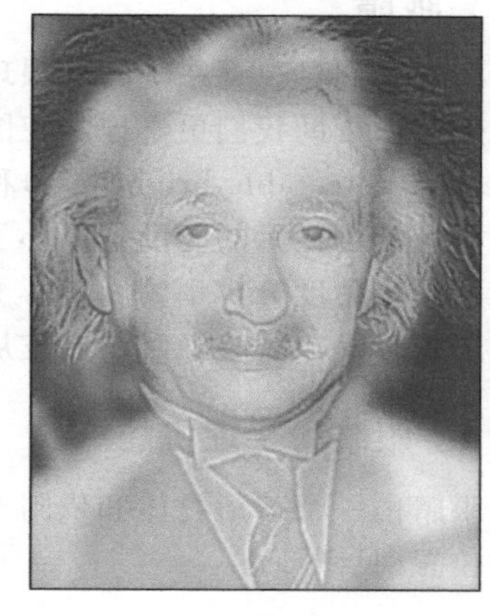

图 5-3　靠近看时为爱因斯坦(Einstein)，远看却为玛丽莲·梦露(Marilyn Monroe)(图像由麻省理工学院的 Aude Oliva 提供)

应用：上面讲的与图形学有多大关系？图形学主要让人们感觉到他们正在计算机显示屏上观看某些特定的物体，这一点很重要。另一方面，基于我们对视觉系统有限的认识，调整生成的图像来影响视网膜层次上的感知可能相对容易，而要通过调整来影响人对整个物体的感知则更具挑战性，极易导致意料之外的结果。此外，**低层次视觉**(low-level vision)(视觉系统中负责检测的部分，如察觉特定区域光亮度的急剧变化，早期视觉部分即典型的低层次视觉)和**高层次视觉**(high-level vision)(负责形成假设的部分，如“正在看一个带有图案的曲面”)之间存在某种交互，但其交互机制尚不清楚。Mumford 在一篇关于模式理论的文章[Mum02]中引用了一个听觉系统中著名的类似例子：心理学家记录了多种句子，如“The heel is on the shoe”“The wheel is on the car”“The peel is on the orange”，然后用噪声替换这些句子中第二个单词的第一个音素，如“The ♯eel is on the shoe”，其中♯表示噪声。听这些句子的测试者感知到的仍是原始的句子而不是用噪声替换过的句子，他们并没有注意到句中音素的缺失。因此，如同 Mumford 指出的，真实的听觉信号并没有到达意识层面。但替补的音素只能依据听到句子的上下文确定。Mumford 推测，在很多情况下，视觉以相同的方式运行：虽然低层次信息是从所见画面中提取，但有时，人通过部分地整合低层次信息而形成高层次理解会影响视觉系统对低层次信息的处理方式。例如，当看到一个人靠着栏杆，你就会不假思索地假设在人背后的栏杆是连续的。当你透过旋转的风扇叶片看到某个物体，会将不同时刻看到的各部分拼合成整体，而不会认为某个瞬间被遮挡的部分与片刻之后在同一位置所看到的未被遮挡的部分无关。由于高层次视觉和低层次视觉之间存在这些交互，我们将主要关注易于理解的低层次视觉。

我们真的“看到”了东西吗？较确切的说法是，我们的视觉系统基于视觉输入构建了一个场景模型，而模型的形成过程综合了感知和认知，通过消除模型与感知数据之间的明显抵触之处(正如实验中 Mumford 描述的那样)，最终在大脑中形成了对该物体的假设(“我看到了这个物体!”)。如果对所见物体的假设与观察者的认知不相符(“那不可能是一只正在飞的大象!”)，上述过程可能会有反复。因此，视觉的最终结果是大脑中构建的模型，而不是客观实体。

5.3 眼睛

抛开我们对视觉系统的有限理解，眼睛的某些生理特点也会限制视觉的功能，了解这些特点可以帮助我们更好地掌控图形系统的设计。例如，眼睛受限于可察觉的最小亮度差(smallest detectable brightness)和最小角度分辨率(smallest angular resolution)。如果某显示器像素可显示的亮度等级小于人眼可察觉的最小亮度差，或者其像素对人眼所张视角为眼睛最小角度分辨率的1/10，那么该显示器的复杂性就超出了必要。我们假定眼睛的功能止于视神经，视神经和视觉皮层构成视觉系统的其余部分。

5.3.1 眼睛的生理机能

眼睛由一个球形物体和依附于它的各种肌肉和周围的软组织组成，被头盖骨固定在适当的位置(见图5-4)。

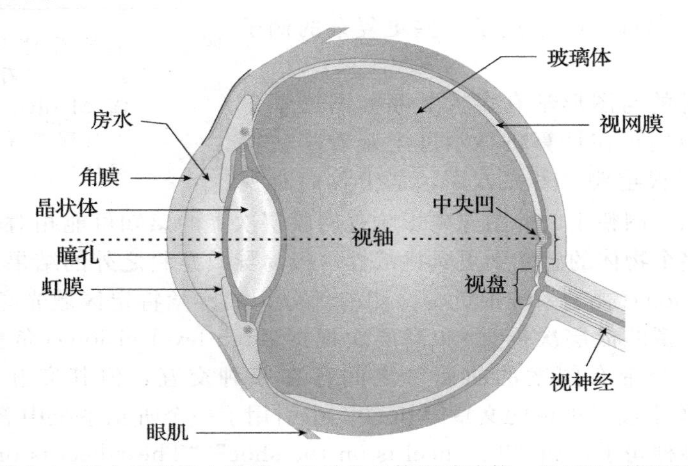

图5-4 光由瞳孔进入眼睛，经过晶状体和玻璃体，最后达到视网膜

对两眼旋转的控制由视觉系统协调，并将两眼视网膜(retina)上接收到的光整合成单一的视图；场景在左、右眼上形成视图通常是不同的，它们间的*视差*有助于我们估计场景中景物的深度。(很容易做一个实验对此进行验证：在房间的墙上标记一个点，在标记点和观察者之间放若干个距离不等的物体。然后从标记点开始，交替遮住左眼和右眼，依次观察各物体。注意随着眼睛的转换，离观察者近的物体在左、右眼视图上的位置似在移动。)

从宏观上看，从物体发出的发射光(电灯泡)或反射光(桌子上的书)经过瞳孔(pupil)、晶状体(lens)和玻璃体(vitreous humor)(眼球中凝胶状的液体)，到达视网膜。其路径可用位于发光体和成像平面之间的一简单透镜来模拟(见图5-5)。物体发出的光包含多根光线，这些光线从不同位置射入晶状体，在进入和离开晶状体时光线发生折射(偏折)，最后所有光线在透镜另一侧的某个点再次汇聚(如果透镜形状合适)。若该点正好位于成像平面上，就称物体“准确对焦”(in focus)。如果聚焦点不在成像平面上，则这些光线在成像平面上形成一个暗的圆盘，而不是一个亮点。如果成像平面是数码相机的传感器阵列，则B点会因失焦而显得模糊。

所有光线汇聚到一个点的过程取决于**折射率**(index of refraction)(见第26章)，它描述了光从空气到透镜再从透镜到空气偏折的程度，与光的波长无关。但大部分材质的折射率随着入射光波长的不同而略有变化，这使得当某种颜色的物体正好对焦时，另一种颜色的物体却不然，例如通过放大镜观看物体时，物体边缘会呈现彩虹色。

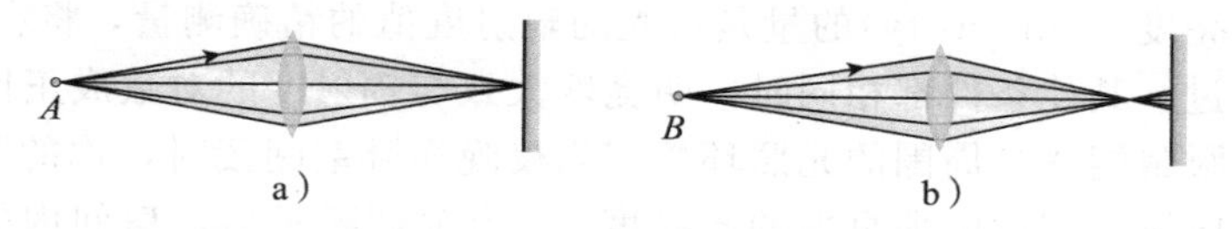

图 5-5　从点 A 发出的光到达右边的成像平面时聚焦，点 B 发出的光没有聚焦

由于眼睛中晶状体的形状可以略微改变，视觉系统可以通过聚焦/失焦机制检测物体到眼睛的距离，至少可以检测近处物体的距离(对远处物体，失焦现象不太明显)。基于深度的失焦与透镜的球面直径有关。直径越小，位于焦距之内的深度范围(摄影中称为**景深**)越大；直径越大，景深就越小。理想的针孔相机中，光通过无穷小的洞到达成像平面，因而景深无穷大；当然，这种理想相机没有汇聚光的能力。而人眼的瞳孔可以调整。光线暗时，瞳孔扩大，汇集更多光，但景深减小；在明亮光线下，瞳孔缩小，景深增大。然而，与普通人认识相反的是，在适应大范围的亮度变化时，瞳孔调整几无效果，这是因为瞳孔面积至多可改变 10 倍，而日常经历中入射到人眼的最大辐射度与最小辐射度之比可相差 10 个数量级；不过，人眼反应很迅速，对短期调整瞳孔非常有效。长期调整则是一个光感受器(receptor)上的化学过程。

5.3.2　眼睛中的光感受器

眼睛后侧表面的一大部分为**视网膜**，它覆盖有能对到达视网膜的光做出反应的细胞。这些细胞主要分为两组：**杆细胞**(rod)和**锥细胞**(con)，在第 28 章会进一步讨论。杆细胞负责对微暗光的检测(例如，夜晚视力)，锥细胞负责对明亮光的检测。锥细胞分三种类型，分别对不同波长的光线敏感；它们结合起来形成颜色视觉(在第 28 章会进一步讨论)。在数量上杆细胞大大多于锥细胞(两者比例大约为 20：1)，两者在视网膜上的分布也不均匀：在正对瞳孔的**中央凹**(fovea)处，锥细胞非常密集。Deering[Dee05]详细叙述了两类细胞的分布，并给出了眼睛对光线反应的计算模型。视网膜上另一个特殊区域是视盘(optic disk)，视神经通过它与眼睛相连。视盘上没有杆细胞和锥细胞。尽管如此，当人向四周看时，并没意识到视野内存在“盲点”(blind spot)；“盲点”是高层次处理屏蔽(或者填充)低层次信息细节的例子。盲点一直都存在，如果刻意去注意它，会使你时常分心。

> 最近，人们发现眼睛中存在另一组细胞，这些细胞主要对光谱的蓝色区域做出反应；这些反应并不通过视神经进行传导，也不到达视觉皮层。哺乳动物用这些细胞控制生理节律。

眼睛中的视觉细胞检测到光后触发视觉系统反应；粗略地说，到达视觉细胞的光每增加一倍，引发的刺激响应也将增加相同的数量。如果光源 B 与光源 A 几何上完全相同，但看上去光源 B 的亮度只有光源 A 亮度的一半，则光源 B 发出的能量大约是光源 A 能量的 18%。如果光源 C 发射出的能量是 B 的 18%，则 C 的亮度大约是 B 的一半，等等。这种对数响应机制有助于人眼处理日常生活中遇到的大范围光照。在第 28 章我们会对光亮度的感知做进一步讨论。视觉系统的对数响应也决定了显示技术的若干方面：一台实用的显示器必须能呈现宽广范围的亮度，这个亮度范围不应该按亮度值均匀划分，而应该使按相邻区间的亮度之比为常数。上述概念推动了图像伽马校正(gamma correction)的想法，将在第28章中讨论。**明亮度**(brightness)用于描述人感知到的光的亮度；与之相反，我们通常称之为“光亮度”(intensity)的量是对光的辐射度值的精确测量，将在第26章详细介绍。前面已提到过，其他条件都相同时，明亮度大致与辐射度的对数成正比。

一般说来，眼睛能适应周围的光照环境。当夜晚在卧室阅读时，你的眼睛会适应房间内的光照明，适应正在阅读的那页书的光亮度[⊖]；当关灯睡觉后，房间内的所有东西都黑了，此时书页的光亮度远低于眼睛曾适应的光亮度范围。几分钟之后，由于月光的照射，你开始能够区分房间中的物体，这是因为眼睛开始适应新的更低的亮度。如果打开灯重新阅读，书页刚开始会显得非常亮，直到眼睛重新适应。

眼睛中的视觉细胞对光的感知并不是完全独立的。当眼睛大致适应了环境光照明后，到达某一视觉细胞的一束额外光不仅增加了该细胞的明亮度感知，也稍稍降低了邻近视觉细胞的敏感度，通常称之为**侧向抑制**(lateral inhibition)效应。其结果(见图5-6)是，与明暗区域内部的对比度相比，两区域的边界对比度增强：边界暗的一侧看上去更暗，亮的一侧看上去更亮。这就是1.7节讨论的马赫带(the Mach banding)效应的缘由。

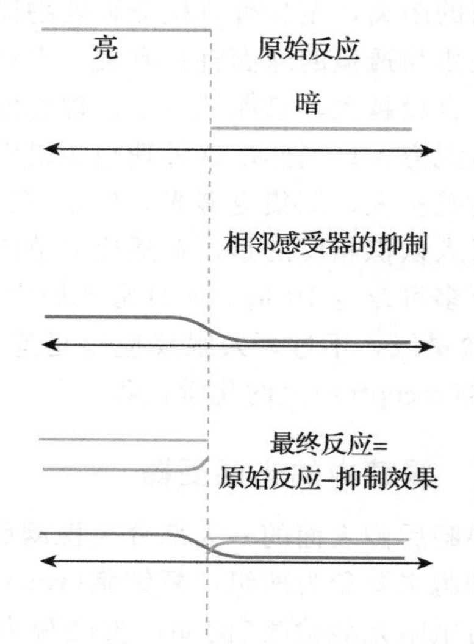

图5-6 明暗区域感受器的原始反应(上面，蓝线表示)，相邻感受器的抑制效果(中间，红线表示)，以及下面绿线表示的两者差值，即实际反应。可以看到，用虚线表示的明暗边界的对比度增强

上面介绍的现象对计算机图形学有重要影响。在早期的图形系统中，多边形通常采用“单色填充”(flat shaded)模式，造成屏幕上大块区域取单一颜色。当沿某方向的光照射在圆柱面(可近似为多边形棱柱)上时，构成圆柱面的每个子平面的着色结果与其法向有关，但子平面内部的着色相同。此时，人眼在识别时，非但没有将相邻子面的颜色混合，相反会增强子平面边界之间的差异，凸显出边界的面结构。

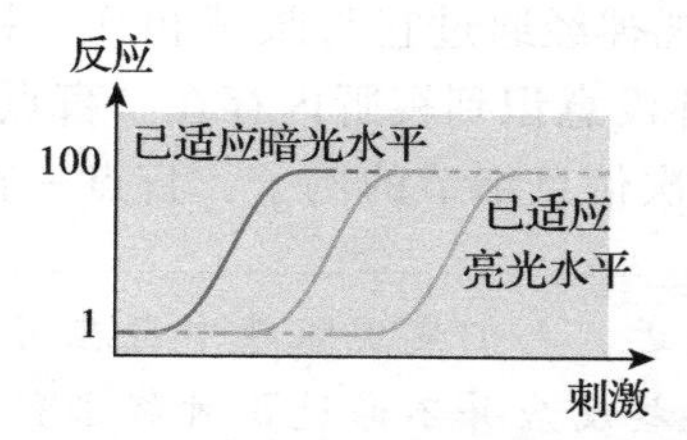

图5-7 已适应暗光的眼睛对低刺激水平光饱和度的反应；已适应亮光的眼睛无法检测到很多弱光刺激间的差异

注意到人眼对边界有较强的敏感度，自然会疑惑眼睛到底可以检测多小的边界。我们可以绘制一条黑白交替的平行条带，然后逐渐将它移动，远离眼睛直到它看上去像灰色的。此时，两个相邻带条与眼睛的夹角大约为1.6分弧度(1 **分**(minute)是1°的1/60)。

眼睛中的光感受器在生化上可适应当前注视场景的整体亮度。对于常见的不同亮度等级的光照，眼睛可辨识局部区域内大约为100∶1的亮度差异。如图5-7所示，人眼在其每个适应层上只能识别有限亮度范围内的入射光。另一方面，眼睛可以快速适应一定范围内的光照变化，因此，即使在阳光明媚的室外仍能在黑暗的背包中快速寻找铅笔。但对光

⊖ 我们用光亮度这个术语非正式地描述离开书页并到达人眼的光能。

照急剧降低的情形，由于涉及眼睛感光细胞中的化学变化，完全适应大约需要半个小时。适应之后，人眼可以辨识非常低的光照亮度；可辨识的白天最明亮的光照亮度和夜晚最微暗的光照亮度之比可超过 1 000 000∶1。很多显示器放映的广告对比度取 10 000∶1；而眼睛只能识别大约 100∶1 的对比度，那设置这个对比度意义何在？这是因为眼睛的自适应功能具有区域局部性：从无灯光的卧室透过小窗户向阳光明媚的室外凝视时，眼睛中的一部分可以辨识房间内不同明亮度的物品，另一部分则可辨识室外不同明亮度的景物。为了产生同样的感知，显示器也必须能对人眼不同区域形成类似的刺激。一个有关感知的极端例子是：晴朗的夜晚，你可能看到一颗 3 等(magnitude-3)星，与此同时清晰地看到月亮；月亮的星等大约为−12.5。由于两颗恒星之间 5 个星等差表示它们亮度上相差 100 倍，因此这颗 3 等星与月亮的亮度差大约为 1 000 000 倍。但是，倘若月亮在视野中离 3 等星非常近，则几乎可以肯定看不到这颗 3 等星。

应用：视觉系统在检测物体的距离时存在两种不同的机制：眼睛的聚焦和两眼的视差(parallax)。这意味着向眼睛输入不同的数据时，会形成不同的距离感。例如，如果让用户戴一副眼镜，眼镜的镜片用独立的显示器代替，当两个显示器呈现不同的图像时，用户会感觉看到了距离不同的物体，他正置身于3D之中，从而形成“立体”(stereo)效果。但是，要观察两幅不同的图像，双眼必须在相隔只有几英寸(或者采用透镜技术使之看上去稍远)的显示器上聚焦。眼睛对这两种深度的感知相互矛盾，以致对一些用户而言，他们获得“3D 显示”的经历并不愉快。

注意到眼睛能自动适应周围光的亮度，且适应后眼睛只能辨识有限动态范围内的入射光，这意味着我们无须构建具有极高像素对比度的显示器。当然，若显示器可在宽广范围内调整其平均亮度，会很有帮助。另一方面，它意味着当我们在显示一些很亮的景物时，如透过树叶的阳光，可以略去太阳光附近像素中的大部分细节，原因是眼睛对太阳光亮度产生局部适应后会“忽视”叶子细微的亮度变化。

由于眼睛中的光感受器聚集于视野中心附近，这意味着周围景物的显示可不必太精确。不过，由于眼睛对周边视域中的运动很敏感，因此也不能过于草率。

由于眼睛对边界的敏感性，我们需要提供足够多的亮度等级才能生成明显光滑的图像。

5.4 恒常性及其影响

视觉系统从接收到的光获得对周围世界的感知(“那边靠近红色卡车的是我的车”)。这一过程非常鲁棒，即使进入眼睛的图像变化很大，感知结果却几乎不变：无论在明亮的阳光下、尘雾中或者深夜；无论站在 3 英尺远还是 300 英尺之外，你都可以识别出靠近红色卡车的你的车(即使站在 300 英尺之外，你也不会说“天哪，我的车变小了!”)。无论从前面、左边、右边还是后面看，也都可以识别它，而不会说“它变形了!”

从另一方面看，引起这些恒定感知的刺激十分不同：晚上从车发出的进入眼睛的光和正午时分很不同。晚上进入眼睛的光较弱，并可能包含许多短波成分(这些短波成分呈蓝色)，例如路灯为水银灯时。此时，眼睛中各种细胞对光做出响应(杆细胞开始识别入射光的亮度等级并对位于该范围内的光做出反应)。视觉皮层也必须做一些有趣的事情，以便产生相同的总体感知。当然，此时所获得的感知并非完全相同：你知道是在晚上看到这辆车而不是在白天，你当然不会相信车的颜色会因为光照的变化而改变。这就是**颜色不变性**(color constancy)的一个实例。类似地，你不会相信车的形状或者大小会因为视点的不同而改变，这是**形状不变性**(shape constancy)和**大小不变性**(size constancy)的例子。

恒常性这个性质非常好(在避免认知混乱方面)。不过，恒常性也使人类的视觉系统处理某些事并不如意，而其他视觉系统(例如，数码相机)却做得很好。正如之前提到的，我们很难可靠地判定两种颜色是否相同，除非这两种颜色靠得很近。但数码相机却可轻而易举地做出判断。由于我们研究的是图形学，因而明确什么样的“视觉系统”将评判我们生成的图像很重要：如果由人眼评判，分布在相距较远的面片间的小的颜色误差也许无关紧要；但若要采用计算机生成的图像来测试通常面向数码相机图像的计算机视觉系统，这种误差会立即凸显出来。

失败的例子对理解一个系统十分有益(例如，我们常通过失败的例子调试程序)。对视觉系统，“失败”可能未曾很好地定义，但肯定可找出一些例子：视觉系统的表现不如人意。例如，某区域为周边区域所包围，当周边区域呈现不同亮度时，人眼判定该区域绝对亮度的能力就会大受影响，见图5-8。

上图似乎提供了一个恒常性失效的例子，因为图5-8中所有的中间正方形都具有相同的灰度。但如果我们将中间正方形和包围它的周边区域绘制在一表面上，并让该表面处于强度变化的光照之下，将得到另一组非常不同的图像，如图5-9所示。在这组图像中，中间方块的灰度值并不一样，但你会感觉它们都呈现类似的暗色。这个例子说明了不同光照下的亮度恒常性(lightness constancy)。(在图28-15中，将给出一个更令人惊讶的亮度恒常性例子，且与入射光的亮度无关。)

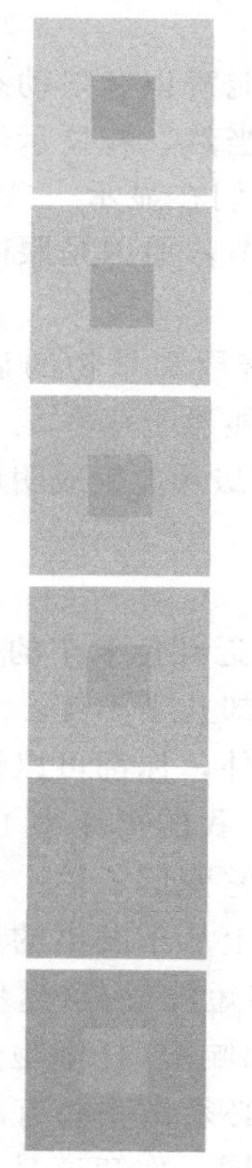

图5-8　每幅图中间的正方形的亮度都相同，而正方形周围区域的亮度差异明显影响对其外观亮度的感知

图5-9　每个图例中的中间正方形与其周边区域的暗度比近似相等；与图5-8相比，你会认为中间正方形的亮度无太大变化

本书网站上的一些材料进一步讨论了恒常性效应。

应用：各种恒常性错觉表明，周边的亮度可以影响我们对所注视表面或光的亮度的感知。由于周边环境的平均亮度不同，演播室监视器、剧院中的投影设备、普通办公室或家庭用的显示器会采用不同的γ值(28.12 节中会讨论)。在图形绘制时，如果要比较两幅图的绘制效果，为避免因周边区域亮度引起的视觉偏差，建议给每幅图都添加相同的中性灰度“边框”。

至少对于亮度而言，恒常性给出了如下启示：相对亮度比绝对亮度更重要(这有助于解释为什么在早期视觉中，边界检测如此重要)。因此，如果要比较两幅图像，其对应像素亮度的比值比两者间的差值更重要。

5.5 延续性

如果一个物体消失在另一个物体的背后，稍后重新出现在另一侧(见图 5-10)，视觉系统倾向于将这两个部分关联成一个整体，而不是将它们理解为分离的两部分；这是格式塔心理学(Gestalt psychology)的一个例子。格式塔心理学认为，大脑倾向于将事物看作一个整体，而不仅仅是各个部分。

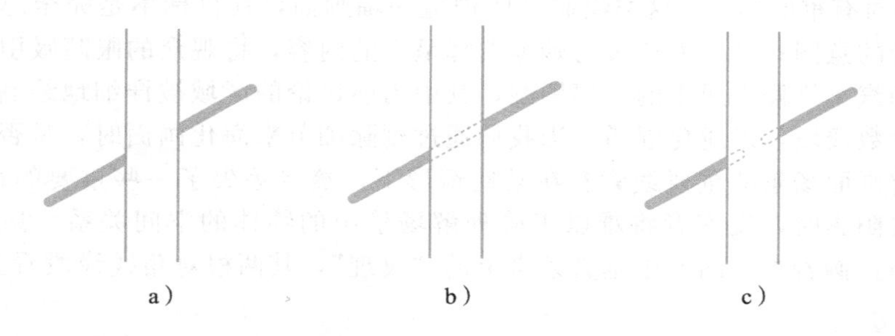

图 5-10 a 中的对角线似乎从垂直带的后面经过。你会明显认为这两个对角线段属于一个连续整体，如 b 中所示，而不是像 c 显示的那样对角线段各自在垂直带后终止

有人认为上述感知的部分机理是C^1随机游走理论(C^1 random walk theory)[?, Wil94]。它假设在T-连接(T-junction)(一个物体的轮廓从另一个物体的后面经过)处，当该物体在画面上消失时，大脑会“延续”该物体的大致的走向，虽然重现后在方向上会有一些随机变化。该方向的延续(连线)可能在另一个T-连接处结束，然后朝着另一合适的方向继续。如果考虑在这两个T-连接间连线的所有可能性，某些情形出现的概率会比另一些情形高(这依赖于方向变化的概率模型和沿每一方向延续的长度)。被遮挡区域的每个点位于所有连线的子集中(也就是说，存在某个概率密度p，通过区域A的某个随机连接的概率是p在A上的积分)。分布概率p的分水线(ridge line)构成了对两个T-连接之间可能连线的非常可信的估计，而p在这个连线上的积分，刻画了这些分水线真正相连的似然性(likehood)。如果两个T-连接之间存在位移(即两线段不属于同一条线)，这种可能性降低；如果两根线段不平行，可能性也会降低；只有当两个T-连接完全对齐，它们之间连接的可能性才达到最大值。大脑中真的发生了这种“连接概率的扩散”吗？这并不可知。不过，上面所述的p的分水线构成最可能的连接的观点并不适用于所有的情况，其中一个特殊情形就是接下来讨论的对角线匹配。

如图 5-11 所示，当一条对角线穿过一垂直条带的后面时，往往难以准确判断该对角线的两部分是否对齐(这可能还涉及另一点，即人们难以准确地感知锐角)。不过，若将该垂直带的两端闭合使之形成一个平行四边形(或者添加另外的暗示，例如有透视效果的纹理)，使对角线看上去位于与垂直条带平行的平面上，则感知错觉可大为减少(见图5-12)。

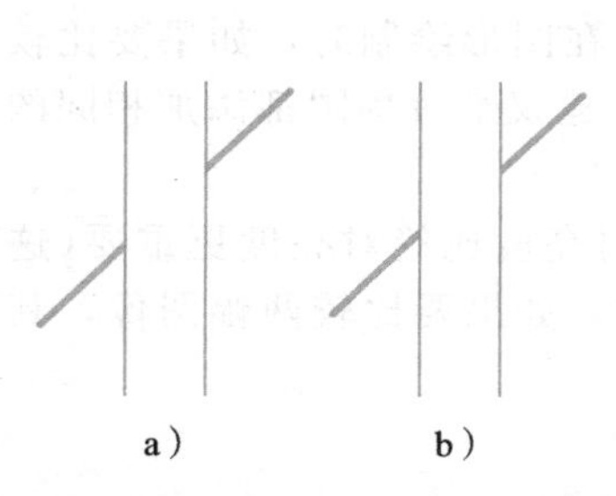

图5-11　哪一幅图像有一条连续的直线穿过条带后面？哪一幅图看起来像两平行线段(不属于同一直线)？在图上放一个直尺进行验证

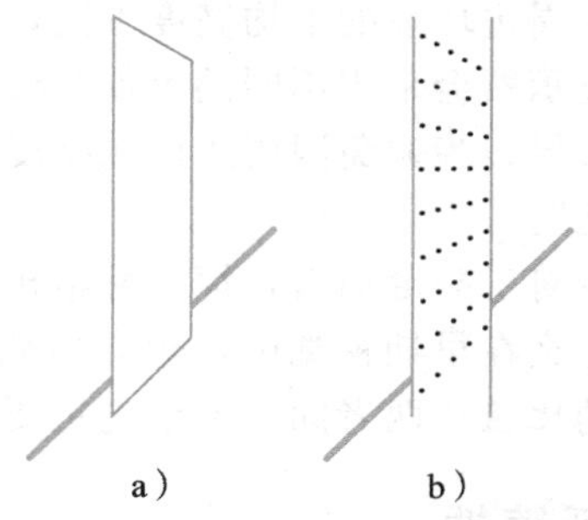

图5-12　将垂直条带截断，使其看上去像平行于对角线的平面，此时图5-11中的错觉就消失了；在条带上添加指明平面倾斜方向的纹理也能产生同样的效果

应用：视觉系统的延续性在观看非照片真实感(nonphotorealistic)绘制或表意性(expressive)绘制结果时有重要作用。这类绘制试图创造一幅画面，其目标不是完全忠于现实，而是表达创作者的意图；创作者通过巧妙地选择呈现的内容，将观众的眼睛吸引到图像的特定部分。例如汽车维修手册中的一幅插图，其中当前讨论的区域被详细地绘制，周围区域则被简化为少数线段，以避免混淆。当我们通过删除细节来简化画面时，是否会丢失视觉系统用以理解画面场景的重要线索？在某些情形下，确实丢失了一些重要的特征；例如，当画面上缺失阴影时，观察者将难以正确理解场景中的物体的空间关系。甚至在图5-12所示的例子中，倘若去掉图b中垂直条带上的“纹理”，其两根对角线线段看上去未对齐，如图5-11b所示。

延续性也可用来从用户关于某形状的草图推断其用意[KH06]：当其中一条轮廓线被另一轮廓遮挡时，可以用延续性模型揣测用户心目中该线的走向。

5.6　阴影

阴影(shadow)为视觉系统提供了强有力的线索，但是这些线索并不总是我们所想的那些，例如，阴影有助于估计离开地平面的物体与观察者的距离。Keren等[LKMK97]用类似图5-13的例子阐述了这一点。在该图中，球运动的二义性通过阴影线索得以消除。如果不给出阴影，很容易认为球在与视点等距的平面上运动，且在向右运动过程中不断上升，或者保持恒定的高度从托盘左前角上方某点运动到右后角上方另一点。引入阴影后，感知系统只能从这两种情形中取其一。对上例做进一步的实验也很有趣：当场景中呈现的阴影与物体的形状不一致，如阴影为正方形而

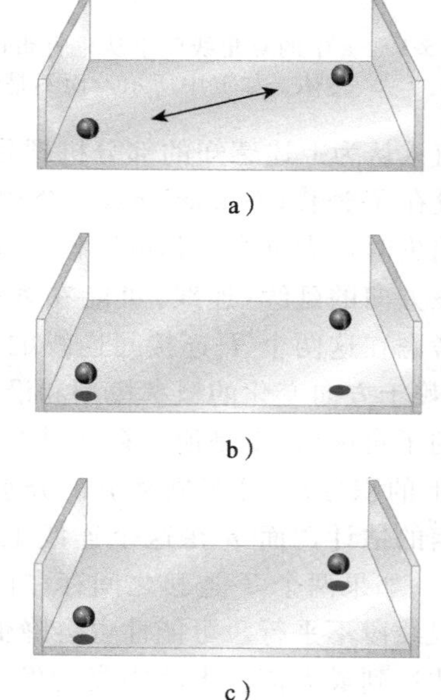

图5-13　a)球在一个三面托盘上移动，由于未画出球的阴影，无法明确判断球的运动。在b和c中，球的阴影揭示了球在水平或垂直面上的运动

不是圆盘时，效果几乎同样显著。此外，阴影线索很容易被其他的视觉线索所淹没，如透视引起的投影缩减（当球从前往后运动时，远处的球比近处的球对人眼所张的视角更小，因此当球的大小看上去不变时，它应在与视点近于等距的平面上运动；但是，通过阴影线索，还可以看到球沿着前左/右后的对角线运动）。

由此，我们可推测阴影提供了某种深度或者位置信息，但是揭示了较少的形状信息。但物体与平面接触时的阴影实际上仍传递了某些形状信息，如图 5-14 所示。此时的阴影提供了确定物体是否接触另一表面的重要线索；如果图中没有接触类阴影，物体看上去像“悬浮”在平面上，而不是位于平面上。

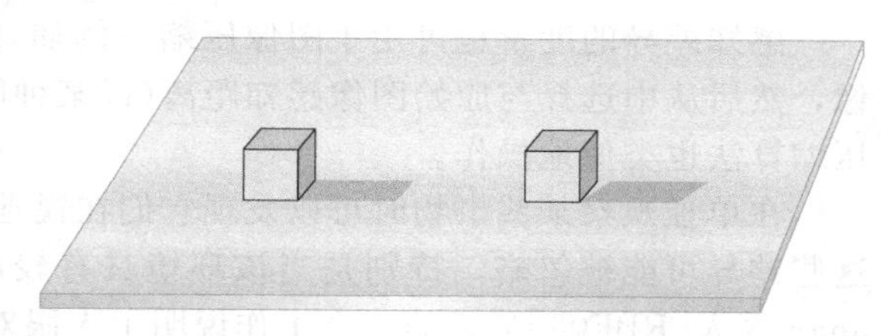

图 5-14 接触阴影的外观揭示了很多形状和关系信息。若两个物体的阴影不同，人们会认为这两个物体的差别很大

应用：阴影本身可能很模糊，它在计算两幅图像的 L^2 差异时并非十分重要，但两幅图像在感知上的差异可能会很大。画面上有无阴影很关键，而准确地绘制它则不那么重要。

5.7 讨论和延伸阅读

感知是一门很大的学科。在本章的简单综述中，我们只触及了和图形学密切关联的少数内容。感知涉及生理学、心理学、哲学等诸多方面；也存在大量有待探索的领域。研究者已大量关注并研究静态感知，却远未理解运动引起的反应（包括人类如何感知运动，运动在感知系统中引发了什么反应）。Hoffman[Hof00]和 Rock[Roc95]都给出了比较好的综述，不过脑科学发展十分迅速，要了解最新观点（其变化也快）最好查阅最新的期刊文章而不从书本上的综述中找答案。

我们已经描述了恒常性的影响。视觉中存在一些更高层次的效应。在某种程度上，人看到什么很大程度地决定于他想看什么。Simons 和 Chabris[SC99]描述了一个例子：很多观察者被要求对运动员传递篮球的次数进行计数，结果他们都没注意到一个穿着猩猩服的人从运动员之间穿过。因此，感知会受语义上所期望结果的控制。

本章没有深入讨论立体视觉这一非常专业的问题。在立体显示中，两眼看到的不同图像在视觉系统中被合成为立体图像。而两眼图像间的差异导致视野中很强的深度感。然而，如前所述，经由立体图像系统生成并呈现给两眼的图像通常显示在离眼睛不远的平面上；当眼睛晶状体聚焦于显示平面上时，会做自适应调整，所产生的深度信号与大脑中推断的场景各物体的深度相冲突。由于呈现给视觉系统的信息相互矛盾，很难知道用户最终感知到的是什么。此外，虽然立体视觉为大部分人提供了深度感知的重要线索，但也有一些人缺乏立体视觉，这些人仍能利用其他线索，如透视缩减、基于光强的深度暗示、运动视差等，来获得足够的深度感知，执行像驾驶飞机这样复杂的任务。

前面提到，绘制实际上是一个积分的过程，这一过程通常通过随机采样完成。构建绘制程序时，必须为积分器选择采样点。在选取了较多采样点的画面区域，往往可得到较好的积分结果。如果某区域在感知上意义不大（例如为椒盐纹理的一部分），无需做过多采样；但若该区域为感知显著性区域（例如光照表面上阴影的边界），加密采样就很有价值。Greenberg 等人[Gre99]提出将感知作为绘制的一个驱动性因素。为了实现这一想法，挑战之一是必须对感知过程进行建模，然后在后续的观察阶段中对理想图像（可能无法获得）

和近似图像进行比较。Ramasubramanian 等人[RPG99]提出了一种方法，可使对所生成图像的度量与感知度量密切关联，从而使生成图像的过程更容易被感知重要性估计所导引。Walter 等人[WPG02]采用类似的方法大幅度减少纹理区域的绘制工作量，且人眼难以察觉这种简化。

感知差异的度量也可用于图像压缩。例如，JPEG 图像压缩采用不同方法得到近似图像，然后从中选择与原始图像感知距离(以某种度量)最小的图像。活动图像序列的 MPEG 压缩算法也类似地操作。

在单独观察某些事物时可以发现它们在视觉上的差异，而在一个较大的环境中观察时这些差异可能被忽略，特别是当该环境具有较高的视觉复杂性时更是如此。Ramanarayanan 等人[RBF08]最近的一个工作说明了人眼对混合的物体(大理石和骰子的混合，或者花园中两种植物的混合)极不敏感。Ramanarayanan 小组另一个相关的工作[RFWB07]说明即使两幅图像在视觉上可被区分，但并不重要。

感知领域持续发展并不断开辟新的方向。至今仍具有震撼力的一个发现是**运动诱发的盲视**(motion-induced blindness)：由于其他物体的运动，会导致某些物体从视野中消失。图 5-15 所示的交叉网格绕中心慢慢旋转，若盯着网格中心的小点，其周围三个固定点会从视野中完全消失。当网格与中间点的颜色相同时，这种效果较弱，而颜色不同时效果则很明显；取蓝色网格和黄色点时效果更好。当取不同的旋转速度和点的尺寸时，这种效果仍然存在。

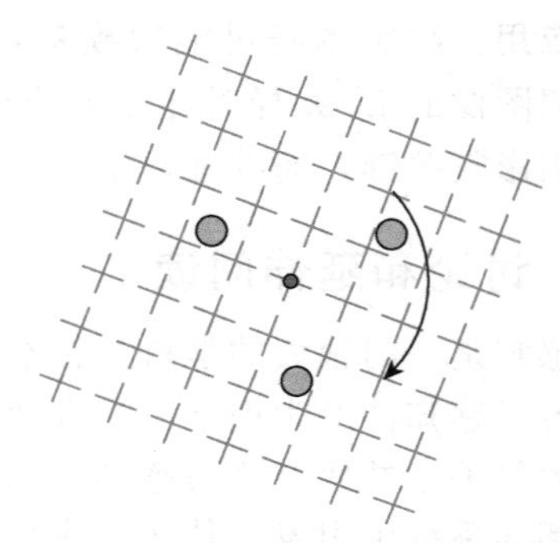

图 5-15　交叉网格以 10 秒钟一周的速度绕其中心旋转。让用户注视旋转中心，片刻后，图像中的一个或多个圆点似乎从视野中消失了

正如本章一开始提到的，视觉感知并不是人机交互的唯一模式，声音和触觉也是常用的交互通道。当同时采用听觉和视觉通道且两者信息相互矛盾时，哪种信息处于支配地位？Shams 等人[SKS02]描述了一个声音处于支配地位的有趣例子，即一例由声音诱发的视错觉：一次闪光但伴随着多次的噼啪声，结果一次闪光被误认为是多次闪光。那么当同时应用触觉和视觉又会是什么情况？Randy Pausch[personal communjcation]提到，画面上的某个物体表面呈现明显凹陷，此时采用一触觉设备去“触摸”该表面，尽管在触觉设备的驱动数据中隐藏了凹痕的信息，但用户仍感觉到这个凹痕。Burns 等人[BWR+05]进行的一项细致研究也表明，视觉在感知通道中占主导地位。不过，这些都是在孤立、受控条件下的多模态感知的例子。在更复杂情形中不同感知模态相互交互的程度至今未曾测量。

5.8　练习

5.1　写一个程序生成一个包含一组平行条带的图像，并将之放置于另一幅纯灰图像之上。图像的灰度层次可调整(通过滑动条、按钮、按键，或者其他方式)。站得足够远以致条带之间无法相互区分，继而调整(或者让朋友调整)纯色矩形的灰度水平，直到颜色与条带呈现的灰度相匹配。向显示器方向移动，直到可以单独区分条带；测量此时与图像间的距离，再计算眼睛与两条平行条带之间的夹角。可以在纯色矩形的旁边通过按下或点击按钮随机地展示垂直或水平的条带，并且可以随机地选择是否交换条带与纯色矩形的相对位置，以确保这个过程中自己不会被误导。

5.2　实现运动诱发盲视的实验。提供调整旋转速度和“正在消失的”点的大小的按钮，允许用户选择交叉网格和圆点的颜色。试验一下哪些颜色最容易导致圆点消失。

5.3 写一个程序，在 x 轴的 $x=0$，1，2 处画三个半径为 0.25 的黑点，随即用位于 t，$t+1$，$t+2$(初始时取 $t=0.25$)处的三个黑点取代。每隔 1/4 秒这两组点进行一次显示的切换。是否看到点在移动？继而观察 t 增大到 0.5 时的效果。然后用一个滑动条在 0～3 区间内调整 t。观察点移动的幻觉是否被削弱。$t=1$ 时的情形似可视为：“最外侧的点在最左端($x=0$)和最右端($x=3$)之间来回跳换，而中间两个点不动。”你是否确定这就是你所看到的？很难放弃这些点按组运动的强烈印象，而这正好验证了格式塔理论(Gestalt theory)。

5.4 写一个模仿图 5-13 的程序，用滑动条控制红球在其轨迹上的位置。设置一组单选按钮来变换球的不同“阴影”形状：椭圆形、圆盘形、正方形和小飞机。观察这些变化如何影响你对红球位置的感知。可以在 3D 或 2D 测试平台上写这个程序——无需进行精确的透视投影，只要能大致模拟出图案即可。

第 6 章

Computer Graphics: Principles and Practice, Third Edition

固定功能的 3D 图形平台和层次建模简介

6.1 引言

你已经了解如何将 3D 场景投影到 2D 平面上来生成一幅图像，并具备了有关光、反射、传感器和显示器的基本知识(后面的章节对它们将有更充分的论述)。当然领悟图形学的内容还需要数学。我们发现当同学们在实验中遇到数学问题时往往对其理解比较深刻(例如我们在第 2 章曾遇到变换的先后顺序问题)。然而，进行 3D 图形实验需要你建立自己的图形系统，而建立系统则需要坚实的数学基础。或者也可使用已有的系统。对于后者而言，WPF 是个很好的例子，它为 3D 图形实验提供了一个易于使用的基础平台。

在这一章里将学习如何使用 WPF 的 3D 功能(后面统一称为 WPF 3D)来构建一个 3D 场景、配置光照，并通过其照相机功能来生成图像。WPF 关于光照和反射的固定功能模型并不是基于物理的，所生成的图像也不能达到动画电影等娱乐产品所需的高质量；然而，人类视觉系统具有很强的适应能力，我们的大脑会将这些图像感知为 3D 场景。固定功能模型的另一个优点是，它已在其他图形函数库中得到广泛应用；由于该模型曾为早期的图形学研究和商业实践所普遍采用，尽管它正迅速地被其他技术所取代，图形学领域中的研究人员仍应对其有所了解。正是出于对生成更具真实感图像的追求，本书的其余部分将对光照、材质和反射率展开深入的讨论。

6.1.1 WPF 3D 部分的设计

常用的 3D 图形平台有数十种，它们分别面向不同的设计目标。一些平台追求的是图像的真实感而不关心耗费的成本(例如用于生成高质量 3D 动画电影每帧画面的系统)，而另一些平台则在保证一定程度的物理模拟真实感的基础上追求实时交互性(例如用于创建 3D 虚拟现实环境或视频游戏的系统)，还有一些平台在图像的质量方面做出妥协，以获得在多种硬件平台上相对高的计算性能。

正如第 2 章所述，WPF 是一个保留模式(RM)平台——应用程序采用 XAML 或 WPF.NET API 指定并维护一个层次**场景图**并将其存储在该平台上。(6.6.4 节会告诉你为什么将它称为“图”，现在可把它看成场景数据库。)在 GPU 的协同下，这个平台将自动地使其生成的图像与场景图保持同步。这种平台明显不同于 OpenGL 或 Direct3D 的即时模式平台(不提供任何形式的可供编辑的场景)。关于 3D 图形平台背景下这两种不同架构的比较，请参见第 16 章。

WPF 的主要目标是将 3D 技术引入交互式用户界面，其设计旨在满足下列需求：

- 可支持多种硬件平台。
- 在可满足基本需求的硬件上支持简单场景的动态仿真，其性能接近于实时。
- 对光照和反射进行近似，实现视觉上可接受的 3D 场景的实时创建。

这里，我们基于 WPF 3D，通过样例来介绍 3D 建模和光照模拟技术，利用 WPF 提供的易于编辑的场景描述，给你一个亲身体验的机会。

6.1.2 对光与物体交互的物理过程的近似

基于组成物体材料的反射特性，3D场景中的每个物体都会反射一部分入射光。此外，物体表面每个点所接收的光中，既有来自光源的直接入射光(未受到其他物体遮挡)也有经由场景中其他物体表面反射而来的间接入射光。直接模拟场景物体之间递归交互反射过程(在29～32章中描述)、完全基于物理的算法需要进行大量的计算；如果还要满足实时性，所需的处理能力将大大超出当前商用硬件的性能指标。因此，实时计算机图形生成方法中目前占主导地位的是近似技术，从大体上基于物理的模型到完全不基于物理但足以“骗过”眼睛的一些技巧，不一而足。

能够生成高度真实感图像的近似技术通常涉及大量的计算。因此，互动式游戏应用程序需要采用真实感尚过得去的快速算法(以保证每秒能生成足够的帧数)。另一方面，电影制作应用程序却允许花费数小时来计算一帧高质量的画面。

大多数经典的近似算法都是几十年前开发的，当时的计算机处理能力和图形硬件水平与目前相比无法相提并论，那时追求的两大关键目标是：最小化所需的计算和存储，最大化并行计算能力(特别是在GPU上)。这些算法的软件实现始于20世纪60年代后期，在70年代和80年代获得广泛应用，90年代后则为功能日益强大的商业GPU硬件所采用。

这些算法中最为成功的特定序列，通常称为**固定功能3D图形管线**(又称图形、流水线)，已用了30年，且在20世纪90年代后期之前一直在GPU设计中占主导地位。图形管线绘制的对象是用来近似表示多面体和曲面的三角形网格，它采用的是简单的表面光照明模型(用于计算三角形顶点的反射光亮度，如6.2.2节和6.5节所述)和着色规则(用于计算三角形内各点的反射光亮度，如6.3.1节和6.3.2节所述)。可通过诸如OpenGL和Direct3D早期版本的经典商用3D图形包所提供的软件API来使用固定功能管线。WPF是可实现固定功能管线的一个较新的API，在这一章的后面部分中，我们将列出它的基本特点，并简要地介绍经典的近似技术，说明它们如何“骗过”眼睛及其局限性。

尽管固定功能管线是使用3D图形平台着手进行实验的最好途径(因此我们这里选择WPF)，它已不再适用于现代图形应用，可编程管线(将在16.1.1节和16.3节介绍)是目前的主流技术。随着GPU技术的持续快速发展，完全可能实时实现高质量的近似算法，而对光与物体之间交互过程的实时物理模拟几乎已指日可待。

6.1.3 WPF 3D概述

WPF的3D功能与第2章描述的2D功能紧密结合，可采用相同的方式调用。XAML用于初始化场景和实现简单的动画，过程代码则用于交互操作和实时动态仿真。为了在WPF应用程序中加入3D场景，需要创建一个`Viewport 3D`实例(用于显示3D场景的矩形画布)并使用布局管理器将它集成到应用程序中(如安放在任一UI控件板的旁边)。

`Viewport 3D`与WPF `canvas`功能类似，在输入场景的显示信息之前它一直空白。为了构建和绘制场景，用户必须创建一组几何对象，指定它们的位置和外观属性，定义一个或多个光源、一台照相机。

在WPF 3D中，与2D抽象应用坐标系相对应的是**场景坐标系**，其x轴、y轴和z轴满足右手系规则(将在下一章中的图7-8中说明)。坐标轴的度量单位是抽象的，应用程序设计人员可以选用一个物理计量单位(如毫米、英寸等)，亦可不为坐标值附加任何语义。3D场景中的物体、相机以及光源的位置和方向均采用场景坐标定义。

尽管是否采用物理单位是可选的，但它确有助于精确模拟一些真实的物理现象(例如，在对邻近的房屋和街道建模时采用“米”作单位，分子建模时采用“毫微米”作单位)。WPF 平台本身并不考虑应用程序对单位可能赋予的物理意义。

经过图 6-1 所示的流程，3D 场景被绘制，绘制结果被输送到显示设备上。相机定位于建模空间中，其位置采用场景坐标表示，其具体设置由几个参数(例如视角)组成，这些参数同时定义了**视域体**——中间图中的金字塔状物体即为视域体。(在第 13 章中读者将会学到更多有关相机设置和视域体的内容，在第 16 章中则将从 OpenGL 的角度来讨论相机的设置)。场景位于视域体内的部分被投影到 2D 平面上。绘制后，其结果显示在包含于应用程序窗口内的视窗中。

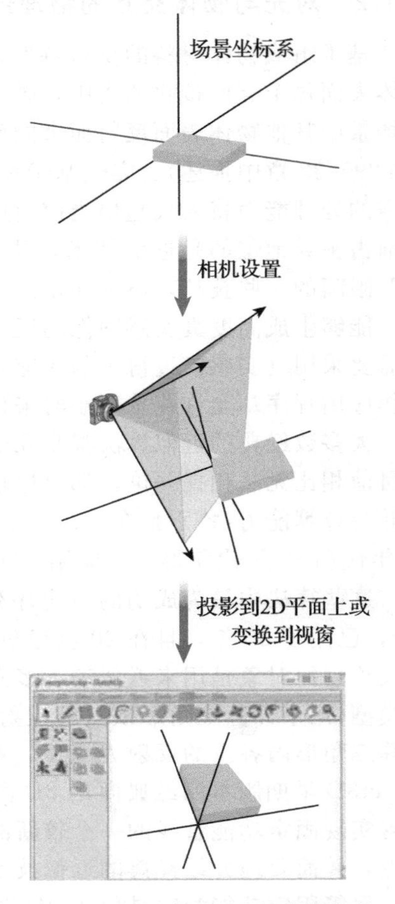

图 6-1　WPF 的 3D 几何管线概览

与 WPF 2D 的情形相同，平台将使绘制过程自动与模型空间保持同步。例如，当场景中景物或相机配置有所变动时，将导致视窗中绘制结果的自动更新。因此通过实时编辑场景即可实现动画，例如可执行下列操作：

- 添加或删除物体。
- 改变物体的几何形状(例如，编辑其网格属性)。
- 对物体、相机或位于场景中的几何光源进行变换(如缩放、旋转或平移)。
- 改变物体的材质属性。
- 改变相机或者光源的特性。

6.2　网格和光照属性

在本节中，我们将使用 XAML 建立一个四面的金字塔，塔体纯色，安放在沙漠地面上(如图 6-2 所示)，视点来自低空飞行的直升机。在本节中，我们聚焦于金字塔的建模和光照(暂时忽略天空和沙漠地面)。

6.2.1　场景设计

我们假设沙漠地面与右手 3D 坐标系统的 xz 平面共面，如图 6-3 所示。为了纪念墨西

图 6-2　金字塔俯视图

图 6-3　沙漠场景中的 WPF 的 3D 右手坐标系

哥城附近的中美洲太阳金字塔(高75米)，我们将金字塔的高度设为75米，基座为100平方米。我们选择米作为坐标系的计量单位，并令金字塔的基座底面位于xz平面上，底座中心位于原点(0，0，0)，4个角点位于(±50，0，±50)，塔顶端位于(0，75，0)。

6.2.1.1　准备一个视窗

为了可见，视窗必须位于2D的WPF结构(如一个window或一个canvas)中。在本例中，我们选用WPF Page作为视窗的2D展示区，因为它简化了对Kaxamal这样的解释型开发环境的使用。故我们创建一个Page，然后装入一个大小为640×480(采用WPF画布坐标度量，如第2章所述)的视窗：

```
1  <Page
2    xmlns="http://schemas.microsoft.com/winfx/2006/xaml/presentation"
3    xmlns:x="http://schemas.microsoft.com/winfx/2006/xaml"
4  >
5    <Page.Resources>
6       Materials and meshes will be specified here.
7    </Page.Resources>
8    <Viewport3D Width="640" Height="480">
9       The entire 3D scene, including camera, lights, model, will be specified
            here.
10   </Viewport3D>
11 </Page>
```

注意：正如第2章中那样，这里，XAML的某些“语法醋”显而易见，并可能引发一些问题。然而，本章并不打算成为XAML的参考读物或替代.NET的文档，我们的重点在于语义而不是语法。

相机、光源和场景物体在Viewport 3D的标记中说明。视窗的基本模板及其内容如下：

```
1  <Viewport3D ... >
2
3     <Viewport3D.Camera>
4       <PerspectiveCamera described below />
5     </Viewport3D.Camera>
6
7     <!- The ModelVisual3D wraps around the scene's content ->
8     <ModelVisual3D>
9       <ModelVisual3D.Content>
10        <Model3DGroup>
11            Lights and objects will be specified here.
12        </Model3DGroup>
13      </ModelVisual3D.Content>
14    </ModelVisual3D>
15 </Viewport3D>
```

我们希望相机的初始位置位于金字塔之外但又足够近，以确保在所绘制画面中金字塔占据大部分区域。为此将相机置于(57，247，41)，其拍摄“方向”指向金字塔的中心点。[⊖]

```
1    <PerspectiveCamera
2      Position="57, 247, 41"
3      LookDirection="-0.2, 0, -0.9"
4      UpDirection="0, 1, 0"
5      NearPlaneDistance="0.02" FarPlaneDistance="1000"
6      FieldOfView="45"
7         />
```

⊖ 要使场景“符合你的心愿”，相机的方位需要经过反复的调试。在设计人员对场景中物体、相机和光源的位置和朝向进行调试时，交互式3D开发环境可为设计人员提供即时反馈，为场景设计提供了很大的便利。

相机是一个几何物体，它放置在场景坐标系中(通过 position 属性指定)，其朝向由两个向量确定。

- LookDirection 是描述相机投影方向的向量，采用场景坐标定义。可以将 LookDirection 想象为相机镜头对准场景中央物体时镜头柱体的中心线。
- UpDirection 是指围绕镜头的观察方向对相机进行旋转，使得对观察者而言，镜头中视图呈现朝上的方向。在我们的例子中，地平面为 xz 平面，向上方向向量为 $[0, 1, 0]^T$，该方向模拟一个安放在沙漠上用来拍摄金字塔的固定三脚架，其成像平面与地平面垂直。

此外，相机视野的宽度采用角度来指定；例如，可以用一个较宽广的视野，如160°，来模拟广角镜头。同时指定两个**裁剪平面**以防止出现所拍摄景物过于靠近相机(NearPlaneDistance 属性)的情形，并通过忽略遥远的景物(FarPlaneDistance 属性)来减少计算成本，这些景物在透视投影后变得很小，实际上已无法辨识。

接下来我们采用无方向的**环境光**(泛光)照射场景，即不论场景中景物表面的位置和朝向，泛光始终为一个恒定的光照(稍后将扩展为更真实的光照环境)。泛光确保每个面都受到一定程度的光照，以避免背向光源的表面区域呈现不真实的纯黑色。(在现实场景中，这种区域至少会接收到来自周边物体的相互反射。)当与其他光源组合使用时，泛光取一个最小值，但在本场景里，泛光是唯一的照明光源，因此取最高强度的白光以确保明亮的绘制效果。我们通过在 Model3DGroup 属性中添加 AmbientLight 属性来指定泛光：

```
<AmbientLight Color="white"/>
```

课内练习 6.1：现在，建议你运行本章的实验软件#1模块(“Modeling Polyhedra...”)，该软件可从网上资源下载，在这一小节里我们将始终引用该模块。

6.2.1.2 放置第一个三角形

选择金字塔模型作为第一个实例中的物体并非巧合，因为三角形网格是目前 WPF 支持的唯一 3D 几何基元类型(也是交互式建模应用程序生成的最为常见的物体格式)。作为创建 3D 物体的第一步，我们先定义一个类型为 MeshGeometry3D 的源物体，这需要提供一个 3D 顶点(Positions)表和一个三角形表。三角形表通过 TriangleIndices 属性指定，即表中的每个三角形通过三个指向 Positions 数组下标(从零开始)的整数索引指定。在此例中我们指定的网格仅包含一个三角形，即金字塔的第一个表面。图 6-4 显示了该网格的表格表示。

Positions			
Index	X	Y	Z
0	0	75	0
1	–50	0	50
2	50	0	50

TriangleIndices
0,1,2

图 6-4 一个单三角形网格几何的表格表示

程序员还必须指定每个三角形的正面(区分其正面/背面是非常重要的，其重要性读者很快就会发现)。当在 TriangleIndices 数组中设置三角形顶点(索引)三元组时，我们应使三个顶点从三角形正面观察时按逆时针顺序排列。以当前模型中的三角形为例。在 TriangleIndices 数组中，三个指向 Positions 数组元素的下标依次是 0，1，2。因此，三个顶点的排列次序是(0，75，0)，(−50，0，50)，(50，0，50)，从金字塔外面看呈逆时针顺序，如图 6-5 所示。

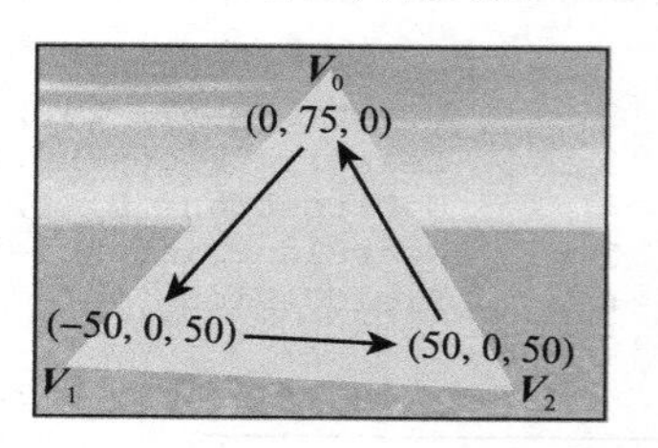

图 6-5 基于顶点排列的逆时针顺序来识别三角形网格的正面

此网格的 XAML 描述如下：

```
1      <MeshGeometry3D x:Key="RSRCmeshPyramid"
2         Positions="0,75,0 -50,0,50 50,0,50"
3          TriangleIndices="0 1 2" />
```

以上网格描述位于XAML的资源部分中，因此，与WPF 2D模板资源类似，只有在它被调用或实例化时才生效。所以下一步是创建一个GeometryModel3D类型的XAML元素，将3D物体添加到视窗内的场景中，该元素的属性中至少包括以下内容：

- 几何属性，是对之前已创建的几何资源的引用。
- 材质属性，通常也是对已有资源的引用。材质描述了表面对光的反射属性，WPF的材质模型提供了多种类型材料的近似属性值，这在6.5节中将很快会看到。

为了简化问题，我们将每一个面赋予纯黄色的材料属性，并以黄色作为引用这种材质的唯一关键字。

```
1  <!- Front material uses a solid-yellow brush ->
2  <DiffuseMaterial x:Key="RSRCmaterialFront" Brush="yellow"/>
```

现已准备就绪，我们将这个XAML作为Model3DGroup元素的子元素，从而将单三角形网格添加到场景中：

```
1       <GeometryModel3D
2           Geometry="{StaticResource RSRCmeshPyramid}"
3           Material="{StaticResource RSRCmaterialFront}"/>
```

所建模型的图像如图6-6所示。

课内练习6.2： 在实验软件里，在模型的下拉列表中选择“Single face”。然后点击XAML标签查看生成该场景的源代码，激活转盘使这个三角形绕 y 轴旋转。

如果你让这个三角形面绕 y 轴旋转180°，来查看它的“背面”，将会生成如图6-7所示的图像，图中的三角形消失了。

图6-6　采用均匀的黄色材质绘制第一个三角形的正面

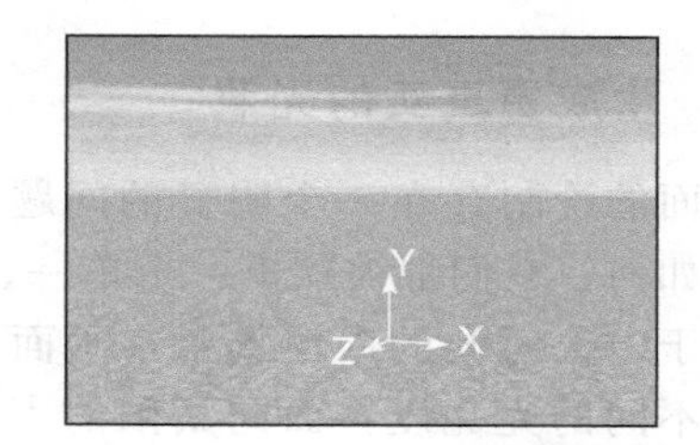

图6-7　第一个三角形的背面材质未指定，故不可见

三角形消失源于绘制过程的优化：在默认状态下，WPF不绘制任何表面的背面。对于常见的“封闭”物体来说(如本例中的金字塔)，其外表面均由网格三角形的前向面组成，这种默认设置无疑受到欢迎：封闭物体的内侧表面均为三角形的背面，其法向指向物体体内，故为不可见面，也不需要绘制。

对于当前例子中由单个三角形组成的简单模型，我们可暂时关闭绘制优化设置并用一种对比鲜明的颜色来显示背面。我们将其BackMaterial属性指向纯红色材质，并将这种材质通过密钥RSRCmaterialBack添加到资源中。

```
1      <GeometryModel3D
2        Geometry="{StaticResource RSRCmeshPyramid}"
3        Material="{StaticResource RSRCmaterialFront}"
4        BackMaterial="{StaticResource RSRCmaterialBack}"/>
```

结果，当正面远离相机时，背面在画面上出现了，如图 6-8 所示。

课内练习 6.3： 在实验软件中，查看标记为“Use back material”的方框并让模型旋转。

至此，金字塔的第一个面已经设置完成，现使用图 6-9 表中所示策略添加第二个面。注意两个面共享的顶点(V_0 和 V_2)在 `Positions` 数组中列出两次，这实际上是一种冗余的表示。

```
1   <MeshGeometry3D x:Key="RSRCmeshPyramid"
2      Positions="0,75,0  -50,0,50  50,0, 50
3                 0,75,0  50,0,50  50,0,-50"
4      TriangleIndices="0 1 2   3 4 5" />
```

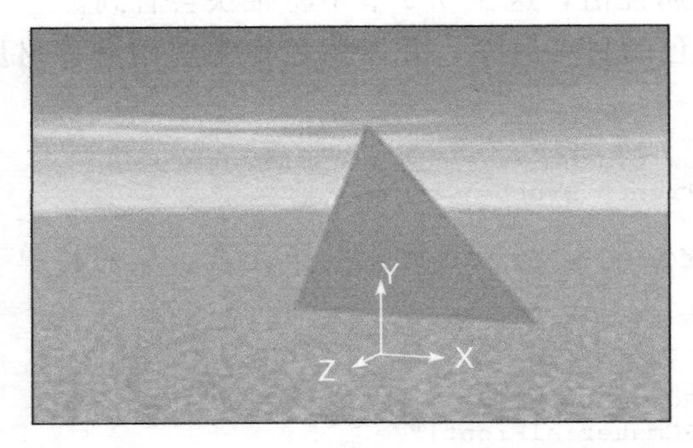

图 6-8　第一个三角形的背面，用均匀的红色材质绘制生成

Positions			
Index	*X*	*Y*	*Z*
0	0	75	0
1	–50	0	50
2	50	0	50
3	0	75	0
4	50	0	50
5	50	0	–50
TriangleIndices			
0,1,2			
3,4,5			

图 6-9　由两个三角形组成的网格面几何的表格表示

课内练习 6.4： 在实验软件中，选择“Two faces”模型，并让模型旋转。

结果在图 6-10 所示的旋转模型的两幅快照中得到了呈现。

图 6-10　金字塔在两种不同朝向下的绘制结果(只有泛光照明)

6.2.2　生成更真实的光照

上面的绘制存在一个明显的问题：不管模型两面的朝向如何，它们都被赋予一个单一、恒定的颜色值。但是对于白天时候的沙漠场景，画面中的金字塔表面应呈现不同的光亮度：面向太阳的表面有明亮的反射光，而背远太阳表面其反射光应暗一些。

显然，由于我们采用人工构造的无方向的泛光作为唯一的光源，从而导致了这种不真实的效果。在真实世界里，光源是场景的一部分，照射到表面 P 点的光是有方向的(沿着从光源指向 P 点的向量 ℓ)。此外，从 P 点射向相机的光能也不是一个常数，而是由若干个变量决定，如相机的位置、表面在 P 点的朝向、光源入射方向 ℓ、表面材质的反射特性，等等。在 6.5 节中将讨论一个包含了多个变量的光照明方程。但这里我们以高层的视角来看一个更真实光源的例子：**点光源**。点光源是一个**几何光源**，它在场景中位置固定并向四面八方发射出同等强度的光(如图 6-11 所示)。由于其发射方向 ℓ 是一个无穷集合，点

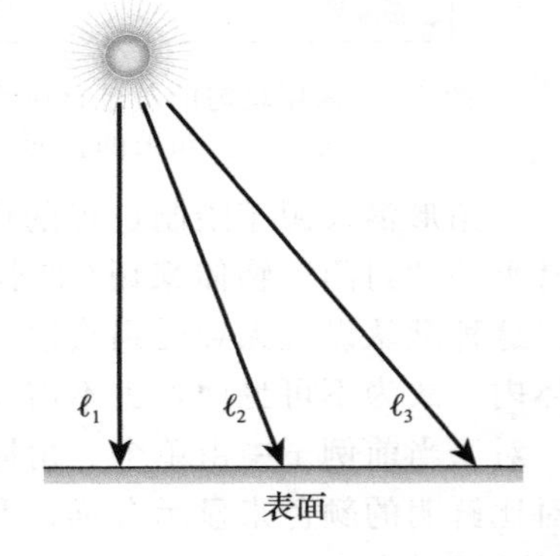

图 6-11　来自场景中一个点光源的光线，从无限多的、不同的角度照射表面上的各点

光源的加入可引起场景很大的变化，表面上面向该光源的每一点都会接收来自光源沿唯一ℓ方向的光能。

在6.5节我们将对点光源和其他几何光源的特征及其影响做更详细的讨论，但这里我们先考虑一种简化情形：点光源位于场景无穷远处时的“退化情形”。WPF将这种光源和几何光源区分开，称其为**方向光源**。方向光源的光线是平行的，其方向ℓ为一个恒定值，如图6-12所示。它提供了对来自无限远处的太阳光照的近似。

下面我们用方向光来替代泛光，将其颜色设置为最高强度的白色，方向向量ℓ设为$[1, -1, -1]^T$，所模拟的是太阳位于观测者左后方的情形：

```
<DirectionalLight Color="white" Direction="1, -1, -1" />
```

这种光的方向ℓ(如实验软件和图6-13中的场景注释所示)相对于三个坐标轴都是45°，当投影到XZ平面上时，它从$(-x, +z)$象限指向$(+x, -z)$象限。

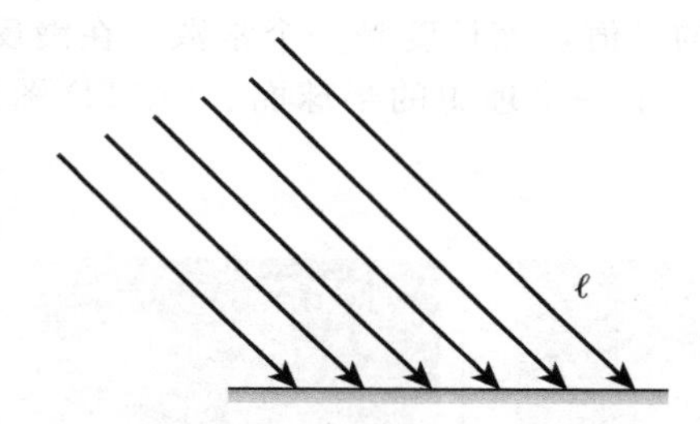

图6-12 来自位于无限远处的方向光源的光线，它们以相同的角度照射表面上各点

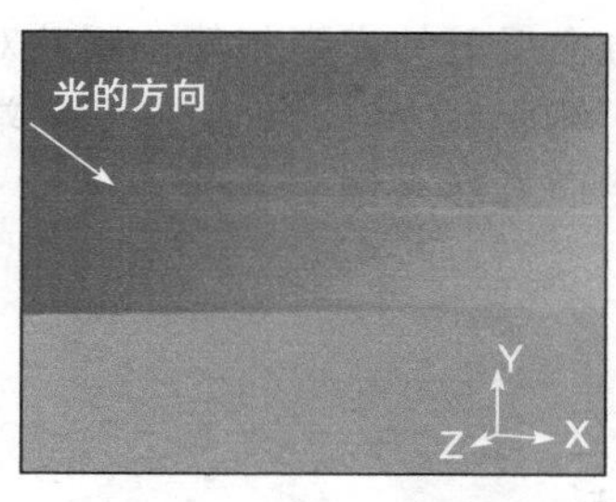

图6-13 本例中沙漠场景的坐标系，图中标记了方向光源入射光线的方向

课内练习6.5：静态2D图像并非描述3D信息(如光照的方向ℓ)的最佳方式，因此我们建议你采用实验软件来验证本节的讨论。选择方向光照明，在注释中记录“光的方向”，然后在视窗内使用类似于追踪球的鼠标交互使方向光在场景中移动。

如同1.13.2节中所述，对于完全漫反射表面(本例中的金字塔表面即为此类表面)，其反射光朝所有观察方向具有相同的亮度，而与观察者的方位无关。反射光强度只取决于光源入射物体表面的方向。图6-14演示了入射光的方向性是如何度量的，即通过确定光照方向ℓ和表面法向$\boldsymbol{n}$之间的夹角θ，θ值越大，光线越倾斜，反射的光能量就越少。

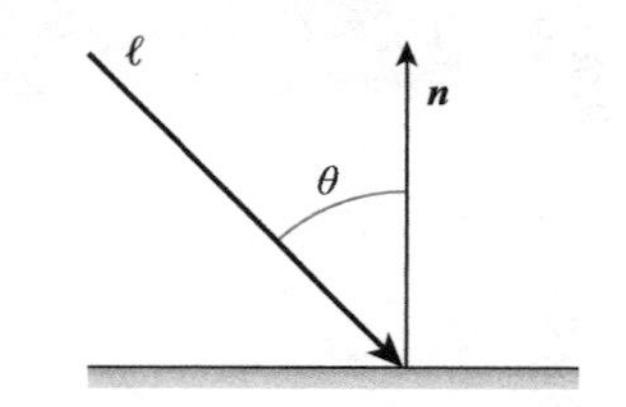

图6-14 由入射光方向ℓ和表面法向量$\boldsymbol{n}$定义的角度θ

给定角度θ和入射光的光强I_{dir}，可以利用1.13.1章节介绍过的“朗伯”余弦定律计算反射光的强度：

$$I = I_{\text{dir}} \cos\theta \tag{6-1}$$

> 我们已经提到过，采用“光强度”这个词来描述光缺乏一个确切的定义。光强度是一个模糊的术语，甚至没有定义光强单位的国际标准。准确界定“有多少光线到达此处”原本就是有点棘手的问题。第14章将给出一些初步的想法，第26章中将给出详细的描述。
>
> 如果“光强度”的定义不确切，我们的工作似应停下来，但是人类视觉系统提供了解决之道。人类视觉系统对光照的变化(无论是其随时间的变化或邻近点之间光照方向

的变化)非常敏感，而对光的准确的亮度值似乎并非特别在意。事实上，如果你把一个灰度图像上位于 0 和 1 之间的灰度值 g 用 g^2 或 g^3 替换，并重新显示该图像，仍然是完全可以理解。

顺便说一句，“亮度”这个词用来描述光的感知特性，它是一种心理物理的测量，而不是一种物理的度量。但在许多图形论文中它被作为“光强度”的代用词。

现在我们暂将“光强度”理解为“对光的某种度量，大的光强值意味着更多的光”，等到第 26 章再对这一问题做全面的论述。

图 6-15 演示了运用该公式计算单个三角形表面的反射光强度的结果(假设金字塔位于不可见的转盘上，可通过旋转转盘构成不同的入射角 θ)。在该图中，每个红色虚线向量的长度反映了在给定的入射角下表面上相应点沿所示方向反射光的强度。由于完全漫反射面朝所有方向反射的光强相等，因此对于任何给定的 θ 值，该长度是一个常数。在漫反射的情形中，朝所有方向的反射向量的端点的轨迹构成了一个理想的半球面。(在 2D 图形中，这个包络面看起来像个半圆。)

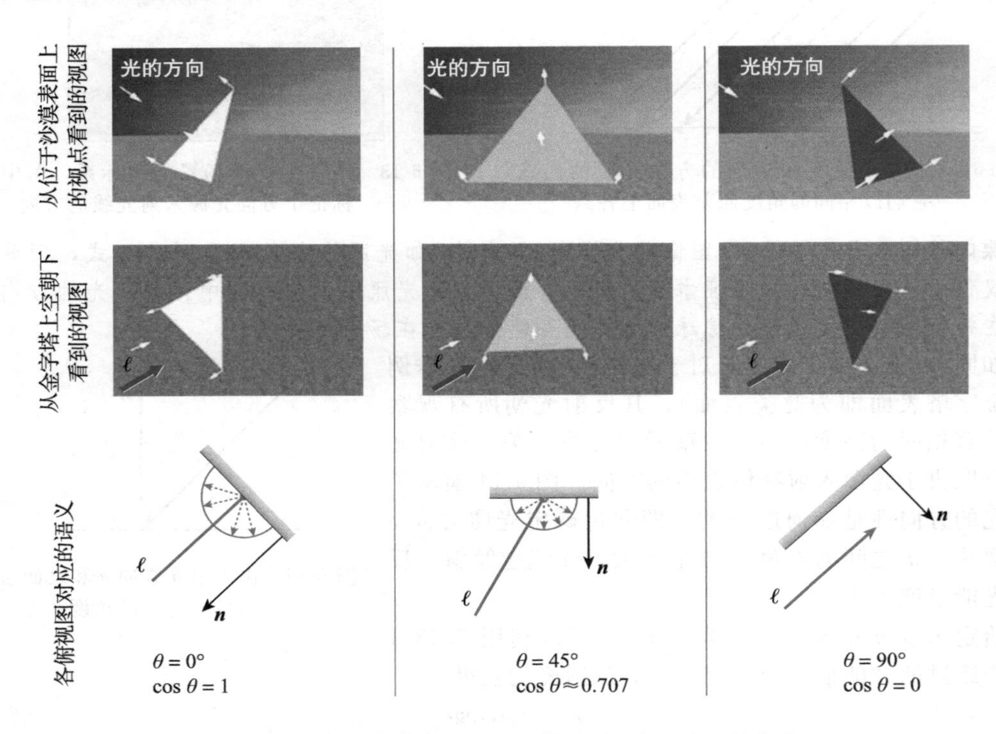

图 6-15 基于郎伯余弦定律计算不同 θ 角下表面的亮度

由于表面反射光强度与观察方向无关，该方程不能用来模拟具有光泽的材质，如在特定视线方向上会呈现出高光的金属和塑料。该方程的另一过度简化是当 $\theta=0°$ 时所有入射光都将无损耗地反射出去。实际上，总有一定数量的光能被材料吸收因而不能反射出去。6.5 节将讲述一个更为完整的模型，来纠正这些缺陷及其他一些问题。

采用方向光代替泛光后，朗伯光照模型生成的结果真实了许多，在图 6-16 和图 6-17 中可以看到这一点。

图 6-16　方向光照射下的金字塔，其最右边表面(图中可见)的入射角 θ 接近 90°

图 6-17　方向光照射下的金字塔，其最右边表面(图中可见)的入射角 θ 接近 70°

课内练习 6.6：在实验软件中，通过选择“directional，over left shoulder”激活方向光源，并激活转盘。观察黄色正面光照的动态变化(可通过偶尔暂停/恢复转盘来实现)。观察 θ 和 $\cos\theta$ 取不同值时的显示结果，留意当 θ 的值接近和大于 90°时黄色面的光照接近于零。选择不同的模型，检查两个面和四个面的模型在新的照明条件下的光照变化。

描述理想漫反射的朗伯余弦定律有两个关键特征：反射光强度与观察的方向无关；它仅决定于入射光线方向 ℓ 和表面上该点的法向之间夹角的余弦。为了直观地理解该现象，可以找一个无光泽的表面(如干净的黑板或哑光色的墙壁)，并将一束亮光投射到该表面上。然后在被照射的区域内选择一个亮点，通过细管从不同的方位观察这个点，细管的直径很小，所以你看到的是一个亮度均匀的小“点”(模拟一个辐射计的检测)。注意：当你改变观测方位时，该点的亮度将保持不变，而对光泽表面进行同样的实验，点的亮度会变化。然而，当改变光源的入射角时，你会发现反射光强度将随着入射角的余弦而变化。如果对背后的数学原理有兴趣，可参阅 7.10.6 节。

6.2.3　固定功能绘制中的“光照”与“着色”

上面给出的朗伯方程和将在 1.13.1 节给出的更完整方程均为计算表面任意一点 P 朝指定视点方向反射光能的函数的例子。

光照明方程(如朗伯方程)是描述物体表面材料反射光的可计算的表达形式。从理论的角度看，绘制程序在处理某一给定的可见表面时，先根据该表面的材质“加载”光照明方程，然后对表面上的点“执行”相应的计算。(有意思的是，在可编程管线中，这种抽象表述已十分贴近实际的处理过程!)但选择表面上的哪些点进行计算呢？一种合理的方案是在表面图像每个像素所覆盖的表面区域内选择一个代表点执行一次计算。离线绘制系统采用的就是这类方法，但对于当前商业硬件上运行的实时绘制系统来说，这种策略计算开销太大。而大多数系统，包括固定功能管线(如 WPF)以及可编程管线，所采取的方法是只在表面上选取若干关键点进行计算，然后采用低耗费的着色规则[⊖]来确定表面上位于关键点之间的各点的值。

以最简单的被称为**均匀着色**或**常数着色**的着色技术为例，每个三角形选取一个顶点作为关键顶点，采用光照明方程计算该顶点的亮度值，然后用该亮度值填充整个三角形。一个使用均匀着色技术生成的图像的例子如图 6-18 所示，其中突出显示了三个三角形及各

⊖ 如 27.5.3 节中所述，此处“着色”指计算内部各点光亮度的一种高效方法，它与现在使用的术语“着色”和“着色程序”含义有所不同。

自的关键顶点。

对金字塔模型来说，均匀着色技术也许是合适的，但当三角形网格是曲面的近似表示时（如图6-18所示），显然需要采用一种更复杂的着色技术。在下一节中，我们将介绍一种流行的实时着色技术来生成曲面的绘制效果。

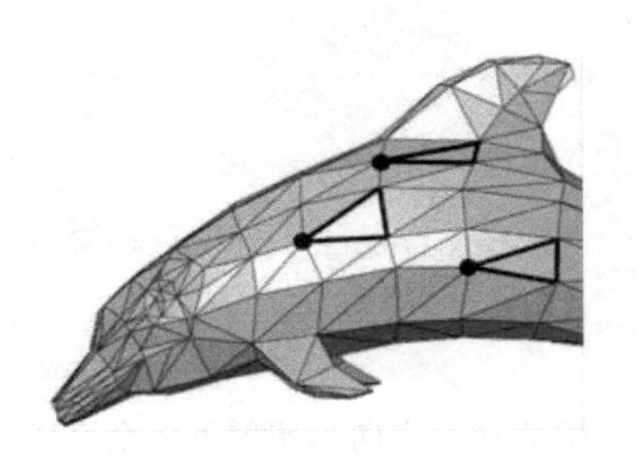

图6-18　采用均匀着色技术绘制的海豚网格模型，其中三个三角形展示了关键顶点

6.3　曲面表示和绘制

当你环顾周围的房间时，会发现大多数物体的表面为曲面或具有弧形的边缘。在“现实世界”里，像金字塔一样真正由多边形表面表示的物体并不多见。因此，在大多数情况下，3D场景里的三角网格并不是用来表示物体的精确几何形状，而是被用来作为物体的近似表示。

例如，我们可以用一个多面棱锥体来逼近一个圆锥体。采用16个面并使用均匀着色技术进行绘制，就可以生成一个相当好的近似圆锥体（如图6-19所示），但是它尚不足以让我们的眼睛将它视为一个真正的曲面。

逐渐增加三角形面的数量（如图6-20那样用64个面）确有助于改善绘制效果，但近似的痕迹仍很明显。试图仅通过增加网格的分辨率来解决该问题（从存储/处理成本来说）不仅代价高昂而且效果并不理想：如果相机的位置更为靠近网格模型，在某些点处多面体逼近的痕迹立即会明显起来。

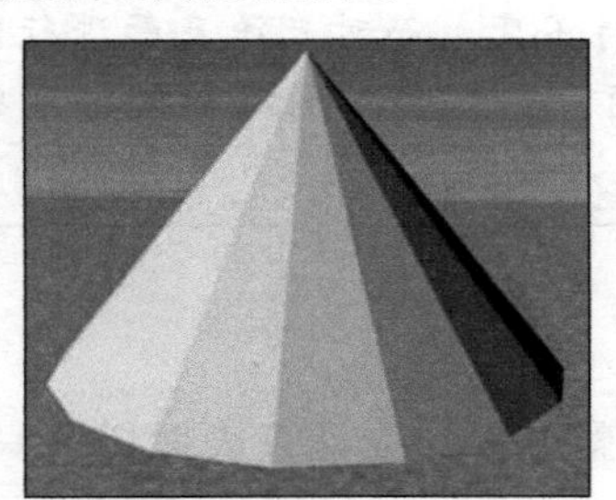

图6-19　采用均匀着色方法绘制一个16面锥体

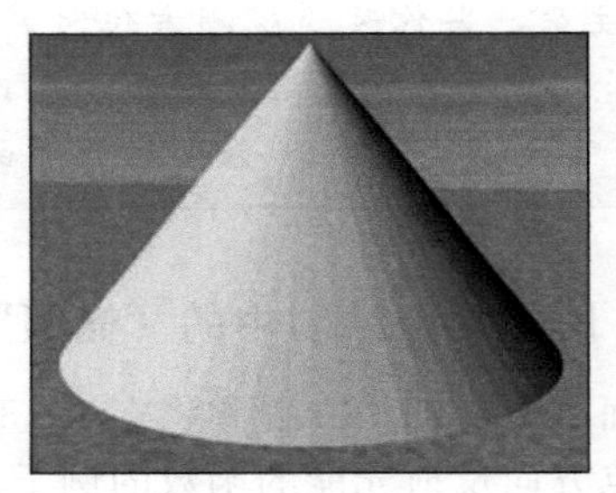

图6-20　用均匀着色方法绘制一个64面的锥体，多面体感明显减少（但尚未消除）

课内练习6.7：你或许想运行实验软件里的“曲面建模”模块，来观察采用均匀着色方法绘制时，改变面的数目对绘制效果的影响。只要光标在视窗里，你就可以通过按住鼠标右键同时拖动鼠标将镜头移近或移远。注意到增加面数只能在一定距离内骗过眼睛，一旦镜头移近，这种欺骗立刻显露原形。注意物体运动时也会使近似的痕迹更为明显（尤其在底部的边处）。

6.3.1　基于插值的着色处理（Gouraud着色）

在计算机图形学发展的早期，计算机内存以千字节计算而且处理器的功能比目前的处理器要低若干个数量级，当时急需找到一种可基于低分辨率网格近似模型来生成可接受的曲面图像的有效方法。顶点光照计算加均匀着色填充的方法曾被广泛应用，但是明显需要找到一种能够骗过眼睛的新的着色技术，使得所生成的图像能较好地模拟用网格（甚至低分辨率网格）表示的曲面，该方法应基于最小的处理器资源和内存代价。在20世纪70年代早期，美国犹他大学博士生Henri Gouraud提出一种基于网格顶点光亮度插值的着色技术，所使用的算法类似于第 9 章开放课程中描述的算法。为了感受均匀着色和 Gouraud 着色在绘制质量上的差异，我们比较图 6-21 和图 6-22 中犹他茶壶两幅图像。

图 6-21　用均匀着色方法绘制经典的“犹他”茶壶

图 6-22　相同茶壶模型，但采用 Gouraud 着色方法绘制

让我们先在 2D 情形下考察 Gouraud 光亮度插值。在图 6-23 中，2D 曲面显示为黄色，逼近网格的 2D 线段显示为黑色，顶点显示为绿色。在每个顶点处，采用光照明模型(此处为朗伯漫反射模型)计算出该顶点的颜色。图中显示了均匀着色和 Gouraud 插值(计算内部点的颜色)所得到的结果。

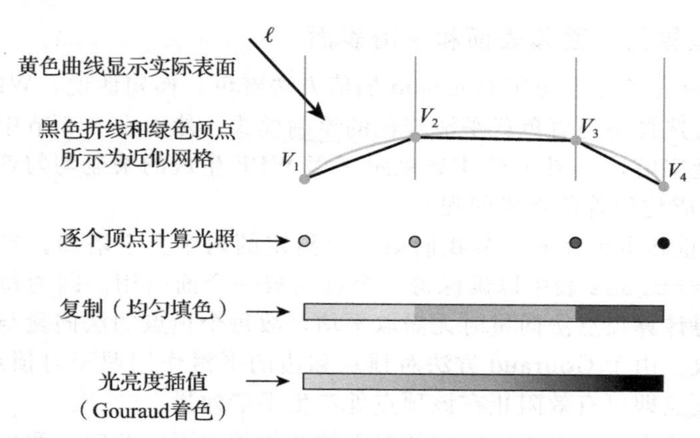

图 6-23　均匀着色方法和 Gouraud 着色方法的比较，两种不同的方法均用来确定顶点间各点的光亮度值(顶点的光亮度值已预先计算)

正如我们已经看到的那样，朗伯光照明模型取决于表面法向量 $\boldsymbol{n}$ 的值。因此，为了计算顶点 V 处表面的颜色，必须确定顶点 V 处的法向量。应该如何确定这一法向量呢？

如果曲面为解析面，例如一个完美的球面，则曲面的解析方程提供了计算曲面上每一点法向量的方法。然而，当曲面采用近似网格表示时，逼近曲面的网格本身通常是我们所知的关于表面几何的唯一信息。不过，这一局限性通过使用 Gouraud 取顶点法向平均的简单方法得以缓解。

在 2D 中，顶点法向量可通过对相邻线段的法向取平均来计算，如图 6-24 所示。例如顶点 V_2 处的法向量为线段$\overline{V_1V_2}$和$\overline{V_2V_3}$的法向量的平均值。

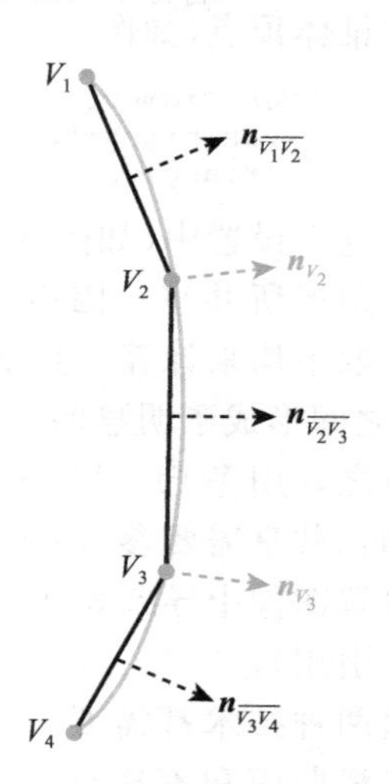

图 6-24　在 2D 情况下计算顶点法向量：取两相邻线段的法向量的平均

在 3D 空间中，顶点法向量则通过计算与该顶点相邻的所有三角形的法向量的平均值得到，图 6-25 为一个四

个三角形共享一个顶点的场景。

该技术的成功之处在于，对于一个足够精细的网格，通过平均来计算顶点法向量是对表面在该顶点真实法向量的一个良好的近似(第25章将讨论这种近似的局限性)。例如，在图6-24所示的2D情形中，n_{V_2}看起来像是对黄色表面在V_2处法向量的一个很好的估计。法向量计算的准确度无疑依赖于网格表示的精度，而且，在不连续区域，对其近似精度的要求会更高。

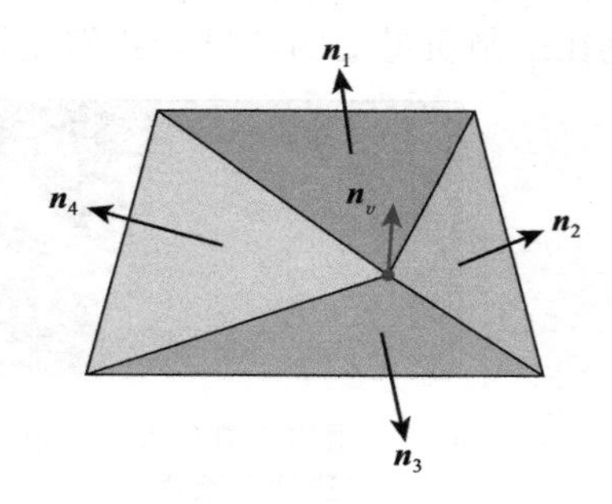

图6-25　在3D空间中计算顶点法向量：取共享该顶点的所有三角形法向量的平均

课内练习6.8：建议你重新运行实验软件里的“曲面建模”模块，并选择“Gouraud shading”。注意，即使对由少量面片组成的网格，光亮度插值也是成功的。但你会发现，如果近似精度过低(例如4面或8面)和/或模型处于旋转中，锥体底部边缘的轮廓仍会呈现出网格状，难以“骗过眼睛”。

6.3.2　将表面设置为多面体表面和平滑表面

WPF绘制引擎无条件地使用Gouraud插值方法着色，换句话说，WPF并不提供一种允许应用程序自行选择均匀着色或平滑着色的绘制模式。然而在6.2节中我们能够创建一个多面体形状的金字塔，在图6-21中曾展示了用WPF生成的茶壶均匀着色效果。但其中是怎样使WPF生成均匀着色效果的呢？

考察图6-9，重新审视在6.2节我们第一次指定的两个金字塔面。当时每个共享顶点被冗余地放在Positions表中以确保每一个点只被一个面引用。因为每个顶点只属于一个三角形，这使得计算顶点法向量时无需取平均，故每个顶点的法向量与所属三角形的表面法向量保持一致。由于Gouraud方法对顶点和边的平滑作用源于对顶点法向量取平均，因此采用非共享顶点即可有效阻止在该顶点处产生平滑效果。

现在，假设这两个面是逼近圆锥体的多面体的相邻表面。此时，我们确实希望在两表面上生成平滑着色效果。我们仍然指定这两个三角形，但在TriangleIndices表里，对共享的锥体顶点(如图6-27中的V_0)和基点(V_2)的顶点数据实行“重用”：

```
1    <MeshGeometry3D x:Key="RSRCmeshPyramid"
2      Positions="0,75,0  -50,0,50  50,0, 50  50,0,-50"
3      TriangleIndices="0 1 2  0 2 3" />
```

在这个设置中(如图6-26所示)，顶点V_0和V_2为两个三角形所共享，因而在这些顶点处表面法向量可以通过取平均来计算。其结果如图6-28所示，顶点V_0和V_2之间形成了明显的平滑过渡。

Positions			
Index	X	Y	Z
0	0	75	0
1	−50	0	50
2	50	0	50
3	50	0	−50

TriangleIndices
0,1,2
0,2,3

图6-26　由两个三角形所组成网格的几何设置(表格表达)，其中共享锥体顶点和一底面基点

总之，用WPF设置表面网格时需要遵循一个简单的规则：共享需要参与Gouraud平滑着色处理的顶点；重复设置图像中导致表面不连续的顶点(每个顶点只被一个面引用)。

这两种技术都需要，一般情况下，复杂的对象往往是光滑曲面和不连续的表面的混合，它们的折痕或接缝的位置需要在绘制图像中得到显示。不连续性的例子包括：茶壶的壶嘴与壶体的连接位置，或一架飞

机上机翼与机身的接缝位置。通过恰当地使用顶点共享技术，就可以轻松地呈现这样的混合表面。

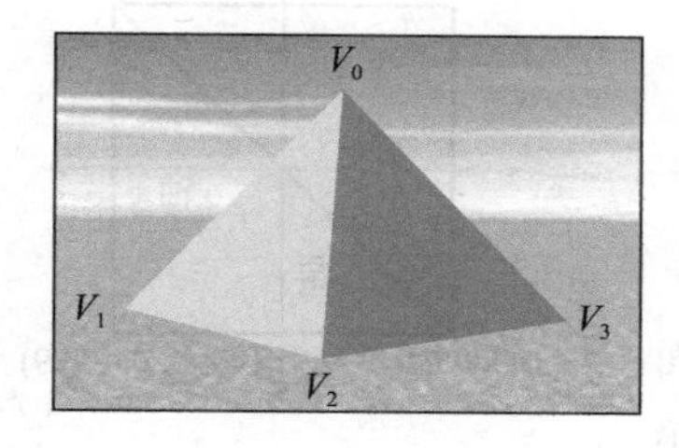

图 6-27 金字塔模型中顶点的索引

图 6-28 在 WPF 中指定共享顶点 V_0 和 V_2，对金字塔进行 Gouraud 着色，其中共享顶点处的表面法向量取两个三角形法向量的平均值

6.4 WPF 中的表面纹理

面对“在早期实时绘制中什么是最有效的逼近真实的技巧?”这一问题，我们猜想所有的计算机图形专家都会认为是“纹理映射!”当需要显示“粗糙的”表面或颜色变化的材料，如砾石、砖、大理石、木头或创建一个背景如绿草如茵的草地或茂密的森林时，试图用网格来刻画每一个精细结构的材料细节是不可取的。假设要模拟古老金字塔表面粗糙石头上的凹痕和缝隙，先前由 4 个三角形组成的简单网格将激增成包含数百万三角形的网格，导致应用程序的内存和处理速度上的需求爆炸。

采用**纹理映射**技巧(将 2D 图案贴在 3D 表面上)，复杂的材质(如亚麻或沥青)和复杂的场景(如从飞机上俯视农田)可以得到大致的模拟而无需提高网格的复杂度(在第 14 章和第 20 章中将详细讨论这一思想)。例如，我们场景中的沙漠地面可通过将图 6-29 所示的图像覆盖在一个正方形(两个有公共边的相邻三角形)上来表示。

WPF 中在 3D 表面上贴“纹理”相当于将一张可伸缩的接触式印相纸覆盖到物体表面上。从理论上讲，对物体表面上的每一点 P，必须指定印相纸接触于点 P 的那个点。然而在实践中，我们通常只确定表面上每个顶点在印相纸上的映射点，然后通过插值确定网格内部各点的纹理值。

指定纹理图像上的点需要一个坐标系统。传统上，我们并不采用精确的整数像素坐标，而是使用如图 6-30 所示的浮点纹理坐标系，u 和 v 轴的取值范围为 0～1。

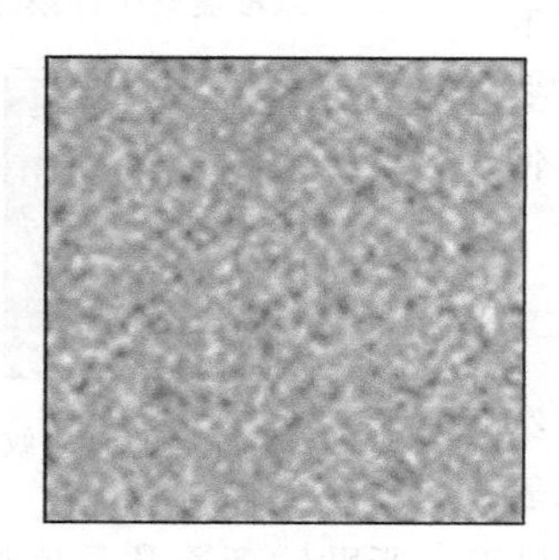

图 6-29 采用一幅棕褐色纹理的 64×64 的正方形图像来模拟沙漠地面

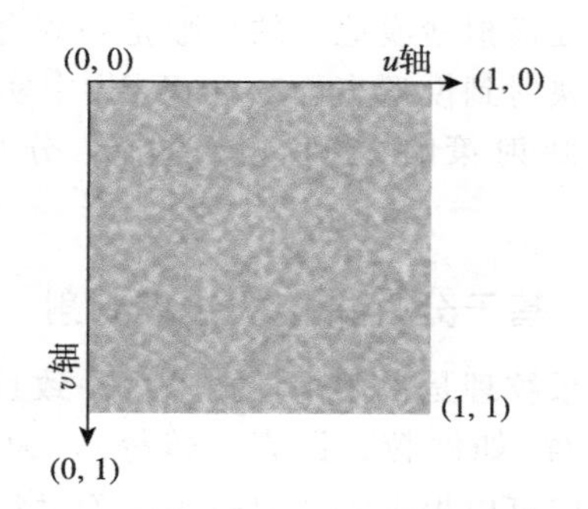

图 6-30 描述沙漠图像的浮点纹理坐标系，其原点位于左上角

在 XAML 中，第一步需要将给定的纹理图像注册为一种漫反射材质。我们以前使用单颜色笔刷，但这里我们需要创建一个图像笔刷来定义表面材质：

```
1  <DiffuseMaterial x:Key="RSRCtextureSand">
2      <DiffuseMaterial.Brush>
3          <ImageBrush ImageSource="sand.gif" />
4      </DiffuseMaterial.Brush>
5  </DiffuseMaterial>
```

接下来的一步是在从资源数据库中注册一个表示地面的简单双三角形网格，我们采用与先前相同的技术，但添加一个新的属性，即为 Positions 数组的每个顶点指定相应的纹理坐标：

```
1  <MeshGeometry3D x:Key="RSRCdesertFloor"
2      Positions="-9999, 0, -9999
3                  9999, 0, -9999
4                  9999, 0,  9999
5                 -9999, 0,  9999"
6      TextureCoordinates=" 0,0   1,0   1,1   0,1 "
7      TriangleIndices="0 1 3   1 2 3"
8  />
```

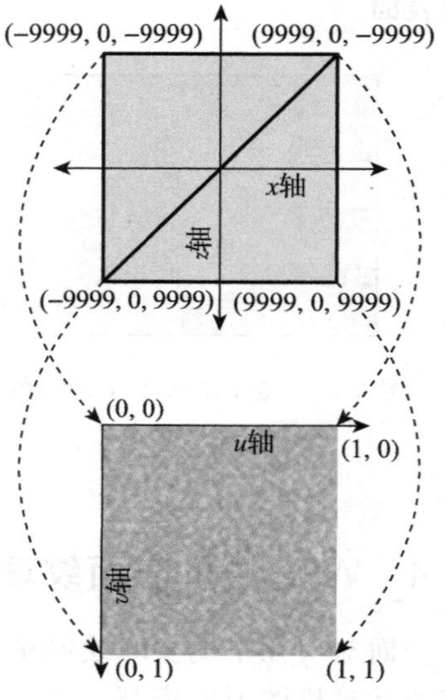

图 6-31　将表示沙漠地面的双三角形网格模型的四个角点的场景坐标映射为对应的纹理坐标

因为这是一个从矩形(在 3D 模型中两共面的三角形)到矩形(纹理图像)的映射，所以我们仅需指定单位正方形纹理坐标系的四个角点，如图 6-31 所示。

在资源库中注册了表面的材质和几何后，就可以实例化沙漠地面：

```
1  <GeometryModel3D
2      Geometry="{StaticResource RSRCdesertFloor}"
3      Material="{StaticResource RSRCtextureSand}"/>
```

以金字塔上方一点作为视点生成的视图如图 6-32 所示。显然，结果并不好；虽然沙漠地面的颜色有些细微的变化，但是需添加颜色的地面网格片太大了(与金字塔相比)。

问题出在：我们将一幅 64×64 像素的小的沙粒图像贴纸(它本是用来表示约一平方英寸的沙粒)进行延伸并让它覆盖整个沙漠地面，虽然在不考虑尺度的情况下该贴图看上去具有一定的真实性，但贴图的结果却一点也不像沙子。

图 6-32　沙子纹理图像被过度拉伸以覆盖整个沙漠地面

此处模拟沙漠地面的失败是一幅合理的纹理图像被不正确地映射到模型表面。在 WPF 中实施纹理映射时需要在两种映射策略之间进行选择：分片拼接方式和拉伸方式。

6.4.1　基于分片拼接的纹理映射

图 6-33　正方形的砖块纹理图像

如果纹理是被用来模拟外观一致且不存在明显不连续点的材质(如沙粒、沥青、砖等)，为了覆盖整个目标表面，我们可以根据需要对纹理图像进行复制。在这种情况下，所贴纹理通常是该材质的一个小样本图像(合成图像或拍摄的照片)，该样本图像已经经过特别剪裁以确保相邻图片之间能够无缝拼接。作为一个例子，我们考虑图 6-33 显示的 6 行红色砖块的纹理图像。

倘若不进行分片处理将它直接映射到长方体棱柱的各个表面，也会产生一个合适的图像(图 6-34)，但是其砖块的行数不足以呈现一个高大的堡垒。分片拼接贴图允许砖块的行数成倍增加，所生成的图像更像一个高大的城堡(图 6-35)。

图 6-34 对砖块纹理进行拉伸然后贴到每个墙面上

图 6-35 对砖块纹理进行复制，然后对其进行分片拼接，贴到每个墙面上

可参阅实验软件中的纹理映射模块，详细了解在 WPF 中如何启用和设置分片拼接贴图。

6.4.2 基于拉伸的纹理映射

如果纹理是用来替代一个高度复杂的模型(例如，从高空看到的城市或多云的天空)，所采用的纹理图像往往具有相当大的幅面(具有足够高的分辨率)，它可能是摄影图像或原创的艺术作品(如用来表现虚幻世界中某个景观)。最重要的是，这种纹理图像看上去像一个整体的“场景”，分片拼接反而不自然。使用这种纹理图像的正确方式是恰当地设置网格表面的纹理坐标对纹理图像进行拉伸使其覆盖网格模型。

例如，在我们的沙漠场景里，作为背景的天空(见图 6-5～图 6-17 中经常看到的那样)被建模为一个圆柱的内表面并采用实拍的天空照片(见图 6-36)作为纹理，对它进行拉伸来实现纹理映射。

图 6-36 天空的图像

参阅实验软件中的纹理映射模块，详细了解在 WPF 中如何启用和设置基于拉伸的纹理映射。更多的内容，包括计算曲面纹理坐标的算法以及对纹理映射中常见问题的讨论，将在 9.5 节和第 20 章中给出。

6.5 WPF 反射模型

在 6.2.2 节中，我们介绍了如何采用简单的朗伯余弦公式来计算漫反射表面的反射光强度。这个简单的方程只是完整的 WPF 反射模型的一部分，它基于一种近似计算策略，能生成可接受的结果而无需经过复杂的物理计算，并适用于多种商业图形硬件。

6.5.1 颜色设置

“颜色”一词可用来描述多个属性：光波的光谱分布，表面反射的不同波长光的数量以及人们观察该物体时的感知。颜色的精确表示是一个严谨的问题，我们将在第 28 章专门介绍。事实上，尽管通过 RGB 三原色来指定颜色是图形 API 和绘图/着色应用程序中的常用方法，但它是计算机图形学所有近似方法中一种最粗糙的近似。

在描述一个场景时，我们需要指定光源的颜色和物体本身的颜色。在 WPF 中，指定光源的颜色是简单的(见 6.2.2 节)，但指定物体的颜色却复杂得多，需要将其分解成三个不同的分量。6.5.3 节将描述物体颜色设置的方法及其可达到的效果。

6.5.2 光源几何

目前为止，我们已使用过两种 WPF 光源(环境泛光和方向光)，它们都是非常实用的近似方法但也明显地不真实：它们并非从场景中某个特定的点发出，而且对整个场景来说，它们所发光的亮度都是均匀的。

几何光源增加了场景光源的真实感，它位于场景中某一位置并且所发出的光是**衰减**的，也就是说，到达特定表面上某点 P 的光能依赖于光源与该点的距离。WPF 提供了两种几何光源类型：

- **点光源**，朝各个方向发射等量的光能，它模拟了一个在天花板上无任何灯罩或遮光装置的灯泡。其参数包括点光源的位置和光衰减的类型/速率(常数线性或二次，如 14.11.9 节所述)。在本章的实验软件里允许使用这种类型的光源。
- **聚光灯**，与点光源的情形类似，但它模拟的是剧院里的聚光灯，它发射均匀强度的光但所发光局限在一个锥形体内。

几何光源是有用的但仍然只是一种近似，因为真正的物理光源(如 14.11.6 节所述)具有体积和表面积，因此光不会仅从一个点发出。

6.5.3 反射率

在构建本章的沙漠场景模型时，我们已经通过指定单一颜色或纹理图像设置了模型的材质。然而，除了颜色之外，材质还有其他的属性。如果你购买了内墙涂料，就必然知道还需要选择其光洁度(哑光、蛋壳型、缎面、半光泽型)，它描述了油漆后的表面如何反射光。

物体表面反射光的物理机制非常复杂，过去数十年间，固定功能管线均采用经典的称为 **Phong 反射(光照明)模型**的近似方法，可以很小的计算成本有效地模拟光的反射效果[1]。Phong 光照明模型在刻画表面的材质属性时将反射光分解成三个不同的分量：泛光(通常取一个小的常数值，是对环境内所有物体之间多重光反射的粗略的模拟)，漫反射光(代表表面朝所有方向均匀反射的光，该反射光的光强各向相等，与观察的方位无关)，镜面反射光[2](代表当视点靠近理想镜面反射方向时光滑表面朝观察者方向所发出的明亮的高光)。这三个分量的光强值(图 6-37a～图 6-37c)相加得到最终的绘制效果，如图 6-37d 所示。

漫反射和镜面反射相互独立的性质使我们能够模拟具有多个不同反射特性表层的材质的近似外观。以抛光红苹果为例：在苹果红色漫射层之上的是无色蜡质涂层，它使表面呈现光泽(其颜色和光源颜色一致)。光泽型反射在塑料制品中十分常见，不过不是由于多层反射，而是基于塑料材质本身的性质。在图 6-37 所示的蓝色塑料茶壶上：其表面光泽与无色的入射白光一致，而其漫反射光为塑料材质本身的蓝色。在 6.5.3.3 节中我们将更详细地解释如何生成这种效果。当然，对诸如人的皮肤这样的复杂材料来说，简单地将互不影响的两个反射分量进行求和还远远不够；14.4 节将介绍更多、更精确的材质模型，第 27 章中将讨论所有的细节。

---

[1] 这一基于经验的反射模型是在 20 世纪 70 年代对光栅图形和绘制技术研究中，由 Uath 大学的博士生 Bui Tuong Phong 率先提出，稍后 Blinn 对该模型做了少许修改，是使用时间最长的光照模型(特别在实时图形学中)。

[2] 在本章中，我们所说的“镜面反射”指相对汇聚的反射光而不是指理想的镜面反射光。其他各章中，“镜面反射”意味着“纯镜面”，而其他类似的镜面反射效果则被称为“光泽”。对表面光泽使用“镜面高光”一词既沿袭了 Phong 的原始论文也符合 WPF 中的约定，但它与普通的“具有镜面性质”是有区别的。

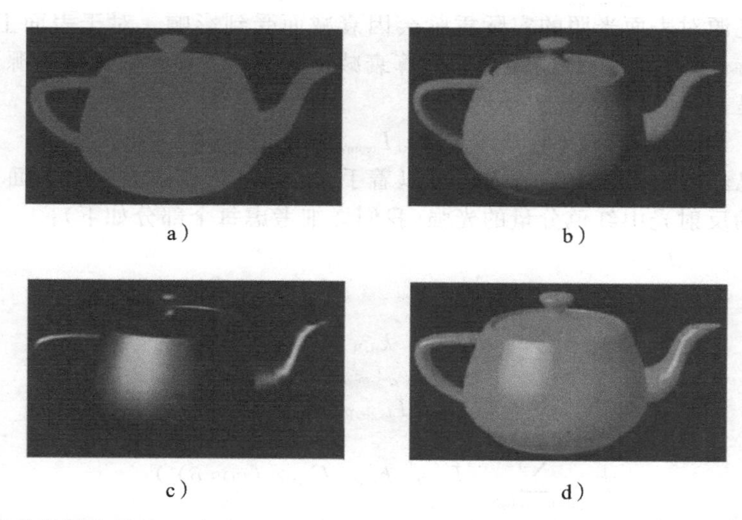

图6-37 茶壶的绘制结果，显示了Phong光照方程中每一个分量对最终结果的贡献：a）泛光，b）漫反射光，c）镜面反射光，d）三个分量相加所生成的最终结果

在本节中，我们描述了WPF反射模型的光照方程，该方程在很大程度上基于（但并非完全限定于）Phong模型。我们先来看方程中作为物体材质属性的输入参数（例如，WPF中的DiffuseMaterial属性以及本章线上材料中列举的其他属性）：

符号	描述	格式
C_d	表面“漫反射层”的固有颜色	$(C_{d,R}, C_{d,G}, C_{d,B})$
C_s	表面“镜面反射层”的固有颜色	$(C_{s,R}, C_{s,G}, C_{s,B})$
k_a	表面漫反射层对泛光的反射系数	$(k_{a,R}, k_{a,G}, k_{a,B})$
k_d	表面漫反射层对方向光和几何光源光的反射系数	$(k_{d,R}, k_{d,G}, k_{d,B})$
k_s	表面镜面反射层对方向光和几何光源光的反射系数	$(k_{s,R}, k_{s,G}, k_{s,B})$

对于单一颜色的材质，材质的漫反射层和镜面反射层的固有颜色在整个表面上是一个常数。对于一个具有纹理的材质，则由纹理图像和纹理算法共同确定表面上每个点的漫反射层的颜色。

反射系数中每一个都表示成RGB三元组，每一个因子都指定为0和1之间的数字，0表示“无反射”，1表示“全反射”。例如，当$k_{a,R}=0.5$时，漫反射层将准确反射场景泛光中红色分量的一半。

这里的“反射系数”与物理上的反射率是密切关联的，我们将在第26章进行详细说明。

接下来，让我们来看放置在场景中的光源的输入参数，它们可通过WPF中的光源属性指定或导出，例如DirectionalLight：

符号	描述	格式
I_a	场景泛光的颜色/光强	$(I_{a,R}, I_{a,G}, I_{a,B})$
I_{dir}	方向光源的颜色/光强	$(I_{dir,R}, I_{dir,G}, I_{dir,B})$
I_{geom}	几何光源的颜色/光强	$(I_{geom,R}, I_{geom,G}, I_{geom,B})$
F_{att}	几何光源的衰减因子	单个实数值

一个几何光源对表面光照的实际贡献会因衰减而受到影响。对于表面上的每一点 P，可根据光源的特性及其与点 P 的距离来计算衰减因子 F_{att}，因此从几何光源到达表面一点 P 的实际光能是：

$$(F_{att} I_{geom,R}; F_{att} I_{geom,G}; F_{att} I_{geom,B})$$

现在我们已经列出了所有的输入，可以着手讨论 WPF 光照方程。下面是从表面上指定点到达相机的反射光中红色分量的光强（我们详细考虑每个部分如下）：

$$I_R = \tag{6-2}$$

$$(I_{a,R} \quad k_{a,R} \quad C_{d,R}) \tag{6-3}$$

$$+ \sum_{\text{directional lights}} (I_{dir,R} \quad k_{d,R} \quad C_{d,R} \quad (\cos\theta)) \tag{6-4}$$

$$+ \sum_{\text{geometric lights}} (F_{att} \quad I_{geom,R} \quad k_{d,R} \quad C_{d,R} \quad (\cos\theta)) \tag{6-5}$$

$$+ \sum_{\text{directional lights}} (I_{dir,R} \quad k_{s,R} \quad C_{s,R} \quad (\cos\delta)^s) \tag{6-6}$$

$$+ \sum_{\text{geometric lights}} (F_{att} \quad I_{geom,R} \quad k_{s,R} \quad C_{s,R} \quad (\cos\delta)^s) \tag{6-7}$$

上述方程中的求和覆盖了所有种类的光源（稍后将会讨论）。

如果场景中包含多个光源，或者如果表面反射中含有多个分量（例如，既有泛光又有漫反射光）并具有高的反射系数，其计算结果可能超过入射光强，显然这是无意义的，因为像素光亮度红色分量的值必须位于入射光强相应分量的0%～100%范围内。简单的光照明模型将其极限值限定为100%，“超出”部分则被丢弃。但这种简单的处理方式对绘制可能产生负面影响，包括导致色彩或色饱和度出乎意料的突变。针对这种情形的更复杂的处理方法可参见第 26 章和第 27 章中的讨论。失败的原因是之前提到过的欠严谨的“光强度”概念。在该模型中光强度被作为一个从 0 到 1 变化的数字，面对场景的规模和光照复杂性的增加，这显然是一个不好的选择。

课内练习 6.9： 下面我们将介绍 WPF 反射模型中的不同的分量，你可使用实验软件中的光源/材料模块，通过所附的练习（可在本章的在线资源中找到）进行实验来体会各分量的效果。

6.5.3.1 泛光反射

泛光对整个场景保持不变，因此计算泛光反射分量极为简单，且无需任何几何信息。在 WPF 反射率模型中未设泛光的固有颜色，所以我们使用材质的漫反射颜色。其中泛光反射的红色分量为：

$$I_{a,R} \quad k_{a,R} \quad C_{d,R} \tag{6-8}$$

建议你立即动手实现在线提供的光照练习中与泛光有关的实验。

6.5.3.2 漫反射

方向光源出现在反射模型中的漫反射项中，可采用 6.2.2 节描述的朗伯余弦定律进行计算。下面是该项的红色分量，其中考虑了场景中所有的方向光源：

$$\sum_{\text{directional lights}} I_{dir,R} \quad k_{d,R} \quad C_{d,R} \quad (\cos\theta) \tag{6-9}$$

这里的求和针对场景中所有的方向光源，注意对于每个光源，其 θ 角以及 $I_{dir,R}$ 都是不同的。

对所有几何光源也有一个类似的求和表达式（参见完整光照表达式中的漫反射项(6-5)式），式中考虑了几何光源的衰减特性。

建议读者立即去做在线光照练习中与漫反射相关的实验。

注意，对于单色材料，就计算而言，严格区分 C_d 和 k_d 这两个参数是不必要的，你可以将它们看成同一项。也就是说，可以将 $k_{d,R}$ 设定为 1.0，然后通过调整 $C_{d,R}$ 达到所需要的效果；反过来，也可以固定 $C_{d,R}$ 而只修改 $k_{d,R}$。然而，当表面该点的固有颜色 C_d 由纹理映射指定时，这两个参数的区别就变得有意义了；在这种情况下，需要通过调整 $k_{d,R}$ 因子来影响由纹理指定的颜色 C_d 的反射效果。

6.5.3.3　镜面反射

镜面反射项也是对场景中的每一个方向光源和几何光源分别进行计算然后相加而得到的光强。让我们先考察所有方向光源所产生的镜面反射光强：

$$\sum_{\text{directional lights}} I_{\text{dir}} \quad k_s \quad C_s \quad (\cos\delta)^s \tag{6-10}$$

大多数材质产生的镜面反射均为表面漫反射颜色和光源颜色的某种混合，但两者混合的比例是变化的。你可能已经注意到一些有光泽的材质所显示的高光实质上是该材质漫反射颜色的“增亮”版。例如，由于明亮光源照射所导致的黄铜茶壶上的高光是入射光颜色掺入了黄铜颜色后的“染色”版。但是，如前所述，对于塑料材质，其镜面高光的颜色主要决定于光源的颜色而不是塑料本身的漫反射颜色。为了模拟这种类似于塑料的外观，需要确保 k_s 和 C_s 乘积的值不偏向任何原色(红色、绿色或蓝色)，使镜面高光保持入射光线的色调。

上述计算同样包含了一个基于余弦的衰减因子，但在两个方面上与朗伯定律有所不同。首先，朗伯定律只考虑入射光线方向和表面朝向，因此计算得到的漫反射分量与视点无关。然而，镜面反射光与视点高度相关，因此其反射光强取决于一个不同的值 δ，在 Phong 模型的原始公式中，δ 为反射方向向量 $\boldsymbol{r}$(基于 1.13.1 节所述的“反射角等于入射角”规则计算)和从表面给定点到相机的向量 $\boldsymbol{e}$ 之间的夹角，如图 6-38 和图 6-39 所示。$\cos\delta$ 的作用在于：当视点位于方向向量 $\boldsymbol{r}$ 上时镜面反射效果最强，而当其偏离 $\boldsymbol{r}$ 时则不断减弱。

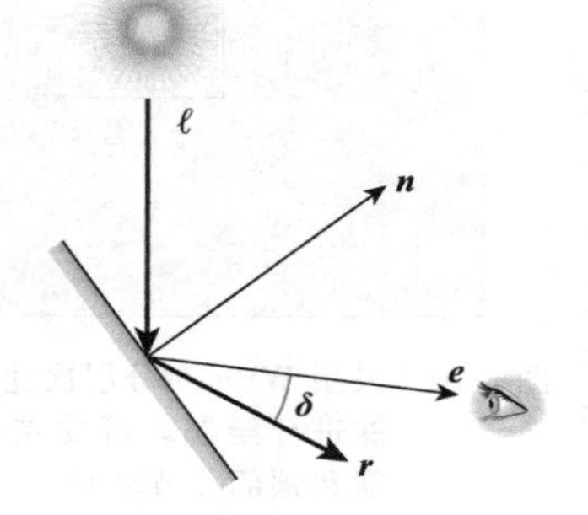

图 6-38　Phong 用来计算镜面反射光的最初方法，图中所示为相机位置非常接近于反射光线的情形

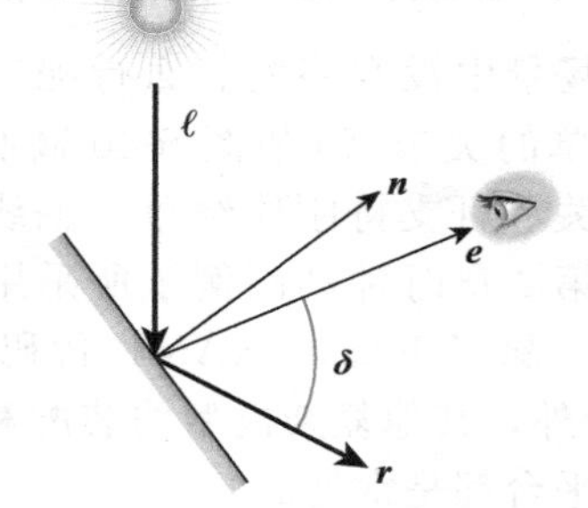

图 6-39　Phong 用来计算镜面反射光的最初方法，图中所示为相机位置偏离反射光线方向稍远的情形。当取 $\cos\delta$ 高次幂时，$\cos\delta$ 不同的值将导致更大的差异，此时本图中的镜面反射项几乎为零

其次，虽然 $\cos\delta$ 可以确保当方向 $\boldsymbol{e}$ 偏离方向 $\boldsymbol{r}$ 时镜面反射光的强度下降，但我们仍需要控制下降速度的快慢。对于理想的镜面，不存在缓慢下降的情形：当视点严格位于方向 $\boldsymbol{r}$ 上时，反射光强度达到最大值，除此之外均为零。不过对于现实世界中的材料，这种截然二分的情形并不会发生，只是对不同的材质而言，其下降的速度各不相同而已。因此，

方程中提供了一个控制镜面反射性能的变量 s，称为材质的**镜面指数**(或**高光指数**)。对于呈现高光泽的材料，高光指数 s 的值通常在100～1000之间，可模拟镜面高光的急剧衰减。而一个具有光泽的苹果的 s 值可能是10。显然，这提供了一个很大的、可度量高光效果的调节范围。实验软件可以让你体会不同 s 值对镜面反射光的控制效果，我们鼓励你去做在线材料中的镜面反射-光照练习。

在镜面高光分量中的指数 s 有时写为 n，但这可能与用来标记表面法向量的 $\mathbf{n}$ 冲突。有时也记为 n_s，其中下角"s"代表"镜面"。经验表明，调整镜面高光指数的对数可让艺术家更好地调整表面的镜面反射性能。当艺术家将移动滑块从0移到3，高光指数将从1变化为1000：其中滑块处于值0时可产生类似于乳胶涂料的外观，取值为1可生成具有光泽的苹果外观，取值为2时可生成一个闪亮的硬币外观，取值为3时可生成镜子般的外观。

在这一章，我们介绍了角度 δ 的Phong氏经典定义。WPF和许多流行的固定功能管线实际使用的是一个非常相似但计算效率更高的变化形式，通常称为Blinn-Phong模型。该模型采用了一种不同的计量角度 δ 的方法，将在14.9.3节描述。

6.5.3.4　自发射光源

许多绘制系统提供了一种人为定义的自身发光的**自发射光源**，它允许表面"反射"外部实际不存在的光。自发射光源与几何无关且不会衰减。计算其发射光强时只需指定一种颜色(单一颜色或纹理颜色)，将其添加到表面的其他三个反射分量中即可产生最终的光强度值。当自发射的光取为纹理颜色时最为有用，例如，模拟夜晚时刻的城市景观背景或繁星点点的天空。不过，它也可以用来模拟具有特殊"外观"的霓虹灯光照效果(虽然它并不直接照亮任何场景)。建议你做在线材料上的自发射-光照练习。

6.6　基于场景图进行层次建模

沙漠场景中没有骆驼怎么行呢？本节中我们将设计一个简单的关节式(如图6-40高亮显示)机器人骆驼，这些关节可支持刚体绕单一轴线的旋转运动。本节建立在第2章时钟动画例子所采用的建模和动画技术基础上。除了下面的XAML代码示例是专门针对WPF平台外，其他复杂模型的装配和动画技术对于所有场景图平台都是常见的。

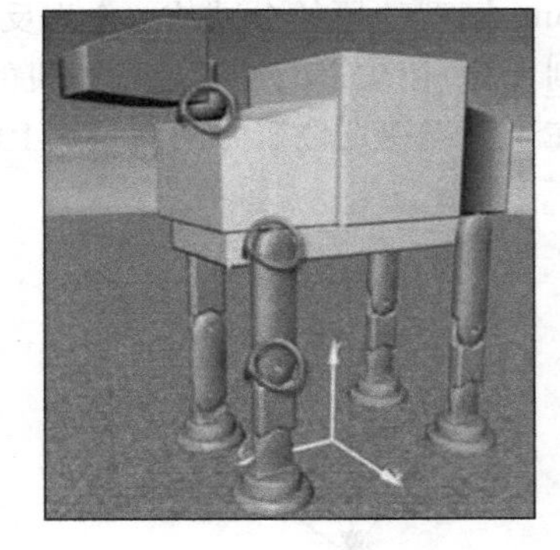

图6-40　采用WPF对分层次建模的骆驼进行绘制，可支持骆驼的腿和颈部关节动画

在这一节中，我们将引用本章实验软件中的"层次建模"模块中的作业，在阅读本节时我们强烈建议你实现这些作业。

6.6.1　模块化建模的动因

在设计一个复杂的模型时，开发人员通常会将模型划分为几个部件(我们称为**子构件**)，实现模型几何的模块化。避免模型的整块化(单一网格)有许多理由。

- 材质通常在网格层(如WPF中的`GeometryModel3D`元素)进行设置。因此如果你想让模型不同部位的材质有所变化(如想将骆驼的脚设置成与其胫骨不同的材质)，就必须将其划分成子构件。

- 当同一构件出现在模型的多个地方(如骆驼的四条腿)时，只需定义一次，然后根据需要进行实例化。如同软件模块，构件的可重用性是3D建模的基础，它是对复杂场景进行优化的一项关键技术。
- 子构件的使用便于实现模型各部件的动画和运动。如果将一个复杂物体定义为单个网格，设置模型部件的运动时将需要对整个网格进行编辑。但如果设计是模块化的，只需对相应的构件施加一个简单的变换(如在第2章中我们设置时钟动画时所用的那种变换)就可模拟诸如膝盖弯曲这样的运动。
- 如果模型做了很好的模块化，**选择的关联性**(确定用户点击/轻叩动作的目标是模型的哪个部位)将变得更为有用。如果用户点击是单一网格的骆驼模型，关联得到的结果是作为一个整体的骆驼。但如果骆驼模型是模块化的，则关联结果中将包括更多的细节，例如“骆驼前左腿的胫骨”等。
- 由于模型的各个部分之间相互关联，对单一网格模型进行编辑颇为困难。例如，要加长骆驼腿的高度，就需要访问骆驼的头部和躯干的所有顶点。但倘若一个模型定义为子部件的层次结构，则可以在子构件自己的坐标系里对其几何进行单独的编辑，装配时可使用变换将各个部件集成到一个统一的整体中。

这些理由如此充分，我们把它们归纳为一个原则：

✓ **层次建模原则：** *只要有可能，就对模型采取分层次构建，并尽量使建立的层次结构与其功能层次相对应，以便于动画实现。*

6.6.2 自顶向下的部件层次结构设计

对一个复杂模型实施动画时，先要对目标物体进行分析以确定产生所需运动的关节的位置。例如，在图6-40中，我们希望骆驼具有可实现腿部运动的膝关节和臀部关节，可支持头部运动的颈部关节[⊖]。基于关节的位置，以及其他需求(诸如不同部位对应不同的材质)，最后确定必要的部件分解。首先关注骆驼的腿部：我们需要设置髋关节和膝关节，并且需要为骆驼的脚设置不同的材质。

图6-41所示的层次结构可以满足上述要求。图中我们将基元结点(关联了某种材质的网格)和高层次的复合结点(聚集其下属复合结点或基元结点)加以区分。在部件之间的连接线上，我们区分两种不同类型的建模变换。你可能会想起在第2章中，我们曾提到过建模变换的两种稍有不同的用法。

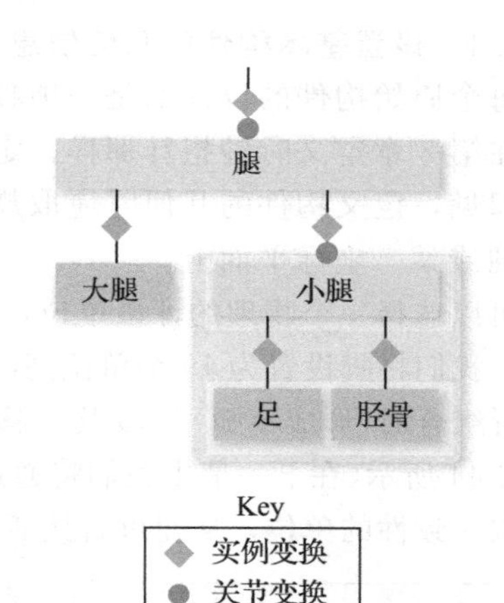

图6-41 骆驼腿模型的场景图。这里和下图中我们使用米色背景来突显场景图中作为构件或子模型的部分

- 一种是**实例变换**，用于对模型进行定位、缩放和改变其朝向，以便将其安放在场景中的适当位置或集成到一个更高层的组合体中。例如，在第2章中的时钟应用程序

⊖ 我们在这里使用的术语“关节”是一种非正式的用法，只是指定子构件产生轴向旋转的位置，用来模拟生物关节或构造铰链。在复杂动画中，其设置的关节往往更复杂，可支持多个旋转轴，通常为一个具有结构、外观以及可基于物理和生物力学驱动其行为的实际对象(区别于模型子构件)。

中，我们使用实例变换指定时针在钟面的位置，并调整时钟指针模板的外形来构建独特形状的时针和分针。由于在任何时候执行实例化时都有可能需要重新设置子构件，我们往往将每个子构件的实例变换包含在层次模型中。

- 另一种是**关节变换**，在动画过程中用来模拟关节处发生的运动。例如，膝关节可以由施加在小腿上的旋转运动来模拟，髋关节可以由施加在整条腿上的旋转运动来模拟。在时钟程序中，我们使用这些变换来实现时针的转动。

6.6.3 自下而上的构建和组合

现在我们将演示如何使用XAML来构建模型。我们采取自下而上的顺序：首先生成基本构件(脚和胫骨等)，然后对这些构件进行组合来创建更高层的部件。

自下而上组合中所涉及的操作总结在下面的表中：

目标	位置	WPF元素/性质
定义基本构件的几何	资源部分	MeshGeometry3D元素
基本构件实例化	位于视窗的内容中作为Model3DGroup层次模型中其父亲的子结点	GeometryModel3D元素，Name属性为动画和拾取关联提供了一个唯一的ID，Geometry属性指向相应的MeshGeometry3D资源库，GeometryModel3D的Transform属性可用来指定一个变换实例或组合变换，通常采用TransformGroup的形式。
构建复合构件	位于视窗的内容中作为Model3DGroup层次模型中其父亲的子结点	Model3DGroup元素，其Name和Model3Dgroup的Transform属性如上所述

6.6.3.1 设置基本构件的几何信息

每个原始构件的设计都是一项独立的任务，设置几何信息均采用其自身坐标系，就像我们在第2章定义时钟指针那样。定义物体几何的抽象坐标系有时也称为**物体坐标系**。为方便起见，定义构件的几何时应取规范的位置和朝向，例如，位于原点、其中心位于某一坐标轴或某一坐标平面上。

可以选择一个物理的计量单位，但如果各构件采用一致的尺度，组合起来会更为简单。例如，我们将脚设置为19个单位高(图6-42)，胫骨为30个单位高(图6-43)，以确保两个构件进行组合时(形成小腿)只涉及平移变换，而不需要做任何拉伸/压缩(缩放)或旋转变换，如图6-44所示(在下一节中我们将通过小腿构建过程的细节来展示)。同样，设置大腿的尺寸也采取一致性的单位，从而可直接通过平移将大腿移至小腿的顶部以完成整条腿的构建。

图6-42 脚模型的绘制结果，位于原点

图6-43 胫骨模型的绘制结果，位于原点处的规范位置

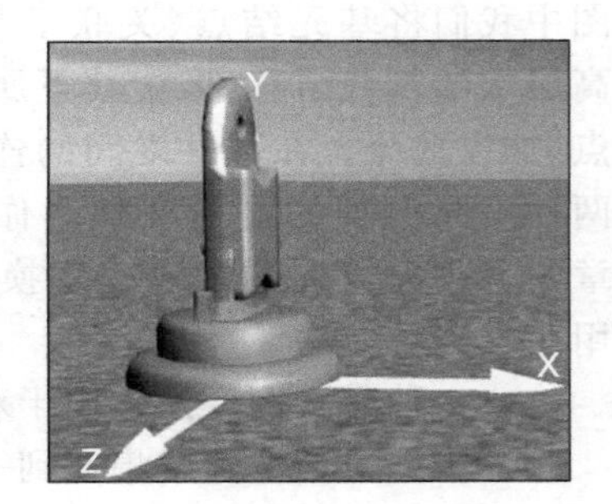

图6-44 小腿模型的初步绘制结果，小腿由两个子构件组合而成，它们仍位于坐标系原点处的规范位置

注意，一个典型的交互式3D建模环境通过诸如标尺覆盖、常见体的模板和网格对齐编辑等功能，可非常方便地构建一致性和规范化的基本构件。

如果在构件设计中加入从第三方获得的子构件，可能出现尺度不一致的情形。为了将它们集成到已设计好的构件中就需要做另外的变换(如通过缩放调整其大小或形状)。类似地，当将一个已完成的构件模型并入一个已有的场景中时可能也需要通过变换来进行调整。例如，如果想把我们构建好的骆驼模型(其高度超过100个抽象单位)放置到之前已经建好的金字塔场景里，将必须考虑到：金字塔场景中的场景坐标系采用的是物理单位，每个单位代表1米的长度。如果不进行尺度调整，骆驼放在该场景里会有100米高，超过金字塔75米的高度！

> 作为未来工作的一个小提示，如果你能先构建模型的若干部件然后以简单的方式将它们集成到你的场景中，无疑是非常好的。让这些部件的方向与各自的坐标轴或坐标平面保持一致只是第一步，让它们的尺度保持一致也很重要。这意味着你只需对这些部件进行平移、旋转和均匀缩放(即在各坐标轴上进行相同比例的缩放)就能将它们集成到场景中，这比一般的缩放变换更易于操作。

6.6.3.2 实例化一个基本构件

一旦基本构件设置好，其网格被存入资源库中，就能在视窗中通过创建Geometry-Model3D元素对其进行实例化，进而进行“观察和测试”。下面所示的XAML代码将一个脚的基本构件实例添加到沙漠场景的视窗中：

```
1  <ModelVisual3D.Content>
2    <Model3DGroup>
3        Lights will be specified here.
4      <GeometryModel3D Geometry="{StaticResource RSRCmeshFoot}"
5            Material=... />
6    </Model3DGroup>
7  </ModelVisual3D.Content>
```

注意，由于尚未对实例化的脚进行变换，所以它出现在场景坐标系的原点位置，如图6-42所示。

课内练习6.10： 使用模型列表框，并结合转盘功能，逐一检查骆驼的各个基本构件(位于其局部坐标系原点规范位置处)。例如，图6-43所示为胫骨的规范位置。

6.6.3.3 构造复合构件

复合结点是在一个Model3DGroup元素中通过子构件的实例化来指定的；这些子构件被集成到复合结点自身的坐标系中。

6.6.3.4 创建小腿

下面是骆驼小腿XAML代码的初始版：

```
1  <Model3DGroup x:Name="LowerLeg">
2    <GeometryModel3D Geometry="{StaticResource RSRCmeshFoot}"
3          Material=... />
4    <GeometryModel3D Geometry="{StaticResource RSRCmeshShin}"
5          Material=... />
6  </Model3DGroup>
```

通过实例化并将其置入视窗内来测试这个复合构件，如图6-44所示。

课内练习6.11： 回到实验软件，选择“小腿(胫骨+脚)”模型。

这当然是一个不满意的结果：由于两个模型占据了同一空间使得脚踝区域与胫骨区域

发生相交。上述情形之所以出现是因为根据设计，每个构件定位在其自身坐标系的原点处。在对部件进行组装时，必须通过实例化变换使两个子构件保持一个合适的相对位置。我们的目标是将胫骨的底部连接到脚的顶部(脚踝)。

因此我们需要将胫骨沿 y 轴正方向平移 13 个单位。注意，脚在小腿复合体中已处于正确位置，因此不需要做任何变换。

下面是该复合构件几何设置的 XAML 代码第二版(新加代码行采用高亮显示)。所得结果的两个视图分别如图 6-45 和图 6-46 所示。

```
1  <Model3DGroup x:Name="LowerLeg">
2
3    <GeometryModel3D Geometry="{StaticResource RSRCmeshFoot}"
4       Material=... />
5
6    <GeometryModel3D Geometry="{StaticResource RSRCmeshShin}"
7       Material=... >
8       <GeometryModel3D.Transform>
9           <TranslateTransform3D OffsetY="13"/>
10      </GeometryModel3D.Transform>
11   </GeometryModel3D>@</Model3DGroup>
```

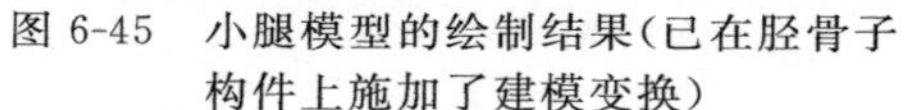
图 6-45　小腿模型的绘制结果(已在胫骨子构件上施加了建模变换)

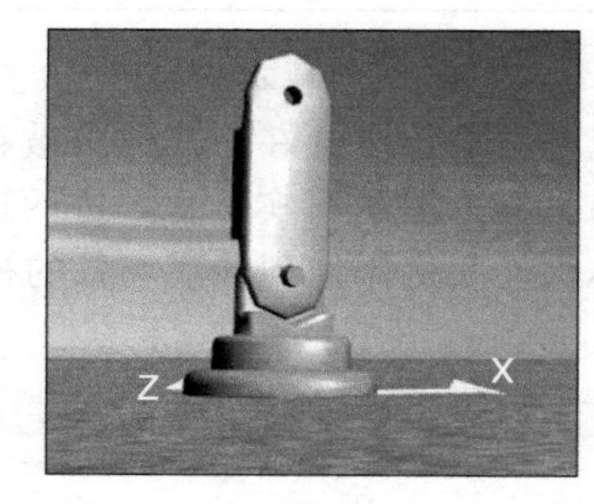

图 6-46　在另一个视点下的小腿模型绘制结果

课内练习 6.12： 返回实验软件，使用层次结构的浏览器/编辑器在胫骨处添加一个变换对小腿组合体进行修复。

6.6.3.5　构建整条腿

让我们继续自底向上实现下一层次的组合。“整个腿”是小腿(本身就是一个组合体)和大腿(一个基本构件)的组合体。首先我们将这两个构件组合成一个刚体，然后考虑如何添加膝关节。

与小腿情形相似，其中一个子构件需要做一个实例变换(即大腿需要沿 y 轴正向上移 43 个单位)，另一构件已经置于合适的位置。最终结果的图像如图 6-47 所示；其 XAML 代码如下：

```
1  <Model3DGroup x:Name="Leg">
2
3    <!-Build the lower-leg composite (same XAML shown earlier).->
4    <Model3DGroup x:Name="LowerLeg"> . . . </Model3DGroup>
5
6    <!- Instantiate and transform the thigh. ->
7    <GeometryModel3D Geometry="{StaticResource RSRCmeshThigh}"
8        Material=. . .>
9        <GeometryModel3D.Transform>
10           <TranslateTransform3D OffsetY="43"/>
11       </GeometryModel3D.Transform>
```

```
12    </GeometryModel3D>
13
14 </Model3DGroup>
```

课内练习 6.13：返回实验软件，选择模型列表上的“Thigh”，单独检查这个构件。然后选择“Whole leg”模型。将两个子构件简单地进行合并显然是不行的。请添加一个实例变换将大腿沿 y 轴正向进行平移来进行修复。（如果愿意，你也可以通过选择模型列表中的“Whole leg auto—composed”功能直接跳转到我们的解决方案。）

6.6.3.6 增加膝关节

目前腿被固定于一个笔直的状态，但是通过在小腿处添加一个旋转变换，就能提供一个“挂钩”，从而可以采用动画逻辑来模拟膝部的弯曲。

图6-48所示的小腿仍位于其原点处的规范位置，但绕膝盖转动了37°（为了清晰起见，绘制图像中画出了不可见的旋转轴线）。

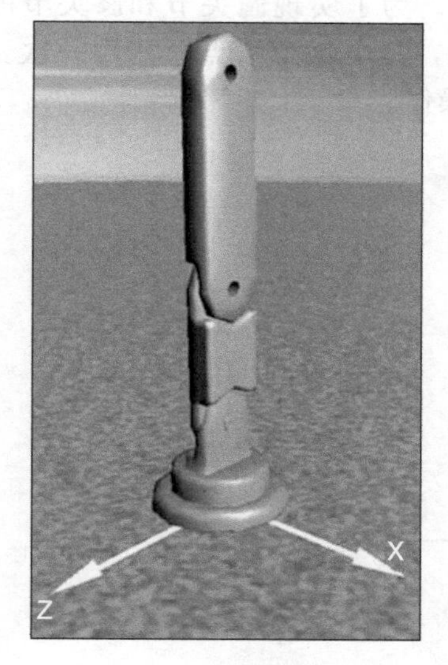

图6-47 完整腿模型的绘制

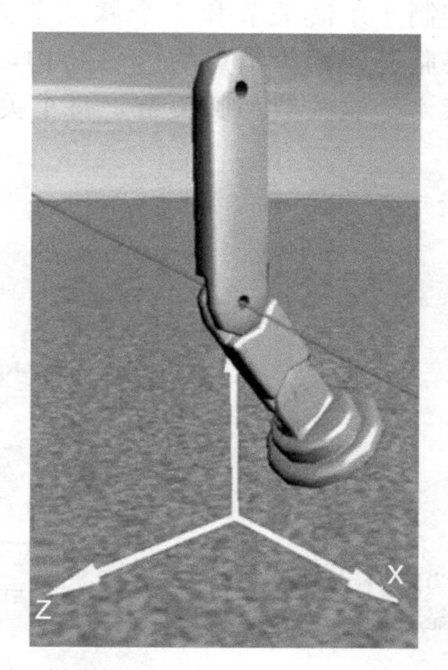

图6-48 在膝关节旋转37°的结果，图中所标记的贯穿关节的线（平行于 x 轴）即为旋转轴

在WPF中，表示3D旋转的元素需要设置旋转轴和旋转的角度。旋转轴可以通过两个参数来指定：一个任意的方向向量（例如，$[1\ 0\ 0]^T$ 代表平行于 x 轴的方向）和一个位于该向量上的中心点（例如，小腿的“膝盖”部件的中心点在小腿的坐标系的(0，50，0)处）。

课内练习 6.14：回到实验软件里的Whole leg模型。通过在小腿构件处添加旋转变换来模拟膝关节。接着设置旋转轴，然后使用数字转盘改变旋转量产生一个膝盖弯曲动画。

小腿的XAML代码的新版本如下（添加了用来弯曲膝盖的关节变换）：

```
1  <!- Construct the lower-leg composite (same XAML shown earlier) ->
2    <Model3DGroup x:Name="LowerLeg">
3      <Model3DGroup.Transform>
4        <!-- Joint transform for the knee -->
5        <RotateTransform3D CenterX="0" CenterY="50" CenterZ="0">
6          <RotateTransform3D.Rotation>
7            <AxisAngleRotation3D x:Name="KneeJointAngle" Angle="37" Axis="1 0 0"/>
8          </RotateTransform3D.Rotation>
9        </RotateTransform3D>
10     </Model3DGroup.Transform>
11     <GeometryModel3D Geometry="{StaticResource RSRCmeshFoot}" Material=... />
```

```
12      <GeometryModel3D Geometry="{StaticResource RSRCmeshShin}" Material=... >
13        <GeometryModel3D.Transform>
14          <TranslateTransform3D OffsetY="14"/>
15        </GeometryModel3D.Transform>
16      </GeometryModel3D>
17    </Model3DGroup>
```

可以由执行程序代码操纵关节旋转角度，或者使用 2.5.1 节中介绍的描述性动画技术。

6.6.4 构件的重用

腿设计好后，让我们升到更高的层次考虑如何来构建整个骆驼模型。腿是一个需要进行多次实例化然后连接到父结点下的构件。构件重用是分层建模的基本手段；不过，重用的类型有两种，它们分别面向不同的目标，适合不同的场景。

首先考虑一个骆驼以真实感的方式行走或奔跑的场景。要做到这一点，我们需要具有能够单独控制 4 个髋关节和 4 个膝关节处旋转量的能力。为了实现髋关节和膝关节的旋转，我们将骆驼建模为结点的树形结构，如图 6-49 所示，其中每个结点只能用一次。这样我们就有 4 个髋关节和膝关节，每个关节都可以独立操作。

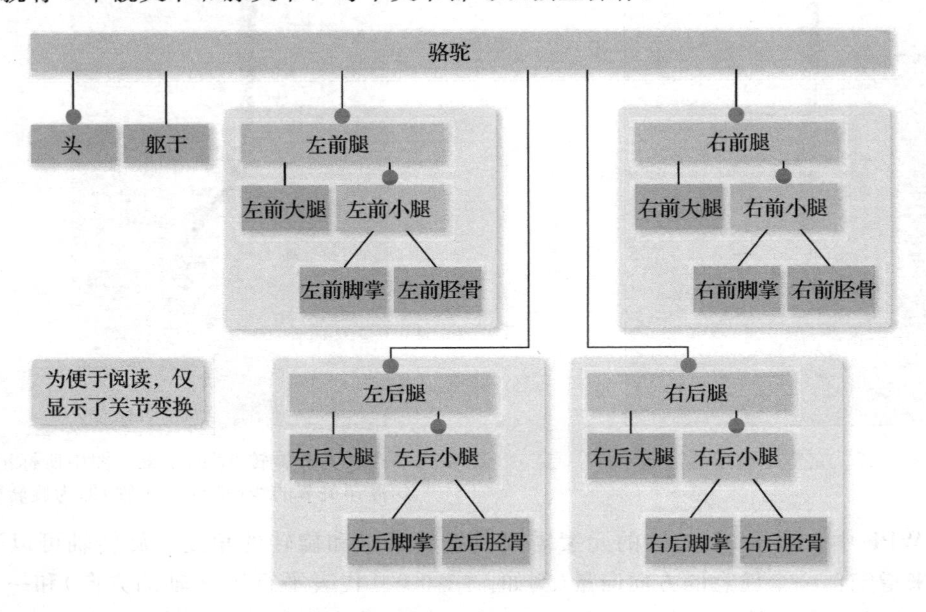

图 6-49 未采用任何重用构件构建的骆驼场景图，其中的每个关节都可以单独控制

这个模型中用到了“重用”功能吗？是的，你可以说我们重用的是腿的设计，因为该模型采用了 4 份设计好的腿部构件层次结构的副本，但是并没有重用已建模型中的具体构件。对应左前腿的构件结点只代表左前腿；实际上 4 条腿中每条腿都有一个完全独立的构件结点。这种方式的优点是每条腿都独立于其他的腿，操作该腿关节所产生的效果也限制在那条腿的局部范围内。

在模型中搜索未设置任何内部关节的刚性子构件是有用的；可以将它们提取出来成为可重用的构件。在上面讨论的模型中，小腿构件确实是刚性的，因为在我们的设计中并未包括可允许脚围绕胫骨旋转的脚踝关节。因此通过使用如图 6-50 所示的层次结构构建骆驼模型，我们能够重用小腿构件层次结构，且不影响动画的灵活性。在这里我们的模型已经不再是一棵树——它实际上是一个有向非循环图(DAG)；基于这种拓扑结构，故将这种结构称为“场景图”。

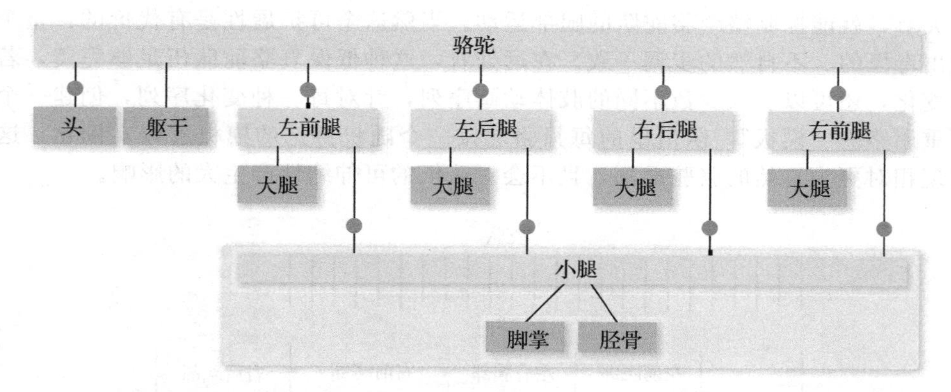

图 6-50 通过重用小腿的构件模型来降低存储成本，且未损失关节控制的灵活性

图上已清楚地显示，每个重用 Lowerleg 的实例都有自己的膝关节变换，其灵活性并未损失——每个膝关节仍然是单独可控的。这种基于有向非循环图的设计和上面的基于树的设计在功能上完全相同。

到目前为止，我们一直专注于创建一个高保真的骆驼运动动画，但还有一些有兴趣的问题也需要考虑。例如一个沙漠场景，远处有一支由成百上千骆驼组成的商队正在穿越沙丘。倘若独立地模拟每个髋关节和膝关节的运动，其需要的处理成本可能并非必要，尤其是当商队距离视点较远时，每个个体的运动细节对于观察者并不明显。在这种情况下，我们可以以低保真的方式来模拟其运动，让所有骆驼的运动是一致的，即无论前左腿还是后左腿，其运动均取同一个特定的膝关节动画，而所有的右腿取另一个不同的膝关节动画。

图 6-51 给出了一个采用这一思路的模型。这里我们有第一个包含了内部关节变换、可重用的构件：可重用的左腿内置了一个左膝关节，可重用的右腿内置了自己的右膝关节。如果对以这种方式设计的骆驼进行实例化，则可通过操纵一个左膝关节变换控制前、后左腿的膝部运动，操纵一个右膝关节变换来控制前、后右腿的膝部运动。

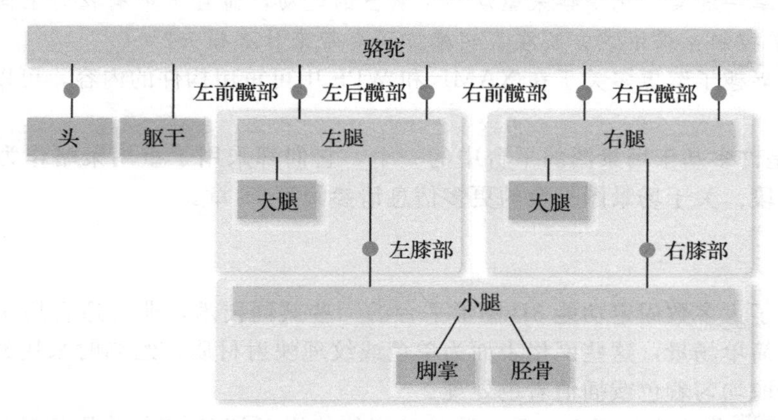

图 6-51 对左侧的两条腿重用左腿模型和对右侧的两条腿重用右腿模型可降低存储开销，但损失了独立控制关节的灵活性

如果增加模拟画面中整个骆驼商队的骆驼数量，那么通过构件重用所得到的处理优势将更为明显。图 6-52 描述了一支骆驼队伍的模型，其中采取了重用整个骆驼模型的策略。

基于这个新的场景图，我们就可以构建一支极具伸缩性的骆驼队伍。无论在队伍里加入多少头骆驼，生成腿部动画需要操纵的关节变换都是一个常数。只要操纵 4 个髋关节和两个膝关节，就能控制整个骆驼队的腿部运动。当然这个可扩展性是有代价的：整个队伍将呈现出奇怪的、不自然的步调一致。在远处看，这种低保真骆驼队伍足够完美，若要增加一点变化，还可以引入少数不同的肢体动画序列，针对每一种变化序列，创建一个不同的、可重用骆驼“模板”，队伍里的每只骆驼按一个随机挑选的模板进行实例化。这样就可以实现相对更为自然的骆驼动画，且不会对队伍的可伸缩性产生大的影响。

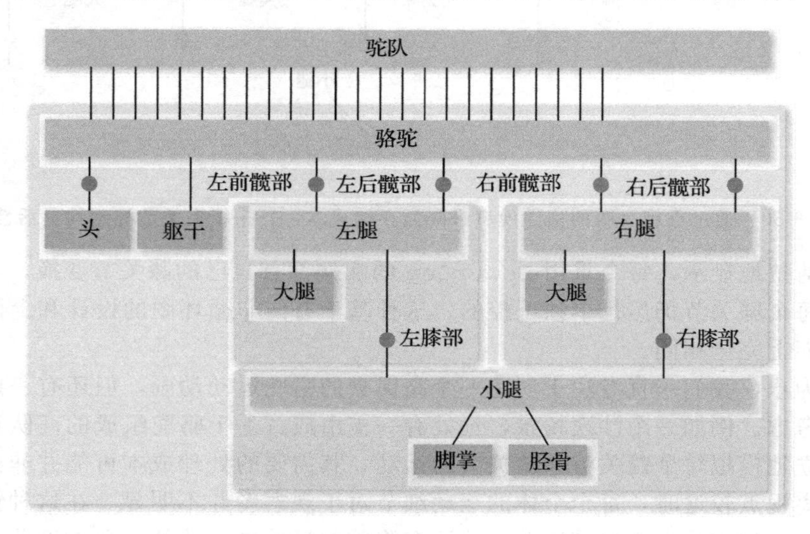

图 6-52 通过重用一个单一的骆驼模型构建一支骆驼商队，以完全同步的腿部运动为代价换取队伍的高度可伸缩性

当然骆驼队伍需要在沙漠上不断地移动；否则腿部动作看起来会显得莫名其妙。因此我们的动画逻辑在对骆驼的关节进行变换时还需要对骆驼对象的实例进行基于时序的变换。

课内练习 6.15：怎样使这些穿越沙漠的骆驼队伍的运动也成为可伸缩的？是否有一种场景图可通过单一的实例化变换来驱动整个队伍的运动，而且不影响我们上面设计的可伸缩的膝/髋关节控制？采用该方法在真实感方面会带来什么损失？

如果你有兴趣了解更多关于在 XAML 和 WPF 中可重用构件的内容，可以参考本章的在线材料。

WPF 只是许多基于场景图的平台中的一个，它们都采用了重用策略作为调控场景复杂度的一种手段。关于场景图平台的更多信息请参阅第 16 章。

6.7 讨论

本章演示了大多数固定功能 3D 图形平台的一些共同技术，非常适合用来显示由三角形网格组成的简单场景，这些网格表面为单色或纹理映射材质，绘制时采用经典的 Phong 反射模型，采取均匀着色或插值着色处理。

我们将 WPF 作为实验平台，目的是让读者能使用 XAML 来构建原型场景，便于读者通过实验来体验这些技术而不需要涉及程序语言以及编译/构建环节。

特别要注意的是，驻入平台的场景图只适用于“图像为景物的直接呈现”的情形。而对另一类重要应用，即图像呈现的是某些应用数据可视化的结果，则需要有一个用于存储几何和非几何信息的应用模型(数据库)，从中导出场景图来支持结果的显示。第 16 章将详细讨论这个主题。

2D 和 3D 空间中的基础数学与几何

7.1 引言

与本书的其他各章不同，本章中的许多内容读者可能已经有所熟悉。安排这些内容的目的是：

- 将它们集中在一起，便于参考。
- 有别于以往常见的表述方式，更适合于图形学应用。

本章内容大多容易理解，而且看上去很熟悉。为了确保读者已真正掌握这些内容，我们在本章中添加了一些练习；读者应该完成练习，以确定是否真正理解了所阅读的内容。我们假设读者接触过一些线性代数知识，并掌握向量、矩阵、线性变换，以及“基”和“线性无关”等概念。

阅读这些内容时，可以问自己一个问题：“我能用代码实现这个想法吗?”。如果答案是“不能”，那么应该多花些时间加深对概念的理解。这一非常重要之点已成为一项原则。下面所述为 20 世纪 70 年代由普林斯顿的 Hale Trotter 首次提出：

✓ **实现原则**：*如果你对一个数学问题的理解足够透彻，则一定能写一个程序实现它。*

对编程实现即能领会所求问题的全部细节的原则我们再补充一点：所编写的好程序是可以重用的。

7.2 记号

本章采用传统的数学记号：变量用斜体字母表示，向量和矩阵用罗马黑斜体字母表示(例如，$\boldsymbol{u}$)。通常，向量采用小写字母，矩阵采用大写字母。当一个变量带有索引下标时，该下标亦采用斜体，例如$\sum_i x_i$中的i。如果下标或上标是助记符，则采用罗马体，例如采用ρ_{dh}表示“沿给定方向的半球面反射率”。

某些特殊的集合已有专用字符，并用黑正体表示，包括：$\mathbf{R}$ 代表实数集合，$\mathbf{C}$ 代表复数集合，$\mathbf{R}^+$ 代表正实数集合，$\mathbf{R}_0^+$ 代表非负实数集合。

7.3 集合

集合通常用大写字母表示，集合 B 与 C 的笛卡儿乘积定义为集合：

$$B \times C = \{(b,c): b \in B, c \in C\}^{\ominus} \tag{7-1}$$

读作“B 叉乘 C”，但是称为“笛卡儿”乘积，而不是“叉积”。保留术语“叉积”，用于 7.6.4 节介绍的向量叉积。

乘积 $\mathbf{R}\times\mathbf{R}$ 记作$\mathbf{R}^2$，更高阶的乘积是$\mathbf{R}^3$、$\mathbf{R}^4$等，而 n 次乘积是$\mathbf{R}^n$。

闭区间(closed interval)$[a, b]$表示一个集合，它由 a 和 b 之间所有的实数组成，包括 a 和 b，即

⊖ 该记号表示“所有元素对(b, c)的集合，其中 b 属于 B，c 属于 C”。换句话说，冒号读作“其中”。

$$[a,b]=\{x:a\leqslant x\leqslant b\} \tag{7-2}$$

如果$b<a$，那么该区间为空集；如果$b=a$，那么该区间仅仅包含数值b。有时候，所使用的区间只包括其中一个端点(即**半开区间**(half-open interval))：

$$[a,b)=\{x:a\leqslant x<b\} \tag{7-3}$$

$$(a,b]=\{x:a<x\leqslant b\} \tag{7-4}$$

传统上，定义下面两种无穷大区间：

$$[a,\infty)=\{x:a\leqslant x\} \tag{7-5}$$

$$(-\infty,b]=\{x:x\leqslant b\} \tag{7-6}$$

7.4　函数

函数是数学和程序设计中大家都很熟悉的概念。我们将采用一个特定的记号来表示函数，例如：

$$f:\mathbf{R}\to\mathbf{R}:x\mapsto x^2 \tag{7-7}$$

其中，f是函数的名称，第一个冒号后所示为两个集合，箭头左侧为**定义域**(domain)，右侧为**陪域**(codomain)。第二个冒号后所示为从定义域中某元素x到陪域中对应元素的映射规则。

这与许多编程语言中函数的定义方式密切对应，如下所示：

```
1  double f(double x)
2  {
3     return x * x;
4  }
```

如前所述，这个函数具有名字f，显式定义的定义域(x可以取任何双精度实数)，显式定义的陪域(返回值为双精度实数)。从定义域中任一元素x到陪域中对应元素的映射规则由函数体给出。

与程序设计语言相比，数学上的函数允许定义更多的细节，例如数学上可定义：

$$g:\mathbf{R}\to\mathbf{R}_0^+:x\mapsto x^2 \tag{7-8}$$

但是多数程序设计语言没有“非负实数”的数据类型。显然，f和g的区别很大：对于函数g，函数值的集合(即集合$\{x^2: x\in\mathbf{R}\}$)覆盖了整个陪域；而对于函数f，其函数值的集合只是陪域的一个真子集。函数g称为**满射**(surjective)，但是函数f不是。

如果定义：

$$h:\mathbf{R}_0^+\to\mathbf{R}_0^+:x\mapsto x^2 \tag{7-9}$$

将得到另一个不同的函数。函数h不只是满射，还具有另一属性：定义域内的任何两个元素都不会对应于陪域中同一个元素。换句话说，如果$h(a)=h(b)$，那么a和b必须相等。这样的函数称为**单射**(injective)。一个既是单射又是满射的函数，例如函数h，具有**逆函数**(inverse)，记为h^{-1}。逆函数h^{-1}意味着“取消”函数h所做映射。h^{-1}的定义域是h的陪域，反之亦然。对于特定函数h，逆函数是：

$$h^{-1}:\mathbf{R}_0^+\to\mathbf{R}_0^+:x\mapsto\sqrt{x} \tag{7-10}$$

更一般地说，如果

$$f:C\to D \tag{7-11}$$

既是单射又是满射(或者说**双射**(bijective))，那么它的逆函数

$$f^{-1}:D\to C \tag{7-12}$$

是满足如下条件的唯一函数：

$$f^{-1}(f(x)) = x, \quad 对所有\ x \in D \tag{7-13}$$
$$f(f^{-1}(y)) = y, \quad 对所有\ y \in C \tag{7-14}$$

图 7-1 形象地展示了这三种类型的函数。

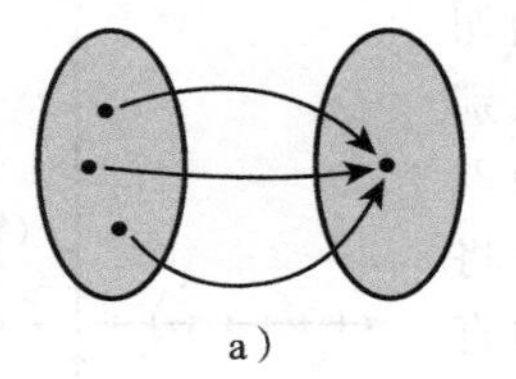

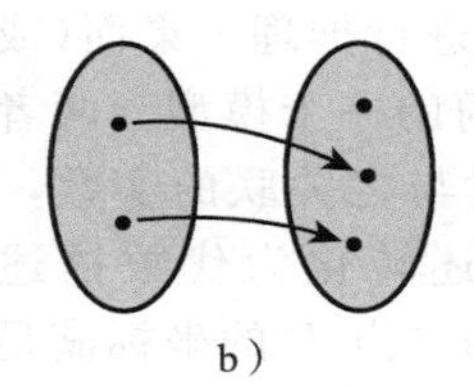

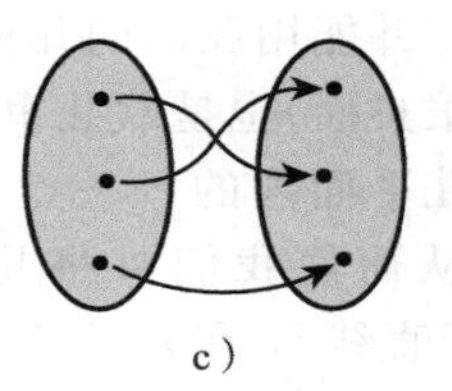

图 7-1　三种不同的函数：a 是满射但不是单射；b 是单射但不是满射；c 是双射

课内练习 7.1： 下面哪一个函数有逆函数？如果有，请给出逆函数。

(a) 负函数 N：$\mathbf{R} \to \mathbf{R}$：$x \mapsto -x$。

(b) q_1：$\mathbf{R} \to \mathbf{R}$：$x \mapsto \arctan(x)$。

(c) q_2：$\mathbf{R} \to [-\pi/2, \pi/2]$：$x \mapsto \arctan(x)$。

描述函数时，均需给出其定义域、陪域，以及从定义域元素到陪域对应元素的映射规则。有时不同情况下需采用不同的映射规则，例如：

$$u:\mathbf{R} \to \mathbf{R}:x \mapsto \begin{cases} 1, & 1-1 \leqslant x \leqslant 1 \\ 0, & 否则 \end{cases} \tag{7-15}$$

这类似于在函数代码中采用 `if` 语句。在提到一个函数时通常引用其函数名，例如说“函数 f 是连续的”而不是“函数 $f(x)$是连续的”，因为 $f(x)$表示函数在点 x 的值，不是函数本身。若出于某些原因必须包括变量名，则表述为诸如“函数 $x \mapsto f(x)$在 $x=0$ 处连续，但在其他地方不连续”。这些细微差别在讨论某些函数时很重要。例如傅里叶变换 $\mathcal{F}$，它对函数进行操作，生成另一函数。如果说“函数 $f \mapsto \mathcal{F}(f)$”，则表示傅里叶变换 $\mathcal{F}$；如果说“函数 $\mathcal{F}(f)$”，则代表傅里叶变换在特定函数 f 上的值。

7.4.1　反正切函数

数学家定义从 $\mathbf{R}$ 到开区间$(-\pi/2, \pi/2)$的 arctan 函数(反正切函数)，作为正切函数的逆函数。我们后面会用到它，将其表示为 $u \mapsto \tan^{-1}(u)$。反正切函数大多用于计算角度值 θ。如图 7-2 所示，给定坐标点(x, y)，求角度 θ。通常的答案是：当 $x>0$ 时，$\theta=\tan^{-1}(y/x)$。还有几种特殊情形，如 $x<0$，$y>0$ 或 $x<0$，$y=0$，等等。这些特殊情形都包含在函数 atan2 中，其输入为一对参数，而不是一个参数。所采用的形式几乎都是 $\theta=\text{atan2}(y, x)$，返回值为 x 轴与从$(0, 0)$到(x, y)射线之间的角度。返回的角度值在 $-\pi$ 和 π 之间。当 x 和 y 都均为 0 时，返回值为 0，这使得函数 atan2 在原点和在负 x 轴上不连续。在负 x 轴上，IEEE 版本的 atan2 返回 $+\pi$ 或 $-\pi$，对应于 $y=+0$ 或 $y=-0$。记住该函数的特别之处是：输入参数 y 起决定作用，且位于 x 之前。也可以通过下面的公式记住这一点：如果 $-\pi<\theta<\pi$，那么

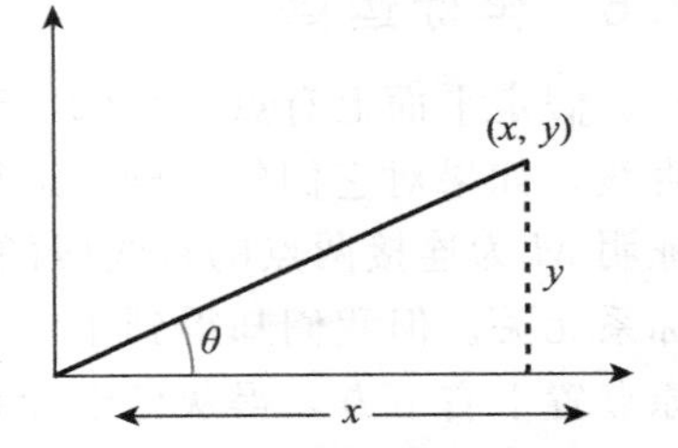

图 7-2　θ 与 x 和 y 是怎样的关系

$$\text{atan2}(\sin\theta, \cos\theta) = \theta \tag{7-16}$$

我们将不仅在程序中而且在公式中使用函数 atan2。

7.5 坐标

如图 7-3 所示，笛卡儿平面是欧几里得几何的模型之一：所有几何公理在笛卡儿平面上都成立，并能用我们的几何直觉进行推理。桌面(或更确切地说，无限桌面)也是欧几里得几何的一个模型。两者的区别是，笛卡儿平面内的每一点有一对与之关联的实数，称为点的**坐标**，从而使我们可将几何描述转化为代数描述，如将“点 P 位于直线 ℓ_1 和 ℓ_2 上”转化为“点 P 的坐标满足这两直线的方程”。当然，在无限桌面上也可以画两条互相垂直的直线，当作 x 轴和 y 轴，在上面设置均匀间隔的刻度，然后采用点在这两条直线上的垂直投影作为坐标。但选择哪一条直线作为 x 轴，哪一条作为 y 轴，哪一点作为原点，等等，都是任意的[⊖]。需要指出的是，点或线的属性与其关联的坐标值的属性是不同的。内蕴的几何属性不会随着坐标系的改变而改变，但坐标的数值性质却发生了变化。在图 7-4 中可以看到，点 P 位于直线 ℓ 上，这是一种几何属性，与所选取的坐标系无关。

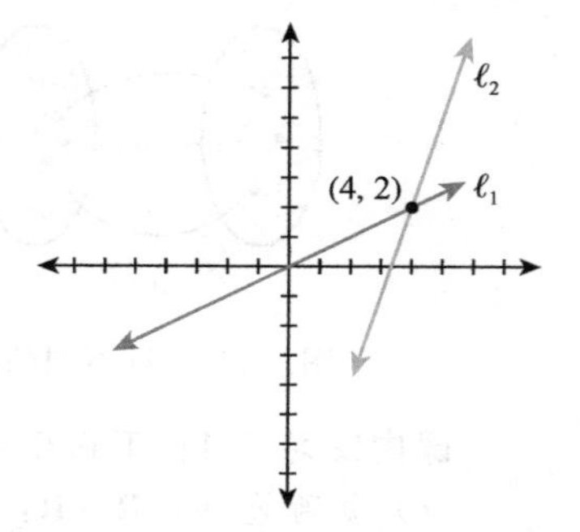

图 7-3　笛卡儿平面。该平面上的点由 x 和 y 坐标确定

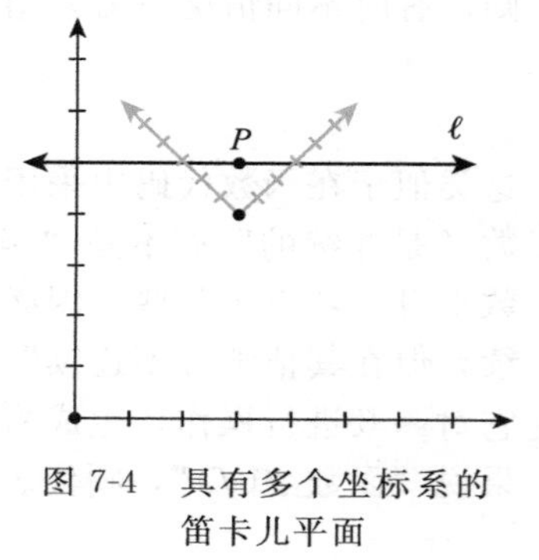

图 7-4　具有多个坐标系的笛卡儿平面

作为与坐标系相关的数值属性，点 P 的坐标在黑色坐标系中是(3，5)，而在灰色坐标系中是(2，2)。类似地，直线 ℓ 的方程在黑色坐标系中是 $y=5$，而在灰色坐标系中是 $x+y=4$。因此，点的坐标和直线的方程是依赖于坐标系的。但是，该点位于直线 ℓ 上的事实与坐标系无关：尽管 P 的坐标和 ℓ 的方程在两个坐标系中不同，但是黑色坐标系中的 P 点坐标值满足该坐标系中的 l 的方程，在灰色坐标系中也一样。

从现在起，当谈“点的坐标”时，总是相对于某个坐标系。由于在很多时候坐标系很明显，所以不会提起它。例如，在 2D 空间 $\mathbf{R}^2$(有序实数对的集合)中，点(x，y)的“标准”坐标即为 x 和 y。

7.6 坐标运算

假定平面上有点 $P=(2,5)$ 和 $Q=(4,1)$，其坐标系为图 7-5 中的水平和垂直的黑色直线。如果对它们的坐标值进行平均(对 x 和 y 坐标分别平均)，则得到 $M=(3,3)$。可以证明 M 为连接两点的直线段的中点。这是个有趣的情形：中点是一个纯几何定义，与坐标系无关。但我们却得到了一个基于坐标计算中点的公式。将黑色坐标系旋转45°，并将原点置于右下方，得灰色坐标系，P 和 Q 在灰色坐标系的坐标分别为(2，2)和(2，4)，其平均值为(2，3)。在灰色坐标系中的点(2，3)和黑色坐标系中的点(3，3)位于同一位置。简言之，虽然坐标计算的过程不同，但所得到的几何结果相同。

作为比较，考虑一个运算，将点的坐标值除以 2，如图 7-6 所示。经过该运算，黑色坐标系中位于(2，5)的点 P，变成位于(1，2.5)的点 P'。现在灰色坐标系中进行同样的运算，此时 P 的坐标是(4，7)，所生成的新点 P'' 的坐标为(2，3.5)，P'' 和 P' 相距非常远。

⊖ 事实上，笛卡儿坐标甚至没有要求两个轴是垂直的，尽管我们现在总是选择它们相互垂直。

取平均运算和除以2运算有何不同？为什么“取坐标值的平均”在任何坐标系中都得到同一结果，而“除以2”的结果却不同呢？这些将在7.6.4节中给予详细的解答。现先考察它们在代数上的差异：对点(x_1, y_1)和(x_2, y_2)的坐标进行平均，得到的结果是：

$$M=\left(\frac{x_1+x_2}{2},\frac{y_1+y_2}{2}\right) \tag{7-17}$$

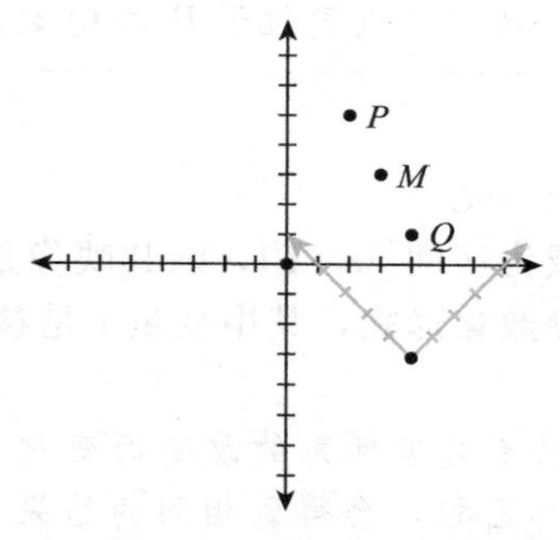

图7-5　点M的坐标在每一坐标系中都等于P和Q坐标值的平均。因此，求线段中点的几何运算可转化为对坐标值取平均的代数运算，且与所采用的坐标系无关

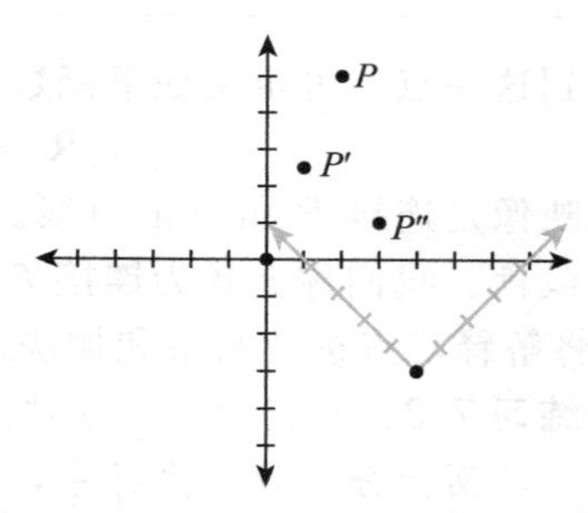

图7-6　“将点的坐标除以2”操作在两个坐标系中导致不同的结果(P'和P'')——这个简单的代数操作依赖于坐标系，因此，它不对应于任何几何操作

暂时定义点的坐标与一实数相乘按以下规则：

$$s(x,y)=(sx,sy) \tag{7-18}$$

而点的加法规则为：

$$(x_1,y_1)+(x_2,y_2)=(x_1+x_2,y_1+y_2) \tag{7-19}$$

那么，坐标平均可写成：

$$M=\frac{1}{2}(x_1,y_1)+\frac{1}{2}(x_2,y_2) \tag{7-20}$$

而“除以2”运算可写成：

$$\frac{1}{2}(x,y) \tag{7-21}$$

两者之间的关键区别是，第一个运算涉及一些项的累加，且各项系数之和为1$\left(因为\frac{1}{2}+\frac{1}{2}=1\right)$，但第二个运算则不然。各项系数之和为1的组合，称为这些点的**仿射组合**(affine combination)。该类组合所得结果在不同坐标系下具有不变性。(建议尝试一些其他的方法对此进行验证。)

由于仿射组合是有“几何意义的”，下面对其进行更细致的考察。假定不是取平均，而是按$\frac{1}{3}$和$\frac{2}{3}$的进行组合，即对图7-5中的点P和Q进行如下计算：

$$\frac{1}{3}P+\frac{2}{3}Q \tag{7-22}$$

得到点$\left(\frac{10}{3},\frac{7}{3}\right)$，它也位于$P$和$Q$的连线之上，但更接近$Q$。事实上，对于任何数$\alpha$，可以进行以下运算：

$$(1-\alpha)P+\alpha Q \tag{7-23}$$

当$\alpha=1$时，得点Q；当$\alpha=0$时，得点P；当$\alpha=\frac{1}{2}$时，得点M；对于0和1之间的任何α

值，所生成的点都位于连接 P 和 Q 的线段上。

当 α 值小于0时，会发生什么结果呢？所生成的点仍位于直线上但在点 P 之外；类似地，当 $\alpha>1$ 时，所生成的点位于直线上但在点 Q 之外。总之：

> 当 α 在实数轴上变化时，点 $(1-\alpha)P+\alpha Q$ 在包含 P 和 Q 的直线上变化，其中 $\alpha=1$ 时对应点 P，$\alpha=0$ 时对应点 P，而0和1之间的 α 值的对应点则位于 P 和 Q 之间。

考虑到这一点，可定义如下函数：

$$\gamma:\mathbf{R}\rightarrow\mathbf{R}^2:t\mapsto(1-t)P+tQ \tag{7-24}$$

该函数的映像是连接 P 和 Q 的直线。如果限制定义域为区间[0，1]，则其映像是 P 和 Q 之间的直线段。我们称上式为**连接 P 和 Q 的直线的参数化形式**，其中变量 t 是**参数**。（在7.6.4节将解释对点进行数乘和加法运算的含义。）

课内练习7.2：我们讨论了某些坐标表达式的结果不随坐标系的改变而变化。如果两人在同一个桌面上分别设置坐标系，计算长度、角度和面积，会得到相同的结果吗？换句话说，改变坐标系时，所得到的长度、角度和面积是否不变？如果不是，能否想出对坐标系的限制条件，使得这些值不变？注意：在笛卡儿坐标系中 (x_1, y_1) 和 (x_2, y_2) 之间的线段长度定义为 $\sqrt{(x_2-x_1)^2+(y_2-y_1)^2}$。你需要写出角度和面积的定义公式，解答该问题。

7.6.1　向量

现在讨论直线。在此之前，先将上面的一些做法和向量关联起来。“向量”已应用于许多领域，具有许多含义。目前，我们先考虑一种特殊类型的向量，即**坐标向量**(coordinate vector)，它由一列实数组成。n 维向量是 n 个数的序列，垂直地排列在一对方括号中。例如

$$\begin{bmatrix} 1 \\ -4 \\ 0 \end{bmatrix} \tag{7-25}$$

是一个3D向量。该记号可以扩展表示**矩阵**(matrice)，它是一个双下标索引的实数阵列，并以行数和列数分类。于是

$$\begin{bmatrix} 1 & 2 \\ -4 & 0 \\ 0 & 6 \end{bmatrix} \tag{7-26}$$

表示一个3行2列(常写作3×2)矩阵。矩阵元素由下标指定，行下标在前。如果 $\boldsymbol{A}$ 是一个矩阵，则 a_{ij} 代表其第 i 行第 j 列的元素。n 维向量可以认为是 $n\times1$ 矩阵。一个重要的矩阵操作是**转置**(transposition)：将一个 $n\times k$ 矩阵 $\boldsymbol{A}$ 转变成一个 $k\times n$ 矩阵，这只需将其 ij 位置上元素置为 $\boldsymbol{A}$ 的 ji 位置上的元素。因此，之前的那个矩阵的转置是：

$$\begin{bmatrix} 1 & -4 & 0 \\ 2 & 0 & 6 \end{bmatrix} \tag{7-27}$$

矩阵 $\boldsymbol{A}$ 的转置记为 $\boldsymbol{A}^{\mathrm{T}}$。因为水平的阵列比垂直的阵列容易排版，所以向量经常写成它的转置形式。因此，如果 $\boldsymbol{v}$ 是上面的向量，则可用“令 $\boldsymbol{v}=[1\quad -4\quad 0]^{\mathrm{T}}\cdots$”作为在讨论中引述向量的一种方式。

7.6.1.1　索引向量和数组

在数学上，向量和矩阵的索引都始于1。如果 $\boldsymbol{v}$ 是一个向量，则它的第一个元素记为

v_1，第二个元素记为v_2，等等。如果$\boldsymbol{M}$是一个矩阵，那么它的第i行j列的元素记为m_{ij}；当i和j是具体的整数时，经常会用“,”分开，如$m_{1,2}$。

7.6.1.2 一些特殊向量

在2D空间$\mathbf{R}^2$，任何向量$[a \quad b]^{\mathrm{T}}$可表达成如下形式：

$$\begin{bmatrix} a \\ b \end{bmatrix} = a\begin{bmatrix} 1 \\ 0 \end{bmatrix} + b\begin{bmatrix} 0 \\ 1 \end{bmatrix} \tag{7-28}$$

右边的两个向量记为$\boldsymbol{e}_1$和$\boldsymbol{e}_2$。在3D空间$\mathbf{R}^3$中，有类似的向量集，并使用这些符号命名：

$$\boldsymbol{e}_1 = \begin{bmatrix} 1 \\ 0 \\ 0 \end{bmatrix}, \quad \boldsymbol{e}_2 = \begin{bmatrix} 0 \\ 1 \\ 0 \end{bmatrix}, \quad \boldsymbol{e}_3 = \begin{bmatrix} 0 \\ 0 \\ 1 \end{bmatrix} \tag{7-29}$$

一般地，在n维空间$\mathbf{R}^n$，$\boldsymbol{e}_i$代表一个向量，它除了第i个元素是1之外，其他都为0。

若向量的所有元素都为0，则该向量记为$\mathbf{0}$，注意用黑斜体。

7.6.2 如何理解向量

常见学生说：“向量是一个有向箭头”。所以，倘若问图7-7中的$\boldsymbol{v}$和$\boldsymbol{w}$是否相同，他们会回答“是”，尽管这两个箭头处于不同位置，明显不一样。一个更好的理解向量的方法是把其视为**位移**(displacement)，即表示从一个位置到另一个位置需要移动的量。例如，从点(3，1)到点(5，0)，需在x方向移动2，y方向移动-1。这个位移可以表示为$[2 \quad -1]^{\mathrm{T}}$。这正好也是从(4，1)到(6，0)所需的位移。在这样的解释之下，向量的加法具有意义：即对应的分量相加。类似地，向量和一个常数的乘法可以定义为每一个分量乘以这个常数，其结果是位移量增加或者减少。

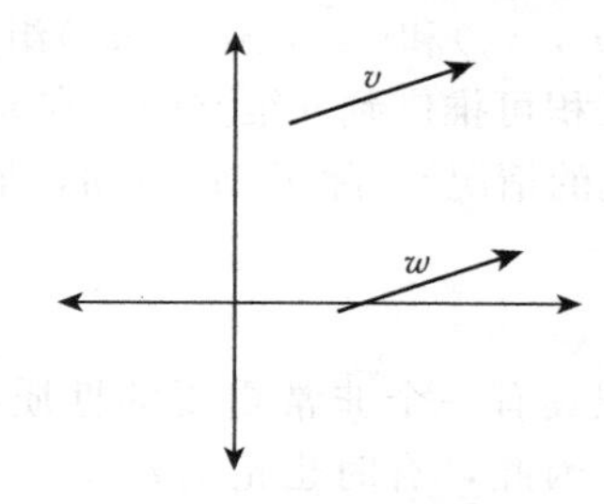

图7-7 标识为$\boldsymbol{v}$和$\boldsymbol{w}$的两个箭头通常认为是“一样的”，即使它们是明显不一样的个体。但如果将它们理解为平面上的位移(即平面上所有点朝右上方移动)，则它们表示了相同的位移

如果觉得对“位移”这个词不够满意，也可以把向量理解为“点与点之差”，即从第一点到第二点所需的移动量。如果将一对点做相同平移到达新的位置，那么新的点对与原点对将对应于相同的向量，因为点对之间的差没有变。

7.6.3 向量长度

向量$\boldsymbol{v}$的长度(或模)，记为$\|\boldsymbol{v}\|$，是其所有分量平方和的平方根。如果$\boldsymbol{v} = [1 \quad 2 \quad 3]^{\mathrm{T}}$，则$\|\boldsymbol{v}\| = \sqrt{1^2+2^2+3^2} = \sqrt{14}$。将$\boldsymbol{v}$理解为位移时，这对应于移动的距离。长度为1的向量称为**单位向量**(unit vector)。

通过除以长度，可以把一个非零向量转化为单位向量，称为**归一化**(normalizing)，并写作：

$$\mathcal{S}(\boldsymbol{v}) = \boldsymbol{v}/\|\boldsymbol{v}\| \tag{7-30}$$

其中字母“$\mathcal{S}$”来自“sphere”，因为在3D空间中向量的归一化相当于调整其长度，使得向量末端位于单位球面之上。

7.6.4 向量运算

向量可以相加，也可以乘上一个常数(称为**标量乘法**，scalar multiplication)。更一般地，对一组向量$\boldsymbol{v}_1$，$\boldsymbol{v}_2$，…，$\boldsymbol{v}_n$和一组数c_1，c_2，…，c_n，可以进行线性组合(linear combination)：

$$c_1\boldsymbol{v}_1 + c_2\boldsymbol{v}_2 + \cdots + c_n\boldsymbol{v}_n \tag{7-31}$$

非零向量$\boldsymbol{v}$的所有线性组合的集合是包含$\boldsymbol{v}$的直线(这里暂时重回到向量为始于原点的箭头末端这一理解)。两个非零向量$\boldsymbol{v}$和$\boldsymbol{w}$的所有线性组合的集合一般为包含这两个向量的平面。但当其中一个向量是另一个向量的数乘时，其结果是包含它们的直线。

除了相加和与一常数相乘，还有另外两种常用的对向量的操作：点积和叉积。

7.6.4.1　叉积

3D空间中两向量的叉积通常定义如下：

$$\begin{bmatrix} v_x \\ v_y \\ v_z \end{bmatrix} \times \begin{bmatrix} w_x \\ w_y \\ w_z \end{bmatrix} = \begin{bmatrix} v_y w_z - v_z w_y \\ v_z w_x - v_x w_z \\ v_x w_y - v_y w_x \end{bmatrix} \tag{7-32}$$

叉积是反交换的，即$\boldsymbol{v}\times\boldsymbol{w}=-\boldsymbol{w}\times\boldsymbol{v}$(由定义式容易验证)。它在加法和标量乘法上符合分配律，但不符合结合律。叉积的主要用途之一是：

$$\|\boldsymbol{v}\times\boldsymbol{w}\| = \|\boldsymbol{v}\|\|\boldsymbol{w}\||\sin\theta| \tag{7-33}$$

其中$\boldsymbol{\theta}$为$\boldsymbol{v}$和$\boldsymbol{w}$之间的夹角。这意味着叉积结果向量模长的一半恰为由顶点(0，0，0)、(v_x，v_y，v_z)和(w_x，w_y，w_z)组成的三角形的面积。

叉积可推广到n维空间。在n维空间中，它是$n-1$个向量的积(这解释了为什么$n=3$是最常见的情况)。除了3D空间，最常用的是在2D空间，它是一个向量的“积”，定义为：

$$\times\begin{bmatrix} v_x \\ v_y \end{bmatrix} = \begin{bmatrix} -v_y \\ v_x \end{bmatrix} \tag{7-34}$$

该叉积具有一个非常重要的性质：从$\boldsymbol{v}$到$\times\boldsymbol{v}$经历了一个类似于从正x轴到正y轴的90°旋转。因此，有时也记为$\boldsymbol{v}^{\perp}$。

同样，$\boldsymbol{v}$到$\boldsymbol{w}$再到$\boldsymbol{v}\times\boldsymbol{w}$描述了一个**右手坐标系**(right-handed coordinate system)，其中右手的小指指向第一个向量，然后弯曲90°让它指向第二个向量，此时大拇指将指向第三个向量的方向(如图7-8所示)。一般地，在n维空间中，$n-1$个向量$\boldsymbol{v}_1$，…，$\boldsymbol{v}_{n-1}$的叉积$\boldsymbol{z}$将位于垂直于包含$\boldsymbol{v}_1$，…，$\boldsymbol{v}_{n-1}$的子空间的直线上，其长度等于$(n-1)!$乘上一个$(n-1)$维的类似棱锥体的体积，棱锥体的顶点为原点和各向量$\boldsymbol{v}_i$的末端点。如果该体积非零，类似于3D空间的右手定则，$\boldsymbol{z}$方向的朝向将使得$\boldsymbol{v}_1$，$\boldsymbol{v}_2$，…，$\boldsymbol{v}_{n-1}$，$\boldsymbol{z}$构成一个“正的定向”。

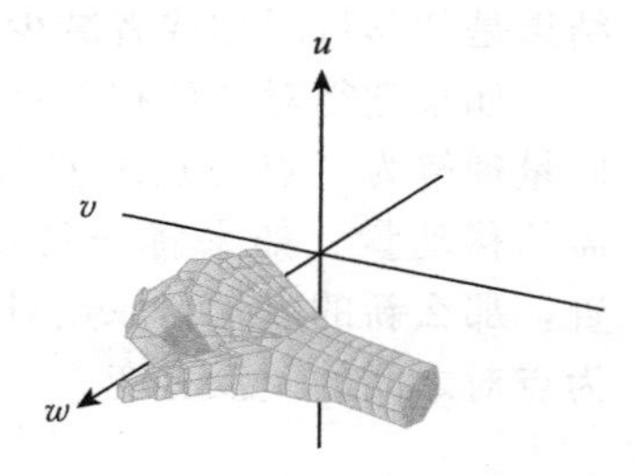

图7-8　uvw方向构成一个右手坐标系

7.6.4.2　点积

从线性代数可知，两个n维向量$\boldsymbol{v}$和$\boldsymbol{w}$的**点积**定义为：

$$\boldsymbol{v}\cdot\boldsymbol{w} = v_1 w_1 + v_2 w_2 + \cdots + v_n w_n \tag{7-35}$$

有时也记为$\langle\boldsymbol{v},\boldsymbol{w}\rangle$。通常称为**内积**(inner product)。点积可用于计算角度。如果$\boldsymbol{v}$和$\boldsymbol{w}$是单位向量，则它们之间的夹角θ(见图7-9)满足：

$$\boldsymbol{v}\cdot\boldsymbol{w} = \cos(\theta) \tag{7-36}$$

使用最多的形式是：

$$\theta = \cos^{-1}\frac{\boldsymbol{v}\cdot\boldsymbol{w}}{\|\boldsymbol{v}\|\|\boldsymbol{w}\|} \tag{7-37}$$

它给出了任何两个非零向量之间夹角，位于 0 到 π 的闭区间内。

固定向量 $\boldsymbol{w} \in \mathbf{R}^2$，那么函数：

$$\phi_w : \mathbf{R}^2 \rightarrow \boldsymbol{R} : \boldsymbol{v} \mapsto \boldsymbol{w} \cdot \boldsymbol{v} \tag{7-38}$$

代表了“$\boldsymbol{v}$ 与 $\boldsymbol{w}$ 的相似程度”，其意义是：对于所有不同方向的 $\boldsymbol{v}$(假定其长度固定，例如，长度为 1)，当 $\boldsymbol{v}$ 与 $\boldsymbol{w}$ 方向平行时，该函数取最大的正值；方向相反时，该函数取最小负值；互相垂直时，函数值为零。

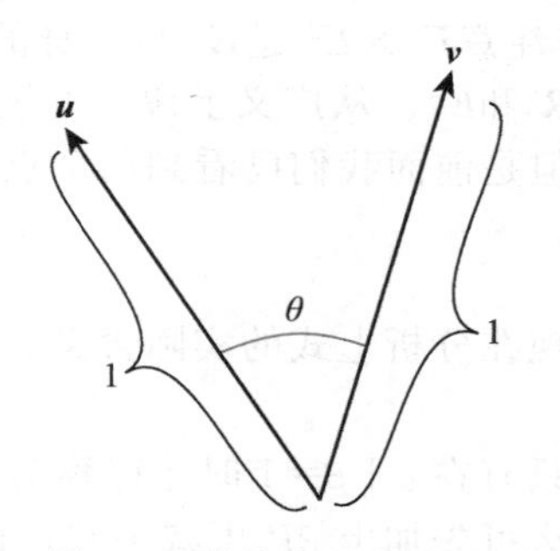

图 7-9　单位向量的点积给出两个向量之间夹角的余弦

点积是线性代数中许多内容的核心。大量的计算和简化可采用向量及其点积而不是其坐标得以实现，并有利于揭示运算的内涵。

7.6.4.3　$\boldsymbol{w}$ 在 $\boldsymbol{v}$ 上的投影

作为点积的应用举例，假设要将位移 $\boldsymbol{w}$ 写成一个向量和：

$$\boldsymbol{w} = \boldsymbol{v}' + \boldsymbol{u} \tag{7-39}$$

其中$\boldsymbol{v}'$平行于 $\boldsymbol{v}$，$\boldsymbol{u}$ 垂直于$\boldsymbol{v}$(参见图 7-10)。如何确定$\boldsymbol{v}'$呢？首先可以知道$\boldsymbol{v}'$是 $\boldsymbol{v}$ 的某个倍数$s\boldsymbol{v}$。因此只需要确定 s。将 $\boldsymbol{v}$ 和公式(7-39)两边进行点积：

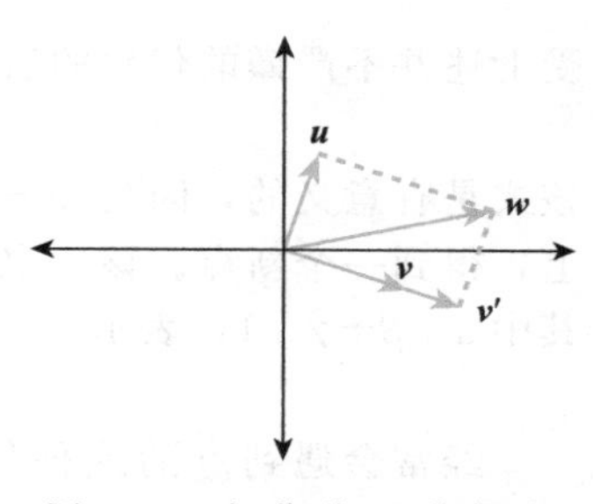

图 7-10　把位移 $\boldsymbol{w}$ 分解成两个位移的和，一个平行于给定向量 $\boldsymbol{v}$，另一个垂直于向量 $\boldsymbol{v}$

$$\boldsymbol{v} \cdot \boldsymbol{w} = \boldsymbol{v} \cdot \boldsymbol{v}' + \boldsymbol{v} \cdot \boldsymbol{u} \tag{7-40}$$

$$= \boldsymbol{v} \cdot (s\boldsymbol{v}) + 0 \tag{7-41}$$

$$= s(\boldsymbol{v} \cdot \boldsymbol{v}),\text{因此} \tag{7-42}$$

$$s = \frac{\boldsymbol{v} \cdot \boldsymbol{w}}{\boldsymbol{v} \cdot \boldsymbol{v}} \tag{7-43}$$

因此，投影为：

$$\boldsymbol{v}' = \frac{\boldsymbol{v} \cdot \boldsymbol{w}}{\boldsymbol{v} \cdot \boldsymbol{v}}\boldsymbol{v} \tag{7-44}$$

而 $\boldsymbol{u}$ 就为：

$$\boldsymbol{u} = \boldsymbol{w} - \boldsymbol{v}' \tag{7-45}$$

当 $\boldsymbol{v}$ 是单位向量时，$\boldsymbol{v}'$的表达可简化为：

$$\boldsymbol{v}' = (\boldsymbol{v} \cdot \boldsymbol{w})\boldsymbol{v} \tag{7-46}$$

7.6.4.4　点和向量的运算

当向量表示两点之间的差或位移时，可进行下列多种运算：

- 点 P 和 Q 之间的差，记作 $P-Q$，是一个向量。
- 点 P 和向量 $\boldsymbol{v}$ 的和是另一个点。特殊地，$P+(Q-P)=Q$。
- 向量之和或差定义为向量中各分量之和或差。
- 两点之和无定义。

因此，虽然平面上的点和向量都用一对实数来表示，但是根据书写惯例，点记为二元组，例如(3，6)，而向量记为 2×1 矩阵，用方括号括起来。在软件中(参见第 12 章)，将向量和点分为不同的类型，是有利的。在面向对象的语言中，可定义类 `Point` 和 `Vector`。第一个类包含 `AddToVector` 操作，但不包含 `AddToPoint` 操作；第二个类包含全部两种操作(得到的结果分别是 `Vector` 和 `Point`)。这种区别可以通过编译器减少我们在处理涉及点和向量的数学问题上的犯错机会。

如果采用E^2 表示所有点的集合，$\mathbf{R}^2$ 表示所有向量的集合，则已经定义了

$$\text{差} : E^2 \times E^2 \rightarrow \mathbf{R}^2 : (P, Q) \mapsto P - Q,\text{与} \tag{7-47}$$

$$和:E^2 \times \mathbf{R}^2 \rightarrow E^2:(P,v) \mapsto P+v \tag{7-48}$$

(注意$E^2 \times E^2$ 是E^2 与自身的笛卡儿积，即所有点对的集合。)这些定义可以自然地推广到$\mathbf{R}^n$和E^n。从广义上说，通过这些操作可以定义**点的仿射组合**。虽然前面提到点没有加法，但是前面我们已看到两个点 P 和 Q 的中点可以简洁地表示为：

$$\frac{1}{2}P+\frac{1}{2}Q \tag{7-49}$$

现在分析上式的实际含义。表达式

$$\alpha P+\beta Q \tag{7-50}$$

只有在 $\alpha+\beta=1$ 时才能称为 P 和 Q 的**仿射组合**。暂且假定所有的算术运算都适用于点，那么可先加上 βP 再减去它，得到

$$\alpha P+\beta Q=\alpha P+\beta P+\beta Q-\beta P \tag{7-51}$$

$$=(\alpha+\beta)P+\beta(Q-P) \tag{7-52}$$

$$=P+\beta(Q-P) \tag{7-53}$$

受上述并不严谨的代数的启发，我们将运算 $\alpha P+\beta Q$ 定义为：

$$P+\beta(Q-P) \tag{7-54}$$

该式是有意义的，因为 $Q-P$ 是一个向量，当然 $\beta(Q-P)$也是向量；该向量能够加到点 P 上，得到一个新点。该定义可自然地推广到 2 点以上的仿射组合。例如，$\alpha P+\beta Q+\gamma R$，其中 $\alpha+\beta+\gamma=1$，表示

$$P+\beta(Q-P)+\gamma(R-P) \tag{7-55}$$

经常会遇到点的这种仿射组合，尤其在第 22 章讨论样条曲线的时候。Mann 等人[MLD97]运用这种“仿射几何”处理所有的图形，尽可能地不使用坐标。事实上，在 `Points` 类中包含一个 `AffineCombination` 方法，能够避免错误或令人烦恼的代码编写。代码清单 7-1 给出了一种可能的实现。

代码清单 7-1　用 C# 编写的仿射组合代码。两个点的情况

```
1  public Point AffineCombination(double[] weights, Point[] Points)
2  {
3    Debug.assert(weights.length == Points.length);
4    Debug.assert(sum of weights == 1.0);
5    Debug.assert(weights.length > 0);
6
7    Point Q = Points[0];
8    for (int i = 1; i < weights.length; i++) {
9      Q = Q + weights[i]* (Points[i] - Points[0]);
10   }
11   return Q;
12 }
13
14 public Point AffineCombination(Point P, double wP,
15                                Point Q, double wQ)
16 {
17   Debug.assert( (wP + wQ) == 1.0);
18
19   Point R = P;
20   R = R + wQ * (Q - P);
21   return R;
22 }
```

7.6.5　矩阵乘法

对于两个矩阵 $\mathbf{A}$ 和 $\mathbf{B}$，当 $\mathbf{A}$ 的列数等于 $\mathbf{B}$ 的行数时，可以定义它们的乘积。若 $\mathbf{A}$ 是

$n\times k$矩阵，$\boldsymbol{B}$ 是 $k\times p$ 矩阵，则其乘积 $\boldsymbol{AB}$ 是一个 $n\times p$ 矩阵。若 $\boldsymbol{A}$ 的第 i 行为向量$\boldsymbol{r}_i$的转置，$\boldsymbol{B}$ 的第 j 列为向量$\boldsymbol{c}_j$，则乘积 $\boldsymbol{AB}$ 的 ij 元素就是$\boldsymbol{r}_i\cdot\boldsymbol{c}_j$，下面的示意图将有助于记忆：

$$
n\left\{\underbrace{\begin{bmatrix} (\cdot\ \ \cdot\ \ \cdot) \\ \boldsymbol{r}_i \\ \\ \\ \end{bmatrix}}_{k}\right.
\quad
\begin{matrix}
\overbrace{\begin{bmatrix} & \begin{pmatrix}\cdot\\\cdot\\\cdot\end{pmatrix} \boldsymbol{c}_j & \end{bmatrix}}^{p}\left.\vphantom{\begin{pmatrix}\cdot\\\cdot\\\cdot\end{pmatrix}}\right\}k \\
\begin{bmatrix} & \downarrow & \\ & \rightarrow\ \boldsymbol{r}_i\cdot\boldsymbol{c}_j & \\ & & \\ & & \end{bmatrix}
\end{matrix}
\tag{7-56}
$$

因此，向量 $\boldsymbol{v}$ 和 $\boldsymbol{w}$ 的点积正好是矩阵乘积$\boldsymbol{v}^{\mathrm{T}}\boldsymbol{w}$，并且

$$\boldsymbol{v}\cdot\boldsymbol{w}=\boldsymbol{v}^{\mathrm{T}}\boldsymbol{w}=\boldsymbol{w}^{\mathrm{T}}\boldsymbol{v} \tag{7-57}$$

据此可以解释矩阵 $\boldsymbol{A}$(行向量为$\boldsymbol{a}_i$)和向量 $\boldsymbol{v}$ 的乘积：如果 $\boldsymbol{w}=\boldsymbol{Av}$，那么 $\boldsymbol{w}$ 的第 i 个元素代表着"$\boldsymbol{v}$ 与$\boldsymbol{a}_i^{\mathrm{T}}$相似程度"（取讨论公式(7-38)时所赋含义）。

$\boldsymbol{Av}$ 还有另外一种同样有用的解释。令$\boldsymbol{b}_i$为 $\boldsymbol{A}$ 的列向量，那么

$$\boldsymbol{Av}=v_1\boldsymbol{b}_1+v_2\boldsymbol{b}_2+\cdots+v_n\boldsymbol{b}_n \tag{7-58}$$

即 $\boldsymbol{A}$ 与 $\boldsymbol{v}$ 的乘积是矩阵 $\boldsymbol{A}$ 中的列向量的一个线性组合。

定义 $\boldsymbol{Av}$ 后一个特别好的应用是：如果需要计算 $\boldsymbol{A}$ 与一组向量$\boldsymbol{v}_1$，$\boldsymbol{v}_2\cdots$，$\boldsymbol{v}_k$的乘积，可以预先把这些列向量组合成一个矩阵 $\boldsymbol{V}$，然后乘积：

$$\boldsymbol{AV} \tag{7-59}$$

是一个矩阵 $\boldsymbol{W}$，它的第 i 列是$\boldsymbol{A}\,\boldsymbol{v}_i$。当然在计算方面这并不比 $\boldsymbol{A}$ 和每个向量单独相乘更有效。它的关键应用是：如果有两个向量集$\boldsymbol{v}_1$，$\boldsymbol{v}_2\cdots$，$\boldsymbol{v}_k$和$\boldsymbol{w}_1$，$\boldsymbol{w}_2\cdots$，$\boldsymbol{w}_k$，希望找到一个矩阵 $\boldsymbol{A}$ 使得：$\boldsymbol{A}\,\boldsymbol{v}_i=w_i$，$1\leqslant i\leqslant k$，即

$$\boldsymbol{AV}=\boldsymbol{W} \tag{7-60}$$

通常上式并不能获得精确解，但可以证明：通过对 $\boldsymbol{V}$ 和 $\boldsymbol{W}$ 进行直接的矩阵运算，能够找到一个"最好"矩阵 $\boldsymbol{A}$ 满足上式。其主要思想将在10.3.9节中给出。

一般地，矩阵乘法是不可交换的，即 $\boldsymbol{AB}\neq\boldsymbol{BA}$。

课内练习7.3：(a) 如果 $\boldsymbol{A}$ 是一个 2×3 矩阵，$\boldsymbol{B}$ 是一个 3×1 矩阵，证明 $\boldsymbol{AB}$ 有意义，但 $\boldsymbol{BA}$ 没有意义。

(b) 令 $\boldsymbol{A}=[1\quad 2\quad 3]^{\mathrm{T}}$，$\boldsymbol{B}=[0\quad 1\quad 1]$，计算 $\boldsymbol{AB}$ 和 $\boldsymbol{BA}$。

7.6.6 其他类型的向量

$\mathbf{R}^2$、$\mathbf{R}^3$以及一般的 n 维空间$\mathbf{R}^n$具有确定的性质，包括加法(满足交换律和结合律)，标量乘法(满足结合律和关于加法的分配律)。存在一个 $\mathbf{0}$ 向量，对任何向量 $\boldsymbol{v}$ 都有：$\mathbf{0}+\boldsymbol{v}=\boldsymbol{v}+0=\boldsymbol{v}$。还有加法逆：给定一个向量 $\boldsymbol{v}$，总能找到另一个向量 $\boldsymbol{w}$，使得：$\boldsymbol{w}+\boldsymbol{v}=0$。这些性质合在一起，使得$\mathbf{R}^n$成为一个向量空间。在图形学中还将遇到其他的几个向量空间，一些出现在讨论图像时，一些在讨论样条函数时，还有一些在讨论绘制时。它们大多有一个共同的形式，即均为以函数为元素的空间。

前面曾为一个向量 $w\in\mathbf{R}^2$，定义一个函数：

$$\phi_{w}: \mathbf{R}^{2} \rightarrow \mathbf{R}: \boldsymbol{v} \mapsto \boldsymbol{w} \cdot \boldsymbol{v} \tag{7-61}$$

这是$\mathbf{R}^2$上的一个线性函数。事实上，任何从$\mathbf{R}^2$到$\mathbf{R}$的线性函数都具有这样的特殊形式。

课内练习 7.4： 令 f：$\mathbf{R}^2 \rightarrow \mathbf{R}$ 为一个线性函数。令 $a=f(\boldsymbol{e}_1)$，$b=f(\boldsymbol{e}_2)$，且 $\boldsymbol{w}=[a \quad b]^{\mathrm{T}}$。证明对任何向量 $\boldsymbol{v}$，有 $f(\boldsymbol{v})=\phi_{w}(\boldsymbol{v})$。需要用到 f 为线性函数的假设。

所有这样的函数集合，即

$$\mathbf{R}^{2*}=\{\phi_{w}: \boldsymbol{w} \in \mathbf{R}^{2}\} \tag{7-62}$$

构成一个向量空间：任何两个线性函数之和还是线性函数；该空间的零向量是$\phi_{\mathbf{0}}$；ϕ_{w}的加法逆为ϕ_{-w}。标量乘法需稍加解释。从$\mathbf{R}^2$到$\mathbf{R}$的函数乘以一个数是什么意思呢？令 f 为从$\mathbf{R}^2$到$\mathbf{R}$的函数，那么函数 $g=11f$ 定义的函数为：

$$g: \mathbf{R}^{2} \rightarrow \mathbf{R}: \boldsymbol{v} \mapsto 11 f(\boldsymbol{v}) \tag{7-63}$$

这就是，对函数 f 的结果乘以 11。

课内练习 7.5： 假定 $\boldsymbol{w} \in \mathbf{R}^2$，解释$3\phi_{w}=\phi_{3w}$。

从$\mathbf{R}^2$到$\mathbf{R}$的线性函数所组成的空间称为$\mathbf{R}^2$的**对偶空间**(dual space)，它的元素有时称为**对偶向量**(dual vector)或**余向量**(covector)。同样的想法可推广到$\mathbf{R}^3$，甚至$\mathbf{R}^n$。在$\mathbf{R}^2$和$\mathbf{R}^{2*}$之间存在一个明显的元素对应关系，即向量 $\boldsymbol{w}$ 对应着余向量ϕ_{w}。那么为什么不称它们“是相同的”呢？后面将看到，将它们区分开确有一些实质性的优点。特别地，如对一个向量空间的所有元素实施变换，如进行旋转或沿 y 轴拉伸，其对应余向量的变换一般是不同的。

采用坐标的形式，若 $\boldsymbol{w}=[a \quad b]^{\mathrm{T}}$，则函数$\phi_{w}$可写成：

$$\phi_{w}: \mathbf{R}^{2} \rightarrow \mathbf{R}: \begin{bmatrix} x \\ y \end{bmatrix} \mapsto [a \quad b]\begin{bmatrix} x \\ y \end{bmatrix} \tag{7-64}$$

因此，有些书将余向量表示为行向量，普通的向量表示为列向量。

注意，在软件设计时，定义余向量 `CoVector` 类也是有意义的，正如前面区分 `Point` 类和 `Vector` 类一样。

余向量特别适合于表示三角形的法向量(三角形的法向量是一个非零向量，它垂直于三角形所在平面，可用于对计算诸如三角形在沿一定方向的入射光照射下的亮度)。虽然人们经常谈及法向量，但是这类向量几乎总是按余向量处理。准确地说，我们从不会将三角形的法向量 $\boldsymbol{n}$，加到另一个向量或者点上面，而是经常用在诸如 $\boldsymbol{n} \cdot \ell$ 的表达式中(例如，ℓ 可以是入射光的方向)。因此，它确实是有意义的余向量：

$$\boldsymbol{u} \mapsto \boldsymbol{n} \cdot \boldsymbol{u} \tag{7-65}$$

7.6.7 隐式直线

我们已经介绍了直线的参数化形式(见公式(7-24))。描述 P 和 Q 之间直线的另一方法并非是定义一个函数 $t \mapsto \gamma(t)$，使得每一个实数 t 的函数值均为直线上的一个点，而是定义另一不同类型的函数，用以确定$\mathbf{R}^2$中的任一点(x, y)是否位于直线上。这种函数采用隐式的、非参数化的方式定义直线。直线的隐式表示经常用到。下面会看到，求取两条参数化直线之间的交点远难于计算一条参数化直线和一条隐式直线的交点。在图形学中我们会频繁地遇到直线(或光线)与物体求交(即求取光线与场景中景物的交点)，下面我们更全面地考察这种隐式表示。

如果 F：$\mathbf{R}^2 \rightarrow \mathbf{R}$ 是一个函数，那么对于任一 c，可定义一个集合

$$L_{c}=\{(x, y): F(x, y)=c\} \tag{7-66}$$

称为 F 在 c 处的**水平集**(level set)。以一个普通的天气图为例，图上的每一点(x, y)都对应一个气温值 $T(x, y)$。所有温度为 80 ℉的点形成一个水平集，类似地，有温度为 70 ℉、60 ℉，等等的水平集。它们通常在图上呈现为曲线，每一条曲线都是温度函数的水平集。类似地，图 7-11 中的等高线地图包含了对应于不同高度的等高线，这些曲线代表了高度函数的水平集。在图形学中，我们也经常创建函数 F，用其 $c=0$ 的水平集表示某些形状。该集合称为函数 F 的**零水平集**(zero set)。

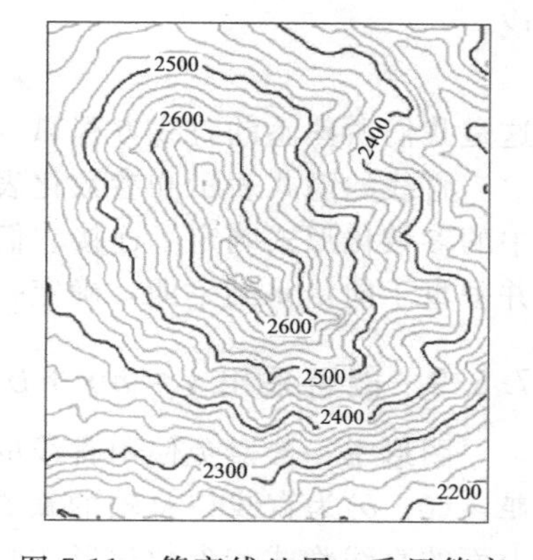

图 7-11　等高线地图。采用等高线显示海拔高度

课内练习 7.6： 天气图上的两个等温度曲线会不会交叉？为什么？

7.6.8　平面直线的隐式描述

如何找到一个函数 F，它在经过 P、Q 两点的直线上为零，但是在其他位置非零。即如何找到该直线的隐式表示？简要思考一下，然后往下读。

首先，令 $\mathbf{n}=\times(Q-P)=(Q-P)^{\perp}$，则向量 $\mathbf{n}$ 垂直于该直线[⊖](参见图 7-12)。具有该性质的非零向量，称为直线的**法向量**(normal vector)或**法向**(normal)。

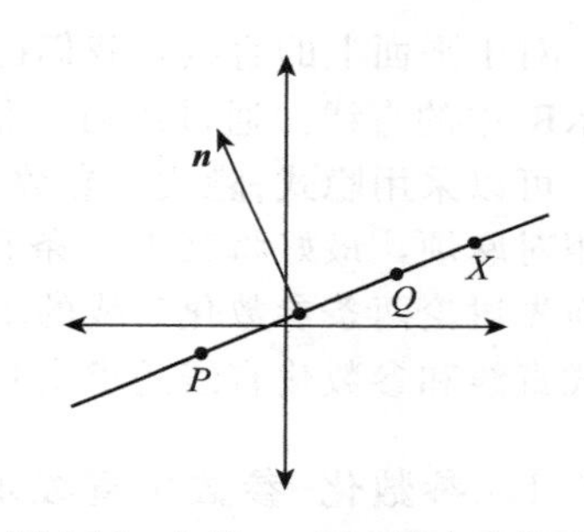

图 7-12　向量 $\mathbf{n}=(Q-P)^{\perp}$ 垂直于经过 P 和 Q 的直线。对于直线上任何点 X，$(X-P)$均垂直于 $\mathbf{n}$。事实上，一个点 X 位于直线上当且仅当 $(X-P)\cdot\mathbf{n}=0$

课内练习 7.7： 向量 $\mathbf{n}$ 称为直线的一个法向而不是**唯一**法向；验证 $2\mathbf{n}$ 和 $-\mathbf{n}$ 也是直线的法向，从而证明上述提法是正确的。

如果 X 是直线上一点，则向量 $X-P$ 是沿直线方向，因此也垂直于 $\mathbf{n}$。如果 X 不在直线上，则 $X-P$ 不沿直线方向，因此不垂直于 $\mathbf{n}$。因此

$$(X-P)\cdot\mathbf{n}=0 \tag{7-67}$$

完全刻画了位于直线上的点 X。从而可以定义：

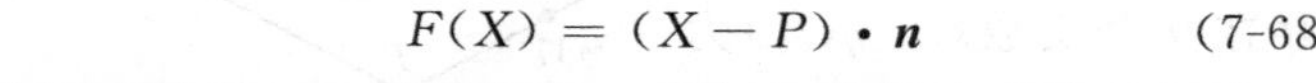

$$F(X)=(X-P)\cdot\mathbf{n} \tag{7-68}$$

为该直线的一个隐式描述，我们将称其为直线的**标准隐式形式**(standard implicit form)。

课内练习 7.8： 刚刚定义的函数 F 的定义域和陪域是什么？

课内练习 7.9： 讨论中假定 P 和 Q 是不同的点。如果 P 和 Q 相同，那么函数 F 隐式地定义了什么集？

作为一个具体的例子，如果 $P=(1, 0)$，$Q=(3, 4)$，那么有 $Q-P=\begin{bmatrix}2\\4\end{bmatrix}$，$\mathbf{n}=\begin{bmatrix}-4\\2\end{bmatrix}$。令 X 的坐标为(x, y)，则直线的隐式表示为

$$F(x,y)=\begin{bmatrix}x-1\\y-0\end{bmatrix}\cdot\begin{bmatrix}-4\\2\end{bmatrix}=0 \tag{7-69}$$

采用坐标表示，等价于

⊖　注意：此处使用公式(7-34)中定义的 2D 叉积。

$$-4(x-1)+2y=0 \tag{7-70}$$

或

$$-4x+2y+4=0 \tag{7-71}$$

这是我们所熟悉的直线方程 $Ax+By+C=0$ 的定义方式。

直线的隐式表示和参数化表示均可推广到3D空间：给定3D空间中两点，公式(7-24)中的参数化形式确定了连接它们的直线。隐式表示(即$(X-P)\cdot \boldsymbol{n}=0$)确定了一个经过 P 并垂直于向量 $\boldsymbol{n}$ 的平面，确定一条直线则需要采用两个法向量不平行的平面方程。

7.6.9　能否采用 $y=mx+b$

图形学一般避免使用直线的“斜率-截距”表示($y=mx+b$，m 称为斜率，b 称为截距，$(0, b)$为直线与 y 轴的截交点)，因为它不能表示垂直的直线。基于“两点”定义的上面的直线隐式和参数化形式则更加一般，涉及它们的表达式无需做任何特殊处理。

7.7　直线求交

对于平面上的直线，我们已有隐式和参数化两种表示方法。(参数化表示可推广用于表示$\mathbf{R}^n$中的直线。)通过练习，很容易在两种表示之间进行转换。如果要求两条直线的交点，可以采用隐式-隐式、参数化-参数化、隐式-参数化三种计算方法。隐式-隐式求交方法相对麻烦，最好将其中一条直线转化为参数化表示，然后运用隐式-参数化方法求交。下面先讨论两条参数化直线的求交，从中看到采用隐式-参数化方法求交的优点。一般地，隐式直线和参数化直线的求交具有最简单的代数表达。

7.7.1　参数化-参数化直线求交

假定有两条参数化表示的直线，即两个函数：

$$\gamma:\mathbf{R}\rightarrow\mathbf{R}^2: t\mapsto tA+(1-t)B \tag{7-72}$$

$$\eta:\mathbf{R}\rightarrow\mathbf{R}^2: s\mapsto sC+(1-s)D \tag{7-73}$$

分别对应直线 AB 和直线 CD(参见图7-13)。现欲求两条直线的交点 P。由于交点位于由函数 γ 确定的直线上，即存在某个实数t_0，$\gamma(t_0)$为交点。同样，也存在某个实数s_0，$\eta(s_0)$为交点。令这两个点相等，得到

$$t_0A+(1-t_0)B=s_0C+(1-S_0)D \tag{7-74}$$

也可写成

$$B-D=-t_0(A-B)+s_0(C-D) \tag{7-75}$$

这是一个好的表达式，它只涉及向量(即点之间的差)。

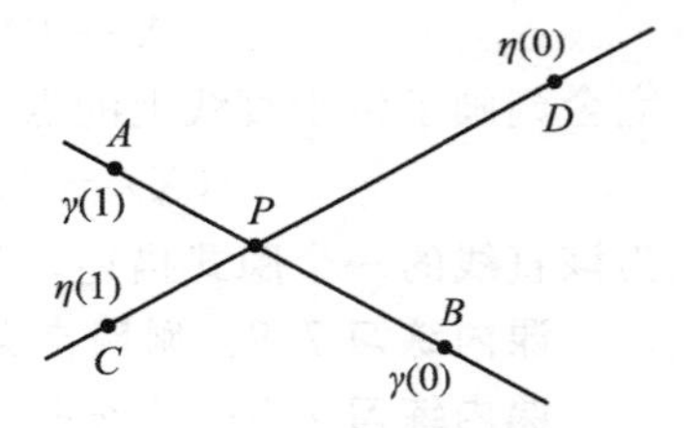

图7-13　直线 AB 和 CD 是参数化函数 γ 和 η 的映像，它们相交于未知的点 P

如果根据点 A、B、C、D 的坐标，将公式(7-74)展开，可得到关于未知参数s_0和t_0的两个方程，并求解。最后通过计算 $t_0A+(1-t_0)B$ 或$s_0C+(1-s_0)D$ 计算确定交点 P。

另一种更可取的求解方法是采用公式(7-75)中的向量表示。令 $\boldsymbol{v}=A-B$，$\boldsymbol{u}=C-D$，则有

$$B-D=-t_0\boldsymbol{v}+s_0\boldsymbol{u} \tag{7-76}$$

等式两边与$\times\boldsymbol{v}$ 进行点积，得到

$$(B-D)\cdot(\times\boldsymbol{v})=-t_0\boldsymbol{v}\cdot(\times\boldsymbol{v})+s_0\boldsymbol{u}\cdot(\times\boldsymbol{v}) \tag{7-77}$$

$$(B-D)\cdot(\times \boldsymbol{v}) = s_0\boldsymbol{u}\cdot(\times \boldsymbol{v}) \tag{7-78}$$

$$\frac{(B-D)\cdot(\times \boldsymbol{v})}{\boldsymbol{u}\cdot(\times \boldsymbol{v})} = s_0 \tag{7-79}$$

上式中的化简得益于$\times \boldsymbol{v}$垂直于$\boldsymbol{v}$，其点积为零。在方程的两边与正交于方程中某一项的向量做点积，以消去该项，是一个常用的技巧。

7.7.2　参数化-隐式直线求交

现假设给定一条参数化直线和一条隐式直线，为计算它们的交点，需要找到参数t_0，使得点

$$\gamma(t_0) = (1-t_0)P + t_0 Q \tag{7-80}$$

位于直线$\ell=\{X:(X-S)\cdot \boldsymbol{n}=0\}$之上。

为了使它成立，需要

$$(\gamma(t_0)-S)\cdot \boldsymbol{n} = 0 \tag{7-81}$$

也就是

$$((1-t_0)P + t_0 Q - S)\cdot \boldsymbol{n} = 0 \tag{7-82}$$

向量形式再次体现优势，我们可进行以下简化：

$$(P + t_0(Q-P) - S)\cdot \boldsymbol{n} = 0,\text{于是} \tag{7-83}$$

$$(t_0(Q-P) + (P-S))\cdot \boldsymbol{n} = 0 \tag{7-84}$$

记$\boldsymbol{u}=Q-P$和$\boldsymbol{v}=P-S$，则有

$$t_0\boldsymbol{u}\cdot \boldsymbol{n} + \boldsymbol{v}\cdot \boldsymbol{n} = 0 \tag{7-85}$$

$$t_0\boldsymbol{u}\cdot \boldsymbol{n} = -\boldsymbol{v}\cdot \boldsymbol{n} \tag{7-86}$$

$$t_0 = \frac{-\boldsymbol{v}\cdot \boldsymbol{n}}{\boldsymbol{u}\cdot \boldsymbol{n}} \tag{7-87}$$

将该式代入$\gamma(t_0)$的公式中，可得到交点T的xy坐标。

课内练习7.10：执行最后一步的计算，求得T点坐标。试着在所有的计算中，采用点积和向量运算，而不采用显式的坐标计算。

注意这种计算方法给出了*两点*：第一，通过t_0的值，可知交点在由γ确定的直线上的位置，例如，若t_0在0和1之间，则交点位于P和Q之间；其次，亦可得到交点的确切坐标(x_0, y_0)，即位于$Ax+By+Cz=0$隐式直线上的显式点。如果只关心位于P和Q之间的交点，若t_0不在0和1之间，即可避免第二步的计算。

7.8　更一般的求交计算

在讨论直线求交时，我们提倡采用向量和内积。这种方法有几个优点：

- 不需要逐个坐标将每个表达式重复2次(在2D空间)或3次(在3D空间)，每次只写一个表达式，从而减少了出错机会。
- 通常，向量形式的计算可以自然地推广到n维空间，但是坐标形式却并非如此。(例如，将向量$\boldsymbol{u}$分解为该向量的平行分量和垂直分量的表达式在2D、3D、4D等空间中均适用。)
- 代码少的程序更容易阅读和调试。基于向量计算描述的程序通常比较简单。

我们将再考虑两个采用向量形式计算交点的例子：光线与平面求交及与球面求交。

7.8.1　光线-平面求交

给定一条起点为 P、方向向量为 $\boldsymbol{d}$(故光线上的点为 $P+t\boldsymbol{d}$，$t\geqslant 0$)的光线，以及经过点 Q、法向量为 $\boldsymbol{n}$ 的平面，计算它们的交点。平面上任一点 X 具有如下属性：

$$(X-Q)\cdot \boldsymbol{n}=0 \tag{7-88}$$

这是$\mathbf{R}^2$ 空间中标准隐式直线方程的扩展。

现欲求一个 $t\geqslant 0$ 的 t 值，使得点 $P+t\boldsymbol{d}$ 位于平面上。显然该点既在平面上，又在光线上，即为平面和光线的交点。先假设存在这样的点，且是唯一的，稍后再回到这一假设上。

由于 $P+t\boldsymbol{d}$ 位于平面上，因此它必须满足

$$((P+t\boldsymbol{d})-Q)\cdot \boldsymbol{n}=0 \tag{7-89}$$

通过对该式进行简化，可求得 t：

$$((P+t\boldsymbol{d})-Q)\cdot \boldsymbol{n}=0 \tag{7-90}$$

$$(P-Q+t\boldsymbol{d})\cdot \boldsymbol{n}=0 \tag{7-91}$$

$$(P-Q)\cdot \boldsymbol{n}+t\boldsymbol{d}\cdot \boldsymbol{n}=0 \tag{7-92}$$

$$t\boldsymbol{d}\cdot \boldsymbol{n}=-(P-Q)\cdot \boldsymbol{n} \tag{7-93}$$

$$t\boldsymbol{d}\cdot \boldsymbol{n}=(Q-P)\cdot \boldsymbol{n} \tag{7-94}$$

$$t=\frac{(Q-P)\cdot \boldsymbol{n}}{\boldsymbol{d}\cdot \boldsymbol{n}} \tag{7-95}$$

读者会注意到，上面的计算实质上与之前公式(7-87)相同。这再次证明向量形式具有良好的扩展性。

课内练习 7.11：在上面显示的代数式中，为什么不将第一个等式简化为 $P\cdot\boldsymbol{n}+t\boldsymbol{d}\cdot\boldsymbol{n}-Q\cdot\boldsymbol{n}=0$？

得到 t 值之后，可计算 $P+t\boldsymbol{d}$ 获得交点。但有两个问题尚需考虑：

- 计算 t 的表达式中存在除以零的可能性。
- 交点存在且唯一的假设。

事实上，这两个问题属同一问题！如果 $\boldsymbol{d}\cdot\boldsymbol{n}=0$，则光线平行于平面。那意味着它或者包含在平面中(在这种情况下，有无数多个交点)；或者与平面分离，此时没有交点。在第一种情况中分子和分母都是 0，而在第二种情况中只有分母为 0。

课内练习 7.12：如果求解 t 时得到一个负值将对应什么情形？如果分子或分母是负的，而其他项是正的，则会出现负值。请从几何上描述每一种情形，就如在：“第一种情形下，P 在平面正侧(即法线指向的半空间)，…”

让我们再做一次交点计算，这一次平面由平面上一个点 Q 和两个线性无关的向量 $\boldsymbol{u}$ 和 $\boldsymbol{v}$ 所定义。于是，位于平面内的点可写成如下形式：

$$Q+\alpha\boldsymbol{u}+\beta\boldsymbol{v} \tag{7-96}$$

其中 α 和 β 是两个实数。该问题看上去要困难得多，因为它需要同时求出 t、α 和 β。但是稍后将看到，这一感觉只是部分正确。

我们想找到一个 t 值($t\geqslant 0$)，满足

$$P+t\boldsymbol{d}=Q+\alpha\boldsymbol{u}+\beta\boldsymbol{v} \tag{7-97}$$

其中 α 和 β 是两个实数。接下来的几个代数步骤类似。移动方程中的点，得到差向量，然后只进行向量计算：

$$P + t\boldsymbol{d} = Q + \alpha\boldsymbol{u} + \beta\boldsymbol{v} \tag{7-98}$$

$$P - Q + t\boldsymbol{d} = \alpha\boldsymbol{u} + \beta\boldsymbol{v} \tag{7-99}$$

$$P - Q = \alpha\boldsymbol{u} + \beta\boldsymbol{v} - t\boldsymbol{d} \tag{7-100}$$

令 $\boldsymbol{h}=P-Q$，可看到，现在问题已转化为“将向量 $\boldsymbol{h}$ 表示为 $\boldsymbol{u}$、$\boldsymbol{v}$ 和 $\boldsymbol{d}$ 的线性组合”。令 $\boldsymbol{M}$ 是一个矩阵，它的列向量为这三个向量，那么方程的解变为

$$[\alpha \quad \beta \quad -t]^{\mathrm{T}} = \boldsymbol{M}^{-1}(P-Q) \tag{7-101}$$

求解上式只需要对一 3×3 矩阵求逆。虽然这并不困难，但掩盖了问题的若干本质特征。首先，$\boldsymbol{M}$ 可能是不可逆的，但即使这样，下面的解也可能存在：

$$\boldsymbol{M}[\alpha \quad \beta \quad -t]^{\mathrm{T}} = (P-Q) \tag{7-102}$$

（当光线平行于平面时，$\boldsymbol{M}$ 不可逆；当光线位于平面内时，解存在，并且存在无穷多解。）其次，对每一条新的光线需要重新求逆以计算它和平面的交点，这使得光线-平面求交的计算量大，不是一种好方法。

另一可取的方法是，先计算 $\boldsymbol{n}=\boldsymbol{u}\times\boldsymbol{v}$，然后使用前一种方法求解。这确是一种好的选择，因为叉积计算仅需计算一次，并可保存重用。不难看到，相对于与参数化形式的平面求交，光线与隐式平面的求交计算要容易得多。

7.8.2 光线-球求交

再次假设一光线，其表示为 $P+t\boldsymbol{d}$，$t\geqslant0$。现在要计算它与一个球面的交点，球面中心在点 Q、半径为 r。

该球的隐式描述为：如果点 X 到 Q 的距离是 r，则点 X 在球上。这等价于说其平方距离（更容易操作）是r^2，即

$$(X-Q)\cdot(X-Q) = r^2 \tag{7-103}$$

这里用到了 $\boldsymbol{v}\cdot\boldsymbol{v}$ 为向量 $\boldsymbol{v}$ 的长度的平方。

现在问题是：“$P+t\boldsymbol{d}$ 位于球面上时 t 需满足什么条件？”显然有

$$((P+t\boldsymbol{d})-Q)\cdot((P+t\boldsymbol{d})-Q) = r^2 \tag{7-104}$$

因为向量 $P-Q$ 将会多次出现，令它为 $\boldsymbol{v}$。这样，上述表达式可简化为：

$$((P+t\boldsymbol{d})-Q)\cdot((P+t\boldsymbol{d})-Q) = r^2 \tag{7-105}$$

$$((P-Q)+t\boldsymbol{d})\cdot((P-Q)+t\boldsymbol{d}) = r^2 \tag{7-106}$$

$$(\boldsymbol{v}+t\boldsymbol{d})\cdot(\boldsymbol{v}+t\boldsymbol{d}) = r^2 \text{（因为 } \boldsymbol{v}=P-Q\text{）} \tag{7-107}$$

$$(\boldsymbol{v}\cdot\boldsymbol{v}) + 2(t\boldsymbol{d}\cdot\boldsymbol{v}) + (t\boldsymbol{d}\cdot t\boldsymbol{d}) = r^2 \tag{7-108}$$

$$(\boldsymbol{v}\cdot\boldsymbol{v}-r^2) + t(2\boldsymbol{d}\cdot\boldsymbol{v}) + t^2(\boldsymbol{d}\cdot\boldsymbol{d}) = 0 \tag{7-109}$$

最后一个方程是关于 t 的二次式，因此可能有 0、1 或 2 个实数解。

课内练习 7.13： 从几何上描述这个方程有 0、1 或 2 个解的条件。例如，“如果光线与球不相交，将没有解。如果……”

幸运的是，很容易知道二次方程 $c+bt+at^2=0$ 是否有 0、1 或 2 个解。由二次公式可知该方程的解为：

$$t = \frac{-b\pm\sqrt{b^2-4ac}}{2a} \tag{7-110}$$

若$b^2-4ac\geqslant0$，有两个实数解；若平方根是 0，即$b^2=4ac$，则两个解取相同值。在我们的情况中，可以证明，这意味着如果

$$(\boldsymbol{d}\cdot\boldsymbol{v})^2 > (\boldsymbol{v}\cdot\boldsymbol{v}-r^2)(\boldsymbol{d}\cdot\boldsymbol{d}) \tag{7-111}$$

则有两个解；如果两边相等，则有一个解。

注意，如果光线表达式中的向量 $\boldsymbol{d}$ 采用单位向量，则计算可以简化，因为 $\boldsymbol{d}\cdot\boldsymbol{d}=1$。

以上例子——直线与直线求交、直线与平面求交、光线与球面求交——都验证了下面的一般化原则：

✓ **参数/隐式对偶原则：** 采用参数表示和隐式表示的形状之间存在对偶性。一般，当一个形状为隐式表示，另一个形状为参数表示时，容易计算它们的交点；而当它们均为隐式表示或参数表示时，则较为不易。

7.9 三角形

几何学中早已熟悉的三角形也是计算机图形学建模的基本元素。如果某个三角形顶点为 A、B 和 C，取点 $Q=(1-t)A+tB$，则当 $0\leqslant t\leqslant 1$ 时，Q 位于连接 A 和 B 的边上(见图 7-14)。同样，取点 $R=(1-s)Q+sC$，则当 $0\leqslant s\leqslant 1$ 时，R 位于连接 Q 和 C 的边上。推而广之，有

$$R=(1-s)(1-t)A+(1-s)tB+sC \tag{7-112}$$

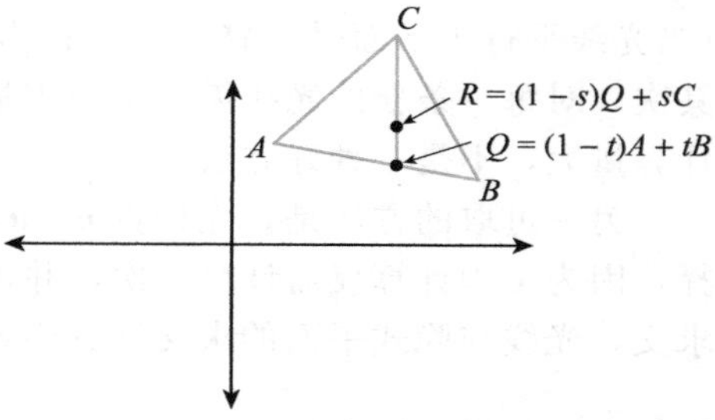

图 7-14　当 $t\in[0,1]$ 时点 $Q=(1-t)A+tB$ 位于边 AB 上，当 $s\in[0,1]$ 时点 $(1-s)Q+sC$ 位于线段 QC 上

公式(7-112)值得多方面仔细考察。首先，可定义函数：

$$F:[0,1]\times[0,1]\to\mathbf{R}^2:(s,t)\mapsto(1-s)(1-t)A+(1-s)tB+sC \tag{7-113}$$

它的映像正好是三角形 ABC(见图 7-15)。函数 F 将单位正方形的上面边界($s=1$)映射为点 C，其余水平线(s 为常数)映射为与 AB 平行的直线，垂直线(t 为常数)映射为连接点 C 和边 AB 上某一点的直线。这种三角形的**参数化**方式(变量 s 和 t 是参数)经常用于图形学中。

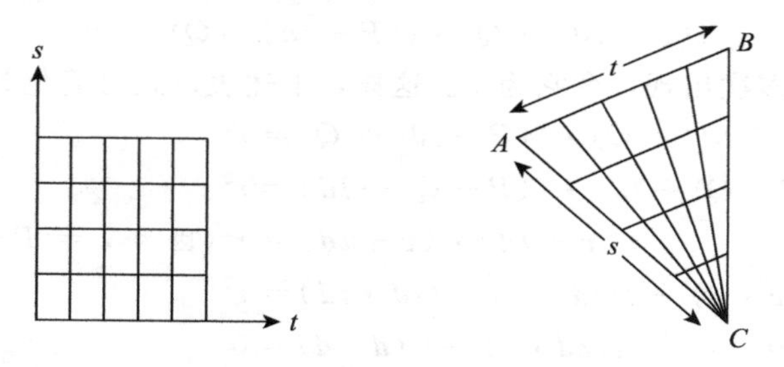

图 7-15　函数 F：$[0,1]\times[0,1]\to\mathbf{R}^2$：$(s,t)\mapsto(1-s)(1-t)A+(1-s)tB+sC$，将单位正方形映射为三角形 ABC，其中，单位正方形内 $s=1$ 的边映射为点 C，其他的边映射为三角形内的直线

7.9.1 重心坐标

让我们考察公式(7-112)中的系数：$(1-s)(1-t)$、$(1-s)t$ 和 s。易知：对于任何 $0\leqslant s$，$t\leqslant 1$，三个系数均为正，其和为 1：

$$(1-s)(1-t)+(1-s)t+s=(1-s)((1-t)+t)+s \tag{7-114}$$

$$=(1-s)+s \tag{7-115}$$

$$=1 \tag{7-116}$$

(这是个好性质：因为多个点的组合只有在系数之和为1的时候才有定义。)因此，三角形上的点具有如下形式：

$$\alpha A+\beta B+\gamma C \tag{7-117}$$

其中$\alpha+\beta+\gamma=1$，且α，β，$\gamma\geqslant 0$。$\alpha=0$对应的点位于边BC上，$\beta=0$对应的点位于边AC上，$\gamma=0$对应的点位于边AB上。若点$P=\alpha A+\beta B+\gamma C$，则称$\alpha$、$\beta$、$\gamma$为点$P$在三角形$ABC$上的**重心坐标**。

课内练习 7.14：(a)在三角形ABC中，边AB的中点的重心坐标是什么？(b)三角形中心的重心坐标呢？

课内练习 7.15：假设$A=(1, 0, 0)$，$B=(0, 1, 0)$，$C=(0, 0, 1)$，且在三角形ABC中，点P的重心坐标为：α、β和γ。那么点P的3D坐标是什么？

三角形内任一点的重心坐标的以下两种解释也常用到：

- 在一个非退化的三角形ABC中，点P的α坐标等于点P到边BC的垂直距离乘以一比例因子(该比例因子使得点A的α坐标正好为1)。对此有两种方法可以进行验证。方法之一是将两者全部用顶点的坐标来表示。方法之二是，由于“垂直距离”和“α坐标”函数都是平面仿射函数，它们的值在三个顶点(A、B和C)处均相等，据此即可断定在任一P处它们亦相等。
- 从前面的描述可知，三角形PCB的面积(边BC的长度和点P到边BC的垂直距离的乘积的一半)正比于该垂直距离。因此，点P的α坐标正比于三角形PBC的面积，且比例常数正是三角形ABC面积的倒数。即点P的α坐标是：

$$\frac{\text{Area}(\Delta PBC)}{\text{Area}(\Delta ABC)} \tag{7-118}$$

简而言之，点P将三角形ABC自然地分割成3个子三角形，且它们各自在原三角形ABC中所占面积的比率等于点P的重心坐标(图7-16)。

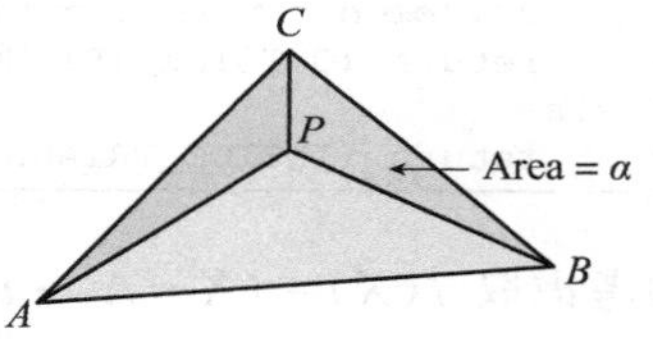

图 7-16 点P将三角形ABC分割成3个小三角形，它们各自在原三角形中所占面积的比率为α、β、γ。故点P的重心坐标是α、β、γ，即$P=\alpha A+\beta B+\gamma C$

7.9.2 空间三角形

前面给出的基于正方形的三角形参数化和重心坐标都与维数无关，对于3D空间中的ABC点同样适用！不同的是，3D空间中的三角形位于某个隐式函数$F(X)=(X-P)\cdot \boldsymbol{n}=0$所定义的平面上，其中$P$可取三角形的任意一个顶点，而$\boldsymbol{n}$可取如下叉积：

$$\boldsymbol{n}=(B-A)\times(C-B) \tag{7-119}$$

注意，如果顶点B的内角接近0或π，则上式的数值计算将不稳定(参见7.10.4节)。

根据这些表示方法，让我们求解一个常见问题：求取光线$t\mapsto P+t\boldsymbol{d}$与3D空间三角形$ABC$的交点。有几种可能的情形：交点出现在$t<0$处；光线所在直线与三角形不相交；光线与三角形共面；它们间的交点为空集、一个点或一线段。对于最后几种情形，微小的数值误差，例如某个坐标的些许扰动，有可能导致完全不同的结果，这种不稳定性将使所得计算结果几乎无用。因此，如果方向向量$\boldsymbol{d}$与法向量$\boldsymbol{n}$近乎垂直，那么我们将直接返回“不稳定”作为结果，而不去计算交点。基本策略是首先确定交点在光线上的参数t，然后计算交点$Q=P+t\boldsymbol{d}$，最后计算交点Q的重心坐标，确定交点Q是否在三角形之内。

对于大多数的常见情形，在每个三角形上将进行多次光线求交，所以可在每一三角形上存储一些相关的数据，以加速求交计算。包括预计算法向量 $\mathbf{n}$，两个向量 $AB^{\perp}$ 和 $AC^{\perp}$。其中 $AB^{\perp}$ 和 $AC^{\perp}$ 位于三角形 ABC 所在的平面内，$AB^{\perp}$ 垂直于 AB，$(C-A)\cdot AB^{\perp}=1$，$AC^{\perp}$ 的情形类似。如果 $X=\alpha A+\beta B+\gamma C$ 是三角形 ABC 所在平面上一点，则容易计算 $\gamma=AB^{\perp}\cdot(X-C)$。同样，容易求得 β。最后，计算 $\alpha=1-(\beta+\gamma)$。

上述求交过程参见代码清单 7-2。

代码清单 7-2 光线与三角形的求交

```
1  // input: ray P + td; triangle ABC
2  // precomputation
3
4  n = (B − A) × (C − A)
5  AB⊥ = n × (B − A)
6  AB⊥ /= (C − A) · AB⊥
7  AC⊥ = n × (A − C)
8  AC⊥ /= (B − A) · AC⊥
9
10
11 // ray-triangle intersection
12 u = n · d
13 if (|u| < ε) return UNSTABLE
14
15 t = ((A−P)·n) / u
16 if t < 0 return RAY_MISSES_PLANE
17
18 Q = P + td
19 γ = (Q − C) · AC⊥
20 β = (Q − B) · AB⊥
21 α = 1 − (β + γ)
22 if any of α,β,γ is negative or greater than one
23     return (OUTSIDE_TRIANGLE, α, β, γ)
24 else
25     return (INSIDE_TRIANGLE, α, β, γ)
```

现考虑取 $f(X)=(X-A)\cdot \mathbf{u}=0$ 形式的任一平面方程，下面值是关于 t 的线性函数：

$$f(P+t\mathbf{d})=(P+t\mathbf{d}-A)\cdot \mathbf{u} \tag{7-120}$$

例如，如果 f 为三角形所在平面的方程，那么可通过求解 t 确定光线与该平面的交点。但是如果 f 所示平面包含边 AB 和法向量 $\mathbf{n}$，则 f 在直线 AB 上为零，在点 C 上非零(假设三角形是非退化的)，f 的某个倍数，$X\mapsto\frac{f(X)}{f(C)}$，给出了点 C 的重心坐标。从 $f(P+t\mathbf{d})$ 可见点 $P+t\mathbf{d}$ 在三角形平面上投影的 γ 坐标的变化速度。如果确定了交点的 t 值，那么根据该平面方程易得交点的重心坐标。在 15.4.3 节，我们基于这一想法设计了另一光线-三角形的求交算法。其核心部分与前面给出的算法类似，但看上去完全不一样。为什么需要多种算法呢？光线-三角形求交测试是许多图形学程序的核心代码，这类代码计算效率稍有提高都影响广泛。上面我们介绍了两种不同的方法，希望读者能找到更快的方法。与此同时我们也展示一些优化技巧，希望有助于读者改进自己的内循环代码。

7.9.3 半平面和三角形

从代数中可知，函数 $F(x, y)=Ax+By+C$(A 和 B 两者不全为 0)在 $\mathbf{R}^3$ 中可映射为一张平面，与 xy 坐标平面交于一条直线 ℓ。易知从原点到点(A, B)的射线垂直于 ℓ。函数 F 的零水平集对应直线 ℓ，即如果 $P\in\ell$，则 $F(P)=0$。函数 F 在 ℓ 的一侧取正值，而在另一侧取负值(见图 7-17)。因此，当 A、B 不全为 0 时，不等式 $F(x, y)=Ax+By+C\geqslant 0$ 定义了一个**以 ℓ 为边界的半平面**。它包含直线 ℓ，并指向法向 $[A \quad B]^{\mathrm{T}}$ 正向的那一侧。

平面上的三角形也可描述为 3 个半平面的交集。假设三角形的顶点分别为 P、Q 和 R，则可取以直线 PQ 为边界包含顶点 R 的半平面、以直线 QR 为边界包含顶点 P 的半平面和以直线 PR 为边界包含顶点 Q 的半平面。基于这一描述可测试一个点是否位于三角形内部。假设对应的三个不等式分别为 $F_1\geqslant 0$、$F_2\geqslant 0$ 和 $F_3\geqslant 0$，可按如下方法测试点 X 是否包含于三角形内：

- 如果 $F_1(X)<0$，点 X 位于三角形外部。
- 如果 $F_2(X)<0$，点 X 位于三角形外部。
- 如果 $F_3(X)<0$，点 X 位于三角形外部。
- 否则，点 X 位于三角形内部。

注意到该测试程序采用了及时拒绝的做法：只要发现点 X 位于某一条边的外侧，那么无需继续判别它位于余下边的哪一侧。

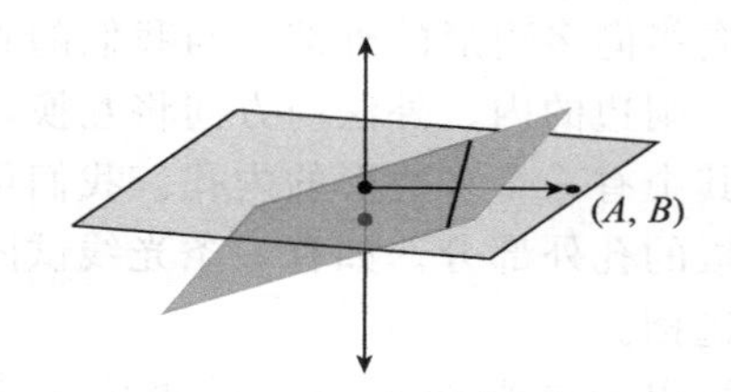

图 7-17　$\mathbf{R}^2$ 中的线性函数 $F(x, y, z)=Ax+By+C$(A、B 不全为零)可映射为一个平面(红色所示)，它对浅灰色的平面 $z=0$ 倾斜状态，相交于直线 ℓ(显示为粗黑色)。从原点到点(A, B)的光线垂直于 ℓ

函数 F_i 的构建类似于我们在 7.9.2 节中采用的方法。例如，针对边 AB 的测试函数取 $X-A$ 与向量 $AB^{\perp}$ 的点积。

对于 3D 空间中顶点 P_0、P_1 和 P_2 所构成的三角形，其法向为 $(P_1-P_0)\times(P_2-P_0)$，取单位向量。如果取不同的顶点的排列次序，则会有两种结果，取决于是奇排列还是偶排列。因此，每个三角形存在两种可能的朝向。我们将按以下约定，即三角形名中的顶点将按照一定的顺序排列，由该顺序所决定的三角形的法向量符合我们的默认。采用三角形面片建模时，约定其法向总是指向物体的外侧。

7.10 多边形

图 7-18 展示了一些多边形的形状。多边形通常表示为一个有序的顶点表。不自交的多边形(例如图 7-18a、图 7-18b、图 7-18d)称为**简单多边形**。其中有些为**凸多边形**，取其边界上任意两点，其连线(例如图 7-18a 中灰色的水平虚线)将完全位于多边形内。对于非简单多边形，如图 7-18c 和图 7-18e，其顶点对应的内角可能非零，也可能为零。如图 7-14e 中右上方的顶点的内角为零，这样的点也称为反射顶点。

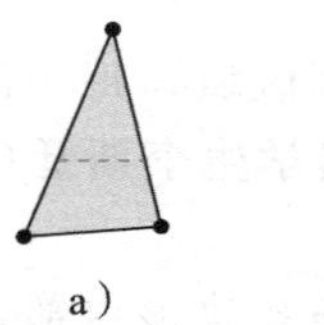
a)

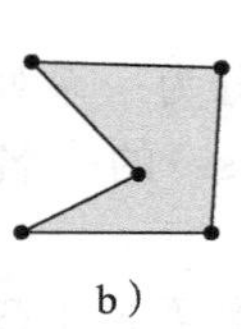
b)

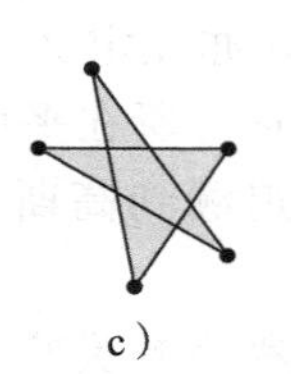
c)

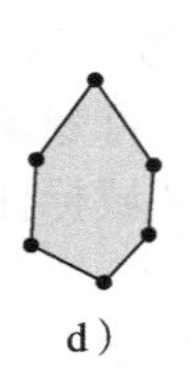
d)

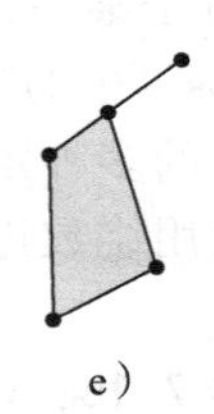
e)

图 7-18　多边形 a、b 和 d 是简单多边形，但是 c 和 e 不是。多边形 e 的右上方有一个反射顶点(即内角为 0 的顶点)

7.10.1 内/外测试

在经典几何学中，平面多边形就是一些如图 7-18 所示的形状，因其顶点有序排列，因此形成了结构。这使我们可定义一大类多边形的内部和外部。设$(P_0, P_1, \cdots, P_n)$为一多边形，线段 P_0P_1、P_1P_2 等称为该多边形的边，向量 $\boldsymbol{v}_0=P_1-P_0$，$\boldsymbol{v}_1=P_2-P_1$，…，$\boldsymbol{v}_n=P_0-P_n$称为**边向量**(edge vector)[⊖]。对于每条边P_iP_{i+1}，其**朝内的边法向**(inward edge normal)定义为$\times\boldsymbol{v}_i$，**朝外的边法向**(outward edge normal)定义为$-\times\boldsymbol{v}_i$。对于一个顶点按逆时针顺序排列的凸多边形，它朝内的边法向指向多边形的内部，朝外的边法向指向多边形的外部，与我们的直觉相符。但是，如果多边形的顶点按照顺时针方向排列，则边的内、外法向方向将互换，这在很多情形中将带来方便。例如，设想一块金属板，其中有一个多边形的内孔。我们可以使该多边形内部(通过对其顶点做适当排序)对应金属板的孔外部分。如有一条光线试图穿过金属板，若它与该多边形的内部相交，那么它将被遮挡。

可以测试平面上一点是否位于多边形内部，这只需从该点朝任一方向发射一条射线，如图7-19所示。计算射线与多边形边的所有交点，并对交点进行分类：如果在交点处射线与所交边的朝内法向的内积为正，则为*入点*；若该内积为负，则为*出点*。若射线上的“出点”多于“入点”，则该点位于多边形内部。事实上，“出点”数和“入点”数之差称为多边形关于该点的**绕数**(winding number)，这一命名与“多边形沿逆时针方向围绕这个点转的圈数”的注解契合。上面所述的简单规则要求射线与多边形的交点是有限的；当射线与多边形某条边重合时，该规则不适用。此时，测试的答案取决于如何定义光线和重合边的交点(当光线交于多边形的顶点时同样如此)。计算绕数的射线法隐含地应用了一个强定理，即射线计数法所得到的值等于绕数。注意，绕数本身以一种完全不同的方式定义：对于由顶点P_1，…，P_n构成的多边形，其关于点Q的绕数与多边形所有边对点Q所张夹角之和有关。若所有夹角之和为2π，则绕数为1；如为4π，则绕数为2，依此类推。正式地，我们有

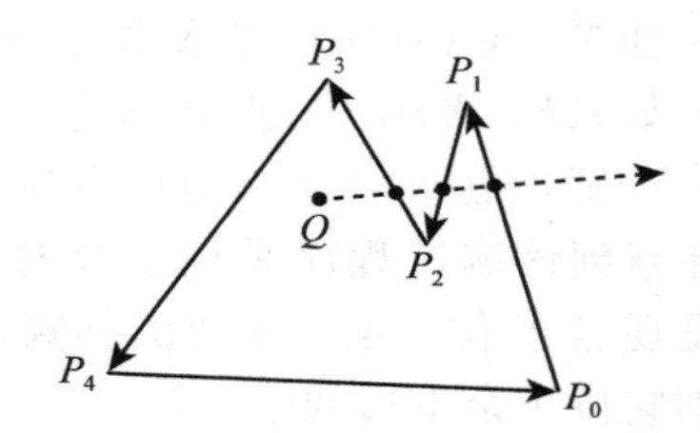

图7-19　为了测试Q是否在多边形内部，从Q点沿着任意方向发射一根射线，然后统计射线所交的入点和出点数。图中射线上有2个出点(第1个和第3个)和1个入点，所以该点位于多边形内部

$$\text{绕数}(Q,(P_1,P_2,\cdots,P_n\})=\frac{1}{2\pi}\sum_{i=1}^{n}\cos^{-1}\left(\frac{(P_{i+1}-Q)\cdot(P_i-Q)}{\|P_{i+1}-Q\|\|P_i-Q\|}\right)\tag{7-121}$$

注意：当Q位于某一顶点P_i处时，上式没有定义，因为此时分母为0。当Q点位于多边形某边上时，$\cos^{-1}$中的参数为-1，上式亦无定义。

基于绕数的多种定义，可想象为它将所在平面划分为一系列区域，每一区域的绕数是一个常数。采用绕数进行区域标注可追溯到高斯(Gauss)的一名学生李斯廷(Listing)的工作[Lis48]。

课内练习7.16：(a) 编写一段小程序测试某一点是否位于凸多边形内部，可测试该点是否严格地位于每一条边的内侧，并给出以多边形的顶点数n为参数的运行时间估计。

(b) 若需测试多个点是否位于同一凸多边形的内部，可以做一些预处理。应用本章描述的射线法，并投射水平射线，请问如何构建一种计算复杂度为$O(\log n)$的测试算法？提

⊖　便捷的写法是$\boldsymbol{v}_i=P_{i+1}-P_i$，$i=0$，…，$n$；然而该公式在$i=n$时不成立，因为$P_{n+1}$无定义。一个合理的处理方法是定义：$P_{n+1}=P_0$，$P_{n+2}=P_1$，等等，即采用循环下标。对于下标小于0的情形，同样可以定义：$P_{-1}=P_n$。

示：由于测试多边形为凸，只需与小部分边进行射线求交测试。如果预先对顶点按 y 坐标进行分类，你能快速找出这些边吗？

7.10.2　非简单多边形的内部

本文将遇到的大部分多边形为三角形，因而是简单多边形。但是偶尔也会遇到非简单的平面多边形，有几种定义其内部的方法(见图 7-20)。与前相似，所有方法首先计算多边形关于 P 点的绕数，尽管绕数可能不是 1 或 0。**正绕数规则**(positive winding number rule)判定绕数取正值的点位于多边形内部；**奇绕数规则**(odd winding number rule)判定绕数为奇数的点位于内部——其结果使内外区域呈棋盘格分布；**非零绕数规则**(nonzero winding number rule)判定绕数非零的点位于内部。每一种规则都有其用途，绘图程序应该允许这 3 种规则并存。

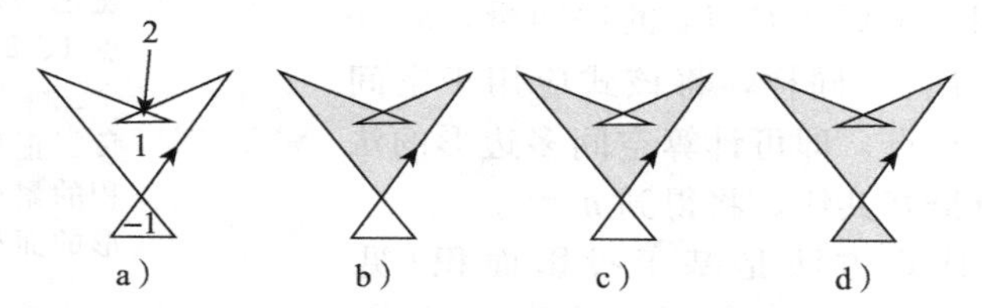

图 7-20　a) 非简单多边形，其中区域按李斯廷规则标注，b) 基于正绕数规则定义的多边形内部，c) 基于奇偶绕数规则定义的多边形内部，d) 基于非零绕数规则定义的多边形内部

7.10.3　平面多边形的符号面积：分而治之

设$P_1=(x_1, y_1)$，$P_2=(x_2, y_2)$为 xy 平面上的两点(见图 7-21)，$Q=(0, 0)$为原点，那么三角形 QP_1P_2 的**符号面积**(signed area)由下式给出：

$$\frac{1}{2}(x_1y_2 - y_1x_2) \tag{7-122}$$

如果三角形顶点 Q、P_1、P_2 为逆时针次序，则三角形符号面积为正；如果按顺时针次序则符号面积为负。(在阅读第 10 章的平面变换后将很容易证明这点：首先验证当三角形旋转时，该公式不变，于是可假设P_1 位于正 x 轴上，$P_1=(x_1, 0)$且 $x_1>0$；显然，只有当 $P_2=(x_2, y_2)$位于 $y>0$ 的半空间中，即 $y_2>0$ 时，三角形才是逆时针排序的，由面积公式知此时面积为 $\frac{1}{2}x_1y_2>0$。顺时针情形同样易于验证。)

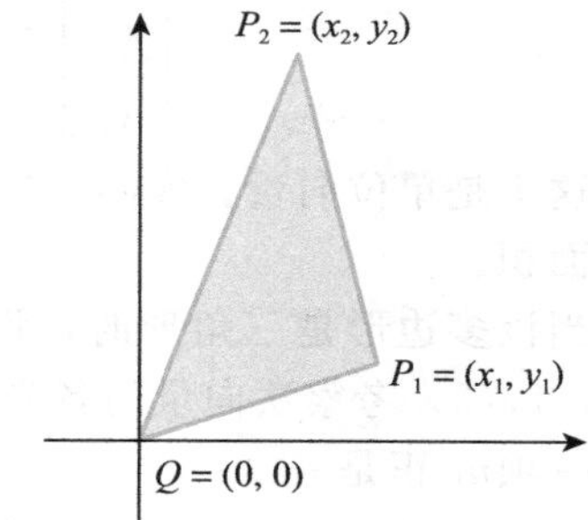

图 7-21　如果从 Q、P_1、P_2 再回到 Q 的路径为逆时针方向，则三角形的符号面积为正，否则为负。例子中所示符号面积为正

基于上述三角形面积公式可写出由顶点$P_0=(x_0, y_0)$、$P_1=(x_1, y_1)$和$P_2=(x_2, y_2)$构成的三角形的符号面积公式：如果将其变换到以P_0为坐标原点的坐标系，则P_1 和P_2 的新坐标为(x_1-x_0, y_1-y_0)和(x_2-x_0, y_2-y_0)。把这些坐标代入上述公式，得到

$$\frac{1}{2}((x_1y_2 - x_2y_1) + (x_2y_0 - x_oy_2) + (x_oy_1 - x_1y_0)) = \frac{1}{2}\sum_{i=0}^{2}(x_iy_{i+1} - x_{i+1}y_i) \tag{7-123}$$

其中下标用3取模，因此 x_3 即 x_0，y_3 即 y_0。

欲确定一个多边形 $P_0P_1\cdots P_n$ 的(符号)面积，可以采用相同的技术(见图7-22)：首先计算 QP_0P_1，QP_1P_2，…，QP_nP_0 的符号面积，然后去除位于多边形外的那部分区域，累加位于内部的区域的面积，即可得正确的总面积。最后的形式为

$$\text{area}=\frac{1}{2}\sum_{i=0}^{n}(x_iy_{i+1}-y_ix_{i+1}) \tag{7-124}$$

其中 x_{n+1} 为 x_0(即对下标用 $(n+1)$ 取模)。

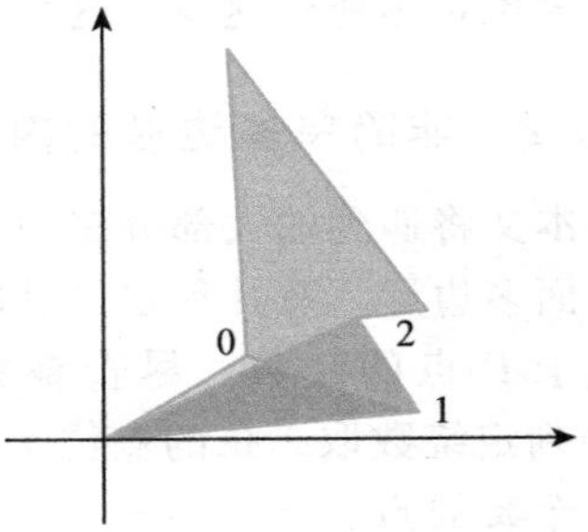

图7-22　浅黄色三角形(包含原点和顶点0、1)的符号面积为负，蓝色三角形(包含原点和顶点1、2)为正。接下来的三个三角形的符号面积分别为负、正和负，它们的符号面积的累加结果即为灰色多边形的面积

7.10.4　空间多边形的法向量

前面已给出空间三角形 $P_0P_1P_2$ 的法向量，$\boldsymbol{n}$，$\boldsymbol{n}=(P_1-P_0)\times(P_2-P_1)$。同样，将该式应用于空间多边形中3个连续的顶点，即可计算空间多边形的法向。但如果这些顶点恰好共线，将得到 $\boldsymbol{n}=0$。

一种更有趣的计算方法是基于投影面积(见图7-23的例子，此处的多边形为一个三角形)，该方法源于Plücker[Plü68]：如果把多边形分别投影到 xy、yz 和 zx 平面，会得到三个平面多边形，计算这些多边形的面积，并分别记为 A_{xy}、A_{yz} 和 A_{zx}。则该多边形的法向量为

$$\begin{bmatrix}A_{yz}\\A_{zx}\\A_{xy}\end{bmatrix} \tag{7-125}$$

通常这不是单位向量。实际上，它的长度等于该多边形的面积。

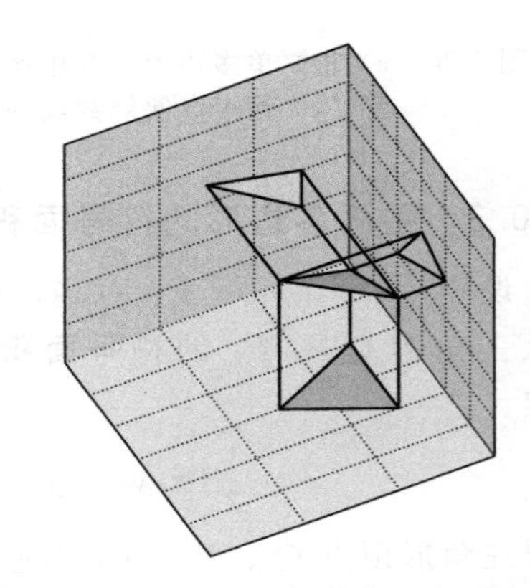

图7-23　灰色三角形朝各坐标平面投影，得到3个三角形，橙色、黄色和蓝色三角形的符号面积即为灰色三角形法向量的坐标分量

当该多边形是三角形时，设 $P_i=(x_i,\ y_i,\ z_i)$，$i=0,1,2$，考察法向量的各坐标分量，可知其叉积的第一项 n_1 正是

$$n_1=(y_1-y_0)(z_2-z_1)-(y_2-y_1)(z_1-z_0) \tag{7-126}$$

应用平面多边形的面积公式(公式(7-124))计算 $P_0P_1P_2$ 在 yz 平面的投影，可得

$$A_{yz}=\frac{1}{2}\sum_{i=0}^{n}(y_iz_{i+1}-z_iy_{i+1})\text{，于是} \tag{7-127}$$

$$2A_{yz}=(y_0z_1-z_0y_1)+(y_1z_2-z_1y_2)+(y_2z_0-z_2y_0) \tag{7-128}$$

计算 n_1 分量的表达式展开后共有8项，其中6项与 $2A_{yz}$ 表达式匹配，含 y_1z_1 的另2项因符号相反被抵消。n_2 和 n_3 的计算类似。因此，向量

$$\boldsymbol{a}=\begin{bmatrix}A_{yz}\\A_{zx}\\A_{xy}\end{bmatrix} \tag{7-129}$$

恰为该叉积的两倍。由于叉积模长的一半为三角形的投影面积，可知 $\boldsymbol{a}$ 的长度就是该三角

形的面积。

更一般的情形是把多边形分解为三角形的集合。

将 Plücker 公式用于计算空间多边形法向量的优势是：当某个顶点的坐标存在小小的数值误差时，对法向量的计算影响相对较小。

7.10.5 更一般多边形的符号面积

设有位于平面 $\mathcal{S}$ 上的一多边形 $P_0P_1\cdots P_n$，其法向量为单位向量 $\boldsymbol{n}$，在 $\mathcal{S}$ 上确定两个正交单位向量 $\boldsymbol{x}$ 和 $\boldsymbol{y}$，使得 $\boldsymbol{x}$、$\boldsymbol{y}$ 和 $\boldsymbol{n}$ 满足正取向，即 $\boldsymbol{n}=\boldsymbol{x}\times\boldsymbol{y}$。取平面上的某点为原点，构建 xyn 坐标系，在该坐标系中可确定每一个顶点 P_i 的坐标，其中第 3D 坐标值为 0，记 P_i 的坐标为 $(x_i, y_i, 0)$，可将其用于计算多边形的符号面积。若多边形为三角形，且其符号面积为正(相对于负)，则称为**正向**三角形(positively oriented)(相对于**负向**三角形)。注意，在采用 $-\boldsymbol{n}$ 而不是 $\boldsymbol{n}$ 时，该符号将会改变。不难看出，符号面积和三角形的取向是依据带法向的平面定义的。

以 xz 平面为例，如果三角形顶点按逆时针顺序排列，则该三角形在平面上为正向三角形。

当谈到 zx 平面上多边形的符号面积时，我们所取坐标系的第一个基向量为 $[0\quad 0\quad 1]^{\mathrm{T}}$，第二个为 $[1\quad 0\quad 0]^{\mathrm{T}}$，法向量是 $[0\quad 1\quad 0]^{\mathrm{T}}$，相似的描述也适用于 xy 和 yz 平面。

课内练习 7.17： *证实 3D 空间中任意平面上三角形的符号面积定义与 xy 平面上三角形的符号面积定义相一致。*

7.10.6 倾斜原理

图 7-24 所示为计算机图形学中常见的一种情形：三角形 T' 位于单位法向量为 $\boldsymbol{n}'$ 的平面 P' 上，其在法向量为 $\boldsymbol{n}$ 的平面 P 上的投影为三角形 T，投影方向沿 $\boldsymbol{n}$。如果 P 位于 zx 平面上，则投影沿着 y 轴，此时，(a, b, c) 变成 $(a, 0, c)$。

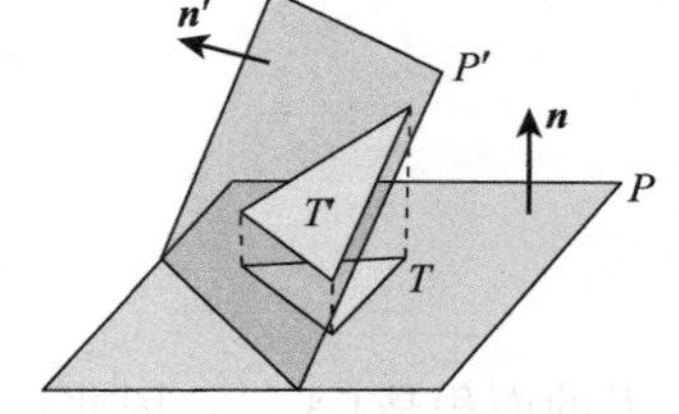

图 7-24 倾斜三角形和它的投影

T' 和 T 的(符号)面积是余弦的关系。

我们称此为倾斜原理。

✓ **倾斜原理：** *设 T' 是法向量为 $\boldsymbol{n}'$ 的平面 P' 内的有向三角形，而 T 是它在平面 P 上的投影，投影沿着 P 的单位法向量 $\boldsymbol{n}$ 并指向 P，那么 T 的符号面积是 $\boldsymbol{n}'\cdot\boldsymbol{n}$ 和 T' 符号面积的乘积。*

我们已经把倾斜原理应用于三角形，也可将其应用于多边形和它的投影：这只需要将多边形三角化，其投影区域将形成相应的剖分，然后逐个考虑各三角形与其投影区域的面积之比。

我们将通过一具体案例证明上面有关符号面积的结论：设平面 P 为 xz 平面，空间三角形 T' 由顶点 A'、B' 和 C' 组成，其坐标分别为 (a_x, a_y, a_z)，等等；其在平面 P 上的投影 T 的顶点为 $A=(a_x, 0, a_z)$，等等。

尽管这是一个特殊例子，但足可证明该原理，因为我们总是可以选择一个空间坐标系使平面 P 为 xz 平面。旋转该坐标系直到 T' 的单位向量 $\boldsymbol{n}'$ 的 x 坐标为 0，如图 7-25 所示。

向量 $\boldsymbol{n}'$ 为 $[0\quad y\quad z]^{\mathrm{T}}$，长度为 1，因此 $y^2+z^2=1$。令 $\theta=\operatorname{atan2}(y, z)$，可写出 $\boldsymbol{n}'=$

$[0 \quad \cos\theta \quad \sin\theta]^{\mathrm{T}}$，$\boldsymbol{n}'$和 xz 平面的单位法向 $\boldsymbol{n}=[0 \quad 1 \quad 0]^{\mathrm{T}}$的点积正是 $\cos\theta$。

现在计算两个符号面积，T 的符号面积计算公式为：

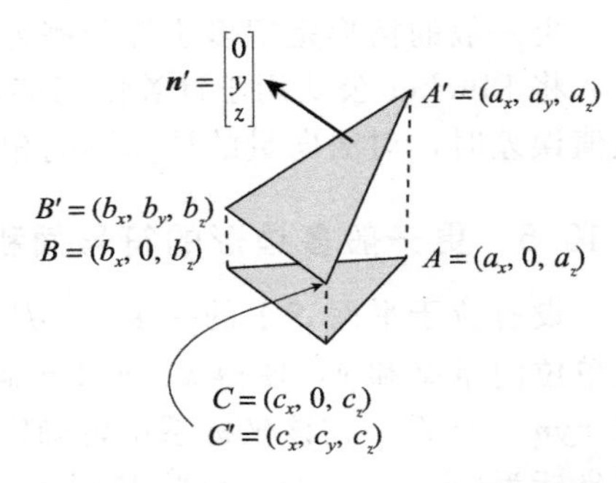

图 7-25　投影到 xz 平面上的三角形

$$sa(T)=A_{2x}=\frac{1}{2}(a_z b_x-a_x b_z)+\frac{1}{2}(b_z c_x-c_z b_x)+\frac{1}{2}(c_z a_X-a_z c_x) \tag{7-130}$$

T'的(无符号)面积等于向量$\boldsymbol{a}'=[A'_{yz},\ A'_{zx},\ A'_{xy}]$的长度。由于$T'$只在 yz 平面倾斜，因此，$A'_{yz}=0$，并且由于T'和 T 的 x 坐标和 z 坐标一致，因此有

$$A'_{zx}=A_{zx} \tag{7-131}$$

这样只剩下A'_{xy}需要考虑：

$$A'_{xy}=\frac{1}{2}(a_x b_y-a_y b_x)+\frac{1}{2}(b_x c_y-c_x b_y)+\frac{1}{2}(c_x a_y-a_x c_y) \tag{7-132}$$

由于平面 T'的法向量为$[0 \quad \cos\theta \quad \sin\theta]^{\mathrm{T}}$，平面上的每一点$(x,\ y,\ z)$必须满足

$$0x+\cos(\theta)y+\sin(\theta)z=K \tag{7-133}$$

方程中 K 为某一常数(读者需确认已理解了上式)，这意味着对于平面上任意一点$(x,\ y,\ z)$，有

$$y=-\tan(\theta)z+\frac{K}{\cos(\theta)} \tag{7-134}$$

应用该式计算公式(7-132)的a_y、b_y和c_y，经整理后得到：

$$A^r_{xy}=\frac{1}{2}[(a_x\tan(\theta)b_z-\tan(\theta)a_z b_x)+(b_x\tan(\theta)c_z-c_x\tan(\theta)b_z)+(c_x\tan(\theta)a_z-a_x\tan(\theta)c_z)] \tag{7-135}$$

$$=\tan(\theta)A_{zx} \tag{7-136}$$

向量 $\boldsymbol{a}'$的长度(即T'的面积)为

$$\text{area}=\sqrt{(A'_{yz})^2+(A^r_{zx})^2+(A^r_{xy})^2} \tag{7-137}$$

$$=\sqrt{0^2+A^2_{zx}+(-\tan(\theta)A_{zx})^2} \tag{7-138}$$

$$=\sqrt{(1+\tan^2(\theta)A^2_{zx}} \tag{7-139}$$

$$=\pm\sec(\theta)|A_{zx}| \tag{7-140}$$

而 T 的面积是$|A_{zx}|$，因此，T的面积是$|\cos\theta|$乘以 T'的面积。

现在只剩下符号问题，如果 $\cos\theta>0$，且 $\Delta A'B'C'$的符号面积为正，则从平面法向 $\boldsymbol{n}$ 的顶端往平面看，顶点 A、B 和C 按逆时针顺序排列，因此 ΔABC 的符号面积也为正；另一方面，如果 $\cos\theta<0$ 并且 $\Delta A'B'C'$的符号面积为正，则从平面法向 $\boldsymbol{n}$ 的顶端往平面看，顶点 A、B 和 C 为顺时针方向排列，因此 ΔABC 的符号面积为负。如果在这两种情形中将 A、B 和 C 按相反顺序排列，则两者的符号面积都将改变符号。因此，在所有可能的 4 种情形下，原三角形与其投影区域的无符号面积之比为$|\cos\theta|$，而符号面积之比取 $\cos\theta$ 的符号，因此，符号面积之比刚好为 $\cos\theta=\boldsymbol{n}\cdot\boldsymbol{n}'$。

课内练习 7.18：假设将T'沿着$\boldsymbol{n}'$方向投影，而不是沿着 y 方向投影到 xy 平面上，那么投影三角形T''和T'的符号面积关系将是什么？

7.10.7　重心坐标的模拟

重心坐标提供了一种非常有用的方法来确定点在三角形中的位置，这是因为重心坐标具有**仿射变换不变的性质**。假设点 Q 在三角形$P_0P_1P_2$ 内的重心坐标为(s_0，s_1，s_2)，现对三角形实施仿射变换 T，即对其所有顶点P_i和点 Q 进行相同的旋转、平移、比例缩放或这些变换的组合，则点 $T(Q)$在变换后的三角形 $T(P_0)T(P_1)T(P_2)$中的重心坐标仍然是(s_0，s_1，s_2)。此外，对位于边P_0P_1 上的所有点，$s_2=0$，其他两条边情形类似。对三角形内的所有点，其重心坐标均为正，而三角形外的任何一点的重心坐标中至少有一个取负值。多边形内的任何一点是否存在类似的坐标呢？Warren 及其他研究人员对此进行了广泛的研究，提出了关于凸多边形或其集合内的点的广义的重心坐标[War96][WSHD04]，以及对于网格内或外的点，基于网格的所有顶点来定义的一种广义坐标[JSW05]。

7.11 讨论

从本章中可学到如下几点：

- 当运用数学工具时，需准确描述所给出的问题：给出函数的定义域和陪域；检查公式被 0 除时会导致什么情况；尽可能将结论推广到 n 维以更好地理解所求问题的本质属性。
- 尽可能将在$\mathbf{R}^2$ 或$\mathbf{R}^3$ 中的计算表示成向量形式，包括向量操作、点-向量组合，点与点之差以及内积，避免逐个坐标的计算。
- 努力以几何的方式而不是通过坐标来理解几何问题，坐标只用于计算。

上述方法有助于对程序更清晰的理解和更方便的维护，而且常常使我们能深入洞察算法的内涵，因为简洁清晰的数学表达可能揭示出隐含在背后的规律。

7.12 练习

7.1 (a) 如果 s 是一个数，$\boldsymbol{v}$ 是一个向量，证明 $\|s\boldsymbol{v}\|=|s|\|\boldsymbol{v}\|$。(b) 给出数 s 和向量 $\boldsymbol{v}$ 满足 $\|s\boldsymbol{v}\|\neq|s|\|\boldsymbol{v}\|$的一个例子。

7.2 我们已经知道如何基于直线上一点 P 和直线法向量 $\boldsymbol{n}$ 构建直线方程 $Ax+By+C=0$。考虑其逆问题：给定直线方程 $Ax+By+C=0$，其中 A 和 B 中至少有一个非 0，试求出直线上至少一点。提示：直线的法向量 $\boldsymbol{n}=\begin{bmatrix}A\\B\end{bmatrix}$。将待求点表示成 $O+\alpha\boldsymbol{n}$ 形式(式中 O 为原点)，通过求解 α，确定该点。

7.3 在讨论直线求交时曾采用表达式 $\boldsymbol{u}\cdot(\times\boldsymbol{v})$，该表达式以后亦常出现(可以推广至更高维的空间)。证明它等于第一列为 $\boldsymbol{v}$、第二列为 $\boldsymbol{u}$ 的矩阵的行列式。这一结论可以推广到更高维空间：在 3D 空间中，$\boldsymbol{u}\cdot(\boldsymbol{v}\times\boldsymbol{w})$是由 $\boldsymbol{v}$、$\boldsymbol{w}$ 和 $\boldsymbol{u}$ 各列组成的矩阵的行列式，在更高维的空间中也有类似的公式。

7.4 写出位于点(1，1)和点(2，2)之间的直线的参数化形式，然后写出位于点(3，3)和点(5，5)之间的直线的参数化形式，两个函数一样吗？它们所描述的直线相同吗？解释参数化直线公式所定义的映射是从“平面上的两个不同的点”到“位于这两点之间的直线的参数化表示”，而不是从直线本身到其参数化表示。

7.5 练习 7.4 中的推理同样可应用于隐式表示的直线中：依赖于选择的点，得到该直线不同的“标准隐式表示”，但它们都定义相同的直线。此外，同一直线任何两个标准的隐式形式均成比例。写出位于点(1，1)和点(2，2)之间直线的隐式方程，然后写出位于点(3，3)和点(5，5)之间直线的隐式方程，这两个隐式方程一样吗？成比例吗？使得这两个方程均为 0 的点相同吗？

7.6 由于同一条直线的任意两种标准隐式表示均成比例，那么，是否存在一种“标准的表达方式”可涵盖该直线的所有隐式形式？假设 $Ax+By+C=0$ 和 $A'x+B'y+C'=0$ 描述同一直线，显然三元组(A，B，C)和(A'，B'，C')成比例，且任何与其成比例的三元组(除了(0，0，0))都对应于相同的直线。我们是否能从中选出唯一的三元组并称它为“直线的规格化隐式形式”？例如，可否将三元

组除以 B 得到$(A/B, 1, C/B)$，从而将三元组(A, B, C)转换为 $B=1$ 的规格化形式？遗憾的是，当 $B=0$ 时上述转换方法失效；换成 A 或 C 也一样。也许，我们可将三元组除以 $\sqrt{A^2+B^2+C^2}$ 得到“规格化形式”；此处唯一的不确定因子是符号：(A, B, C)和$(-A, -B, -C)$表示同一直线，但它们的“规格化形式”却符号相反。试解释：(a)如果 $\lambda \neq 0$，那么(A, B, C)和$(\lambda A, \lambda B, \lambda C)$对应同一直线；(b)如果 $\lambda > 0$，那么它们具有相同的规格化形式；(c)当 $Ax+By+C=0$ 对应于一条直线时，$\sqrt{A^2+B^2+C^2}$不会为 0。

7.7　可采用重心坐标描述三角形 PQR 内的直线。例如，直线 PQ 上所有点满足方程 $\gamma=0$(α、β、γ 为该三角形的重心坐标)。设 S 是从 P 到 Q 线段 1/3 处一点，试确定经过 S 和 R 的直线的重心坐标方程。(提示：画一个图，找出直线上至少两个点的重心坐标。)

7.8　不等式 $4x+2y-6 \geqslant 0$ 定义了一个半平面空间；它的边界是由满足 $4x+2y-6=0$ 的点构成的直线 ℓ。找出直线 ℓ 位于 x 轴和 y 轴上的点。坐标系原点位于该不等式定义的半平面空间中吗？画出沿直线 ℓ 法向的射线，并验证它如 7.9.3 节中所述，指向半平面空间正向一侧。

7.9　对于由 $Ax+By+C \geqslant 0$ 定义的半平面空间，向量 $\begin{bmatrix} A \\ B \end{bmatrix}$ 从半平面空间的边界指向半平面空间正向一侧。试将上述定义半平面空间的公式及其法向量的结果推广到 3D 空间。

7.10　参数曲线 γ 关于复数平面内一点z_0的绕数定义为：

$$n(z_0, \gamma) = \frac{1}{2\pi i}\int_{\gamma} \frac{\mathrm{d}z}{z-z_0} \tag{7-141}$$

证明若将多边形P_1，…，P_n的每一条边按$[0, 1]$区间进行参数化，并把每一点的坐标(x, y)视为复数 $x+\mathrm{i}y$，可将上述积分定义简化成本章给出的多边形的绕数公式。

7.11　(a) 证明：由 Plücker 方法计算所得的三角形$P_0P_1P_2$ 的法向量垂直于P_1-P_0，类似地，它也垂直于P_2-P_0。

(b) 验证：对于$P_0=(0, 0, 0)$、$P_1=(1, 0, 0)$和$P_2=(0, 1, 0)$，Plücker 方法计算所得的法向量指向 z 轴正向，因此向量P_2-P_0、P_1-P_0和 $\boldsymbol{n}$ 形成右手坐标系。

(c) 解释：只要P_0、P_1、P_2 不在一条直线上，无论其位置如何，结论(b)均成立。

7.12　设$P_0P_1P_2$ 是 3D 空间中的一个三角形，$\boldsymbol{n}$ 是它的 Plücker 法向量，将 $\boldsymbol{n}$ 视为余向量，考虑函数 $\boldsymbol{v} \mapsto \boldsymbol{n} \cdot \boldsymbol{v}$，对于三角形所在平面的向量，其函数值是什么？

7.13　基于射线相交测试的多边形内外测试依赖于光线与每一条边只存在一个交点，这意味着测试射线不能经过任何多边形的顶点，因为如果经过这些顶点，则会对与每一顶点所连的两条边进行交点计数。怎样才能避免这些问题呢？

(a) 采用随机算法，随机地选择射线方向，失败概率为 0(假定使用无限精度数据)。如果所选择的射线失败，可随机地另选择一条新的射线，算法成功的概率为 1。

(b) 可计算出多边形中所有边的方向向量和从测试点到多边形所有顶点的射线方向，然后选取一条不同于上述方向的射线。现考虑有一个很小的四边形，其顶点位于$(\pm\varepsilon, 0)$和$(0, \pm\varepsilon)$，这里 ε 是计算机可表达的最小浮点数，测试点 Q 位于原点，然而采用上述两种方法进行内外测试均失败。请解释原因。更复杂的用于计算绕数的反余弦求和公式(7-121)适用于这种情形吗？

7.14　(为了做这个练习，你需要了解平面变换，相关内容将在第 10 章介绍。)

(a) 当P_1、P_2 和 Q 不在一条直线且P_1 不在 y 轴上时，执行下述变换证明符号面积公式(7-122)正确：做 y 向剪切(shear)移动P_1 到 x 轴，做 x 向剪切移动P_2 到 y 轴。证明剪切变换不改变三角形的面积(Cavalieri 原理)。

(b) 分别提供一自变量，证明对于剩下的两种情形该公式成立。符号面积公式是关于 P_1、P_2 和 Q 坐标的连续函数。三角形实际面积也是这些坐标的连续函数。至此，我们已证明：这两个函数几乎在任何地方(例如，三点不在一条直线上的时候)都一致。因为是一个连续变量，它们在任何地方也必然一致。

(c) 通过论证面积是坐标的连续函数来证明该公式正确，并说明当 X 是$\mathbf{R}^n$的子集时可将 X 上的连

续函数最多扩展到 $X\cup$边界(X)上的连续函数。

7.15 另一种把面积公式从“一个顶点位于原点”的情形推广到一般情形的方法是：通过计算QP_0P_1、QP_1P_2 和QP_2P_0的符号面积然后进行适当的加、减来计算三角形$P_0P_1P_2$ 的符号面积。画图确定这 4 个符号面积之间的关系，并用它导出$P_0P_1P_2$ 符号面积的一般化公式。

7.16 数值计算考虑：在多边形面积公式中，假定采用有限精度运算，若将一个很大的数 L 加到多边形所有顶点的 x 坐标中，会导致怎样的计算结果？如果此时取基于多边形“中心”(所有顶点的平均)的坐标系统进行计算，情形又将怎样？

7.17 考虑一条从 $P=(-3,-3)$出发，方向为 $\mathbf{d}=\begin{bmatrix}1\\2\end{bmatrix}$的光线，它与椭圆$\left(\frac{x}{3}\right)^2+y^2=1$交于两点，为了求出这两点，可写出如下方程：

$$R(t)=P+t\mathbf{d} \tag{7-142}$$

$$R(t)^{\mathrm{T}}\begin{bmatrix}1/9 & 0\\0 & 1\end{bmatrix}R(t)=1 \tag{7-143}$$

这里 T 指转置。如果在第二个方程中求解 t，将求出交点参数t_1、t_2，由此可计算出交点。

(a) 画图表示上述情形。

(b) 显式地写出结果，确认上述方程能计算交点。

(c) 现考虑由点 $Q=(-1,-3)$和方向 $\mathbf{e}=\begin{bmatrix}1/3\\2\end{bmatrix}$定义的光线与单位圆求交。再次图示并将该问题转化为一对类似的方程，该情形下的矩阵将是单位矩阵。

(d) 扩展后面的方程，把它们和(b)所得的方程进行比较。

(e) 解释相似性：$\mathbf{d}$ 和 $\mathbf{e}$ 如何关联？椭圆和单位圆如何关联？在研究光线跟踪时，我们将回到如何将一个一般化问题(计算光线与椭圆的交点)转换为等价的标准问题(计算另一根光线与单位圆的交点)。

7.18 函数 $\mathcal{Y}$：$\mathbf{R}\to\mathbf{R}^2$：$t\mapsto(3+2t,\ 4-3t)$描述了一条参数化直线。

(a) 找出直线上两个不同的点 P 和 Q。(有无限种正确的答案。)

(b) 采用这两个点构建直线的隐式表达，并通过代数将其转换成 $Ax+By+C=0$ 的形式。

7.19 给出平面上两条非退化的直线段，第一条两端点为 A 和 B，第二条两端点为 C 和 D，其坐标均取整数。请确定这两条线段是否相交，如果相交，确定交点。

(a) 写出一小段程序实现之。如果两线段平行，有 3 种情形：不相交(返回 `false`)，共享一个端点(返回 `false`)，或在一个区间重叠(返回 `true`，但不返回交点，因为交点不唯一)。如果两线段不平行且相交，它们可能共享一端点(返回 `false`)；线段的一个端点落在另一条线段的内部(返回 `true` 和该端点)；或者两线段交于内部某点$(x,\ y)$，其坐标值可能不是整数，而是有理数，此时，返回整数三元组$(x,\ y,\ w)$，这里交点为$(x/w,\ y/w)$。

(b) 解释为什么返回整数三元组比返回该交点有理坐标的浮点表示更有用？

(c) 设有两个整数三元组$(x_1,\ y_1,\ w_1)$和$(x_2,\ y_2,\ w_2)$，如何测试它们是否“相等”，即它们表示的是平面上同一有理点？

(d) 作为一项挑战，试写出(a)的全部代码，代码必须尽可能简洁，且不涉及除法。由于直线段相交存在多种可能情形，程序中必须对它们分别处理，所以实际上无法使代码极为简洁。

第 8 章

Computer Graphics: Principles and Practice, Third Edition

2D 和 3D 形状的简单表示

8.1 引言

现在讨论**三角形网格**，它是图形学中使用最广泛的形状表示方式。三角形网格由一些边相互邻接的三角形组成，用于表示曲面(见图 8-1)。其他由四边形或其他多边形相互邻接组成的网格有时也会用到，不过实用中会有一些问题。例如，创建四边形时容易出现 4 个顶点不在同一平面的情况，以及如何填充网格内部的表面等。对于三角形，这些都不是问题：因为任意 3 个顶点都是共面的。鉴于三角形网格的应用如此广泛，本章将集中介绍。

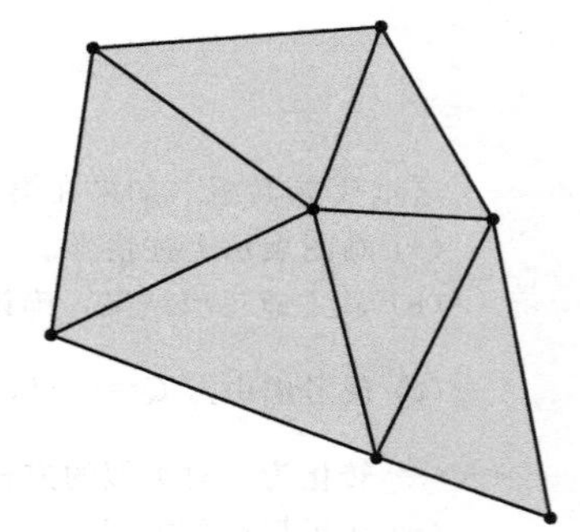

图 8-1 三角形网格，由若干顶点、边和三角形的面片组成

采用三角形网格来构建给定形状的过程简单明了。例如，可从多面体开始，通过剖分将各表面转化为三角形。图 8-2 是一个立方体的例子。对于更复杂的形状，亦可采用网格予以逼近。方法之一是，先在外形上取许多点，然后连接位置相邻的点，形成网格结构。若这些点足够靠近，网格逼近看上去会很像光滑曲面。考虑一个二十面体，看上去已很像一张球面：网格上的任一点都非常靠近球面上的一个点，反之亦然；同样，网格上法向量也很靠近球面上对应点的法向量，反之亦然。当然这里仍存在一个区别：在球面上各点处的法向量是一个连续函数，而在二十面体上为**分段常值**函数(法向量在每一三角形内部是不变的)。考虑光在采用网格表示的表面上的反射时，这一区别不可忽视。

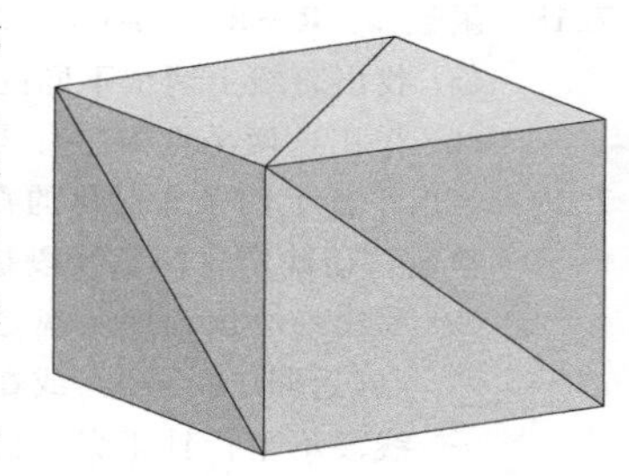

图 8-2 三角形网格表示的立方体

三角形网格的最好性质之一是其一致性。它允许我们对三角形网格执行各种操作，而其证明却相对简单。同时在三角形网格上也易于尝试一些简单想法。三角形网格最有趣的一种操作是网格**细分**(subdivision)，它采用一种相当简单的方式，用几个较小的三角形来取代当前的三角形(存在多种细分算法，其中部分算法将在第 22 章中讨论)。通常，细分用于光顺某些具有尖点和锐边的网格，以逼近光滑的极限曲面。当然，不断细分会急剧增加三角形面片的数量，影响其绘制性能。

网格上的另一个重要操作是**简化**(simplification)，它将当前网格替换为另一几何和拓扑与之相似，但结构更为紧凑的网格。若反复执行此操作，则将得到一组关于同一表面逐次简化的网格表示，可用于表达视点越来越远时该曲面的外观。(例如，如果一个物体的外表面具有 10 000 个多边形，但是只覆盖了一个像素，那么绘制时只需要几个多边形即可——此时采用一个简化的网格进行绘制最为理想。)Hoppe[Hop96, Hop98]对该问题进行了深入的研究。

网格之所以被普遍使用，部分原因是我们十分熟悉三角形的几何特性。并非世界上的每一个物体都适合用网格表示，例如，那些具有多尺度几何细节的形状(如云母、破裂的大理石)。此外，某些具有均匀结构的物体也不适合采用网格表示，例如，对头发采用弯曲管状结构表示远比网格表示更紧凑。

尽管如此，许多科研实验室和商业公司通过将所有形状逼近为三角形网格，生成了许多出色的图像。

8.2　2D空间中的“网格”：折线

如果将3D空间中的三角形网格降低一维，在2D空间中将对应于平面上的一组折线段。(空间降一维，其中的物体也降一维，直线段取代了三角形。)我们称之为1D网格，并对它们进行简要的讨论，作为介绍网格结构的开始。

1D网格(见图8-3)由**顶点**(vertice)和**边**(edge)组成，边为连接两顶点的线段。因为线段可由它的两个顶点完全确定，所以该结构可分两部分进行描述：

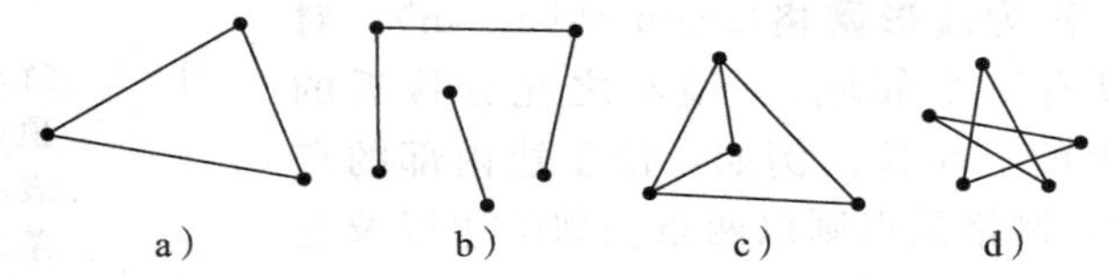

图8-3　1D网格由一组顶点集合和连接顶点的直线边的集合构成。我们感兴趣的是具有以下性质的1D网格(例如a和b所示)：每个顶点连接1条或2条边，任何两条边相交于一个顶点。但是确实存在一些网格，在一些顶点上具有多于2条的边(例如c)，或者具有一些不在顶点上相交的边(例如d)

- 顶点表和顶点的位置。通常顶点标记为整数，顶点位置即其在平面上的坐标。
- 边表。其中每一条边为由其首、末端点标号表示的有序点对。

下面的表格描述了一个简单的1D网格：

顶点表		边表	
1	(0，0)	1	(1，2)
2	(0.5，0)	2	(2，3)
3	(1.5，1)	3	(3，4)
4	(0，2.0)	4	(4，1)
5	(3，0)	5	(5，6)
6	(4，0)		

该数据结构有一条有趣的性质：网格的**拓扑**(边与边的连接关系)含于边表中，而网格的几何含于顶点表中。如果稍微调整顶点表中某一项的数据，网格连通分支的数量并不会改变。

也许有人会问：如果顶点调整的幅度足够大，会使原本并不相交的两条边变为相交。的确存在这种可能性，但是这种相交可以通过调整顶点消除。显然，边(1，2)与边(2，3)相交的情况不会因为顶点移动而改变。

其实可以将边表(同时附上顶点索引表，因为有些顶点可能不属于任何一条边)视为一个抽象的图，从中可以计算出欧拉示性数、分支个数，等等。

8.2.1　边界

1D网格的**边界**定义为一种顶点形式和(formal sum)，其中每个顶点的系数确定如下：

对于每一条边 ij(从顶点 i 指向顶点 j)，将 $+1$ 加到 j 的系数中，将 -1 加到 i 的系数中。有时把边界边 ij 写成 $j-i$。根据该方法可知，对于上面表中的网格，其边界的形式和为(逐条处理每一条边界边，并将第 i 个顶点写作 v_i)：

$$(v_2-v_1)+(v_3-v_2)+(v_4-v_3)+(v_1-v_4)+(v_6-v_5) \tag{8-1}$$

上式简化成 v_6-v_5。于是可非正式地说，该边界由顶点 v_6 和 v_5 构成。

采用形式和的理由体现在我们考虑更有意思的网格之时，如图 8-4 所显示的网格。该网格的边界为 $v_1+v_2+v_3+v_4+v_5-5v_0$。

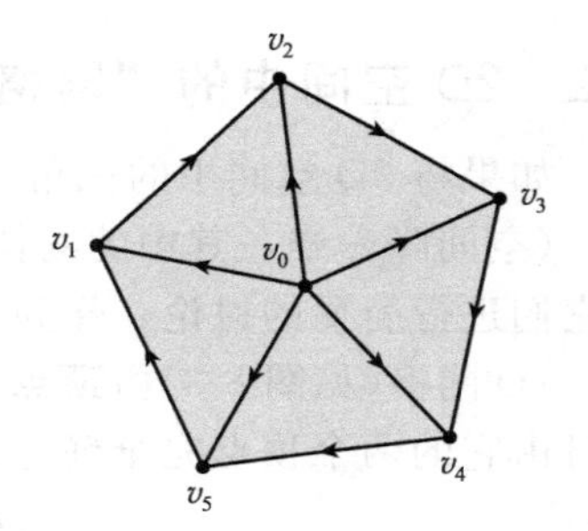

图 8-4　货车轮形状的网格。从顶点 i 到顶点 j 的箭头表示 (i, j) 是网格的一条边，而 (j, i) 不是

采用类似于平面多边形中的绕数规则，容易对边界为零(即形式和中所有系数为 0)的 1D 网格定义“内部”和“外部”。这样的网络称为**封闭的**(closed)。

顶点度数皆为 2(即每个顶点处都有一条边到达，一条边离开)的 1D 网格，称为**流形网格**(manifold mesh)：对于抽象图，每个点具有一个邻域(一组与之充分接近的点)，类比于实数轴上的一小段。例如，位于边内部的点以该边的内部为邻域，网格顶点则以两条相邻的边以及它自己作为邻域。

术语“流形网格”指类似于*流形曲面*的网格。这里，我们并不试图给出严谨的定义，在很多论著中采用相关的数学理论介绍了流形的概念[dC76，GP10]。非正式地说，n 维流形是一个具有如下性质的对象 M：对于任何一点 $p\in M$，存在一个 p 的邻域(即 M 中与 p 充分接近的所有点)，看起来像 $\mathbf{R}^n$ 中的“开球”(open ball)，即集合 $\{x\in\mathbf{R}^n: \|x\|<1\}$。这里“看起来像”的意思是它们之间存在一个连续可逆的映射。(这些连续映射在定义域重叠处应是可逆和一致的，具体细节已超出本书范围。)例如，平面上的单位圆是一个 1D 流形，因为任一角坐标为 θ 的点的邻域是由所有角坐标位于 $[\theta-0.1, \theta+0.1]$ 的点组成，它与 $\mathbf{R}$ 上的单位球(即开区间 $-1<x<1$)之间对应关系为 $u\mapsto 10(u-\theta)$。同样，3D 空间中一些熟悉的曲面，例如球面或甜面包圈表面，都是 2D 流形。世界地图册可以形象说明球是一个流形：地图册的每一页呈现的是地球上某个区域(如西欧)和一个平面区域(即显示西欧的那一页地图)之间的对应关系。

具有角点的形状(例如立方体)也是流形，只不过它们不是*光滑*流形，此处指取一连续映射将立方体角点附近的一小块区域映射到平面上，都会导致严重的扭曲，因此该映射不满足光滑映射的任何条件。

自交的形状，例如平面上的 8 字，不是流形，因为自交点附近的任何小的邻域看上去均像字母“x”，不可能和一个单位区间形成双向的连续映射。流形定义的术语不易把握(事实上，经历了几十年才发展成现代的形式)。对于我们来说，幸运的是，图形学涉及的形状一般都是“多面体流形”(polyhedral manifold)。多面体流形的定义仍然不易把握，但是已有若干关键的定理：在 1D 和 2D 情形下，可以通过一些十分简单的方法，验证一个对象是否为流形。这些简单的方法就是本文关于顶点-边网格流形和三角形网格流形(我们将稍后定义)所添加的附注。

在阅读这些定义时，我们的目标不在深刻地理解这些定义，用来证明定理(那需要做更为细致的考虑)，而应该有能力说“我可以很确定地判断所观察的简单网格是否为流形网络，或具有边界的流形网格。”

流形网格很普遍，而且极易处理(包括证明与其有关的定理)。注意，网格流形的定义并不意味着它只能有一个连通分支。事实上，两个不相交的三角形所构成的网格是合格的网格流形，空网格也是。

我们介绍的1D网格中每条边为一有序的顶点对，称为**定向网格**(oriented mesh)；如果把网格的边定义为无序的顶点对，则称为**非定向网格**(unoriented mesh)。在此情况下，“边界”的定义将没有意义。但是我们将不采用这样的网格。

8.2.2　1D网格的数据结构

在讨论3D空间中的2D流形之前，我们将首先描述2D空间中1D网格的数据结构。该数据结构与更复杂的结构具有很强的类比性，其构成是：

- 一个顶点表，由顶点索引号及其在平面上关联的点组成。
- 一个边表，由采用有序顶点对表示的边组成。
- **邻接边表**(neighbor-list table)，由邻接于同一个顶点的所有边组成的有序循环链表(逆时针顺序)。

我们在第4章讨论曲线(见图8-5)细分时已遇到过这样的结构。

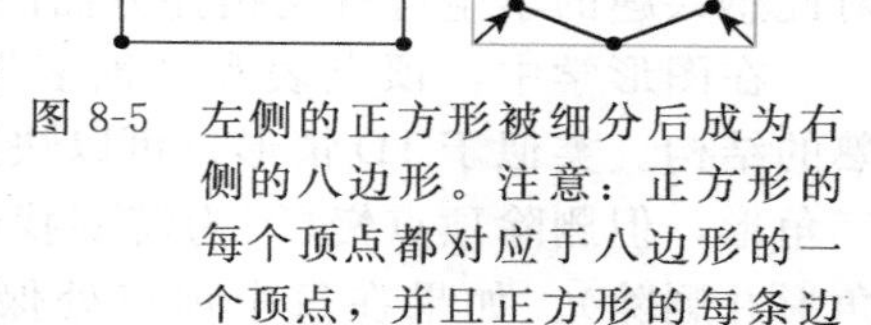

图8-5　左侧的正方形被细分后成为右侧的八边形。注意：正方形的每个顶点都对应于八边形的一个顶点，并且正方形的每条边的中点也是八边形的顶点

该数据结构所支持的操作(及其实现)如下：

- 插入一个顶点：将它加入顶点表中，而不改变其他的表。
- 插入一条边(i, j)：将它加入顶点表和边表中(都是$O(1)$)，再将它加入顶点i和顶点j的邻接边表中。插入顶点i的邻接边表中的时间是$O(e)$，其中e是邻接边表中边的数量(需要把边按逆时针顺序插入邻接边表中的正确位置，而表中可能包含有e条边)。然而在流形网格中，一个顶点最多邻接2条边，故该操作为$O(1)$。
- 获取与顶点i相邻接的边。(此处为$O(1)$，因为已存在顶点i的邻接边表。)
- 给定顶点i和包含i的一条边e，找到边e另一端点。
- 给定一条边e，找到它的两个端点。
- 删除一条边。首先从边表中删除。如果该边是(i, j)，则还需从顶点i和顶点j的邻接边表中删除此边。操作时间为$O(e)$，但在流形情况下为$O(1)$。

顶点表和边表的具体实现方式取决于其可能的用途。如果无删除操作，则采用数组形式较为方便。但是如果涉及删除操作，则必须执行以下一项操作：

- 以某种方式将被删除的数组元素标记为非法元素。
- 删除某元素后，移动其后面的数组元素以消除删除操作后数组中留下的空白(这需要对相关表中的索引进行更新)。

如果涉及大量的插入和删除操作，则采用“标记”方法将会创建一张大容量但又非常空的表，从而导致诸如“列出所有顶点”、“列出所有边”之类的操作变慢。实际上，移动数组元素不失为有效的方法。以一个简单情形为例，假设有n个顶点，现需要删除顶点n。那么，只需说明数组的末尾为第$n-1$个元素，并删除其他表中对顶点n的所有引用即可。若需删除其他顶点，例如第2个顶点，可把问题转化为前一种情形：将第2个数组元素和第n个数组元素互换，然后删除第n个。当然这要求在各相关表中将所有涉及顶点n的索引替换成对顶点2的索引，反之亦然，但这一操作极为简便。

注意，是否保存顶点的邻接边表依赖于具体应用。保存有利于加速查找与当前顶点拓扑距离为1的所有顶点，但会使添加边的操作在最坏情况下变慢。如果不需要找出顶点 i 的邻接边，那么维持邻接边表是无意义的。同样，若你感兴趣的不仅是1D网格自身的结构，而且是其分割平面后所形成的2D区域，则以逆时针次序存储邻接边表将是有益的。否则，邻接边可存放在哈希表或其类似高效的结构中(或者对于流形网格，存放在一个两元素的数组中)。

8.3　3D网格

3D网格的表示类似于2D情形：我们采用网格的顶点表和三角形表来描述一个网格。那么网格的边如何表示呢？在图形学中，传统方法是通过三角形查找边：如果三角形由顶点 i、j 和 k 构成，则 (i, j)、(j, k) 和 (k, i) 为三角形的边，它们构成网格结构的一部分。显然，这意味着不允许存在悬挂边(见图8-6)，但允许存在孤立顶点。作为拓扑学的基础，网格结构的一般描述(由顶点、边、三角形、四面体……以及顶点的坐标定义，可通过插值方式定义更高维的网格组成元素)已超过100年[Spa66]。对此感兴趣的学生可查阅拓扑方面的文献，无需重新探讨。

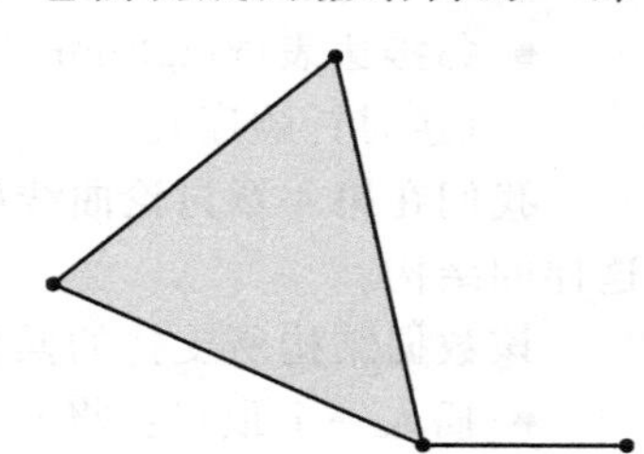

图8-6　带有悬挂边的三角形，它不能被我们的网格结构表示

在图形学中，顶点表和“面表”或“三角形表”属于成熟的结构。类似于1D情形，可以快速地向网格中插入顶点和三角形，但删除顶点慢(因为需要找到与该顶点邻接的所有三角形并删除)。如果在每个顶点处保存与其邻接的三角形表，那么删除操作将变快。当顶点邻接三角形表中的三角形无序排列时，往其中插入新的三角形代价低，但删除代价高。当对网格施加额外的限制条件时，可以对顶点的三角形表进行排序。这会稍许增加插入和删除操作的代价，但会使其他操作变得简便，例如能很方便地查找与某条边相邻的两个面。

边的情形如何呢？虽然不能插入边，但是可以问：“这一对顶点属网格的边吗?”换句话说，它是网格上某个三角形的边吗？同样，给定一个三角形的顶点 i、j、k，可以问：“包含边 (i, j) 的其他三角形有哪些?”这些问题的复杂性为 $O(T)$，因为回答它们需要对三角形表进行穷举搜索。下一节中我们将讨论其中的一些特殊情况，可以实现更快的查询。

如果你此刻想马上创建物体和绘制其图像，那么完全可以跳过本章的余下部分，去使用网格的顶点表和三角形表结构。当你遇到空间或效率方面的问题时，余下部分将会有用。当然，若你想更多地了解如何有效地处理网格，亦请继续阅读。

8.3.1　流形网格

若一个有限的2D网格的每个顶点所连接的边和三角形围绕该顶点以循环的方式：t_1，e_1，t_2，e_2，…，t_n，e_n 彼此邻接，其中无重复元素，且边 e_i 为三角形 t_i 和 t_{i+1} 的边(下标对 n 取模)，则此2D网格称为**流形网格**，这意味着每一条边有且仅有两个邻接它的面。

类似于1D网格，流形网格的数据结构由顶点表、三角形表和邻接三角形表组成。

对于顶点 i，其邻接三角形表中的三角形均围绕顶点 i，且以循环的方式依序排列(表中第 k 个和第 $k+1$ 个三角形共享一条边)。(需要指出的是，除非是下一节将要讨论的有向流形，否则采用“逆时针方向排序”，这样的提法已无法区分两种不同的排列顺序。）

然而，流形网格不允许三角形的插入和删除操作：任何插入或删除都会破坏流形的性质。但很容易找出所有与给定顶点邻接的顶点（即给定顶点 i，找出与 i 共同构成网络中一条边 (i, j) 的所有顶点 j），这只需找出顶点 i 的邻接三角形表中的所有三角形，然后提取其除了顶点 i 之外的所有顶点即可。

若已知一个三角形包含边 (i, j)，很容易找出同样包含边 (i, j) 的另一个三角形。

8.3.1.1 朝向

我们常常需要考虑网格中三角形的朝向（见图 8-7），即三角形（1，2，3）与三角形（2，1，3）是两个不同的三角形（三元组为三角形顶点下标序列）。三角形定向后即可确定其法向量：对于非退化的三角形（即面积不为零），如果其顶点为 P_i、P_j 和 P_k，则 $(P_j-P_i)\times(P_k-P_i)$ 即为垂直于该三角形所在平面的法向量[⊖]。注意，如果互换顶点 P_j 和 P_k，则法向量反向。因为经常采用三角形的法向量确定网格的内部或外部，因此顶点的次序非常关键。

如果两个相邻的三角形具有一致的法向量（见图 8-8），其公共边在一个三角形中为 (i, j)，则在另一个三角形中必为 (j, i)。如果一流形网格的三角形均为有向三角形，且满足上述条件，则整个网格也具有一致的法向量。这是组合拓扑的一个重要定理。

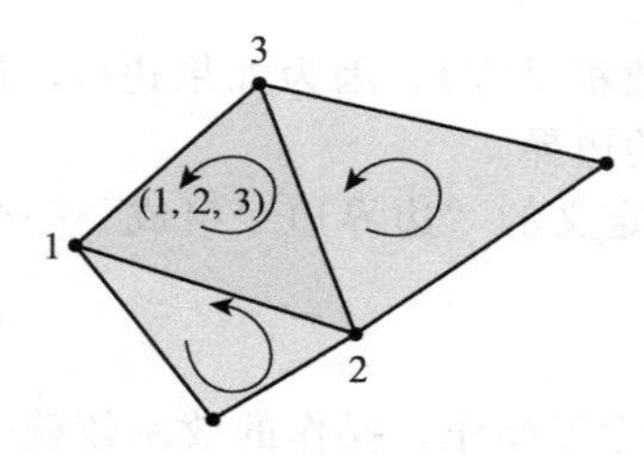

图 8-7　有向三角形网格。环形箭头表示三角形顶点的排列次序。注意，顶点三元组（1，2，3）和（2，3，1）表示同一个有向三角形（即每个有向三角形有 3 个等价的描述）

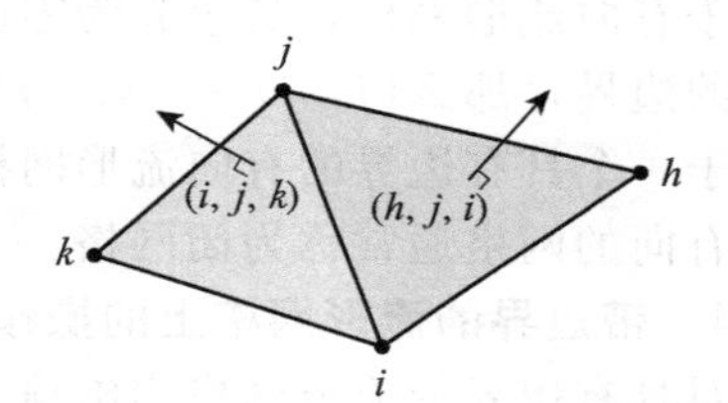

图 8-8　网格中具有一致法向量的（其法向量指向网格的同一侧）两相邻三角形。注意，边 (i, j) 为其中一个三角形的边，而 (j, i) 为另一个三角形的边。一般地，在具有一致法向量的有向网格中，每条边均出现两次，且方向相反

如果一个流形网格为有向网格，则邻接同一顶点的三角形可自然排序。假定三角形（5，1，2）、（4，3，1）、（1，5，4）和（1，3，2）为围绕顶点 1 的三角形。首先将各三角形的顶点序列分别进行循环处理，使得顶点 1 均为第一序号，即（1，2，5）、（1，4，3）、（1，5，4）和（1，3，2）。然后从第一个三角形开始，考虑其“第一条”边（1，2）和“最后一条”边（5，1）。选择下一个三角形时，要求其第一条边是当前三角形最后一条边的反向边，即（1，5），而这个三角形正是（1，5，4）。注意到（1，5，4）的最后一条边是（4，1），而（1，4）是三角形（1，4，3）的第一条边；（1，4，3）的最后一条边是（3，1），而（1，3）是（1，3，2）的第一条边。于是，上述三角形自然排序的结果是（1，2，5）、（1，5，4）、（1，4，3）、（1，3，2）。

⊖　对叉积的描述和法向量的深入讨论在第 7 章。

8.3.1.2　边界

比流形网格更令人感兴趣(也更常见)的是其顶点为**“边界点”**的网格(见图8-9)。“边界点”含义是，与它们邻接的三角形并未形成一个闭合的环，而是形成一条链。链中第一个和最后一个三角形均只有一条边与链中的其他三角形共享，而第一个三角形中与边界点连接的另一条边只包含在第一个三角形中，不包含在链内任何其他的网格三角形中。最后一个三角形情形亦然。这种非共享的边称为**边界边**(boundary edge)，这种顶点称为**边界顶点**(boundary vertex)。不是边界顶点的顶点称为**内部顶点**(interior vertex)。

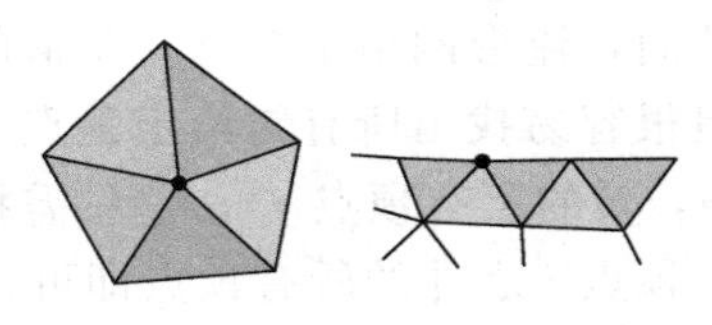

图8-9　(左)流形顶点为一个三角形的闭环所包围；(右)围绕边界顶点v的是一个三角形链。链的第一个三角形和最后一个三角形均只有一条边与链中其他三角形共享，而包含v的其他边为边界边

8.3.1.3　边界和有向2D网格

正如之前将边v_iv_j的边界定义为形式和v_j-v_i一样，我们可以将网格中顶点为i、j、k的三角形的边界定义为边的形式和

$$(i,j)+(j,k)+(k,i) \tag{8-2}$$

进一步，可以在形式和上定义代数，其中边(i, j)等价于$-1(i, j)$。因此，上述的边界可改写成

$$(i,j)+(j,k)-(i,k) \tag{8-3}$$

我们将一组有向三角形的边界定义为它们边界的形式和。

对于有向流形网格，其边界为零(即每一条边的系数都是零)，因为如果边(i, j)属于某一面的边界，那么$(j, i)=-(i, j)$必为另外一个面的边界。

对于一个具有边界的有向流形网格，其边界由如上定义的“边界边”组成。一个没有边界的有向的网格通常称为**闭网格**。

8.3.1.4　带边界的流形网格上的操作

可对具有边界的流形网格实施顶点和面的插入和删除等操作。操作的效率依赖于具体的实施方法。如果网格采用简单的顶点表和面表表示，那么插入和删除(采用“先将其与表中最后一个元素交换再删除”的技巧)的代价均为$O(1)$。如果在每个顶点处建有邻接三角形表，那么插入和删除的代价变成$O(T)$，其中T是表中三角形的数目。

注意，查找网格的边界可以在$O(T)$时间内完成。(使用哈希表统计每条边的出现次数，反向边统计为负。如果一条边的出现次数是0，则从哈希表中删除。)也可以在插入和删除过程中维护一个边界记录，这样随时查找网格边界边的代价为$O(1)$。

8.3.2　非流形网格

正如在1D的情形，我们有时碰到一些形状不适合表示为流形或带边界的流形。例如图8-10，两个立方体共享一个非流形的顶点。具有一条公共边的两个立方体也是非流形的。然而，这两种情况存在重要区别：在创建有边界的流形时，很容易产生非流形的顶点(见图8-11)。但是一旦产生了一条非流形的边(邻接3个或更多的面)，则不可能通过进一步的添加操作使之变成流形的边。

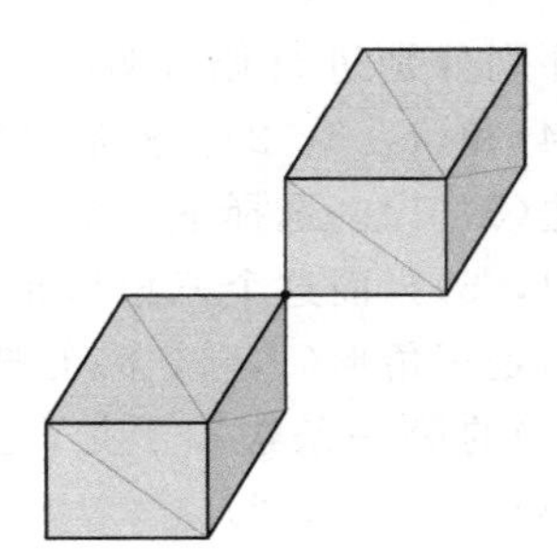

图8-10　共享顶点为非流形：其邻域无法等同于平面

在**有向边**(directed-edge)结构中，每一顶点设有对包含该顶点的其中一条边的指针(见图 8-12)，从而可在 $O(T)$ 时间内查询与该顶点邻接的所有边和三角形，其中 T 为邻接边的数目。

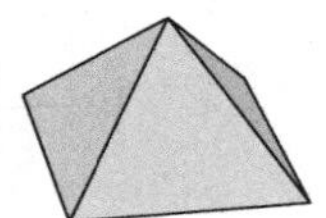
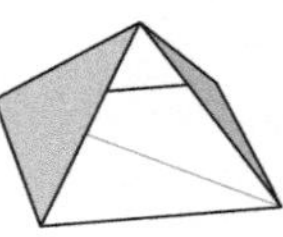

图 8-11　左侧的棱锥具有 6 个面，其中底部正方形(图中不可见)被分割成两个三角形。如果在构建棱锥过程中，如右图所示先构建其中 4 个三角形，则此时顶部的尖端顶点既非内部顶点，也不是边界顶点，因此该形状既不是流形，也不是带边界的流形。但是一旦加入另一个面，它将变成带边界的流形。在加入最后一个面时，它变成了流形

Campagna 等人[CKS98]展示了如何对这一结构进行扩展以处理非流形的顶点和边，以及针对特大型网格如何采取以时间换空间的策略，来简化上述结构。

更一般的平面网格可能含有非三角形的面，可以采用**翼边**(winged-edge)数据结构[Bau72]表示。每一条网格边的翼边结构中保存有指向该边左右两侧邻接面的上一条边和下一条边的指针(见图 8-13)。由此即可查询到网格中所有的边和面，只要这些面是单连通的(即不存在环状的面，如护城河表面)。每个网格顶点的翼边结构中保存了顶点的坐标以及指向其所在的一条边的指针(由此可找出网格中所有其他的边)。对于网格中的每个面，该结构保存该面中一条边的指针(从此出发可找出该面所有其他的边)。

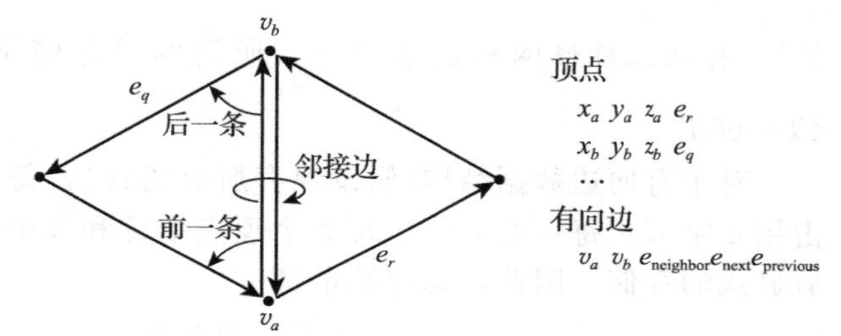

图 8-12　有向边数据结构(基于[CKS98]的图 4 和图 5)。每条有向边保存有指向它的起点和终点、前一条边和后一条边及其邻接边的指针。网格中的每条边存在两条方向相反的有向边，它们互为邻边。每个顶点处记录有它的坐标和指向离开该顶点的有向边的指针

8.3.3　网格结构的存储要求

我们描述的每一种网格结构都涉及存储空间。假设存储一个浮点数占用 4 字节，整数也占用 4 字节，我们可以像 Campagna 等人[CKS98]一样比较它们各自的存储要求。

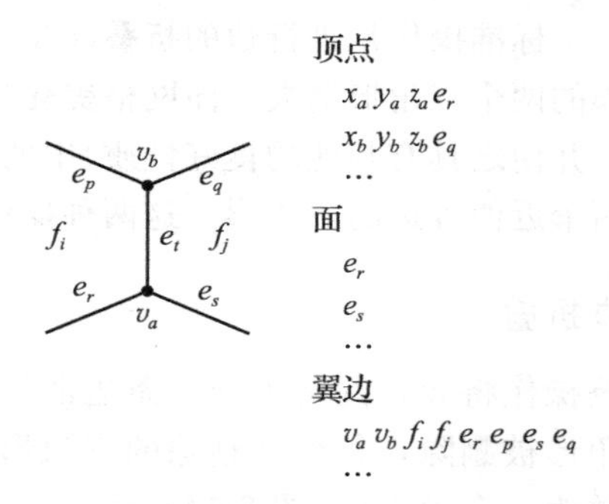

图 8-13　翼边数据结构。每一条边保存其左右两侧面中指向其前一条边和后一条边的指针

在顶点表和三角形表方法中，存储 V 个顶点需要 $12V$ 字节，T 个三角形需要 $12T$ 字节。顶点数和三角形数是怎样的关系呢？对于一个封闭的网格曲面，欧拉公式告诉我们：$V-E+T=2-2g$，其中 E 是边数，T 是面数，g 是曲面的**亏格**(genus)[⊖]。进一步假设每个顶点都附属于某三角形(即顶点表中没有无用的顶点)，且网格是封闭的，那么可简化成：每个三角形有三条边，且每一条边由

⊖　封闭曲面的亏格可以看作是其中洞的数目。球有 0 个亏格，圆环有 1 个亏格，2 个洞的圆环有 2 个亏格，等等。一片瑞士奶酪很可能具有更多的亏格。

两个三角形共享。于是，边数 $E=\frac{3}{2}T$。因此

$$V-\frac{3}{2}T+T=2-2g \tag{8-4}$$

可简化为

$$V-\frac{1}{2}T=2-2g \tag{8-5}$$

对于低亏格且分割细致的曲面，上式的右侧与左侧相比可以忽略不计，所以三角形数近似于顶点数的两倍。因此，一个网格所需的总存储量为 $12(V+T)\approx 12(3V)=36V\approx 18T$ 字节。对于其余方式的网格表示，我们同样假设为低亏格的封闭流形，使得能够用$\frac{T}{2}$和 V 互相替代。

对于翼边结构，每个顶点占用 16 字节(3 个浮点数和 1 个边指针)，每个面占用 4 字节(1 个边指针)，每条边占用 32 字节(4 个边指针、2 个面指针和 2 个顶点指针，总共 8 个指针)。在纯三角形网格的假设下，所需的总存储量为 $16V+32E+4T\approx 8T+32\ \frac{3}{2}T+4T=60T$。

对于有向边数据结构(假设保存所有指针)，每个顶点坐标占用 12 字节，一个边指针占用 4 字节。每一有向边包含 2 个顶点指针和 3 个边指针，共占用 20 字节。三角形面没有显式的存储。因此，总存储量是

$$16V+40E\approx 8T+60T=68T \tag{8-6}$$

字节。注意在上述分析中，我们假定保存 1 个顶点指针或 1 个边指针只需要 4 字节。对于更复杂的网格，这个字节数可能会成比例增加至$\left\lceil \log_2\left(\frac{3T}{2}\right)\right\rceil$。

8.3.4 网格操作

三角形网格的同质性使得某些操作变得十分简单。流形网格则更显优势。例如，实施网格简化的一个标准操作是进行**边的折叠**(edge collapse)，即将一条边的长度收缩为零，从而导致与其相邻的两个三角形消失。而网格**美化**(beautification)(将网格中的三角形变为近似等边的三角形，并使之具有其他的良好性质)中的**边交换**(edge-swap)操作能够将两个窄长的三角形转换为两个近似等边的三角形。这两种操作对数据结构本身的改动都极少。

8.3.5 边折叠

边折叠操作将导致网格中的一条边消失[HDD+93]。在新的网格中，包含这条边的两个相关三角形被删除，每个被删除的三角形的其他两条边则合并为一条边，被删除边的两个顶点合并为一个顶点(见图 8-14)。

上面的描述只涉及了拓扑，除此之外还需考虑几何方面的问题：当对两个顶点实施合并时，必须考虑合并后顶点的*新位置*。新位置的选择取决于简化的目标(见图 8-15)。如果优先考虑计算量，则选取任一旧顶点作为新顶点位置最为快捷。如果要保持形状，那么可取两个旧顶点位置的平均，计算也很简便；如果这样取平均会导致很多点的移动，其视觉效果并不如意，则可以选一新的位置，使得原始网格和新网格各顶点之间位移的平均值或最大值为最小。在此问题上并无“标准答案”，类似于大多数图形学问题，你的选择取决于你最终使用该网格结构的目的。

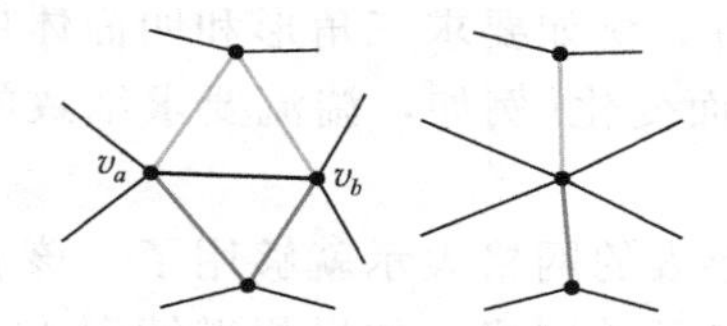

图 8-14 对从顶点 v_a 到顶点 v_b 的边进行折叠，该边及与其邻接的两个面从数据结构中被删除；位于该边上方的两条蓝色的边合并为一条边，下方两条红色的边合并为一条边。顶点v_a和v_b合并为一个顶点。其他则保持不变

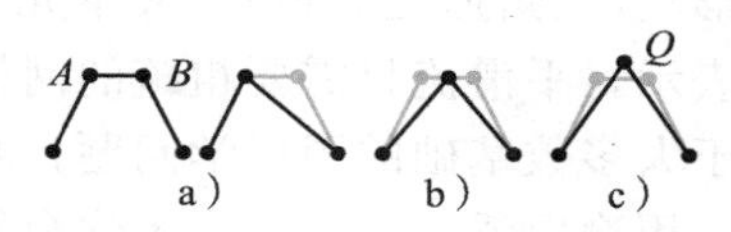

图 8-15 2D 情形中边 AB 折叠的不同几何选择。a 为计算简单的情形，可将折叠后的新顶点放在 A 点。b 放在线段 AB 的中点。c 放在某点 Q，最小化原始网格各顶点与新网格的最近顶点之间的最大(或平均)距离，也可取其他准则

8.3.6 边交换

在应用中，网格可能发生扭曲和变形，最终导致一些三角形变得又长又窄，即它们的长宽比(aspect ratio)变得很差。通常，平面形状的**长宽比**(见图 8-16)可按如下方式确定：计算该形状所有的长方形**包围盒**(包围该形状，且四边都与之接触)，取其中最大的长宽比。网格中存在长宽比很高的三角形在很多情形下会导致结果失真，应尽可能避免。边交换操作(见图 8-17)可以将两个相邻的高长宽比的三角形转换成两个较低长宽比的三角形。(反之也能做逆向交换。为了找到合适的边进行交换以美化网格，需要比较各种可能的边交换后的效果。)

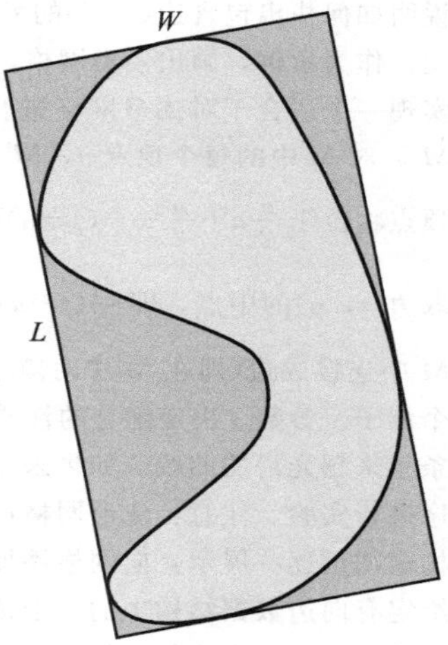

图 8-16 平面形状的长宽比，可通过找到具有最大长宽比的包围盒来确定

注意，边交换操作将导致网格结构中两个三角形被删除，代之以另外两个三角形。在简单的顶点表和三角形表结构中，实行该操作极为方便。但对有向边结构，则情形较为复杂，因为：有些顶点可能保存有被删除边的指针，需要找到这些指针并重新定位；用两个新的三角形替换两个旧的三角形后，许多有向边指针需进行调整，以保证它们正确地指向新的三角形。

8.4 讨论和延伸阅读

三角形网格以及非三角形网格、平面图和**单纯复形**(顶点、边、三角形、四面体等的组合)等在图形学外的很多领域被广泛研究。每一种表示都面向一定的应用领域。我们介绍了几种特别适合于图形学的表示。但是在开发 CAD 程序时可能需要处理网格形状的并集和交集运算。然而，两个流形网格(例如，两个立方体)的并集可能不再是流形网格(如果立方体之间只共享一个顶点或一条边)，这就需要引入适合于非流形表示的结构。

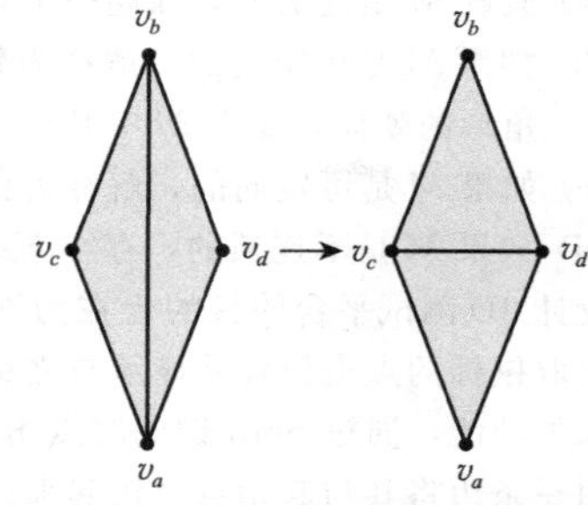

图 8-17 边v_av_b的两个邻接三角形具有很差的长宽比。如果用边v_cv_d替代v_av_b，则会得到一对新的具有较好长宽比的三角形

机械结构的有限元建模或流体分析也有各自的约束条件，例如要求三角形和四面体单元具有良好形状(三角形无尖角)，或单元尺寸随所在区域而变化(例如，湍流要求细致的三角形网格表示，平滑流只需要粗疏的网格表示即可)。

对于大多数基础的图形学问题，基于顶点和三角形表的网格表示就够用了。该表示十分简洁，用途广泛。基于该表示你会很容易编程构建自己的网格。如果想继续深入，也许需要采用更复杂的网格表示。当然，一定要对其进行评估，确保能解决特定的问题。

一个我们完全不予考虑的网格表示是“列出网格中的所有三角形，每个三角形表示为其三个顶点的 xyz 坐标”。尽管这一表示方法很简单，但是缺点太多，例如：若需判断两个三角形或边是否共享顶点，只能进行浮点数比较；如果在某三角形中移动一个顶点，那么必须在相关的其他三角形中移动同一顶点，否则无法保持网格的邻接关系；而查询任何类型邻接信息的代价均为 $O(T)$。

8.5 练习

8.1 设流形网格采用顶点表和面表表示，(i, j, k)是其中的一个三角形，而(i, j)是网格中的一条边。说明如何找出包含边(i, j)的另一个三角形，并以网格中三角形数目 T 为参数估计该操作所需的时间。作为示例，画出一类网格，证明所估计的时间上限符合实际。

8.2 实现一个适合于对*流形*网格进行*细分*操作的 1D 网格结构。给定流形网格 M，令细分后的网格为 M'。对 M 中的每个顶点 v，M' 中均存在一个对应顶点：若 v 的相邻顶点为 u 和 w，那么 M' 中对应顶点将位于$\frac{\alpha}{2}u+\frac{\alpha}{2}w+(1-\alpha)v$。对 M 中的每一条边(t, u)，M' 中也存在一个对应顶点：新顶点取边(t, u)的中点，即$\frac{1}{2}(t+u)$。若M'中的两个顶点在 M 中对应的顶点或边是相连的，则它们在 M' 中连接成边(即在 M' 中对应于边 uv 的顶点和分别对应于 u、v 的顶点相连接)。图 8-5 显示了一个例子。参数 α 决定细分的性质，在该图所示例子中，$\alpha=0.5$。经过不断细分之后，正方形变成一条越来越光滑的曲线。如果采用其他的 α 值，结果会如何呢？使用标准的 2D 测试平台编写一个程序进行实验。注意：流形网格可能有多个连通分支。

8.3 构建图例逐一展示：向网格添加一个三角形后可引起在非流形顶点表示中所描述的那 4 种变化。

8.4 给定有向边数据结构中的一个顶点，编写一段伪代码程序，确定离开该顶点的所有有向边，且时间代价正比于输出边的数量。

8.5 给定翼边数据结构中的一个面，通过伪代码程序说明如何找出该面所包含的所有边。

8.6 假定 M 是一个连通的无边界流形网格。M 可能是*可定向的*，但尚未确定其方向(即可以使 M 所有面具有一致的朝向，但目前有些面的朝向并不一致)。

(a) 假设 M 是连通的，描述一个算法，采用深度优先搜索来确定 M 是否可定向。

(b) 如果 M 是可定向的，解释为什么最多只有两个可能的朝向。提示：证明一旦选定了某一个三角形的朝向，那么 M 中其他三角形的朝向就被确定了。

(c) 如果 M 是可定向的，解释为什么 M 有且仅有两个朝向。

(d) 如果 M 是不连通的，存在 $k\geqslant 2$ 个连通分支，那么 M 可能有几个朝向？

8.7 设计 2D 测试平台的目的旨在为网格研究提供便利。试用它构建一个程序：在 2D 平面上画折线、获取鼠标的点击位置并显示与之距离最近的顶点(如改变该顶点的颜色)。

8.8 添加功能，通过 Shift 键同时点击顶点来绘制一条边：首先高亮显示起始点，然后点击下一顶点，用一条边将其与起始点连接起来。如果这两个顶点之间已有一条边，那么删除这条边。如果点击位置不在某个顶点上，则在该处创建一个新的顶点，并将它和之前选定的起始点间添加一条边。修改该程序，用于处理 2D 网格(即顶点和三角形)，即允许用户通过 Control 键点击三个顶点来创建三角形(若已存在三角形，则删除该三角形)。

网格函数

9.1 引言

在数学上，函数通常采用代数表达式描述，例如 $f(x)=x^2+1$。但有时函数也会以**列表**的方式描述，即对于每一个可能的自变量，列出其相应的函数值，

$$f:\{1,2,3\} \rightarrow \{0,9\} \tag{9-1}$$

$$f(1)=f(2)=0;f(3)=9 \tag{9-2}$$

第三种常见的函数描述方法是给出特定点处的函数值以及它们之间的插值规则。例如，我们也许绘制了一周中每天中午和午夜的温度，该温度图中只有 15 个不同的点(如图 9-1 所示)。但我们可以据此估计其他时间的温度，例如，如果中午为 60°，午夜为 24°，假设其间以每小时 3°的稳定速率降温，共下降 36°，可通过**线性插值**定义一周中任意时刻的温度，而不仅仅是表中所列的每天中午和午夜的温度。新函数将原函数定义中的离散点连接起来，其定义域是整个星期，而不仅仅限于 15 个离散的时间。

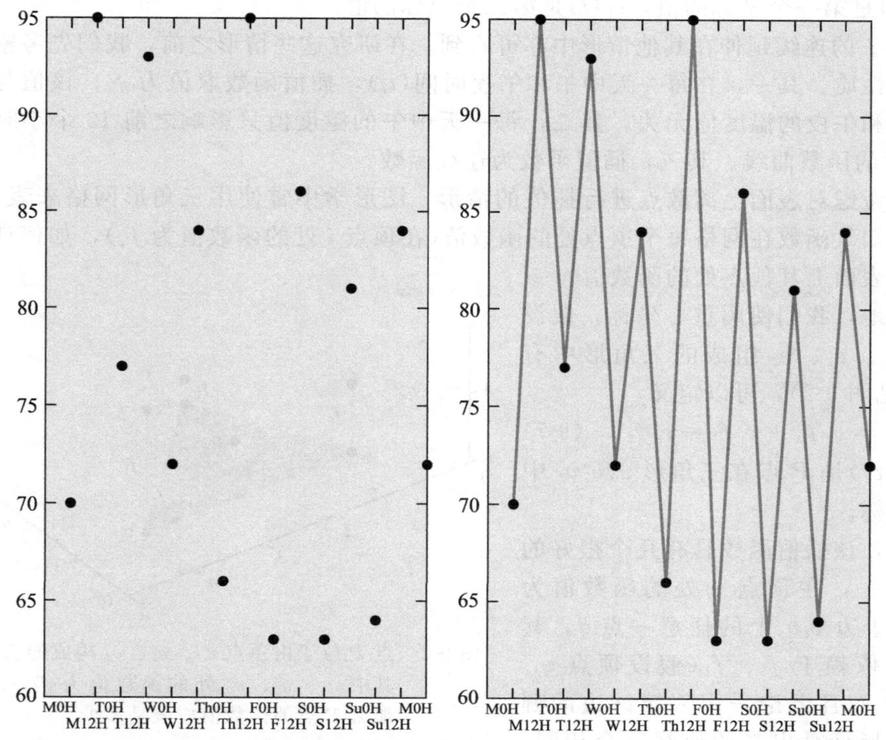

图 9-1　一周中每天中午和午夜的温度。该函数的定义域包含 15 个点。对相邻的两个点进行线性插值，可得到一个关于一周内任意时刻温度的函数，新函数为原函数定义中离散点的连接版

让我们将以上内容表达为方程式的形式。假设 $t_0<t_1<t_2<\cdots<t_n$ 为已知其温度的 n 个时间点，f_0，f_1，…，f_n 是相应时刻的华氏温度。

那么

$$f:[t_0, t_n] \to \mathbf{R}: t \mapsto (1-s)f_i + sf_{i+1} \tag{9-3}$$

其中

$$t_i \leqslant t \leqslant t_{i+1} \tag{9-4}$$

$$s = \frac{t - t_i}{t_{i+1} - t_i} \tag{9-5}$$

进一步，假设每隔 12 小时测量一次温度，从星期日的午夜开始，那么 $t_0=0$，$t_1=1$，以此类推。

在公式中，i 为时间段的索引，s 描述了 t 在其所在时间段(从 t_i 到 t_{i+1})中的位置(当 $t=t_i$ 的时候，s 值为 0，当 $t=t_{i+1}$ 的时候，s 值为 1)。

课内练习 9.1：假设 $t_0=0$，$t_1=1$，以此类推，同时假设 $f_0=7$，$f_1=3$，$f_2=4$，手工计算 $f(1.2)$ 值。如果我们把 f_0 的值变为 9，这将会改变计算出来的值吗？为什么？

如同在三角形上可以设立重心坐标(参见 7.9.1 节)，我们也可以在区间$[p, q]$上设立类似的重心坐标。第一个坐标在 p 处取值为 1，在 q 处取值为 0；第二个坐标在 p 处取值为 0，在 q 处取值为 1，但是两坐标的和在区间内**任意位置**均为 1(即对于$[p, q]$中的每一点，它们的和均为 1，见练习 9.8)。基于上述重心坐标，我们可以写出一个更显对称的公式

$$f(t) = c_0(t)f_i + c_1(t)f_{i+1} \tag{9-6}$$

其中 $c_0(t)$是第一个坐标的值，$c_1(t)$是第二个坐标的值。

函数 f 的连续延伸在其他情形中亦可看到。在研究这些情形之前，我们先考察上述延伸的一些性质。其一，在每一天中午和午夜时间(t_i)，插值函数取值为 f_i；该值与其他日子的中午和午夜的温度值无关。其二，每一天中午的温度值只影响之前 12 个小时和之后 12 个小时的函数曲线。其三，插值函数为连续函数。

现在考虑对表面上离散点进行插值的情形。图形学中常使用三角形网格来表示曲面，现假设已知某函数在网格每个顶点处的函数值(在顶点 i 处的函数值为 f_i)，如何计算出网格三角形表面上其他点处的函数值？

类似地，我们使用重心坐标。假设由顶点 v_0、v_1、v_2 组成的三角形中有一点 P(见图 9-2)，可以定义

$$f(P) = c_0f_0 + c_1f_1 + c_2f_2 \tag{9-7}$$

(c_0, c_1, c_2)是 P 点在三角形 $v_0v_1v_2$ 中的重心坐标。

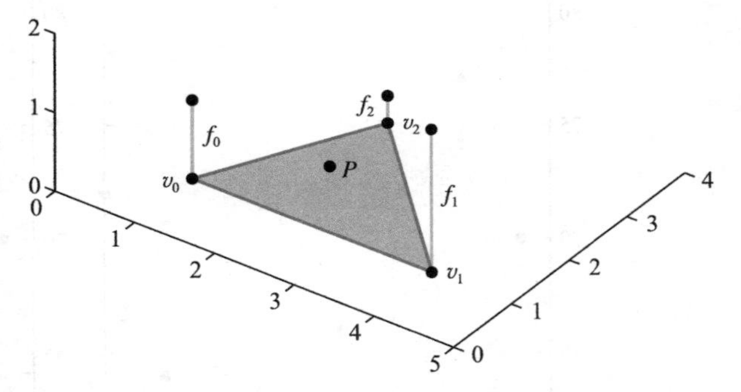

图 9-2　点 P 位于由顶点 v_0、v_1、v_2 构成的三角形中，其中 v_0、v_1、v_2 处的函数值为 f_0、f_1、f_2。那么 P 点的函数值应该是多少

同样，该插值函数具有几个很好的性质。第一，在顶点 v_i 处的函数值为 f_i，对位于边 v_iv_j 上的任意一点 q，其函数值只依赖于 f_i、f_j(假设顶点 v_i、v_j 相连)；而且无论采用邻接该边的哪一个三角形计算出来的值都完全相同。第二，顶点 v_i 上的函数值 f_i 对计算其他点处函数值的影响是**局部**的，换言之，它仅影响含有顶点 v_i 的各三角形内点的函数值的计算。第三，插值函数为连续函数。

本章剩下部分将讨论如何对表面上的点进行插值，与重心坐标的关系及其应用。

9.2 重心坐标插值代码

到目前为止，我们的讨论有点抽象；现在写出代码来实现上面的想法。首先从一个简单的任务开始。

输入：

- 一个三角形网格，顶点表 vtable，以 $n\times3$ 表格形式表示。
- 三角形面片表 ftable，以 $k\times3$ 表格形式表示，表中每一行包含三个指向 vtable 的索引。
- 顶点函数值表 fntable，以 $n\times1$ 的表格形式表示。
- 网格表面上一点 P，t 为该点所在三角形的索引，α、β、γ 为该点在三角形内的重心坐标。

输出：

- 基于插值函数求出的 P 点的值。

首先，只有 ftable 的第 t 行与我们的问题相关：点 P 位于第 t 个三角形面片内；其他的三角形面片可视而不见。假如第 t 个三角形面片的顶点索引为 $i0$、$i1$、$i2$，则在 vtable 中只有这三行和问题相关。基于上述认识，我们的代码就很简单了：

```
1 double meshinterp(double[,] vtable, int[,] ftable,
2   double[] fntable, int t, double alpha, double beta, double gamma)
3 {
4   int i0 = ftable[t, 0];
5   int i1 = ftable[t, 1];
6   int i2 = ftable[t, 2];
7   double fn0 = fntable[i0];
8   double fn1 = fntable[i1];
9   double fn2 = fntable[i2];
10  return alpha*fn0 + beta*fn1 + gamma*fn2;
11 }
```

现在假设 P 点以不同的形式表示：我们已知的是 P 点的 3D 空间坐标而不是其重心坐标，同时已知 P 点所在的三角面片索引 t，现需计算出它的重心坐标 α、β、γ。假设三角形面片 t 的顶点为 A、B、C，则必须保持

$$\alpha A_x+\beta B_x+\gamma C_x=P_x \tag{9-8}$$

成立，公式中的下标 x 代表点的 x 坐标；同样，对于 y 和 z 坐标也需要满足相同的等式。另外，还需要满足 $\alpha+\beta+\gamma=1$。重写这个式子，以便该式和其他公式形式上类似：

$$\alpha 1+\beta 1+\gamma 1=1 \tag{9-9}$$

因而系统方程可写成

$$\begin{bmatrix}A_x & B_x & C_x\\ A_y & B_y & C_y\\ A_z & B_z & C_z\\ 1 & 1 & 1\end{bmatrix}\begin{bmatrix}\alpha\\ \beta\\ \gamma\end{bmatrix}=\begin{bmatrix}P_x\\ P_y\\ P_z\\ 1\end{bmatrix} \tag{9-10}$$

除了直接求解上述系统方程外，我们已别无选择。现在的问题是我们有 4 个方程，3 个未知数，而许多求解器采用的是*正方形*矩阵而不是长方形矩阵（7.9.2 节提供了另一种求解这个问题的方法，该方法需要做一些预计算，但预计算意味着更多的工作量）。

好在这 4 个等式实际上是冗余的：P 是三角形上一点这一事实确保我们只要求解出前 3 个方程，第 4 个方程会自动成立。然而，这种保证是纯数学意义上的，在实际计算中，可能引入微小误差。有几个可行的办法。

- 将 P 表示为 $\mathbf{R}^4$ 空间中 4 个点的凸组合：已有 3 个点的方程，第四个点的坐标取 n_x、n_y、n_z、0，此处 $\boldsymbol{n}$ 为三角形的法向量。在解的表达式中将会出现第四个参数 δ，表示点 P 偏离三角形 ABC 所在平面的程度。忽略该因素，同时放大 α、β、γ，取 $\alpha/(1-\delta)$、$\beta/(1-\delta)$和 $\gamma/(1-\delta)$作为重心坐标。这是一个很好的解决方案(倘若在点 P 处的数值误差全部沿 $\boldsymbol{n}$ 方向，该方法将得到正确的结果)，但它需要解一个 4×4 的方程组。
- 删除公式(9-10)中的第四行；同时将 α、β、γ 分别除以 $\alpha+\beta+\gamma$，使这三个数值之和为 1。这样便将问题简化为求解 3×3 的系统方程组，缺点是不能纠正沿三角形法向方向的误差。
- 使用伪逆法求解过约束的系统方程组(见 10.3.9 节)。优点在于该方法已经成为许多数值线性代数系统的一部分，它甚至可以对退化的三角形进行计算(即三个顶点共线)，只要点 P 在三角形内，所求得的 α、β、γ 满足 $\alpha A+\beta B+\gamma C=P$，尽管此时解可能不唯一。更好的一点是，若点 P 不在点 A、B、C 所在的平面上，基于该方法返回的解 α、β、γ 所求出的点 $\alpha A+\beta B+\gamma C$ 是该平面上离 P 最近的点。这是很理想的。

所以问题可以重新描述如下。

输入：

- 一个三角形网络，顶点表 vtable，以 $n\times3$ 表格形式表示。
- 三角形面片表 ftable，以 $k\times3$ 表格形式表示，表中每一行包含 3 个指向 vtable 的索引。
- 网格上的一点 P，该点由其所在的三角形的索引 t 和点的 3D 坐标表示。

输出：

P 的重心坐标(相对于第 k 个三角形的 3 个顶点)。

修改之后的解决方案如下：

```
1  double[3] barycentricCoordinates(double[,] vtable,
2      int[,] ftable, int t, double p[3])
3  {
4      int i0 = ftable[t, 0];
5      int i1 = ftable[t, 1];
6      int i2 = ftable[t, 2];
7      double[,] m = new double[4, 3];
8      for (int j = 0; j < 3; j++) {
9         for (int i = 0; i < 3; i++) {
10          m[i,j] = vtable[ftable[t, j], i];
11       }
12       m[3,j] = 1;
13     }
14
15     k = pseudoInverse(m);
16     return matrixVectorProduct(k, p);
17 }
```

此处假设矩阵和向量的乘积以及伪逆法的运算功能已包含在很多数值计算包中。

当然，我们可以将上面的这两个计算合并起来，求出给定 xyz 坐标的 P 点的函数值。

输入：

- 一个三角形网格，顶点表 vtable，以 $n\times3$ 表格形式表示。
- 三角形面片表 ftable，以 $k\times3$ 表格形式表示，表中每一行包含 3 个指向 vtable 的索引。

- 顶点函数值表 fntable，以 $n\times 1$ 的表格形式表示。
- 网格上的一点 P，该点由其所在的三角形的索引 t 和点的 3D 坐标表示。

输出：

- fntable 所定义函数在 P 点的值。

```
1  double meshinterp2(double[,] vtable, int[,] ftable, double[] fntable,
2  int t, double p[3])
3  {
4    double[] barycentricCoords =
5        barycentricCoordinates(vtable, ftable, t, p);
6    return meshinterp(vtable, ftable, fntable, t,
7        barycentricCoords[0], barycentricCoords[1], barycentricCoords[2]);
8  }
```

当然，相同的方法亦可以用于 7.9.2 节光线与三角形求交的程序代码中，我们先计算光线与三角形 ABC 交点 Q 的重心坐标$(\alpha，\beta，\gamma)$，然后按重心坐标对 A、B 和 C 点进行加权平均求得点 Q。假若已知 A、B 和 C 点处的函数值 f_A、f_B 和 f_C，即可计算出 Q 点的函数值为 $f_Q=\alpha f_A+\beta f_B+\gamma f_C$。这意味着我们可以直接计算出 Q 点的函数值而无需先计算 Q 的空间坐标。

在 2D 空间中计算三角形 ABC 内 P 点的重心坐标$(\alpha，\beta，\gamma)$，$A，B，C\in\mathbf{R}^2$，比在 3D 空间要简单得多(见图 9-3)。我们知道 α 为常数的点组成的线与 BC 平行。令 $\boldsymbol{n}=(C-B)^{\perp}$，则对于该线上任一点 P，$f(P)=(P-B)\cdot\boldsymbol{n}$ 为恒定值。将该值按 $1/f(A)$ 进行比例缩放便能得到我们所需要的函数：当点 P 位于 BC 上时为 0，在点 A 处为 1。故取

$$g:\mathbf{R}^2\rightarrow\mathbf{R}:P\mapsto\frac{(P-B)\cdot\boldsymbol{n}}{(A-B)\cdot\boldsymbol{n}} \tag{9-11}$$

$g(P)$的值即为 α。采用相同的计算方法可以求出 β 和 γ。

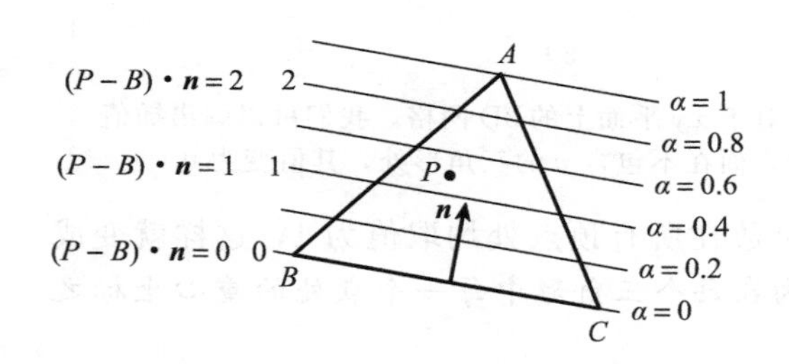

图 9-3 为了将 P 写为 $\alpha A+\beta B+\gamma C$ 的形式，我们可以使用一个技巧。注意到 BC 上的点其 $\alpha=0$；而任一与 BC 平行的直线上的点，其 α 取同一个固定值。故计算向量 PB 在垂直于 BC 的向量 $\boldsymbol{n}$ 上的投影；该投影为一个线性函数，它对与 BC 平行的同一直线上的任何点为定值。对这个函数进行适当缩放，使其在 A 处取值为 1，即得到 α 函数

其程序代码如下：

```
1  double[3] barycenter2D(Point P, Point A, Point B, Point C)
2  C[2])
3  {
4    double[] result = new double[3];
5    result[0] = helper(P, A, B, C);
6    result[1] = helper(P, B, C, A);
7    result[2] = helper(P, C, A, B);
8    return result;
9  double helper(Point P, Point A, Point B, Point C)
10 {
11   Vector n = C - B;
12   double t = n.X;
13   n.X = -n.Y; // rotate C-B counterclockwise 90 degrees
14   n.Y = t;
15   return dot(P - B, n) / dot(A - B, n);
16 }
```

若三角形是退化的(例如，点 A 位于边 BC 上)，则上述代码中 helper 函数的分母将为 0；此时重心坐标将无法很好地予以定义。在最终的应用程序中，应该设立对这类情况的检查；一旦出现这种情况，典型的处理方法是将 P 表示为其中两个顶点的凸组合。

9.2.1　另一视角下的线性插值

认识插值过程是一线性过程有助于理解插值函数。设在网络顶点上有两个函数值的集合，分别为$\{f_i\}$和$\{g_i\}$，我们采用函数 F、G 分别对它们在整个网格上进行插值。如果插值的对象为$\{f_i+g_i\}$，则所对应的函数将等于 $F+G$。这就是说，我们可以把网格上的重心插值函数视为一个在网格上连续的函数而不是只在顶点上取值的函数。假设有 n 个点，可以构建一个函数：

$$I:\mathbf{R}^n \rightarrow C(M) \tag{9-12}$$

此处的 $C(M)$是在网格 M 上所有连续函数的集合。上面所述即为

$$I(f+g)=I(f)+I(g) \tag{9-13}$$

其中 f 指的是$\{f_1, f_2, \cdots, f_n\}$的集合，$g$ 与 f 一样；其他的线性规则——$I(\alpha f)=\alpha I(f)$ 对于任意实数 α 亦成立。

而理解线性函数的好的方式是考察它对基函数施加的作用。$\mathbf{R}^n$空间中的标准基向量由若干元素组成，除其中一项为 1 外，其余均为 0。每一个基向量都对应于一个插值函数，该函数除在顶点 v 处取值为 1 外，在其他点处取值均为 0(见图 9-4)。故所对应的插值函数是一个**基函数**，其图形呈帐篷状，在帐篷的最高点所对应的顶点上，基函数取值为 1。

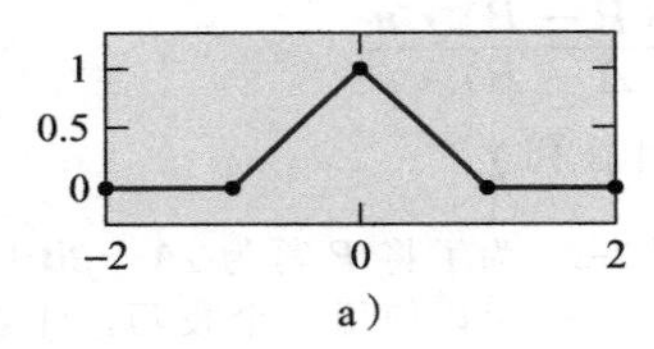

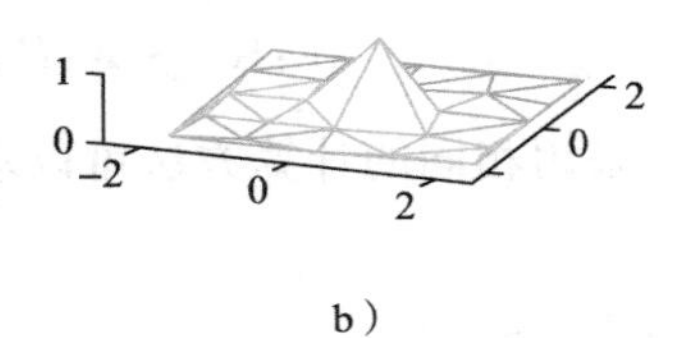

图 9-4　a) 2D 插值基函数在其中心处呈帐篷状；b) 对于 xy 平面上的 3D 网格，我们可以画出插值函数的 z 向分量，同样可看到中心呈帐篷状，而在不包含 v 的三角形处，其值变为 0

如果将所有的基函数相加，所形成的插值函数在所有顶点处均取值为 1，这样就变成了一个为 1 的常值函数。其实这并不奇怪，因为*在每个三角形中每一个点处的重心坐标之和均为 1*。

注意到这些帐篷形状的函数虽然连续但不可微分，你可能会认为其连续性不够好。采用如图 9-5 所示的函数作为基函数岂不是更好？也许如此，但是它们难以使插值函数既具有平滑性又能在全部由 1 组成的数集的每一点处均取常数 1。我们将会在第 22 章讨论这个问题。

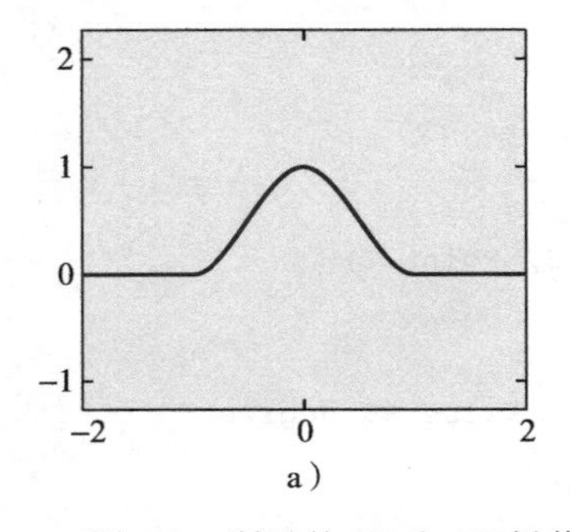

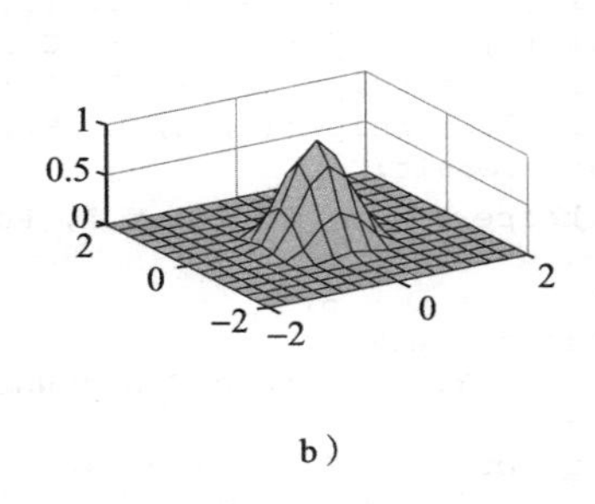

图 9-5　所示的 2D 和 3D 插值基函数比重心插值函数更加平滑

9.2.1.1 网格常用术语

本节介绍在研究网格时常会用到的一些术语。首先，网格的点、边和面称为**单(纯)形**。单形可用于分类：点称为0-单形，边称为1-单形，面称为2-单形。单形具有各自的边界，在网格中的2-单形包含三条边，1-单形包含两个端点。

一个**星形**顶点(见图9-6)指由包含该点的三角形组成的集合。一般地，一个星形单形指包含该单形的所有其他单形组成的集合。

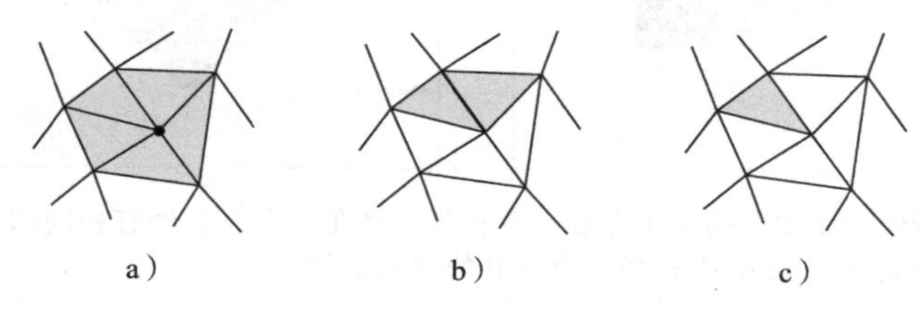

图9-6 星形单形。a) 星形顶点是包含该顶点的三角形的集合。b) 星形边是包含这条边的两个三角形的集合。c) 星形三角形是它自身

星形顶点的边界称为顶点**邻接**，这可用于描述上面提到的帐篷函数等函数：例如帐篷函数在点v处取值为1，在v的星形区域内非零，在v的邻接处为0。

网格上的距离度量基于连接顶点之间的边所构成的路径：顶点v到顶点w的距离为连接v和w所有路径中边的最小数目。与v邻接的所有顶点与v的距离为1。

与v不同距离的顶点也有各自的名称。1-ring指与v的距离等于或小于1的顶点的集合；2-ring指与v的距离等于或小于2的顶点的集合，以此类推。

9.2.2 扫描线插值

在图形中我们常需计算三角形内每一点处的值；例如计算三角形每一个顶点的RGB颜色，然后插值出三角形内部各点处的颜色(若以计算三角形每个顶点的RGB颜色同样的方式来计算每一内部点的颜色值则代价太高)。

在20世纪80年代，当光栅图形(基于像素的图形)技术刚出现时，**扫描线绘制**是流行的算法。绘制时，依次处理屏幕上的每一条水平线，找到与该线相交的所有三角形并生成一行像素值，然后扫描下一行。通常，新扫描线相交的许多三角形与上一条扫描线是相同的，故许多数据可以重用。图9-7展示了一典型情况：在第三行只有一个像素与三角形相交，在第四行有两个像素与三角形相交。在第六行，有三个像素与三角形相交，第六行之后，相交的像素区间开始缩小。

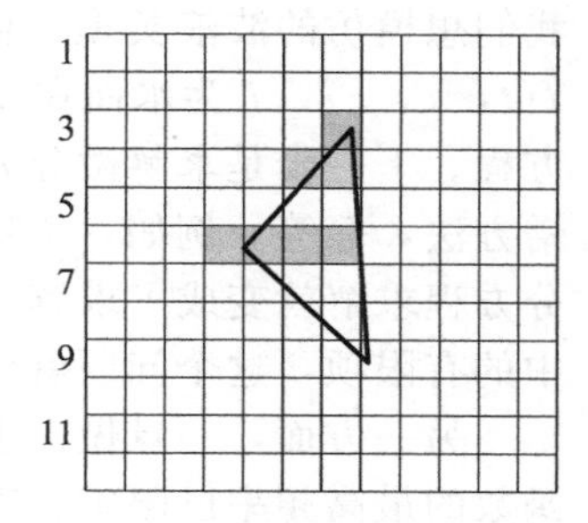

图9-7 通过扫描线处理一个三角形

插值三角形内部各点颜色值的一种方法是沿着三角形的边对顶点的RGB值进行插值，然后沿扫描线对两端点的RGB值进行插值。

不难证明，上述方法采用的插值函数与我们之前介绍的重心坐标方法是相同的(见练习9.4)。

现在假设我们应用该方法插值更有趣的形状，如四边形。很容易看到图9-8所示为两个全等的四边形，按顺时针顺序，各顶点的灰度值均为0，40，0，40(范围是0～40)，但在P和P'点却得到不同的插值结果，P点灰度值为20，P'点灰度值为40。

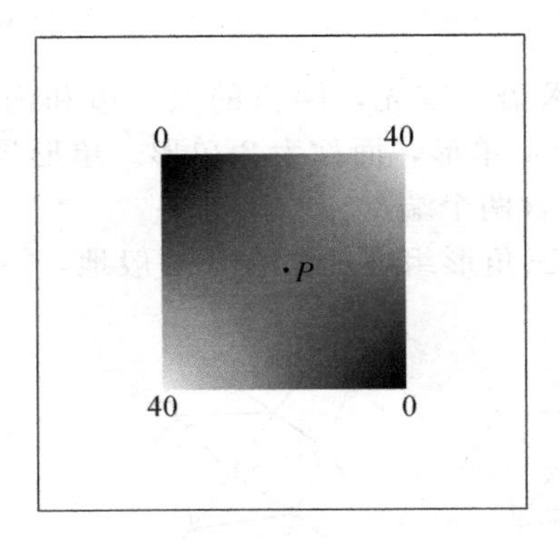

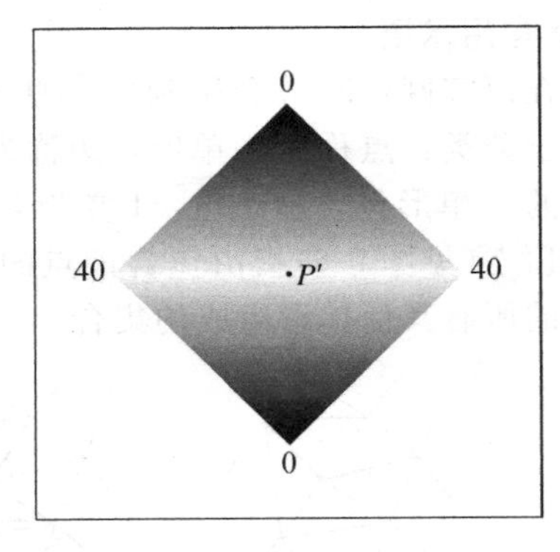

图 9-8　所绘制图中，两个正方形完全相等，且在对应顶点处有相同的灰度值，但是在 P 点和 P' 扫描插值得到的灰度值却不一样

上述每一种情况的插值结果看上去都没有问题，但是当制作一段旋转该形状的动画时，形状内部的颜色似乎在流动，对人的正常感知形成了干扰。

哪里出了问题呢？

注意，我们的问题是：已知多边形各顶点处的值，欲求多边形内部点处的值，但最终求出的解实际上依赖于生成的扫描线，而扫描线与问题本身并不相关，这就导致了求解结果的不稳定。难点源于求出的解并不是基于问题本身的数学和物理原理，而是为求解的计算过程所限制。当所求解限定于预先设定的那一类时，最佳解很有可能被排除在外。当然，有时我们确有很好的理由来限制可行解。但一旦这么做了，就应该意识到其可能产生的结果。我们将其归纳成下面的原则：

✓ **模型区分原则：** 将现象的数学模型或者物理模型和其用于求解的数值模型分开。

在对问题进行计算求解时通常需做三次选择。第一是如何理解这个问题；第二是选择一个数学工具；第三是选择一种计算方法。例如，若想对海浪进行建模，首先必须了解海浪的相关知识。有汹涌起伏的波浪，也有一些波浪达到波峰后分裂为浪花。第一步是选择我们想模仿的波浪类型。假设选择模仿连绵起伏的波浪。则可以将水面表示为函数 $y=f(t, x, z)$，f 为水面在 (x, z) 处在 t 时刻的高度。海洋学给出了 f 随着时间变化的微分方程。下一步是求解微分方程，有很多可行的求解方法，如有限元方法、有限差分方法、谱方法，等等。例如，可将 f 表示成关于 x 和 z 的 sin 函数和 cos 函数乘积的和，此时微分方程求解就变成了求解一个以和式中各项系数为未知数的系统方程组。如果只考虑和式中的有限项，这个问题就变得可解了。

另一方面，一旦做出上述选择，将导致如下影响：因为在求解的和式中 sin 或者 cos 函数的最高频率已限定，因此可模拟的波浪的最小波长也已确定。也许我们想采用该模型模拟更小波长的涟漪，但所选取的数值计算模型排除了这种可能性。即使解决了这一问题，上述数值计算模型也不能模拟波浪的巅峰和浪花飞溅景象。当然，我们可以在后置处理中通过改变某些波峰的形状生成“浪花飞溅”的效果，但更可能的是这种自行调整带来的是问题而不是好的效果。而且，这将导致系统调试变得非常困难，因为假如对于正确的解缺乏一个清晰的概念，将很难准确地判断其中的错误。

关于仔细建模和将数值模型和数学模型分离的思想在 Barzel[Bar92]中有详细的介绍。

9.3　分段线性扩展的局限

将三角形网格函数从顶点扩展到三角形内部的方法称为**分段线性扩展**。从基函数的帐篷状的图形不难想到扩展函数的图形也会有尖锐的边角。在某些应用中，这些缺陷可能会非常明显。例如，若在整个三角形网格上对灰度值进行分段线性插值，人眼会觉察到在三角形边处灰度值的二阶不连续：对三角形内部灰度值的线性变化人眼不觉有异；但对三角形边的两侧的灰度值变化率的不一致，人眼却十分敏感。在部分人的眼中，不连续处呈“带”状，这一效应称为马赫带效应(见 1.7 节)。

假设在动画中已经计算出物体在若干“关键”时刻的位置，若使用分段线性插值计算物体在其他时刻的位置，其结果是物体在各时间段内以恒速运动，加速度为零，而所有的加速度都爆发在那些“关键”时刻，这是令人困扰的。

9.3.1 依赖网格结构

如果多面体由非三角形表面构成，可以对每一个面进行三角化从而将其转化为三角形网格，然后可以按照上面所述方法，基于三角形顶点处的函数值对各三角形面进行插值。但是依据表面三角化的方式，插值的结果可能迥然不同。这可以从一个简单的例子(见图 9-9)中得到验证，该例展示了将在正方形四角点处取值的函数扩展到正方形内部各点的两种不同的方式，可以看出结果明显依赖于正方形的三角化方式。

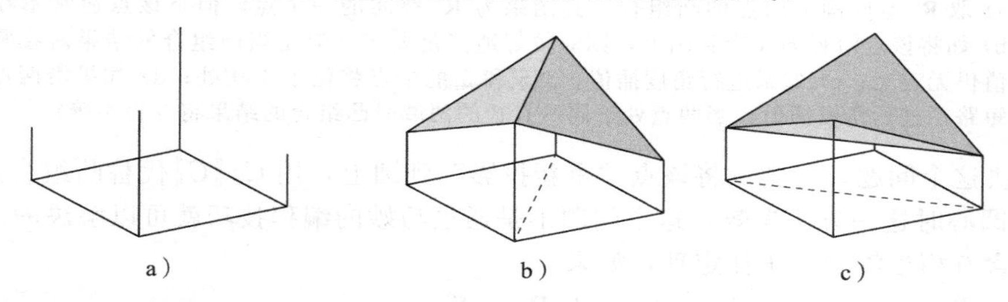

图 9-9 a) 正方形四角处的高度值；b) 对四角处高度值进行分段线性插值的一种方式；c) 另一种插值方式

9.4 更平滑扩展

如前所述，基于网格顶点处的函数值构造网格内部各点的平滑插值并非易事。难点之一是需要弄清楚网格上平滑函数的含义。如果网格恰好位于 xy 平面，则很简单：可以采用平面上平滑性的一般定义(存在多种派生定义)。但是，当网格为 3D 空间上的多面体表面(例如十二面体)，如何度量其平滑性就不大明确了。

当然，如果将十二面体更换成插值网格各顶点的球，那么定义其平滑性再次变得简单。十二面体上的每个点都可映射为其包围球体上的一个点(例如，通过径向投影)，只要插值函数在球面上是平滑的，我们就认为它在十二面体上也平滑。遗憾的是，找到一个插值多面体顶点的平滑形状本身就是一个待解的问题：已知定义在网格每个顶点处的一个函数(点的 xyz 坐标)，求解覆盖三角形内部各点的函数(对应光滑表面上点的 xyz 坐标)，这一函数正是我们所求的光滑插值问题的解。因此，寻找一个逼近网格的平滑形状并不会使问题简化。

该问题可通过对原始表面不断地进行**细分**生成一系列网格得以部分解决。这些细分网格的极限将收敛于一个光滑的表面，这将在第 22 章做进一步讨论。

9.4.1 非凸空间

上面讨论的分段线性扩展技术针对函数值在顶点处为实数的情形，很容易将其推广到

顶点函数值为实数多元组的情形(只需逐个坐标进行处理即可)。亦可应用于其他凸组合空间，即

$$c_i f_i + c_j f_j + c_k f_k, \text{其中} c_1 + c_2 + c_3 = 1 \text{且} c_1, c_2, c_3 \geqslant 0 \tag{9-14}$$

同样成立。例如，如果在每个顶点处都有一个对应的 2×2 对称矩阵，因为对称矩阵的凸组合仍然是对称矩阵，故可以对这些矩阵进行重心加权组合。

遗憾的是，在许多我们感兴趣的空间中，凸组合或者没意义或者对某些情况无法定义，典型的例子是圆 $\mathbf{S}^1$。如果将圆看作 2D 空间 $\mathbf{R}^2$ 的子集(见图 9-10)，构建两个点的凸组合是有意义的。但是，凸组合的结果位于单位圆盘$\mathbf{D}^2 \subset \mathbf{R}^2$ 上，通常并不在圆周 $\mathbf{S}^1$ 上。

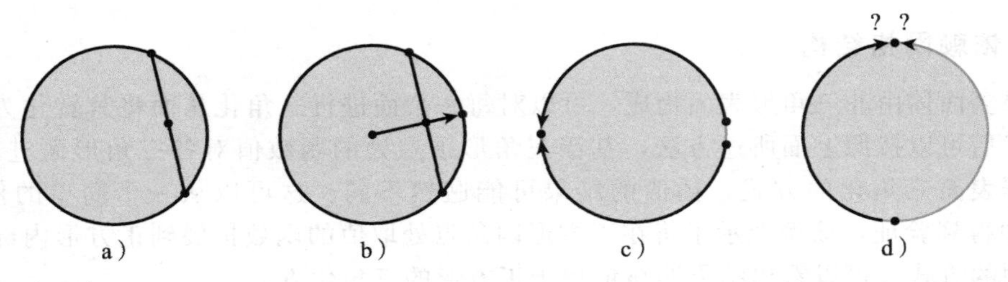

图 9-10　a) 取 $\mathbf{R}^2$ 空间圆上两点的凸组合，其结果为 $\mathbf{R}^2$ 空间的一个点，但是该点通常不在圆上；b) 如将该点沿径向投影到圆上，则能较好地满足要求，但是当凸组合的结果落在圆心时该值仍无定义；c) 如果进行角度插值，355°和 5°的中点将位于 180°处；d) 如果沿两点间的最短路径进行角度插值，当两点处于同一直径的两端时凸组合的结果将变得不确定

要解决这个问题，可尝试将该点“重新投影”到圆上，用 $C/\|C\|$ 代替凸组合点 C。但当 C 位于圆心时这一方法失效，这个问题不是通过巧妙的编程技巧就可以解决的。

此处含有相当深刻的拓扑定理，如果

$$h: \mathbf{D}^2 \to \mathbf{S}^1 \tag{9-15}$$

$\mathbf{S}^1$ 上的所有点满足 $h(p)=p$，那么 h 一定在某处不连续。

另外一个可行的方法是将点的值看作角度，仅仅对角度进行插值。直接这么做会导致某些奇怪现象：虽然 $\mathbf{S}^1$ 上某两点非常靠近(像 350°和 10°)凸组合产生的点却离两者都很远(本例中 180°)。通过“沿短弧插值”可以解决这个问题，但却产生一个新问题：位于圆直径两端点之间的最短弧是不确定的。

同样，拓扑定理可以解释这个问题。如果我们的目标是只是确定位于两点间的中点，那意味着需寻找具有某种特定性质的函数：

$$H: \mathbf{S}^1 \times \mathbf{S}^1 \to \mathbf{S}^1 \tag{9-16}$$

例如，H 应当连续，对每个点 $p \in \mathbf{S}^1$ 满足 $H(p, p)=p$，因为“点 p 和点 q 之间的中点”与“点 q 和点 p 之间的中点”为同一点，故应有 $H(p, q)=H(q, p)$。可以证明，满足这两个简单条件的函数并不存在。

然而，情况也许更糟，假定可以将两点之间的插值函数的定义域从网格的顶点推广到网格的边，且这一推广已用某种方式实现，我们是否可以将其继续推广到三角形间的插值？答案是否定的。什么条件下存在这样的推广？该问题的研究涉及同伦论，特别是扩张的障碍理论[MS74]。提到这些并非让读者去学习障碍理论，而是因为希望上面提到的理论能启示读者，不必费心寻找方法对那些值域不具有足够简单拓扑结构的函数进行推广。

9.4.2　使用哪一种插值方法好

在很多情况下均可采用三角形内部点的插值计算方式。在等距颜色空间中(见第 28

章)对颜色值进行线性插值是有意义的。但如果对单位法向量进行插值，则线性插值肯定不适用，这是因为线性插值获得的法向量通常不是单位向量，在需要单位法向量的计算中使用该结果，将会得到错误的答案。另外，如果函数值是离散的，例如物体标识符，对其进行插值也是毫无意义的。

上述所述似乎可导致一种回答，即“取决于具体情况”。确实如此。但是这里包含有更深刻的原则：

✓ **含义原则**：对于出现在图形程序中的每个数字，需要知晓该数字所包含的语义。

有时候数字含义是通过单位给出(如“这个数字以米/秒表示速度”)；有时候数字含义可以帮助界定一个变量取值的范围(如“这是一个立体角[㊀]，它应当在 $0\sim4\pi\approx12.5$ 之间”或者“这是一个单位法向量，其长度为 1.0”)；有时候数字对应离散值(“以当前像素为终点的路径数”)。将数字的表示方式和其含义分开是很重要的。例如，我们常关注的像素**覆盖度** α(像素面积被某一形状覆盖的比例)，其值在 0～1 之间，但有时会采用 8 位无符号整型数表示 α，即为 0～255 之间的某整型数。尽管此时 α 为离散表示方式，但是对两个覆盖率求平均值仍是有意义的(虽然用 8 位二进制数字表示平均数可能会导致舍入误差)。

9.5 顶点处定义函数乘

至今为止，我们所讨论的函数均在每个顶点处取单一值并需要在网格面上进行插值。虽然这是最常见的情形，但另一种情况也经常出现：即对邻接于同一顶点的多个三角形，每一个三角形在该顶点处都有一个函数值。例如图 9-11 所示彩色八面体的每个三角形上的颜色都是逐渐变化的，但是没有两个三角形在邻接顶点处颜色相同。在该形状上定义颜色函数的方法是取比顶点更大的定义域。根据三角形对顶点的包含关系建立所有顶点-三角形对，即

$$Q=\{(v,t):v\in t\}\subset V\times T \tag{9-17}$$

其中，V 和 T 分别是网格的顶点集和三角形集。前面曾将定义在顶点集 V 上的函数 h 扩展到网格上的所有点。现将函数定义在 Q 上，然后将其扩展到网格上的所有点。例如，对顶点为 i、j、k 的三角形 t，三角形内的任一点的值可通过对值 $h(i,t)$、$h(j,t)$、$h(k,t)$进行重心插值。

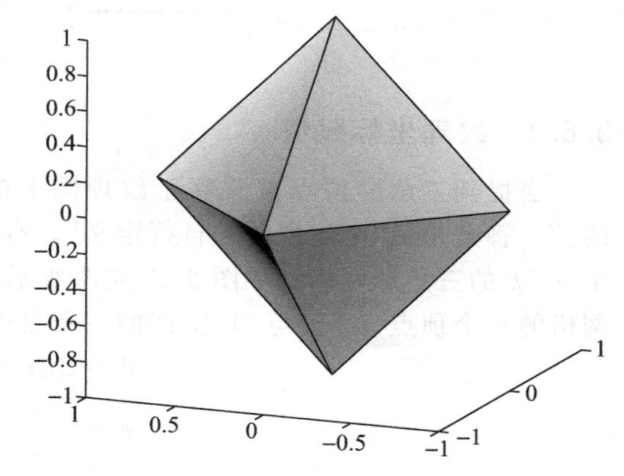

图 9-11　八面体上每个面的颜色都在渐变，在八面体的每个顶点处，需要存储 4 个不同的颜色值

这里有一个重要的问题：边(i,j)上的点为两个不同三角形所共有，那么它的颜色值应该是多少？答案是“取决于具体情况”。从严格的数学角度看，不存在单一的正确答案，即一个颜色值与某一面的颜色插值相关，而另一个颜色值与该边邻接的另一面的颜色插值相关，没有一个可内定为“正确”值。我们能够做的就是在下面的域上定义一个插值函数

$$U=\{(P,t):P\in t\}\subset M\times T \tag{9-18}$$

此处，P 是网格 M 上的一个点。即对于点 P 和包含它的每一个三角形 t，可以得到值

㊀ 立体角将在第 26 章讨论。

$h(P, t)$。因为大多数点只在一个三角形中，所以第二个参数通常是多余的。对于那些位于多于一个三角形中的点，其函数值基于当前考虑的三角形定义。

9.6 应用：纹理映射

我们在第 1 章提到，描述模型的信息中不仅有几何信息，而且有**纹理**信息：对物体上每一个点，都可以关联若干属性(表面颜色是常见的一种属性)，用于对物体的绘制。从宏观上看，所绘制像素的颜色基于对像素处可见物体信息的计算。例如，对一网格三角形，通常根据三角形的法向计算其中任一点在场景光照下的光亮度。在一些情形中，整个三角形可能赋予单一颜色值(即位于白光照射下)，但在另一些情形中，三角形的每个顶点都赋予一个颜色，然后通过插值计算出所关注点的颜色值。然而更多时候，三角形顶点被关联于**纹理图**(通常为一 $n\times k$ 的图片)上的给定位置，三角形可以想象成被拉伸和形变后放置在图片上，这样，关注点的颜色便由其在纹理图上对应位置处的颜色值决定，如图 9-12 所示。

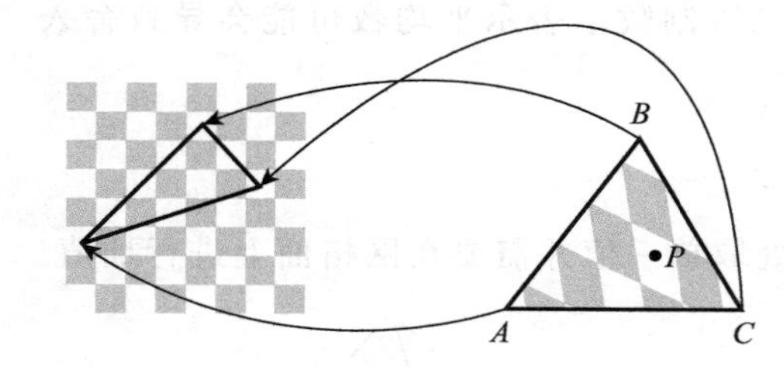

图 9-12　三角形 $T=\Delta ABC$ 中的点 P 的颜色是由纹理图决定。如图中箭头，点 A、B、C 的颜色由棋盘图片上相应点的颜色确定。点 P 对应于白色方块中的一点，所以它的纹理颜色为白色

9.6.1 纹理坐标赋值

当提到三角形顶点被关联于纹理图上的某些位置时，不免会问：“它们是如何关联的?”。答案是：“由建模的人自行定义”。有一些很容易实现关联的简单模型。例如，有一个 $n\times k$ 的三角形网格，如图 9-13 左图所示，其中，$n=6$，$k=8$，通过下面设置可以将该网格的每个顶点(i, j)与 3D 空间的一个点进行关联：

$$\theta = 2\pi j/(k-1) \tag{9-19}$$

$$\phi = -\frac{\pi}{2} + \pi i/(n-1) \tag{9-20}$$

$$X = \cos(\theta)\cos(\phi) \tag{9-21}$$

$$Y = \sin(\phi) \tag{9-22}$$

$$Z = \sin(\theta)\cos(\phi) \tag{9-23}$$

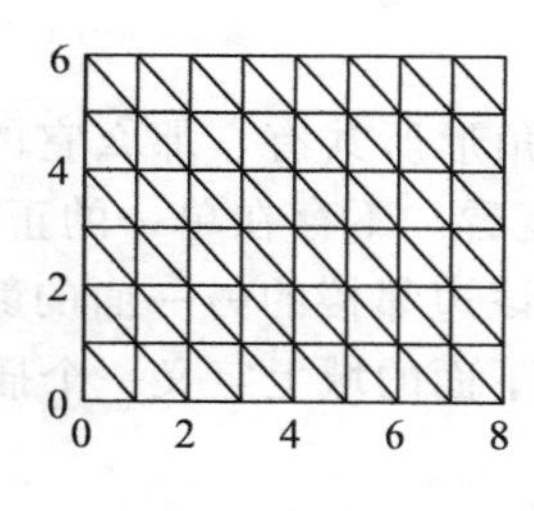

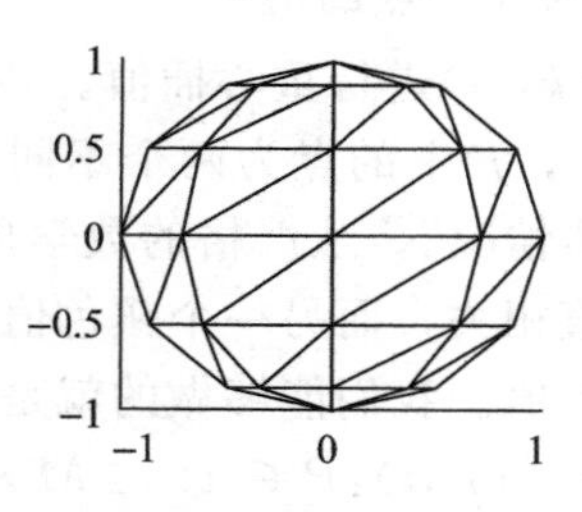

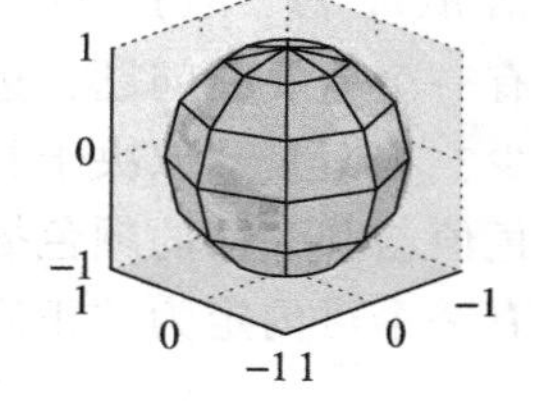

图 9-13　地球纹理映射

θ 和 ϕ 分别代表经度和纬度，所生成的近似球体如图 9-13 中图所示。现有一个分辨率为 100×200 的“未经投影”的地球纹理图(其纵坐标正比于纬度，横坐标正比于经度)。将

位置(i, j)处的顶点关联纹理坐标$100i/(n-1)$，$200j/(k-1)$，所生成的贴有纹理图的地球如图9-13右图所示。

在本例中，网格的构建方式使得我们可以自然地建立其纹理坐标。这种方法的麻烦之处在于：纹理坐标取决于我们所采用的世界地图图片的像素分辨率。如果对目前创建的形状不大满意，可以采用更高精度的图片，但是这将导致纹理坐标也得变。因此，纹理坐标通常被指定为0～1之间的数，表示以图片从底至上[⊖]或者从左至右的幅长为单位，相应点在图片上的具体位置。这意味着，纹理坐标(0.75，0.5)在纹理图片(忽略大小)上的对应点将位于由底部到顶部的四分之三和由左侧到右侧的二分之一处。

一般将纹理坐标命名为u和v，这样一来，一个典型的顶点将具有5个属性：x、y、z、u和v，有时纹理坐标也称作**uv坐标**。

9.6.2 纹理映射细节

假设网格上每个顶点的纹理坐标均为已知，如何确定三角形内任一位置处的纹理坐标呢？可采用本章介绍的插值技术，逐个坐标进行计算。例如，已知每个顶点的u坐标，因每个顶点上的u坐标为实值，故可在网格上的每个点唯一地定义一分段线性函数：设P为三角形ABC内的点，顶点A、B、C的u坐标分别为u_A、u_B和u_C，可以使用重心坐标来确定点P的u坐标值。我们将点P表示成以下形式

$$P = \alpha A + \beta B + \gamma C \tag{9-24}$$

则

$$u(P) = \alpha u_A + \beta u_B + \gamma u_C \tag{9-25}$$

对v坐标执行相同的操作，这样就唯一地确定了点P的uv坐标。

如果三角形ABC覆盖许多像素，则需逐个像素地确定其重心坐标，计算重心坐标与顶点纹理坐标的加权和，上述计算将执行多次。幸运的是，像素间的均匀间距使得这些重复计算很容易在硬件上实现，详情请见第38章。

9.6.3 纹理映射问题

如果三角形的纹理坐标覆盖了纹理图片上的大片区域，但绘制时三角形本身在最终画面上只占相对较小的部分，那么最终画面中三角形所覆盖的每个像素(即一小方块)将对应纹理图片中多个像素。现在的做法是：对最终图像上每个像素，找出纹理图片上与之对应的单个点，但是正确的做法似应混合其覆盖的多个纹理像素取其综合后的结果。不然就会导致**纹理走样**，对此将在第17、20、38章做进一步讨论。但如果对每个待绘制的像素进行纹理像素混合，纹理化过程将变得非常慢。解决这个问题的方法之一是进行预计算，我们将会在第20章讨论一种具体的预计算方式——**MIP映射**。

9.7 讨论

这一章的核心思想很简单所以很多图形学研究者并不注意它：基于每个三角形的重心坐标将网格顶点处的实值函数分段线性地扩展为整个网格上的实值函数。假设三角形的顶点为v_i、v_j、v_k，分别取值f_i、f_j、f_k，三角形内一点的重心坐标为c_i、c_j、c_k，那么该点的值为$c_i f_i + c_j f_j + c_k f_k$。从三角形顶点扩展到三角形内部已成为理所当然，所以在难以

⊖ 若纹理图片中的像素按从上至下的顺序进行索引，则此处亦应为“从上至下”。

计数的图形学论文中甚至都未曾提及。也有将顶点的值扩展到整个三角形网格上的另外一些方法，将在第22章作进一步讨论，但是分段线性插值方法仍然是最主流的方法。

分段线性插值方法对其他值域(例如，$\mathbf{R}^2$ 或 $\mathbf{R}^3$)上的函数同样有效，只要这些值域支持“凸组合”。对于不支持“凸组合”的值域(像圆，或球，或 3×3 的旋转矩阵)，也许不存在将其扩展到三角形上的合理方式。

以抽象的方式讨论诸如顶点插值这类问题可以不涉及因具体实现方式而导致的衍生问题。假如我们讨论如何在GPU上通过插值将采用8位整型数表示的顶点的值扩展到三角形内，则很可能为插值对象的低位数表示所分心，而不会从宏观上理解问题并且根据具体的约束条件调整解决问题的方案。这是近似求解原理的另一例证。

分段线性插值的重要应用之一是纹理映射，其中，网格表面的属性关联于每个顶点上，然后在三角形内对这些属性值进行线性插值。如果属性值为“映射点在纹理图片上的位置”，那么插值结果将会为物体添加具有丰富细节的色彩，这将在第20章详细讨论。

9.8 练习

9.1 本章描述的基函数(图9-4a)不仅对应 $\mathbf{R}^n$ 的基，而且它们构成另一个向量空间——所有在定义域 $[1, n]$ 上连续的函数向量空间的子空间的基。为了证实这一论断，证明这些基函数实际上是线性无关的。

9.2 (a) 绘制一个四面体，选一个顶点，画出它的邻接点和星形域。假设 v 和 w 是四面体上的不同顶点，求 v 的星形域和 w 的星形域的交。

(b) 绘制一个八面体，设 v 是顶部顶点，w 是底部顶点，回答上述问题。

9.3 设一流形网格包含顶点、边、三角形和四面体，该网格可以称为实体网格而不是表面网格。取网格上的一个非边界顶点，该顶点的星形域具有怎样的拓扑结构？该顶点的邻接点又具有怎样的拓扑结构？

9.4 证明在三角形内采用扫描线方法和采用重心方法进行插值的结果是一致的。提示：如果三角形在 xy 平面上，那么两种方法定义的函数均具有 $f(x, y)=Ax+By+C$ 形式。假设两函数在三角形的三个顶点处取相等的值，解释为什么它们在三角形内的所有点也一定有相等的值。

9.5 公式(9-16)的函数 H 不可能存在，下面是一条理由。假设 H 存在，可以定义一个新函数

$$K:[0,2\pi]\times[0,2\pi]\rightarrow[0,2\pi]:(\theta,\phi)\mapsto H(\theta,\phi) \tag{9-26}$$

此处，区间 $[0, 2\pi]$ 上的数字 θ 对应圆 $\mathbf{S}^1$ 上的点 $(\cos\theta, \sin\theta)$。现在，考虑在 K 的定义域内由 $(0, 0)$ 到 $(2\pi, 0)$，$(2\pi, 0)$ 到 $(2\pi, 2\pi)$ 和 $(2\pi, 2\pi)$ 到 $(0, 0)$ 这三条直线构成的环路。

(a) 画出这条路径。

(b) 对路径上每个点 p，$K(p)$ 为圆 $\mathbf{S}^1$ 上对应的点，将 K 局限于这条路径上将给出该路径到圆 $\mathbf{S}^1\subset\mathbf{R}^2$ 的映射。可以计算该路径关于2D空间中原点的绕数。基于关于 H 的假设，解释为什么该路径前两部分的绕数必定相等。

(c) 解释为什么最后部分的绕数必定为1。

(d) 推导出结论：总的绕数必定为奇数。

(e) 现将三角形环路朝三角形中心收缩，其绕数将是一关于三角形大小的连续的整数值函数。为什么这意味着绕数必须是常数？

(f) 当三角形收缩到一点时，解释此时绕数必定为0。

(g) 解释为什么这是一个矛盾。

9.6 使用2D测试平台编写程序进行纹理映射实验。左侧 10×10 方格上显示 100×100 的棋盘格图。在它上面，绘制一个顶点可拖拽的三角形。右侧 100×100 的小方形网格(代表显示像素)上绘制一个固定的等边三角形。对每个显示像素，计算和存储像素中心点在等边三角形内的重心坐标。取三个可拖拽的顶点在棋盘格图片上的位置作为纹理坐标，计算等边三角形内每个显示像素中心的 uv

坐标，然后基于其 uv 坐标从棋盘纹理图片读取每个像素的颜色值(见图 9-14)。分别将等边三角形映射到纹理图片上较小的三角形、较大的三角形、高而狭窄的三角形上。你观察到什么问题了吗？

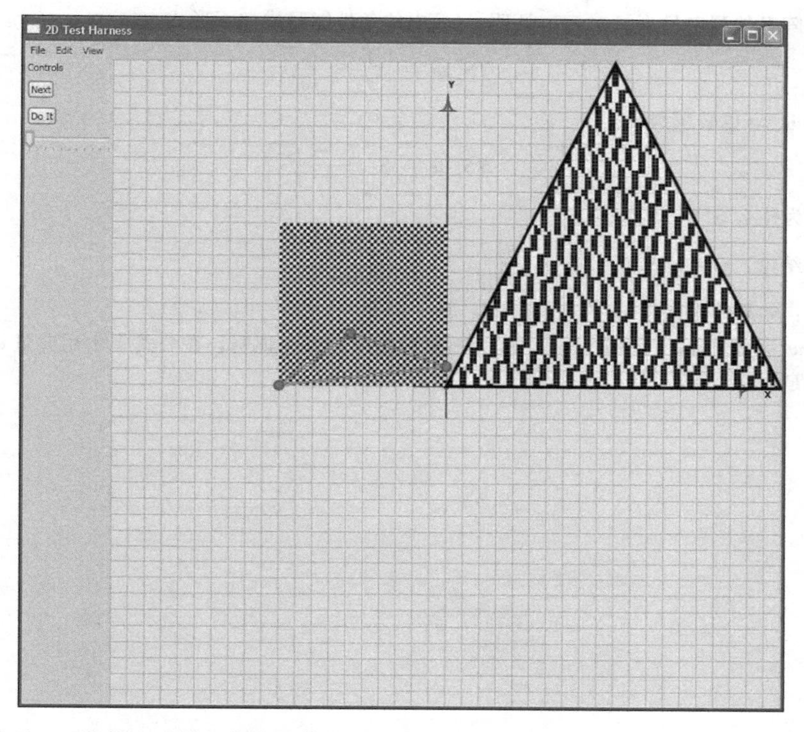

图 9-14 练习 9.6 的纹理映射程序的屏幕截图，包含纹理图片(位于左侧)、一个大三角形以及该三角形的顶点在纹理图片上的纹理坐标，三角形内部点纹理化的结果如右侧所示

9.7 假设平面上有一条由点 P_0，P_1，…，P_n 组成的折线段，现需要对它进行“重采样”，设在每条边上等间距地放置多点，$Q_0=P_0$，…，$Q_k=P_n$，共 $k+1$ 个点。

(a) 编程实现：首先计算折线段的总长度 L，然后沿折线段均匀地放置点 Q_s 使其间距为 L/k。这将需要在原始折线段的每个顶点处进行特殊处理。

(b) 当完成时，如果 n 和 k 近似相等，你会注意到原始折线段的很多“角”被截去。很自然地会说，“希望均匀采样点中包含所有原始顶点！”一般而言，这是不可能的，但是可以想法近似。假设原始折线段中的最短边长度为 s，证明：可以在原始折线段上放置包括点 P_0，…，P_n 在内的大约 L/s 个点 Q_0，Q_1，…相邻点之间最大间距与最小间距比值不超过 2。

(c) 如前方式放置 CL/s 个点，且 C 大于 1，试估计出最大间距和最小间距的比值。

9.8 考虑区间$[p, q](p\neq q)$，取 $\alpha(x)=\dfrac{x-p}{q-p}$，$\beta(x)=\dfrac{x-q}{p-q}$，则称 a 和 β 为 x 的**重心坐标**。

(a) 证明：如果 $x\in[p, q]$，那么 $a(x)$ 和 $\beta(x)$ 都在 0～1 之间。

(b) 证明：$\alpha(x)+\beta(x)=1$。

(c) 显然，a 和 β 亦能定义在实轴的其他区间，其定义依赖于 p 和 q，可将它们称作 a_{pq} 和 β_{pq}，设在另一区间$[p', q']$上定义相应的重心坐标。请问：$a_{pq}(x)$ 和 $a_{p'q'}(x)$ 如何关联？

9.9 假设在 3D 空间中有一个顶点为 P_0、P_1、P_2 的非退化三角形，向量 $\boldsymbol{v}_1=P_1-P_0$ 和向量 $\boldsymbol{v}_2=P_2-P_0$ 均非零且不平行。此外，假设在三个顶点处分别取值 f_0，f_1，$f_2\in\mathbf{R}$。对某一向量 $\boldsymbol{w}$，三角形上点的重心插值将定义如下形式的函数

$$f(P)=f_0+(P-P_0)\cdot\boldsymbol{w} \tag{9-27}$$

可通过以下两步中看出这一点：首先计算向量 $\boldsymbol{w}$ 的一个可能值，然后证明 $\boldsymbol{w}$ 取该值时，函数 f 在

顶点处的值即为顶点处的关联值。

(a) 证明：为使公式(9-27)中定义的函数满足 $f(P_1)=f_1$，$f(P_2)=f_2$，向量 $\boldsymbol{w}$ 必须满足$\boldsymbol{v}_i \cdot \boldsymbol{w}=f_i-f_0(i=1,\ 2)$。

(b) 设矩阵 $\boldsymbol{S}$ 的列向量为 $\boldsymbol{v}_1$、$\boldsymbol{v}_2$。证明：(a)中的条件能写成如下形式

$$\boldsymbol{S}^{\mathrm{T}}\boldsymbol{w}=\begin{bmatrix} f_1-f_0 \\ f_2-f_0 \end{bmatrix} \tag{9-28}$$

所以，向量 $\boldsymbol{w}$ 也必须满足

$$\boldsymbol{S}\boldsymbol{S}^{\mathrm{T}}\boldsymbol{w}=\boldsymbol{S}\begin{bmatrix} f_1-f_0 \\ f_2-f_0 \end{bmatrix} \tag{9-29}$$

(c) 解释为什么 $\boldsymbol{S}^{\mathrm{T}}\boldsymbol{S}$ 一定可逆。

(d) 推导结论：$\boldsymbol{w}=(\boldsymbol{S}\boldsymbol{S}^{\mathrm{T}})^{-1}\boldsymbol{S}\begin{bmatrix} f_1-f_0 \\ f_2-f_0 \end{bmatrix}$。

(e) 验证：如果使用向量 $\boldsymbol{w}$ 的这个公式，那么 $f(P_i)=f_i(i=0,\ 1,\ 2)$。

(f) 假设 $\boldsymbol{w}'=\boldsymbol{w}+\alpha\boldsymbol{n}$，其中 $\boldsymbol{n}=\boldsymbol{v}_1\times\boldsymbol{v}_2$ 为三角形的法向量。证明：在公式 f 中用向量 $\boldsymbol{w}'$ 代替 $\boldsymbol{w}$，仍然满足 $f(P_i)=f_i(i=0,\ 1,\ 2)$。

2D 变换

10.1 引言

在第 2 章和第 6 章中看到，将一个具有几何模型的物体放入某场景时，通常需要做三件事：将该物体移动到某一位置，对该物体进行*缩放*使其与场景中其他物体的大小相匹配，对该物体进行*旋转*直至它具有正确的朝向。这些操作(移动、缩放、旋转)是每个图形系统的基本操作。缩放和旋转都属于对物体顶点坐标的**线性变换**。回顾一下线性变换：

$$T:\mathbf{R}^2 \to \mathbf{R}^2 \tag{10-1}$$

对于 2D 空间 $\mathbf{R}^2$ 中任意两个向量 $\boldsymbol{v}$、$\boldsymbol{w}$ 和任意实数 α，线性变换 T 可表示为 $T(\boldsymbol{v}+\alpha\boldsymbol{w})=T(\boldsymbol{v})+\alpha T(\boldsymbol{w})$。直观地说，在线性变换下，直线保持不变，原点保持不动。

课内练习 10.1：假设 T 为线性变换。在其线性定义中，$\alpha=1$ 意味着什么？$\boldsymbol{v}=\mathbf{0}$ 又意味着什么？

课内练习 10.2：我们说线性变换"保持直线"是指：如果 ℓ 构成一条直线，则变换后的点集 $T(\ell)$也位于某条直线上。你有理由认为，既然 $T(\ell)$必须是一条直线，但那意味着有些变换，例如，"将所有点垂直投影到 x 轴"，不能被认作线性变换。对于这种特定的投影变换，试描述一条直线 ℓ，其 $T(\ell)$包含在一条直线内，但本身不是一条直线。

线性定义保证，对于任意线性变换 T，都有 $T(\mathbf{0})=\mathbf{0}$：当 $\boldsymbol{v}=\boldsymbol{w}=\mathbf{0}$，$\alpha=1$ 时，有

$$T(\mathbf{0}) = T(\mathbf{0}+1\mathbf{0}) = T(\mathbf{0})+1T(\mathbf{0}) = T(\mathbf{0})+T(\mathbf{0}) \tag{10-2}$$

等式最左边和最右边都减去 $T(\mathbf{0})$后，得到 $\mathbf{0}=T(\mathbf{0})$。这意味着，**平移**(将平面上的每个点移动相同的距离)并不属于线性变换，但平移向量为零的特殊情况除外，此时变换后平面上所有的点位置保持不变。很快我们会介绍一个小技巧：将一个欧几里得平面(非 $z=0$ 平面)放入 3D 空间中，可以发现 3D 空间中的某些线性变换最终相当于在这个平面上进行平移。

目前我们暂时只关注于平面上的线性变换，并假设你对线性变换已有所熟悉；毫无疑问，作为一个认真的计算机图形学专业的学生，在某种意义上都应该用心学习线性代数。只要具备这一学科一定程度的知识，就能学习很多的图形学内容。下面简要概述本章内容。

在开始几节中，我们会采用大多数线性代数教科书中的约定：向量为从原点发出的箭头，向量$\begin{bmatrix}u\\v\end{bmatrix}$等同于点$(u, v)$。稍后，我们会对向量和点加以区别。

对于任何 2×2 矩阵 $\boldsymbol{M}$，函数 $\boldsymbol{v}\mapsto\boldsymbol{M}\boldsymbol{v}$ 为 $\mathbf{R}^2$ 到 $\mathbf{R}^2$ 的一个线性变换，我们将其称为**矩阵变换**。在本章中，我们将详细地考察 5 个矩阵变换实例，概要地学习矩阵变换；并引入一种可将平移融入矩阵变换格式中的方法；然后将上述思想用于物体的变换和坐标系的转换；最后回到第 2 章提到的钟表例子，看一下这些思想的实用效果。

10.2 5 个实例

首先介绍 5 个平面线性变换的实例，依次记作 T_1，…，T_5。

例 1：旋转 设 $\boldsymbol{M}_1=\begin{bmatrix}\cos 30^\circ & -\sin 30^\circ\\ \sin 30^\circ & \cos 30^\circ\end{bmatrix}$，并且

$$T_1: \mathbf{R}^2 \to \mathbf{R}^2: \begin{bmatrix} x \\ y \end{bmatrix} \mapsto \boldsymbol{M}_1 \begin{bmatrix} x \\ y \end{bmatrix} = \begin{bmatrix} \cos 30° & -\sin 30° \\ \sin 30° & \cos 30° \end{bmatrix} \begin{bmatrix} x \\ y \end{bmatrix} \tag{10-3}$$

回想一下，我们曾采用 $\boldsymbol{e}_1$ 表示向量 $\begin{bmatrix} 1 \\ 0 \end{bmatrix}$，$\boldsymbol{e}_2$ 表示向量 $\begin{bmatrix} 0 \\ 1 \end{bmatrix}$；在 T_1 中，$\boldsymbol{e}_1$ 被变换到 $\begin{bmatrix} \cos 30° \\ \sin 30° \end{bmatrix}$，$\boldsymbol{e}_2$ 被变换到 $\begin{bmatrix} -\sin 30° \\ \cos 30° \end{bmatrix}$，分别为 x 轴和 y 轴逆时针旋转 30°后的两个向量(见图 10-1)。

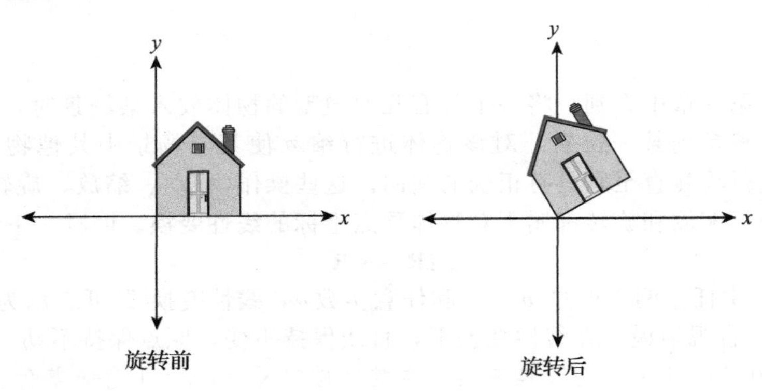

图 10-1　旋转 30°

例子中的 30°并没有任何特殊的含义；通过替换任意一个角度，就能创建一个将物体逆时针旋转该角度的变换。

课内练习 10.3：写出变换矩阵，将平面内所有物体逆时针旋转 180°。给出具体的 sin 和 cos 函数值，使你答案中的矩阵元素为具体数值。将这一变换作用于单位正方形的各个角点(0，0)，(1，0)，(0，1)，(1，1)，给出变换结果。

例 2：非均匀缩放　设 $\boldsymbol{M}_2 = \begin{bmatrix} 3 & 0 \\ 0 & 2 \end{bmatrix}$，并且

$$T_2: \mathbf{R}^2 \to \mathbf{R}^2: \begin{bmatrix} x \\ y \end{bmatrix} \mapsto \boldsymbol{M}_2 \begin{bmatrix} x \\ y \end{bmatrix} = \begin{bmatrix} 3 & 0 \\ 0 & 2 \end{bmatrix} \begin{bmatrix} x \\ y \end{bmatrix} = \begin{bmatrix} 3x \\ 2y \end{bmatrix} \tag{10-4}$$

该变换将每一个物体在 x 轴方向拉伸了 3 倍，在 y 轴方向拉伸了 2 倍，如图 10-2 所示。如果两个方向的拉伸倍数都等于 3，则称该变换“将物体放大 3 倍”，因而为**均匀缩放变换**。T_2 表示的是更一般的情形：各方向上的缩放倍数并非一致，故称为**非均匀缩放变换**，非正式场合也叫作**非均匀缩放**。

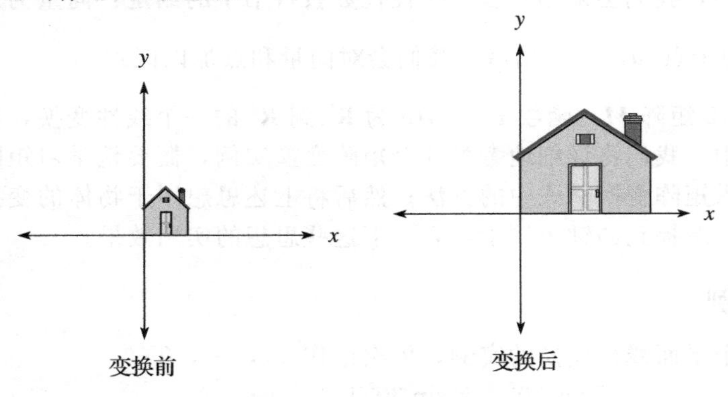

图 10-2　T_2 在 x 轴方向拉伸 3 倍，y 轴方向拉伸 2 倍

我们对上例作进一步扩展：采用别的数值来取代矩阵对角线上的 2、3，则可以沿每个坐标轴方向放大任意倍数，包括零或者负数倍。

课内练习 10.4：写出缩放倍数为 -1 的均匀缩放矩阵。该结果和课内练习 10.3 的结果有何关联？为什么？

课内练习 10.5：写出沿 x 方向缩放倍数为 0，y 方向缩放倍数为 1 的矩阵。描述该矩阵变换作用于图中的房子产生的效果。

例 3：错切 设 $\boldsymbol{M}_3=\begin{bmatrix}1 & 2\\0 & 1\end{bmatrix}$，并且

$$T_3:\mathbf{R}^2\rightarrow\mathbf{R}^2:\begin{bmatrix}x\\y\end{bmatrix}\mapsto\boldsymbol{M}_3\begin{bmatrix}x\\y\end{bmatrix}=\begin{bmatrix}1 & 2\\0 & 1\end{bmatrix}\begin{bmatrix}x\\y\end{bmatrix}=\begin{bmatrix}x+2y\\y\end{bmatrix}\tag{10-5}$$

如图 10-3 所示，在 T_3 变换下，物体上各点的高度保持不变，但沿 x 轴方向平行移动，移动距离决定于该点的 y 坐标值，显然 x 轴上的点保持不动。这类变换称为**错切变换**。

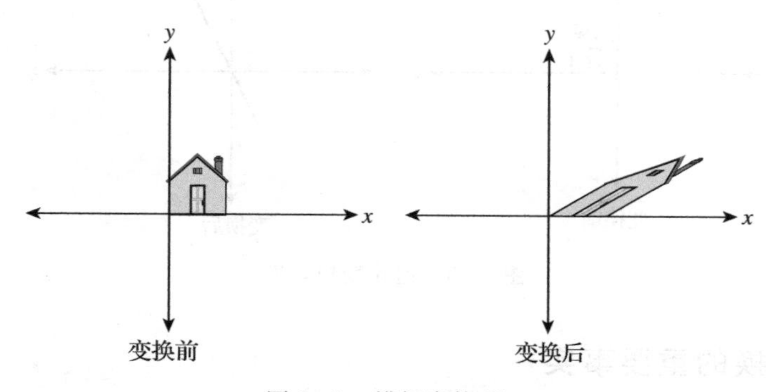

图 10-3 错切变换 T_3

课内练习 10.6：推广上述变换，使 y 轴上的点保持不动，其他点沿垂直方向发生错切。

例 4：一般变换 设 $\boldsymbol{M}_4=\begin{bmatrix}1 & -1\\2 & 2\end{bmatrix}$，并且

$$T_4:\mathbf{R}^2\rightarrow\mathbf{R}^2:\begin{bmatrix}x\\y\end{bmatrix}\mapsto\boldsymbol{M}_4\begin{bmatrix}x\\y\end{bmatrix}=\begin{bmatrix}1 & -1\\2 & 2\end{bmatrix}\begin{bmatrix}x\\y\end{bmatrix}\tag{10-6}$$

图 10-4 演示了 T_4 的变换效果，可以看到房子发生了扭曲，而并不仅仅是旋转或缩放或沿着坐标轴的错切。

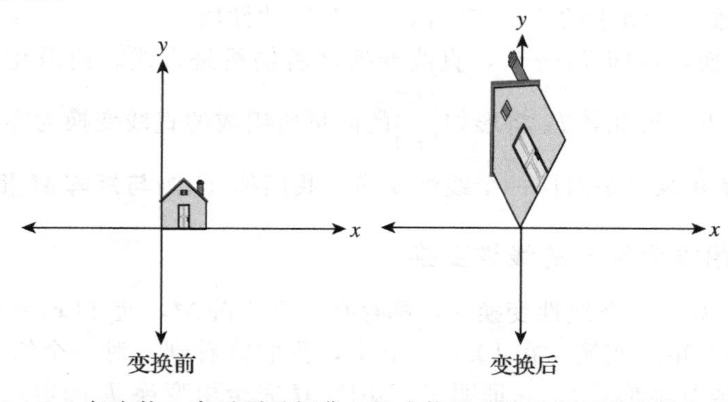

图 10-4 一般变换。房子严重扭曲，很难使用之前采用过的简单方法实现

例 5：退化(或奇异)变换 设

$$T_5:\mathbf{R}^2 \rightarrow \mathbf{R}^2:\begin{bmatrix}x\\y\end{bmatrix}\mapsto\begin{bmatrix}1 & -1\\2 & -2\end{bmatrix}\begin{bmatrix}x\\y\end{bmatrix}=\begin{bmatrix}x-y\\2x-2y\end{bmatrix} \tag{10-7}$$

如图 10-5 所示，之所以称该变换为**退化变换**，是因为 T_5 将 2D 平面变换为 1D 子空间，即退化为一条直线。定义域中的点和值域中的点的一一对应关系被破坏：值域中的一些点不再对应定义域中的任何点，而另一些点却对应于定义域中的多个点。这种变换也称为**奇异变换**，定义中的矩阵也称为奇异矩阵。熟悉线性代数的人可知，它与以下表述等价：$\boldsymbol{M}_5=\begin{bmatrix}1 & -1\\2 & -2\end{bmatrix}$的行列式等于 0，或者列向量线性相关。

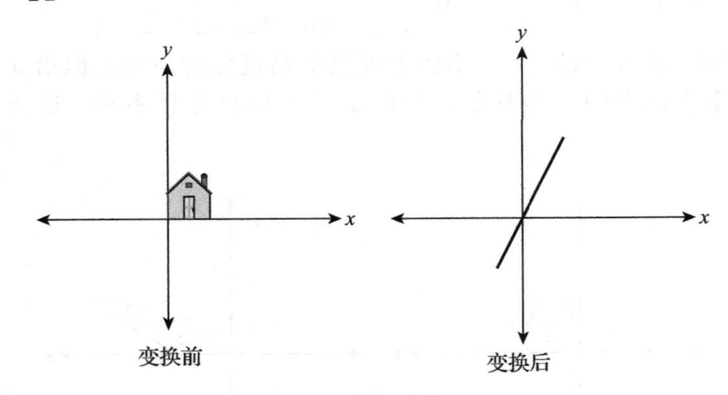

图 10-5　退化变换，T_5

10.3　关于变换的重要事实

本节中我们将描述从 $\mathbf{R}^2\rightarrow\mathbf{R}^2$ 的线性变换的一些重要性质。之所以说这些性质很重要，部分原因是它们可以被推广到(以某种形式)从 $\mathbf{R}^n\rightarrow\mathbf{R}^k$ 的所有线性变换上，其中 n 和 k 可为任意值。我们更多关心的是 n、k 的取值在 1～4 之间的情形，本节主要考虑 $n=k=2$ 的情形。

10.3.1　与矩阵相乘为线性变换

设 $\boldsymbol{M}$ 为 2×2 的矩阵，函数 $T_{\boldsymbol{M}}$被定义为：

$$T_{\boldsymbol{M}}:\mathbf{R}^2 \rightarrow \mathbf{R}^2:\boldsymbol{x}\mapsto \boldsymbol{Mx} \tag{10-8}$$

注意 $T_{\boldsymbol{M}}$为线性函数，上节中的 5 个实例演示了其线性性质。

对于非退化变换，如同 T_1～T_4，直线变换之后仍然是直线。而退化变换则可能将一条直线变成为一个点。譬如，T_5 将形如$\begin{bmatrix}b\\b\end{bmatrix}$的向量所组成的直线变换为零向量。

因为与矩阵 $\boldsymbol{M}$ 相乘总是对应一个线性变换，我们称 $T_{\boldsymbol{M}}$为**与矩阵 $\boldsymbol{M}$ 相关联的变换**。

10.3.2　与矩阵相乘为唯一的线性变换

可证明 $\mathbf{R}^n$中，对于每个线性变换 T，都存在一个矩阵 $\boldsymbol{M}$，使 $T(\boldsymbol{x})=\boldsymbol{Mx}$，这意味着每个线性变换都是一个矩阵变换。在 10.3.5 节中，我们将看到：对一个给定的 T 如何找到 $\boldsymbol{M}$(即使 T 已表示成其他形式)。它证明了，矩阵 $\boldsymbol{M}$ 完全由变换 T 确定，我们称之为**与变换相关联的矩阵**。

作为一个特殊的例子，矩阵 $\boldsymbol{I}$ 对角线元素值为 1，其余的矩阵元素值都为 0，这是一个**单位矩阵**。与矩阵 $\boldsymbol{I}$ 相关联的变换为

$$T(\boldsymbol{x}) = \boldsymbol{I}\boldsymbol{x} \tag{10-9}$$

这个变换特殊之处在于：在变换过程中每个向量 $\boldsymbol{x}$ 均保持不变。

课内练习 10.7：单位矩阵可为任意大小，例如，1×1 单位矩阵，2×2 单位矩阵，等等。请写出前三个单位矩阵的具体形式。

10.3.3 函数组合和矩阵乘法的关系

设 $\boldsymbol{M}$、$\boldsymbol{K}$ 为 2×2 矩阵，则他们定义了相关变换 $T_{\boldsymbol{M}}$ 和 T_k，将其组合起来，可得到一个新的变换：

$$T_{\boldsymbol{M}}\circ T_{\boldsymbol{K}}:\mathbf{R}^2 \rightarrow \mathbf{R}^2:\boldsymbol{x} \mapsto T_{\boldsymbol{M}}(T_{\boldsymbol{K}}(\boldsymbol{x})) = T_{\boldsymbol{M}}(\boldsymbol{K}\boldsymbol{x}) \tag{10-10}$$

$$= \boldsymbol{M}(\boldsymbol{K}\boldsymbol{x}) \tag{10-11}$$

$$= (\boldsymbol{M}\boldsymbol{K})\boldsymbol{x} \tag{10-12}$$

$$= T_{\boldsymbol{MK}}(\boldsymbol{x}) \tag{10-13}$$

换句话说，组合之后的变换也是一个矩阵变换，相关的矩阵为 $\boldsymbol{MK}$。注意对于变换 $T_{\boldsymbol{M}}(T_{\boldsymbol{K}}(\boldsymbol{x}))$，首先执行变换 $T_{\boldsymbol{K}}$。举个例子，实施变换 $T_2\circ T_3$ 时，将首先对房子进行错切变换，然后对错切变换后的结果进行非均匀缩放。

课内练习 10.8：对房子分别实施 $T_1\circ T_2$ 变换和 $T_2\circ T_1$ 变换，描述变换之后各自的形状。

10.3.4 矩阵的逆和反函数的关系

如果矩阵 $\boldsymbol{B}$ 满足 $\boldsymbol{BM}=\boldsymbol{MB}=\boldsymbol{I}$，则称矩阵 $\boldsymbol{M}$ **可逆**。如果这个逆矩阵存在，则记为 $\boldsymbol{M}^{-1}$。

如果矩阵 $\boldsymbol{M}$ 可逆，并有 $S(\boldsymbol{x})=\boldsymbol{M}^{-1}\boldsymbol{x}$，则 S 是 $T_{\boldsymbol{M}}$ 的反函数，即

$$S(T_{\boldsymbol{M}}(\boldsymbol{x})) = \boldsymbol{x} \quad \text{并且} \tag{10-14}$$

$$T_{\boldsymbol{M}}(S(\boldsymbol{x})) = \boldsymbol{x} \tag{10-15}$$

课内练习 10.9：使用公式(10-13)，解释为什么公式(10-15)成立。

如果 $\boldsymbol{M}$ 不可逆，那么 $T_{\boldsymbol{M}}$ 没有反函数。

看一下之前的例子，T_1 变换的关联矩阵存在逆矩阵：这只需将矩阵中所有元素的 30 替换为 -30 即可，所得变换为绕顺时针方向旋转 30°；进行了一次旋转，另一个矩阵则什么都不做(即单位变换)。T_2 关联矩阵的逆矩阵是对角矩阵，对角元素值分别 1/3 和 1/2。T_3 关联矩阵的逆矩阵为 $\begin{bmatrix}1 & -2\\0 & 1\end{bmatrix}$(注意负号)，其关联变换也是平行于 x 轴方向的错切变换，它使位于平面上半部分的向量朝左侧移动，从而抵消了由 T_3 导致的向右侧的移动。

前面 3 例中的逆矩阵很容易得到，这是因为我们知道应该怎样逆转这三个变换。T_4 关联矩阵的逆为

$$\frac{1}{4}\begin{bmatrix}2 & 1\\-2 & 1\end{bmatrix} \tag{10-16}$$

计算它时，我们采用了求 2×2 矩阵逆的一个通用公式(值得记住的唯一公式)：

$$\begin{bmatrix}a & b\\c & d\end{bmatrix}^{-1} = \frac{1}{ad-bc}\begin{bmatrix}d & -b\\-c & a\end{bmatrix} \tag{10-17}$$

最后对于 T_5，其关联矩阵不存在逆矩阵。倘若存在，则函数 T_5 应有反函数，这意味

着，对于值域中的每个点，在定义域中都有一个对应的点。但我们已经看到，这种一一对应关系并不存在。

课内练习 10.10：试运用公式(10-17)计算 T_5 矩阵的逆。会出现什么错误？

10.3.5　求解变换的关联矩阵

我们说过，每个线性变换实际上是乘以某一矩阵，但如何求得这个矩阵呢？举例来说，假设我们想找一个线性变换，使房子翻转到 y 轴的另一侧，置于 y 轴的左边。（也许你能猜到实现它的变换和关联的矩阵，但我们还是来直接求解这个问题。）

核心思想是：如果知道该变换会将向量 $\boldsymbol{e}_1$ 和 $\boldsymbol{e}_2$ 变换成哪一组新的向量，便可以获得其关联的矩阵。这是因为，变换必须具有以下形式

$$T\begin{bmatrix}x\\y\end{bmatrix}=\begin{bmatrix}a&b\\c&d\end{bmatrix}\begin{bmatrix}x\\y\end{bmatrix}\tag{10-18}$$

现在 a、b、c、d 未知。变换后，$T(\boldsymbol{e}_1)$为

$$T\begin{bmatrix}1\\0\end{bmatrix}=\begin{bmatrix}a&b\\c&d\end{bmatrix}\begin{bmatrix}1\\0\end{bmatrix}=\begin{bmatrix}a\\c\end{bmatrix}\tag{10-19}$$

同理，$T(\boldsymbol{e}_2)$为向量$\begin{bmatrix}b\\d\end{bmatrix}$。因此，若 $T(\boldsymbol{e}_1)$和 $T(\boldsymbol{e}_2)$已知，便可知所有的矩阵元素。将此思想应用于房子的翻转问题，其 $T(\boldsymbol{e}_1)=-\boldsymbol{e}_1$。这意味着需将 x 正半轴上的点变换到 x 负半轴上的对应点，故 $a=-1$，$c=0$。另一方面，y 轴上的每个点保持不变，即 $T(\boldsymbol{e}_2)=\boldsymbol{e}_2$，所以 $b=0$，$d=1$。因此，房子翻转变换的关联矩阵为：

$$\begin{bmatrix}-1&0\\0&1\end{bmatrix}\tag{10-20}$$

课内练习 10.11：(a) 写出将 $\boldsymbol{e}_1$ 变换到$\begin{bmatrix}0\\4\end{bmatrix}$，$\boldsymbol{e}_2$ 变换到$\begin{bmatrix}1\\1\end{bmatrix}$的变换矩阵。

(b) 利用逆矩阵到逆变换的关系，以及计算 2×2 矩阵的逆矩阵的公式，找出将$\begin{bmatrix}0\\4\end{bmatrix}$变换到 $\boldsymbol{e}_1$，$\begin{bmatrix}1\\1\end{bmatrix}$变换到 $\boldsymbol{e}_2$ 的矩阵。

如课内练习 10.11 所示，我们已有方法将**标准基向量** $\boldsymbol{e}_1$、$\boldsymbol{e}_2$ 变换到任意两个向量 $\boldsymbol{v}_1$、$\boldsymbol{v}_2$，反之亦然(只要 $\boldsymbol{v}_1$ 和 $\boldsymbol{v}_2$ 是相互独立的向量，即任一向量都不是另一向量的倍数)。我们可以把这一结论和线性变换组合(一个接一个地执行)相当于矩阵相乘的思想结合起来，从而构造出一个更一般问题的解。

问题：给定相互独立的向量 $\boldsymbol{u}_1$ 和 $\boldsymbol{u}_2$，以及任意两个向量 $\boldsymbol{v}_1$ 和 $\boldsymbol{v}_2$，找出一个以矩阵形式表示的线性变换，将 $\boldsymbol{u}_1$、$\boldsymbol{u}_2$ 分别变换到 $\boldsymbol{v}_1$、$\boldsymbol{v}_2$。

解：设 $\boldsymbol{M}$ 为一矩阵，其列向量分别为 $\boldsymbol{u}_1$、$\boldsymbol{u}_2$，那么

$$T:\mathbf{R}^2\rightarrow\mathbf{R}^2:\boldsymbol{x}\mapsto\boldsymbol{Mx}\tag{10-21}$$

将 $\boldsymbol{e}_1$ 变换到 $\boldsymbol{u}_1$，$\boldsymbol{e}_2$ 变换到 $\boldsymbol{u}_2$(见图 10-6)。

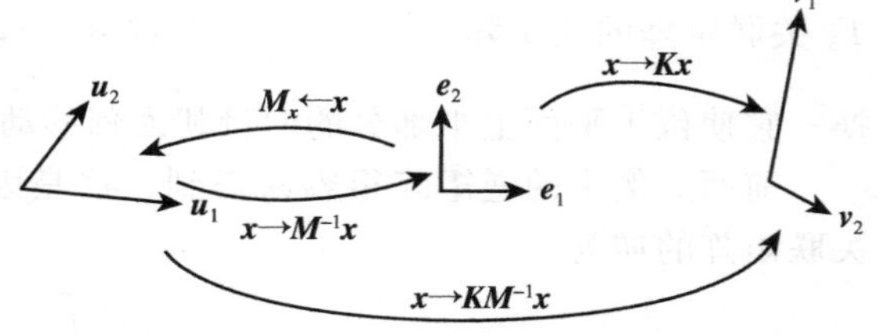

图 10-6　与矩阵 $\boldsymbol{M}$ 相乘后，$\boldsymbol{e}_1$、$\boldsymbol{e}_2$ 分别变化到 $\boldsymbol{u}_1$、$\boldsymbol{u}_2$，而与 $\boldsymbol{M}^{-1}$相乘为反向变换。与 $\boldsymbol{K}$ 相乘使 $\boldsymbol{e}_1$、$\boldsymbol{e}_2$ 分别变化到 $\boldsymbol{v}_1$、$\boldsymbol{v}_2$，所以先乘以 $\boldsymbol{M}^{-1}$，然后乘以 $\boldsymbol{K}$，即乘以 $\boldsymbol{KM}^{-1}$，将 $\boldsymbol{u}_1$ 变换到 $\boldsymbol{e}_1$ 再变换到 $\boldsymbol{v}_1$，$\boldsymbol{u}_2$ 也是相似的过程

因此

$$S:\mathbf{R}^2 \rightarrow \mathbf{R}^2 : \boldsymbol{x} \mapsto \boldsymbol{M}^{-1}\boldsymbol{x} \tag{10-22}$$

将 $\boldsymbol{u}_1$ 变换到 $\boldsymbol{e}_1$，$\boldsymbol{u}_2$ 变换到 $\boldsymbol{e}_2$。

现设矩阵 $\boldsymbol{K}$ 的列向量为 $\boldsymbol{v}_1$ 和 $\boldsymbol{v}_2$，那么变换

$$R:\mathbf{R}^2 \rightarrow \mathbf{R}^2 : \boldsymbol{x} \mapsto \boldsymbol{K}\boldsymbol{x} \tag{10-23}$$

将 $\boldsymbol{e}_1$ 变换到 $\boldsymbol{v}_1$，$\boldsymbol{e}_2$ 变换到 $\boldsymbol{v}_2$。

如果先对 $\boldsymbol{u}_1$ 实施变换 S 再实施变换 R，那么 $\boldsymbol{u}_1$ 先变换到 $\boldsymbol{e}_1$（经过 S），再由 R 变换到 $\boldsymbol{v}_1$，对于 $\boldsymbol{u}_2$，也进行相似的操作。写成等式

$$R(S(\boldsymbol{x})) = R(\boldsymbol{M}^{-1}\boldsymbol{x}) \tag{10-24}$$

$$= \boldsymbol{K}(\boldsymbol{M}^{-1}\boldsymbol{x}) \tag{10-25}$$

$$= (\boldsymbol{K}\boldsymbol{M}^{-1})\boldsymbol{x} \tag{10-26}$$

因此，将向量 $\boldsymbol{u}$ 变换到向量 $\boldsymbol{v}$ 的矩阵为 $\boldsymbol{K}\boldsymbol{M}^{-1}$。

下面看一个具体的例子，求解一个矩阵将以下向量：

$$\boldsymbol{u}_1 = \begin{bmatrix} 2 \\ 3 \end{bmatrix} \quad 和 \quad \boldsymbol{u}_2 = \begin{bmatrix} 1 \\ -1 \end{bmatrix} \tag{10-27}$$

分别变换到

$$\boldsymbol{v}_1 = \begin{bmatrix} 1 \\ 1 \end{bmatrix} \quad 和 \quad \boldsymbol{v}_2 = \begin{bmatrix} 2 \\ -1 \end{bmatrix} \tag{10-28}$$

按照上面的方法，矩阵 $\boldsymbol{M}$ 和 $\boldsymbol{K}$ 分别为

$$\boldsymbol{M} = \begin{bmatrix} 2 & 1 \\ 3 & -1 \end{bmatrix} \tag{10-29}$$

$$\boldsymbol{K} = \begin{bmatrix} 1 & 2 \\ 1 & -1 \end{bmatrix} \tag{10-30}$$

采用矩阵求逆公式(式 10-17)：

$$\boldsymbol{M}^{-1} = \frac{-1}{5}\begin{bmatrix} -1 & -1 \\ -3 & 2 \end{bmatrix} \tag{10-31}$$

因此，全部变换的矩阵为：

$$\boldsymbol{J} = \boldsymbol{K}\boldsymbol{M}^{-1} = \begin{bmatrix} 1 & 2 \\ 1 & -1 \end{bmatrix} \cdot \frac{-1}{5}\begin{bmatrix} -1 & -1 \\ -3 & 2 \end{bmatrix} \tag{10-32}$$

$$= \begin{bmatrix} 7/5 & -3/5 \\ -2/5 & 3/5 \end{bmatrix} \tag{10-33}$$

如读者所料，在第 2 章的 WPF 中使用的变换均以矩阵变换的形式表示，组合变换表示为一组相乘的矩阵，生成最终的组合变换效果。

课内练习 10.12： 验证式(10-32)中矩阵 $\boldsymbol{J}$ 所对应的变换能将 $\boldsymbol{u}_1$、$\boldsymbol{u}_2$ 分别变换到 $\boldsymbol{v}_1$、$\boldsymbol{v}_2$。

课内练习 10.13： 设 $\boldsymbol{u}_1 = \begin{bmatrix} 1 \\ 3 \end{bmatrix}$，$\boldsymbol{u}_2 = \begin{bmatrix} 1 \\ 4 \end{bmatrix}$；选择任意两个非零向量 $\boldsymbol{v}_1$、$\boldsymbol{v}_2$，找出能够将 $\boldsymbol{u}_i$ 变换到 $\boldsymbol{v}_i$ 的矩阵。

上面构造矩阵变换的方式说明：每一个从 $\mathbf{R}^2$ 到 $\mathbf{R}^2$ 的线性变换都是由两个相互独立向量的值决定的。实际上，一个更一般的性质是：任何从 $\mathbf{R}^2$ 到 $\mathbf{R}^k$ 的线性变换均由其两个独立向量的值所决定，任何从 $\mathbf{R}^n$ 到 $\mathbf{R}^k$ 的线性变换都是其 n 个独立向量的值所决定(为了理解

上述性质，下面我们将“相互独立向量”的定义扩展到两个以上的向量）。

10.3.6　变换和坐标系

我们可能会以为线性变换是移动点的位置，而原点保持不动。我们也常进行这样的变换。然而，通过变换来改变坐标系也同样重要。假定在 2D 空间有两个坐标系，它们的原点相同，如图 10-7 所示，那么每个箭头在红、蓝两坐标系中都有坐标。两个红色坐标构成一个向量。同理，两蓝色坐标也构成一个向量。例如，向量 $\boldsymbol{u}$ 在红色坐标系中的坐标是 $\begin{bmatrix}3\\2\end{bmatrix}$，而在蓝色坐标系中近似为 $\begin{bmatrix}-0.2\\3.6\end{bmatrix}$。

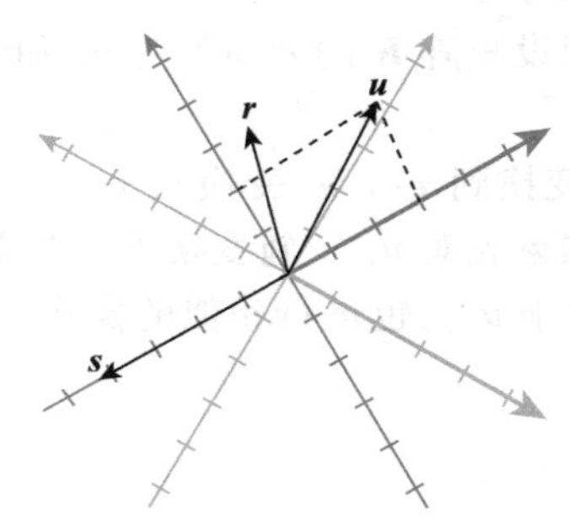

图 10-7　2D 空间下两个不同的坐标系：向量 $\boldsymbol{u}$ 在红色坐标系中的坐标为 3 和 2，用虚线表示，而在蓝色坐标系中的坐标近似为 0.2 和 3.6。每一坐标系的第一个坐标轴的正向均采用粗线表示

课内练习 10.14： 使用一根直尺找出向量 $\boldsymbol{r}$ 和 $\boldsymbol{s}$ 在两个坐标系中的坐标。

我们可以列出每个可以想象到的箭头在红色和蓝色坐标系中的坐标来实现红色坐标系到蓝色坐标系的转换。但有一个更为简单的方法可获得相同的结果。红色坐标系到蓝色坐标系的变换是线性的，并可以表示为矩阵变换。在本例中这一矩阵为

$$\boldsymbol{M}=\frac{1}{2}\begin{bmatrix}1 & -\sqrt{3}\\ \sqrt{3} & 1\end{bmatrix} \tag{10-34}$$

将矩阵 $\boldsymbol{M}$ 与向量 $\boldsymbol{u}$ 在红色坐标系中的坐标相乘，即可得到向量 $\boldsymbol{u}$ 在蓝色坐标系中的坐标：

$$\boldsymbol{v}=\boldsymbol{M}\boldsymbol{u} \tag{10-35}$$

$$=\frac{1}{2}\begin{bmatrix}1 & -\sqrt{3}\\ \sqrt{3} & 1\end{bmatrix}\begin{bmatrix}3\\2\end{bmatrix} \tag{10-36}$$

$$=\frac{1}{2}\begin{bmatrix}3-2\sqrt{3}\\ 3\sqrt{3}+2\end{bmatrix} \tag{10-37}$$

$$\approx\begin{bmatrix}-0.2\\ 3.6\end{bmatrix} \tag{10-38}$$

课内练习 10.15： 证明，对于图 10-7 中的每个箭头，可采用同一变换将其从红色坐标系转换到蓝色坐标系。

顺便提一下，在创建这个实例时，我们按上一小节开始时所述方式计算矩阵 $\boldsymbol{M}$，即找到红色坐标系中每一个基向量的蓝色坐标，然后将其作为 $\boldsymbol{M}$ 的列向量。

在某些特殊情况下，我们希望从某一向量的现有坐标出发，将其变换到以单位向量 $\boldsymbol{u}_1$、$\boldsymbol{u}_2$ 为基底的正交坐标系中，此时，其变换矩阵的行向量为 $\boldsymbol{u}_1$ 和 $\boldsymbol{u}_2$ 的转置矩阵。

例如，如果 $\boldsymbol{u}_1=\begin{bmatrix}3/5\\4/5\end{bmatrix}$，$\boldsymbol{u}_2=\begin{bmatrix}-4/5\\3/5\end{bmatrix}$（自行验证该向量为单位向量且互相垂直），则在 $\boldsymbol{u}$ 坐标系下，向量 $\boldsymbol{v}=\begin{bmatrix}4\\2\end{bmatrix}$ 为

$$\begin{bmatrix}3/5 & 4/5\\ -4/5 & 3/5\end{bmatrix}\begin{bmatrix}4\\2\end{bmatrix}=\begin{bmatrix}4\\-2\end{bmatrix} \tag{10-39}$$

读者可以自行验证向量 $\boldsymbol{v}$ 与 $4\boldsymbol{u}_1+(-2)\boldsymbol{u}_2$ 为同一向量。

10.3.7 矩阵性质和奇异值分解

鉴于矩阵和线性变换之间如此密切的关系，而线性变换在图形学中占有重要地位，我们现在简要地讨论矩阵的一些重要性质。

首先，**对角**矩阵(除了其对角线上的元素外其他元素都为 0，如变换 T_2 关联的矩阵 $\boldsymbol{M}_2$)所对应的变换非常简单：只是将每个坐标轴缩放一定的比例(尽管在比例值为负时，对应的坐标轴将翻转)。由于对角矩阵的简单性，我们将利用它来理解其他的矩阵变换。

其次，如果矩阵 $\boldsymbol{M}$ 的列向量为 $\boldsymbol{v}_1$，$\boldsymbol{v}_2$，…，$\boldsymbol{v}_k\in\mathbf{R}^n$，且它们为彼此正交的单位向量，那么有 $\boldsymbol{M}^{\mathrm{T}}\boldsymbol{M}=\boldsymbol{I}_k$，$\boldsymbol{I}_k$ 为 $k\times k$ 单位矩阵。

当 $k=n$ 时，该矩阵称为**正交**矩阵。如果矩阵的行列式值为 1，那么这个矩阵称为**特殊正交**矩阵。在 2D 空间 $\mathbf{R}^2$ 中，这样的矩阵必定为一个旋转矩阵(如同 T_1 对应的矩阵)。在 3D 空间 $\mathbf{R}^3$ 中，该类矩阵关联的变换为绕某个轴向量旋转一定角度。⊖

大多数学生可能不太熟悉矩阵的**奇异值分解**(Singular Value Decomposition，SVD)，但是它在很多图形学研究中非常重要。它的存在性表明：若变换 T 可由矩阵 $\boldsymbol{M}$ 表示，且希望在其定义域和值域都采用新的坐标系，则该变换看上去就像一个非均匀(或均匀)的缩放变换。下面我们将简要讨论这一表述以及如何运用 SVD 求解方程；本章的网上资料中演示了样例变换的 SVD 结果，以及 SVD 的某些更进一步的应用。

奇异值分解理论如下：

每个 $n\times k$ 的矩阵 $\boldsymbol{M}$ 都可以被分解为以下形式

$$\boldsymbol{M}=\boldsymbol{U}\boldsymbol{D}\boldsymbol{V}^{\mathrm{T}} \tag{10-40}$$

其中矩阵 $\boldsymbol{U}$ 为 $n\times r(r=\min(n,\ k))$ 的列正交矩阵，$\boldsymbol{D}$ 为 $r\times r$ 的对角矩阵(即只有形式为 d_{ii} 的元素不等于 0)，矩阵 $\boldsymbol{V}$ 为 $r\times k$ 的列正交矩阵(见图 10-8)。

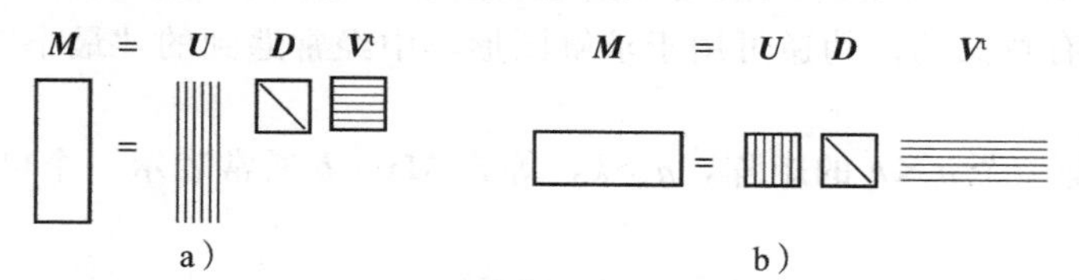

图 10-8　a) $n\times k$ 矩阵($n>k$)被分解为列向量互相正交的 $n\times n$ 矩阵(用竖直线矩阵表示)、$k\times k$ 的对角阵和行向量互相正交的 $k\times k$ 矩阵(用水平线矩阵表示)的乘积，可写成 $\boldsymbol{UDV}^{\mathrm{T}}$。其中 $\boldsymbol{U}$、$\boldsymbol{V}$ 为列向量正交矩阵；b) $n\times k$ 矩阵($n<k$)可分解为与 a)类似的形式：注意两种情况中的对角矩阵均为方阵，大小取 n、k 中的较小值

按照惯例，$\boldsymbol{D}$ 的元素需按非升序排列(即 $|d_{1,1}|\geqslant|d_{2,2}|\geqslant|d_{3,3}|\cdots$)，并采用单下标表示(即将 $d_{1,1}$ 写为 d_1)。这些对角线上的元素被称为 $\boldsymbol{M}$ 的**奇异值**。事实证明，如果其中任意一个奇异值为 0，则矩阵 $\boldsymbol{M}$ 是退化的(即奇异的)。一般而言，如果矩阵的最大奇异值和最小奇异值之比很大(譬如 10^6)，那么基于该矩阵的数值计算可能会不稳定。

课内练习 10.16：奇异值分解结果不唯一。在 $\boldsymbol{M}$ 的 SVD 分解结果中，如果取消 $\boldsymbol{V}^{\mathrm{T}}$ 的第一行和 $\boldsymbol{U}$ 的第一列，其结果仍为 $\boldsymbol{M}$ 的 SVD。

⊖ 在第 3 章时曾提到，在 $\mathbf{R}^3$ 空间中围绕一个向量进行旋转可以表达为平面上的旋转。因此，我们称绕 z 轴的旋转为在 xy 平面上的旋转。进而，在 $\mathbf{R}^4$ 空间中任意一个特定的正交矩阵可对应于在 4D 空间两平面上的两个旋转的组合。

在特殊情况下，即 $n=k$（经常遇见的情形）时，矩阵 $\boldsymbol{U}$ 和 $\boldsymbol{V}$ 均为方阵，它们分别表示改变定义域坐标系和值域坐标系的变换。因此，可以将变换

$$T(\boldsymbol{x}) = \boldsymbol{Mx} \tag{10-41}$$

看作：1）乘以 $\boldsymbol{V}^{\mathrm{T}}$，将 $\boldsymbol{x}$ 变换为 $\boldsymbol{v}$ 坐标；2）乘以 $\boldsymbol{D}$ 沿着每个轴进行非均匀（倘若必要）缩放；3）乘以矩阵 $\boldsymbol{U}$，其结果可视为 $\boldsymbol{u}$ 坐标系下的坐标，然后被变换回到标准坐标。

10.3.8 计算 SVD

如何求解 $\boldsymbol{U}$、$\boldsymbol{D}$、$\boldsymbol{V}$？一般而言，这是一件相当困难的事，通常采用数值线性代数软件包来求解。而且，求解结果不一定是唯一的：一个单一矩阵可能存在多个奇异值分解（SVD）。举例来说，如果 $\boldsymbol{S}$ 是任意一个 $n\times n$ 的列正交矩阵，那么

$$\boldsymbol{I} = \boldsymbol{SIS}^{\mathrm{T}} \tag{10-42}$$

即为单位矩阵 $\boldsymbol{I}$ 的一个可能的 SVD。但即使有多个可能的 SVD，所有分解中的奇异值是相同的。

矩阵 $\boldsymbol{M}$ 的**秩**（定义为矩阵中线性无关的列向量的数目）正好等于非零奇异值的个数。

10.3.9 SVD 和伪逆

在 $n=k$ 的特殊情况下，$\boldsymbol{U}$ 和 $\boldsymbol{V}$ 是方阵，如果知道 SVD，则很容易计算 $\boldsymbol{M}^{-1}$：

$$\boldsymbol{M}^{-1} = \boldsymbol{VD}^{-1}\boldsymbol{U}^{\mathrm{T}} \tag{10-43}$$

这里 $\boldsymbol{D}^{-1}$ 很容易计算——只要将对角线上每个元素变为倒数即可。如果其中一个元素为 0，则该矩阵是奇异的，不存在对应的逆矩阵。这种情况下，矩阵的**伪逆**就用得上了，它的定义为

$$\boldsymbol{M}^{\dagger} = \boldsymbol{VD}^{\dagger}\boldsymbol{U}^{\mathrm{T}} \tag{10-44}$$

其中矩阵 $\boldsymbol{D}^{\dagger}$ 是将 $\boldsymbol{D}$ 中每个非零元素变成倒数（遇到 0 元素时，仍写成 0）。矩阵的伪逆即使在 $n\neq k$ 时也是有意义的；伪逆可用于求解图形学中经常遇到的“最小二乘”问题。

伪逆定理：

（a）如果 $\boldsymbol{M}$ 是一个 $n\times k$ 的矩阵，$n>k$，等式 $\boldsymbol{Mx}=\boldsymbol{b}$ 通常表示一个可能无解的超定方程组[㊀]。向量

$$\boldsymbol{x}_0 = \boldsymbol{M}^{\dagger}\boldsymbol{b} \tag{10-45}$$

表示了此方程组的优化解，意即 $\boldsymbol{Mx}_0$ 尽可能逼近 $\boldsymbol{b}$。

（b）如果 $\boldsymbol{M}$ 是 $n\times k$ 矩阵，$n<k$，秩为 n，等式 $\boldsymbol{Mx}=\boldsymbol{b}$ 表示一个欠定方程组[㊁]。向量

$$\boldsymbol{x}_0 = \boldsymbol{M}^{\dagger}\boldsymbol{b} \tag{10-46}$$

为此方程组的最优解，即 $\boldsymbol{x}_0$ 是满足 $\boldsymbol{Mx}=\boldsymbol{b}$ 的最短向量。

下面是这两种情况的一些例子：

例 1：超定方程组 方程组

$$\begin{bmatrix}2\\1\end{bmatrix}[t] = \begin{bmatrix}4\\3\end{bmatrix} \tag{10-47}$$

无解：没有一个 t 同时满足 $2t=4$ 和 $1t=3$（见图 10-9）。但是在所有 $\boldsymbol{M}=\begin{bmatrix}2\\1\end{bmatrix}$ 的倍数

㊀ 换个说法，这种情况就是类似于“五个方程组三个未知数”。

㊁ 类似于“三个方程组五个未知数”。

中，有一个向量最接近 $\boldsymbol{b}=\begin{bmatrix}4\\3\end{bmatrix}$，即 $2.2\begin{bmatrix}2\\1\end{bmatrix}=\begin{bmatrix}4.4\\2.2\end{bmatrix}$，这可运用初等几何求得。然而，根据伪逆定理，我们可使用伪逆直接进行计算。矩阵 $\boldsymbol{M}$ 的 SVD 和伪逆是

$$\boldsymbol{M}=\boldsymbol{UDV}^{\mathrm{T}}=\left(\frac{1}{\sqrt{5}}\begin{bmatrix}2\\1\end{bmatrix}\right)[\sqrt{5}][1] \tag{10-48}$$

$$\boldsymbol{M}^{\dagger}=\boldsymbol{VD}^{\dagger}\boldsymbol{U}=[1][1/\sqrt{5}]\left(\frac{1}{\sqrt{5}}[2\quad 1]\right) \tag{10-49}$$

$$=[0.4\quad 0.2] \tag{10-50}$$

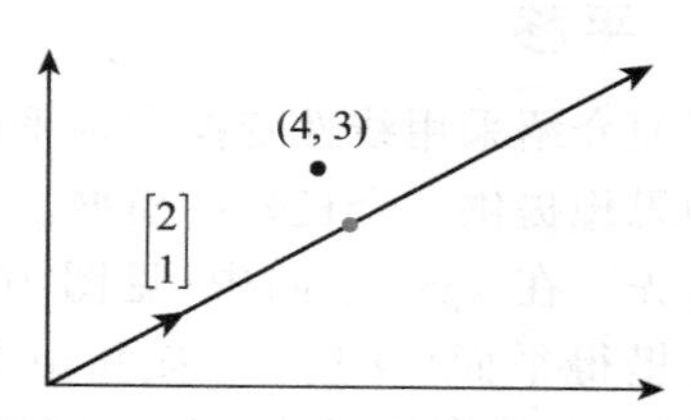

图 10-9　等式 $t\begin{bmatrix}2\\1\end{bmatrix}=\begin{bmatrix}4\\3\end{bmatrix}$ 不存在通常意义下的解，但是向量 $[2\quad 1]^{\mathrm{T}}$ 的倍数在平面上形成一条直线，这条直线从点(4，3)旁边经过，直线上存在一个最靠近(4，3)的点(用箭头上的灰色点表示)

由伪逆定理可以得到此方程组的解：

$$t=\boldsymbol{M}^{\dagger}\boldsymbol{b}=[0.4\quad 0.2]\begin{bmatrix}4\\3\end{bmatrix}=2.2 \tag{10-51}$$

例 2：欠定方程组　方程组

$$[1\quad 3]\begin{bmatrix}x\\y\end{bmatrix}=4 \tag{10-52}$$

有无数解：位于直线 $x+3y=4$ 上的每一个点 (x, y) 都是方程组的解(见图 10-10)。而最靠近原点的解是在直线 $x+3y=4$ 上最为接近(0，0)的点，即 $x=0.4$，$y=1.2$。在本例中，矩阵 $\boldsymbol{M}$ 为 $[1\quad 3]$，其 SVD 和伪逆分别是：

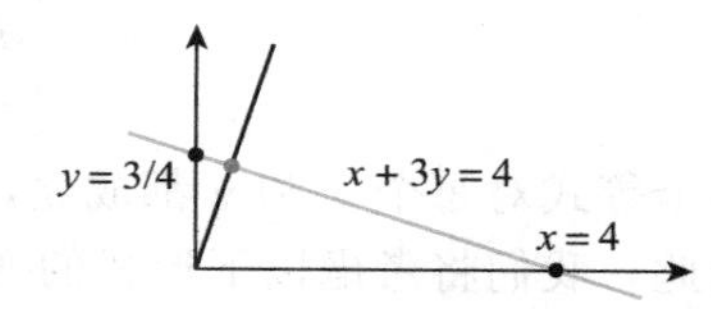

图 10-10　灰色直线上的任何一个点都是一个解，而靠近左侧的灰色交点是最靠近原点的解

$$\boldsymbol{M}=\boldsymbol{UDV}^{\mathrm{T}}=[1][\sqrt{10}][1/\sqrt{10}\quad 3/\sqrt{10}] \tag{10-53}$$

$$\boldsymbol{M}^{\dagger}=\boldsymbol{VD}^{\dagger}\boldsymbol{U}=\begin{bmatrix}1/\sqrt{10}\\3/\sqrt{10}\end{bmatrix}[1/\sqrt{10}][1]=\begin{bmatrix}1/\sqrt{10}\\3/\sqrt{10}\end{bmatrix} \tag{10-54}$$

根据伪逆定理，方程组的解为：

$$\boldsymbol{M}^{\dagger}\boldsymbol{b}=\begin{bmatrix}1/10\\3/10\end{bmatrix}[4]=\begin{bmatrix}0.4\\1.2\end{bmatrix} \tag{10-55}$$

当然，对于更大的矩阵，这类计算会更有趣，但即使是上述简单的例子也展示了伪逆定理的核心内容。

一个非常有趣的例子是，我们有两个多面体模型(包含数百个顶点，顶点间通过三角形面片相连)，而它们可能“本质上属同一个多面体”，即其中一个模型可由另一个模型经过平移、旋转和缩放得到。在 10.4 节中，我们将会看到如何用矩阵乘法来表示旋转、缩放和平移。在判断两个模型在本质上是否属同一模型时，我们可以将第一个模型顶点的坐标作为矩阵 $\boldsymbol{V}$ 的列向量，第二个模型顶点的坐标作为矩阵 $\boldsymbol{W}$ 的列向量，然后寻找一个矩阵 $\boldsymbol{A}$，使

$$\boldsymbol{AV}=\boldsymbol{W} \tag{10-56}$$

这相当于求解“超定方程组”问题，而 $\boldsymbol{A}=\boldsymbol{V}^{\dagger}\boldsymbol{W}$ 是最优的可能解，如果计算得到的 $\boldsymbol{A}$ 满足：

$$\boldsymbol{AV}=\boldsymbol{W} \tag{10-57}$$

那么这两个模型本质上属同一模型。但如果等式左右两边不相等，那么这两个模型本质上不等(当然整个算法依赖于构造矩阵的列向量时两个模型顶点之间的相互对应顺序，更一

般的问题会更难求解)。

10.4　平移

下面介绍采用线性变换实现平移的一种方法，同时为前面章节中予以支持的“点与向量”的思想提供一个良好的模型。

首先，在 xyw 空间中(见图 10-11)取平面 $w=1$ 作为欧几里得平面(点集)。采用 w 是为了与我们将要在 3D 空间引入的模型保持一致，即 3D 空间可被认为是在 $xyzw$ 空间中由 $w=1$ 定义的一个 3D 子集。

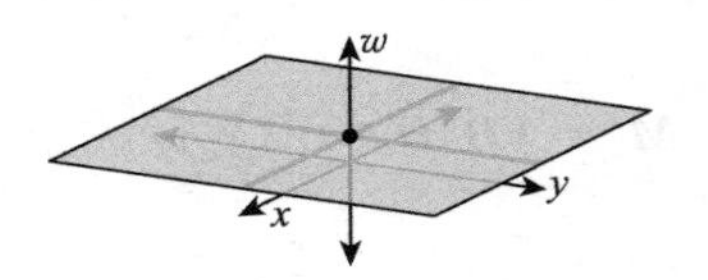

图 10-11　xyw 空间中 $w=1$ 平面

然后，考虑由这种向量乘以一个 3×3 矩阵 $\boldsymbol{M}$ 所产生的变换，唯一的问题是相乘结果中的最后一个元素不一定为 1。下面，我们只关注满足下式的向量：

$$\begin{bmatrix} a & b & c \\ d & e & f \\ p & q & r \end{bmatrix}\begin{bmatrix} x \\ y \\ 1 \end{bmatrix}=\begin{bmatrix} x' \\ y' \\ 1 \end{bmatrix} \tag{10-58}$$

要让这个等式对每个 x 和 y 都成立，必须保证 $px+qy+r=1$，故 $p=q=0$，$r=1$。

因此，我们将考虑以下形式的变换：

$$\begin{bmatrix} a & b & c \\ d & e & f \\ 0 & 0 & 1 \end{bmatrix}\begin{bmatrix} x \\ y \\ 1 \end{bmatrix}=\begin{bmatrix} x' \\ y' \\ 1 \end{bmatrix} \tag{10-59}$$

当上述矩阵左上角为 2×2 的单位矩阵时，有

$$\begin{bmatrix} 1 & 0 & c \\ 0 & 1 & f \\ 0 & 0 & 1 \end{bmatrix}\begin{bmatrix} x \\ y \\ 1 \end{bmatrix}=\begin{bmatrix} x+c \\ y+f \\ 1 \end{bmatrix} \tag{10-60}$$

如果我们只关注 x 坐标和 y 坐标，这个变换等同于平移：每个 x 坐标增加 c，每个 y 坐标增加 f(见图 10-12)。像上面这样限制在平面 $w=1$ 内的变换，称为平面的**仿射变换**。仿射变换是图形学中最为常用的变换。

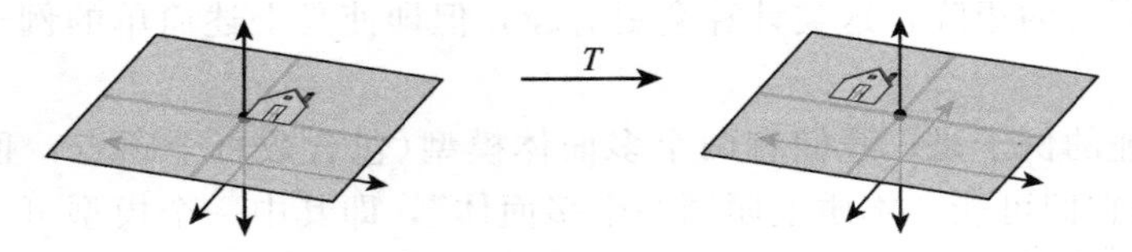

图 10-12　平移变换之前和之后的房子图像，采用与 $w=1$ 平行的平面错切变换生成

另一方面，如果取 $c=f=0$，那么第三个坐标变得完全无关，左上角的 2×2 矩阵可实现至今为止我们已见到的任何操作。因此，通过采用一个简单的技巧，即增加第三个坐标并使它的值总是为 1，就可以把旋转、缩放以及所有其他的线性变换与新的变换类(平移)统一起来，得到仿射变换类。

10.5　再谈点和向量

在第 7 章中，我们曾说过点和向量可以通过某种方式组合在一起：例如，点和点之差是一个向量，向量与点相加得到新的点。更一般地，可采用如下的组合形式：

$$\alpha_1 P_1 + \alpha_2 P_2 + \cdots + \alpha_k P_k \tag{10-61}$$

其中 $\alpha_1+\alpha_2+\cdots\alpha_k=1$。

现在我们找到了一种方式，可以基于熟悉的数学来区分点和向量：将平面上的点视为3D空间中第三坐标值为1的元素，而将向量视为3D空间中第三坐标值为0的元素。

基于这一约定，以下结论就显而易见了：点和点之差为一个向量；点加上一个向量为一个点；当且仅当各项系数之和等于1时，式(10-61)中的点的组合产生一个点(这是因为组合结果的第三坐标等于各项系数之和；而要让该组合表示一个点，其第三坐标必须等于1)。

你也许会问：“既然我们已经熟悉3D空间中的向量，为什么还需将其中一些称为‘欧几里得平面上的点’，另一些称为‘2D向量’?”答案是：当使用这一3D空间的子集构建2D变换的模型时，上述区分在几何上是具有意义的。在线性代数中，3D空间向量相加是有定义的，但对两个“点”相加(无论在 $w=1$ 平面或 $w=0$ 平面)产生一个3D空间位置则无定义，因此也没有名称。

所以今后我们将使用 E^2(“欧几里得2D空间”)表示 xyw 空间中的 $w=1$ 平面，并使用 (x, y) 来表示 E^2 中的点，它对应于3D空间中的向量 $\begin{bmatrix} x \\ y \\ 1 \end{bmatrix}$。这样，在 E^2 空间中讨论仿射变换就方便了(尽管该变换由3×3矩阵定义)。

10.6 为什么使用3×3矩阵而不是一个矩阵和一个向量

也许有人会问，为什么不能采取如下的形式来表示线性变换加平移：

$$T(\mathbf{x}) = \mathbf{Mx} + \mathbf{b} \tag{10-62}$$

式中矩阵 $\mathbf{M}$ 表示线性变换(旋转、缩放和错切)，$\mathbf{b}$ 表示平移。

首先，你可以这样做，也有效，可能还能节省一点内存(线性变换矩阵只需保存4个数，加上平移向量，故只需要存6个数而不是9个数)，但3×3矩阵中第三行通常包含两个0，一个1，实际上并不需要保存这一列，所以内存消耗是相同的。除此之外，并没有任何大的区别。

其次，将所有变换统一为一个矩阵的原因是很容易实施多重变换(每个变换对应一个矩阵)并将这些变换**组合**到一起：我们只需按照正确的顺序将它们的矩阵逐个相乘，就可得到组合变换矩阵。虽然这也可以采用矩阵-向量组合方式实施，但在编写程序时会稍显麻烦，而且容易出错。

第三个理由是：很快我们就需要在变换中使用第三个元素既非1也非0的三元组，并通过**归一化**操作(除以 w，其中 $w\neq0$)将其转换为点(即 $w=1$ 的三元组)。这将允许我们去研究更多的变换，其中一个变换对实现透视效果很重要，后面将会看到。

奇异值分解不仅为线性变换的分解，同样也为仿射变换(即线性变换和平移的组合)的分解提供了必需的工具。

10.7 窗口变换

作为新的、更广泛变换集的一个应用，我们研究一下**窗口变换**。窗口变换将一个轴向对齐的矩形变换到另一位置，如图10-13所示(在第3章中已做了简单讨论)。

首先我们采用直接计算的方法，其中会涉及一点线性代数知识，然后再研究更为自动化的方法。

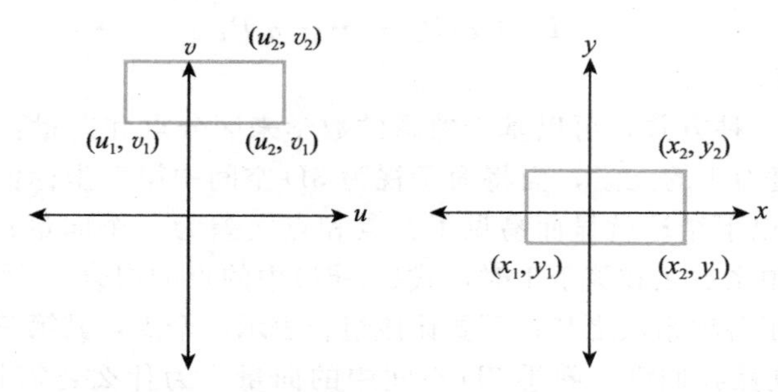

图 10-13 窗口变换设置，我们需要将 uv 坐标系下的矩形变换为 xy 坐标系下的矩形

对第一个坐标和第二个坐标所实施的操作本质上是相同的，因此只需看对第一个坐标如何进行变换。我们需要将 u_1 变换到 x_1，u_2 变换到 x_2，这意味着需要将该坐标变换前后的差值缩放$\frac{x_2-x_1}{u_2-u_1}$。因此对第一个坐标的变换为

$$t \mapsto \frac{x_2-x_1}{u_2-u_1}t + \text{something} \tag{10-63}$$

当 $t=u_1$ 时，我们希望得到 x_1，那么

$$\frac{x_2-x_1}{u_2-u_1}u_1 + \text{something} = x_1 \tag{10-64}$$

求解上式中未知的位移

$$x_1 - \frac{x_2-x_1}{u_2-u_1}u_1 = x_1\frac{u_2-u_1}{u_2-u_1} - \frac{x_2-x_1}{u_2-u_1}u_1 \tag{10-65}$$

$$= \frac{x_1u_2 - x_1u_1 - x_2u_1 + x_1u_1}{u_2-u_1} \tag{10-66}$$

$$= \frac{x_1u_2 - x_2u_1}{u_2-u_1} \tag{10-67}$$

所以此变换为

$$t \mapsto \frac{x_2-x_1}{u_2-u_1}t + \frac{x_1u_2-x_2u_1}{u_2-u_1} \tag{10-68}$$

对 v、y(即第二个坐标)进行相同的操作就可以得到所需的变换，其矩阵形式为

$$T(\boldsymbol{x}) = \boldsymbol{Mx} \tag{10-69}$$

其中

$$\boldsymbol{M} = \begin{bmatrix} \frac{x_2-x_1}{u_2-u_1} & 0 & \frac{x_1u_2-x_2u_1}{u_2-u_1} \\ 0 & \frac{y_2-y_1}{v_2-v_1} & \frac{y_1v_2-y_2v_1}{v_2-v_1} \\ 0 & 0 & 1 \end{bmatrix} \tag{10-70}$$

课内练习 10.17：将等式(10-70)中的矩阵 $\boldsymbol{M}$ 乘以向量$[u_1 \quad v_1 \quad 1]^{\mathrm{T}}$，验证其结果为$[x_1 \quad y_1 \quad 1]^{\mathrm{T}}$，对矩形窗口的右下角点进行相同的验证。

接下来介绍构造这一变换的第二种方法。

10.8 构建 3D 变换

在 2D 空间中，我们可通过构造矩阵 $\boldsymbol{M}$(其列向量为 $\boldsymbol{v}_1$、$\boldsymbol{v}_2$)将向量 $\boldsymbol{e}_1$、$\boldsymbol{e}_2$ 变换到 $\boldsymbol{v}_1$、

$\boldsymbol{v}_2$，那么采用两个这样的矩阵(其中一个做反向变换)即可将任意两个独立的向量 $\boldsymbol{v}_1$、$\boldsymbol{v}_2$ 变换到任意两个其他的向量 $\boldsymbol{w}_1$、$\boldsymbol{w}_2$。在 3D 空间中也可做同样处理，即将三个标准的基向量 $\boldsymbol{e}_1$、$\boldsymbol{e}_2$ 和 $\boldsymbol{e}_3$ 变换到任意三个其他的向量，只需将目标向量作为矩阵的列向量即可。先来看如何将向量 $\boldsymbol{e}_1$、$\boldsymbol{e}_2$ 和 $\boldsymbol{e}_3$ 变换到上节中所示矩形的三个角点。我们已给出其中两个角点的坐标，另一右下角点的坐标为(u_2, v_1)。对应这三个点的向量为：

$$\begin{bmatrix} u_1 \\ v_1 \\ 1 \end{bmatrix}, \quad \begin{bmatrix} u_2 \\ v_2 \\ 1 \end{bmatrix}, \quad \begin{bmatrix} u_2 \\ v_1 \\ 1 \end{bmatrix} \tag{10-71}$$

由于矩形的三个角点不共线，故这三个向量是相互独立的。一般地，n 维空间向量 $\boldsymbol{v}_1$，…，$\boldsymbol{v}_k$ 相互独立的条件是：不存在一个$(k-1)$维的子空间包含这些向量。例如，在 3D 空间，三个向量相互独立的条件是不存在一个通过原点并且包含这三个向量的平面。

所以执行上述变换的矩阵：

$$\boldsymbol{M}_1 = \begin{bmatrix} u_1 & u_2 & u_2 \\ v_1 & v_2 & v_1 \\ 1 & 1 & 1 \end{bmatrix} \tag{10-72}$$

是可逆的。

类似地，我们也可以构造矩阵 $\boldsymbol{M}_2$，包含对应的 x、y 坐标。最后，计算

$$\boldsymbol{M}_2\boldsymbol{M}_1^{-1} \tag{10-73}$$

来实施所希望的变换。例如，第一个矩形的左下角点由矩阵 $\boldsymbol{M}_1^{-1}$ 变换到 $\boldsymbol{e}_1$(这是因为矩阵 $\boldsymbol{M}_1$ 将 $\boldsymbol{e}_1$ 变换到左下角点)；向量 $\boldsymbol{e}_1$ 乘以 $\boldsymbol{M}_2$ 则变换到目标矩形的左下角点。同样的思路适用于所有三个角点。实际上，如果采用代数方式计算矩阵的逆，然后乘上每一项，将再次得到式(10-73)中的矩阵。但是我们无须这么做：该矩阵一定是正确的矩阵。如果我们愿意采用矩阵求逆程序，除了“将这三个点变换到其他三个点”，其他事情都不需要考虑。

结论：给定 E^2 空间中非共线的任意三个点 P_1、P_2、P_3，可以找到一个矩阵变换，使用上述步骤，将它们变换到其他三个点 Q_1、Q_2、Q_3。

10.9 另一个构造 2D 变换的实例

假设我们想找到一个 3×3 的矩阵将整个平面绕着点 $P=(2, 4)$逆时针旋转 30°，如图 10-14所示。此变换的 WPF 代码如下：

```
<RotateTransform Angle="-30" CenterX="2" CenterY="4"/>
```

为实现以上 WPF 代码，必须构建一个矩阵。

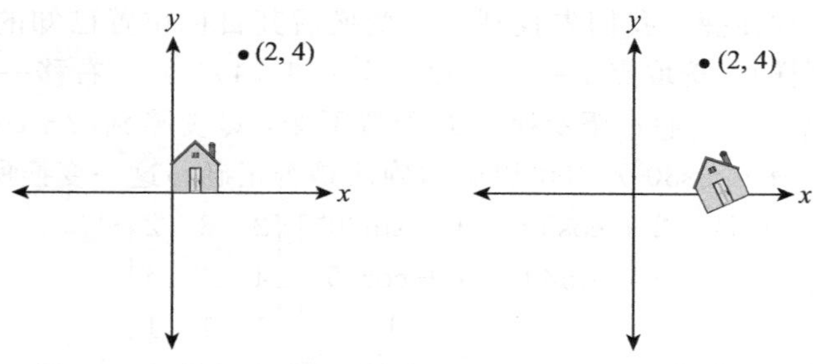

图 10-14　将整个平面围绕点 $P=(2, 4)$逆时针旋转 30°

有两种方法。

第一种方法：我们知道如何绕原点旋转 30°，可采用这章开头介绍的变换 T_1。并通过以下三步来实现所需的变换(见图 10-15)。

1) 将点(2，4)移动到原点。

2) 绕原点旋转 30°。

3) 将原点移回到(2，4)。

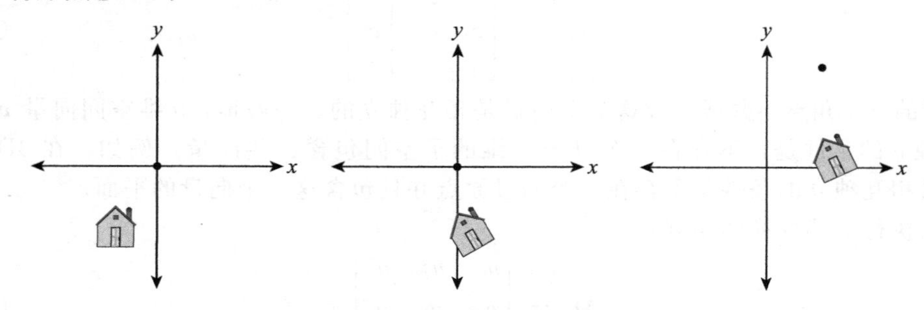

图 10-15　变换后房子的位置与朝向，先将(2，4)移动到原点，再将原点旋转 30°，最后将原点移回到(2，4)

将点(2，4)平移到原点的变换矩阵为：

$$\begin{bmatrix}1 & 0 & -2\\0 & 1 & -4\\0 & 0 & 1\end{bmatrix} \tag{10-74}$$

将原点移回到(2，4)的矩阵与上述矩阵是类似的，但 2 和 4 之前无需再添加负号。旋转矩阵(使用新的 3×3 的格式)则为

$$\begin{bmatrix}\cos 30^\circ & -\sin 30^\circ & 0\\\sin 30^\circ & \cos 30^\circ & 0\\0 & 0 & 1\end{bmatrix} \tag{10-75}$$

因此这一系列变换对应的矩阵为

$$\begin{bmatrix}1 & 0 & 2\\0 & 1 & 4\\0 & 0 & 1\end{bmatrix}\begin{bmatrix}\cos 30^\circ & -\sin 30^\circ & 0\\\sin 30^\circ & \cos 30^\circ & 0\\0 & 0 & 1\end{bmatrix}\begin{bmatrix}1 & 0 & -2\\0 & 1 & -4\\0 & 0 & 1\end{bmatrix} \tag{10-76}$$

课内练习 10.18：(a) 解释为什么上式中矩阵相乘的顺序是为获得所要变换结果的正确顺序。

(b) 说明点(2，4)乘以上面的矩阵序列中的$[2\quad 4\quad 1]^{\mathrm{T}}$ 实际上位置并没发生变化。

第二种方法则更加便捷：我们先找到 3 个变换后其目标位置已知的点(就像先前在窗口变换中曾做过的那样)。选取点 $P=(2,4)$，$Q=(3,4)$(点 P 右移一个单位)，$R=(2,5)$(点 P 上移一个单位)。我们希望变换后 P 位置不变，Q 变换到$(2+\cos 30^\circ, 4+\sin 30^\circ)$，$R$ 变换到$(2-\sin 30^\circ, 4+\cos 30^\circ)$。(可以画图确认是否正确。)这一变换所对应的矩阵是

$$\begin{bmatrix}2 & 2+\cos 30^\circ & 4-\sin 30^\circ\\4 & 4+\sin 30^\circ & 4+\cos 30^\circ\\1 & 1 & 1\end{bmatrix}\begin{bmatrix}2 & 3 & 2\\4 & 4 & 5\\1 & 1 & 1\end{bmatrix}^{-1} \tag{10-77}$$

以上两种方法都易于使用。

还有第三种方法(由第二种方法变化而来)，该方法需要指定一个点和两个向量在变换

后的新位置(而不是三个点)。在这种情形中，假定点 P 保持不变，向量 $\mathbf{e}_1$ 和 $\mathbf{e}_2$ 分别变换到

$$\begin{bmatrix}\cos 30^\circ\\ \sin 30^\circ\\ 0\end{bmatrix} \quad 和 \quad \begin{bmatrix}-\sin 30^\circ\\ \cos 30^\circ\\ 0\end{bmatrix} \tag{10-78}$$

此时，我们不是去寻找将向量 $\mathbf{e}_1$、$\mathbf{e}_2$、$\mathbf{e}_3$ 变换到三个目标点的矩阵，而是寻找一个矩阵，将这三个向量变换到所想要的点和向量。这些矩阵为

$$\begin{bmatrix}2 & 1 & 0\\ 4 & 0 & 1\\ 1 & 0 & 0\end{bmatrix} \quad 和 \quad \begin{bmatrix}2 & \cos 30^\circ & -\sin 30^\circ\\ 4 & \sin 30^\circ & \cos 30^\circ\\ 1 & 0 & 0\end{bmatrix} \tag{10-79}$$

所以，整个矩阵为

$$\begin{bmatrix}2 & \cos 30^\circ & -\sin 30^\circ\\ 4 & \sin 30^\circ & \cos 30^\circ\\ 1 & 0 & 0\end{bmatrix}\begin{bmatrix}2 & 1 & 0\\ 4 & 0 & 1\\ 1 & 0 & 0\end{bmatrix}^{-1} \tag{10-80}$$

这三种通用的方法均可用来构建 $w=1$ 平面上任何线性加平移变换，但有一些特殊的矩阵需要记住。在 xy 平面内旋转角度 θ(将 x 正轴朝 y 正轴方向旋转)所对应的矩阵为

$$\mathbf{R}_{xy}(\theta) = \begin{bmatrix}\cos\theta & -\sin\theta & 0\\ \sin\theta & \cos\theta & 0\\ 0 & 0 & 1\end{bmatrix} \tag{10-81}$$

在一些书籍或者软件包中，称该变换为**绕 z 轴旋转**。但我们更倾向于使用“在 xy 平面内旋转”，因为这种说法中指明了旋转的方向(从 x 到 y)。另外两个标准的旋转矩阵为

$$\mathbf{R}_{yz}(\theta) = \begin{bmatrix}1 & 0 & 0\\ 0 & \cos\theta & -\sin\theta\\ 0 & \sin\theta & -\cos\theta\end{bmatrix} \tag{10-82}$$

$$\mathbf{R}_{zx}(\theta) = \begin{bmatrix}\cos\theta & 0 & \sin\theta\\ 0 & 1 & 0\\ -\sin\theta & 0 & \cos\theta\end{bmatrix} \tag{10-83}$$

注意最后一个矩阵所对应变换的旋转方向是从 z 到 x，而不是从 x 到 z。使用这样的命名方式可保持正负符号的对称模式。

10.10 坐标系

在 2D 空间中，线性变换可由两个独立向量值完全指定。仿射变换(即线性变换加平移变换)可由非共线的任意三个点完全指定，或由一个任意点和一对独立的向量完全指定。平面透视变换(将在 10.13 节中讨论)则由四个点(其中任意三个点均不共线)指定，或由其他可能的点集和向量集指定。上述论断和 3D 空间变换的相应论断都非常重要，我们将其总结为以下原则：

✓ **变换唯一性原则**：对于每一类变换(线性、仿射和透视)、任何相应的坐标系及对应目标元素的集合，均存在唯一的变换将坐标系中的元素映射为目标坐标系中的相应元素。如果目标元素构成一个坐标系，则此变换可逆。

为了使这一原则有意义，我们需要对**坐标系**进行定义。作为第一个例子，可进行线性变换的坐标系仅仅是一个“基”，在 2D 空间中，这意味着“平面上两个线性独立的向量”。

坐标系中的元素就是这两个向量。根据上述原则，如果 $\boldsymbol{u}$、$\boldsymbol{v}$ 是平面上线性独立的向量，并且 $\boldsymbol{u}'$、$\boldsymbol{v}'$是任意两个向量，那么存在一个唯一的线性变换将 $\boldsymbol{u}$ 变换到 $\boldsymbol{u}'$，$\boldsymbol{v}$ 变换到 $\boldsymbol{v}'$。进一步说，如果 $\boldsymbol{u}'$和 $\boldsymbol{v}'$线性独立，那么变换可逆。

更一般的情况是，一个**坐标系**是一组几何元素的集合，这组元素足以唯一地刻画某些变换的特征。正如上面所述，对于平面线性变换，其坐标系由平面上两个独立的向量定义；对于平面的仿射变换，它由平面上 3 个非共线的点组成，或者由一个点和两个独立的向量组成，等等。

在存在多种坐标系定义的情况下，总有一种方法可在它们之间进行转换。对于 2D 仿射变换，3 个非共线点 P、Q 和 R 可以转换为点 P，$\boldsymbol{v}_1=Q-P$ 和 $\boldsymbol{v}_2=R-P$；反过来转换是显而易见的。(当 $\boldsymbol{v}_1$ 和 $\boldsymbol{v}_2$ 为线性独立的向量时，这种转化就没那么显而易见了，见练习 10.4。)

对于仿射映射，其对“坐标系”的使用有一定限制，不过这是有益的。根据原点和沿着每个坐标轴正向的单位向量可构成一个坐标系的概念，平面**刚性坐标系**定义为一个三元组(P，$\boldsymbol{v}_1$，$\boldsymbol{v}_2$)，其中 P 为一个点，$\boldsymbol{v}_1$ 和 $\boldsymbol{v}_2$ 为互相垂直的单位向量，从 $\boldsymbol{v}_1$ 到 $\boldsymbol{v}_2$ 的旋转为逆时针方向(即$\begin{bmatrix}0 & -1\\1 & 0\end{bmatrix}\boldsymbol{v}_1=\boldsymbol{v}_2$)。在 3D 空间中，则定义为一个点和三个互相垂直的单位向量，并且这三个向量构成一个右手系。将刚性坐标系(P，$\boldsymbol{v}_1$，$\boldsymbol{v}_2$)变换到(Q，$\boldsymbol{u}_1$，$\boldsymbol{u}_2$)可以表示为下面的变换序列：

$$T_Q \circ R \circ T_P^{-1} \tag{10-84}$$

其中 $T_p(A)=A+P$，P 为平移向量，T_Q与 T_p类似，R 为旋转矩阵，由下式给出：

$$R = [\boldsymbol{u}_1;\boldsymbol{u}_2]\cdot[\boldsymbol{v}_1;\boldsymbol{v}_2]^{\mathrm{T}} \tag{10-85}$$

其中分号表示 $\boldsymbol{u}_1$ 为第一个因子的第一列向量，以此类推。

我们在第 12、15 和 32 章的例子中使用的 G3D 库，在建模时大量采用了刚性坐标系，并将它们封装为 `CFrame` 类。

10.11　应用：绘制场景图

我们讨论过 2D 仿射空间中的仿射变换，以及一旦有了一个坐标系并可以将点表示为三元组，如 $\boldsymbol{x}=[x \quad y \quad 1]^{\mathrm{T}}$，我们如何采用 3×3 矩阵 $\boldsymbol{M}$ 来表示一个变换。可通过 $\boldsymbol{x}$ 左乘矩阵 $\boldsymbol{M}$ 对点 $\boldsymbol{x}$ 进行变换。现在再回到第 2 章的时钟例子，考虑如何将一个 WPF 描述转换为一个图像，即怎样实现 WPF 的一些功能。你也许记得，图 10-16 所示的时钟是由以下的 WPF 的代码来创建的：

```
1  <Canvas ... >
2    <Ellipse
3        Canvas.Left="-10.0" Canvas.Top="-10.0"
4        Width="20.0" Height="20.0"
5        Fill="lightgray" />
6    <Control Name="Hour Hand" .../>
7    <Control Name="Minute Hand" .../>
8    <Canvas.RenderTransform>
9        <TransformGroup>
10         <ScaleTransform ScaleX="4.8" ScaleY="4.8" />
11         <TranslateTransform X="48" Y="48" />
12     </TransformGroup>
13   </Canvas.RenderTransform>
14 </Canvas>
```

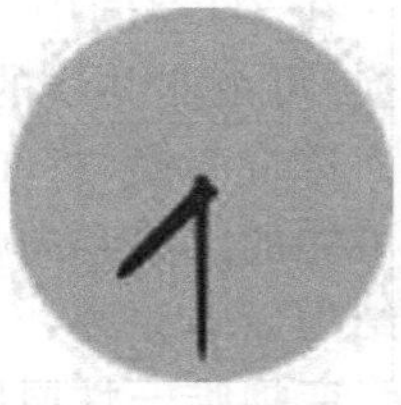

图 10-16　时钟模型

其中时针部分的代码为

```
1  <Control Name="HourHand" Template="{StaticResource ClockHandTemplate}">
2    <Control.RenderTransform>
3      <TransformGroup>
4        <ScaleTransform ScaleX="1.7" ScaleY="0.7" />
5        <RotateTransform Angle="180"/>
6        <RotateTransform x:Name="ActualTimeHour" Angle="0"/>
7      </TransformGroup>
8    </Control.RenderTransform>
9  </Control>
```

分针部分的代码与此类似，不同之处在于：ActualTimeHour 被 ActualTimeMinute 所替代，而 X 缩放倍数 1.7 和 Y 缩放倍数 0.7 被删去。

ClockHandTemplate 是一个由平面上 5 个点定义的多边形：(－0.3，1)，(－0.2，8)，(0，9)，(0.2，8)和(0.3，－1)(见图 10-17)。

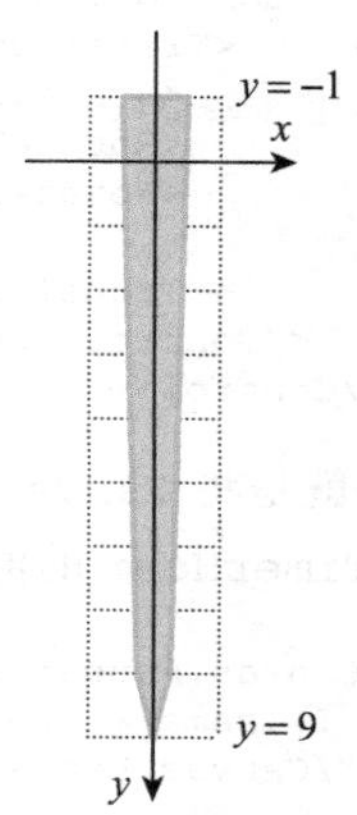

图 10-17　时钟指针模板

下面我们对这段代码稍加修改，使钟面和指针均采用多边形表示。我们可以构建诸如 1000 个顶点的正多边形，来构造一个多边形版的圆形表面，但为使代码简单易读，下面采用正八边形来近似表示一个圆。

代码开始部分为：

```
1  <Canvas ...
2      <Canvas.Resources>
3        <ControlTemplate x:Key="ClockHandTemplate">
4          <Polygon
5            Points="-0.3,-1    -0.2,8    0,9    0.2,8    0.3,-1"
6             Fill="Navy"/>
7        </ControlTemplate>
8        <ControlTemplate x:Key="CircleTemplate">
9          <Polygon
10            Points="1,0    0.707,0.707    0,1     -.707,.707
11                   -1,0    -.707,-.707    0,-1    0.707,-.707"
12            Fill="LightGray"/>
13       </ControlTemplate>
14     </Canvas.Resources>
```

我们将采用这段代码定义的几何来创建钟面和钟的指针。于是圆形钟面便可通过由均匀分布在单位圆上的 8 个点所表示的“圆”模板变换得到。这种定义形式，虽然并非 WPF 中的常用方式，但和其他场景几何软件包中的场景定义形式十分相似。

场景的实际创建过程包括由 CircleTemplate 创建钟面以及如前所述的创建表针两部分。

```
1    <!- 1. Background of the clock ->
2    <Control Name="Face"
3             Template="{StaticResource CircleTemplate}">
4      <Control.RenderTransform>
5             <ScaleTransform ScaleX="10" ScaleY="10" />
6      </Control.RenderTransform>
7    </Control>
8
9    <!- 2. The minute hand ->
10   <Control Name="MinuteHand"
11            Template="{StaticResource ClockHandTemplate}">
12     <Control.RenderTransform>
```

```
13         <TransformGroup>
14            <RotateTransform Angle="180" />
15            <RotateTransform x:Name="ActualTimeMinute" Angle="0" />
16         </TransformGroup>
17      </Control.RenderTransform>
18   </Control>
19
20   <!- 3. The hour hand ->
21   <Control Name="HourHand" Template="{StaticResource ClockHandTemplate}">
22      <Control.RenderTransform>
23         <TransformGroup>
24           <ScaleTransform ScaleX="1.7" ScaleY="0.7" />
25           <RotateTransform Angle="180" />
26           <RotateTransform x:Name="ActualTimeHour"
27                            Angle="0" />
28         </TransformGroup>
29      </Control.RenderTransform>
30   </Control>
```

接下来就是将 Canvas 转换为 WPF 坐标和动画计时，这需要设置 ActualTimeMinute 和 ActualTimerHour 的值。

```
1    <Canvas.RenderTransform>
2      ...same as before...
3     </Canvas.RenderTransform>
4
5    <Canvas.Triggers>
6      <EventTrigger RoutedEvent="FrameworkElement.Loaded">
7         <BeginStoryboard>
8            <Storyboard>
9              <DoubleAnimation
10               Storyboard.TargetName="ActualTimeHour"
11               Storyboard.TargetProperty="Angle"
12               From="0.0" To="360.0"
13               Duration="00:00:01:0" RepeatBehavior="Forever"
14               />
15             <DoubleAnimation
16               Storyboard.TargetName="ActualTimeMinute"
17               Storyboard.TargetProperty="Angle"
18               From="0.0" To="4320.0"
19               Duration="00:00:01:0" RepeatBehavior="Forever"
20               />
21          </Storyboard>
22       </BeginStoryboard>
23     </EventTrigger>
24   </Canvas.Triggers>
25
26 </Canvas>
```

作为将场景描述转换成图像的起始，假设有一个基本的图形库，可从由一组顶点表示的多边形绘制出该多边形的图像。顶点表示成 $3\times k$ 的齐次坐标三元组数组，数组第一列为多边形第一个顶点的齐次坐标，依次类推。

现在我们说明如何将诸如 WPF 的描述变为一系列的 drawPolygon 程序调用。首先，将 XAML 代码转换为树结构，如图 10-18 所示，来表示场景图(见第 6 章)。

在该图中菱形框表示变换。我们暂时忽略 ClockHandTemplate 实例化，并假定已有表示指针的两个独立的相同几何版本。图中在每个变换的旁边给出了其矩阵表示。假设 ActualTimerHour 中的角度值取 15°($\cos 15^\circ\approx 0.96$，$\sin 15^\circ\approx 0.26$)，ActualTimer-Minutes 中的角度为 180°(即时钟显示时间为 12:30)。

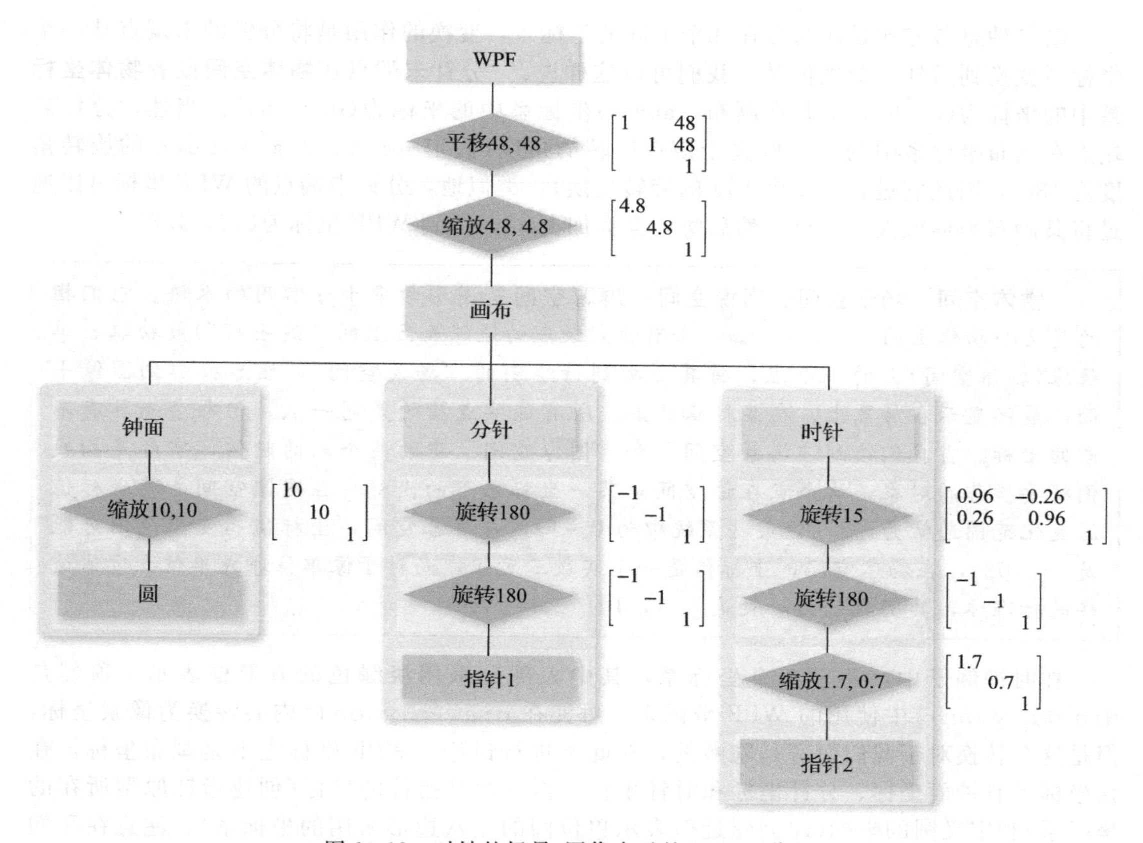

图 10-18 时钟的场景-图像表示的 XAML 代码

课内练习 10.19：(a) WPF 中的旋转采用顺时针方向旋转的角度表示，检查图中时针旋转 15°的矩阵是否正确。

(b) 如果你觉得矩阵有错，请留意 WPF 中 x 增加的方向朝右，而 y 增加的方向是朝下的，看你的答案有无变化？顺便说一下，如果在 WPF 平台上运行和调试该程序，并打印这一矩阵，你会发现不是(1，2)而是(2，1)元素前有负号。这是因为在 WPF 内部使用行向量表示点，然后右乘其变换矩阵。

树结构中的每一项的顺序和原本的顺序有些不同，但是两者之间具有对应关系。你会发现，在绘制时所有和时针相关的变换以及所有包含时针的物体(例如钟面)的变换的执行顺序和本图中从时针的叶结点到该树的根结点所列出变换的顺序完全一样。

课内练习 10.20：阅读 XAML 程序，写下对表示钟面的圆形模板所实施的全部变换。证明它们的顺序和从图 10-18 中从 Circle 叶结点直至根节点所遇到的变换相同。

在我们所画的场景图中，变换矩阵是最重要的元素。下面讨论这些矩阵是如何作用于几何结点中各点的坐标的。

有两种思考变换的方式。以分针为例，第一种方式先对每个顶点进行旋转操作，得到新的分针，然后再对每个点进行平移，得到另一个新的分针，以此类推。分针的末端点最终位于(0，9)。再次旋转之后，分针末端点将变到其他位置，平移并旋转之后的分针末端点再变到别的位置。通常会将这些不同的实例认作同一对象(如说“分针的末端点现在位于(3，17)……”)。但是这种说法并不合理，因为同一分针的末端点不可能在两个不同的位置。

第二种思考方式是认为存在几个不同的坐标系，变换的作用是将分针的末端点从一个坐标系变换到另外一个坐标系。我们可以这样说："分针末端点在**物体空间**或者**物体坐标系**中的坐标为(0，9)，但是在画布(canvas)坐标系中的坐标为(0，－9)"。当然，分针末端点在画布坐标系中的位置取决于该点旋转的角度(假定 ActualTimeMinute 的旋转角度为180°，因此它进行了2个180°的旋转变换)。类似地，分针末端点的WPF坐标可以通过将其画布坐标放大4.8倍，然后每一坐标加上48，得到WPF坐标为(48，4.8)。

物体空间、**场景空间**、**图像空间**和**屏幕空间**是图形学中十分常用的术语。它们指的是某个物体上的一个点(例如，含有映射纹理的地球表面上的"波士顿")最初取自单位球(物体空间)上的一个点，将其变换到待绘制的"场景空间"，然后投影到图像平面，最终显示在屏幕上。在某种意义上，所有这些点指的是同一点，但每个点具有不同的坐标。当我们谈到"场景空间"和"图像空间"中的某个点的时候，实际是指我们将要操作的对象是这个点在该空间中某一坐标系下的坐标。在图像空间，其坐标值的变化范围通常为－1～1(某些系统中为0～1)，在屏幕空间，坐标值的变化范围可能是0～1024，在物体空间，坐标值是一个实数三元组，而对于像单位球或单位立方体这样的标准体，其实数范围一般是[－1，1]。

在时钟例子中，共有7个坐标系，其中大部分采用淡绿色的方形框表示。顶部是 drawPolygon()中使用的WPF坐标系。可能在 drawPolygon()内会转换为像素坐标，但是这个转换对于我们而言是隐藏的，在此不进行讨论。WPF坐标之下是画布坐标，在该坐标下有钟面坐标、分针坐标和时针坐标。再下面是指针的坐标(创建指针原型所在的坐标系)和定义圆的坐标(即创建近似表示单位圆的正八边形所用的坐标系)。注意在我们的时钟模型中，钟面坐标系、分针坐标系和时针坐标系作用相似：在坐标系的层次结构中，它们均为画布坐标系的子结点。将分针坐标系和时针坐标系作为钟面坐标系的子结点也是可取的，这样做的优势在于移动钟面时即可平移整个时钟，从而便于调整时钟在画布上的位置。而现在调整时钟在画布上的位置需要对施加在钟面、分针和时针上的三个不同的平移变换进行调整。

我们希望采用 drawPolygon()来画每个形状，该程序以一个点的坐标数组作为输入参数。为此，必须对点的坐标系做出说明，以保证输入的点坐标是有效的。假定 drawPolygon()的输入参数是WPF坐标。故当输入分针末端点的坐标时，需要输入(48，4.8)，而不是(0，9)。

有一个可将场景图转换为一系列 drawPolygon()程序调用的 strawman(稻草人)算法。我们要处理的是 $3\times k$ 的坐标数组，这是因为点(0，9)被表示为齐次三元组(0，9，1)，我们将其竖写，作为矩阵的列向量来表示几何模型。

```
1  for each polygonal geometry element, g
2     let v be the 3×k array of vertices of g
3     let n be the parent node of g
4     let M be the 3×3 identity matrix
5     while (n is not the root)
6        if n is a transformation with matrix S
7          M = SM
8        n = parent of n
9
10    w = Mv
11    drawPolygon(w)
```

如代码所示，我们可连乘多个变换矩阵，然后将其结果(**复合变换矩阵**)与顶点的坐标相乘得到每个多边形的 WPF 坐标，然后进行绘制。

课内练习 10.21：(a) 3×3 矩阵与 $3\times k$ 矩阵相乘需执行多少基本操作？

(b) 如果 $\boldsymbol{A}$、$\boldsymbol{B}$ 为 3×3 矩阵，$\boldsymbol{C}$ 为 3×1000 矩阵，你会选择计算 $(\boldsymbol{AB})\boldsymbol{C}$ 还是 $\boldsymbol{A}(\boldsymbol{BC})$？其中括号代表计算的优先顺序。

(c) 在上述代码中，是应该依次将每个矩阵与顶点坐标相乘，还是先计算这些矩阵的乘积，最后再将其结果与顶点坐标向量相乘？哪种做法更好，为什么？

在时钟的例子中，如果我们以手动方式模拟代码的运行过程，则圆模板的坐标将与矩阵相乘：

$$\begin{bmatrix}1&0&48\\0&1&48\\0&0&1\end{bmatrix}\begin{bmatrix}4.8&0&0\\0&4.8&0\\0&0&1\end{bmatrix}\begin{bmatrix}10&0&0\\0&10&0\\0&0&1\end{bmatrix} \tag{10-86}$$

分针模板的坐标与以下矩阵相乘：

$$\begin{bmatrix}1&0&48\\0&1&48\\0&0&1\end{bmatrix}\begin{bmatrix}4.8&0&0\\0&4.8&0\\0&0&1\end{bmatrix}\begin{bmatrix}-1&0&0\\0&-1&0\\0&0&1\end{bmatrix}\begin{bmatrix}-1&0&0\\0&-1&0\\0&0&1\end{bmatrix} \tag{10-87}$$

同样，时针模板的坐标也与以下矩阵相乘：

$$\begin{bmatrix}1&0&48\\0&1&48\\0&0&1\end{bmatrix}\begin{bmatrix}4.8&0&0\\0&4.8&0\\0&0&1\end{bmatrix}\begin{bmatrix}0.96&-0.26&0\\0.26&0.96&0\\0&0&1\end{bmatrix}\cdot\begin{bmatrix}-1&0&0\\0&-1&0\\0&0&1\end{bmatrix}\begin{bmatrix}1.7&0&0\\0&0.7&0\\0&0&1\end{bmatrix} \tag{10-88}$$

课内练习 10.22：解释与分针模板相乘的矩阵序列中每一个矩阵的出现顺序。

注意到各模板与矩阵相乘中有许多计算是可以共享的，举例来说，我们可以计算与圆模板相乘的矩阵变换乘积，然后重用于计算其他任何一个模板的变换中。对于大的场景图，重复计算则更多。显然，对只有 5 个或者 6 个顶点的物体施加 70 个变换，这些矩阵相乘的开销将远远超过复合矩阵与顶点坐标数组相乘的开销。

可通过修改 strawman 算法来避免上述的重复计算。我们对场景图进行一个深度优先的遍历，与此同时构建变换矩阵的堆栈。每遇到一个新的变换矩阵 $\boldsymbol{M}$，就将它和当前的变换矩阵 $\boldsymbol{C}$(位于栈顶的矩阵)相乘，然后将计算结果 $\boldsymbol{MC}$ 压入栈内。而每当遍历往上经过一个变换结点时，则从堆栈中弹出一个矩阵。这样一来，无论什么时候我们遇到几何模型(像表针端点的坐标，或者椭圆点的坐标)，都可以将其坐标数组左乘当前的变换矩阵，来得到这些点的 WPF 坐标。在下面的伪代码中，我们假设：场景图由 Scene 类表示，该程序最终返回图形的根结点；变换结点中含有一个 matrix 方法，将返回复合变换的矩阵；而几何结点有一个 vertexCoordinateArray 方法，将返回一个包含多边形 k 个顶点齐次坐标的 $3\times k$ 数组。

```
1 void drawScene(Scene myScene)
2    s = empty Stack
3    s.push( 3 × 3 identity matrix )
4    explore(myScene.rootNode(), s)
5
6
7 void explore(Node n, Stack& s)
8    if n is a transformation node
9       push n.matrix() * s.top() onto s
```

```
10
11    else if n is a geometry node
12      drawPolygon(s.top() * n.vertexCoordinateArray())
13
14    foreach child k of n
15      explore(k, s)
16
17    if n is a transformation node
18      pop top element from s
```

在某些复杂的模型中，矩阵相乘的计算量非常大。如果同一模型需反复绘制多次，而其涉及的变换并无变化(例如，驾驶仿真游戏中某一建筑物的模型)，则宜使用上述算法在场景坐标系中建立一个多边形表，这样在每一帧中只需重新绘制这些多边形，而无需重新解析整个场景图。这一过程有时也被称为模型**预处理**(prebaking)。

上面的算法是对场景图进行遍历的标准算法的核心。另外，还有两点重要的补充。

首先，几何变换并非场景图中保存的唯一信息——有些情况下，诸如颜色这样的属性信息也可保存。简单情形是每个几何结点都保存了一个颜色，在绘制时 drawPolygon 程序将同时访问该结点的顶点坐标数组和颜色；较复杂的情形是，颜色信息存放在场景图的某些结点中，而该颜色适用于这一结点之下的所有几何形状。在后一种情形中，就像遍历场景图时将变换信息压入变换堆栈中一样，我们也可以将遇到的颜色压入另一个并行的堆栈，以随时获取当前结点的颜色信息。两者的区别在于，在将变换压入堆栈前会和之前的复合矩阵相乘，而颜色信息是属性的绝对值而非相对值，因此在入栈前无需以任何一种方式和之前的颜色设置进行组合。容易想象一种场景图结构，它允许用户调整结点的颜色(如让某一结点下的每个物体的颜色变亮 20%)，在这一结构中，颜色堆栈必须累积颜色的变换信息。除非这种变换限定于某种形式，否则，除了将它们看成一系列的变换外，并不存在一种一致性的方法可以对它们进行累积。在这一方面，矩阵变换有其特殊性。

其次，我们研究的是一个场景图为树结构的例子，但深度优先遍历适用于任意的有向非循环图(DAG)。事实上，我们的时钟模型就是一个有向非循环图：两个时钟指针的几何共享一个表针模型(取自 WPF StaticResource)。进行深度优先遍历时两度访问表针的几何模型，并绘制生成两个不同的时钟指针。对于更为复杂的模型(例如由多个相同的机器人组成的场景)，对同一几何模型做反复访问的情形会频繁出现：每个机器人有两只相同的手臂，它们指向下面同一手臂模型；每个手臂有三根同样的手指，它们指向下面同一个手指模型，等等。在这种情况下，重新遍历手臂模型时显然存在若干重复操作。一种可行的优化是：对场景图进行分析，来检测这种重复遍历并通过预处理予以避免。不过，在如今众多的图形学应用中，场景遍历只占整个计算量的很小部分，绝大部分计算量为光照和着色计算(对于 3D 模型)。因此，除非你确信场景遍历占据了很大的计算量，否则无需优化场景遍历部分的代码。

10.11.1 场景图中的坐标改变

回到场景图和矩阵相乘，下述变换：

$$\begin{bmatrix}1 & 0 & 48\\0 & 1 & 48\\0 & 0 & 1\end{bmatrix}\begin{bmatrix}4.8 & 0 & 0\\0 & 4.8 & 0\\0 & 0 & 1\end{bmatrix}\begin{bmatrix}-1 & 0 & 0\\0 & -1 & 0\\0 & 0 & 1\end{bmatrix}\begin{bmatrix}-1 & 0 & 0\\0 & -1 & 0\\0 & 0 & 1\end{bmatrix} \tag{10-89}$$

表示了时钟分针从分针坐标系到 WPF 坐标系的变换。如果要从 WPF 坐标系变换回分针坐标系，只需要做上述变换的逆变换，注意到$(\boldsymbol{AB})^{-1}=\boldsymbol{B}^{-1}\boldsymbol{A}^{-1}$，则逆变换的矩阵为

$$\begin{bmatrix}-1 & 0 & 0\\ 0 & -1 & 0\\ 0 & 0 & 1\end{bmatrix}\begin{bmatrix}-1 & 0 & 0\\ 0 & -1 & 0\\ 0 & 0 & 1\end{bmatrix}\begin{bmatrix}1/4.8 & 0 & 0\\ 0 & 1/4.8 & 0\\ 0 & 0 & 1\end{bmatrix}\begin{bmatrix}1 & 0 & -48\\ 0 & 1 & -48\\ 0 & 0 & 1\end{bmatrix} \quad (10\text{-}90)$$

类似地，可以求出从场景图中的任一坐标系变换到另一坐标系的变换矩阵。考察式(10-89)所列矩阵，在对从分针坐标系到 WPF 坐标系的变换中遇到的矩阵进行累积时，最先遇到的矩阵位于最右边。而其逆变换则以相反的顺序累积各矩阵的逆。在建立 3D 场景图时，其规则完全相同。

对于一个 3D 场景，不仅有对其几何模型的描述，也有如何将模型上的点转换为屏幕上显示的点的描述，后者可通过指定一台相机予以确定。2D 空间的情形类似：其中用来构建时钟模型的 Canvas 对应于 3D 场景中的“场景坐标系”；对 Canvas 坐标系进行变换(缩放(4.8，4.8)然后移动(48，48))使之呈现在显示屏幕上，这与 3D 相机的取景变换是对应的。

模板中的多边形坐标系通常称为模型坐标系。类似于 3D 情形，我们称 Canvas 坐标系为场景坐标系，而 WPF 坐标系则称为图像坐标系。在讨论 3D 场景图时，这些都是常用的术语。

作为练习，考虑时针的末端点，在模型坐标系中(即时钟指针模板)该点位于(0，9)。同样，分针的末端点也位于(0，9)。那么在 Canvas 坐标系中时针末端点在什么位置呢？我们将从表针模板到 Canvas 的变换矩阵全部相乘，得到：

$$\begin{bmatrix}0.96 & -0.26 & 0\\ 0.26 & 0.96 & 0\\ 0 & 0 & 1\end{bmatrix}\begin{bmatrix}-1 & 0 & 0\\ 0 & -1 & 0\\ 0 & 0 & 1\end{bmatrix}\begin{bmatrix}1.7 & 0 & 0\\ 0 & 0.7 & 0\\ 0 & 0 & 1\end{bmatrix}\begin{bmatrix}0\\ 9\\ 1\end{bmatrix} \quad (10\text{-}91)$$

$$=\begin{bmatrix}-1.64 & -0.18 & 0\\ -0.44 & -0.68 & 0\\ 001\end{bmatrix}\begin{bmatrix}0\\ 9\\ 1\end{bmatrix}=\begin{bmatrix}1.63\\ -6.09\\ 1\end{bmatrix} \quad (10\text{-}92)$$

为了简洁，所有的坐标都只保留了两位小数。分针末端点的 Canvas 坐标为

$$\begin{bmatrix}-1 & 0 & 0\\ 0 & -1 & 0\\ 0 & 0 & 1\end{bmatrix}\begin{bmatrix}-1 & 0 & 0\\ 0 & -1 & 0\\ 0 & 0 & 1\end{bmatrix}\begin{bmatrix}0\\ 9\\ 1\end{bmatrix}=\begin{bmatrix}0\\ 9\\ 1\end{bmatrix} \quad (10\text{-}93)$$

两者相减，从时针末端点坐标到分针末端点坐标的向量为$[-1.63 \quad 15.08 \quad 0]^T$。该结果是在 Canvas 坐标系中向量$[-1.63 \quad 15.08]^T$ 的齐次坐标表示。

假设我们想要知道在分针坐标系中从时针末端点到分针末端点的方向。如果已知此方向，则可以在分针模型中添加一个指向时针的小箭头。为了得到这个方向向量，就需要知道在分针坐标系中时针末端点的坐标。因此必须将该端点从时针坐标系变换到分针坐标系，这可以沿着树结构向上，先从时针坐标系变换到 Canvas 坐标系，再朝下变换到分针坐标系。在分针坐标系下，时针末端点的坐标为

$$\begin{bmatrix}-1 & 0 & 0\\ 0 & -1 & 0\\ 0 & 0 & 1\end{bmatrix}^{-1}\begin{bmatrix}-1 & 0 & 0\\ 0 & -1 & 0\\ 0 & 0 & 1\end{bmatrix}^{-1}\begin{bmatrix}0.96 & -0.26 & 0\\ 0.26 & 0.96 & 0\\ 0 & 0 & 1\end{bmatrix}\cdot\begin{bmatrix}-1 & 0 & 0\\ 0 & -1 & 0\\ 0 & 0 & 1\end{bmatrix}\begin{bmatrix}1.7 & 0 & 0\\ 0 & 0.7 & 0\\ 0 & 0 & 1\end{bmatrix}\begin{bmatrix}0\\ 9\\ 1\end{bmatrix} \quad (10\text{-}94)$$

将这一结果与分针坐标系中分针末端点的坐标(0，9)相减，可得到从分针末端点指向时针末端点的向量。

作为最后的练习，假设我们希望创建一个时钟动画：分针被某人抓住不放，此时时钟的其他部分按照分针旋转。该怎样实现呢？

分针在Canvas上从其初始位置12:00（即在它第一次旋转180°之后的方位）转到当前方位是因为经历了一系列变换。这个变换序列较短：由若干个不同的旋转组成。如果将这一系列旋转的逆变换应用于每一时钟元素上，就会得到所要的结果。因为对分针实施了旋转变换后又要实施对应的逆变换，所以也可以两者都不实施。但是如果两者都保留，代码的可读性会更好。我们也可以将逆向旋转作为Canvas的绘制变换的一部分。

课内练习10.23： 如果要实现第二种方法——在Canvas的绘制变换中插入逆向旋转变换——那么在WPF代码中它应该出现在现有的缩放平移变换之前还是之后？请试一试。

10.12　变换向量和余向量

我们已经明确：E^2 中的点 $(x \quad y)$ 对应3D空间中的向量 $[x \quad y \quad 1]^T$，向量 $\begin{bmatrix} u \\ v \end{bmatrix}$ 对应3D空间中的向量 $[u \quad v \quad 0]^T$。如果采用 3×3 的矩阵 $\boldsymbol{M}$（最后一行为 $[0 \quad 0 \quad 1]$）进行3D空间变换：

$$T:\mathbf{R}^3 \to \mathbf{R}^3:\boldsymbol{x} \mapsto \boldsymbol{MX} \tag{10-95}$$

那么 T 在 $W=1$ 平面上的投影在 E^2 中也有对应的映像，因此可以写成：

$$(T|E^2):E^2 \to E^2:\boldsymbol{x} \mapsto \boldsymbol{Mx} \tag{10-96}$$

但是我们也注意到 T 可以作为一个变换**向量**，或者是2D欧几里得空间中的位移，它一般可以写为两个坐标，但通常用 $[u \quad v \quad 0]^T$ 进行表示。因为这种向量的最后一个元素为0，所以 $\boldsymbol{M}$ 的最后一列对于向量的变换没有影响。我们并不计算

$$\boldsymbol{M}\begin{bmatrix} u \\ v \\ 0 \end{bmatrix} \tag{10-97}$$

而是等价地计算

$$\begin{bmatrix} m_{1,1} & m_{1,2} & 0 \\ m_{2,1} & m_{2,2} & 0 \\ 0 & 0 & 0 \end{bmatrix}\begin{bmatrix} u \\ v \\ 0 \end{bmatrix} \tag{10-98}$$

所得结果的第三个元素为0。事实上，可以将这类向量当作2坐标的向量进行变换，只需要做简单计算

$$\begin{bmatrix} m_{1,1} & m_{1,2} \\ m_{2,1} & m_{2,2} \end{bmatrix}\begin{bmatrix} u \\ v \end{bmatrix} \tag{10-99}$$

因为这个原因，有时候我们说：对于由矩阵 $\boldsymbol{M}$ 相乘表示的欧式平面上的仿射变换，其向量的相关变换可以表示为

$$\overline{\boldsymbol{M}} = \begin{bmatrix} m_{1,1} & m_{1,2} \\ m_{2,1} & m_{2,2} \end{bmatrix} \tag{10-100}$$

对余向量如何计算？回想余向量的典型形式：

$$\phi_{\boldsymbol{w}}:\mathbf{R}^2 \to \mathbf{R}:\boldsymbol{v} \mapsto \boldsymbol{w} \cdot \boldsymbol{v} \tag{10-101}$$

这里 $\boldsymbol{w}$ 是 $\mathbf{R}^2$ 中的某个向量。我们想采用同 T 一致的方法对 $\phi_{\boldsymbol{w}}$ 进行变换。图10-19说明了为什么要这么做：我们经常构建某个形状的几何模型，并计算模型表面的法向量。假设 $\boldsymbol{n}$ 是一个表面法向量。对该几何模型实施“建模变换” $T_{\boldsymbol{M}}$ 将它放入3D空间，我们希望知

道变换后的模型表面的法向量，以便计算光线 $\boldsymbol{v}$ 和表面法向的夹角，称变换后的表面法向量为 $\boldsymbol{m}$，现欲计算 $\boldsymbol{v}\cdot\boldsymbol{m}$。那么变换后的法向量 $\boldsymbol{m}$ 与原模型表面的法向量 $\boldsymbol{n}$ 之间有何对应关系呢？

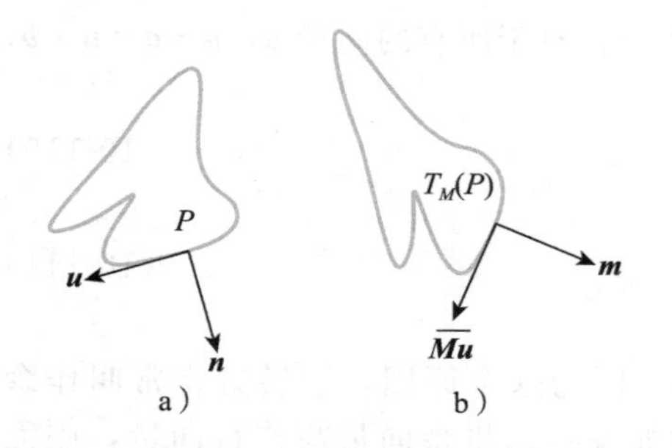

图 10-19　a）采用某种建模工具构建的几何形体；可计算得到点 P 的法向量 $\boldsymbol{n}$。向量 $\boldsymbol{u}$ 为点 P 处表面的切向；b）该形体被放入场景中，期间实施了平移、旋转和缩放。我们希望找到形体变换后 P 点的法向量 $\boldsymbol{m}$，且 $\boldsymbol{m}$ 与变换后的切向向量 $\overline{\boldsymbol{M}}\boldsymbol{u}$ 内积仍然为 0

根据表面法向的定义，原始模型上的法向量 $\boldsymbol{n}$ 与通过该点与模型表面相切的每一切向量 $\boldsymbol{u}$ 垂直。故新的法向量 $\boldsymbol{m}$ 也必须与所有变换后的切向量(与变换后模型表面相切)垂直。换句话说，对于物体表面上每个切向向量 $\boldsymbol{u}$，我们需要计算：

$$\boldsymbol{m}\cdot\overline{\boldsymbol{M}}\boldsymbol{u}=0 \tag{10-102}$$

实际上可以更进一步，对于任意向量 $\boldsymbol{u}$，我们希望：

$$\boldsymbol{m}\cdot\overline{\boldsymbol{M}}\boldsymbol{u}=\boldsymbol{n}\cdot\boldsymbol{u} \tag{10-103}$$

这就是说，确保变换前某一向量和法向 $\boldsymbol{n}$ 之间的夹角同变换后该向量与 $\boldsymbol{m}$ 的夹角保持不变。

在求解之前，让我们先来看下面一些例子，对变换 T_1，与房子的底面垂直的向量(作为向量 $\boldsymbol{n}$)变换之后应仍与变换后的房子底面垂直。这可通过将其旋转 30°得到(见图 10-20)。

如果我们只是平移这栋房子，和其他向量一样，向量 $\boldsymbol{n}$ 并无变化。

但是当需要对房子进行错切变换时，如实施变换 T_3，情况如何呢？相应的向量变换仍然为错切变换，它使一个垂直向量变为倾斜。但对向量 $\boldsymbol{n}$ 而言，如果希望它仍然与房子底面保持垂直，就不必做任何改变(见图 10-21)。在这种情况下，我们看到，在是否需进行变换方面，余向量和向量存在不同之处。

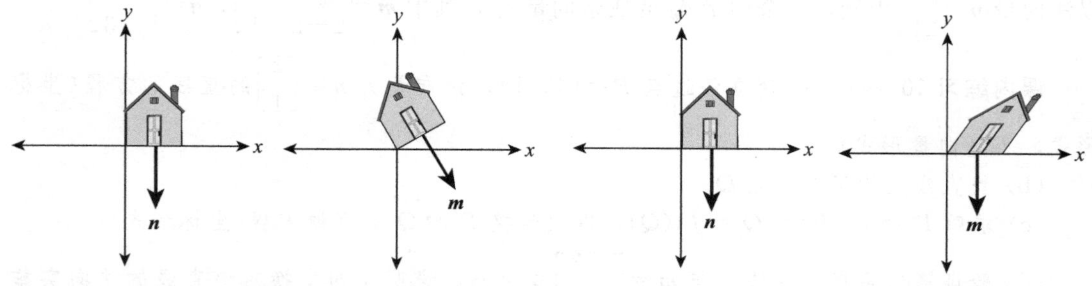

图 10-20　在形体旋转变换中，法向量和其他向量一样也发生旋转

图 10-21　当房子的垂直面发生错切时，房子底面的法向保持不变

现在回到我们的问题：寻找一个向量 $\boldsymbol{m}$，对于每个可能的向量 $\boldsymbol{u}$，它满足：

$$\boldsymbol{m}\cdot(\overline{\boldsymbol{M}}\boldsymbol{u})=\boldsymbol{n}\cdot\boldsymbol{u} \tag{10-104}$$

为了使推导更明显，交换向量的顺序，得到：

$$(\overline{\boldsymbol{M}}\boldsymbol{u})\cdot\boldsymbol{m}=\boldsymbol{u}\cdot\boldsymbol{n} \tag{10-105}$$

由于 $\boldsymbol{a}\cdot\boldsymbol{b}$ 可以写作 $\boldsymbol{a}^{\mathrm{T}}\boldsymbol{b}$，上式可以改写为

$$(\overline{\boldsymbol{M}}\boldsymbol{u})^{\mathrm{T}}\boldsymbol{m}=\boldsymbol{u}^{\mathrm{T}}n \tag{10-106}$$

而 $(\boldsymbol{AB})^{\mathrm{T}}=\boldsymbol{B}^{\mathrm{T}}\boldsymbol{A}^{\mathrm{T}}$，因此：

$$(\overline{\boldsymbol{M}}\boldsymbol{u})^{\mathrm{T}}\boldsymbol{m}=\boldsymbol{u}^{\mathrm{T}}\boldsymbol{n} \tag{10-107}$$

$$(\boldsymbol{u}^{\mathrm{T}}\overline{\boldsymbol{M}}^{\mathrm{T}})\boldsymbol{m}=\boldsymbol{u}^{\mathrm{T}}\boldsymbol{n} \tag{10-108}$$

$$\boldsymbol{u}^{\mathrm{T}}(\overline{\boldsymbol{M}}^{\mathrm{T}}\boldsymbol{m})=\boldsymbol{u}^{\mathrm{T}}\boldsymbol{n} \tag{10-109}$$

最后一步基于矩阵相乘的结合性质。最后一个等式相当于：对于所有的向量 $\boldsymbol{u}$，$\boldsymbol{u}\cdot\boldsymbol{a}=\boldsymbol{u}\cdot\boldsymbol{b}$，此式当且仅当 $\boldsymbol{a}=\boldsymbol{b}$ 的时候才成立，即

$$\overline{\boldsymbol{M}}^{\mathrm{T}}\boldsymbol{m}=\boldsymbol{n} \tag{10-110}$$

所以

$$\boldsymbol{m}=(\overline{\boldsymbol{M}}^{\mathrm{T}})^{-1}\boldsymbol{n} \tag{10-111}$$

这里我们假设 $\overline{\boldsymbol{M}}$ 是可逆的。

因此我们可以得出：余向量 $\phi_{\boldsymbol{n}}$ 被变换为 $\phi_{(\overline{\boldsymbol{M}}^{\mathrm{T}})^{-1}\boldsymbol{n}}$。因为这个原因，逆转置常常叫作**余向量变换**或**法向变换**(因其常用于法向量变换)。注意如果我们将余向量写作行向量，则无需进行转置，但是需要将行向量右乘$\overline{\boldsymbol{M}}^{-1}$。

在通常数学表述中，法向变换沿相反的方向：取 T_M 陪域中一个法向量并生成定义域中的一个向量；该**伴随变换**的矩阵为 $\boldsymbol{M}^{\mathrm{T}}$。因为我们需要反向求解，所以取该矩阵的逆。

以错切变换 T_3 为例，在 xyw 空间，该变换矩阵 $\boldsymbol{M}$ 为

$$\begin{bmatrix}1 & 2 & 0\\0 & 1 & 0\\0 & 0 & 1\end{bmatrix} \tag{10-112}$$

因此，矩阵 $\overline{\boldsymbol{M}}$ 是

$$\begin{bmatrix}1 & 2\\0 & 1\end{bmatrix} \tag{10-113}$$

此时，法向变换为

$$(\overline{\boldsymbol{M}}^{-1})^{\mathrm{T}}\begin{bmatrix}1 & -2\\0 & 1\end{bmatrix}^{\mathrm{T}}=\begin{bmatrix}1 & 0\\-2 & 1\end{bmatrix} \tag{10-114}$$

以法向量 $\boldsymbol{n}=\begin{bmatrix}2\\1\end{bmatrix}$为例，其余向量 $\phi_{\boldsymbol{n}}$ 变成余向量 $\phi_{\boldsymbol{m}}$，其中 $\boldsymbol{m}=\begin{bmatrix}1 & 0\\-2 & 1\end{bmatrix}$，$\boldsymbol{n}=\begin{bmatrix}2\\-3\end{bmatrix}$。

课内练习 10.24：(a) 建立经过点 $P=(1, 1)$，法向量为 $\boldsymbol{n}=\begin{bmatrix}2\\1\end{bmatrix}$的直线的方程(坐标形式，不是向量形式)。

(b) 找直线上的第二个点 Q。

(c) 求解 $P'=T_3(P)$和 $Q'=T_3(Q)$，以及连接 P'和 Q'的直线方程(坐标形式)。

(d) 验证第二条直线的法向与 $\boldsymbol{m}=\begin{bmatrix}2\\-3\end{bmatrix}$成比例，说明法向变换对该直线的法向实施的变换是合适的。

课内练习 10.25：计算法向变换时，我们假定矩阵 $\boldsymbol{M}$ 可逆。对以下事实给出一个直观的解释，当 $\boldsymbol{M}$ 为退化矩阵时(即不可逆)，将无法定义法向变换。提示：在上述讨论中，假定向量 $\boldsymbol{u}$ 通过 $\boldsymbol{M}$ 变换到 $\mathbf{0}$，但是 $\boldsymbol{u}\cdot\boldsymbol{n}$ 不等于 $\mathbf{0}$。

10.12.1　对参数化直线进行变换

我们所见到的 $w=1$ 平面上的所有变换都具有将直线变换到直线的性质。但下面更进一步的说法也是对的：它们均将参数化直线变换为参数化直线，其中参数化直线的定义

是：如果 ℓ 是参数化直线，$\ell=\{P+t\boldsymbol{v}:t\in\mathbf{R}\}$，$Q=P+\boldsymbol{v}$(即 ℓ 起始于点 P，在 $t=1$ 时经过点 Q)，而 T 为变换 $T(\boldsymbol{v})=\boldsymbol{M}\boldsymbol{v}$，则 $T(\ell)$为直线：

$$T(\ell)=\{T(P)+t(T(Q)-T(P)):t\in\mathbf{R}\} \tag{10-115}$$

实际上，直线 ℓ 上参数为 t 的点(称为 $P+t(Q-P)$)，经过 T 变换后，变为 $T(\ell)$上参数为 t 的点(即 $T(P)+t(T(Q)-T(P))$)。

这意味着对于迄今为止我们考虑过的变换，平面变换可以与仿射变换或者线性变换组合互换，所以你可以对一组点先进行变换再进行平均，或者先平均再进行变换。

10.13　更一般的变换

让我们来看最后一个变换，T，它是用于学习 3D 空间投影和相机的变换原型。其本质的思路也适用于 2D 空间，下面我们将仔细研究这一变换。变换 T 的矩阵 $\boldsymbol{M}$ 是：

$$\boldsymbol{M}=\begin{bmatrix}2 & 0 & -1\\0 & 1 & 0\\1 & 0 & 0\end{bmatrix} \tag{10-116}$$

很容易看出，$T_{\boldsymbol{M}}$ 不会将平面 $w=1$ 变换到平面 $w=1$。

课内练习 10.26： 计算 $T([2\quad 0\quad 1]^{\mathrm{T}})$，验证其结果不在平面 $w=1$ 上。

图 10-22 显示蓝色的平面 $w=1$，灰色平面是变换后 $w=1$ 的平面。为了让变换 T 对我们研究平面 $w=1$ 更有用，我们需要取灰色平面上的点并将它们“变回”到蓝色平面上。为此，引进一个新的函数 H：

$$H:\mathbf{R}^3-\{\begin{bmatrix}x\\y\\0\end{bmatrix}:x,y,\in\mathbf{R}\}\to\mathbf{R}^3:\begin{bmatrix}x\\y\\w\end{bmatrix}\mapsto[x/w,y/w,1] \tag{10-117}$$

图 10-23 展示了 2D 空间中的类似函数如何将直线 $w=0$ 外的所有点变换到直线 $w=1$ 上：取一典型点 P，将点 P 和原点 O 用直线连接起来，观察这条直线与直线 $w=1$ 交点的位置。可看到甚至该直线上位于 w 负半空间中的点也与直线 $w=1$ 交于同一位置。当点 P 位于 x 轴上时，上述连接-求交操作当然是无定义的，因为它和原点的连线就是 x 轴自身，而 x 轴不可能与直线 $w=1$ 相交。H 在图形学领域通常称为**齐次变换**。

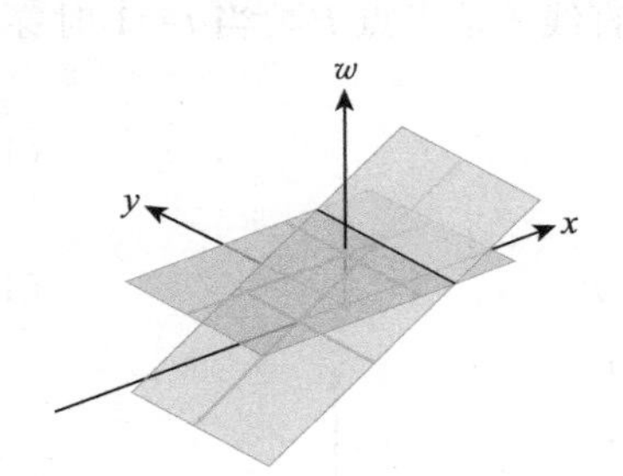

图 10-22　经过 $T_{\boldsymbol{M}}$ 变换，蓝色平面 $w=1$ 变换为倾斜的灰色平面

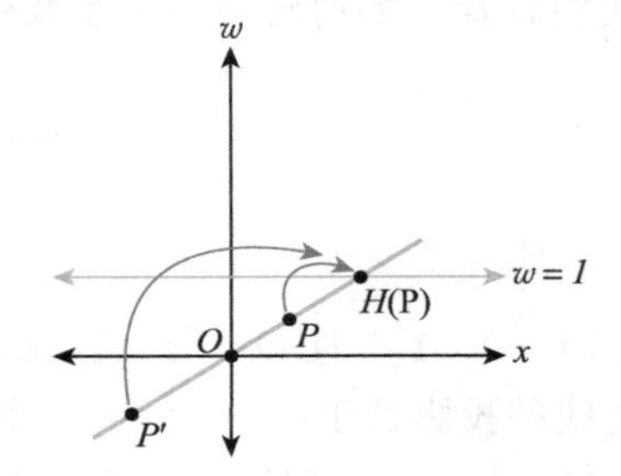

图 10-23　2D 情况下的齐次变换 $\begin{bmatrix}x\\w\end{bmatrix}\mapsto\begin{bmatrix}x/w\\1\end{bmatrix}$

有了 H，我们在平面 $w=1$ 上可以定义一个新的变换

$$S(\boldsymbol{v})=H(T_{\boldsymbol{M}}(\boldsymbol{v})) \tag{10-118}$$

该定义存在一个严重的问题：正如读者在图 10-22 中看到的，T 映射像中一些点位于平面 $w=0$ 上，而对于 $w=0$ 平面，H 无定义，因此 S 也无法定义。现在暂时忽略这一问题，不将 S 施加在这些点上。

课内练习 10.27：找到 $w=1$ 平面上 $T_M(\boldsymbol{v})$ 的 w 坐标为 0 的所有点(其中 $\boldsymbol{v}=[x \quad y \quad 1]^T$)。这些点正是 S 没有定义的点。

变换 S(先乘以矩阵 $\boldsymbol{M}$，然后做齐次坐标变换)称为**投影变换**。注意到如果我们在线性或者仿射变换后再做齐次变换，齐次变换将不起作用。因此，我们有三个嵌套的变换类型：线性变换、仿射变换(包括线性变换和平移以及它们的组合)和投影变换(包括仿射变换和如同 S 一样的变换)。

图 10-24 给出了位于平面 $w=1$ 上的几个物体，视图沿 w 轴向下，y 轴绘制为浅绿色，在 y 轴上 S 无定义。图 10-25 展示了这些物体经过变换 S 之后的结果。很明显，经 S 变换后，大多数情形中，线仍变换为线：图中的蓝色线段中部与 y 轴相交，S 变换后变为两段，但是两段仍位于同一条直线上。我们称直线 $y=0$ 被“变换至无限远处”。图 10-24 中 $x=1$ 处的红色竖直线变换为图 10-25 中 $x=0$ 处的红色竖直线。而每条穿过图 10-24 中原点的射线都变换为图 10-25 中的水平线。我们可进一步总结为：假设 P_1 表示不在 y 轴上的任意一点 X 在图 10-24 中直线 $x=1$ 上相对于原点的投影，而 P_2 表示该点在图 10-25 中直线 $x=0$ 上的水平投影。则

$$S(P_1(X)) = P_2(S(X)) \tag{10-119}$$

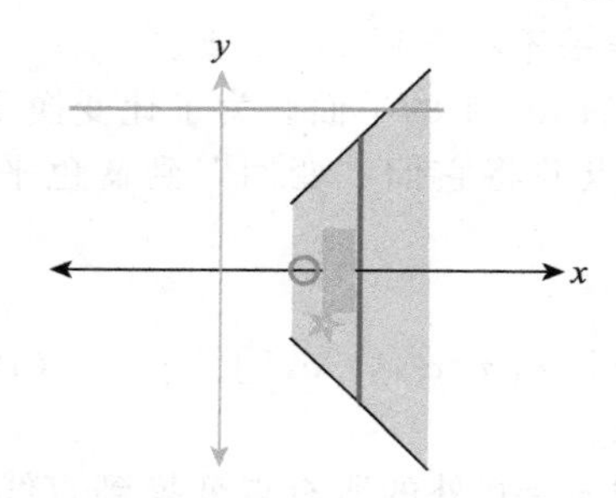

图 10-24　变换之前平面 $w=1$ 中的物体

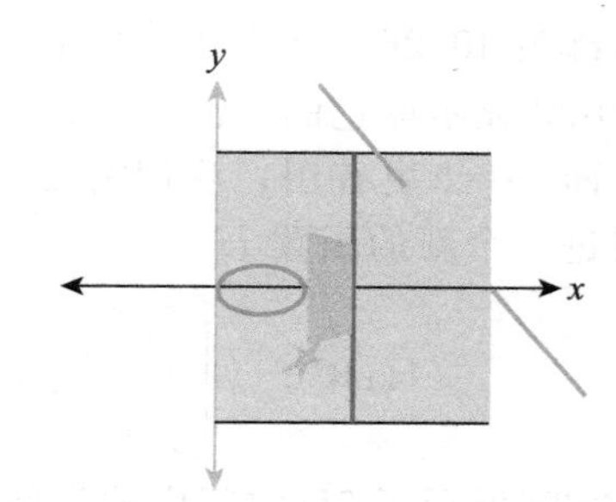

图 10-25　同样的物体但是经过变换 S 后

换句话说，S 将径向投影转换为平行投影。在第 13 章中，我们将会看到这一方法的 3D 版本：它将场景对眼睛的中心投影转换为平行投影。这一点非常有用，因为在平行投影中，很容易通过比较“深度”值来确定物件间的遮挡关系。

让我们看看 S 如何转换一条参数化的直线。假设直线 ℓ 始于点 P，当 $t=1$ 时穿过点 Q

$$\ell(t) = \begin{bmatrix}1\\0\\0\end{bmatrix} + t\begin{bmatrix}2\\1\\0\end{bmatrix} \tag{10-120}$$

$$= P + t(Q-P) \tag{10-121}$$

这里 $P=[1 \quad 0 \quad 1]^T$ 且 $Q=[3 \quad 1 \quad 1]^T$，在平面 $w=1$ 中，该直线的投影始于 $(x, y)=(1, 0)$(对应于 $t=0$)，朝向右上方，当 $t=1$ 时到达 $(x, y)=(3, 1)$(见图 10-26)。

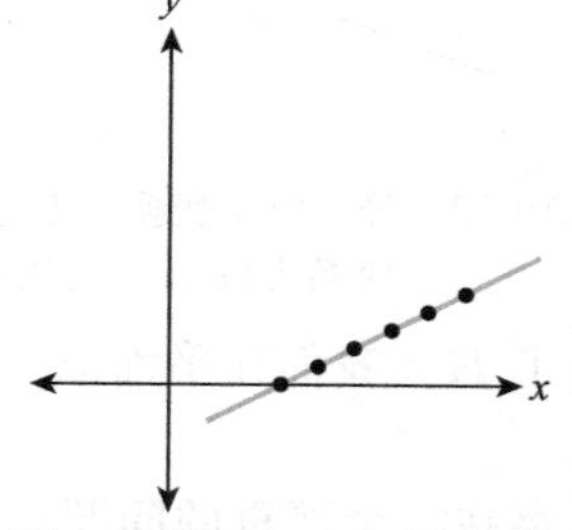

图 10-26　直线 ℓ 在 $t=0$ 处穿过 P，在 $t=1$ 处穿过 Q；黑色点等距分布于 $0\leqslant t\leqslant 1$

函数 T 将 ℓ 变换为 ℓ'，ℓ' 始于 $T(P)=[1 \quad 0 \quad 1]^T$(对应于 $t=0$)，当 $t=1$ 时到达 $T(Q)=[5 \quad 1 \quad 3]^T$，等式为：

$$\ell' = [1 \quad 0 \quad 1] + t[4 \quad 1 \quad 2] \tag{10-122}$$

$$= T(P) + t(T(Q) - T(P)) \tag{10-123}$$

图 10-27 展示了 3D 空间中经过 T_M 变换后的这条直线；

点的间距仍保持为常数。

显然这是该直线的参数方程，因为每一个线性变换总是将参数化直线变换为参数化直线。但经过 H 变换后，有趣的事情发生了。因为函数 H 是非线性的，参数化直线并未变换为参数化直线。点 $\ell'(t)=[1+4t \quad t \quad 1+2t]^{\mathrm{T}}$ 被变换为

$$m(t)=\begin{bmatrix}(1+4t)/(1+2t)\\ t/(1+2t)\\ 1\end{bmatrix} \quad (10\text{-}124)$$

$$=\begin{bmatrix}1\\0\\1\end{bmatrix}+\frac{t}{1+2t}\begin{bmatrix}2\\1\\0\end{bmatrix} \quad (10\text{-}125)$$

图 10-27　经过变换 T_M，点仍然是等间距的

等式(10-125)非常接近参数化直线的形式，但其方向向量的系数与 $S(Q)-S(P)$ 成正比，并有如下形式：

$$\frac{at+b}{ct+d} \quad (10\text{-}126)$$

称为 t 的**分数线性变换**。这一非标准的形式在实际应用中同样十分重要：例如，它告诉我们，如果我们对 P 和 Q 进行插值得到 P 和 Q 的中点 M，对上述三点进行 S 变换后，$S(M)$ 通常不会是 $S(P)$ 和 $S(Q)$ 的中点，如果我们在变换后进行插值，那么插值结果将是不正确的。图 10-28 展示了定义域中等间距的点在投影变换后变为不均匀分布。

换句话说，变换 S 和插值的顺序不可交换。当实施包含齐次变换 H 的变换时，我们不能假设变换前和变换后进行插值会有相同的结果。幸运的是，有一个方法可以解决这一问题(见 15.6.4 节)。

课内练习 10.28：(a) 证明如果 n 和 f 是不同的非零数，下面矩阵定义的变换

$$N=\begin{bmatrix}\frac{f}{f-n} & 0 & \frac{fn}{n-f}\\ 0 & 1 & 0\\ 1 & 0 & 0\end{bmatrix} \quad (10\text{-}127)$$

后面紧跟一个齐次变换时，会将直线 $x=0$ 变换为无穷远，直线 $x=n$ 变换到 $x=0$，而直线 $x=f$ 变换到 $x=1$。

(b) 试修改矩阵让它将 $x=f$ 变换到 $x=-1$。

课内练习 10.29：(a) 证明如果 T 为 $\mathbf{R}^3$ 上的任意线性变换，那么对于任何非零的 $\alpha\in\mathbf{R}$ 和任意向量 $\boldsymbol{v}\in\mathbf{R}^3$，有 $H(T(\alpha\boldsymbol{v}))=H(T(\boldsymbol{v}))$。

(b) 证明如果 $\mathbf{K}$ 是任意矩阵，那么 $H(T_{\mathbf{K}}(\boldsymbol{v}))=H(T_{\alpha\boldsymbol{k}}(\boldsymbol{v}))$ 同样成立。

(c) 试得出结论：若 H 位于矩阵操作序列的最后，矩阵所乘数的大小不影响最后结果，也就是说，用任何非零常数与矩阵相乘所得结果均相同。

假设 3D 矩阵变换 $T(\boldsymbol{v})=\boldsymbol{K}\boldsymbol{v}$，其中 T 非退化(即仅当 $\boldsymbol{v}=\mathbf{0}$ 时，$T(\boldsymbol{v})=0$)。那么 T 可将过原点的直线变换为仍然过原点的直线，这是因为如果 $\boldsymbol{v}\neq\mathbf{0}$ 为任意非零向量，则 $\{\alpha\boldsymbol{v}:\alpha\in\mathbf{R}\}$ 是包含 $\boldsymbol{v}$ 且通过原点的直线，经过 T 变换后，我们得到 $\{\alpha T(\boldsymbol{v}):\alpha\in\mathbf{R}\}$，它仍过原点且包含 $T(\boldsymbol{v})$。因此，与其认为变换 T 变换的对象是 $\mathbf{R}^3$ 中的点，不如认为它施加在过原点的直线上。将每条过原点的直线与 $w=1$ 平面相交，我们亦可以认为 T 作用于 $w=1$ 平面，不过这里存在一个小问题：3D 空间中一条过原点且与平面 $w=1$ 相交的直线经过变换后，可能不再与该平面相交(即变换成一条水平直线)，反之亦然。

因此，若采用 $w=1$ 平面来“领悟”变换 T 将直线变换为直线会使人困惑。

将线性变换理解为对穿过原点的直线的变换是**投影几何**的核心。对投影几何的理解将有助于加深我们对图形学中变换的理解，但并非必需。Hartshorne[Har09]的著作为学习过抽象代数的学生提供了一个极好的入门引导。

如同我们在这一节前面见到的例子，至 $w=1$ 平面的变换由一个 $\mathbf{R}^3$ 上的任意变换矩阵和紧接着的 H 变换构成，称之为**投影变换**。投影变换类包含了所有的平面基本变换，如：平移、旋转和缩放(即平面仿射变换)，也包含了许多其他变换。和线性及仿射变换相同，投影变换也有一个唯一性定理：如果 P、Q、R 和 S 是平面上的四点，其中任何三点都不共面，则存在唯一的投影变换将这些点分别变换至(0，0)、(1，0)、(0，1)和(1，1)。(注意，同一变换可能被描述成两个不同的矩阵。例如，如果 $\boldsymbol{K}$ 是投影变换 S 的矩阵，那么 $2\boldsymbol{K}$ 定义的是完全相同的变换。)

对于之前章节中讨论过的所有仿射变换，我们均已确定了其对向量和法向量的伴随变换。对于投影变换，这一过程稍显复杂。在图 10-24 和图 10-25 所示的投影变换中，棕黄色矩形的顶边和底边为同方向的向量。可以看到，它们变换后指向不同的方向。这里无法实施单一的“向量”变换。若向量 $\boldsymbol{v}$ 的始点为 P 点，只能实施“在 P 点的向量变换”来确定 $\boldsymbol{v}$ 变换后的方向。法向量的情形是类似的：在每个点处对应不同的法向变换。这两种情形都是由 H 变换所致。一般而言，对任意函数 U，它的“向量”变换即为其导数 DU。对矩阵变换 $T_{\boldsymbol{M}}$，假定它只作用于平面 $w=1$ 上的点，则因位于该平面上的所有“向量”其 $w=0$，对这些向量进行变换的矩阵的第三列均可设置为 0(或者直接写为一个 2×2 的矩阵，对 2D 向量进行操作如我们之前所见)。但是因为

$$S = H \circ T_{\boldsymbol{M}} \tag{10-128}$$

我们有(使用多变量链式法则)

$$DS(P) = DH(T_{\boldsymbol{M}}(P)) \cdot DT_{\boldsymbol{M}}(P) \tag{10-129}$$

现在，因为 $H\left(\begin{bmatrix} x \\ y \\ w \end{bmatrix}\right) = \begin{bmatrix} x/w \\ y/w \\ 1 \end{bmatrix}$，且我们知道

$$DH\left(\begin{bmatrix} x \\ y \\ w \end{bmatrix}\right) = \begin{bmatrix} 1/w & 0 & -x/w^2 \\ 0 & 1/w & -y/w^2 \\ 0 & 0 & 0 \end{bmatrix} \tag{10-130}$$

$$= \frac{1}{w^2}\begin{bmatrix} w & 0 & -x \\ 0 & w & -y \\ 0 & 0 & 0 \end{bmatrix} \tag{10-131}$$

和

$$DT_{\boldsymbol{M}}(P) = \boldsymbol{M} = \begin{bmatrix} 2 & 0 & -1 \\ 0 & 1 & 0 \\ 1 & 0 & 0 \end{bmatrix} \tag{10-132}$$

所以，如果 $P=[x \quad y \quad 1]$是 $w=1$ 的平面上的一个点，而 $\boldsymbol{v}=\begin{bmatrix} s \\ t \\ 0 \end{bmatrix}$是该平面上的一个向量，

那么 $S(P)=\begin{bmatrix} 2x-1 \\ y \\ x \end{bmatrix}$ 并且

$$DS(P)(\boldsymbol{v})=DH\left(\begin{bmatrix} 2x-1 \\ y \\ x \end{bmatrix}\right)\cdot DT(P)\boldsymbol{v} \tag{10-133}$$

$$=\frac{1}{x^2}\begin{bmatrix} x & 0 & -(2x-1) \\ 0 & x & -y \\ 0 & 0 & 0 \end{bmatrix}\begin{bmatrix} 2 & 0 & -1 \\ 0 & 1 & 0 \\ 1 & 0 & 0 \end{bmatrix}\begin{bmatrix} s \\ t \\ 0 \end{bmatrix} \tag{10-134}$$

$$=\frac{1}{x^2}\begin{bmatrix} 1 & 0 & -x \\ -y & x & 0 \\ 0 & 0 & 0 \end{bmatrix}\begin{bmatrix} s \\ t \\ 0 \end{bmatrix}=\begin{bmatrix} s/x^2 \\ (tx-sy)/x^2 \\ 0 \end{bmatrix} \tag{10-135}$$

显然，“向量”变换取决于它所实施的点$(x，y，1)$。法向变换，作为向量变换的逆转置，对其实施的点具有相同的依附性。

10.14 变换与插值

当你在桌面上将一本书逆时针方向旋转 30°时，书旋转经过从 0°～30°之间的每个中间角度。但是当我们对图中房子同样“旋转”30°时，我们仅需计算旋转后房子上每个点的最后位置，而无需旋转任何的中间角度。在旋转 180°的极端情况下，最后的变换结果和“均匀缩放－1 倍”完全相同。在旋转 360°的情况下，变换结果就是它自己。

这反映了建模变换的一个限制。采用矩阵变换对普通物体的变换进行建模，关注的是物体的初始位置和最终位置之间的对应关系，而没有关注它从初始到最终位置的变换过程。

很多时候，上述差别无关紧要：我们只是想要把物体置于一个特定的位置和朝向，因而对物体(或它的一部分)实施一系列的变换。但有时候它又很重要：例如我们希望展示物体正在从初始状态变换到最终状态。一个简单但很少用的方法是，对物体上的每个点在其初始位置和最终位置之间进行线性插值。在“旋转 180°”这个例子中，如果采用上述插值方法，那么在中间时整个物体将收缩为一个点；若在“旋转 360°”这一例子中也采用插值，那么物体根本就不会有任何移动！而此时我们真正想要的是表现变换过程的插值版本，而不是变换本身。(因此，从初始状态到最终“旋转 360°”，我们需要取从 0～360 之间的每个 s 值，对初始状态实施“旋转 s 度”的变换。)

有时学生会把“乘以单位矩阵”的变换和“旋转 360°”(同样表达为“乘以单位矩阵”)相混淆，例如，他们可能会对不能通过“除以 2”生成 180°的旋转而感到失望。尤其使人烦恼的是用户接触到的只是变换的矩阵形式，而不是最初的变换定义；此时，正如例子中所展示的，尚无通用的方法来解决“变换到中间角度”这类问题。另一方面，在实用中常能找到足以给出合理结果的解决方案，特别是对于两个相似变换进行插值(例如，在旋转 20°和旋转 30°之间进行插值)。我们将在第 11 章讨论这些内容。

10.15 讨论和延伸阅读

我们已经介绍了三类基本的变换：线性变换、仿射变换和投影变换。对线性变换，读者在线性代数中已经遇到过。仿射变换中包括了平移，可视为 xyw 空间中线性变换的一个子集(限于 $w=1$ 平面)，投影变换源于 xyw 空间中的通用线性变换，同样它被限制于

$w=1$平面，并且后面紧跟着一个除以 w 的齐次化操作。我们已经展示了如何用矩阵乘法来表示每一种变换，并建议读者将变换和表示它的矩阵区分开。

对于每一类变换，都有一个唯一性定理：平面上的线性变换由两个独立向量确定；仿射变换由三个非共线的点确定；投影变换由四个点确定，其中任意三点不共线。在下一章中我们将看到 3D 空间中的类似结果，而在接下来的一章中，我们将会看到如何基于这些定理建立一个变换库，读者不再需要耗费时间来构建各个变换矩阵。

虽然对一般人来说，矩阵并不如同“将点 A、B、C 变换成 A'、B'、C'”那样容易理解但采用矩阵来表示变换还是非常有用的，特别是组合变换等价于矩阵相乘；对许多点实施一系列复杂的变换可以转化为将这些点的坐标乘以单个矩阵。

10.16 练习

10.1 使用 2D 测试平台编写程序来展示窗口变换。假设用户要点击并拖拽两个矩形，试计算其涉及的变换。在用户在第一个矩形里的点击位置处显示小圆点，在第二个矩形中的点击位置同样显示为圆点。请提供一个清除按钮以便用户重启。

10.2 将$\mathbf{M}=\begin{bmatrix} a & c \\ b & d \end{bmatrix}$乘以表示其逆的表达式(10-17)，验证乘积确实为单位阵。

10.3 假设 $\mathbf{M}$ 是一个 $n\times n$ 的方阵，奇异值分解为 $\mathbf{M}=\mathbf{UDV}^{\mathrm{T}}$。

(a) 为什么 $\mathbf{V}^{\mathrm{T}}\mathbf{V}$ 是单位矩阵？

(b) 设 i 是 $1\sim n$ 中任意一个数。$\mathbf{V}^{\mathrm{T}}\mathbf{v}_i$ 是什么？其中 $\mathbf{v}_i$ 表示 $\mathbf{V}$ 的第 i 列元素。提示：使用问题(a)的结论。

(c) 什么是 $\mathbf{DV}^{\mathrm{T}}\mathbf{v}_i$？

(d) 试用 $\mathbf{u}_i$ 和 d_i(D 的第 i 个对角元素)表示 $\mathbf{Mv}_i$？

(e) 设 $\mathbf{M}'=d_1\mathbf{u}_1\mathbf{v}_1^{\mathrm{T}}+\cdots+d_n\mathbf{u}_n\mathbf{v}_n^{\mathrm{T}}$。证明 $\mathbf{M}'\mathbf{v}_i=d_i\mathbf{u}_i$。

(f) 说明为什么 $\mathbf{v}_i$，$i=1$，…，n 线性无关，它跨越整个 $\mathbf{R}^n$ 空间。

(g) 对 n 个线性无关的向量，试得出 $\mathbf{w}\mapsto\mathbf{Mw}$ 和 $\mathbf{w}\mapsto\mathbf{M}'\mathbf{w}$ 相一致，故为 $\mathbf{R}^n$ 上同一线性变换。

(h) 由上得出 $\mathbf{M}'=\mathbf{M}$。因此奇异值分解证明了下述定理：每个矩阵都能写成**外积**(即 $\mathbf{vw}^{\mathrm{T}}$ 形式的矩阵)之和。

10.4 (a) 若 P、Q 和 R 是平面上的非共线点，证明 $Q-P$ 和 $R-P$ 是线性无关的向量。

(b) 若 v_1 和 v_2 为平面上线性无关的点，A 为平面上一任意点，证明 A，$B=A+\mathbf{v}_1$ 和 $C=A+\mathbf{v}_2$ 为不共线的点。这证明了两种仿射坐标系是等价的。

(c) 3D 空间中的两种仿射坐标系的形式是：(i)四个点，其中无任何三点共面和(ii)一个点和三个线性无关的向量。证明如何将其中一种坐标系转化到另一种坐标系，试给出第三种可能的坐标系形式(三个点和一个向量？两个点和两个向量？你可以自己选!)并证明其等价性。

10.5 如果矩阵 $\mathbf{M}$ 的列是 $\mathbf{v}_1$，$\mathbf{v}_2$，…，$\mathbf{v}_k\in\mathbf{R}^n$，并且它们均为成对的正交单位向量，那么 $\mathbf{M}^{\mathrm{T}}\mathbf{M}=\mathbf{I}_k$，$\mathbf{I}_k$ 为 $k\times k$ 的单位矩阵。

(a) 解释为什么在这种情况下，$k\leqslant n$。

(b) 证明 $\mathbf{M}^{\mathrm{T}}\mathbf{M}=\mathbf{I}_k$。

10.6 图像(即一个灰度值数组，灰度值为 0～1 之间)可以想象成一个大矩阵 $\mathbf{M}$(事实上，这正是我们在程序中表示图像的方式)。使用线性代数库计算某张图像 $\mathbf{M}$ 的奇异值分解 $\mathbf{M}=\mathbf{UDV}^{\mathrm{T}}$。根据练习 10.3 中所述的分解定理，将该图像表达为多个向量的外积之和。若将 $\mathbf{D}$ 的最后 90%个对角元素用零取代得到新的矩阵 $\mathbf{D}'$，则乘积 $\mathbf{M}'=\mathbf{UD}'\mathbf{V}$ 外积和中 90%的项将删除，但删除的是这些项中最小的 90%。写出 $\mathbf{M}'$并将它和 $\mathbf{M}$ 比较。取 90%之外的不同比率进行测试。在哪一层次上将难以分辨这两张图像的区别？在练习过程中你可能碰到小于 0 或大于 1 的值。只需要将这些值归并到区间[0，1]中即可。

10.7 矩阵的**秩**是矩阵中线性无关的列的数目。

(a) 解释为什么两个非零向量的外积的秩总是 1。

(b) 练习 10.3 描述的分解定理将矩阵 $\boldsymbol{M}$ 表示为一系列秩为 1 的矩阵之和。取外积之和的前 p 项，解释为什么其秩为 p(假设 d_1，d_2，$\cdots$，$d_p \neq 0$)。事实上，$\boldsymbol{M}_p$ 是最接近 $\boldsymbol{M}$、秩为 p 的矩阵(所谓最接近是指 $\boldsymbol{M}-\boldsymbol{M}_p$ 的元素的平方和尽可能小)。

10.8 假设 T：$\mathbf{R}^2 \to \mathbf{R}^2$ 是一个 2×2 矩阵表示的线性变换，即 $T(\boldsymbol{x})=\boldsymbol{M}\boldsymbol{x}$。设 $K=\max \boldsymbol{x}\in S^1 \| T(\boldsymbol{x}) \|^2$，也就是说 K 是经过 $\boldsymbol{M}$ 变换的所有单位向量的最大平方和。

(a) 如果 $\boldsymbol{M}$ 的 SVD 是 $\boldsymbol{M}=\boldsymbol{U}\boldsymbol{D}\boldsymbol{V}^{\mathrm{T}}$，证明 $K=d_1^2$。

(b) 经过 $\boldsymbol{M}$ 变换的所有单位向量的最小平方和是多少(用 $\boldsymbol{D}$ 表示)？

(c) 推广到 $\mathbf{R}^3$。

10.9 证明三个不同的点 P、Q 和 R 在欧氏平面是共线的，当且仅当对应的向量($\boldsymbol{v}_P=\begin{bmatrix}P_x\\P_y\\1\end{bmatrix}$等。)是线性相关的。提示：证明如果 α 不全为 0，且 $\alpha_P\boldsymbol{v}_P+\alpha_Q\boldsymbol{v}_Q+\alpha_R\boldsymbol{v}_R=\mathbf{0}$ 成立，则

(a) α 全不为 0，且

(b) 点 Q 是 P 和 R 的仿射组合；$Q=-\frac{\alpha_P}{\alpha_Q}P-\frac{\alpha_R}{\alpha_P}R$，因此 Q 一定位于 P 和 R 之间的直线上。

(c) 论证：如果 P、Q 和 R 中两个或两个以上的点为相同的点，则线性相关即为三点共线。

10.10 可通过观察矩阵来识别矩阵所表示的变换。例如，很容易识别一个齐次坐标系中表示平移的 3×3 矩阵：它的最下面一行是 $[0\quad 0\quad 1]$ 且其左上角 2×2 的块是单位阵。对于齐次坐标系中表示变换的 3×3 矩阵，

(a) 如何判定这个变换是仿射或非仿射变换？

(b) 如何判定这个变换是线性或非线性变换？

(c) 如何判定它是否表示一个围绕原点的旋转。

(d) 如何判定它是否表示均匀的缩放变换。

10.11 假设我们有一个线性变换 T：$\mathbf{R}^2 \to \mathbf{R}^2$，而且两个坐标系的基为 $\{\boldsymbol{u}_1, \boldsymbol{u}_2\}$ 和 $\{v_1, v_2\}$；所有四个基向量都是单位向量，$\boldsymbol{u}_2$ 为 $\boldsymbol{u}_1$ 逆时针旋转 90°，同样，v_2 为 v_1 逆时针旋转 90°。在 u 坐标系中表示 T 的矩阵为 $\boldsymbol{M}_u$，v 坐标系中表示 T 的矩阵为 $\boldsymbol{M}_v$。

(a) 如果 $\boldsymbol{M}_u$ 为旋转矩阵 $\begin{bmatrix}\cos\theta & \sin\theta\\ \sin\theta & \cos\theta\end{bmatrix}$，则 $\boldsymbol{M}_v$ 呢？

(b) 如果 $\boldsymbol{M}_u$ 是均匀的缩放矩阵，即单位矩阵的倍数，则 $\boldsymbol{M}_v$ 呢？

(c) 如果 $\boldsymbol{M}_u$ 是非均匀的缩放矩阵 $\begin{bmatrix}\alpha & 0\\ 0 & b\end{bmatrix}$，其中 $a\neq b$，则 $\boldsymbol{M}_v$ 呢？

3D 变换

11.1 引言

3D 空间变换在很多方面与 2D 空间情形类似。

- 通过将 3D 空间视为由(x, y, z, w)定义的 4D 空间中 $w=1$ 的子集 E^3，可将平移并入矩阵表示。特别地，由矩阵

$$\begin{bmatrix} 1 & 0 & 0 & a \\ 0 & 1 & 0 & b \\ 0 & 0 & 1 & c \\ 0 & 0 & 0 & 1 \end{bmatrix}$$

  表示的线性变换，当限制于 E^3 时，为 E^3 空间的一个平移$[a \quad b \quad c]^T$。

- 假定 T 为任意连续的、将直线变换为直线的变换，并记 $\boldsymbol{O}$ 为 3D 空间的原点，则可定义：

$$\hat{T}(\boldsymbol{x}) = T(\boldsymbol{x}) - T(\boldsymbol{O}) \tag{11-1}$$

  这是一个将原点变换到原点的保线性变换 $\hat{T}$。它可表示成与一个 3×3 矩阵 $\boldsymbol{M}$ 的乘积。因此，为了理解 3D 空间的保线性变换，我们将其分解为 3D 空间的一个平移(可能是单位矩阵)和一个线性变换。

- 投影变换类似于 2D 空间的情形；它定义在整个平面而不是一条直线上。除此之外，两者完全类似。

- 缩放变换同样可分为均匀缩放或非均匀缩放；非均匀缩放变换的特点是沿三个不变的正交方向进行缩放，具有三个缩放因子而不是两个，其他并无显著不同。沿 x、y、z 轴分别缩放 a、b、c 倍的变换矩阵为

$$\begin{bmatrix} a & 0 & 0 & 0 \\ 0 & b & 0 & 0 \\ 0 & 0 & c & 0 \\ 0 & 0 & 0 & 1 \end{bmatrix} \tag{11-2}$$

  当缩放因子 a、b、c 中的一个或三个取负值时沿其反方向缩放：假定向量 $\boldsymbol{v}_1$、$\boldsymbol{v}_2$、$\boldsymbol{v}_3$ 三元组构成右手坐标系，经历这一变换后将得到一个左手坐标系。均匀缩放中的缩放因子为负数，则将导致变换矩阵中三个对角元素均为负值，从而方向取反。

- 类似地，错切变换依旧会使直线上的点保持在同一直线上。直线外点的移动量取决于这些点与直线的相对位置，但相对位移现在采用 2D 度量而不是 1D。同样，也有可维持共面性的错切变换。

- 2D 中的反射或为点反射(变换 $\boldsymbol{x} \mapsto -\boldsymbol{x}$)，其结果等同于该点旋转一个角度 π；或按直线反射。在 3D 中，则存在点、直线或平面的反射。点反射依旧由映射 $\boldsymbol{x} \mapsto -\boldsymbol{x}$ 给出。与 2D 情形不同，这一映射将使朝向反向。最后，平面反射定义为映射

$$\boldsymbol{x} \mapsto \boldsymbol{x} - 2(\boldsymbol{x} \cdot \boldsymbol{n})\boldsymbol{n} \tag{11-3}$$

其中 n 是平面的单位法向量。它类似于 2D 中关于直线的反射，但 3D 中这一映射是保方向的。映射的矩阵为

$$\boldsymbol{I}-2\boldsymbol{n}\boldsymbol{n}^{\mathrm{T}}=\begin{bmatrix}1-2n_x^2 & -2n_xn_y & -2n_xn_z & 0\\ -2n_xn_y & 1-2n_y^2 & -2n_yn_z & 0\\ -2n_xn_z & -2n_yn_z & 1-2n_z^2 & 0\\ 0 & 0 & 0 & 1\end{bmatrix} \tag{11-4}$$

不过，我们建议使用表达式 $\boldsymbol{I}-2\boldsymbol{n}\boldsymbol{n}^{\mathrm{T}}$ 来构建反射矩阵而不推荐采用容易出错的、显式写出矩阵元素的方式。

2D 和 3D 变换最大的区别在*旋转*上。在 2D 中，围绕原点的旋转与单位圆形成完美对应：假定 R 表示一个旋转，则 $R(\boldsymbol{e}_1)$为单位圆上的一点。这给出了旋转到圆的映射；逆映射则将单位圆上的每一点$[x, y]^{\mathrm{T}}$ 与以下矩阵表示的旋转关联起来：

$$\begin{bmatrix}x & -y\\ y & x\end{bmatrix} \tag{11-5}$$

很容易验证 $\boldsymbol{e}_1$ 变换到$[x, y]^{\mathrm{T}}$。因此，可以说 2D 旋转的集合是一个 1D 形状：只要知道一个数值(旋转的角度)就可以完全确定该旋转[⊖]。而在 11.2 节我们将看到 3D 空间中的旋转集合是 3D 的，而且并不存在 3D 旋转与某一熟悉形状(如一个圆)的一一对应关系。

一般而言，尽管应采用如同下一章所描述的程序代码来进行变换，但在程序调试期间你会发现自己经常面对的是矩阵。敏锐的眼光有助于你一眼识别出平移和缩放，并快速地猜出矩阵左上方的 3×3 方块是一个旋转：如果所有元素的值均在 −1～1 之间，且任一列元素的平方和接近 1，那它可能是一个旋转。最后，如果最后一行不是$[0\quad 0\quad 0\quad 1]$，那么通常可认为该矩阵表示的是投影变换而不是仿射变换。

11.1.1 投影变换理论

尽管 3D 空间中的投影变换与 2D 情形类似，但仍值得显式地列出它的一些性质。

投影变换完全由它在**投影坐标系**上的行为确定，该坐标系由空间中的 5 个点构成，其中任意 4 个点不共面。(其证明完全类似于对 2D 情形的证明。)

3D 空间中的投影变换由 4D 空间中 $w=1$ 子空间内的线性变换确定，它表示为一个 4×4 矩阵 $\boldsymbol{M}$ 和紧接着的**齐次变换**：

$$H(x,y,z,w)=\left(\frac{x}{w},\frac{y}{w},\frac{z}{w},1\right) \tag{11-6}$$

如果矩阵 $\boldsymbol{M}$ 的最下面一行是$[0\quad 0\quad 0\quad 1]$，那么将通过 $w=1$ 的平面变换回到自身，此时 H 不起作用，投影变换实际上是一个矩阵为 $\boldsymbol{M}$ 的仿射变换。

课内练习 11.1：假设 $\boldsymbol{M}$ 的最后一行是$[0\quad 0\quad 0\quad k]$，其中 $k\neq 0$，1。证明在这种情况下，由 $\boldsymbol{M}$ 定义的投影变换依旧为仿射变换。试给出其仿射变换的矩阵。提示：不是 $\boldsymbol{M}$!

表示投影变换的矩阵 $\boldsymbol{M}$ 不唯一(可从课内练习 11.1 中推导得到)。如果 $\boldsymbol{M}$ 表示某个变换，那么对于非零常数 c，$c\boldsymbol{M}$ 也表示该变换，因为如果 $\boldsymbol{k}=\boldsymbol{M}\boldsymbol{v}$，则$(c\boldsymbol{M})\boldsymbol{v}=c\boldsymbol{k}$；对 $c\boldsymbol{k}$ 进行齐次化时会涉及类似$\frac{ck_x}{ck_w}=\frac{k_x}{k_w}$的除法，其结果与 k 齐次化的结果相同。

⊖ 正式而言，我们应该说 SO(2)，即 2×2 旋转矩阵的集合，是一个 1D 流形；非正式地说，它是一个光滑的形状，在每个点处只能朝一个方向运动；在圆的情况下，该“方向”指的是增加或减少角度。相比之下，地球表面是一个 2D 流形，因为地球上的每一点有两个独立的运动方向——除了两极外，表面上任一点可沿南北方向和东西方向运动；其他的任意方向则可表示为这两个方向的组合。

投影变换矩阵 $\boldsymbol{M}$ 的最下面一行决定了投影变换无定义的平面的方程(即“平面对应无穷”)。如果最下面一行为 $[A \quad B \quad C \quad D]$，那么点 $[x \quad y \quad z \quad 1]^{\mathrm{T}}$ 变换到无穷远的条件是变换后它的 w 坐标为0，即

$$Ax + By + Cz + D = 0 \tag{11-7}$$

此方程为3D空间中的一个平面。

课内练习11.2： 在投影变换实际上是仿射变换的情况下，在 $xyzw$ 坐标系中哪些点构成的平面会被变换到无穷远？(在你的计算中引入 w。)

11.2 旋转

3D空间中的旋转比平面上的旋转复杂得多，但大部分复杂细节对于偶尔使用者意义不大。因此本节仅介绍其要点，但本章的网上材料提供了关于旋转的更为详尽的讨论。

我们从一些经常使用且容易推导的公式开始，然后讨论如何使用俯仰、滚动和偏航(它们被称为欧拉角)这类概念来描述旋转，以及如何给定一根旋转轴和旋转的角度(Rodrigues公式)来描述旋转，此外还会介绍如何确定某一旋转的旋转轴和旋转角度(计算方法归功于欧拉)。不过，上述两种旋转的描述方式仍存在局限性，它们并不适于在旋转间进行插值，所以我们考虑描述旋转的第三种方式：对于4D空间 $\mathbf{R}^4$ 球面 $\mathbf{S}^3$ 上的任一点 q，我们以一种非常自然的方式将它与旋转 $K(q)$ 关联起来。不过这里有个小问题：$\mathbf{S}^3$ 的点 q 和 $-q$ 对应相同的旋转，所以这里是二对一的对应关系。尽管如此，这种旋转描述仍是一种易于使用的实现旋转插值的方式。

11.2.1 2D和3D情形的类比

由下述矩阵形式给出的2D旋转：

$$\begin{bmatrix} \cos\theta & -\sin\theta \\ \sin\theta & \cos\theta \end{bmatrix} \tag{11-8}$$

可以很好地推广到3D或更高维。例如，我们在2D空间采用旋转角度 θ 表示旋转矩阵，将其扩展后得到：

$$R_{xy}(\theta) = \begin{bmatrix} \cos\theta & -\sin\theta & 0 \\ \sin\theta & \cos\theta & 0 \\ 0 & 0 & 1 \end{bmatrix} \tag{11-9}$$

上式表示**3D空间中 xy 平面上旋转 θ 度**。正如第10章提到的，有时也称为**绕 z 轴旋转 θ 角**。将它称为在 xy 平面上的旋转的一个优点是：有一个与之关联的助记点：对于较小的 θ 角，可看到 x 方向的单位向量朝 y 方向的单位向量旋转。对于 R_{yz} 和 R_{zx}，相应的陈述也是正确的，对应的公式写在下面。另一个优点是：3D旋转总是存在一根旋转轴(其证明见网络资料)而2D旋转没有(例如，在 $\mathbf{R}^2$ 不存在做30°旋转时保持不变的向量)，4D空间也没有。但是在所有情况下，旋转均可描述为平面的旋转。

yz 平面和 zx 平面上相应的旋转如下：

$$R_{yz}(\theta) = \begin{bmatrix} 1 & 0 & 0 \\ 0 & \cos\theta & -\sin\theta \\ 0 & \sin\theta & \cos\theta \end{bmatrix} \tag{11-10}$$

$$R_{zx}(\theta) = \begin{bmatrix} \cos\theta & 0 & \sin\theta \\ 0 & 1 & 0 \\ -\sin\theta & 0 & \cos\theta \end{bmatrix} \tag{11-11}$$

也可以分别称其为绕 x 轴和绕 y 轴的旋转。

与 2D 旋转中 3×3 旋转矩阵的集合是 1D 的情形不同，3D 旋转中的 3×3 旋转矩阵的集合 SO(3)是 3D 的。然而，其含义不只是 3D 欧氏空间。证明它是 3D 的一种方式是：找到一种从易于理解的 3D 对象到 SO(3)集合的一对一的映射(正如可对 2D 球面进行经纬度参数化说明球面是 2D 的)。下面我们将介绍三种映射，每种映射都有其优点和缺点。第一种映射基于**欧拉角**。这种映射在大多数情况下为“一对一”，它与地球经纬度对球面上点的映射十分相似：在国际日期变更线上的点均具有两个经度(180E 和 180W)，每个极点对应无穷多的经度，但球面上的其他点均对应唯一的经度-纬度组合。

11.2.2　欧拉角

欧拉角是一种基于三种较简单旋转运动(称为俯仰、滚动和偏航)创建一般旋转的机制。将一般旋转分解为三个较简单旋转的方式有几种(先偏航、先滚动，等等)，而且每一种方式都为一些学科所用。因此你需要习惯这一现状：并非只有一种正确的欧拉角定义。

图形学中最常使用的定义方式是将欧拉角(ϕ，θ，ψ)表示的旋转描述为三个旋转的乘积。即旋转矩阵 $\boldsymbol{M}$ 为三个旋转矩阵的积：

$$\boldsymbol{M} = R_{yz}(\psi)R_{zx}(\theta)R_{xy}(\phi) \tag{11-12}$$

物体首先在 xy 平面旋转 ϕ 角，然后在 zx 平面旋转 θ 角，接着在 yz 平面旋转 ψ 角。ϕ 的值称为俯仰角，θ 称为偏航角，ψ 称为滚动角。想象自己正乘飞机(见图 11-1)沿 x 轴飞行(y 轴朝上)，你可以在三个方向上调整航向：转向左或转向右称为**偏航**，朝上飞或朝下飞称为**俯仰**，围绕前进方向旋转称为**滚动**。这三种旋转运动是独立的，也就是说，你可以实施任意一种旋转而不考虑其他的旋转。当然，也可以依次实施这三种旋转。

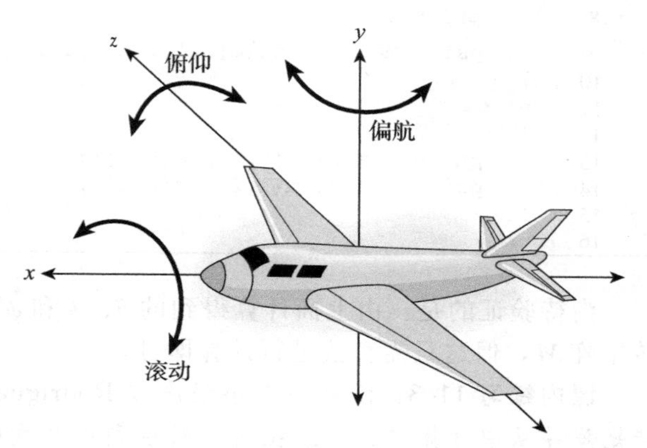

图 11-1　一架沿 x 轴方向航行的飞机可以通过转向左或转向右(偏航)，朝上飞或朝下飞(俯仰)，或简单绕 x 轴旋转来改变飞行方向

写成矩阵形式，有

$$\boldsymbol{M} = \begin{bmatrix} 1 & 0 & 0 \\ 0 & \cos\psi & -\sin\psi \\ 0 & \sin\psi & \cos\psi \end{bmatrix} \begin{bmatrix} \cos\theta & 0 & \sin\theta \\ 0 & 1 & 0 \\ -\sin\theta & 0 & \cos\theta \end{bmatrix} \begin{bmatrix} \cos\phi & -\sin\phi & 0 \\ \sin\phi & \cos\phi & 0 \\ 0 & 0 & 1 \end{bmatrix} \tag{11-13}$$

$$= \begin{bmatrix} \cos\theta\cos\phi & -\cos\theta\sin\phi & \sin\theta \\ * & * & -\sin\psi\cos\theta \\ * & * & \cos\psi\cos\theta \end{bmatrix} \tag{11-14}$$

通过选择合适的 ϕ、θ 和 ψ 值，该乘积能表示所有可能的旋转。为了证明这一点，我们将展示如何从旋转矩阵 $\boldsymbol{M}$ 中找出其 ϕ、θ 和 ψ。换句话说，上面已经展示了如何将三元组(ϕ，θ，ψ)转化为一个矩阵，现在展示如何将矩阵 $\boldsymbol{M}$ 转化为三元组(ϕ'，θ'，ψ')，也就是说，如果把该三元组转化为一个矩阵，即为 $\boldsymbol{M}$。

根据公式(11-14)，$\boldsymbol{M}$ 的(1，3)元素是 $\sin\theta$，所以 θ 是这一项的反正弦函数；计算所得

θ 的余弦值必定非负。当 $\cos\theta \neq 0$ 时，$\boldsymbol{M}$ 的(1，1)和(1，2)元素为 $\cos\phi$ 和 $-\sin\phi$ 乘以一个相同的正数；这意味 $\phi = \text{atan2}(-m_{12}, m_{11})$。类似地，我们可以根据第二行和第三行的最后一个元素计算得到 ψ。在 $\cos\theta = 0$ 的情况下，角度 ϕ 和 ψ 不是唯一的(正如北极的经度不唯一)。但是如果选择 $\phi = 0$，那么可以用矩阵左下角元素的反正切计算 ψ 的值。相关代码如代码清单 11-1 所示，其中我们假设存在一个 3×3 的矩阵类，Mat33，矩阵元素下标从 0 开始。返回的角度单位是"弧度"而不是"度"。

代码清单 11-1　旋转矩阵转换为欧拉角集合的代码

```
1  void EulerFromRot(Mat33 m, out double psi,
2                            out double theta,
3                            out double phi)
4  {
5    theta = Math.asin(m[0,2]) //使用C#从0开始的索引方式
6    double costheta = Math.cos(th);
7    if (Math.abs(costheta) == 0){
8        phi = 0;
9        psi = Math.atan2(m[2,1], m[1,1]);
10   }
11   else
12   {
13       phi = atan2(-m[0,1], m[0,0]);
14       psi = atan2(-m[1,2], m[2,2]);
15   }
16 }
```

尚待验证的是：由上面计算得到的 θ、ϕ 和 ψ 值产生的矩阵相乘确实能生成给定的旋转矩阵 $\boldsymbol{M}$，但这只需直接进行计算即可。

课内练习 11.3： 编写一个小程序按 Rodrigues 公式(下面的公式(11-17))构造一个旋转矩阵并从中计算出三个欧拉角。然后利用公式(11-14)基于这三个角构造一个矩阵，并证实它就是你原来的矩阵。应用 Rodrigues 公式时可采用一个随机的单位方向向量和旋转角。

在上述代码中，除了 $\cos\theta = 0$ 的特殊情况外，在旋转和三元组(ϕ, θ, ψ)($-\pi/2 < \theta \leq \pi/2$ 和 $-\pi < \phi, \psi \leq \pi$)之间为一对一映射。因此，3D 空间中旋转的集合是 3D 的。

总之，我们可以通过 ϕ、θ 和 ψ 指定旋转来控制物体的姿态。假如改变它们中的任意一个，旋转矩阵也会有所变化，这可看成是一种通过 SO(3)进行操纵的方式。但 $\cos\theta = 0$ 时的情形有点复杂。例如，如果 $\theta = \pi/2$，可发现多个(ϕ, ψ)对应同一结果；改变 ϕ 和 ψ 并不会导致物体姿态有所变化。这种现象(虽然会呈现为不同的形式)称作**万向节锁**，这也是欧拉角并非描述旋转的理想方式的一个原因。

11.2.3　旋转轴和旋转角的描述

对 3D 空间实施旋转的方法之一是选择一个特定的轴(即一个单位向量)，然后绕该轴旋转一定角度。例如，矩阵 R_{xy} 所对应的旋转轴是 z 轴。在网上资料中我们证明了 3D 空间中的每个旋转都是围绕某一轴旋转某个角度。Rodrigues[Rod16]提出了一个基于任意轴和任意旋转角构造其旋转矩阵的公式。令

$$\boldsymbol{\omega} = \begin{bmatrix} \omega_x \\ \omega_y \\ \omega_z \end{bmatrix} \tag{11-15}$$

为旋转轴的单位向量，θ 为绕 $\boldsymbol{\omega}$ 的旋转角(从 $\boldsymbol{\omega}$ 的末端点向起点看，绕逆时针方向的旋转量)。

为了表示所求的旋转，我们需要使用叉积。设函数 $\boldsymbol{v} \mapsto \boldsymbol{\omega} \times \boldsymbol{v}$ 是 $\mathbf{R}^3$ 到它自身的一个线性变换；表示该变换的矩阵为：

$$\boldsymbol{J}_{\boldsymbol{\omega}} = \begin{bmatrix} 0 & -\omega_z & \omega_y \\ \omega_z & 0 & -\omega_x \\ -\omega_y & \omega_x & 0 \end{bmatrix} \tag{11-16}$$

课内练习 11.4：(a) $\boldsymbol{\omega} \times \boldsymbol{\omega}$ 表示什么？

(b) 证明 $\boldsymbol{J}_{\boldsymbol{\omega}}\boldsymbol{\omega} = \boldsymbol{0}$。

(c) 假设 $\boldsymbol{v}$ 是一个垂直于 $\boldsymbol{\omega}$ 的单位向量。解释为什么 $\boldsymbol{\omega} \times \boldsymbol{v}$ 垂直于这二者，且为什么 $\boldsymbol{\omega} \times (\boldsymbol{\omega} \times \boldsymbol{v}) = -\boldsymbol{v}$。

我们要找的旋转矩阵为

$$\boldsymbol{M} = \boldsymbol{I} + \sin(\theta)\boldsymbol{J}_{\boldsymbol{\omega}} + (1-\cos\theta)\boldsymbol{J}_{\boldsymbol{\omega}}^2 \tag{11-17}$$

从课内练习 11.4 可以清楚地看到 $\boldsymbol{M}\boldsymbol{\omega} = \boldsymbol{\omega}$。如果 $\boldsymbol{v}$ 垂直于 $\boldsymbol{\omega}$，则

$$\boldsymbol{M}\boldsymbol{v} = \boldsymbol{I}\boldsymbol{v} + \sin(\theta)\boldsymbol{J}_{\boldsymbol{\omega}}\boldsymbol{v} + (1-\cos\theta)\boldsymbol{J}_{\boldsymbol{\omega}}^2\boldsymbol{v} \tag{11-18}$$

$$= \boldsymbol{v} + \sin(\theta)\boldsymbol{\omega} \times \boldsymbol{v} + (1-\cos\theta)(\boldsymbol{\omega} \times (\boldsymbol{\omega} \times \boldsymbol{v})) \tag{11-19}$$

$$= \boldsymbol{v} + \sin(\theta)\boldsymbol{\omega} \times \boldsymbol{v} + (1-\cos\theta)(-\boldsymbol{v}) \tag{11-20}$$

$$= \sin(\theta)\boldsymbol{\omega} \times \boldsymbol{v} + \cos(\theta)(\boldsymbol{v}) \tag{11-21}$$

它显示 $\boldsymbol{v}$ 在垂直于 $\boldsymbol{\omega}$ 的平面上旋转 θ 角。因为 $\boldsymbol{M}$ 对 $\boldsymbol{\omega}$ 和垂直于 $\boldsymbol{\omega}$ 的向量实施的运算恰为所求，按转换唯一性原则(见图 11-2)，它必定是正确的矩阵。

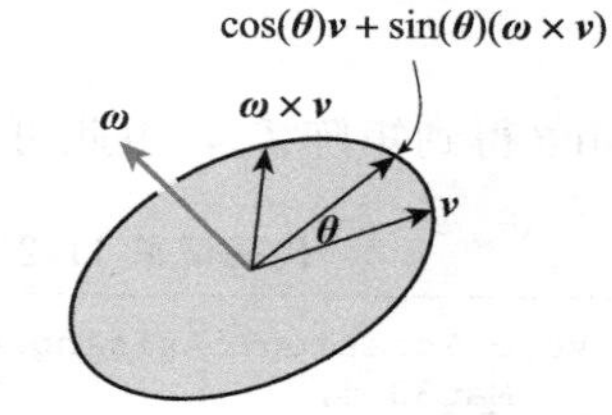

图 11-2　当 $\boldsymbol{v}$ 与 $\boldsymbol{\omega}$ 正交时，$\boldsymbol{v}$ 和 $\boldsymbol{\omega} \times \boldsymbol{v}$ 形成垂直于 $\boldsymbol{\omega}$ 的平面的基向量

按坐标形式，它是

$$\boldsymbol{M} = \sin\theta \begin{bmatrix} 0 & -\omega_z & \omega_y \\ \omega_z & 0 & -\omega_x \\ -\omega_y & \omega_x & 0 \end{bmatrix} \tag{11-22}$$

$$+ (1-\cos\theta) \begin{bmatrix} -\omega_y^2 - \omega_z^2 & \omega_x\omega_y & \omega_z\omega_x \\ \omega_x\omega_y & -\omega_z^2\omega_x^2 & \omega_y\omega_z \\ \omega_z\omega_x & \omega_y\omega_z & -\omega_x^2 - \omega_y^2 \end{bmatrix} + \boldsymbol{I} \tag{11-23}$$

其中为了简便起见，我们假定 $\boldsymbol{\omega}$ 为单位向量。但是先前的形式更有利于正确编程。

11.2.4　从旋转矩阵中寻找旋转轴和旋转角

上节提到的定理指出：3D 空间的每个旋转都有一根旋转轴(即一个向量)。用 Rodrigues 公式即可从矩阵中找出该旋转轴。下面我们介绍 Palais 和 Palais[PP07]的方法。

我们知道每个旋转矩阵有一根旋转轴 $\boldsymbol{\omega}$ 以及关于 $\boldsymbol{\omega}$ 的旋转量 θ；对于单位向量 $\boldsymbol{\omega}$ 和某些角 θ 根据 Rodrigues 公式，该矩阵为

$$\boldsymbol{M} = \boldsymbol{I} + \sin(\theta)\boldsymbol{J}_{\boldsymbol{\omega}} + (1-\cos\theta)\boldsymbol{J}_{\boldsymbol{\omega}}^2 \tag{11-24}$$

该矩阵的迹(对角线元素之和)为

$$\begin{aligned} \mathrm{tr}(\boldsymbol{M}) &= \mathrm{tr}(\boldsymbol{I} + \sin(\theta)\boldsymbol{J}_{\boldsymbol{\omega}} + (1-\cos\theta)\boldsymbol{J}_{\boldsymbol{\omega}}^2) = \mathrm{tr}(\boldsymbol{I}) + \sin(\theta)\mathrm{tr}(\boldsymbol{J}_{\boldsymbol{\omega}}) + (1-\cos\theta)\mathrm{tr}(\boldsymbol{J}_{\boldsymbol{\omega}}^2) \\ &= 3 + (1-\cos\theta)(-2(\omega_x^2 + \omega_y^2 + \omega_z^2)) = 3 + (1-\cos\theta)(-2) = 1 + 2\cos\theta \end{aligned}$$

可计算得到旋转角

$$\theta=\cos^{-1}\left(\frac{\mathrm{tr}(\boldsymbol{M})-1}{2}\right) \tag{11-25}$$

此处有两个特殊情况，对应于 $\sin\theta$ 为 0 的两种情形。

1）如果 $\theta=0$，则任意单位向量均可作为旋转轴（此时旋转矩阵是一个单位矩阵）。

2）如果 $\theta=\pi$，则两倍旋转角为 2π，因此将回到自己，也就是说，旋转矩阵 $\boldsymbol{M}$ 必须满足 $\boldsymbol{M}^2=\boldsymbol{I}$。由此

$$\boldsymbol{M}(\boldsymbol{M}+\boldsymbol{I})=\boldsymbol{M}^2+\boldsymbol{M}=\boldsymbol{I}+\boldsymbol{M}=\boldsymbol{M}+\boldsymbol{I} \tag{11-26}$$

这意味 $\boldsymbol{M}$ 乘以 $\boldsymbol{M}+\boldsymbol{I}$ 时，$\boldsymbol{M}+\boldsymbol{I}$ 的每一列均保持不变。所以 $\boldsymbol{M}+\boldsymbol{I}$ 的任意非零列归一化后，都可作为旋转轴。我们知道 $\boldsymbol{M}+\boldsymbol{I}$ 至少有一列非零；否则 $\boldsymbol{M}=-\boldsymbol{I}$，但这是不可能的，因为 $-\boldsymbol{I}$ 的行列式值是 -1，而 $\boldsymbol{M}$ 的行列式值是 $+1$。

一般情况下，当 $\sin\theta\neq 0$ 时，可计算 $\boldsymbol{M}-\boldsymbol{M}^{\mathrm{T}}$ 如下

$$\boldsymbol{M}-\boldsymbol{M}^{\mathrm{T}}=\boldsymbol{I}+\sin(\theta)\boldsymbol{J}_{\boldsymbol{\omega}}+(1-\cos\theta)\boldsymbol{J}_{\boldsymbol{\omega}}^2-(\boldsymbol{I}^{\mathrm{T}}+\sin(\theta)\boldsymbol{J}_{\boldsymbol{\omega}}^{\mathrm{T}}+(1-\cos\theta)(\boldsymbol{J}_{\boldsymbol{\omega}}^2)^{\mathrm{T}}) \tag{11-27}$$

因为 $\boldsymbol{J}_{\boldsymbol{\omega}}^{\mathrm{T}}=-\boldsymbol{J}_{\boldsymbol{\omega}}$ 和 $(\boldsymbol{J}_{\boldsymbol{\omega}}^2)^{\mathrm{T}}=\boldsymbol{J}_{\boldsymbol{\omega}}^2$，所以简化为

$$\boldsymbol{M}-\boldsymbol{M}^{\mathrm{T}}=2\sin(\theta)\boldsymbol{J}_{\boldsymbol{\omega}} \tag{11-28}$$

除以 $2\sin\theta$ 得到矩阵 $\boldsymbol{J}_{\boldsymbol{\omega}}$，由此可以恢复 $\boldsymbol{\omega}$。代码清单 11-2 给出了代码。

代码清单 11-2　基于旋转矩阵寻找其旋转轴和旋转角的代码

```
 1 void RotationToAxisAngle(
 2     Mat33 m,
 3     out Vector3D omega,
 4     out double theta)
 5 {
 6 // 转换3×3旋转矩阵m为一个轴角表示
 7
 8    theta = Math.acos( (m.trace()-1)/2);
 9    if (θ is near zero)
10    {
11        omega = Vector3D(1,0,0); // any vector works
12        return;
13    }
14    if (θ is near π)
15    {
16        int col = column with largest entry of m in absolute value;
17        omega = Vector3D(m[0, col], m[1, col], m[2, col]);
18        return;
19    }
20    else
21    {
22        mat 33 s = m - m.transpose();
23        double x = -s[1,2], y = s[0,2]; z = s[1,0];
24      double t = 2 * Math.Sin(theta);
25      omega = Vector3D(x/t, y/t, z/t);
26      return;
27    }
28 }
```

下面按顺序列出几点观察：

- 对于较小的 θ，$\boldsymbol{M}$ 接近于单位阵。
- 对于较小的 θ，中间项的系数接近 θ，而最后一项的系数是 $1-\cos(\theta)\approx-\frac{\theta^2}{2}$；因此，最后一项远小于中间项。所以取一阶近似时，$\boldsymbol{M}\approx\boldsymbol{I}+\sin\theta\boldsymbol{J}_{\boldsymbol{\omega}}$。

11.2.5 以物体为中心的欧拉角

假设有一飞机模型，其顶点存储为一个 $3\times n$ 的数组 $\boldsymbol{V}$。将所有顶点乘以某个旋转矩阵 $\boldsymbol{M}$，可将该模型旋转到我们想要的某个位置，即，计算

$$\boldsymbol{W}=\boldsymbol{MV} \tag{11-29}$$

现在想要使飞机模型朝上仰(类似于飞行员拉操纵杆)，可以对旋转后的顶点实施一定的欧拉角旋转，即计算

$$\begin{bmatrix}1 & 0 & 0\\ 0 & \cos\psi & -\sin\psi\\ 0 & \sin\psi & \cos\psi\end{bmatrix}\begin{bmatrix}\cos\theta & 0 & \sin\theta\\ 0 & 1 & 0\\ -\sin\theta & 0 & \cos\theta\end{bmatrix}\begin{bmatrix}\cos\phi & -\sin\phi & 0\\ \sin\phi & \cos\phi & 0\\ 0 & 0 & 1\end{bmatrix}\boldsymbol{W} \tag{11-30}$$

问题是将已旋转过的顶点先绕场景坐标系 z 轴旋转，可能会使飞机斜向另一侧，然后还要再绕 y 轴、绕 x 轴旋转，因而会很难选择 ψ、θ 和 ϕ 来生成我们所寻求的效果。上述旋转取场景坐标系的坐标轴为旋转轴，这样的变换称为**以场景坐标系为中心的旋转**。另一种方式是计算

$$\boldsymbol{M}\begin{bmatrix}1 & 0 & 0\\ 0 & \cos\psi & -\sin\psi\\ 0 & \sin\psi & \cos\psi\end{bmatrix}\begin{bmatrix}\cos\theta & 0 & \sin\theta\\ 0 & 1 & 0\\ -\sin\theta & 0 & \cos\theta\end{bmatrix}\begin{bmatrix}\cos\phi & -\sin\phi & 0\\ \sin\phi & \cos\phi & 0\\ 0 & 0 & 1\end{bmatrix}\boldsymbol{V} \tag{11-31}$$

即在对物体实施旋转矩阵 $\boldsymbol{M}$ 之前，对物体的顶点进行旋转。这种操作称为**以物体为中心的旋转**。此时，只要调整俯仰角 ϕ 即可获得我们寻求的旋转效果。当然，如果我们还想要做进一步调整，则必须施加另一个以物体为中心的旋转，这样一来，我们似乎得累乘一个长长的矩阵序列。一种办法是显式计算出这个乘积使得我们最终只有一个变换矩阵，再加上另外三个用来对物体姿态做临时调整的矩阵，最后将它们也合并到该矩阵中。下面还将看到另一种方法：用四元数来表示矩阵。一般而言，假定 $\boldsymbol{M}$ 是施加到顶点集合 V 的当前变换矩阵，如将把它变成 $\boldsymbol{M}_1=\boldsymbol{MA}$，那么 $\boldsymbol{A}$ 被称为**以物体为中心**的操作，而如果把它变为 $\boldsymbol{M}_2=\boldsymbol{CM}$，那么 $\boldsymbol{C}$ 被称为**以场景坐标系为中心**的操作。

11.2.6 旋转和 3D 球

对于所有 3×3 旋转矩阵的集合 SO(3)，读者可能难以理解。从某种意义上说，它属于 $\mathbf{R}^9$ 的一个子集：读取矩阵 $\boldsymbol{M}$ 中 9 个元素即可得到对应于 $\boldsymbol{M}$ 的 $\mathbf{R}^9$ 空间中的一个点。在网上资料中，我们给出了关于该集合及其性质的许多细节，这里我们仅给出要点用于理解 SO(3)，使得涉及 SO(3)的计算更鲁棒。进而，让我们能在熟悉的空间中推演 SO(3)中操作(如插值)的主要工具是：$\mathbf{S}^3$(3D 球)，或 4D 空间$[w \quad x \quad y \quad z]^{\mathrm{T}}$ 中距离原点为 1 的所有点。重置坐标系的目的是使得下面所述更为明晰。在这一节中也会讨论 $\mathbf{S}^3$ 中的点，但我们总是将它们写成向量形式以便构建它们的线性组合。

就像可以将一条线段变形为一个圆(将线段的两端点连接起来，变为圆上的一个点，如图 11-3 所示)，或把一个圆盘变形为一个球(其边界圆变成球上的一个点，如图 11-4 所示)一样，你也可以将一个 3D 空间的实心球变形为一个 3D 球面(实心球的边界面塌陷为 3D 球面上的一个点)。为此，必须在 4D 空间中进行处理，但这一想法只是欲通过类比来推出 3D 球面。

例如，如果我们采用单位圆中两个相互垂直的单位向量 $\boldsymbol{u}$ 和 $\boldsymbol{v}$ 来构造具有 $\cos(\boldsymbol{\theta})\boldsymbol{u}+\sin(\theta)\boldsymbol{v}$ 形式的所有点，这些点可覆盖整个圆(见图 11-5)。类似地，在 2D 球内，如果也有两

个相互垂直的单位向量，则它们的余弦-正弦组合将形成一个**大圆**，即球和过球心的平面的交(见图 11-6)。这一事实也同样适合于 3D 球：如同低维情形，两个相互垂直的向量的余弦-正弦组合将遍历 3D 球上的大圆，且从 $\boldsymbol{u}$ 到 $\boldsymbol{v}$ 的圆弧(即从 $\theta=0$ 到 $\pi/2$)是它们间的最短距离。

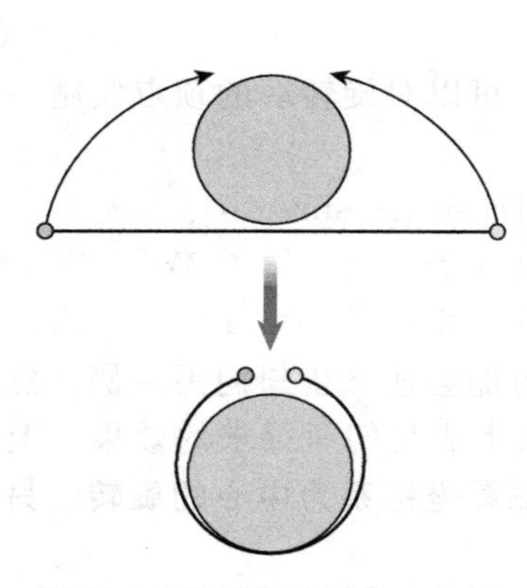

图 11-3　将线段变形为一个圆

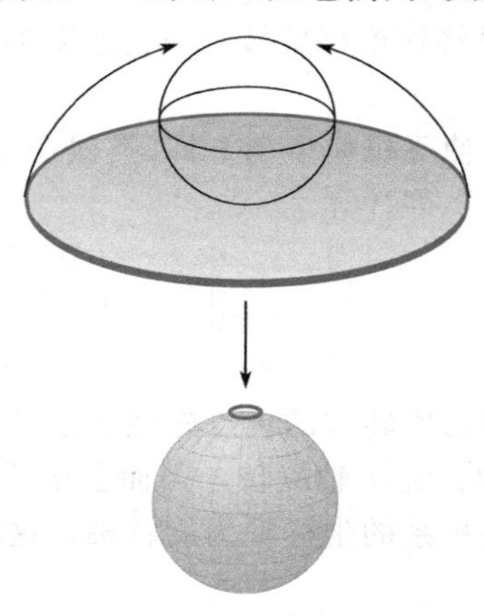

图 11-4　将圆盘变形为球；圆盘边界圆上的点浓缩为北极点

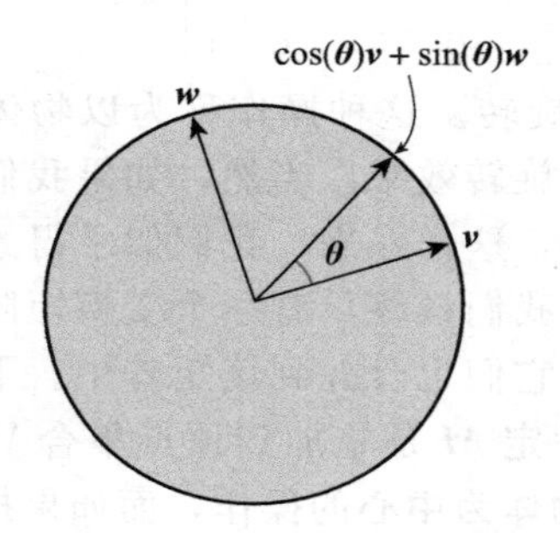

图 11-5　$\boldsymbol{u}$ 和 $\boldsymbol{w}$ 的余弦-正弦组合覆盖整个圆周

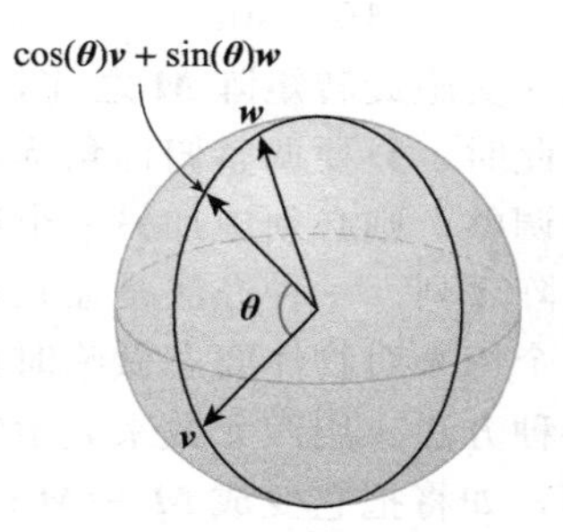

图 11-6　球面上两个相互垂直的单位向量的余弦-正弦组合将形成一个单位圆，称为大圆

从 $\mathbf{S}^3$ 到 SO(3)的映射由下式给出：

$$K:\mathbf{S}^3 \to \mathrm{SO}(3): \tag{11-32}$$

$$\begin{bmatrix} a \\ b \\ c \\ d \end{bmatrix} \mapsto \begin{bmatrix} a^2+b^2-c^2-d^2 & 2(bc-ad) & 2(ac+bd) \\ 2(ad+bc) & a^2-b^2+c^2-d^2 & 2(cd-ab) \\ 2(bd-ac) & 2(ab+cd) & a^2-b^2-c^2+d^2 \end{bmatrix} \tag{11-33}$$

映射 K 有几个优秀的性质。

- 它几乎是一对一。事实上，它是二对一映射；对于任意 $\mathbf{q}\in\mathbf{S}^3$，有 $K(\mathbf{q})=K(-\mathbf{q})$(从公式中可看到)。
- 通过 K，在 $\mathbf{S}^3$ 上的大圆映射为 SO(3)上的测地线(最短路径)。
- $K([1\quad 0\quad 0\quad 0]^{\mathrm{T}})=\boldsymbol{I}$。

该映射由 $\mathbf{R}^4$ 中的一种乘法的定义引出，它与将 $\mathbf{R}^2$ 中的点看成复数并让其相乘的方式十分相似。$\mathbf{R}^4$ 中的乘法不具有交换律，这会引起困难，除此之外，它近似于复数的乘法。$\mathbf{R}^4$ 集合和乘法操作合在一起被称为**四元数**(这是我们用黑体字 $\mathbf{q}$ 表示 $\mathbf{S}^3$ 中典型元素的理由)。

本章的网络资料对四元数做了详细描述，对上述映射 K 进行了推导，并说明了它与 Rodrigues 公式的关系。对于图形学中的大多数用途，了解上述三条性质足够了，还有一条现在马上给出。

设有一点 $\mathbf{q}=[a \quad b \quad c \quad d]^{\mathrm{T}}\in\mathbf{S}^3$，已知 $-1\leqslant a\leqslant 1$，则 a 为某个数的余弦值。令

$$\theta = \arccos(a) \tag{11-34}$$

此外，因为 $[a \quad b \quad c \quad d]^{\mathrm{T}}\in\mathbf{S}^3$，已知 $a^2+b^2+c^2+d^2=1$。因此

$$1 = a^2 + b^2 + c^2 + d^2 \tag{11-35}$$

$$= \cos^2(\theta) + b^2 + c^2 + d^2 \tag{11-36}$$

因此 $[b \quad c \quad d]^{\mathrm{T}}$ 为一个平方长度为 $\sin^2(\theta)$ 的向量。如果 $\alpha\neq\pm 1$，则 $\sin(\theta)\neq 0$，令

$$\boldsymbol{\omega} = \begin{bmatrix} 0 & \frac{b}{\sin(\theta)} & \frac{c}{\sin(\theta)} & \frac{d}{\sin(\theta)} \end{bmatrix}^{\mathrm{T}} \tag{11-37}$$

取

$$\mathbf{q} = \cos(\theta)[1 \quad 0 \quad 0 \quad 0]^{\mathrm{T}} + \sin(\theta)\boldsymbol{\omega} \tag{11-38}$$

当 $\sin(\theta)=0$ 时，可以将 $\boldsymbol{\omega}$ 取为任意单位向量。简言之，$\mathbf{S}^3$ 中每个元素都可以写成形式：

$$\mathbf{q} = \cos(\theta)[1 \quad 0 \quad 0 \quad 0]^{\mathrm{T}} + \sin(\theta)\boldsymbol{\omega} \tag{11-39}$$

其中 $0\leqslant\theta\leqslant\pi$，$\boldsymbol{\omega}$ 是 $\mathbf{S}^3$ 的 xyz 子空间中的一个单位向量，也就是说，$\boldsymbol{\omega}$ 垂直于 $[1 \quad 0 \quad 0 \quad 0]^{\mathrm{T}}$。

经过大量代数运算，可将 $a=\cos(\theta)$，$b=\sin(\theta)\omega_x$，$c=\sin(\theta)\omega_y$ 和 $d=\sin(\theta)\omega_z$ 代入公式(11-32)，可以发现该矩阵和应用 Rodrigues 公式构造的绕 xyz 向量 $\boldsymbol{\omega}$ 旋转 2θ（注意因子2）的旋转矩阵完全相同。

映射 K 与映射 K_1：$\mathbf{S}^1\to\mathbf{S}^1$：$(\cos(\theta),\ \sin(\theta))\mapsto(\cos(2\theta),\ \sin(2\theta))$ 有很多共同之处。如同 K，映射 K_1 也是二对一的映射。例如，点 $\theta=0$ 和 $\theta=\pi$ 通过 K_1 都映射为 $\theta=0$ 的点。事实上，对任意 θ，在 θ 和 $\theta+\pi$ 的点都映射为 θ 的点；换句话说，K_1 将每一直径的两端点（对径点）映射到同一点。如果想在陪域中的 $\pi/4$ 和 $3\pi/4$ 之间进行插值，可以在定义域中选择点 $\pi/8$ 和点 $3\pi/8$，在它们之间做插值，然后对插值所得角度做 K_1 映射来得到期望的结果。当然如果不选择 $3\pi/8$，而选择 $11\pi/8$，那么插值将会沿 $\pi/4$ 至 $3\pi/4$ 的较长路径，如图 11-7 所示。

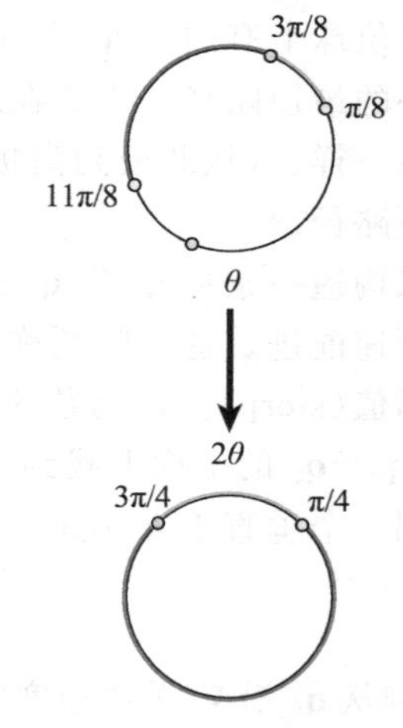

图 11-7　定义域内的蓝色路径映射为陪域内 $\pi/4$ 和 $3\pi/4$ 之间的短弧，而红色路径映射为它们之间的长弧

顺便提及，尽管 K 是不可逆的，但容易构造它的逆：给定 $\boldsymbol{M}\in\mathrm{SO}(3)$，可以找到一个元素 $\mathbf{q}\in\mathbf{S}^3$ 且 $K(\mathbf{q})=\boldsymbol{M}$，我们尚不能认定它就是具有该性质的那个元素。由 Rodrigues 公式，每个旋转矩阵具有形式：

$$\boldsymbol{M} = \boldsymbol{I} + \sin(\theta)\boldsymbol{J}_{\boldsymbol{\omega}} + (1-\cos\theta)\boldsymbol{J}_{\boldsymbol{\omega}}^2 \tag{11-40}$$

其中 $\boldsymbol{\omega}$ 是矩阵旋转轴的单位向量，θ 是旋转角。我们已讨论过如何从任意旋转矩阵中求出其旋转轴 $\boldsymbol{\omega}$ 和旋转角 θ（单位矩阵 $\boldsymbol{I}$ 除外，其旋转轴可以是任意单位向量，而旋转角为 0）。$\mathbf{S}^3$ 中关联元素 $\mathbf{q}$ 的第一个坐标为 $\cos(\theta/2)$，后三个坐标为 $\sin(\theta/2)\boldsymbol{\omega}$。对 $\theta=0$ 并且 $\boldsymbol{\omega}$ 不确定的情况该表示并无问题，因为 $\sin(\theta/2)=0$，所以最后三个元素都为 0。然而这一结果存在歧义：当我们找到旋转轴 $\boldsymbol{\omega}$ 和旋转角度 θ 时，也能找到 $-\boldsymbol{\omega}$ 和 $-\theta$，它们产生 $-\mathbf{q}$ 而不是 $\mathbf{q}$。因此对 K 求“逆”时可能得到两个相反值中

的任一个，这取决于计算轴和角时的选择。为了更具体地说明，我们将给出定义域为 SO(3) 而陪域是 $\mathbf{S}^3$ 中两对径点的函数 L 的伪代码；L 将作为 K 的逆，即如果 $\boldsymbol{M} \in SO(3)$ 是一个旋转矩阵，$L(\boldsymbol{M})=\{\mathbf{q}_1, -\mathbf{q}_1\}$ 是 $\mathbf{S}^3$ 中的两个元素，则 $K(\mathbf{q}_1)=K(-\mathbf{q}_1)=\boldsymbol{M}$。在代码清单 11-3 给出的伪代码中，q1 和 q2 不一定为矩阵 m 元素的连续函数。

代码清单 11-3　将一个旋转矩阵转化为两对应四元数的代码

```
1  void RotationToQuaternion(Mat33 m, out Quaternion q1, out Quaternion q2)
2  {
3  // 转化一个3×3矩阵m为两个四元素
4  // q1和q2在映射k下投影到m
5    if (m is the identity)
6    {
7      q1 = Quaternion(1,0,0,0);
8      q2 = -q1;
9      return;
10   }
11
12   Vector3D omega;
13   double theta;
14   RotationToAxisAngle(m, omega, theta);
15
16   q1 = Quaternion(Math.cos(theta/2), Math.sin(theta/2)*omega);
17   q2 = -q1;
18 }
```

我们现有了从 $\mathbf{S}^3$ 到 SO(3) 和从 SO(3) 回到 $\mathbf{S}^3$ 中一对元素的方法。为了对 SO(3) 中的旋转进行插值，我们对其在 $\mathbf{S}^3$ 中的映射点进行插值。

11.2.6.1　球面线性插值

假设单位球上有两点 $\mathbf{q}_1$ 和 $\mathbf{q}_2$，且 $\mathbf{q}_1 \neq -\mathbf{q}_2$，也就是说它们非对径点，则它们之前存在一条唯一的最短路径，正如在地球表面上从北极到任意一点(除南极点外)存在一条唯一的最短路径一样。(从北极到南极同样存在最短路径；但该路径并不唯一——任意一条经线都是最短路径。)

现在来构造一条从 $\mathbf{q}_1$ 到 $\mathbf{q}_2$ 的路径 γ(即 $\gamma(0)=\mathbf{q}_1$，$\gamma(1)=\mathbf{q}_2$)，且希望沿着两点间较短的大弧匀速前进。这一问题称为**球面线性插值**且首次是由 Shoemake[Sho85]用于图形学并称之为**插值**(slerp)。该问题的求解包含三个步骤：

1) 在 $\mathbf{q}_1-\mathbf{q}_2$ 的平面上找到一个向量 $\boldsymbol{v} \in \mathbf{S}^3$ 使其垂直于 $\mathbf{q}_1$。从 $\mathbf{q}_2$ 中减去 $\mathbf{q}_2$ 在 $\mathbf{q}_1$ 上的投影，得到一个垂直于 $\mathbf{q}_1$ 的向量，该向量归一化后为：

$$\boldsymbol{v} = \frac{\mathbf{q}_2 - (\mathbf{q}_2 \cdot \mathbf{q}_1)\mathbf{q}_1}{\|\mathbf{q}_2 - (\mathbf{q}_2 \cdot \mathbf{q}_1)\mathbf{q}_1\|} \tag{11-41}$$

2) 找到从 $\mathbf{q}_1$ 沿 $\mathbf{V}$(单位速度向量)方向大弧的路径。即 $\gamma(t)=\cos(t)\mathbf{q}_1+\sin(t)\boldsymbol{v}$。在 $t=\theta$ 时到达 $\mathbf{q}_2$，其中 $\theta=\cos^{-1}(\mathbf{q}_1 \cdot \mathbf{q}_2)$ 为两个向量间的夹角。

3) 将 t 乘以 θ，使得它到达 $\mathbf{q}_2$ 的时刻为 1 而不是 θ。

结果代码如代码清单 11-4 所示。

代码清单 11-4　两个四元数之间的球面线性插值代码

```
1  double[4] slerp(double[4] q1, double[4] q2, double t)
2  {
3    assert(dot(q1, q1) == 1);
4    assert(dot(q2, q2) == 1);
5    // 在平面q1-q2上构造一个垂直于q1的向量
```

```
6    double[4] u = q2 - dot(q1, q2) * q2;
7    u = u / length(u); // 将其变换为单位向量
8    double angle = acos(dot(q1, q2));
9    return cos(t * angle) * q1 + sin(t * angle) * u;
10 }
```

随着余弦函数中的角度从 0 变化到 angle，返回的结果从 q1 变化到 q2。

11.2.6.2 旋转插值

我们现在已有了旋转插值需要的所有工具。假设 $\mathbf{M}_1$ 和 $\mathbf{M}_2$ 是旋转矩阵，其中 $\mathbf{M}_1$ 对应四元数 $\pm\mathbf{q}_1$，$\mathbf{M}_2$ 对应四元数 $\pm\mathbf{q}_2$，如图 11-8 所示。从 $\mathbf{q}_1$ 开始，确定它至 $\mathbf{q}_2$ 和 $-\mathbf{q}_2$ 中哪点距离较近，然后沿着 $\mathbf{q}_1$ 和较近点之间的大弧进行插值；为了找出插值旋转，通过映射 K 将它们投影到 SO(3)。

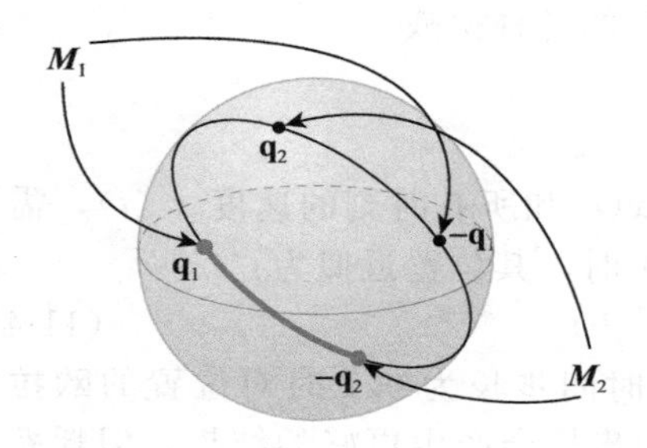

图 11-8　两个旋转矩阵 $\mathbf{M}_1$ 和 $\mathbf{M}_2$；第一个对应两个对径点的四元数 $\pm\mathbf{q}_1$，第二个对应两个对径点四元数 $\pm\mathbf{q}_2$。从 $\mathbf{q}_1$ 开始，选择 $\mathbf{q}_2$ 和 $-\mathbf{q}_2$ 中与其距离较近的点（本例中是 $-\mathbf{q}_2$）并在它们之间进行插值（如红色弧线所示）；然后把插值点投影到 SO(3)中进而在 $\mathbf{M}_1$ 和 $\mathbf{M}_2$ 之间进行插值

代码清单 11-5 展示了伪代码。

代码清单 11-5　对以矩阵表示的两个旋转进行插值的代码

```
1  Mat33 RotInterp(Mat33 m1, Mat33 m2, double t)
2  // 在SO(3)找到一个位于m1和m2间的旋转
3  // m1和m2为旋转矩阵
4  {
5     if ( m1m2^T = -I){
6        Report error; can't interpolate between opposite rotations.
7     }
8     Quaternion q1, q1p, q2, q2p;
9     RotationToQuaternion(m1, q1, q1p);
10    RotationToQuaternion(m2, q2, q2p);
11    if (Dot(q1, q2) < 0) q2 = q2p;
12    Quaternion qi = Quaternion.slerp(q1, q2, t);
13    return K(qi); // K是S3到SO(3)的投影
14 }
```

有了“旋转插值”或“四元数插值”的定义，其他操作，如对三个或四个旋转进行混合，也是可能的。事实上，即使第 4 章描述的曲线细分操作在 SO(3)（而不是 $\mathbf{R}^2$）中也可实现，但必须小心处理。虽然能以平面上点之间连线的相同方式实现四元数的插值，但这种模拟有其弱点：在平面上，对于位于 0～1 之间的 t，所构造的点 $(1-t)A+tB$ 位于 A 和 B 之间。当 $t>1$ 时，得到的点将“超出 B”（在 B 之外）。但如果在四元数 $\mathbf{q}_1$ 和 $\mathbf{q}_2$ 之间进行球面线性插值，倘若进一步增加 t，其结果将沿着球面绕行并返回到 $\mathbf{q}_1$。

另一些看似“显然”的事也不成立。在平面上，我们可以取四边形两相对边的中点，并将其连接起来，该连线的中点即为四边形的中心。无论选择哪一组相对边，结果都会一样，如图 11-9 所示。但对于四元数，通常情况下的结论却并非如此。

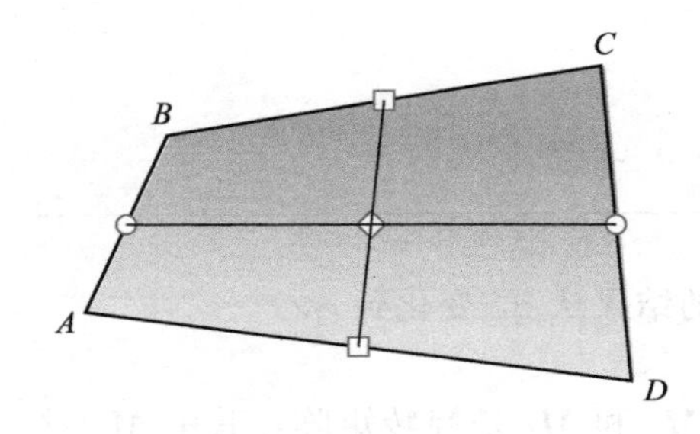

图 11-9　计算四边形 $ABCD$ 的中点时，可先找 AB 和 CD 的中点(由圆圈标记)，进而计算这两个中点之间线段的中点，或取边 AD 和 BC 进行同样的计算(它们的中点标记为正方形)；两种方法所得到的四边形中点(标记为菱形)相同。但对于四元数，这一结论并不成立

课内练习 11.5：在 2-sphere 上，令 $A=B=(0, 1, 0)$，$C=(1, 0, 0)$，$D=(0, 0, 1)$。以两种方式计算(画图即可——应该不需要进行代数运算)四边形 $ABCD$ 的中心，每一次取不同的相对边，验证两者结果并不相同。

Buss[BF01]详细讨论了对四元数进行“仿射组合”的各种挑战。

11.2.7　计算稳定性

你可能记得求解积分的问题：已知 $t=0$ 时的位置 $\boldsymbol{x}(t)$ 和所有时刻的速度 $\boldsymbol{x}'(t)$，需要找到 $t\neq 0$ 的任意时刻的位置 $\boldsymbol{x}$。简单的方法是：$t=0.1$ 时，其位置近似为：

$$\boldsymbol{x}(0.1) \approx \boldsymbol{x}(0) + 0.1\boldsymbol{x}'(0) \tag{11-42}$$

然后 $\boldsymbol{x}(0.2)\approx\boldsymbol{x}(0.1)+0.1\boldsymbol{x}'(0.1)$，等等。这被称为时间步长为 0.1 时对位置的**欧拉插值**，它给出了问题的粗糙近似解。选择小于 0.1 的时间步长会产生更好的结果，但耗费更多的计算。对此以及更好的逼近方案在第 35 章中会广泛地予以讨论。

如对姿态(即施加在某个模型上的旋转矩阵)做类似处理：已知时刻 $t=0$ 的姿态和所有时刻 t 中姿态的变化速率，现需要进行“积分”以找出任一时刻的姿态。“更新”步骤是

$$\boldsymbol{M}(0.1) = \boldsymbol{M}(0)(\boldsymbol{I} + 0.1\boldsymbol{M}(0)) \tag{11-43}$$

这里是乘法而不是加法。上式中的一个问题是 $\boldsymbol{I}+0.1\boldsymbol{M}'(0)$ 实际上不是旋转矩阵。它非常接近但并不完全是。故更新后，必须将 $\boldsymbol{M}$ 转换为旋转矩阵。通常采用 Gram-Schmidt 方法对 $\boldsymbol{M}$ 的列进行处理(即对第一列进行归一化；使第二列垂直于第一列；对第二列进行归一化；使第三列垂直于前两者；最后对第三列进行归一化)。不过这一计算非常昂贵。

作为替代，我们可以把当前姿态保存为一个单位四元数 $\mathbf{q}$。此时，更新似为：

$$\mathbf{q}(0.1) = \mathbf{q}(0) + 0.1\mathbf{q}'(0) \tag{11-44}$$

不过，$t=0$ 时刻的结果仍非我们想要的：它可能不是单位向量，因此必须归一化。但对一个向量进行归一化的工作量比对整个矩阵实施 Gram-Schmidt 处理要小得多。注意到一个矩阵不是旋转矩阵可能存在很多情况(如矩阵中的一列或多列非单位长度，列之间相互不垂直)，而一个四元数不是单位四元数只有一种情况。由于这个原因，动画系统中经常采用四元数表示姿态，必要时则通过映射 K 将它转化为旋转矩阵。四元数计算比矩阵计算在数值上也更为稳定。

11.3　旋转表示间的比较

现在已经有 4 种方式用于表示 3D 刚性参考坐标系(即基于某个位置 P 构成右手坐标系的 3 个正交单位向量)：

1) 一个 4×4 矩阵 $\boldsymbol{M}$，将其作用于始于原点的 3 个标准基向量可得到 3 个新的基向量，作用于原点则得到新的基点 P。该矩阵的最后一行必须是$[0\quad 0\quad 0\quad 1]$，左上角 3×3 子

矩阵 $\boldsymbol{S}$ 必须是一个旋转矩阵。

2）一个 3×3 旋转矩阵 $\boldsymbol{S}$ 和一个平移向量 $\boldsymbol{t}=P$-原点。

3）三个欧拉角和一个平移向量。

4）一个单位四元数和一个平移向量。

每种方式都有它的优点。

表示方式 1 的优点是容易将它看成一个变换，可以通过矩阵相乘与其他变换组合起来。在几何建模系统中采用这种表示较为合适。表示方式 2 和表示方式 1 之间可直接进行转换，但采用表示方式 2 很容易通过验证 $\boldsymbol{S}^{\mathrm{T}}\boldsymbol{S}=\boldsymbol{I}$ 来检查矩阵 $\boldsymbol{S}$ 是否正交。如果多个这类矩阵相乘会导致残差累积，可以采用 Gram-Schmidt 正交化处理对结果进行调整使之恢复为正交形式，不过这会涉及很多乘法、除法和一些求平方根运算。

表示方式 3 对于表示飞机或由第一人称控制的情形很有用，尤其适合于以物体为中心的操控方式。但是，将其转化为矩阵和从矩阵转化回来较为麻烦。

表示方式 4 在刚性动画中颇受欢迎。将它转化为矩阵形式很容易；由矩阵形式转化为四元数则有点麻烦，这是因为四元数到旋转属于二对一的映射。采用四元数表示时插值十分容易，且表示方式 2 中对矩阵的重新正交化在此处转化为对四元数的向量单位化处理，计算非常快。35.5.2 节将对此做进一步讨论。

11.4　旋转与旋转参数的指定

我们已经把旋转定义为具有一定性质的变换；具体地，它是一种通过矩阵相乘表示的，从 $\mathbf{R}^3$ 到 $\mathbf{R}^3$ 的线性函数。例如，与下列矩阵

$$\begin{bmatrix} 0 & -1 & 0 \\ 1 & 0 & 0 \\ 0 & 0 & 1 \end{bmatrix} \tag{11-45}$$

相乘表示的变换称为绕 z 轴(或在 xy 平面)旋转 90°。但重要的是理解：向量 $\boldsymbol{v}$ 与矩阵相乘并非如这句话通常表示的那样：让其绕 z 轴旋转。在任何时刻，向量 $\boldsymbol{v}$ 都没有旋转 10°、20°或 30°。该函数只是针对 $\boldsymbol{v}$ 的坐标系，返回的是坐标系旋转 90°后 $\boldsymbol{v}$ 的新坐标。确实，从旋转后返回的坐标看，没有办法区分其旋转了 90°、−270°或 450°。看上去这与我们想要得到的旋转似乎无关，但在考虑旋转插值问题时它就十分重要了。假定我们想要创建一个插值程序 `interp(M1,M2,t)`，该程序输入 $\boldsymbol{M}_1$、$\boldsymbol{M}_2$ 两个矩阵以及用于插值的分数 t，经过“完全不旋转”的操作后，$\boldsymbol{M}_1$ 和 $\boldsymbol{M}_2$ 发生的变化会导致什么结果呢？显然，两者之间插值的结果也是不旋转(即为同一旋转矩阵)。但若 $\boldsymbol{M}_1$ 对应于“完全不旋转”，$\boldsymbol{M}_2$ 对应于绕 z 轴“旋转 360°”，其结果就不同了。也许我们想要的是绕 z 轴“旋转 180°”（$t=0.5$），但上述程序并不能得到这个结果：在我们的例子中，这两个矩阵 $\boldsymbol{M}_1$ 和 $\boldsymbol{M}_2$ 都为单位矩阵！

在很多情况下，优先的愿望不是插值旋转矩阵或旋转变换，而是插值旋转的*参数*，然后计算插值后参数所对应的变换。遗憾的是，对旋转参数进行插值并不容易。以旋转轴和旋转角为例，当旋转轴不变时很容易：只要对旋转角做简单插值即可。但对旋转轴进行插值就复杂了。下面我们考虑该问题的两个例子。

1）旋转 1：绕 x 轴旋转 0。旋转 2：绕 x 轴旋转 90°。

2）旋转 1：绕 y 轴旋转 0。旋转 2：绕 x 轴旋转 90°。

对这两种情况所示旋转均做中间插值，结果是相同还是不同呢？注意初始时和最终时

两种情形所对应的旋转是相同的。唯一的不同是，未给定角度时如何确定与之毫无关联的旋转轴方向。这会不同吗？

Yahia 和 Gagalowicz[YG89]描述了一个对旋转轴和旋转角进行插值的方法，即使旋转角为 2π 的倍数，旋转轴也会影响插值结果；除此之外，该方法还是不错的。

11.5　对矩阵变换进行插值

尽管前面章节宣称，一般而言我们希望对旋转参数而不是变换矩阵本身进行插值，但有些情况下直接对变换进行插值还是有意义的。例如，如果我们编写了一个物理仿真程序，可计算物体在某时刻的朝向和位置，现想要填入中间时刻的朝向和位置，通过采用足够小的时间步长，来保证仿真程序给出的各关键时刻的值与其相邻时刻的值非常接近(即一个物体不会在两相邻的关键时刻间旋转 720°)。对于两个如此“接近的”变换状态，可以对它们插值吗？

Alexa 等人[Ale02]描述了一种对变换进行插值的方法，更一般地说是实现变换线性组合的方法，其条件是待组合的变换“足够接近”。本章的网络资料介绍了这一方法，但因为它涉及矩阵指数和其他我们不想深入的数学问题，在此不再赘述。

11.6　虚拟跟踪球和弧球

作为对旋转空间研究的一个应用，现在考察对我们当前观察的 3D 物体的姿态实施控制的两种方法。这两种用户界面技术无疑是 3D 交互主题的一部分(见第 21 章，那里我们给出具体的实现)，此处对它们进行讨论是因其与 SO(3)的研究密切相关。

本书的标准 3D 测试程序可以显示基于网格表示的几何物体。现假定有一个由顶点 P_0，P_1，…，P_k 组成的固定网格 K。在每次显示网格 K 之前，对其每个顶点 P_i 施加变换生成一个新的网格。如果我们反复改变施加在网格 K 上的变换，将看到一系列随时间而变化的新的网格。

另一种观察方法是让网格 K 固定不动，但不断改变虚拟相机的位置和朝向。这里我们将采用第一种方法。毫无疑问，两种方法密切相关：沿一个方向移动物体等价于沿相反的方向移动虚拟相机(假定场景中只有一个物体)。

设想我们希望能从所有的角度观察物体。假设物体被放置在原点，因此可以对其施加旋转变换以改变其朝向但保持位置不变。但如何来控制视线的方向呢？

一个容易理解的比喻是想象物体被一个巨大的玻璃球所包围(见图 11-10)。这个玻璃球是如此之大，若将它画在显示器上，它会最大限度地占满显示器(对于一个正方形显示器，它会触碰到显示器的所有四条边)。现在设想我们通过点击球面上某点，拖动一定距离再松开，以此跟虚拟球进行交互。例如我们首先点击 P 点然后在 Q 点释放鼠标，这将意味着旋转该球使球面上点 P 沿大圆弧移动到点 Q(即在由 P、Q 和圆心定义的平面上进行旋转)。

当然，当用鼠标点击显示器上一点时，我们实际并非点击在球面上——而只是得到该点在显示器表面上的坐标。然后基于这一坐标来确定球面上的对应点。现假设知道虚拟相机的位置 C，以及鼠标点击所确定的显示器平面上对应点 S 的位置(见图 11-11)。

为了确定鼠标点击点在球面上的对应点 P，需求取以下参数化射线

$$R(t) = C + t(S - C) \tag{11-46}$$

与虚拟球相交的位置，为了简化起见，假设虚拟球是由 $x^2 + y^2 + z^2 = 1$ 定义的单位球。换

句话说，显示时，单位球只触及矩形显示器的两边。对于球上的点 $R(t)$，其坐标(r_x，r_y 和 r_z)必须满足所定义的球面方程，即

$$r_x^2+r_y^2+r_z^2=1 \tag{11-47}$$

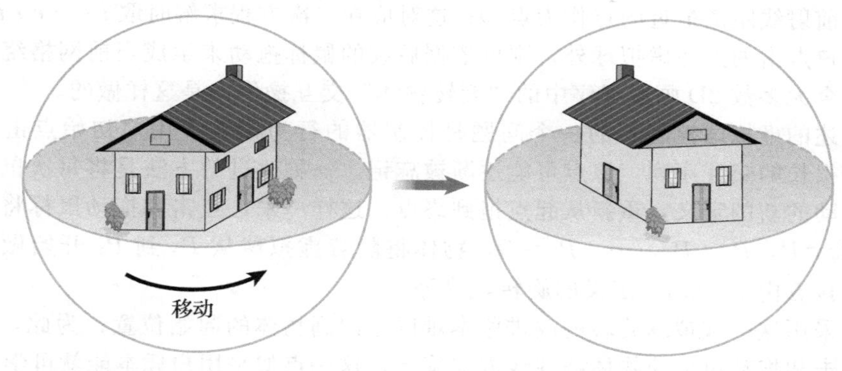

图 11-10 想象被观察的物体嵌入在巨大的玻璃球中，移动球面上一点即可移动里面的物体

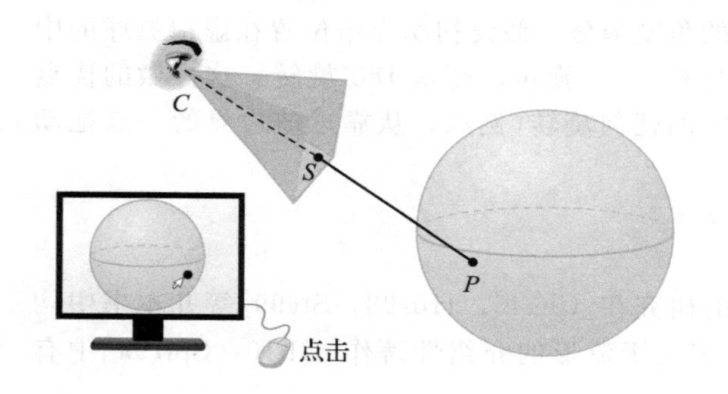

图 11-11 当用户点击显示器右下角时，就可以获得对应点 S 在 3D 空间成像平面上的 3D 空间坐标；进而确定从眼睛发出通过该点的射线与虚拟球相交的位置

另一种思考方式是，我们可以考虑从原点 $\mathbf{O}$ 到 $R(t)$ 的向量，即 $C+t(S-C)-\mathbf{O}$；该向量必须是单位长度，满足：$(R(t)-\mathbf{O})\cdot(R(t)-\mathbf{O})=1$，令 $\boldsymbol{u}$ 为 $S-C$，则有

$$(C-\mathbf{O}+t\boldsymbol{u})\cdot(C-\mathbf{O}+t\boldsymbol{u})=1 \tag{11-48}$$

对上式进行简化和扩展；并令 $\boldsymbol{c}=C-\mathbf{O}$，得到

$$(\boldsymbol{u}\cdot\boldsymbol{u})t^2+(2\boldsymbol{c}\cdot\boldsymbol{u})t+\boldsymbol{c}\cdot\boldsymbol{c}=1 \tag{11-49}$$

上式是关于 t 的二次表达式；求解得到

$$t=\frac{-\boldsymbol{c}\cdot\boldsymbol{u}\pm\sqrt{(\boldsymbol{c}\cdot\boldsymbol{u})^2-(\boldsymbol{u}\cdot\boldsymbol{u})(\boldsymbol{c}\cdot\boldsymbol{c})}}{\boldsymbol{u}\cdot\boldsymbol{u}} \tag{11-50}$$

其中较小的 t 值(称为 t_1)对应于射线与球面的第一个交点；采用这一 t 值我们可计算得到球面上的点

$$P=C+t_1(S-C) \tag{11-51}$$

(存在 t 的两个解都不是实数的可能性，在这种情况下射线与球面无交：也就是说，用户未点击在显示的虚拟球图像上。)

在用户拖动鼠标时，我们可用同样的方法计算每个时刻其在球上的对应点 Q。然后按照从 P 到 Q 的大圆弧计算球的旋转；其旋转轴必须是正交于 P 和 Q 的一个单位向量，大小为 $\cos^{-1}(P\cdot Q)$。Rodrigues 公式给出了这个矩阵。

用该矩阵乘以原始网格中所有顶点将得到当前应显示的网格；对许多人来说，这一操作过程非常自然。

尚存在两个问题：当用户将点拖动到虚拟球以外会发生什么？当用户的初始点击点位于虚拟球外时会发生什么？

已尝试了各种解决方法。倘若用户将点 Q 拖出了虚拟球，一个好的解决方法是取球面上离用户当前射线距离最近的点作为点 Q；这对应在二次方程求解时取 $t=-\mathbf{c}\cdot\mathbf{u}/\mathbf{u}\cdot\mathbf{u}$。

倘若用户点击的点在虚拟球外，则可依据后续的鼠标拖动来生成当前网格绕视线方向的旋转，当今大多数 2D 画图程序中的“旋转物体”交互操作就是这样做的。

前面描述的虚拟球控制器的一个问题是控制器的行为依赖于用户初始点击的第一个点；对一个很长的交互序列，该点可能逐渐被忘记。一种改进的方法是将每次鼠标的拖动看成对球运动的新的定义，重新从起点拖到终点。这样一来，点击和拖动鼠标将生成一个位置序列 $P_0=P$，P_1，P_2，…，$P_n=Q$，物体将随着虚拟球从 P_0 到 P_1 开始做第一段旋转，后面紧接着由 P_1 和 P_2 定义的旋转，等等。

不过，采用这一虚拟球旋转的改进版本难以返回到物体的起始位置；为此，可以采用在小圆中点击和拖动鼠标使物体绕视线方向旋转，这一点似乎用户凭本能就可学会。

还有一种由 Shoemake[Sho92]提出的旋转虚拟球的不同方法，该方法也是通过点击和拖动将鼠标从 P 拖动到 Q，但虚拟球旋转的角度*加倍*。假设初始点击位置在虚拟弧球的中心，然后将其拖动到弧球的边缘，所生成的不是 90°旋转，而是 180°旋转。这样做的优点是用户通过一次点击和拖动就能生成所希望的任何旋转(例如，从靠近球边界的一点拖动到球的另一侧边界将绕视线方向旋转一周)。

11.7 讨论和延伸阅读

对于数学上的更多内容，关于 SO(n)的研究在[Che46，Hus93，Ste99]等几本书中均有涉及，$\mathbf{S}^n$ 和 SO(n)的一些基本性质在许多关于流形的介绍性著作[GP10，Spi79a]中有讨论。

关于四元数的经典工作可参见 Hamilton[Ham53]，但较为现代化的阐述[Che46，Hus93]则更容易阅读。

四元数是 Grassmann[Gra47]致力于研究的更一般现象中的一个例子，在这类现象中，乘法的非交换性起了核心作用。遗憾的是，在该著作中 Grassmann 的思想表述得过于含糊以至在很大程度上为他同时代的人所忽略。近年来在物理学领域对四元数出现了一些新的关注(连同在图形学领域的相应关注)，新的进展取名为**几何代数**[HS84，DFM07]。

11.8 练习

11.1 我们曾通过点积推导过方向为单位向量 $\mathbf{u}$ 的直线的反射矩阵。显然该反射等价于绕 $\mathbf{u}$ 旋转 180°。试采用基于轴-角度的旋转公式直接推导反射矩阵。

11.2 试确定在 $\mathbf{R}^n$ 中由 $\mathbf{e}_1$，…，$\mathbf{e}_k$ 等前 k 个标准基向量张成的子空间的反射矩阵？基于 k 值，确定该反射是保方向的还是反向的。

11.3 写出在 xy 平面旋转 90°的矩阵和在 yz 平面旋转 90°的矩阵。令它们为 $\mathbf{M}$ 和 $\mathbf{K}$，验证 $\mathbf{MK}\neq\mathbf{KM}$。由此可得出：若 $\mathbf{R}_1$ 和 $\mathbf{R}_2$ 是 SO(3)中的元素，则通常情况下，$\mathbf{R}_1\mathbf{R}_2=\mathbf{R}_2\mathbf{R}_1$ 不成立；这与 2×2 旋转矩阵的 SO(2)集合截然不同，在 SO(2)集合中任意两个旋转可交换。

11.4 在代码清单 11-2 中，有个条件“如果 θ 接近 π”，在处理这种大旋转角的情况时，该代码取 $\mathbf{M}+\mathbf{I}$ 的一个非零列 $\mathbf{v}$ 作为旋转轴。只要 θ 不精确等于 π，$\mathbf{v}$ 不会平行于坐标轴。说明为什么 $\mathbf{v}+\mathbf{Mv}$ 将更为平行于坐标轴。修改代码清单 11-2 中的代码，重复运用这一想法直至其能非常好地逼近坐标轴。

11.5　考虑 $\theta=\pi/2$ 时基于欧拉角旋转的参数化表示。说明同时增大 ϕ 和减小 ψ 且增减的量相同时不会改变旋转矩阵。

11.6　公式(11-23)中的第二个矩阵是第一个矩阵($\mathbf{J}_\omega$)的平方，它也是一个对称阵。这并非巧合。说明反对称矩阵的平方总是对称的。

11.7　分别找出 $\mathbf{J}_\omega$ 和 $\mathbf{J}_\omega^2$ 的特征值和所有实特征向量。

11.8　假设 $\mathbf{A}$ 是 $\mathbf{R}^3$ 中一个旋转矩阵。

(a) 一个 3×3 矩阵有多少个特征值？

(b) 说明一个旋转矩阵(仅有)的实数特征值为±1。提示：旋转时长度保持不变。

(c) 对于一个实数矩阵，非实数的特征值是成对出现的：如果 z 是一个特征值，则 $\bar{z}$ 也是。据此推断 $\mathbf{A}$ 必有一个或三个实数特征值。

(d) 基于下列事实：如果 z 是一个非零复数，则 $z\bar{z}>0$；矩阵的行列式是其所有特征值的乘积，说明：如果 $\mathbf{A}$ 有一个非实数的特征值，那么它必有一个实数特征值为 1；如果 $\mathbf{A}$ 的特征值均为实数，那么其中至少有一个为 1。

(e) 证明因为 1 恒为 $\mathbf{A}$ 的一个特征值，总有一个非零向量 $\mathbf{v}$ 使得 $\mathbf{A}\mathbf{v}=\mathbf{v}$，也就是说，旋转矩阵 $\mathbf{A}$ 有一个轴。

11.9　与向量 $\boldsymbol{\omega}$ 关联的反对称矩阵 $\mathbf{J}_\omega$ 是线性变换 $\mathbf{v}\mapsto\boldsymbol{\omega}\times\mathbf{v}$ 的矩阵。

(a) 说明每个 3×3 反对称矩阵 $\mathbf{S}$ 表示与某一向量 $\boldsymbol{\omega}$ 的叉乘，也就是说，它描述映射 $\boldsymbol{\omega}\mapsto\mathbf{J}_\omega$ 的逆。

(b) 由此解释为什么每个 3×3 反对称矩阵有一个特征值为 0，因此 $\det \mathbf{S}=0$。

11.10　在对虚拟球控制器的描述中，我们采用了 $\theta=\cos^{-1}(P\cdot Q)$，这里参与点积的是点而不是向量。之所以能够成立是因为我们假定虚拟球的中心位于原点。

(a) 假设中心在其他点 B，如何计算 θ?

(b) 假设虚拟球并非单位球，如何计算 θ?

11.11　使用 3D 测试平台通过虚拟球交互来调控视线方向。

11.12　给定点 P 和方向 $\mathbf{v}$，描述如何构造 $\mathbf{R}^3$ 中围绕由 P 和 $\mathbf{v}$ 确定的直线旋转 θ 的变换，其中旋转平面过 P 点且垂直于 $\mathbf{v}$，当沿 $P+\mathbf{v}$ 方向观察时，旋转角 θ 为逆时针方向。

11.13　在第 7 章曾看到，如果 f 是包含点 Q 且法向为 $\mathbf{n}$ 的平面的测试函数，即 $f(P)=(P-Q)\cdot\mathbf{n}$，则可以令 $g(t)=A+t\mathbf{w}$，通过求解 $f(g(t))=0$ 来计算射线 $t\mapsto A+t\mathbf{w}$ 与该平面的交。假设 T 是 4×4矩阵 $\mathbf{M}$ 表示的一个线性变换(也许是一定量的平移，或绕 y 轴旋转 30°)。将 T 应用于由 f 定义的平面上的每个点，将得到一个新的平面，进而找出射线与新平面的交。

(a) George 提出新平面的测试函数可由 $\bar{f}(P)=f(T(P))$ 定义，是否正确？如果不是，将其调整为正确。

(b) 说明 $\bar{f}(g(t))=0$ 当且仅当 $f(\bar{g}(t))=0$，其中 $\bar{g}(t)=\mathbf{M}^{-1}A+t\mathbf{M}^{-1}\mathbf{w}$。

(c) 描述如何使用(b)中的思想计算光线与某个已经过仿射变换的物体之间的交点(假定已知如何计算光线与该物体标准形式的交点)。这样一来，如果你知道如何光线跟踪一个标准单位球，即可跟踪一个拉伸和旋转后的单位球(椭球)。

(d) 在光线跟踪中，不仅需要求取交点，还需确定交点处的法向。假设现不是让光线 R 与一个变换后的球相交，而是对 R 进行逆变换，将它与位于原点的单位球求交，进而求得交点 $P=(x, y, z)$和法向量 $\mathbf{n}=[x\quad y\quad z]^{\mathrm{T}}$。试问如何找出变换后的球在该点的法向量？注意：这种光线跟踪方式对复杂场景并不适用，因为对每条光线而言，都必须遍历场景模型的层次结构，计算耗费很大。相反，若将场景层次模型展平为一系列三角形并使用一种空间数据结构加速求交测试，通常会更快，但也不尽然：假设森林里有 100 万棵同样的树，每棵树包含 100 万个三角形(均为相同副本)，此时采用空间数据结构方法会失败。相反，我们取每棵树的包围盒作为空间数据结构的叶结点，再运用本练习中的光线逆变换技巧，在原型树的建模空间中对每条光线进行跟踪，或许再采用空间数据结构加速计算。这是坐标一系统/基本原则的另一个应用。

2D 和 3D 图形变换库

12.1 引言

前几章的思想可以很好地概括为对若干关联类的处理，这将有助于维持点和向量间的区别、点的变换 T 和向量及余向量关联变换之间的区别，此外还讨论了图形学中常进行的一些例行计算。

本章可认为是实现原理的一个实例：假设你对某一数学思想已充分理解，也就能通过代码实现，之后就再无必要去继续研究它了。

本书网站就提供了用 C# 写的这种实现程序，其开始部分为之前见过的预先定义的 `Point`、`Vector`、`Point3D` 以及 `Vector3D` 等 WPF 类，建议读者下载该实现程序，以便在阅读本章内容时查阅。

该实现程序基于一个矩阵库，可求矩阵的逆、解线性方程组以及做矩阵乘法运算等。我们选择了 `MathNet.Numerics.LinearAlgebra` 库[Mat]。如果你希望选择其他库，很容易进行置换，因为程序中对该库为局部化使用。

大多数类都有一些程序，它们对某些情形会失败。例如，要找一个线性变换将 $\mathbf{v}_1$ 变换到 $\mathbf{w}_1 \neq \mathbf{0}$，同时又将 $\mathbf{v}_1$ 变换到 $2\mathbf{w}_1$，但其答案并不存在。所有的失败可归结为某些矩阵不可逆。我们会提出这些异常情况，在相应的代码和文档中予以讨论，本章中不再一一列出。

本章实现程序可采用的方法并非唯一，我们的方法都基于*变换*这个基本概念，但以*坐标系*作为基本实体也是一种合理和可行的选择。正如在第 10 章曾讨论过用坐标系的变化来解释线性变换，采用这一视角可探讨图形学中的许多问题。最终得到面向向量空间(2D 空间中有两个独立的向量，3D 空间中有三个独立的向量)的坐标系，面向仿射空间(一个 2D 仿射坐标系通常由三个点组成，基于这三个点可确定重心坐标。但坐标系的建立也可以基于一个点和两个向量)的坐标系，面向投影空间(在 2D 情形中，一个投影坐标系可由“一般位置”语义下的四个点表示，后面我们将简要介绍)的坐标系统。上述基于坐标系实现变换的思路由 Mann 等人提出[MLD97]。

12.2 点和向量

在 WPF 中，预定义的 `Point` 和 `Vector` 类实现了我们讨论过的主要思想(两维的)：所定义的运算包括将一个 `Point` 和一个 `Vector` 相加得到一个新的 `Point`，但是没有提供两个 `Point` 相加的运算。也可进行一些通用的运算，如 `Vector` 的点积。

然而，对类的设计中也有特性化之处。点 `P` 的两个坐标值 `P.X` 和 `P.Y` 不能作为长度为 2 的数组元素加以引用，也无预定义的 cast 操作将其转换为 `double[2]`。不过，为 `Vector` 预定义了 `CrossProduct` 操作，该操作假定向量均位于 3D 空间的 xy 平面上，计算其 3D 叉积(沿 z 轴方向)，返回结果向量的 z 向分量。为使所设的数据类型能方便地为 WPF 其余部分所用，这里我们忽略这些个性化之处，简要地取了 `Point` 和 `Vector` 类

(以及其3D相似类)中我们想要的部分。并将一些几何函数添加到 LIN_ALG 命名空间(其中包含了所有变换类)以便执行单个向量的2D叉积之类的计算。

12.3 变换

WPF也有一个名为 Matrix 的类，因其独特性在这里并不适用。我们希望建立的库将基于变换而不是表示变换的矩阵，故定义为四类：

- MatrixTransformation2：该类是线性变换、仿射变换和投影变换的父类。由于三者都用3×3的矩阵表示，一个 MatrixTransformation 将对应一个3×3的矩阵，并提供对矩阵相乘和求逆的支持程序。
- LinearTransformation2：将 Vector 变换为 Vector。
- AffineTransformation2：对 Point 和 Vector 都可变换。
- ProjectiveTransformation2：对齐次表示的 Point 进行变换，矩阵相乘后除以其最后一个坐标。

(在3D变换中也有四个相应的类。)

在每种情况下，我们都通过 * 操作符来定义组合变换，同时也通过 * 操作符实现对 Point 或 Vector 的变换。例如，要对一个点进行平移并旋转 $\pi/6$，我们可以写成：

```
1  Point P = new Point(...);
2  AffineTransformation2 T = AffineTransformation2.Translate(Vector(3,1));
3  AffineTransformation2 S = AffineTransformation2.RotateXY(Math.PI/6);
4  Point Q = (S * T) * P;
```

如果我们想对多个点进行上述组合变换，应先计算出组合变换并改写为：

```
1  ...
2  AffineTransformation2 T2 = (S * T);
3  Point Q = T2 * P;
```

12.3.1 效率

对点或向量进行变换操作必然涉及内存分配、方法调用、矩阵乘法等。只需简单地将矩阵存储起来，即可避免大部分这样的开销。由于图形程序最后都会对大量的点和向量做大量的变换，你可能会认为自行编程是最好的方法。倘若你正在编写一个将在处理器上运行的实时图形程序，而计算量是其瓶颈(如在电池供电的装置上运行的游戏)，则事实确实如此。但作为计算机图形学的学生，你编写的大部分程序可能最终都只运行几次，作为开发人员，程序中“开销”最大的却是你的时间。如果你习惯于经常查看代码细节，你会发现自行编写的代码很难进行检查，而采用高层次的方法将可帮助你减少错误甚至提高效率。可使用一个分析工具来准确地确定代码中哪些地方你需要做精细的编程而不是采用高层次的方法。

尽管如此，也有一些地方无需代价即可提升计算效率。例如，LinearTransformation2 类采用3×3矩阵来表示一个变换，其矩阵通常为下列形式：

$$\begin{bmatrix} a & b & 0 \\ c & d & 0 \\ 0 & 0 & 1 \end{bmatrix} \tag{12-1}$$

相比通常的3×3矩阵，它的求逆更简单(只需要对左上方的2×2矩阵求逆)。同样，两个这样的矩阵相乘比3×3的矩阵相乘更为简单(只需将左上方的2×2矩阵相乘)。将 MatrixTransform2 方法运用到矩阵求逆和相乘，将得到很大程度的效率提高。

课内练习 12.1：在不查看代码的情况下，思考在对 $\mathbf{R}^2$ 仿射变换求逆时，能否找到一个比 3×3 矩阵求逆更有效的方法。提示：矩阵最后一行总是[0　0　1]。

12.4　变换的参数

对于每一种变换，默认的构造函数将生成变换的标识(MatrixTransformation2 构造器是 protected 类的，只有派生类能创建 MatrixTransformation 函数)。一般情况下，变换都是由有助于记名的静态方法构造的，譬如 AffineTransformation2 类存在 8 种创建变换的静态方法(全是 public static AffineTransforms2)。

```
1  RotateXY(double angle)
2  Translate(Vector v)
3  Translate(Point p, Point q)
4  AxisScale(double x_amount, double y_amount)
5  RotateAboutPoint(Point p, double angle)
6  PointsToPoints(Point p1, Point p2, Point p3,Point q1, Point q2, Point q3)
7  PointAndVectorsToPointAndVectors(Point p1, Vector v1, Vector v2,
8                                   Point q1, Vector w1, Vector w2)
9  PointsAndVectorToPointsAndVector(Point p1, Point p2, Vector v1,
10                                  Point q1, Point q2, Vector w1)
```

此处命名约定很简单：从“变换之前”到“变换之后”，因此

```
Translate(Point p, Point q)
```

创建 p 到 q 的变换，倘若变换涉及多个参数，点总是列在向量之前，因此在

```
PointAndVectorsToPointAndVectors
```

中，点 p1 变换到 q1，向量 v1 变换到 w1，向量 v2 变换到 w2。这一方法的名称表示有一个点和一个以上的向量；这是因为平面的仿射变换可由三个点，或一个点两个向量，或两个点一个向量决定，而由其名称可知参数只能是一个点两个向量。

我们命名了那些大家十分熟悉的变换——平移、旋转、沿坐标轴缩放，其名称已指出其含义。虽然这些命名有点繁琐，但它们表意，便于理解相应名称下的代码。

12.5　实现

大部分的变换都很容易实现。比如，为执行 AffineTransformation2，先调用

```
PointAndVectorsToPointAndVectors
```

这样一来，PointsToPoints 方法就容易懂了：

```
1  public static AffineTransform2 PointsToPoints(
2    Point p1, Point p2, Point p3,
3    Point q1, Point q2, Point q3)
4  {
5    Vector v1 = p2 - p1;
6    Vector v2 = p3 - p1;
7    Vector w1 = q2 - q1;
8    Vector w2 = q3 - q1;
9    return AffineTransform2.PointAndVectorsToPointAndVectors(p1, v1, v2, q1, w1,
         w2);
10 }
```

PointAndVectorsToPointAndVectors 代码以一种相对直观的方式实现：我们知道向量 v1 和 v2 必然以 3×3 矩阵的形式变换到向量 w1 和 w2，也就是矩阵左上角必须为能在 2D 空间执行这一变换的 2×2 矩阵。故调用 LinearTransformation2 中的 VectorsToVectors 方法来实现这个变换。然而，一般而言，所得到的变换并不一定能将 P1 变换到 q1，为此，我们在向量变换之前将 p1 平移到坐标原点(平移对向量不起作用)；再进行线性变换。之后将坐标原点移动到 q1。最终 P1 变换到 q1，而向量的变换即为所求。

显然，上述方法依赖于 LinearTransformation2 的 VectorsToVectors。在编写其代码时，我们将 v1 和 v2 作为 3×3 矩阵的前两列，矩阵右下角元素取为 1。这一变换 T 将 $\boldsymbol{e}_1$ 变换到 $\boldsymbol{v}_1$，$\boldsymbol{e}_2$ 变换到 $\boldsymbol{v}_2$。同样，我们可采用 w1 和 w2 建立一个 S 变换将 $\boldsymbol{e}_1$ 变换到 $\boldsymbol{w}_1$，$\boldsymbol{e}_2$ 变换到 $\boldsymbol{w}_2$。则 T。S^{-1} 的复合变换将 $\boldsymbol{v}_1$ 变换到 $\boldsymbol{e}_1$ 再变换到 $\boldsymbol{w}_1$，$\boldsymbol{v}_2$ 的情形类似，从而解决了问题。

12.5.1　投影变换

在实现中唯一需要仔细处理的问题是 ProjectiveTransformation2 中的方法 PointsToPoints，解释这段代码需要一点数学知识，但都是之前我们见过的不同形式的数学公式。

给出欧氏平面上 4 个点 P_1、P_2、P_3、P_4，我们需要找到一个投影变换将它们变换到欧氏平面上的 Q_1、Q_2、Q_3、Q_4。

在进一步说明之前，我们必须提到一点限制。在描述 LinearTransformation2 的方法 VectorsToVectors 时，我们承诺将 $\boldsymbol{v}_1$ 变换到 $\boldsymbol{w}_1$，$\boldsymbol{v}_2$ 变换到 $\boldsymbol{w}_2$，但此处存在一个约束条件：如果 $\boldsymbol{v}_1=\boldsymbol{0}$ 但 $\boldsymbol{w}_1\neq\boldsymbol{0}$，将不存在可实现它的线性变换。实际上，如果 $\boldsymbol{v}_1$ 是 $\boldsymbol{v}_2$ 的倍数，一般而言，也不存在相应的线性变换(除非 $\boldsymbol{w}_1$ 也是 $\boldsymbol{w}_2$ 的相同倍数，而此时将存在无数解)。我们的求解方法(或使一般问题有解)隐含的约束为：$\boldsymbol{v}_1$ 和 $\boldsymbol{v}_2$ 必须线性无关。对 PointsToPoints，情况是类似的，点 $P_i(i=1,\cdots,4)$必须为**一般位置**，也就是说没有两个点是相同的，并且任何一个点都不位于由其他两个点所决定的直线上(见图 12-1)。用更熟悉的术语来说，上述条件等价于：P_1、P_2、P_3 构成一个非退化的三角形；对于三角形 $P_1P_2P_3$，P_4 的重心坐标非零。同样，所取的 Q_i 也应为一般位置。[⊖]

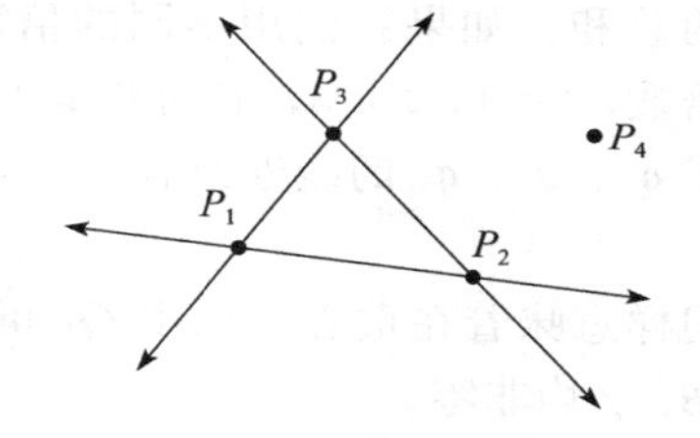

图 12-1　四个点均为一般位置，因为任意一个点都不在其他任何两个点的直线上或前三个点组成一个非退化的三角形，第四个点也不在三角形任意一条边的延长线上。两种描述等价

回到将 P_i 变换到 Q_i 的主要问题上，在将点 P_i 和 Q_i 表示成 3D 空间元素时，我们在每个点的坐标分量后添加一个 1，让其变为一个末端位于 $w=1$ 平面上的向量，并称它们为向量 $\boldsymbol{p}_1$、$\boldsymbol{p}_2$ 等。于是本节的问题就可以表示为：找到一个满足下面条件的 3×3 的矩阵 $\boldsymbol{M}$：

$$\boldsymbol{M}\boldsymbol{p}_1=\alpha\boldsymbol{q}_1 \tag{12-2}$$

$$\boldsymbol{M}\boldsymbol{p}_2=\beta\boldsymbol{q}_2 \tag{12-3}$$

$$\boldsymbol{M}\boldsymbol{p}_3=\gamma\boldsymbol{q}_3 \tag{12-4}$$

$$\boldsymbol{M}\boldsymbol{p}_4=\delta\boldsymbol{q}_4 \tag{12-5}$$

其中 α、β、γ 和 δ 为四个非零值(例如，当 $\alpha\boldsymbol{q}_1$ 除以它的最后一个坐标分量时，会变成 $\boldsymbol{q}_1$)。问题是我们并不知道这些因子的值。

从以上所述来看，这个问题十分棘手。如果没有这些因子，我们只需要找到一个矩阵

⊖ 后一条件过于严格，但是它能在一定程度上简化分析。

满足 $\boldsymbol{Mp}_i=\boldsymbol{q}_i(i=1, \cdots, 4)$。但每次只能求解三个向量，而不是四个。所以这些因子是至为关键的，没有它们，一般而言，问题将完全无解。但引入这些因子无疑使求解变得更为复杂：我们需要求解矩阵的9个元素和4个因子，总共有13个未知量。这里有四个方程，每个方程可列出3个式子，故共有12个方程式和13个未知量，是一个大的不定方程组。容易发现为什么这个方程组是不定的，即使：如果我们找到方程组(12-2)～方程组(12-5)的一组解($\boldsymbol{M}$, α, β, γ, δ)，那么也可以通过加倍得到另一组解($2\boldsymbol{M}$, 2α, 2β, 2γ, 2δ)。

课内练习 12.2：验证这一论断。

为使该问题的解唯一，首先取 $\delta=1$。这样，对13个未知量将有13个方程式，刚好可以求解这个线性系统。在3×3的情形下存在更为简单且计算量更小的方法，在4×4情形中，甚至会省去更多的计算。

课内练习 12.3：证明如果方程组(12-2)～方程组(12-5)存在解，则 $\delta=1$ 必为解之一。解释为什么任何解都满足 $\delta\neq0$。

在对问题进行简化时，我们将遵循第10章建立的模式。为了将 $\boldsymbol{p}_i$ 变换到 $\boldsymbol{q}_i$，将找出一种方法把四个标准向量变换到 $\boldsymbol{q}_i$，再将这四个向量变换到 $\boldsymbol{p}_i$，然后将其中的一个变换与另一个的逆变换组合起来。我们将选用 $\boldsymbol{e}_1$、$\boldsymbol{e}_2$、$\boldsymbol{e}_3$ 和 $\boldsymbol{u}=\boldsymbol{e}_1+\boldsymbol{e}_2+\boldsymbol{e}_3$ 作为四个标准向量，首先找到一个变换将它们变换到 $\boldsymbol{q}_1$、$\boldsymbol{q}_2$、$\boldsymbol{q}_3$、$\boldsymbol{q}_4$ 的常数倍。

第一步：矩阵的列取为 $\boldsymbol{q}_1$、$\boldsymbol{q}_2$、$\boldsymbol{q}_3$，它将 $\boldsymbol{e}_1$ 变换到 $\boldsymbol{q}_1$，$\boldsymbol{e}_2$ 变换到 $\boldsymbol{q}_2$，$\boldsymbol{e}_3$ 变换到 $\boldsymbol{q}_3$。然而并不一定将 $\boldsymbol{u}$ 变换到 $\boldsymbol{q}_4$，不过它将 $\boldsymbol{u}=\boldsymbol{e}_1+\boldsymbol{e}_2+\boldsymbol{e}_3$ 变换到 $\boldsymbol{q}_1+\boldsymbol{q}_2+\boldsymbol{q}_3$，也就是矩阵各列的总和。如果我们用不同的倍数缩放矩阵的每一列，得到的矩阵仍然能将 $\boldsymbol{e}_i$ 变换到 $\boldsymbol{q}_i$ 的倍数，$i=1, 2, 3$，且可将 $\boldsymbol{u}$ 变换为不同倍数的 $\boldsymbol{q}_i$ 的之和。因此，在第一步中，$\boldsymbol{q}_4$ 可以写成 $\boldsymbol{q}_1$、$\boldsymbol{q}_2$、$\boldsymbol{q}_3$ 的线性组合。

$$\boldsymbol{q}_4=\alpha\boldsymbol{q}_1+\beta\boldsymbol{q}_2+\gamma\boldsymbol{q}_3 \tag{12-6}$$

它同样意味着在重心坐标中 Q_4 可用 Q_1、Q_2、Q_3 表示。注意，因做了一般位置假设，故 α、β、γ 均非零。

课内练习 12.4：解释最后一句中的论断。

在代码中，为了得到 α、β 和 γ，我们创建一个矩阵㊀ $\boldsymbol{Q}=[\boldsymbol{q}_1; \boldsymbol{q}_2; \boldsymbol{q}_3]$，使得

$$\begin{bmatrix}\alpha\\ \beta\\ \gamma\end{bmatrix}=\boldsymbol{Q}^{-1}\boldsymbol{q}_4 \tag{12-7}$$

课内练习 12.5：解释为什么式(12-7)的解为式(12-6)的一个解。

现考虑矩阵

$$\boldsymbol{A}=[\alpha\boldsymbol{q}_1;\beta\boldsymbol{q}_2;\gamma\boldsymbol{q}_3] \tag{12-8}$$

容易证明它将 $\boldsymbol{e}_i$ 变换到 $\boldsymbol{q}_i$ 的倍数，$i=1, 2, 3$，同时将 $\boldsymbol{u}$ 变换为该矩阵各列的和。由式(12-7)知，这就是 $\boldsymbol{q}_4$。

第二步：重复上面步骤，我们能找到一个变换矩阵 $\boldsymbol{B}$ 将 $\boldsymbol{e}_1$、$\boldsymbol{e}_2$、$\boldsymbol{e}_3$、$\boldsymbol{u}$ 变换到 $\boldsymbol{p}_1$、$\boldsymbol{p}_2$、$\boldsymbol{p}_3$、$\boldsymbol{p}_4$ 的倍数。

第三步：矩阵 $\boldsymbol{AB}^{-1}$ 即可将 $\boldsymbol{p}_i$ 变换为相应的 $\boldsymbol{q}_i$ 的倍数。

注意在上述过程中我们求解了一组3×3的方程，求了3×3个矩阵的逆，与求解一组13×13的方程相比，计算量大为减少。

㊀ 分号表示所列出的项为矩阵的列。

课内练习 12.6：解释为什么矩阵 $\boldsymbol{B}=[\alpha'\boldsymbol{p}_1\beta'\boldsymbol{p}_2\ \gamma'\boldsymbol{p}_3]$(其中 α'、β'、γ' 是 P_4 关于 P_1、P_2、P_3 的重心坐标)是可逆的。提示：构建 $\boldsymbol{B}=\boldsymbol{PS}$，其中 $\boldsymbol{S}$ 为对角矩阵，$\boldsymbol{P}$ 的列取为 $\boldsymbol{p}_1$、$\boldsymbol{p}_2$、$\boldsymbol{p}_3$，并考虑点 $P_i(i=1, \cdots, 4)$ 的一般位置假设。

12.6 3D 空间

除了旋转较复杂外，库中的3D变换部分完全类似于2D。为了实现围绕任意一个向量的旋转，我们使用 Rodrigues 公式；为了实现绕任意射线(由一个点和一个方向指定)的旋转，我们将该点平移到原点，然后进行向量旋转，最后平移回去。投影空间中的 `PointsToPoints` 变换方法采用了2D空间中使用的一般性方法，用4个联立方程和一个 4×4 矩阵求逆取代求解21个联立方程。

12.7 相关变换

有了欧氏空间的仿射变换 T，我们即可同时对点和向量进行变换(已写入代码)。关于仿射变换，我们知道如何实施余向量变换，在代码中已定义一个 `Covector` 结构(从其 `doubles` 数组的存储格式看，它类似于 `Vector` 结构)。对于仿射变换，也存在一个和余向量相关的变换 `T.NormalMap`，我们约定称其为“法向映射”而不是“余向量映射”，因为它在图形学中作用的对象几乎均为三角形的法向量。

在投影变换中，对向量的相关映射通常依赖于其出发点的位置。以图10-24为例，定义域中小方块的顶边和底边可视为两个相同的向量，但变换之后，这些向量不再平行。对它们的向量变换之所以不同，是因为它们有不同的起始点。因而，相关的向量变换取一个点和一个向量作为映射的参数。有关细节和详细的原理在网上材料中都有介绍。余向量变换(对于投影变换而言)同样也依赖于其作用点。

由于在投影变换中向量和余向量的变换依赖于点的位置，其结果是：许多操作——特别是那些涉及向量点积的操作，比如计算平面上的反射光——最好在投影变换(接近绘制流水线末端)之前执行。

12.8 其他结构

取决于你打算如何使用线性代数库，创建一些类去表示那些常见的几何实体(比如射线、直线、3D空间平面、椭圆和椭球，可由非退化的线性和仿射映射变换为椭圆和椭圆体)都是有意义的。比如射线可表示成一个点和一个方向向量。所以可自然地定义为

```
public static Ray operator*(AffineTransformation2 T, Ray r)
```

或作为一种方法被包含在 `AffineTransformation2` 类中

```
public Ray RayTransform(Ray r)
```

一种好的实现方法是用 T 对射线的 `Point` 进行变换，变换其方向 `Vector` 并做归一化，这是因为当其方向表示为单位向量时，对射线的许多计算都变得简单。

12.9 其他方法

我们曾提到还有其他的方法可将图形学中用到的各种变换操作封装在一起，其中包括基于坐标系的方法。

对仅需对物体进行刚性变换的情形，可采用一种高效的方法来建立一个受限的变换

库。它将所有的缩放变换（包括均匀和非均匀缩放）以及非仿射的所有投影变换排除在外。于是，每一个变换只是简单的平移、旋转或者两者的组合。这种变换有以下两个优点：

- 不存在“退化”的情形。在前面讨论过的 `PointsToPoints` 变换中，当初始点并非一般位置时可能导致变换失败，但此处不存在这种问题。
- 当需要对这类刚性变换求逆时，无需采用矩阵求逆程序，因为一个旋转矩阵 $\mathbf{A}$ 的逆即为它的转置矩阵 $\mathbf{A}^T$。

当然它也存在缺点：

- 我们无法方便地使用 `PointsToPoints` 中的参数来描述一个变换。由于刚性变换可保持着点与点之间的距离，因此起始点两两之间的距离必须完全匹配相应目标点之间的距离，但试图指定目标点的这种属性是不切实际的，哪怕取(0，0)、(1，0)和(0，1)为初始点也是如此。
- 我们不能在这样定义的场景中对物体模型的实例进行放大或缩小。（一种典型的解决方法是从文件中读取物体模型时使用比例因子，比如采用 6.0 的比例因子来读取一个标准球模型从而去创建一个大球。）

图 12-2　一个简单场景

G3D 是我们在第 32 章中将要实现的两个绘制器中采用的图形包，它采用了上述的刚性运动思路。G3D 中包含一个 `CFrame` 类（坐标系）；其标准模板就是基于原点的标准坐标系。构建图 12-2 场景中的模型涉及许多代码，大部分为材质属性描述。代码清单 12-1 中列出了其中几何建模的核心部分[⊖]，而所有关于光源和材质的建模的代码已删除。

代码清单 12-1　构造简单场景模型

```
1  void World::loadWorld1() {
2    modeling of lights omitted
3    // 稍微偏右的球，具有红色光泽
4    addSphere(Point3(1.00f, 1.0f, -3.0f), 1.0f, material specification );
5    // 左边球体
6    addTransparentSphere(Point3(-0.95f, 0.7f, -3.0f), 0.7f, material specifica-
         tions );
7
8    // 地平面
9    addSquare(4.0, Point3(0.0f, -0.2f, -2.0f),
10     Vector3(1.0f, 0.0f, 0.0f), Vector3(0.0f, 1.0f, 0.0f), material specifica-
           tions );
11
12   // 背面
13   addSquare(4.0, Point3(0.0f, 2.0f, -4.00f),
14     Vector3(1.0f, 0.0f, 0.0f), Vector3(0.0f, 0.0f, 1.0f), material specifica-
           tions );
15    ...
16 }
```

一个球由它的球心和半径确定；一个正方形则由其边长、中心点、一个和正方形轴向对齐的向量以及正方形面的法向量决定。注意这两个向量必须相互垂直，否则代码将出错。在场景中添加一个球体和正方形的代码如代码清单 12-2 和代码清单 12-3 所示。

⊖ 相机在程序的其他地方说明。

代码清单 12-2 添加物体的方法

```
1 void World::addTransparentSphere(const Point3& center, float radius,
2   material parameters ){
3   ArticulatedModel::Ref sphere =
4     ArticulatedModel::fromFile(System::findDataFile("sphere.ifs"), radius);
5   lots of material specification omitted
6   insert(sphere, CFrame::fromXYZYPRDegrees(center.x, center.y, center.z, 0));
7 }
8
9 void World::addSquare(float edgeLength, const Point3& center, const Vector3&
10    axisTangent, const Vector3& normal, const Material::Specification& material){
11  ArticulatedModel::Ref square = ArticulatedModel::fromFile(
12    System::findDataFile("squarex8.ifs"), edgeLength);
13
14  material specification code omitted
15
16  Vector3 uNormal = normal / normal.length();
17  Vector3 firstTangent(axisTangent / axisTangent.length());
18  Vector3 secondTangent(uNormal.cross(firstTangent));
19
20  Matrix3 rotmat(
21    firstTangent.x, secondTangent.x, uNormal.x,
22    firstTangent.y, secondTangent.y, uNormal.y,
23    firstTangent.z, secondTangent.z, uNormal.z);
24
25  CoordinateFrame cFrame(rotmat, center);
26  insert(square, cFrame);
27 }
```

代码清单 12-3 向场景中插入一个物体的方法

```
1 void World::insert(const ArticulatedModel::Ref& model, const CFrame& frame) {
2     Array<Surface::Ref> posed;
3     model->pose(posed, frame);
4     for (int i = 0; i < posed.size(); ++i) {
5         insert(posed[i]);
6         m_surfaceArray.append(posed[i]);
7         Tri::getTris(posed[i], m_triArray, CFrame());
8     }
9 }
```

可以看到，添加球的代码从文件中读取模型并设置了一个模型缩放比例的参数。返回的对象为一个形状，初始坐标系为标准坐标系。指定场景的坐标系后即可将该形状添加到场景中(用对象 m_surfaceArray 表示)，具体的方法为

```
CFrame::fromXYZYPRDegrees(center.x, center.y, center.z);
```

该方法通过说明标准坐标系沿 x、y、z 轴向平移的距离(对应名称中的“XYZ”)以及绕 x、y、z 轴旋转的角度(“YRP”)来指定一个坐标系。其中沿三个坐标轴旋转角度的默认值均为 0，故这里未列出。

在 insert 方法中，模型将置入新的坐标系中，也就是它应取新坐标系中的坐标。由于新的坐标系以 center 为原点，我们基于新的原点将球平移到指定位置。变换后的球面添加到场景成员表 m_surfaceArray 中，而其表示其表面的三角形集合则被加入另一成员表 m_triArray 中，供可见性测试使用。

往场景中添加正方形的代码比较复杂。首先从文件中读入标准单位正方形，然后根据边长做比例放大。标准正方形的中心位于原点，边长为 1，与 xy 平面的轴向对齐，故它与 x 和 y 轴的单位向量相切，而 z 轴单位向量则是它的法向。我们现需要定义一个新的坐

标系，其第一个轴取 axisTangent 方向，第三个轴取为 normal。为了构建新的坐标系，我们建立一个变换矩阵，将 x、y、z 轴分别变换到 axisTangent、第二切线向量和 normal，但无需限定它们为单位向量。然后使用 CoordinateFrame 类中的标准构造函数 CFrame(rotmat,center)来构建新的坐标系。

12.10 讨论

选择哪种线性代数支撑模式取决于你个人的喜好和目前正在编程的类型。如果旨在获取矩阵运算的最高效率，可以直接选择浮点数的数组。如果在意程序的可读性，可以选择我们之前讨论的实现方式，如 PointsToPoints 之类的方法。如果经常涉及变换的求逆，那么 G3D 的方法也许最为适用。

一般而言，如果你在建立和实施变换时手头有几个精心编写并经过测试的程序，并使用易读的语言型系统来帮助你区别点和向量间的不同之处，则在编写和调试程序时将倍感方便。你采用的线性代数模块越是能支持对操作内容的表达而不是涉及具体的实现方式(比如，“我想要相机朝向这个方向”而不是“我想将相机绕 x 轴旋转 37°，然后绕 y 轴旋转 12.3°”)，你的程序就越容易理解和维护。

12.11 练习

12.1 创建一个 Ray 类来表示平面上的一根射线，并在 AffineTransformation2 类中建立相关的射线变换。对 Line 也同样如此，那么 Line 类需要什么样的构造函数？对 Segment 类又该如何呢？什么方法是 Segment 应该有而 Line 没有的？可否开发一种方法使射线、直线和线段与 ProjectiveTransformation 类相结合，其中是否有什么不可克服的问题？如果一根射线与一根无法定义其投影变换的直线交叉会发生什么？

12.2 在创建投影映射的方法 PointsToPoints 时涉及矩阵 $\boldsymbol{B}$ 的求逆，此时需要对点 $P_i(i=1,\cdots,4)$做一般位置假设。我们同样假设点 $Q_i(i=1,\cdots,4)$为一般位置，但这个假设过强而非必须。那么使 PointsToPoints 变换得以建立的 Q_i 的最弱几何条件是什么？

12.3 解释为什么说关于平面上 4 个点一般位置的两种特征描述是等价的：(a) 没有一个点位于由其他两个点确定的直线上，(b) 3 个点可确定一个非退化的三角形，第四个点不在三角形任意一条边所在直线上。特别注意那些不满足条件的情况，证明如果这 4 个点不能满足特征(a)，那么它们也不满足特征(b)，反之亦然。

12.4 通过定义 LinearTransformation1、AffineTransformation1、ProjectiveTransformation1 等 1D 变换来扩充已有的变换库。前两类的变换较为简单，第三类变换稍有难度；其包括建立一个投影变换的构造函数 ProjectiveTransform1(double p,double q,double r)将 0 映射为 p，1 映射为 q，∞映射为 r(即 $\lim_{x\to\infty}T(x)=r$)。有了这一构造函数即可方便地构建 PointsToPoints 变换。

12.5 通过添加一个构造函数 TransformXYZYPRDegrees(Point3 P,float yaw,float pitch,float roll)来构建一个将原点平移到点 P，并绕 3D 空间标准坐标系的 x 轴、y 轴、z 轴分别旋转 yaw、Pitch、roll 角的变换，从而进一步丰富上面提出的变换库。

12.6 动手构建将点 $P_1=\left(\frac{1}{2},1\right)$，$P_2=(1,1)$，$P_3=\left(\frac{1}{2},-1\right)$和 $P_4=(1,-1)$映射为点 $Q_1=\left(\frac{1}{2},\frac{1}{2}\right)$，$Q_2=P_2$，$Q_3=\left(\frac{1}{2},-\frac{1}{2}\right)$和 $Q_4=P_4$ 的投影变换。

相机设定及变换

13.1 引言

在这一章，我们简要讨论第6章里提到的相机设定。我们曾采用如下的WPF代码来设定一台相机。

```
1   <PerspectiveCamera
2         Position="57, 247, 41"
3         LookDirection="-0.2, 0, -0.9"
4         UpDirection="0, 1, 0"
5         NearPlaneDistance="0.02" FarPlaneDistance="1000"
6         FieldOfView="45"
7             />
```

基于上面的设置，我们将创建一系列的变换，从而将模型上的一点从场景坐标系变换到所谓的“相机坐标系”，然后再变换到图像坐标系。基于变换的唯一性原则，我们可反复地来执行上述操作。

由于一个3D的仿射坐标系可由非共面的四个点定义，这意味着，如果知道这四个非共面点每一个点变换后的目标点，必定存在一个唯一的仿射变换来实现这一转换。类似地，也有关于平面变换的相应理论：如果我们知道三个非共线点变换后各自的目标点，必存在一个唯一的仿射变换实现这一变换。

我们首先给出一个平面上这种变换的例子。接下来，将讨论基本的基于透视投影的相机设定以及如何将这些设定转化为一系列仿射变换和一个投影变换。在本章的网上材料中，我们简要地触及了“基于平行投影”的相机设定，讨论它的实现细节和斜投影变换。

13.2 一个2D的示例

尽管在第10章我们已经介绍了怎样构造变换以及怎样将它们组合在一起，但采用更高级的构造方式来构造变换常更为容易：在这种方式下，我们关注的是变换所要实现的目标，而不是怎样通过一系列的基础变换来构建这个变换。采用线性代数算法包(见第12章)时，我们只需简单地说：要找一个线性映射将某些点变换到另外一些点，算法包会提供该问题的唯一解。

假设我们想要将正方形$-1\leqslant u, v\leqslant 1$(后面将会用到这一变换，在那里我们将它称之为成像矩形)映射到一个宽1024像素、高768像素的显示器上。显示器左上角像素称为(0，0)；左下角像素称为(0，767)；右下角像素称为(1023，767)。我们想找一个变换T，将正方形区间$-1\leqslant u, v\leqslant 1$变换到显示器左侧的一个正方形区域，并且能填充显示器上尽可能大的面积。为此，我们需要显示器平面上的坐标。显示器平面坐标范围从(0，0)到(1024，768)。由于像素坐标(编号)基于每个像素的左上角，如图13-1所示，也就是说，像素(0，0)的中心点位于(0.5，0.5)。

这意味着我们想要将uv平面上的点(-1，-1)(成像矩形的左下角)转换到显示器平面上的点(0，768)(显示器的左下角)，而让(-1，1)(左上角)转换到显示器平面上的(0，

0)。为了完全确定2D空间中的仿射变换，需要知道三个独立的点变换后的位置。我们已经确定了其中两个。对于第三个点，我们选择正方形的右下角：(1，−1)，让它变换到显示器平面上的点(768，768)(保持图像是正方形的)。实施上述操作的代码如下

```
1  Transform t =
2    Transform.PointsToPoints(
3      Point2(-1, -1), Point2(-1, 1), Point2(1, -1),
4      Point2(0, 768), Point2(0, 0),  Point2(768, 768));
```

对于这种设定方法(将某点变换到另一坐标系中某点)，必须确保给出的初始点能够构造一个坐标系；在2D的情况下，这意味着它们必须“不共线”，在本例中这一条件显然是成立的——正方形的任意三个角点都不共线。

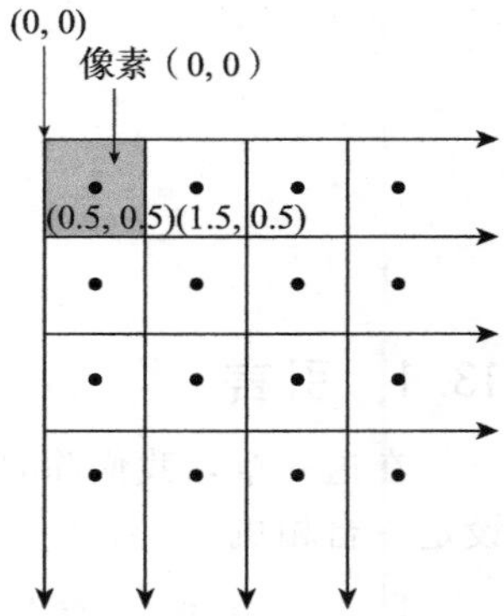

(0, 0)
像素(0, 0)
(0.5, 0.5)(1.5, 0.5)

图13-1　左上角像素的中心坐标为(0.5，0.5)；该像素称为像素(0，0)。换句话说，由其左上角坐标命名

上述过程显然可以推广到r行k列的随机显示窗口(无正方形限制条件)，称为**窗口变换**，其矩阵表示为$\boldsymbol{M}_{\text{wind}}$。可通过下面的代码实现

```
1  Transform t =
2    Transform.PointsToPoints(
3      Point2(-1, -1),   Point2(-1, 1),   Point2(1, -1),
4      Point2(0, k),     Point2(0, 0),    Point2(r, k));
```

或者直接用矩阵表示如下

$$\boldsymbol{M}_{\text{wind}}=\begin{bmatrix}r&0&0\\0&k&0\end{bmatrix}\begin{bmatrix}\frac{1}{2}&0&\frac{1}{2}\\0&-\frac{1}{2}&\frac{1}{2}\\0&0&1\end{bmatrix}=\frac{1}{2}\begin{bmatrix}r&0&r\\0&-k&k\end{bmatrix}\tag{13-1}$$

13.3　透视型相机设定

WPF中相机设定代码使用了6个参数：位置(一个点)、视线方向和朝上方向(两个向量)、近平面距离和远平面距离(两个标量)以及视域(以角度表示)。

为什么不绘制我们能看到的所有景物呢？人的视域大约是180°。也许你会说，“是的，我能利用眼角的余光察觉到东西，但真正能看见的东西大约在120°的范围内，形成一个从眼睛向前伸展的视锥体”，然而，一旦真的设定了一个120°的视域，你会发现所生成的画面会显得奇异并发生扭曲。部分原因是我们在观察图像时，显示器画面通常只占视域中一个相对小的区域。取适宜的观察距离时，一台计算机显示器对应25°的视角，而一部手机的显示屏就只有几度的视角了。

如果我们确实生成了一幅广角的图像，并在显示时，设法让它占据我们视域中一大片区域，所见到的扭曲现象会减轻。但有证据表明，即便如此，也不能给予观察者一种如同“看见一切”般的满意观感[Koe11]。

因此我们退一步并且采用摄影师使用的方法：只绘制一个视域中一部分区域的内容。

图13-2展示了这些参数。你可以将相机设定为一台针孔相机，所有进入相机的射线

都会穿过单一的点，这个点即为相机的**位置**。对于通常的相机，你也可以将位置设置为相机透镜的中心。在开始实景摄影时，我们通常先确定相机的位置、朝向和视域角(可通过相机上的变焦装置进行调节)。对于更先进的相机，还可以调整它的**焦距**(相机至画面中聚焦点的距离)、**景深**(场景中位于焦点前后但仍在相机焦距范围内的点之间的距离)，甚至相机镜头相对机身的倾斜度和偏移量。WPF 和大多数基本图形系统中的相机设定模型都忽略了后几个因素，这是因为理想的针孔相机对所有深度的点都能对焦，而且针孔刚好位于底片或者成像传感器的中心之前。我们将在 13.9 节再次回顾这些问题。

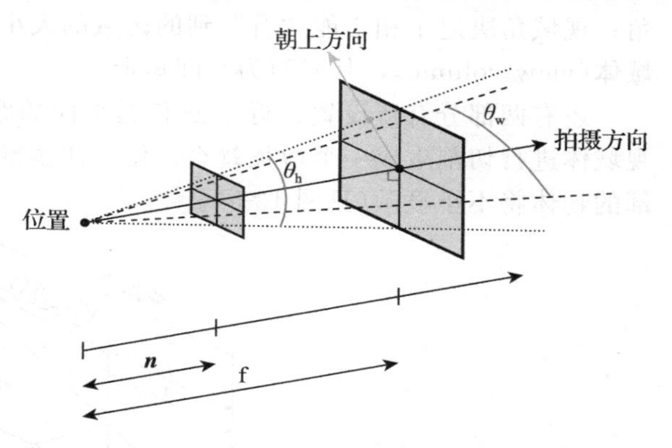

图 13-2　WPF 相机设定模型

回到 WPF 相机模型，视线方向即为相机的朝向。如果我们跟踪一条从相机位置出发沿视线方向进入场景的光线，倘若它交于场景中的某个物体，该物体将会呈现在相机所拍摄“图片”的正中央。视域角描述的是相机所能拍到的景物偏移视线方向的最大角度。基本的 WPF 相机将生成一张正方形图片，所以其水平方向和竖直方向的视域角是相同的。在一些系统中，可同时设置水平和垂直的视域角(见练习 13.1)。而在另一些系统(包括 WPF)中，则需要设置视窗的高宽比和水平方向视域角，由系统计算垂直方向的视域角。实际上，在 WPF 中，视窗高宽比是以间接方式设置的。在设置**视窗**(显示器上用于显示图像的矩形区域)的宽度和高度后，由它们的比例即可决定视窗高宽比。在接下来的叙述中，我们将分别设置水平视域角和垂直视域角，然后讨论它们和视窗高宽比的关系。

唯一的微妙之处是相机**朝上方向**的设置，这一设置将确定相机取景画面的上方，如同你在观察窗外时头是保持垂直还是偏左或偏右。该向量 $\mathbf{v}$ 连同视线方向确定了一个平面。你或许认为向量 $\mathbf{v}$ 应该由用户直接指定，但这通常难以实行。取代的方法是，我们要求用户设定该平面中任意一个非零向量(除视线方向外)，然后由这个向量计算得到向量 $\mathbf{v}$。图 13-3 展示了这一方法：三个不同向量中的任何一个都可以取为朝上方向，利用这个向量即可计算出向量 $\mathbf{v}$，它位于相机的垂直面中并垂直于视线方向。在实际中，`UpDirection` 经常被设定为 `Vector3D(0,1,0)`，即 y 轴方向。只要相机不是直接朝正下方或者正上方，就是最自然的手持相机的方向[⊖]。如果相机确实朝上，那么计算得到的向量 $\mathbf{v}$ 将接近于零。如果相机镜头几乎朝上，通过 $\mathbf{vup}$ 计算 $\mathbf{v}$ 时将涉及除以一个接近于 0 的数，因而导致数值上的不稳定。

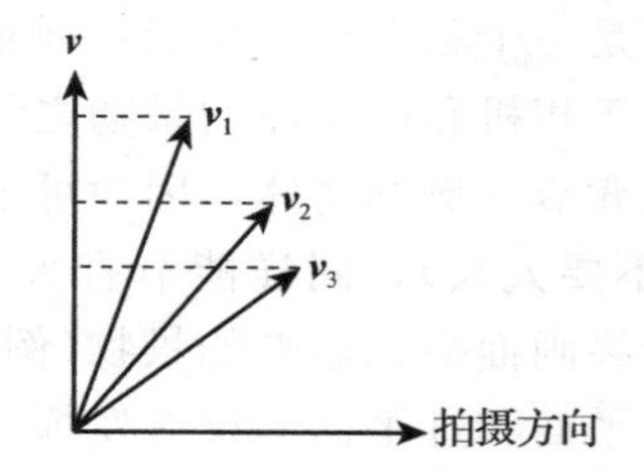

图 13-3　向量 $\mathbf{v}_1$、$\mathbf{v}_2$ 和 $\mathbf{v}_3$ 都位于 `LookDirection` 和 $\mathbf{v}$ 所确定的平面中，它们中的任意一个都可以取为 `UpDirection`，得到相同的视图

⊖ 在 CAD 领域，水平面通常是 xy 坐标平面，z 用于表示垂直方向；在这种情况下，朝上方向向量自然被设置为 `Vector3D(0,0,1)`。

至此，相机设定参数包含了相机的位置、相机的拍摄方向以及机身绕拍摄方向的旋转角；视域角决定了相机能“看”到的区域的大小。我们已经间接地描述了一个四棱边的**视域体**(view volume)，其截面为空间矩形。

还有两部分有待设置：近平面和远平面的距离，如图 13-4 所示。近平面和远平面对视域体进行切割生成一个*四棱锥台*。位于四棱锥台内的物体将会显示在图像上，位于其外部的物体将不予显示(见图 13-5)。

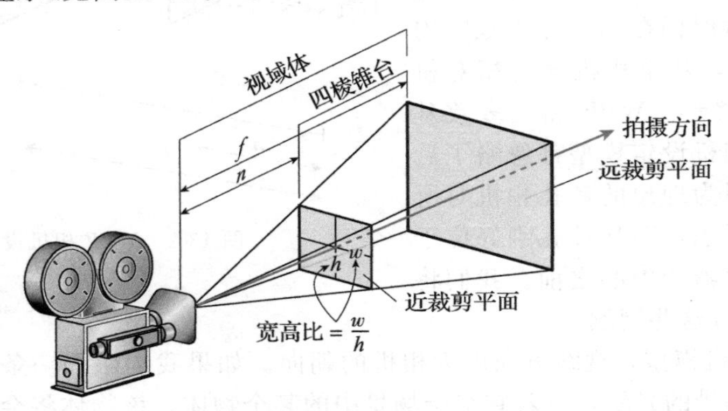

图 13-4　沿视线方向测量近平面和远平面的距离

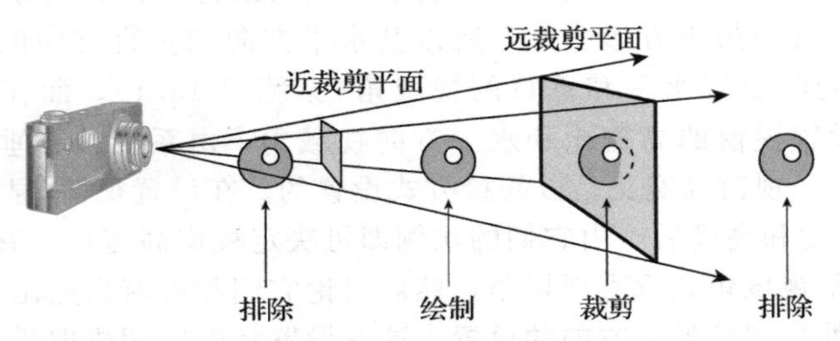

图 13-5　位于视域四棱锥台外的物体将不会被绘制

这可能是一个很有用的功能：通过将近平面设置在刚好位于我们所关注的景物之前，可以保证位于相机和所关注的景物之间的物体不会影响最终生成的画面。当然也就无需考虑位于相机背后一侧的物体，因而可节省大量的时间。另外，通过将远平面的距离设置成适当的值(不要太大)，同样能节省大量的时间。这样我们就无需考虑那些虽位于视域之内，但对最终画面毫无影响的景物(例如一个位于 30 英里之外的行人)。

设置近平面和远平面不仅能发挥上述作用；它们还能避免光栅化绘制中的浮点数比较问题，而这些问题常会导致图像中的错误。

在游戏中常应用裁剪平面来排除较远的物体以减少绘制时间，但当你在游戏中前行的时候，一个原本远处的物体可能突然跳入画面，看起来很不自然。通常的解决方案是：绘制远处物体时，在它们前面设置一层雾，当你靠近时，这些物体将逐渐出现在画面中。对现代的游戏，我们已有更好的绘制系统，很多物体都具有多层次细节表示(见 25.4 节)。当物体较远的时候，可用较少的多边形进行绘制，这一方法的出现使雾化处理方法现已不及当年那么流行了。

13.4　基于相机设定构建变换

现在将相机设定转换成具体的几何。根据设定，可基于相机位置建立一个正交坐标系，然后在视域锥上标记几个点，如图 13-6 所示。我们将利用这些建立所需的变换。建立一个基于相机的坐标系会带来许多便利，因为稍后我们将会将相机平移到原点位置，并在原点将它的坐标系和标准的 xyz 坐标系对齐。

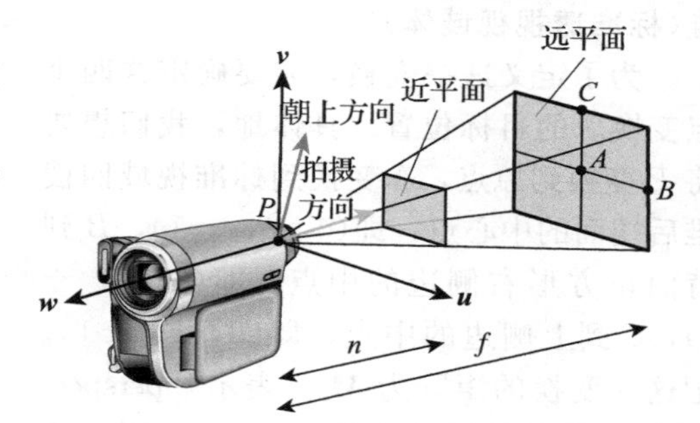

图 13-6 相机的 $\boldsymbol{uvw}$ 坐标系，***look*** 和 ***vup*** 向量，点 P、A、B 和 C

在写公式的时候，我们用 ***vup*** 和 ***look*** 分别表示朝上方向和拍摄方向；这些简短的名字让公式更容易被理解。点 P 表示的是相机的位置。

我们建立一组正交基：$\boldsymbol{u}$、$\boldsymbol{v}$、$\boldsymbol{w}$（按由后至前的顺序）。首先考虑 $\boldsymbol{w}$。这是一个指向视线方向相反方向的单位向量，所以

$$\boldsymbol{w} = \frac{-\boldsymbol{look}}{\|\boldsymbol{look}\|}\mathcal{S}(\boldsymbol{look}) \tag{13-2}$$

为了构造 $\boldsymbol{v}$，我们首先将向量 ***vup*** 投影到垂直于 $\boldsymbol{w}$ 的平面上，因此它同样垂直于 ***look*** 向量，然后调整它的长度：

$$\overline{\boldsymbol{v}} = \boldsymbol{vup} - (\boldsymbol{vup} \cdot \boldsymbol{w})\boldsymbol{w} \tag{13-3}$$

$$\boldsymbol{v} = \frac{\overline{\boldsymbol{v}}}{\|\overline{\boldsymbol{v}}\|} = \mathcal{S}(\overline{\boldsymbol{v}}) \tag{13-4}$$

最后，为了创建一个右手坐标系，令

$$\boldsymbol{u} = \boldsymbol{v} \times \boldsymbol{w} \tag{13-5}$$

课内练习 13.1：一些相机软件（例如 Direct3D，不包括 OpenGL）将 $\boldsymbol{w}$ 设置为 $w = \mathcal{S}(\boldsymbol{look})$，而不是取其相反方向。

(a) 证明这样设置不影响 $\boldsymbol{v}$ 的计算结果。

(b) 证明在这种情况下，如果我们想要 $\boldsymbol{u}$、$\boldsymbol{v}$ 与视平面保持相同方向（即 $\boldsymbol{u}$ 指向右，$\boldsymbol{v}$ 指向上），应取 $\boldsymbol{u} = \boldsymbol{w} \times \boldsymbol{v}$。

(c) 这样得到的 uvw 坐标系是右手坐标系还是左手坐标系？

现在，我们计算 P、A、B 和 C 这四个点。其要点在于如何确定边 AB 和 AC 的长度。边 AB 对 P 点张成一半的水平视域角，与 P 的距离为 f，故

$$\tan\left(\frac{\theta_h}{2}\right) = \frac{AB}{f}, \quad \text{所以} \tag{13-6}$$

$$AB = f\tan\left(\frac{\theta_h}{2}\right) \tag{13-7}$$

公式中的 θ_h 表示水平视域角，转化为弧度，

$$\theta_h = \text{FieldOfView}\ \frac{\pi}{180} \tag{13-8}$$

可采用类似的表达式来计算垂直方向的视域角 θ_v 和 AC 的长度：

$$P = \text{Position} \tag{13-9}$$

$$A = P - f\boldsymbol{w} \tag{13-10}$$

$$B = A + f\tan\left(\frac{\theta_h}{2}\right)\boldsymbol{u} = P + f\tan\left(\frac{\theta_h}{2}\right)\boldsymbol{u} - f\boldsymbol{w} \tag{13-11}$$

$$C = A + f\boldsymbol{v} = P + f\tan\left(\frac{\theta_v}{2}\right)\boldsymbol{v} - f\boldsymbol{w} \tag{13-12}$$

注意，近平面距离 n 尚未涉及我们的计算。

我们现在基于P、A、B和C四个点将视域四棱锥变换到图13-7所示的标准视域四棱锥(**标准透视视域体**)。

为了定义这一变换，需要确定这四个点变换后的目标位置。具体地，我们想要将P变换到原点，A变换到标准视域四棱锥后端面的中心点，即(0，0，−1)，B到背面正方形右侧边的中点，即(1，0，−1)，C到上侧边的中点，即(0，1，−1)。记这一变换的矩阵为$\mathbf{M}_{\text{per}}$(表示"perspective")，称其关联的变换为Tper。创建这一变换的代码如下

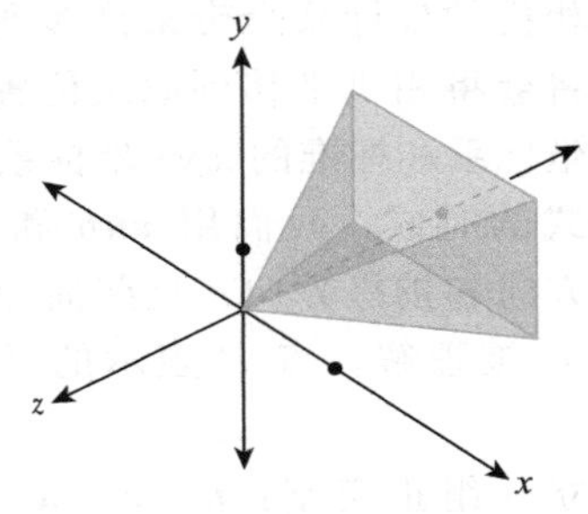

图13-7　标准的透视视域体是一个金字塔，它在x和y方向从−1到1，而在z方向从0到−1。图中z方向的尺度被放大了

```
1  Transform3 Tper =
2    Transform3.PointsToPoints(
3      P, A, B, C,
4      Point3(0, 0, 0), Point3(0, 0, -1)), Point3(1, 0, -1), Point3(0, 1, -1));
```

经过这一变换，远平面上的点变换到了$z=-1$的平面。因为沿从P到A的射线方向的距离为线性变换，近平面上的点将变换到平面$z=-n/f$上。至此，我们基本上完成了所要做的事：将视域体变换为标准的视域四棱锥，之后，除了$-n/f$这一比率将被引入某些计算中外，我们要做的事不再与相机参数相关。

这对你来说也许太简单了。事实上，在本书的早期版本中，推导这一变换曾占用数页篇幅。但是它提供了一个通过证明一个好的理论编写相关代码的例子。

我们也可以对相机的视域体施加一系列的变换，分多个步骤实现上述变换：首先通过平移将P点移动到原点；然后先后绕不同的坐标轴旋转使uvw坐标轴和xyz轴对齐；接着沿z方向进行缩放使远平面位于$z=-1$而不是$z=-f$；对x和y方向也进行缩放，使视域体的宽度和高度都为2。假定P_x、P_y和P_z表示P的场景坐标，对于$\mathbf{u}$、$\mathbf{v}$和$\mathbf{w}$也同样如此，则变换矩阵如下

$$\mathbf{M}_{\text{per}}=\begin{bmatrix}\frac{1}{f\tan\frac{\theta_{\text{h}}}{2}} & & & \\ & \frac{1}{f\tan\frac{\theta_{\text{v}}}{2}} & & \\ & & \frac{1}{f} & \\ & & & 1\end{bmatrix}\begin{bmatrix}u_x & u_y & u_z & 0\\ v_x & v_y & v_z & 0\\ w_x & w_y & w_z & 0\\ 0 & 0 & 0 & 1\end{bmatrix}\begin{bmatrix}1 & & & -P_x\\ & 1 & & -P_y\\ & & 1 & -P_z\\ 0 & 0 & 0 & 1\end{bmatrix} \tag{13-13}$$

最右边的矩阵表示平移；中间的矩阵将$\mathbf{u}$变换为$\mathbf{e}_1$，$\mathbf{v}$变换为$\mathbf{e}_2$，$\mathbf{w}$变换为$\mathbf{e}_3$；最左边的矩阵对应沿各个轴方向的缩放变换。

以上叙述只不过考虑你也许对此有兴趣，但我们强烈推荐使用PointsToPoints方法而不是这种方法，因其可以极大地减少因分步矩阵相乘和坐标复制等可能导致的错误。

至此，将标准透视视锥内的点投影到其后端面上就非常容易了(例如采用非线性变换$(x, y, z)\mapsto(x/z, y/z, 1)$)。这基本上是我们在第3章中绘制正方体时所做的处理：该例中的

uvw 基已经和 xyz 轴对齐，而且投影中心取在坐标系的中心，剩下的就是进行投影。

课内练习 13.2：复习第 3 章的绘制代码并验证它符合这里的描述。

不过我们并不采用这种方法，而是实施两个变换——第一个变换将金字塔形的视域体“展开”成一个长方体，第二个沿着 z 轴方向进行投影。这么做有两个原因。

- 当我们讨论“平行投影”相机和平行投影时，可以发现，与金字塔相比，平行六面体更适于作为处理的对象。
- 当沿着 z 轴投影时，很容易判断哪些物体遮挡另一些物体。这一性质对于创建作为大多数图形硬件核心的 z-buffer 算法至为重要。

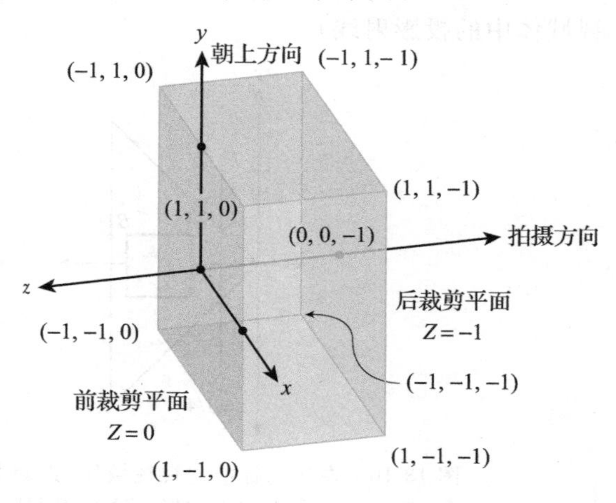

图 13-8 标准的平行视域体

我们的**标准平行视域体**(见图 13-8)是一个平行六面体，x 和 y 方向的变化范围从 -1到 1，z 方向从 0 到 -1。近裁剪平面为 $z=0$；远裁剪平面为 $z=-1$。(这和 Direct3D 及 OpenGL 里的平行视域体略有不同。)

现在将位于变换后的近远、平面之间的标准透视视域体(即位于 $z=-n/f$ 和 $z=-1$ 之间的部分)变换为标准的平行视域体。我们采用的变换是一个投影变换，它将所有穿过视域体投向原点的射线都变换为穿过视域体沿正 z 方向投向 xy 平面的射线(见图 13-9)。(这有时称为**展平**变换，因为定义视域截头四棱锥的两个相对面沿着“hinge line”(铰链线)交汇，而这个变换将交汇点“移向无限远”。)

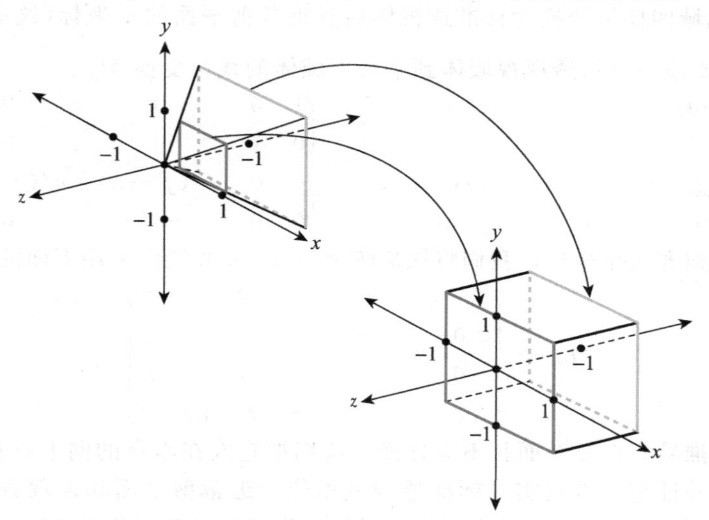

图 13-9 “展平”变换

实施这一变换丝毫不影响我们绘制的最终结果，这是因为对变换前视域体内原始形状的透视投影(即$(x, y, z)\mapsto(x/z, y/z, 1)$)和变换后的形状在变换后视域体内的平行投影($(x, y, z)\mapsto(x, y, 1)$)是等价的。如果我们观察上述情形的一个 2D 切片(例如 yz 平面)，就能轻易地看到这一点。譬如图 13-10 中的小正方形占据了场景透视视域体的中间一半。**遮挡**(点被其他点遮住)测试决定于各点在由视点发出进入场景的视线上的排列顺序，显然此时点 B 为正方形的边所遮挡。变换后，从视点发出进入场景的视线变成了沿一 z 方向的射线；此时，变换后的点 B' 依旧被正方形前面的边遮挡。而且，变换后的正方形仍然填充了场景平行视域体的中间一半。这其中的基本依据是光(视觉的载体)沿着直线传播，而我们的变换将直线变换为直线(具体而言，将透视视域体中的投影射线转变为平行视域体中的投影射线)。

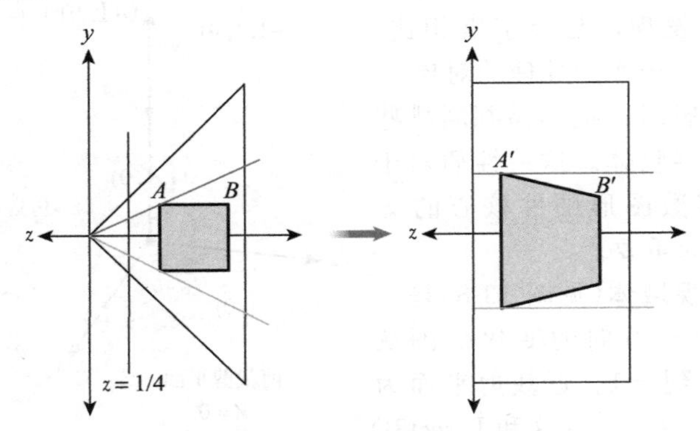

图 13-10　左边的标准透视视域体(近裁剪平面位于 $z=-1/4$ 的位置)内包含了一个小的正方形，这个正方形被变换为右侧平行视域体内的一个梯形

在 11.1.1 节中曾提到，$\mathbf{R}^3$ 空间中的投影变换可以写为 $\mathbf{R}^4$(3D 空间点的齐次坐标表示)空间中的线性变换，然后再加上一个齐次坐标变换

$$H(x,y,z,w)=\left(\frac{x}{w},\frac{y}{w},\frac{z}{w},1\right) \tag{13-14}$$

令 $c=\frac{-n}{f}$ 表示视域四棱锥变换为标准透视体后其近裁剪平面的 z 坐标(这里终于用到了参数 n!)，下面简要地写出从透视视域体到平行视域体的线性变换 $\boldsymbol{M}_{\mathrm{pp}}$：

$$\boldsymbol{M}_{\mathrm{pp}}=\begin{bmatrix}1&0&0&0\\0&1&0&0\\0&0&1/(1+c)&-c/(1+c)\\0&0&-1&0\end{bmatrix}=\begin{bmatrix}1&0&0&0\\0&1&0&0\\0&0&f/(f-n)&n/(f-n)\\0&0&-1&0\end{bmatrix} \tag{13-15}$$

因为接下来要实施齐次化操作，我们将该矩阵乘以 $f-n$ 并转而采用下面的矩阵

$$\boldsymbol{M}_{\mathrm{pp}}=\begin{bmatrix}f-n&0&0&0\\0&f-n&0&0\\0&0&f&n\\0&0&-(f-n)&0\end{bmatrix} \tag{13-16}$$

这一矩阵的推导有点复杂而且不大好懂；我们把它放在本章的网上材料中。现在，我们需要做的就是验证它是否确实将标准透视域里位于近裁剪平面和远裁剪平面间(分别是 $z=c$ 和 $z=-1$)的视域四棱锥变换为平行视域体。我们通过观察角点坐标的变化来验证。

> 公式(13-15)中“展平”矩阵唯一令人感兴趣的部分是在 zw 平面上，值得细看和领悟。注意，经过这一变换后所有的点都转为齐次坐标表示(即均以原点为投影中心，径向投影到图中直线 $w=1$ 上)。图 13-11 展示了变换前视域体的切片。直线 $w=1$ 右侧的粗蓝线段表示视域四棱锥位于远、近裁剪平面之间的点的 zw 切片。左侧的粗红线段对应视域四棱锥中位于视点和近裁剪平面之间的部分。y 轴上的红点表示视点。经过“展平”

变换后，直线 $w=1$ 变为倾斜并被延伸(见图 13-12)。位于 $z=-1$ 处(即远平面)的点保持不动。近裁剪平面上的点变换到直线 $z=0$ 上。视点变换到直线 $w=0$ 上。齐次化后(见图 13-13)，近裁剪平面保持在 $z=0$ 的位置，而视点则被发送到“z 轴的无限远处”，使得之前汇聚于视点的直线变为“汇聚于 z 轴无限远处”的平行直线(即平行线沿 z 轴方向)。对变换的这三条限制足够唯一确定该矩阵(见练习 13.9)。

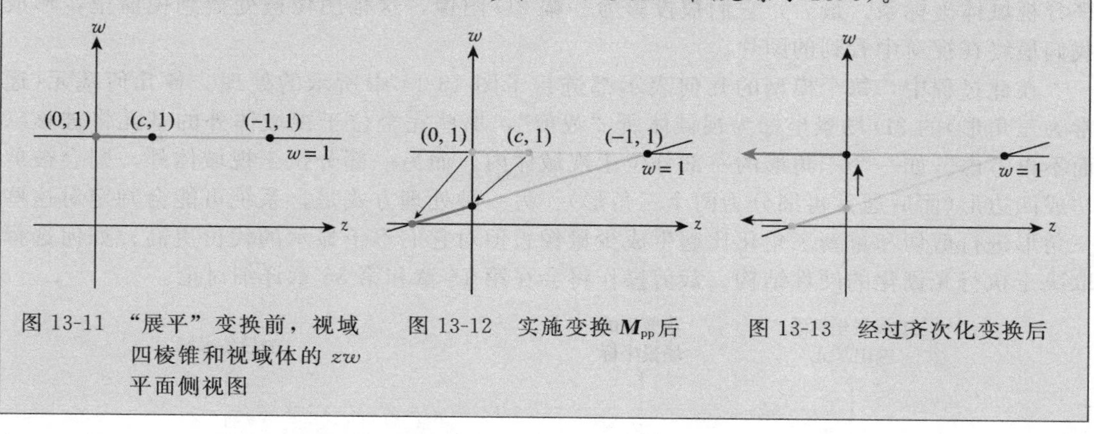

图 13-11 “展平”变换前，视域四棱锥和视域体的 zw 平面侧视图

图 13-12 实施变换 $\mathbf{M}_{pp}$ 后

图 13-13 经过齐次化变换后

考虑视域四棱锥台的右上前角。它位于$(-c,\ -c,\ c)$($c=-n/f$，是负数，故 $-c$ 为正)。通过 $\mathbf{M}_{pp}$ 的变换后，它变成

$$\begin{bmatrix} f-n & 0 & 0 & 0 \\ 0 & f-n & 0 & 0 \\ 0 & 0 & f & n \\ 0 & 0 & -(f-n) & 0 \end{bmatrix} \cdot \begin{bmatrix} -c \\ -c \\ c \\ 1 \end{bmatrix} = \begin{bmatrix} -c(f-n) \\ -c(f-n) \\ cf+n \\ -(f-n)c \end{bmatrix} \tag{13-17}$$

齐次坐标变换后，我们得到

$$\begin{bmatrix} 1 & 1 & \dfrac{cf+n}{-(f-n)c} & 1 \end{bmatrix}^{\mathrm{T}} = \begin{bmatrix} 1 & 1 & 0 & 1 \end{bmatrix}^{\mathrm{T}} \tag{13-18}$$

即标准透视视域体的右上前角的位置恰如所言，推导的最后一步的依据是 $cf+n=-\frac{n}{f}f+n=0$。

课内练习 13.3：对透视视域体右下后角点做同样的计算，并继续取其他角点进行验证，直到你确信这个变换能起到所说的作用。

展平变换将位于标准平行视域体中的视域在 z 方向置于从 0 至 -1 的范围内；z 值大的物体遮挡 z 值小的物体。但在 z-buffer 硬件中，z 值通常保存为一个无符号整数(将它们保存为负数会浪费一个二进制位)。所以，我们并不是将视域体的 z 值变换为从 0 至 -1(其中 -1 表示“远处”)，而是将视域体的 z 值变换到从 0 至 1 的范围，其中 1 表示远处。为此，你只需要将展平变换矩阵 $\mathbf{M}_{pp}$ 中的 z 坐标行取相反数。

此外，还可将标准平行视域体的 z 方向变化范围定制在 1 至 0 之间(只需将变换后的每一 z 值加 1)。因此，虽然这样一来大多数变换后的 z 值都会聚集在 0 附近，但是问题被最小化，因为如果将它们保存为浮点数，更多的浮点数会接近 0 而不是接近 1。这确实能起一定的改进作用[AS06]。

13.5　相机变换和光栅化绘制流水线

我们在第1章描述了图形的一般处理流程。首先，各种几何模型(第6章曾讨论它们的创建方法)经过不同的几何变换被放入3D场景中。接下来，我们通过一个相机来“观察”这些模型，这涉及将它们从场景坐标系变换到标准透视视域体坐标系，再变换到标准平行视域体坐标系。最后，它们被投影为一幅2D图像，这幅图像被变换到视窗里，形成我们最终在视窗中看到的图片。

在此过程中，每个模型的几何表示都进行了图13-14中所示的处理。各几何基元(通常为三角形)的3D场景坐标为视域体所“裁剪”，那些完全位于视域体外的基元将被移除而不再考虑。如一个三角形的一部分位于视域体内，而另一部分位于视域体外，则会被剪切成四边形(而后通常再细分为两个三角形)。另一种处理方式是，系统可能会判定对这些三角形进行剪切和重新三角化比起生成少量像素但对它们不予显示的代价更高；如何选择取决于执行光栅化的硬件结构。裁剪操作将会在第15章和第36章详细讨论。

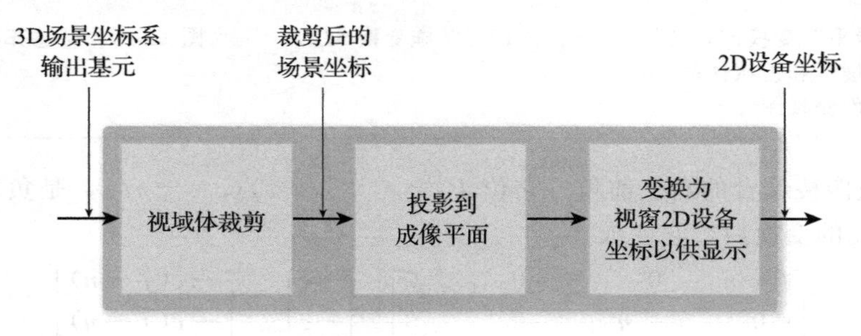

图13-14　生成图像中涉及的几何处理

下面介绍在相机变换的背景下如何进行抽象的绘制。我们并不在场景坐标系中对相机的视域体进行裁剪，而是先将物体从场景坐标系转换到标准视域体坐标系，这样裁剪会更加简单。在标准视域体坐标系中，只需对平面如$z=-1$，或$x=z$或$y=-z$进行裁剪。流程序列中第二步是将裁剪后的物体投影到成像平面上，但此时它不再是向一般3D平面的投影，而是向标准平行视域体中的标准平面的投影，这意味着只需忽略其z坐标即可。修改后的操作流程如图13-15所示。

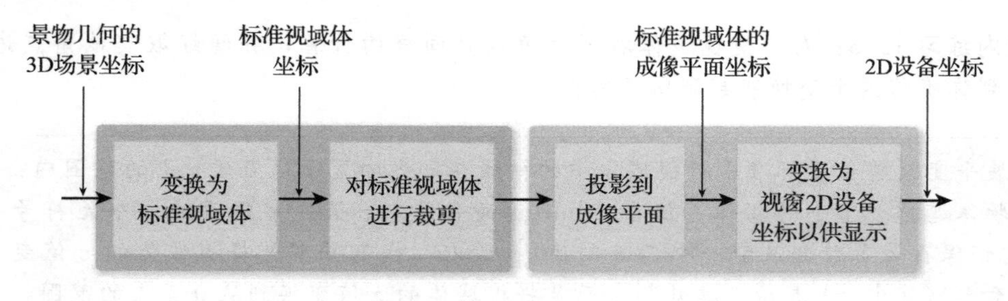

图13-15　变换到标准视域体后裁剪更加简单

图13-15所展示的处理流程中的深灰色部分(左半边)可以进一步扩展到透视相机，如图13-16所示。此时通过乘以$\boldsymbol{M}_{pp}$将标准透视视域体转换为标准平行视域体，但是在进行齐次坐标变换之前，我们需将$z<0$的物体裁剪掉。这是因为一个满足$z<0$且$w<0$的物体，经过齐次坐标变换除法后，将变换为$z>0$且$w=1$。这意味着位于相机后面的物体会

重新出现在相机前面，显然这并不是我们所要的。

在第一步的裁剪之后，接下来可以进行齐次坐标变换，并在 x 和 y 方向以及对 z 方向的远平面进行裁剪，所有的操作都非常简单，因为裁剪面均平行于坐标平面。

为了从数学上描述整个操作流程，我们从三角形顶点的场景坐标开始，然后依次执行下面各步。

1）乘以 $\boldsymbol{M}_{\mathrm{pp}}\boldsymbol{M}_{\mathrm{per}}$，通过左乘 $\boldsymbol{M}_{\mathrm{per}}$ 将点变换到标准的透视视域体坐标系，再变换到标准平行视域体坐标系（$\boldsymbol{M}_{\mathrm{pp}}$）。

2）剔除 $z<0$ 的点。这里和第 4 步均需要知道三角形的信息而不仅仅只是顶点数据。

3）进行齐次坐标变换 $(x, y, z, w) \mapsto (x/w, y/w, z/w, 1)$，从此之后就可以不再考虑 w 坐标值了。

4）对平面 $x=\pm 1$，$y=\pm 1$ 和 $z=-1$ 进行裁剪。

5）乘以 $\boldsymbol{M}_{\mathrm{wind}}$ 将点转化为像素坐标。

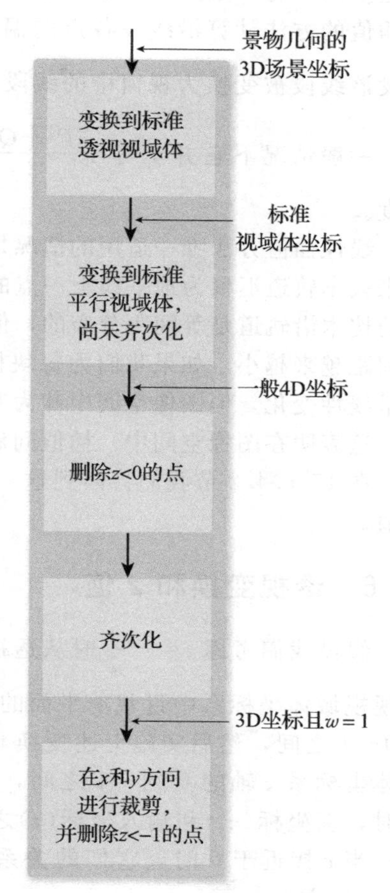

图 13-16 在考虑透视的情形下进行裁剪

上面的描述忽略了两个重要的步骤：确定每个顶点的颜色以及对那些被三角形覆盖的像素进行颜色插值，其中第一步称为**光亮度计算**（见第 2 章）。但如今这两步经常由一个称为着色器的 GPU 小程序执行，故整个过程也被称为“着色”。相关内容将在本书的后面几章进行讨论。从效率的角度考虑，需要注意的是，光亮度计算代价较大，因此这一过程应尽可能排在后面，最好是等到不对顶点进行光亮度计算就会影响最后所生成的图像时。而裁剪阶段恰为实施着色的理想切入位置。在此切入，可以避免对最后输出中并不可见的物体进行着色。而且，对于许多基本的光亮度公式而言，它们均可在变换到标准透视视域体甚至变换为标准平行视域体后（但在齐次坐标变换之前）再进行计算[⊖]。正因为如此，所有的裁剪均放在未实施齐次坐标变换的平行视域体中进行，然后是光亮度计算，最后齐次坐标变换，转换为像素坐标，采用颜色插值来绘制多边形表面。

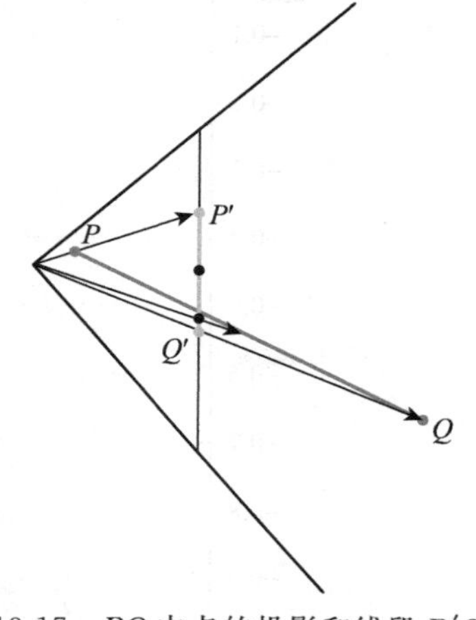

图 13-17 PQ 中点的投影和线段 $P'Q'$ 的中点并不是同一点

给定顶点的颜色值后，如何在三角形内部进行颜色插值呢？实际并非初看那么简单。具体来说，基于像素坐标进行线性插值是行不通的。为了证明这一点，我们先看图 13-17 所示的一个简单问题：

⊖ 很多着色方法都需计算点积，线性变换所引起的点积结果的变化很容易撤销，而经过齐次坐标变换后是很难撤销的。

假定空间中有一条直线 PQ，在线段的端点处各附有一个值，譬如温度值，现在采用线性插值的方法计算沿线段各点的温度，且中点的温度应严格等于两端点温度的平均值。假设该线段被变换为视窗中的线段 $P'Q'$。如果我们取中点 $\frac{P+Q}{2}$，然后计算它变换后的点，一般情况下它并不等于 $\frac{P'+Q'}{2}$，所以赋值给 $\frac{P'+Q'}{2}$ 的温度并不是 P' 和 Q' 的平均温度。

线性插值方法唯一适用的情况是当端点 P 和 Q 在场景中位于同一深度(从视点测量)。那张火车轨道汇聚为地平线上一点的经典图片为此提供了一个很好的例子。虽然火车轨道下的枕木沿轨道是等间距分布的，但它们在图像上的排列却并不等距：远处的枕木在图像中间距越来越小。如果我们为每块枕木赋一个数值(1，2，3，…)，这些数值在场景空间中呈线性变化，但图像空间中却为非线性。

这表明在图像空间中，插值问题可能十分复杂，但是事实是它也并非没有简洁的途径。在 15.6.4.2 节我们将回到这一问题，并且说明如何以简单的方式实现正确的透视插值。

13.6　透视变换和 z 值

假设我们考虑 $c=-\frac{1}{2}$ 时从透视视域体到平行视域体的变换 $\boldsymbol{M}_{\mathrm{pp}}$。($c=-n/f$ 是标准透视视域体坐标系中近裁剪平面的 z 向位置。)如果我们将一系列点等间距地置于 z 轴的 c 和 -1 之间，然后实施上述变换和齐次坐标变换，变换后，这一系列点将位于平行视域体坐标系 z 轴的 0 到 -1 之间，但不再为等间距分布。图 13-18 揭示了当取不同的 c 值时，新坐标(z')和输入坐标(z)之间的关系。当 c 接近于 -1 时，它们的关系接近于线性；当 c 接近于 0 时，它们的关系高度非线性，可以看到输出点大都聚集在靠近 $z'=-1$ 的地方。

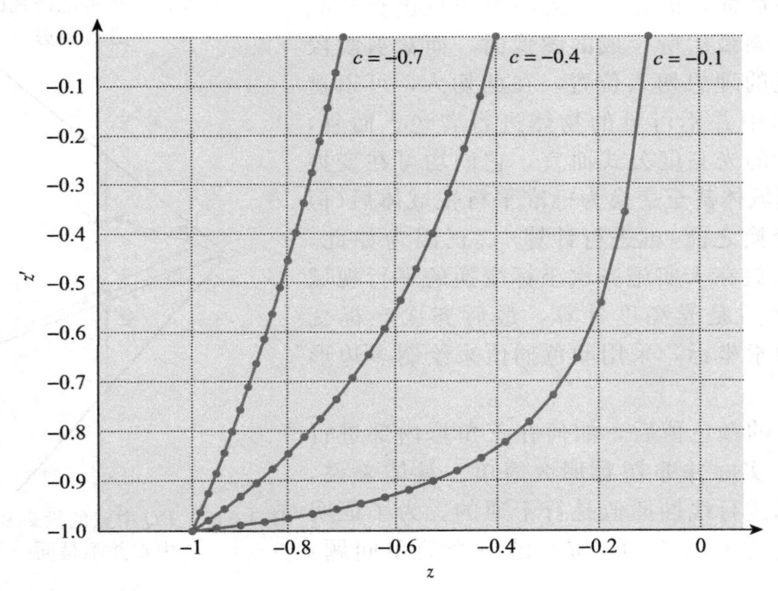

图 13-18　在透视视域体中深度等间距的点变换到平行视域体后其间距变得不均匀

现在假设将变换后点的 z' 值乘以某个整数 N 并被离散化成 0 和 $N-1$ 之间的整数(这在 z-buffer 中很常见，它们均基于离散的 z' 值来判定在给定像素上多边形的可见性)。如果 c 非常小，则所有的 z' 值都非常靠近 1，因而几乎都被离散化为 $N-1$，此时 z-buffer 将无法判断它们之间的遮挡状况。因此，如果你选择了一个非常靠近视点的近裁剪平面，或者一个非常远的远裁剪平面，z-buffer 将不能做出你所期待的正确判断。这其中近平面距离的选择尤为重要：为了避免所谓的 z 向“打架”，你必须将近平面置于离视点尽量远，但仍能见到你所要见的东西。

13.7 相机变换和层次化建模

在 10.11 节中，我们曾构造了层次化的变换来表示第 2 章中的时钟表面，并且曾提到 3D 模型亦可构造类似的层次化表示。对于 3D 模型，从其构形基元(通常为采用顶点坐标表示的三角形)的局部坐标系到场景坐标系的所有变换矩阵的乘积被称作**复合建模变换矩阵**(Composite Modeling Transformation Matrix，CMTM)。

这个矩阵乘以某个顶点的模型坐标后将得到被建模景物上对应点的场景坐标。(记住所有坐标都需采用齐次坐标表示，以便进行平移变换，故 CMTM 是一个 4×4 的矩阵)

课内练习 13.4：解释为什么 CMTM 的最后一行必须是[0 0 0 1]，假设层次化建模中的变换都是平移、旋转和比例变换(即它们均为*仿射变换*)。

要从场景坐标系变换为标准平行视域体坐标系，我们必须将点的场景坐标先乘以 $\boldsymbol{M}_{\text{per}}$ 再乘以 $\boldsymbol{M}_{\text{pp}}$，最后做齐次坐标变换。乘积

$$\text{CTM} = \boldsymbol{M}_{\text{pp}} \cdot \boldsymbol{M}_{\text{per}} \cdot \text{CMTM} \tag{13-19}$$

在 OpenGl 中被称为**建模视图投影矩阵**或者**复合变换矩阵**(CTM)。

可以认为，由相机设定和相机位置所确定的 $\boldsymbol{uvw}$ 向量三元组定义了另一个坐标系：**视点坐标系**(eye coordinate)。为了将顶点从场景坐标系变换到视点坐标系，我们必须乘以下面的矩阵

$$\boldsymbol{N} = \begin{bmatrix} u_x & u_y & u_z & 0 \\ v_x & v_y & v_z & 0 \\ w_x & w_y & w_z & 0 \\ 0 & 0 & 0 & 1 \end{bmatrix} \begin{bmatrix} 1 & 0 & 0 & -P_x \\ 0 & 1 & 0 & -P_y \\ 0 & 0 & 1 & -P_z \\ 0 & 0 & 0 & 1 \end{bmatrix} \tag{13-20}$$

课内练习 13.5：证实 $\boldsymbol{N}$ 将 P 变换为原点，将向量 $\boldsymbol{u}$ 变换为$[1 \quad 0 \quad 0 \quad 0]^{\mathrm{T}}$，类似地证实 $\boldsymbol{v}$ 和 $\boldsymbol{w}$ 的情形。

乘积 **N**CMTM 在 OpenGL 中被称为**建模视图**矩阵。

课内练习 13.6：假设你创建了两台机器人对话的场景，并放置了一台相机来拍摄该场景。但你想要给朋友展示一个“更宏观的场面”——从更远的视点观察两个机器人和相机的安放位置：从而构成一个顶点在眼睛位置的视域金字塔。假设你现刚好有一个由顶点-三角形表表示的标准透视视域体，该视域体在 y 方向上缩小一半，故其宽度为高的两倍。试问要对这一视域体施加怎样的变换才能将它的顶点置于场景中眼睛位置，且其 xy 基平面与 $\boldsymbol{uv}$ 平面平行，y 轴与 $\boldsymbol{v}$ 对齐？

OpenGL 定义了另一个矩阵，称为投影矩阵，在实施齐次坐标变换之前对标准平行视域体进行投影变换。假定称其为 $\boldsymbol{K}$，则它与我们所定义矩阵的对应关系是

$$\boldsymbol{KN} = \boldsymbol{M}_{\text{pp}}\boldsymbol{M}_{\text{per}} \tag{13-21}$$

一个关于 OpenGL 变换序列和我们的变换序列两者之间的对比如图 13-19 所示。

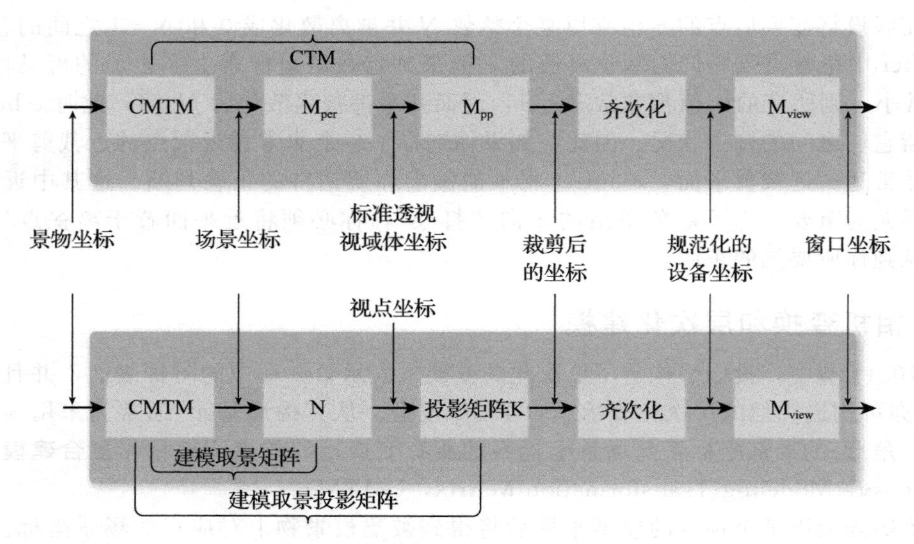

图 13-19 OpenGL 变换和我们的变换的对比

课内练习 13.7：让我们回到两个机器人对话的例子。假设第一个机器人的右手采用单位立方体来建模（$-1/2 \leqslant x$，y，$z \leqslant 1/2$），其中面 $z=-1/2$ 紧贴着手腕，当手臂保持在机器人的前面时，面 $y=1/2$ 位于单位立方体的顶部（见图 13-20），这一立方体的 CMTM 矩阵为 $\boldsymbol{H}$。现在假设手实际上是一台相机，眼睛的位置位于面 $z=1/2$ 的中心（在模型坐标系里），如图中的红点所示。相机在竖直和水平方向的视域角均为 90°，近裁剪平面距离为 0.5，远裁剪平面距离为 10。描述如何确定这台相机的变换矩阵 $\boldsymbol{M}_{per}$，以便你能够展示第一个机器人的手持相机所拍摄的景象（答案和 $\boldsymbol{H}$ 相关）。

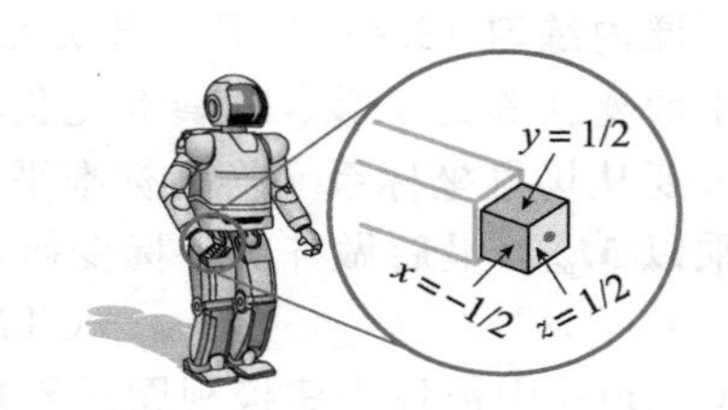

图 13-20 机器人手的侧面

13.8 正交相机

通过普通相片的成像过程，透视投影已为大家所熟悉，但是许多图像是采用**平行投影**或者**正交投影**来创建的。在其投影中，我们不是通过从视点发出的一组射线，而是用一组平行射线，来实现场景空间到成像平面的投影。设想透视相机有一个“底片平面”位于空间某一固定位置，当视点逐渐远离底片平面时，投影的射线会越来越趋向于平行（图 13-21）；因此可以认为平行投影是透视投影中视点移动到无限远处的极限情况。所谓**正交投影**即投影的平行线与底片平面正交。这看似令人惊讶，你可能曾经希望投影线不必与底片平面正交，但很多机械绘图却是这样生成的。对此本章的在线材料里有详细描述。这里只讨论正交相机。

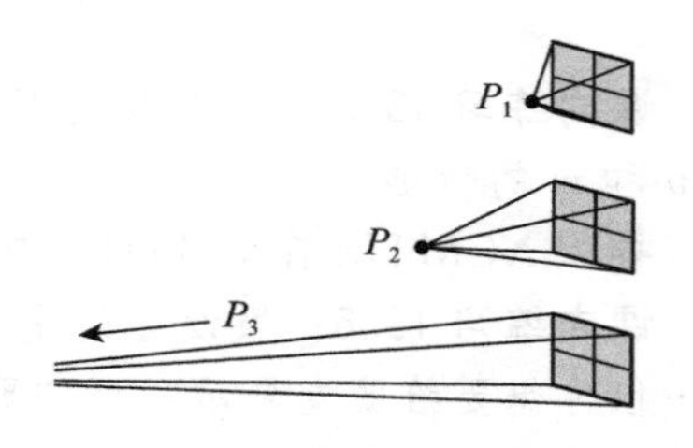

图 13-21 透视相机逐渐趋近于平行相机

正交相机只是一种抽象，它并不对应任意一种物理相机。图 13-22 展示了正交相机中各个部分的标记，它们和透视相机相关部分的标记紧密对应。其中最关键的区别是正交相机的“位置”不表示视点，而是表示一个空间中的任意位置，基于这一位置，我们可以定义相机的其他部分。另一区别是，正交相机没有水平方向或垂直方向的视域角，而是具有高度和宽度。

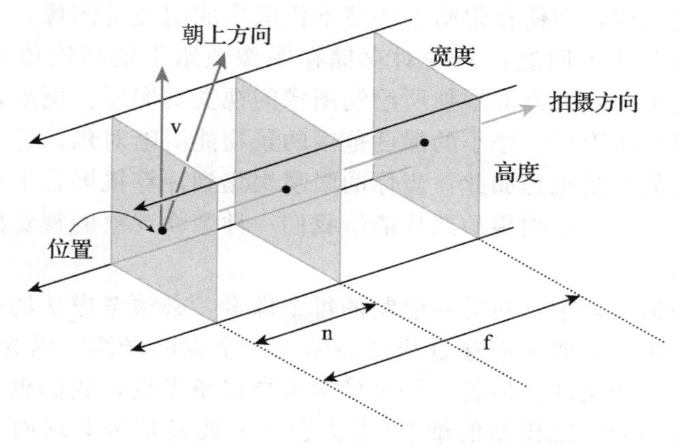

图 13-22 正交相机的设定

对于正交相机，我们可直接将相机的视域体转换为标准的平行视域体；重要的构建步骤如下

```
1    Transform3 t = Transform3.PointAndVectorsToPointAndVectors(
2        P - n * w, (width/2.0) * u, (height/2.0) * v, (n - f) * w,
3        Point3(0,0,0), Vector3(1,0,0), Vector3(0,1,0), Vector3(0,0,1));
```

为说明它是如何实现的，这里我们使用了点和向量的形式。请读者自行验证上面变换的正确性。

课内练习 13.8：用点到点的形式重写相机变换代码。

13.8.1 宽高比和视域

假设你想在屏幕上显示一幅有关虚拟场景绘制结果的 200×400 的图像，为此需要定义一个透视或平行相机。现假定采用较简单的平行相机。显然，平行相机视域的宽度必须是高度的两倍。倘若将高度和宽度设为相等，然后将结果图像显示在 200×400 的窗口中，图像在水平方向将出现拉伸变形。

假定显示器的像素为正方形。为了在屏幕上生成非畸变的显示结果，需要视窗和图像具有相同的宽高比。一些相机设定系统不是让用户直接设置视域的宽度和高度，而是设置宽高比，然后在宽度、高度中任设一个。当然，也可在设定视窗时允许采用这两种方式中的任意一种，这样较易使相机图像和视窗显示区域相匹配。(与同时为相机和视窗设置宽度和高度相比，同时为两者设置宽度和宽高比更易实现，因为对于前者，还需要重新为视窗选择一个与相机宽高比相匹配的高度。)

注意，宽度、高度和宽高比这三个参数不是相互独立的，如果用户同时设置了三个参数，则应视为错误。

另外，透视相机中垂直方向和水平方向视域角之比并非视窗矩形区域的宽高比(见练习 13.1)。

13.9 讨论和延伸阅读

本章介绍的相机模型是非常简单的。它遵循“几何光学”假设，即光线沿着极细的直线传播。真实世界的相机则复杂得多，主要是真实相机有镜头(通常为多个透镜叠加在一起构成一个镜片组合)。这些透镜旨在将透过镜头的光线聚焦于成像平面，与针孔相机相比，它能采集更多的光线，即使在很暗的环境下仍能生成明亮的图像。不过，我们致力于合成虚拟图像，亮度并非大问题：只需对存储在图像数组里的亮度值进行缩放即可。然而，模拟真实世界镜头的效果确能增加所绘制图像的视觉真实感。例如，对于真实世界的相机，只有位于相机焦距附近一个小的深度范围的景物能清晰对焦。这一范围之外的物体则呈现为模糊。我们的眼睛也是如此：当你的眼睛聚焦到计算机屏幕上时，眼镜边缘处也是模糊的。采用小景深的镜头拍摄的照片能给我们一种亲临观察的视觉感受，这是因为我们眼睛的景深也很窄。

为了模拟相机的透镜效果，对需要绘制的每个像素，必须考虑从场景中能到达该像素的所有光线，也就是说，需要考虑穿过透镜表面每一个点的光线。因为涉及无数条光线，所以这一方案实际上无法实现。但若对每个像素采样多条光线，我们也可非常好地逼近透镜效果。取决于所采用的透镜模型的细节(有无色差？或者是否非球面?)，模拟效果甚至可以乱真。如果你想学习更多这方面的知识，Cook 的关于**分布式光线跟踪**[CPC84]的研究将是一个很好的起点。

还可以采用另一种基于表象学的不同方法：我们只需对需要绘制的多边形进行适度的模糊，模糊程度取决于该多边形到相机的距离。即使在光栅化绘制器中，它也可以实现基本的景深效果，而其代价却非常小。但若场景中含有细长的多边形，且其一端靠近相机而另一端却远离相机，这一方法就不一定有效了。此方法更为适合视频游戏中的高速场景，而不是对单个、静态场景的绘制。

13.10　练习

13.1　(a) 假设一台透视相机的水平方向和垂直方向的视角分别是 θ_h 和 θ_v，试计算底片的宽高比。

(b) 证明如果 θ_h 和 θ_v 都很小，那么底片的宽高比和比率 θ_h/θ_v 几乎相等。

13.2　公式(13-2)～公式(13-5)展示了如何依据视线方向和朝上方向确定 $\mathbf{uvw}$ 坐标系，证明下面的方法能得到相同的结果。

$$\mathbf{w}=\frac{-\mathbf{look}}{\|\mathbf{look}\|} \tag{13-22}$$

$$\mathbf{t}=\mathbf{w}\times\mathbf{vup} \tag{13-23}$$

$$\mathbf{u}=\frac{\mathbf{t}}{\|\mathbf{t}\|} \tag{13-24}$$

$$\mathbf{v}=\mathbf{u}\times\mathbf{w} \tag{13-25}$$

解释为什么无需对 $\mathbf{v}$ 进行归一化。

13.3　在透视视域体中，随着视点越来越远离成像平面，视域体会趋向于平行。针对下述情况：眼睛位于$(0, 0, n)$，近平面在 $z=0$ 处，远平面在 $z=-1$ 处，故 $f=n+1$。设 $\theta_v=\theta_h=2\arctan\left(\frac{1}{f}\right)$，则远平面上的可视区域为 $-1\leqslant x,\ y\leqslant 1$。试将其乘积 $\mathbf{M}_{pp}\mathbf{M}_{per}$ 写为 n 的函数，并考察它在 $n\to\infty$ 时的极限情况，解释所得结果。

13.4　正如平面投影变换可由平面上的 4 个点的值所确定，直线投影变换可由直线上的三个点的值所确定。其投影变换经常取以下形式：$t\mapsto\dfrac{a+b}{a+d}$，此处 a、b、c 和 d 是实数，且满足 $ab-bc\geqslant 0$。

(a) 假设你想将点 $t=0$、1、∞ 分别变换到 3、7 和 2。求解其相应的 a、b、c 和 d。注意在 $t=\infty$ 处的值定义为 $t\to\infty$ 时的极限，因此其结果是 a/c。

(b) 将上面的问题推广到一般情况：如果我们想要将点 $t=0$、1、∞ 变换到 A、B 和 C，找到合适

的 a、b、c 和 d 的值。

13.5 构造一个案例，证明平面上一个连通的 n 边形被一个正方形裁剪后，在正方形内最多会形成$[n/2]$个非连通的小面片(被“裁剪掉”的部分不计)。假定该多边形是凸的，最多能生成多少个面片?请给予解释。

13.6 采用一个鞋盒和一张薄纸构造一个针孔相机：切去鞋盒的一端，用薄纸代替，在鞋盒的另一端穿一个小孔，用胶带将盒子的顶面固定住。站在一个黑暗的房间里观看室外的明亮场景；观察薄纸，并使盒子有针孔的那一端朝向窗户。你会在薄纸上看到室外场景的一个模糊的倒影。现在将针孔扩大少许，然后再看场景；注意到图像会更加明亮但更为模糊。如果让针孔为正方形而不是圆形会发生什么情况呢?

13.7 找到一张人物照片，估计其拍摄时人物和相机的距离——假设为 3 米。现有一位朋友站在同一距离处，那么你应该将该照片放在多远的地方，可使得照片上人所占的面积和站在你前面的朋友的视觉面积相同? 是否这个距离就是你平时观赏照片的距离? 请解释当你并没有取这个“理想”的距离而是另一距离来观察照片时你的大脑会做什么。

13.8 (a) 注视你面前墙上的一个固定点，然后将两只手臂尽量伸展到两边。在手臂向外侧移动时晃动手指，直至眼睛的余光尚能看到手指的运动为止，整个过程中应保持对前方的点的注视。找一位朋友以你的视点为顶点测量手臂的张角。这会给出你的真实视角的一些信息，至少对运动感知而言。

(b) 让一位朋友站在你的身后，并将他的手伸展到你的手的当前位置，然后每只手伸出一根、两根或者三根手指。请他将双手向前移动直到你可以说出他每只手伸出了几根手指(整个过程中你始终注视墙壁上的固定点)。以你的眼睛为顶点测量他的手臂张开的角度，这可以知道对于非移动的物体你可感知的视域角。

13.9 我们曾经说过 zw 平面的展平变换可由三条属性唯一确定：平面 $z=-n/f$ 变换到 $z=0$；位于$(z, w)=(0, 1)$处的眼睛被变换到点 $w=0$ 处；平面 $z=-1$ 维持不变。试证明这一点。当限制为 $x=y=0$ 平面时，最后一条约束表明点$(z, w)=(-1, 1)$将变换到它自己。假定开始时我们要找的矩阵是未知的：$\mathbf{M}=\begin{bmatrix} a & b \\ c & d \end{bmatrix}$。

(a) 证明关于视点变换的条件隐含了 $d=0$。

(b) 现在让 $d=0$，证明第三个条件对应于 $c=-1$ 且 $a=b+1$。

(c) 最后，证明第一个条件暗示 $b=n/(f-n)$，且可用来求解 a。

第 14 章

Computer Graphics：Principles and Practice，Third Edition

标准化近似和表示

14.1 引言

真实世界中包含了许多细节，很难按物理和几何的第一原理对它们进行高效模拟。当前使用的真实场景数学模型以及具体实现的数据结构和算法都是近似的。这些近似便于图形计算，但也会导致误差和局限性。此外这些模型及其近似表示往往偏重于几何和算法方面，例如橘子的几何模型可简单表示为一个球体，又如简化的光传播模型假设光穿过玻璃时不会发生折射和能量损失。

在本章，我们将考察一些常见的近似方法并分析它们的局限性。我们还将介绍构建模型及其数据结构所涉及的一些关键假设，这些假设将贯穿于本书的其余章节和图形学中。本章还包含了计算机图形学过去 50 年发展中所积累的一些工程传统知识和实用数学技术。这些知识和技术至今仍在使用，是读者将已有的数学和计算机科学知识应用到计算机图形学所必须掌握的。为了让大家快速地了解大量的材料，我们将不会深入其中的细节。对一些可能采用的近似方法，后续相关章节将分别进行较详细的阐述。为了保持内容的模块化(可使读者免去大量翻阅的时间)，本章和之前及随后各章会有一些内容上的重复，而且还使用了一些尚未介绍过的术语和单位(如立体弧度)，但它们的精确含义并不影响现在的阅读。

本章中的示例代码基于开源 OpenGL API(http://opengl.org)和 G3D 创新引擎库(http://g3d.sf.net)。我们建议读者仔细阅读文档中的相关细节，以便进一步理解和掌握这些常见的近似和表示方法如何应用于编程实践。

14.2 评价各种表示方法

在许多情况下，存在多种表示方法，分别具有不同的性质。对于某一特定的应用哪种表示方法最好，取决于该项应用的目标。系统设计的水平在很大程度上体现在能为特定的应用选择恰当的表示方法。评价一种表示需考虑的因素有：

- 物理精度
- 感知精度
- 设计目标
- 空间效率
- 时间效率
- 实现复杂性
- 创建内容所需的成本

物理精度是最易于客观测量的性质。我们可以使用校准过的相机来测量从已知场景反射的光能，并将它与该场景的绘制结果进行对比，如测量时常采用康奈尔方盒(见图 14-1)。

但物理精度通常并不是创建图像时最重要的考虑因素。人们观察图像时，那些不易察觉的误差显然不如容易为人感知的误差那么重要，因而物理精度并非评价图像质量的合适标准。不过这也是值得庆幸的——因为无论我们如何精确地模拟虚拟场景，仍存在源于显示器的大量误差。当前的显示器还不能重现现实世界的整个光亮度范围，也不能生成我们眼睛所看到的真实 3D 光场。

感知精度无疑是对图像质量的一个较好的评价标准，不过难以进行测量。已有许多度量观察者对场景的感知程度的合理模型，它们被用来对新算法进行分析或者直接构成这类算法的一部分(例如，视频压缩算法需考虑由于压缩而引起的感知误差)。然而，正如第 5 章所述，人类的感知与所观察的环境、目标的上下文、图像内容以及观察者本人有密切关系，因此虽然我们理解感知对评价图像质量的重要性，但仍无法依据图像显示的某种度量来精确量化图像感知的质量。

图 14-1 顶部带有一个光源且全部 5 个面被精确测量的康奈尔方盒模型，常作为标准测试模型用于度量绘制算法的精确度。此图是使用 100 万个光子跟踪的光子映射结果

感知精度甚至也不总被认为是对图像质量高低的一个好的度量方式。如图 14-2 的照片所示，线条画和原照片的色度与色调毫不相关，但相对于拍摄得很差的照片，它应被认为是对场景更高质量的描述。最佳的图像质量意味着能以设计者希望的方式将虚拟场景最好地展现给观察者。它可以是 CAD 程序中的线框图、艺术作品中的绘画风格、卡通式的视频游戏或电影中的画面感。通常艺术家和设计者会有意识地对几何模型做适当的简化和变形，对光照效果进行某种风格化处理，采用非真实感方式进行绘制以更好地表达他们的想法。这种类型的图像质量无法做客观的测量，这也是为什么说图形系统设计是一种主观艺术加工程实践的理由。

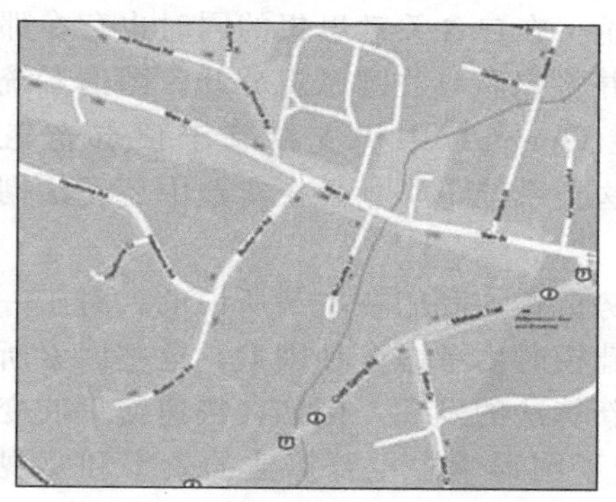

图 14-2 一张地图比一张卫星照片包含更少的信息和细节，但却以更好地将突出元素传达给观察者这种方式呈现它的信息。这证明了捕获现实的很多方面的信息并不总是给一场景建模的最有效方式(授权：©2012 Google—地图数据©2012 Cnes/Spot 图像，DigitalGlobe，GeoEye，MassGIS，Commonwealth of Massachusetts EOEA，New York GIS，USDA Farm Service Agency)

时空效率及其实现的复杂性并非数学建模的范畴，而是具体实现中的问题。我们力求实现所设计的算法并将它们应用于实际问题。对实时的交互绘制而言，效率是至关重要的，在虚拟环境里，低质量但可交互生成的动态画面会比只能有限交互或交互严重延迟的高质量动画产生的用户体验更好。在市场中，一个系统的可接受程度和生存力受价格驱动，系统开发过程需综合考虑计算性能、存储需求、开发人工成本与图像质量等多方面因素。

14.2.1　测量值

我们可以从如何评价图像质量中获得一些教益。尽管我们认为图像质量取决于感知精度以及画面是否体现了设计者的表达意图，但计算机图形学的进展却主要聚焦在图像生成的时空效率和物理精度上，当然实现的复杂度也是考虑的重要因素。这可能是因为效率和物理精度更适合进行客观度量。虽然这两者不一定容易优化，但既为客观度量就可以进行定量优化。所以获得的第一点教益是如果想改善某方面的效果，就需要寻找一个客观量来量化它。如今图像的物理精度已经非常高，在一定范围内我们完全能生成具有极好感知品质的图像。专题片中经常会包含一些完全由计算机生成的画面，这些画面与照片很难区别，即使是低能耗的移动设备也能提供交互式 3D 图形功能。第二点教益是确定你真正想要的优化目标(这是第 1 章中“明确问题”原则的一个例子)。尽管在生成图像的质量方面取得了众多进展，但是在建模、动画生成以及采用工具或编程来绘制场景方面并没有实现人们的预期。在过去 50 年里，尽管(有时也由于)图形中间件库的开发和图形算法的标准化，上述过程实现的复杂性仍在急剧上升。除真实感之外，其他方面进展缓慢的原因也许是由于非真实感图像的绘制质量是一种主观评估。目前计算机图形学尚不能让普通用户如画家一样使用自然介质来进行表意式创作和传递自己的创作意图。

14.2.2　历史上的模型

这一章描述的表示中既有当前流行的，也有一些目前已不常使用的。一些相对老旧的技术可能不再应用于新系统的开发。这是因为它们是在计算机图形学早期开发的，当时对某些问题的理解还不深入，也可能是因开发时系统缺少可支持更精确模型运行的资源。

本章之所以介绍一些已不再常用的技术是出于两个原因。第一，本章所介绍的技术应为读者*所知*，而非应为读者*所用*。经典的图形学论文在包含关键思想的同时也存在那个时代常见的建模缺陷。读者需要明了这些建模缺陷并将它们与关键思想分开。图形系统包含了一些模型以支持某些保留下来的应用，如在 OpenGL 中仍支持基于顶点光亮度的 Gouraud 插值。读者可能会遇到并且仍然要维护这类系统，毕竟，在实践中还无法彻底告别过去的一切。

第二，一些过时的技术有回归当今系统的趋势。正如我们在本节所说的，对于一项应用，精度最高的模型通常并非最优的模型，因为建模时需考虑多种因素，这些因素所涉及的成本也处于动态变化之中。成本变化可能源于新算法的发现。例如，快速傅里叶变换的引入、随机算法的出现以及着色语言的发明改变了图形学中主要算法的效率和实现复杂度。另一个缘由是计算机硬件的进步。计算机图形学的进展与当代计算机给出的“常数因子”紧密相关，如内存大小与时钟频率的比值、晶体管功耗与电池容量之比等。当因技术或经济因素导致这些常数发生改变时，与之相适应的软件模型也会随之发生变化。当实时 3D 计算机图形学进入消费领域时，它采用的是十年前为电影行业所淘汰的一些模型。电影制作工场对一帧画面所做的处理和占用的内存超出消费者的台式机或游戏机数千倍，电影工业界在质量和效益之间有完全不同的权衡。同样，最近将 3D 图形学引入移动平台使得一些稍低质量的近似模型得以重新应用。

14.3　实数

在大多数计算机科学中均隐含一项假设，即实数总是可以表示成足够精度的数字形式。然而在计算机图形学中，经常发现所用的精度已经接近可用的极限，而很多错误都是因未能满足上述假设而引起的。所以在建立更多涉及实数的数据结构之前，需要考虑如何来近似表示实数的问题。

定点、**归一化定点**和**浮点**是计算机图形学程序中使用最为广泛的实数的近似格式。但每一种都只有有限的精度，且随着操作次数的增加误差会随之增大。当对一项任务而言，其精度太低时可能出现意想不到的错误。因为算法本身是正确的，因而这种错误很难进行调试，且每次数学测试会产生不一致的结果。例如，考虑一个球下落接近地面时的物理模拟，根据模拟器的计算，这个球下落 d 米时刚好触及地面，因此当球下落 $d-0.0001$ 米时，下落的球应处于即将接触地面前的状态。而经过变换后，实时测试表明此球的一部分已在地面之下。出现此种情形的原因在于数学上正确的表达式，如 $d=d-a+a$（特别是$a=(a/b)*b$），当实数取某种近似表示时不一定成立。对编译器的优化增加了问题的复杂性。例如，当中间结果采用不同的精度时，$a=b+c$；$e=a+d$ 产生的结果可能与 $e=b+c+d$ 不同，而且即使程序中为前者形式，编译器也可能将其优化成后者。由精度引起且大家时常观察到的误差是绘制中的自阴影走样现象，它源于在计算场景中的点在视点坐标系和以光源为中心的坐标系中的位置时精度不足。当其中一个位置存在误差致使两者并不对应同一点时，该空间点就会形成自身阴影，表现为物体表面呈现平行的暗带和散乱的麻点。

确有一些比定点和浮点表示精度更高的实数表示方法。例如，可精确地将**有理数**表达为两个大数的比值（即动态的位长整数）。只要我们愿意在有理数操作上花费更多的空间和时间，它们能够任意地逼近实数。不过，大家很少会这么做。

14.3.1 定点数

定点数采用固定长度的二进制位和固定的小数点位置，确保了不同大小值的定点数都具有相等的精度，因此可限定一个实数（在可表示范围内）采用定点表示可能带来的最大误差。操作定点数与操作整数几乎相同，所以定点数操作的硬件实现较简单（低成本）。定点表示最基本的形式是整数的精确表示，通常采用**二进制补码**的方式对负数进行高效编码。

定点数表示包含四个参数：有符号或无符号、归一化或未归一化、表示整数的位数以及表示小数的位数。后两者常使用带小数点的数字表示，例如，“24.8 定点格式”表示一个 32 位的定点数，其中整数部分用 24 位表示，其余的 8 位表示小数部分。

b 位**无符号归一化定点数**对应于整数 $0\leqslant x\leqslant 2^b-1$，它被解译为 $x/(2^b-1)$，因而位于 $[0,1]$ 内。**有符号归一化定点数**的数值范围为 $[-1,1]$。如果直接将范围 $[0,2^b-1]$ 内的数映射到 $[-1,1]$，则 0 无法精确表示，因此通常将对应于最末两位的整数映射为 -1，将该段数轴向前做微小平移，从而使得 -1，0，1 都能精确表示。

归一化数值在计算机图形学中非常重要，因为我们经常需要使用压缩储存方式来表示单位向量、单位向量的点积以及反射率的分数值。

在计算机图形程序中常涉及多种数值类型，因而较为理想的是设置一种可揭示数值类型的简洁命名规则。一种常见的定点数命名规则是采用前缀和后缀来修饰 `int` 或 `fix`。此规则中，前缀含 `u` 时表示无符号数，前缀含 `n` 时表示归一化数，而后缀用一个下划线表示位分配情况。例如，`uint8` 表示位于[0，255]之内的 8 位无符号定点数，`ufix5_3` 表示包含 5 个整数位和 3 个小数位的无符号定点数，其取值区间为 $[0, 2^5-2^{-3}]=[0, 31.875]$。OpenGL 采用更简洁的命名规则——使用字母 `I` 表示未归一化的定点数，无 `I` 则为无符号的归一化格式。例如，`GL_R8` 表示范围为[0，1]的 8 位归一化值（uint8），`GL_`

RI8 表示范围为[0，255]的整数。

图形硬件中的常见定点格式有：描述反射率的无符号归一化 8 位数，描述单元向量的归一化 8 位数以及光栅化过程中描述 2D 坐标的 24.8 格式定点数。当前软件绘制中并不常采用定点数，这是因为 CPU 对于大多数的定点数操作而言效率不高，而且当前的软件绘制更关注于图像质量而非计算性能，如果这类最小限度的数据格式使用不方便，则不会刻意采用它们。但软件光栅化是个例外——其硬件采用了 24.8 定点格式。这并不是因为计算效率而是因为定点算术计算的精确性：$a+b-b=a$(只要中间计算结果没有溢出)，若 a 和 b 以浮点数表示，情况就并非如此了。

14.3.2 浮点数

在浮点表示中，小数点位置不固定——在某些情形中，它甚至可能远超出数字的位数。尽管经常使用的 IEEE 754 浮点表示方法的细节比科学记数法略微复杂，但两者的关键思想是相似的。任一个数均可表示为一个尾数和一个指数，例如可将 $a\times10^b$ 的编码写成表示 a 的二进制位和表示 b 的二进制位的串接，其中 a 和 b 本身为整数或定点数。在实践中，IEEE 754 可直接表示"无效数"(例如，0/0)、正无穷和负无穷等概念。当然在定点模式中也能采用特殊的二进制位模式(虽然极少使用)来表示这些概念。相对于定点数，当取相同数目的二进制位时，浮点数能够表示更大的数值范围或提供更高的精度；不过，两者不能同时兼得。实数以浮点表示时的近似误差与它所表示的数有关，表示大的数值时误差也更大(见图 14-3 和图 14-4)，因此在采用浮点数表示的算法中很难限定其误差范围。浮点数也往往需采用更复杂的电路来实现。

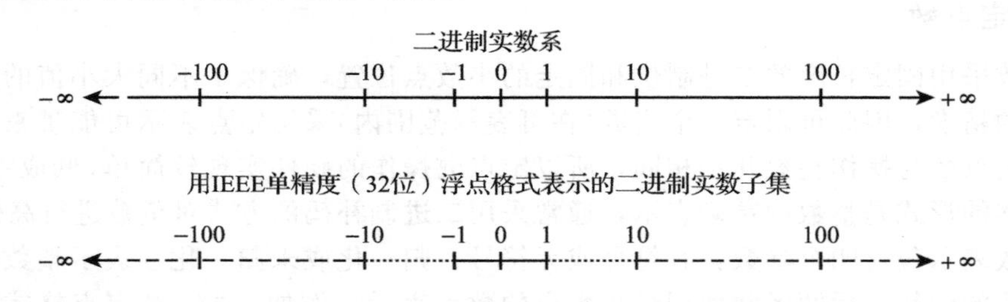

图 14-3 用 IEEE 单精度(32 位)浮点格式表示的二进制实数子集(授权：Intel 公司)

32 位和 64 位浮点表示(有时称单、双精度)为所有的应用领域所广泛采用。基于空间和时间效率考虑，在图形学中常使用 32 位浮点数。图形学中也会使用在其他领域不大常见的浮点格式，如 16 位的所谓"半"精度浮点格式和一些特殊用途的浮点格式(如 10 位浮点数，又称 7e3)。由于大多数体系结构在定义数据类型的位长时都倾向于选择取 2 的幂次，10 位数据格式显得较为奇特。在存储 XYZ 或 RGB 值等 3 向量组合时，三个 10 位字长的值可存储于 32 位的机器字中(余下的两位未使用)。在共享指数格式中，将每个向量的尾数组合在一起，然后共享一个指数[War94]。这种格式特别适于存储像素取值范围较大的图像。

14.3.3 缓冲区

在计算机图形学中，术语"缓冲区"通常指以 2D 矩形形式排列的像素值阵列，例如一帧待显示的图像或一张记录从视点到每一像素上可见物体距离的图。注意在一般的计算机科学中，"缓冲区"通常指一个队列(故有时"2D 向量"指 2D 阵列，而非几何向量!)。为了避免混淆，我们在本书中不采用一般计算机科学中缓冲区术语的含义。

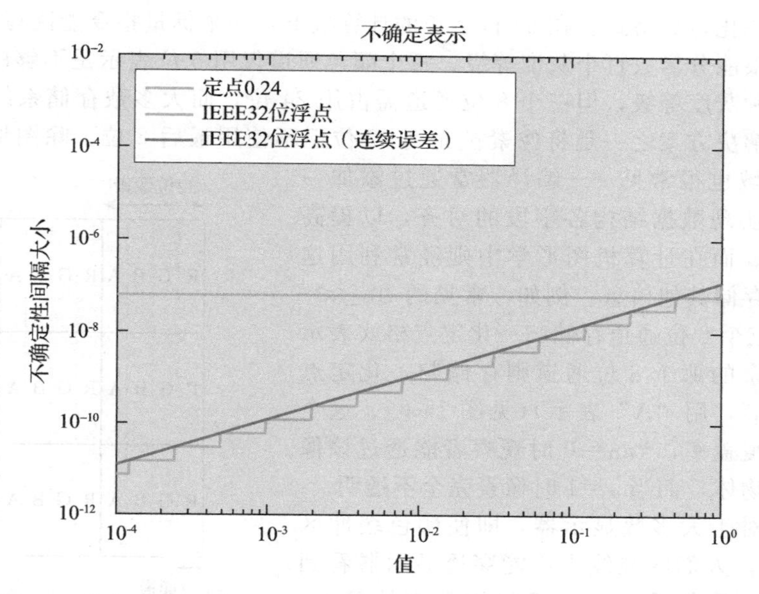

图 14-4 用 8.24 位定点和 32 位浮点表示的相邻实数在范围$[10^{-4}, 1)$的距离[AS06]。其中浮点表示精度随幅度变化(© 2006 ACM 授权许可)

图形系统中的**颜色缓冲区**存储了屏幕上正在显示的图像数据。通常表示为像素值的2D阵列，阵列中的每个元素存储了三个字段：红、绿、蓝。这里暂不解释各个字段的意义，而只关注这种表示的实现细节。

字段应该占据较小的存储空间，即仅包含少量的二进制位。如果颜色缓冲区占用空间过大，则无法存储于内存中，所以在不影响最终图像感知质量的前提下每个字段应尽可能紧凑。此外，如果颜色缓冲区的当前工作集能全部保存在处理器的高速缓存中，则可对它进行有序访问从而速度更快。显然字段占用位越少，高速缓存就能存入更多的像素。

每个像素所占据的位数是机器字长度的整数或分数倍。如果每个像素刚好占据一个机器字空间，则存储系统能够进行对齐读写操作。其速度通常是未对齐内存访问的两倍，因为后者对两次相邻的存取必须先实施对齐操作然后再合成其结果。基于硬件的矢量操作也需要通过对齐内存访问以读取一组相邻的存储位置然后进行并行处理。这对于一个有 32 个分量的矢量结构来说，可提升计算性能 32 倍。如果一个像素占据位数倍于一个机器字的空间，则读取它的值需要做多次内存访问，不过仍保留了矢量化和对齐操作的优点。如果一个像素占据的空间仅为一个机器字的几分之一，则每次对齐访问可读入多个像素，产生一种超级矢量化的效果。

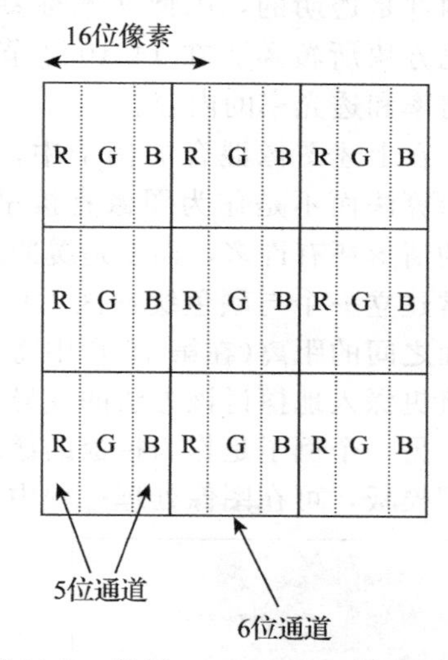

图 14-5 根据 GL_R5G6B5 缓冲区格式，每个 16 位像素中包括三个归一化的定点值：红、绿、蓝。其中红色和蓝色通道各占 5 位。由于 16 并非 3 的倍数，“额外”的 1 位被分配给绿色通道

一种常见的缓冲区格式如图 14-5 所示，它是一个采用 GL_R5G6B5 格式的 3×3 缓冲区，适用于 16 位

字长像素的归一化定点格式。在 64 位字长的计算机上，一个标量指令能读写四个像素。

考虑到人眼能分辨数百个灰度等级，每个颜色通道仅用 5 位表示是不够的，而取 8 位则可呈现 256 种灰度等级，但三个 8 位通道需占用 24 位，而大多数存储系统的机器字长为 2 的幂次。解决方案之一是将像素扩充到 32 位但不使用最后 8 位。除图形学外，此方法在计算机领域也很常见——编译器常通过添加一些闲置的空位实现数据结构各字段的对齐，以提高内存访问效率。而在计算机图形学中则经常利用这些可用的空间存储其他信息。例如，常见的 GL_RGBA8 格式使用三个 8 位通道存储归一化定点格式表示的颜色，而剩余的那个 8 位通道则存储归一化定点值 α(或“alpha”，用“A”表示)(见图 14-6)。这个值可用来表示覆盖率，当 $\alpha=0$ 时观察者能透过该像素看到后面的物体，而当 $\alpha=1$ 时像素完全不透明。

32位像素

R G B A R G B A R G B A
R G B A R G B A R G B A
R G B A R G B A R G B A

8位通道

图 14-6　根据 GL_RGBA8 缓冲区格式，每个 32 位像素中包含三个 8 位归一化定点值：红、绿、蓝，以及覆盖率，每个通道的值均位于[0，1]内。在一个 32 位的存储系统中，采用该格式可对一个完整像素进行逐字对齐的高效访问。64 位存储系统则一次提取两个像素同时屏蔽那些不需要的位(在对图像的多个像素进行并行处理时，两个像素总是要被读取的)

很明显，对于大多数显示器，即使颜色缓冲区中像素的 $\alpha=0$，人们的视线也不能穿透显示器看到其后面。但是，颜色缓冲区并不仅用于直接显示，我们可能在绘制一幅图像并准备将它与另一幅图像进行混合。在编写本书时，我们准备了图 14-5 所示的水平、垂直网格线作为绘图程序中的一幅图像，图中呈现“白色”的像素设置为“透明”状态，即让它们的 $\alpha=0$。然后将此网格图叠加在“R”“G”等文本标签上。根据网格图像的颜色缓冲区值，网格内部是透明的，因此文本标签不会被网格图中的白色方块所覆盖。在 14.10.2 节中将介绍更多关于覆盖率和透光率的内容。

在上述图像混合的例子中，缓冲区的内容被输入给算法而不是作为图像直接呈现在显示屏上。类似的情形还有许多，而 α 是缓冲区所存储的众多量中唯一不能直接显示的数据。例如，我们常建立一个与颜色缓冲区 1∶1 对应的**深度缓冲区**来存储从投影中心到每个像素内可见表面之间的距离(在第 15 章中将展示如何实现和运用深度缓冲区，在第 36 章和 36.3 节中还将更深入地探讨该方法的变异和可供替代的选择)。

另一个例子是作为**模板的缓冲区**，它存储了一个任意的位编码，类似于绘画过程中的物理模板，可在图像处理过程中对一部分图像进行屏蔽(见图 14-7)。

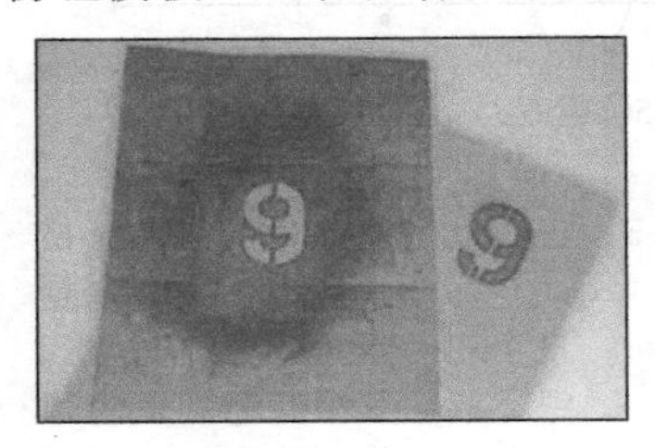

图 14-7　一个真实的“模板”是裁剪成一定形状的一张纸。将模板放置在表面上并涂上颜色。移走模板后，表面上在原模板留有小孔的位置处被涂上了颜色。计算机图形学中的模板缓冲区可提供类似功能

通常模板缓冲区只需占用少量位，所以常将它们并入其他缓冲区中。图 14-8 所示为采用 GL_DEPTH24STENCIL8 格式的深度和模板值 3×3 组合缓冲区。

帧缓冲区[⊖]是由多个大小相同的缓冲区组成的数组。例如，一个帧缓冲区可能包含一个 GL_RGBA8 格式的颜色缓冲区和一个 GL_DEPTH24STENCIL8 格式的深度模板缓冲区。这些缓冲区相当于存储每个像素属性数据的并行数组。一个程序可能设立多个帧缓冲区，它们与单属性缓冲区形成多对多的关系。

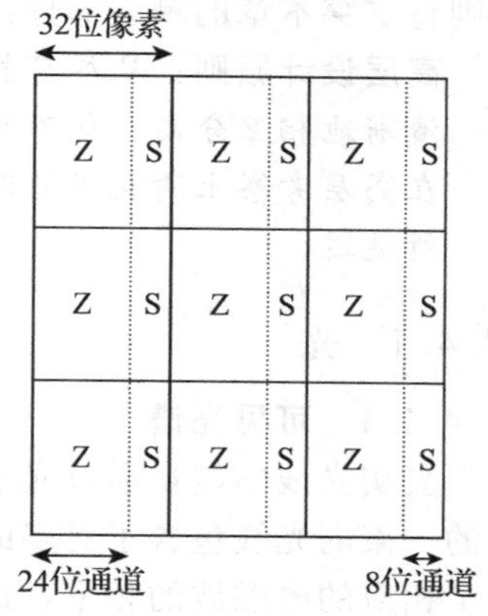

图 14-8 GL_DEPTH24STENCIL8 缓冲区的每个像素存储了 24 位的归一化定点“深度”值，以及用于任意掩码操作的 8 位模板

为什么要创建一个抽象层面的帧缓冲区呢？在前面的例子中，一个缓冲区包含 4 个通道，另一个缓冲区包含 2 个通道(深度和模板值)，为何不简单地将它们存储为一个 6 通道缓冲区？原因之一是帧缓冲区之间存在多对多关系。考虑一个 3D 造型程序，它生成相同视点下同一物体不同绘制风格的两幅图像。左视图为消隐后的线框图，画家可以看到细分后的网格模型。右视图为真实感光照图。这两个视图采用两个帧缓冲区进行绘制。它们共享同一个深度缓冲区但有不同的颜色缓冲区。

使用多个帧缓冲区的另一个原因是，尽管各通道所占位宽的语义模型来源于具体实现的要求，但可能并不与实现过程相匹配。例如，由于源于连续曲面采样以及一般绘制场景的空间连贯性，深度缓冲区非常适合无损空间压缩。与原始表示相比，压缩后的深度缓冲区显著地减少了存储空间(并由于消耗更少的存储带宽而加快了访问速度)，而且也满足 API 中语义缓冲区格式所需的精度要求。基于上述观察，我们常对深度缓冲区实施压缩存储，但在语义上仍将其表示为无压缩的缓冲区[HAM06]。为利用其可压缩的优点，在使用硬件绘制器中的专用电路予以实现时，需要将深度值通道与其他通道分开。这种让帧缓冲区/颜色缓冲区相分离的机制可以使高端系统得以高效的低层实现，而其实现细节被抽象化。

14.4 建立光线光学模块

在现实世界中，光源发射光子。光子在空间中发生散射并与介质相互作用。经介质散射后，部分光子穿过一小孔到达传感器上。这个小孔可以是观察者的虹膜，而传感器是他的视网膜。这个小孔也可以是相机的镜头，而传感器是相机的胶片或 CCD。真实感绘制模拟光从发射器到传感器的整个传播过程。它主要依赖于 5 类模型：

- 光源。
- 光的发射。
- 光的传播。
- 材质。
- 传感器及其成像小孔、相关光学(例如相机和眼睛)。

现在我们探讨每一类中的概念和一些经过抽象但保留了空间、时间和实现复杂度的高层属性。在本章的后面，我们将介绍每一类中的常见模型，由于这些模型之间交互影响，

⊖ 帧缓冲区(framebuffer)是原用来存放当前帧像素的帧缓冲器(frame buffer)概念的抽象。虽然现代并行绘制术语“帧缓冲区”是对历史的沿袭，但注意它并不是一个真实的缓冲区而是存储了多个缓冲区(深度、颜色、模板等)。虽然老的“帧缓冲区”存储了多个“位面”或每个像素上的各种值，但它通过结构数组将这些值存储在像素中。不过结构数组不适合于并行处理器，数组结构成了现代“帧缓冲区”的选择。

因此必须先理解所有模型才能对其中任意模型进行改进。

虽然本章的前几节已经讲述了很多细节，这里还有一个我们总结得出的高层原则，该原则将贯穿本章的剩余部分：

✓ **高层设计原则**：从尽可能宽广的视野出发。图形系统中的元素并不如同我们所愿可以清晰地相互分离：你不可能设计一个理想的光发射装置而不考虑它对光传输的影响。在高层考察上所花费的时间可让我们降低犯错的风险，尽管这会使最终结果的发布有所延迟。

14.4.1 光

14.4.1.1 可见光谱

真实光线的能量通过光子传播。每个光子携带了一定量的光能，一束强光线比相同光谱的一束弱光线包含了更多的光子，而不是所含光子的能量更强。每个光子的精确能量决定了相应的电磁波的频率，这一频率被感知为颜色。低频率光子呈现红色，高频率光子呈现蓝色，整个彩色光谱位于这两者之间(见图 14-9)。这里的“低”和“高”是相对于可见光谱而言的，还有一些光子的频率在可见光谱之外，但它们对绘制效果不产生直接影响，所以通常被忽略。

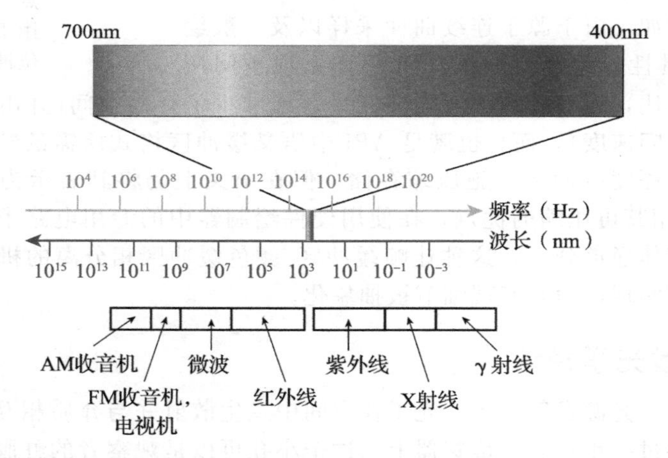

图 14-9 可见光谱是整个电磁波频谱的一部分。我们所感知的源于某一电磁波的光的颜色是由它的频率决定的。而频率和波长的关系取决于电磁波传播时所通过的介质(由 Leonard McMillan 提供)

人类视觉系统接收到的光线中包含了各种频率的光子，被感知为由不同光子所组成的颜色域中的某一颜色。例如，“红色”和“绿色”光子的混合呈现黄色，且几乎难以与纯粹的“黄色”光子相区别。这种**混淆**(即一个量替代另一个量)给我们带来的好处是显而易见的——只需采用三个狭窄频段即可合成出许多颜色。数字照相机即基于这一原理——因为图像显示时只用到三个频率，所以仅需测量三个值[⊖]。更为重要的是，几乎所有的 3D 绘制(包括电影和游戏)在计算光子的贡献时都将其归结为红色、绿色和蓝色三种不同的频率(或频段)。不过某些用于预测的绘制确实采用了更多的光谱采样来进行模拟。以后我们将正式地将之表述为“采用三个频率进行绘制”(实指“采用三个频段进行绘制”)。模拟中只使用三个频率能减少绘制算法的时间和空间耗费，但它也带来了两个局限性。第一个

⊖ 这并非完全正确，第 28 章解释了原因。

局限是有些自然现象无法仅用三个频率来模拟。例如，布的颜色在荧光灯和阳光下常会显得不同，尽管这些光源本身是相似的。部分原因在于荧光灯管是由一组窄频段光子的混合而形成的白光，而太阳光则覆盖了整个可见光谱。第二个局限是渲染器、照相机、显示器在合成颜色时很少使用相同的三个频率。每个系统所能感知的颜色空间(称为**色域**)稍有差异。对于特定的设备，有些颜色可能不在它的色域内，因而无法获取或显示这些颜色。这意味着向渲染器输入或输出的图像数据必须依据所给设备的颜色配置文件进行调整。现今大多数设备均能与 sRGB 标准颜色配置文件进行自动对接，以最小化这些设备所产生的颜色偏移，但色域不能完全匹配仍然是一个问题。

> 在荧光和阳光下，布的不同外观构成了不可交换原则的第一个例子(图形中的某些操作顺序至关重要，但考虑速度或为简单起见，它们常常会被忽略)。在本例中，计算反射光的光谱时应考虑其整个光谱，仅当需要为三色显示器提供待显示的图像时，才将反射光表达为三种频率光的采样。而如今我们一开始就对光源发射光的光谱和布料的反射率进行三色采样，然后针对这些样本点而不是整个光谱进行相乘操作。当然，这常能生成足够好的结果，但它亦可能导致错误。

✓ **不可交换原则**：在图形学中，操作的顺序至关重要。交换操作顺序会提高计算效率但也可能产生错误结果。当你这么做的时候，应该确信你已知道这些。

14.4.1.2　传播

光子的传播速率取决于材质。在真空中，光速为 $c=3\times10^8\,\mathrm{m/s}$。材质的**折射率**是真空中的光速与光在该材质中传播速度的比值：

$$\eta=\frac{c}{s} \tag{14-1}$$

对于常见材质，$s<c$，所以 $\eta\geqslant1$(例如，家用玻璃 $\eta\approx1.5$)。精确传播速度和折射率依赖于光子的波长，但它们在可见光谱范围内变化很小，因而通常将材质在所有波长下的折射率近似为一个常数。该近似的主要局限性是，当光线进入可透射介质时，其折射角随波长而略有变化，但依据本近似，折射角却取为一个常数。采用这一近似时不能绘制出彩虹和透过棱镜所看到的彩色光谱——只使用三个波长来模拟时，彩虹无论如何都只有三种颜色。

在计算机图形学中，通常将光子的**波长** λ 表示成与时间频率[㊀] f 相关的量，即

$$\lambda=\frac{s}{f} \tag{14-2}$$

当光子流进入不同介质时，传播速度会发生变化，其波长也会改变。但在图形学中假设光谱中每一种光子的波长独立于传播速度，其频率指在大多数情形中的稳定值。

光子在具有均匀折射率的介质体(即便该介质的化学成分或结构并非均一)内沿直线传播。光子也会被部分吸收，这就是为什么通过厚厚的玻璃窗观察时，世界会变暗。若两相邻介质体具有不同折射率，在其边界处，光通过复杂的反射与折射进行**散射**。反射和折射过程由材质的微观几何和化学属性决定。第 26 章将详细描述光的物理性质和对光的度量，第 27 章将讨论光的散射。

14.4.1.3　单位

光子传输**能量**，计量单位是焦耳(J)。与人类的时间尺度相比，它们的传播速度实在

㊀ 波的时间频率是用 1/s(即 Hz)度量，空间频率用 1/m 度量。光子的空间频率是 $1/\lambda$，由于它随传播速度而变化，所以在图形学中很少使用。

太快了，渲染器只是模拟所观察到的连续光子流的稳定状态。光子流的**功率**是指单位时间内传输的能量，单位为瓦特(W)。我们熟悉的家电标签中往往以瓦特或千瓦为单位来标识它的耗电量。当今常见的家庭照明装置只能将其所耗功率的4%～10%转化为可见光，一般而言，“100W”白炽灯最多发射10W的可见光，通常情况下是4W。

除了用瓦特来度量功率外，在绘制中还常用另外两个度量光能的量。第一个量是表面单位面积接受或朝外发出的功率，单位为W/m^2，称为**光照度**或**辐射度**，它对于度量光在无光泽的漫射墙面间的传播非常有用。第二个量是单位面积表面朝单位立体角所发出的功率，测量单位㊀为$W/(m^2 sr)$，称为**光亮度**。在均匀介质中光线上各点的光亮度相同。光亮度是对表面上的一点向另一表面上的一点或朝成像平面上某一采样位置所传输光能的量度。

14.4.1.4 实现

通常方法是使用一个包含3个分量的通用矢量类来表示所有这些量(如同GLSL和HLSL API中所采用的方式)，不过在通用编程语言中，通常会根据光谱频率对各分量加以命名，如代码清单14-1所示。

代码清单 14-1 一个用于记录三个可见频率处采样数据的通用类

```
1  class Color3 {
2  public:
3      /** Magnitude near 650 THz ("red"), either at a single
4          frequency or representing a broad range centered at
5          650 THz, depending on the usage context. 650 THz
6          photons have a wavelength of about 450 nm in air.*/
7      float r;
8
9      /** Near 550 THz ("green"); about 500 nm in air. */
10     float g;
11
12     /** Near 450 THz ("blue"); about 650 nm in air. */
13     float b;
14
15     Color3() : r(0), g(0), b(0) {}
16     Color3(float r, float g, float b) : r(r), g(g), b(b);
17     Color3 operator*(float s) const {
18       return Color3(s * r, s * g, s * b);
19     }
20     ...
21 };
```

当然可以通过创建不同的类来区分功率、光亮度等不同的物理量。但在编程中，常将这些物理量简单地表示为通用“颜色”㊁类的别名以减少类型的复杂度，例如代码清单14-2所示。

代码清单 14-2 Color3的单位语义别名

```
1  typedef Color3 Power3;
2  typedef Color3 Radiosity3;
3  typedef Color3 Radiance3;
4  typedef Color3 Biradiance3;
```

因为带宽和总的存储空间资源有限，因而通常为每个随频率变化的物理量选用最少的二进制位。一种实现策略是对类进行参数化，如代码清单14-3所示。

㊀ 单位“sr”是“立体弧度”，度量单位球面上某一区域的大小，更多细节见14.11.1节。

㊁ 在第28章中将讨论为什么颜色不是一个可量化的现象，这里我们使用的是领域中的非技术性术语。

代码清单 14-3 一个 Color 类模板和实例

```
1  template<class T>
2  class Color3 {
3  public:
4      T r, g, b;
5
6      Color3() : r(0), g(0), b(0) {}
7      ...
8  };
9
10 /** Matches GL_RGB8 format */
11 typedef Color3<unint8> Color3un8;
12
13 /** Matches GL_RGB32F format */
14 typedef Color3<float> Color3f32;
15
16 /** Matches GL_RGB16I format */
17 typedef Color3<unsigned short> Color3ui16;
```

14.4.2 光源

对光源进行准确建模并不难，光源产生光子并以一定的速率将它们发射到场景中。光子具有位置、传播方向和频率(即“颜色”)等属性。给定这些属性参数的概率分布，即可生成许多具有代表性的光子并跟踪它们在场景中的传播。所谓“代表性”是指真实的图像是因亿万个光子的传播形成的，但计算机图形学通常仅采样数百万个光子，便可较好地模拟该图像，显然每个采样的光子代表了许多真实的光子。当今的计算机和绘制算法已能在数分钟内完成上述模拟并生成一幅图像。光子发射过程本身并不费时。相反，后面的跟踪过程却耗费大部分的处理时间，这是由于每个采样光子都需单独处理，数百万个光子与数百万甚至数亿个多边形交互的复杂性可想而知。

为了进一步加快绘制，我们可以简化光源的发射模型，在后面的光传输过程中，将沿着同一条光线传播的光子合并处理，这也是实时绘制普遍采取的一种近似方法。该简化模型假定同一光源的所有光子都发自同一个固定点。因而绘制算法能采用从固定点发出的大量光线来表示光源所发出的光子。如前所述，通常采用少数频率来简化对整个光谱的采样，并度量光子流在每一频率上所发射的平均功率。通常采用三个频率来表示可见光谱，分别对应于“红”“绿”“蓝”三种颜色(基色)，其中每一基色代表真实光谱某一区间内光谱值的加权和，但在模拟过程中被当作对该区间中点的采样。Pharr 和 Humphreys [PH10]采用了更精细的光谱模型，它们的渲染器对光谱曲线做了更好的抽象。

14.4.3 光传输

在计算机图形学中，通常采用基于非平行、非偏振光(稳态)假设的几何光学来描述光的传播。由于忽略了相位和偏振，大大简化了模拟过程。在这一模型中，光子在真空中沿直线传播。它们互不干涉，只需简单求和即可计算出其贡献的总的光能。基于这一简化和离散的频率采样，一束光子流完全可以用一条几何光线和一个光亮度矢量(采用光谱中的红、绿、蓝基色表示)来表示。

> 在更复杂的光模型中，一些物理学家对光子的相位进行建模。在特定条件下这些光子会相互干涉，产生牛顿环等现象。但是在日常活动中很难察觉到牛顿环和其他小尺度的衍射事件，所以它们在图形学中大都被忽略。

在第27章中我们将看到，忽略光子的干涉和偏振确实简化了光的表示，但却会使材质模型变得复杂。例如，含光泽的完美的反射是由近于平行的光子流相互干涉导致的。但在光线光学中未考虑光的干涉，所以需在材质模型中引入特定项(如费涅尔系数)来模拟这类现象。当然也可以采用一个更复杂的光学模型和一个相对简单的表面模型来生成相同的图像。然而从建模和构建数字表示角度，一个简单的材质模型并不一定易于描述宏观现象。例如，将一块砖表示为红色的干黏土块既直截了当又简洁，而将它表示为10^{26}个不同构造的分子集合至少是非常笨拙的。

14.4.4 材质

图形学中有很多材质模型，其中最简单的模型将材质考虑为能散射光线的几何面，而且光的散射仅发生在不透明物体的表面，而忽略光子与表面上方近距离内空气的微量交互以及发生在表面下的交互。表面散射模型建立在上述假设的基础上(仅考虑不透明表面)，从而大幅度地降低了场景的复杂度。例如，计算机图形中的汽车可能没有引擎，房子可能只有一个表面，也就是说，只有与光发生交互作用的物体部分才需要建模。显然，此模型难以表示光与物体的深层次交互作用，如皮肤和雾的光照效果，而仅仅满足了绘制要求。对于物体的动画，我们还需要知道像关节位置和质量等属性。

计算机图形学的绘制结果与所用材质模型密切相关，这使得人们常使用不同的材质模型以表现不同尺度的表面细节。由于图形系统需要支持不同材质模型并且需组合生成中间尺度细节，因而变得复杂，但它能创建高的绘制效率，生成与我们日常感知相匹配的绘制效果。例如，在100米处，你可能观察到一棵杉树类似于绿色的锥体；在10米处，你可以看到各个枝条；在1米处，你可以看到单个针形的杉叶；在1厘米处，就能发现叶针和树枝上的微小隆起和细节。在光学显微镜下你可以看到单个细胞，而在电子显微镜下甚至可以看到分子级细节。在本章中，我们将能在1米远处观察到其轮廓的细节视为大尺度细节，比这些尺度稍小但裸眼可以观察到的细节为中尺度细节，而裸眼察觉不到的为小尺度细节。

14.4.5 相机

无论是对于生物还是机械，镜片和传感器(眼睛和相机的构件)都很复杂。从摄像师的角度看，理想的镜头应该将它所收集到的来自场景中某一点(焦距范围内)的所有光都聚焦到成像面上(传感器的感应面)同一点处，而不论光的频率和该点在成像平面上的位置如何。真实镜头的几何形状并不完美，它会导致图像在成像平面上发生轻微扭曲并使图像边缘处变暗，产生**渐晕**效果(见图14-10)。它们也会导致不同频率的光不能聚焦于同一点，从而形成**色差**(见图14-11和第26章)。相机制造商试图采用多个镜片的组合弥补这些缺陷。但遗憾的是，复合镜片会吸收更多的光、产生内部反射并散焦。这种内部反射会导致**镜头眩光**——它源于在同一直线上一系列虹膜形状的镜片与强光在成像面上形成叠加，见图14-12。明亮物体的散焦现象会产生**光晕**效果。真实胶片对光的感

图14-10 该照片边缘附近逐渐变暗，这一现象称为“渐晕”(授权：由Joe Lencioni拍摄，Gustavus Adolphus学院的Swanson网球中心提供，shiftingpixel.com)

应是非线性的，并可能包含有在制造中形成的颗粒。数字成像对热噪声敏感，其像素之间会存在小的差别。

图 14-11 相机镜头的色差导致该照片中对象边缘处呈现彩虹色。这是因为不同频率的光对应不同的折射角，致使图像平面上出现色彩偏移。高质量的相机采用多重镜片来弥补这一缺陷(授权：Corepics VOF/Shutterstock)

图 14-12 在这张图片中，来自太阳的光束、半透明色彩的多边形和沿太阳射线的光圈可归结为镜头的光晕效果，系由相机的多重镜片之间的强光反射所导致。来自场景中各处的入射光都能引发这种反射，但跟太阳光相比，它们太暗淡了，对图像的影响几乎无法察觉(授权：Spiber/ Shutterstock)

由于在简单成像模型中，透镜被视为理想的聚焦装置，传感器则被视为理想的光子测量装置，与真实相机模型相比，它能生成更高质量的图像，因此无需再使用真实相机模型。但因为镜头眩光、胶片颗粒感、光晕和渐晕被视为胶片真实感的一部分，所以有时会通过后期处理来生成这些效果。但没有必要为了生成这些效果而对真实的相机光学成像进行建模。毕竟添加这些效果是为了图片更美观而不是更真实，它们纯粹源于相机文化——除了光晕，其他所有效果并不能通过裸眼观察到。

14.5 大尺度物体几何

本节将介绍常见的物体表面模型。许多绘制算法只考虑光与物体表面的交互。有些绘制方法考虑了物体的内部，但物体边界表面仍用这些模型来表示。14.7 节简要介绍了包含有大量内部细节的物体的表示方法。

有些物体可表示为具有正反两面的薄面。蝴蝶的翅膀和一片薄布可以采用这种方式来建模。这种模型不存在物体“内部”，也没有体积。更普遍的情况是，虽然有些物体有体积，但是我们并不关心其内部细节。对于一个有体积的不透明体而言，其表面指的是从物体外部观察到的物体表面。因为内表面和内部细节不可见，故没有必要对它们进行建模，(见第 36 章)。为了剔除物体表面的内侧面，我们将多边形定义为具有方向性。多边形朝外的一侧的面是多边形的**正面**，朝内的一侧的面是多边形的**背面**。**背面剔除**程序可在绘制过程的早期删除每一多边形朝向内侧的面。此时，倘若观察者进入模型内部并尝试观察物体内部，他看到的是只有单侧表面的空壳，如第 6 章所示。上述情况可能因程序错误偶尔发生在游戏中。由于物体内部未设置细节，且物体外表面的内部一侧不可见，一旦视点穿过这些物体的表面而进入体内，整个模型会突然消失。

透过半透明物体能看到它们的内部情形和背面，所以需加以特殊考虑。常将它们建模为具有内外两面的半透明外壳或者由双表面组成的物体：其中一个为物体从外到内的分界面，另一个为物体从内到外的分界面。后一个模型对于模拟光的折射情形非常有用，此时需区分光线进入物体和离开物体这两种情况。

物体表面和几何不仅在绘制时有用，在建模和仿真中也常涉及几何求交。例如，被咬过一口的冰淇淋可以用一个被半球体截顶的圆锥体来建模……当然还可以在半球面上减去一些更小的球体(模拟咬后的凹痕)。仿真系统中常使用**碰撞代理几何体**，它比需绘制的几何形状要简单许多。如一个由百万个多边形网格表面表示的角色可由 20 个椭圆体组成的集合来模拟。而检测少量椭圆体之间是否相交所需的计算量要比检测巨大数量多边形是否相交要小得多，且可感知到的仿真精度并不因此有明显的损失。

14.5.1　网格

14.5.1.1　可索引的三角形网格

在图形中可索引三角形网格(见第 8 章)是一种非常普遍的曲面表示方法。其最小化的表示是一个顶点数组和一个记录顶点间连接关系的索引表。索引表有三种基本的构建方式：**三角形表**(有时也称为**三角形池**)、**三角形带**和**三角形扇**。图 14-13～图 14-15 分别描述了这三种表示方法，图中的三角形的顶点均按逆时针方向依序连接，索引号从 0 开始。

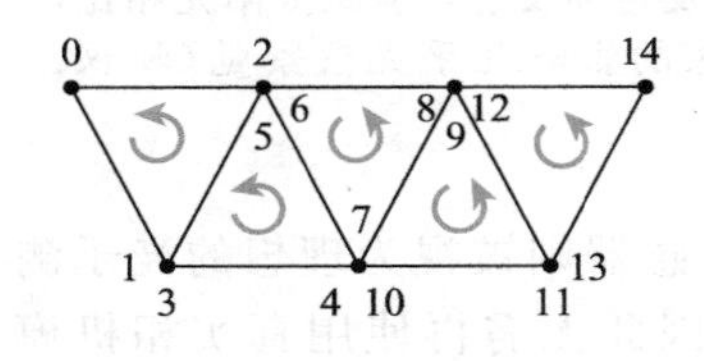

图 14-13　**三角形列表**，也称为**三角形池**，包含 $3n$ 个索引。列表元素 $3t$、$3t+1$、$3t+2$ 是三角形 t 顶点的索引顺序编号

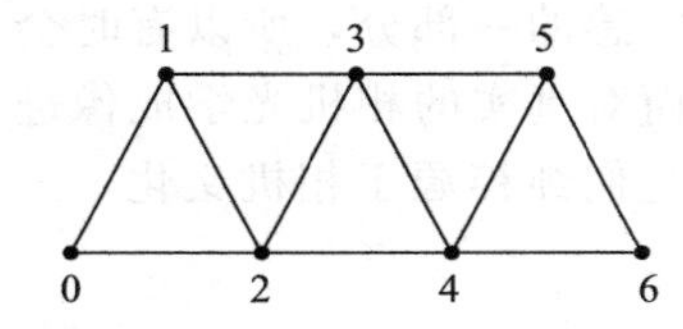

图 14-14　**三角形带**包含 $n+2$ 个索引。三角形 t 顶点的索引顺序编号如下：当 t 为偶数时，对应列表元素 t、$t+2$、$t+1$；当 t 为奇数时，对应列表元素 t、$t+1$、$t+2$

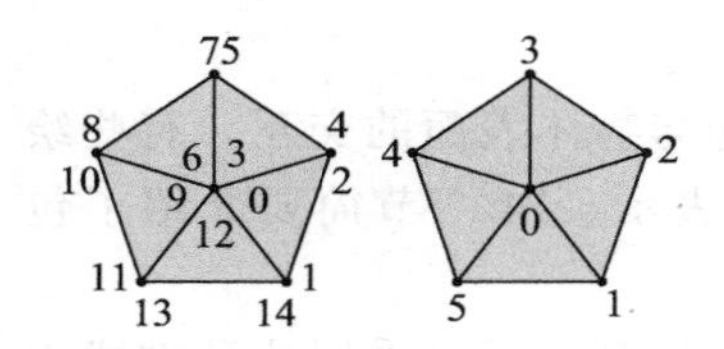

图 14-15　左侧为用三角形池表示的五边形，右侧采用更高效的三角形扇模型。**三角形扇**包含 $n+2$ 个索引。列表元素 0、$t+1$、$t+2$ 是三角形 t 顶点的索引顺序编号(索引号对 $n+2$ 取模)

14.5.1.2　其他网格结构

每一种索引表示方法都有一种对应的非索引表示方法。在非索引表示中，表中的第 j 个元素对应索引表示方法中的 `vertex[index[j]]`。这些非索引表示方法偶尔会用于流式的大型网格，这些网格的数据无法由系统装载进内核存储空间。由于需要复制顶点内容(往往比索引所占用的内存大得多)，所以这种方法并不为中型网格模型所青睐。

同样，可以用类似的结构构建四边形网格或更高阶的网格。但三角形是 2D 单形，存在以下优势：三角形总是平面的，可执行无歧义的重心插值，不会发生自交，且不能被简化为更简单的多边形。这些性质也使得三角形更易于光栅化，更易于进行光线跟踪和采样。当然，像城市建筑这类适宜由四边形表示的模型，改用三角形网格表示会增加存储开销且不会增加模型的分辨率。

14.5.1.3　邻接信息

有些算法要求能高效地计算网格面、边、顶点之间的邻接信息。例如，考虑线画程序中如何绘制一个凸网格的轮廓线(即只画出位于轮廓上的边)。边位于两个面的交界线上，倘若两个面中只有一个面朝向观察者，则这条边为轮廓边。如果我们在最小索引网格基础

上再增加一些附加信息来描述面、边以及它们之间的邻接关系，则可迅速地判定轮廓边。采用这种表示方法时，我们可以直接遍历边(而不是面)，并能以恒常时间访问每条边的两个邻接面。

邻接信息仅依赖于拓扑结构。在网格动画中，只要网格未被“撕裂”，就可以对该网格的邻接信息进行预计算。代码清单 14-4 给出了包含了完整邻接信息的一种网格表示方法。在该代码清单中，Vertex 类、Edge 类和 Face 类中的整数为对表的尾部类定义中有关数组元素的索引。因为网格中的面是有向的，构成面的各顶点在顶点索引数组中的顺序必须与之对应。这种基于数组表示的经典网格数据结构称为**翼边多面体结构**[Bau72](见第 8 章)。

在这些数据结构中有多种对边信息进行编码的方法。一种方法称为有向**半边**结构，每条半边仅属于一个面，每条不在边界上的边有两条半边。半边表示的优点是从面的任一顶点的索引开始顺序跟踪，便可得到面的朝向。缺点是对具有两个邻接面的边，存储了许多冗余信息。采用一种常见的技巧可以消除这种存储开销，虽然它会使代码稍显迷乱。对每个网格边，该方法只储存其中一条半边，当构建面的半边索引时，如果储存的半边所指方向与当前面的朝向不一致，则取其索引号的二进制补码。一个非负的索引号 e 的二进制补码(C 语言风格写成～e)必定为负数，所以这种方向相反的边的索引很容易识别。在大部分体系结构中二进制补码操作都非常高效，故此方法只需增加很小的开销。对每条网格边都可以采取这一技巧编码其邻接面的索引，表明是所储存的半边还是其反方向的半边应出现在该面中。

代码清单 14-4 包含完整邻接信息的网格表示

```
1  struct Mesh {
2      enum NO_FACE = MAX_INT;
3
4      struct Vertex {
5          Point3              location;
6          std::vector<int>    edges;
7          std::vector<int>    faces;
8      };
9
10     struct Edge {
11         int                 vertices[2];
12         /* May be NO_FACE if this edge is on a boundary. */
13         int                 faces[2];
14     };
15
16     struct Face {
17         int                 vertices[3];
18         int                 edges[3];
19     };
20
21     std::vector<int>        index;
22     std::vector<Vertex>     vertex;
23     std::vector<Edge>       edge;
24     std::vector<Face>       face;
25 };
```

14.5.1.4 顶点属性

通常会给网格的顶点添加一些附加信息。常见的渲染属性有**法向**、**纹理坐标**和**切空间基向量**。

曲面的多边形近似是一系列小平面。通过适当的着色方法可使它看起来如同曲面一样：根据曲面几何对采样点进行着色，但在光照计算过程中采用另一方式计算其表面朝向，具体方法如第6章所述。常见的确定表面朝向的方法是在每个顶点处给出理想的曲面法向，在每个多边形内部则取这些法向的插值。

纹理坐标是为每个顶点设定的点数据或向量数据，用以建立从模型表面到纹理空间的映射。常通过纹理来定义表面的材质属性，例如反射属性（“颜色”）。最常见的是通过2D参数坐标实现从表面某一区域到纹理空间一个2D矩形区域的映射。此外也常见将其映射到1D空间、3D体空间和3D球体的2D表面，第20章会讨论其具体细节。依据具体的参数化方式和应用，最后一种映射也称为**立方体映射**、**球面映射**或**环境映射**。

曲面上任一点处的切空间是在该点处与曲面相切的一个平面。网格面的切空间在网格边和顶点处无定义。然而当网格顶点具有法向时，隐含表示了此处的切平面信息（此平面垂直于顶点的法向）。网格面（边）上各点处的插值法向类似地隐含了该点处的切平面信息。许多绘制算法依赖于曲面切平面的朝向。例如，头发绘制算法将头发表示成一个蒙在头上的“头盔”，该算法需要知道表面上每点处头发的朝向（即它是朝哪个方向梳理的）。**切空间基向量**用于确定朝向，它是切平面中一对线性无关的向量（通常是为正交的单位向量），可如同着色用的法向量一样在网格表面上进行插值，当然，插值获得的基向量可能不再是正交的，长度也可能改变，所以需对插值获得的基重新进行单位化，甚至调整其方向重新正交化。但如第25章中所描述的，并不是总能在一个封闭曲面的每一个点处获得这样一对切空间基向量。

14.5.1.5 网格的高速缓存和预计算信息

前一节描述了在每个顶点上增添信息来扩展网格的表示模型。此外，我们也常预先计算网格的某些属性，比如曲率信息（以及前面提到的邻接信息），并将它们保存在顶点处来加速后续的计算。甚至可以在顶点处计算某些代价高昂的函数值，然后通过重心插值来获得它们在网格内部（甚至被网格包含的体内）任一点处的近似值。

Gouraud着色即为一例。在绘制某一帧时，我们计算并存储顶点处的直接光照，在每个面内部则对这些存储值进行插值。这曾是所有光栅化绘制的常用方法，如今主要为针对比像素小的三角形的绘制程序所采用，此时插值并不会使着色分辨率有所损失。在电影工业中流行的**微多边形**渲染器即采用这种方法。在绘制过程中，渲染器将对大的多边形进行细分，直至每一多边形都小于一个像素[CCC87]，以保证屏幕空间里有足够稠密的顶点。由于当今处理器性能增长速度快于屏幕分辨率增加的速度，在每个像素处计算其直接光照已不再被认为是高耗费。不过，场景复杂度增长更快，因而有些算法中仍然计算顶点处的**全局**光照，如环境遮挡（对因周围景物遮挡引起的光亮度减少的估计）或物体间的漫反射效果[Bun05]。

显然，网格的顶点构成一种自然的数据结构，基于它所记录的值可描述任意一个函数的分片线性近似，如第9章所述。这种方法的缺点是，由于受建模过程所限，分片近似可能并不能理想地表述任意函数。例如，艺术家在构建网格模型时，会使用尽可能少的三角形来逼近物体的外表面。因此表面上大而平坦的区域会包含较少的三角形。此时如果我们仅在顶点处计算全局光照，则由于这些区域内顶点太少，导致光照计算结果非常模糊。

除了简单地提高每一处的细分程度，还有两种常用的解决方法。第一种方法在对存储于顶点处的函数进行计算时，对网格三角形进行自适应细分[Hec90]，直到每一个三角形内该函数线性近似的误差足够小。第二种方法定义一个从网格曲面到纹理空间的可逆的、近似等角的映射，然后将给定的函数值编码成一幅纹理图案。后者对于变化较大的函数更有效，在这种情形中，难以预先知道函数值急剧变化的位置。如今这种方法比逐个顶点地进行计算更为流行。例如，许多游戏依赖于**光照映射图**，它将静态场景的全局光照预计算结果存储在纹理中。如果场景中只有少量物体在移动，结合实时直接光照计算，该方法可提供对真实全局光照的合理近似。传统的光照映射图仅仅记录了入射光的光强，在后来的一些渲染库中还记录了入射光的方向[PRT，AtiHL2]。d'Eon 等人对表面下散射的研究[dLE07]在纹理空间对动态数据进行编码，称之为**纹理空间漫射**。

14.5.2 隐式曲面

有些几何基元可以方便地用简单方程来描述，它们与我们现实生活中常见的形状密切相关。2D 形状包括直线、线段、椭圆弧(包括完整圆)、矩形、三角表达式(如正弦波)以及低阶多项式曲线。3D 形状包括球、圆柱体、立方体、平面、三角曲面、二次曲面和其他低阶多项式曲面。

简单的基元可以通过隐式方程或显式参数方程表示，如第 7 章所述。我们在这里做一个简单的回顾。

一个隐式方程是一个作用于点的测试函数 f：$\mathbf{R}^3 \to \mathbf{R}$。该函数对空间中的点进行分类：对于任意点 P，或者 $f(P)>0$，或者 $f(P)<0$，或者 $f(P)=0$。满足 $f(P)=0$ 的点构成了由 f 定义的**隐式曲面**；按照惯例，满足 $f(P)<0$ 的点被认为位于曲面内部，余下的点则位于曲面外部。这一曲面即为该函数的**水平集**(第 0 层)或**等值面**(值为 0)的一个实例。

例如，对于法向为 $\boldsymbol{n}$ 并经过 Q 点的平面，其测试函数可取为

$$f: \mathbf{R}^3 \to \mathbf{R}: P \to (P-Q)\cdot \boldsymbol{n} \tag{14-3}$$

对于平面上的每一个点 P，$f(P)=0$。对于与 $Q+\boldsymbol{n}$ 同一侧的点，$f(P)>0$；而位于平面另一侧的点则有 $f(P)<0$。

显式方程或**参数方程**以标量参数形式定义了平面上的点。可利用这种函数来生成表面上的点。一个平面的显式表示形式为

$$g: \mathbf{R}\times\mathbf{R} \to \mathbf{R}^3: (u, v) \to u\boldsymbol{h} + v\boldsymbol{k} + Q \tag{14-4}$$

其中 $\boldsymbol{h}$ 和 $\boldsymbol{k}$ 是平面上两个线性无关的向量。对于任意数 u 和 v，点 $g(u, v)$ 位于平面内。第 7 章给出了球面和椭球面的隐式方程和参数化描述，以及其他几种常见形状的参数化描述，如圆柱面、圆锥面和圆环面。所有这些以及更一般的隐式曲面将在第 24 章中讨论。

14.5.2.1 光线跟踪隐式曲面

隐式曲面模型对于光线投射和其他基于求交的操作非常有效。对于光线跟踪，我们将起始点为 A 方向为 ω 的光线表达为如下参数形式

$$g(t)=A+t\omega \tag{14-5}$$

将其代入平面隐式方程后求解此方程的根，即可获得光线与平面的交点。我们希望获得满足 $f(g(t))=0$ 的参数值 t。因而

$$(g(t)-Q)\cdot \boldsymbol{n}=0 \tag{14-6}$$

$$\text{即}\ (A+t\omega-Q)\cdot \boldsymbol{n}=0 \tag{14-7}$$

$$\text{所以}\ t=\frac{(Q-A)\cdot \boldsymbol{n}}{\omega\cdot \boldsymbol{n}} \tag{14-8}$$

对于任意一种曲面，如果将光线的参数形式代入方程后能得到有效闭式解，则均可以使用相同的求解过程。

对于一个球心为 Q 半径为 r 的球面，我们可以将它表示为隐式形式 $f(P)=\|Q-P\|^2-r^2$。将光线参数形式代入并将左边设为 0，得到

$$0 = \|(A + \omega t) - Q\|^2 - r^2 \tag{14-9}$$
$$r^2 = \|(A - Q) + \omega t\|^2 \tag{14-10}$$
$$r^2 = \|(A - Q)\|^2 + 2t(A - Q) \cdot \omega + \|\omega\|^2 t^2 \tag{14-11}$$
$$0 = (\|(A - Q)\|^2 - r^2) + 2t(A - Q) \cdot \omega + \|\omega\|^2 r^2 \tag{14-12}$$

这是一个关于 t 的二次方程：$at^2+bt+c=0$，其中 $a=\|\omega\|^2$，$b=2(A-Q)\cdot\omega$，$c=\|(A-Q)\|^2-r^2$。可以用一元二次公式求解光线和球面的所有交点。

课内练习 14.1　(a) 利用二次公式写出解的表达式，并简化。

(b) 如果二次方程其中一个根 $t<0$，这表示什么？其中一个根 $t=0$ 又表示什么？

一般地，如果二次方程满足 $b^2-4ac=0$，那么它只有一个根。这对应于光线和球面求交中的什么情形？

更一般的二次方程用于求解光线与椭球面或双曲面的交点。求解光线与圆环面的交点时将涉及高阶多项式。对于更一般的形状，需要求解的方程可能非常复杂。将光线参数形式代入隐式曲面函数所产生的方程如果有多个根，则表明存在多个交点。第15章将对光线投射及求交结果作进一步讨论和解释。

当隐式曲面不能高效地提供解析解时又会如何？如果隐式曲面函数是连续的，并且将物体内部的点映射为负值，将物体外部的点映射为正值，那么任何求根算法，如牛顿-拉普森[Pre95]方法，都可以找到零值点，也就是找到曲面。本节“隐式曲面”通常指这类模型和求交算法。

由多个定义于不同原点的简单基函数之和表示的隐式曲面常用于器官和“水滴状”形状建模(见图14-16)，称之为**滴状建模或元球建模**[Bli92a]。

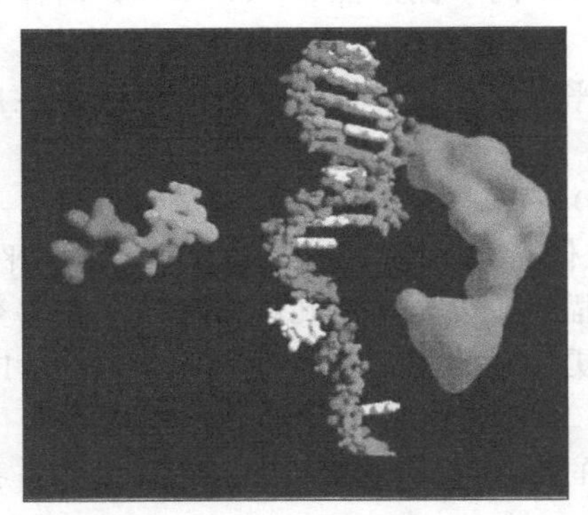

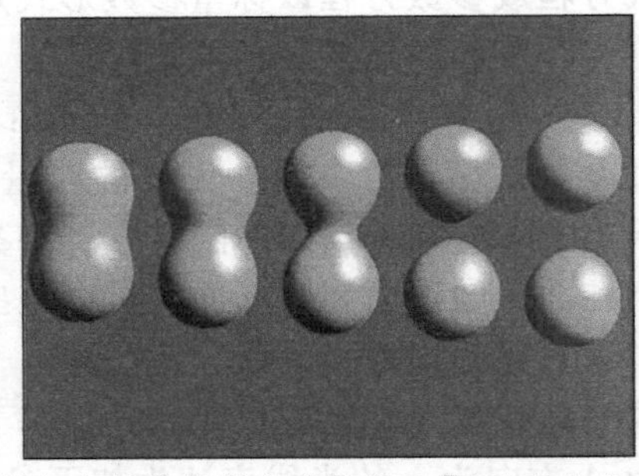

图14-16　水滴状模型，每一滴都由多个3D高斯密度函数之和的等值线定义[Bli82a](原图由James Blinn ©1982 ACM，Inc. 所有，获准转载)

14.5.3　样条曲面和细分曲面

我们已经看到，光滑形状可以在3D空间中由定义其曲面上曲线的任意表达式来建模，也可以由一系列固定函数之和生成的隐式曲面来建模。样条曲线和样条曲面片、细分曲线和细分曲面是上述两类方法之间的另一种曲面表示方法。**样条**是一条简单的分段线性多项式曲线，在每一区间内通常表示为四个预定义的基函数的线性组合，而其组合系数是点，因而只需存储这些系数就可以紧凑地表示曲线。**样条曲面片**可通过类似的方法表示为一些双变量基函数的线性组合，其组合系数也同样是点。采用固定的数学表达形式可以减少储存空间。而且，由于基函数是精心构造的，低阶多项式使得光线求交、采样、求取切向和法向等计算有效而快速。通过多个曲面片的光滑拼接可以构建任意复杂的曲面(实际上，样条曲面是大多数 CAD 建模系统的核心)。有多种形式的样条，取决于各自对基函数的选择。图形学中通常采用三次多项式曲面片，可以产生法向连续变化、没有尖角的曲面。更一般的样条，如非均匀有理 B 样条(NURBS)曾经是非常流行的建模基元。绘制样条曲面时，或将其离散采样成多边形，或者利用牛顿-拉普森等求根方法直接求取光线与它的交点。

细分曲面是通过递归地细分和光顺(使用精心设计的规则)一个初始网格所获得的平滑形状(见图 14-17)。已有许多面向网格的建模工具和算法，而细分曲面是一种可将这些工具延伸到曲面上的实用途径。该建模方法尤其适合基于多边形的绘制，因为在绘制中只须将网格细分到屏幕像素的空间分辨率即可。也因为如此，与其他光滑曲面表示相比，图形硬件实现中也更倾向于采用细分曲面。例如，栅格曲面、物体外壳和几何着色器都采用细分曲面方法把网格转换为图形硬件管线内部的网格。如同其他所有的曲线和曲面表示方法，这一方法面对的一个主要挑战是当表面上尖锐的折皱和光滑面片之间的边界条件混在一起时如何处理。构建可兼容两者的有效而便捷的表示是一个活跃的研究领域。目前已经取得了很大的进展，正被用于实时绘制中[CC98，HDD+94，VPBM01，BS05，LS08，KMDZ09]。

图 14-17　上图：利用近似 Catmull Clark 细分曲面实时绘制视频游戏中 Team Fortress 2 的一个角色。下图：细分网格(投影到极限面上)边缘为黑色，特殊褶皱边缘用亮绿色显示(授权：上图，Valve 版权所有；下图，Densis Kovacs，2010 ACM)

14.5.4　高度场

高度场是由某种 $z=f(x, y)$形式的函数所定义的一张曲面，在每一个坐标(x, y)处只有单一的“高度” z。对于整体较平坦但局部包含显著细节的大范围表面，如地形、海浪等(见图 14-18)，高度场是一种自然的表示方法。但各个坐标处只有单个高度的特点使得它不能表示悬挂物、陆地上的桥梁、洞穴或碎浪。根据聪明建模原则，你只有确定这些构形特征不重要时，才使用高度场。在稍小的尺度上，高度场可以附在网格或其他曲面形式上来表示表面的位移。例如，我们可以用一个平面表示瓷砖地面，再加一个高度场表示瓷砖之间的泥浆线。这类方法常被称为**位移映射**和**凹凸纹理映射**[Bli78]。“高度”相对于表面的朝向而言——它表示了沿着法向方向偏离基平面或基曲面的距离，因此我们只需简单地旋转参考坐标系，就可以使用一个高度图来表示一个小木屋的墙壁。

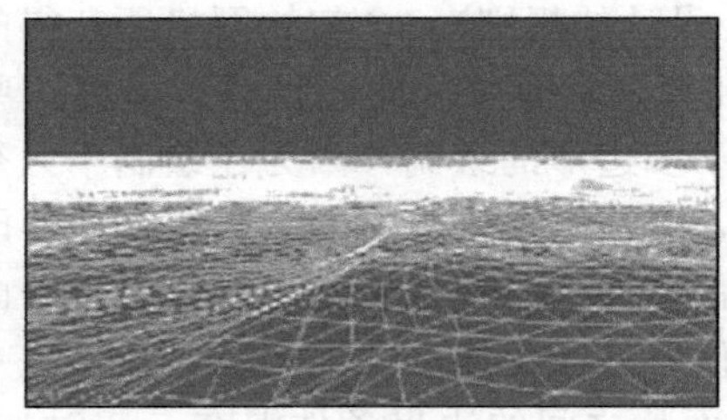

图 14-18　左图：CryEngine2 中的水面高度场。右图：动态高度场的实时绘制[Mit07]（授权：Tiago Sousa，© Crytek 提供）

高度场可以表示成一个连续的函数，譬如一系列余弦波之和，或若干控制点的插值。后者对于仿真、建模和测量数据尤为适用。控制点可能取不规则分布以便对给定形状进行高效离散(例如，一个不规则三角网络(TIN)，或 ROAM 算法[DWS+ 97])，或者它们取规则分布使相关算法得以简化。由于不能用来表示悬挂物，高度场通常被用作建模的基本元素然后再转化为一般的网格。这些网格不再受高度场约束而可被进一步编辑。

14.5.5　点集

高度场、样条曲面、隐式曲面和其他基于控制顶点的表示方法都定义了通过对给定点集数据的插值来构建曲面的方法。当给定点变得稠密时，由于插值距离缩小，不同的插值方案对所生成曲面形状的影响也会减少。因此构建任意复杂形状模型的一个自然选择是使用密集点集并采取最为高效的插值方法。此方法对于测绘表面尤其适用，因为测量过程中将自动获得密集点集。

基于点的建模往往基于高密度点集，使之在预设的视点和分辨率下能达到每个像素约一个点的密度，如图 14-19 所示。插值旨在填补采样点之间的空隙。**抛雪球算法**即为这样一种高效的插值方法：每一个点都被光栅化成一个小球(或面向观察者的小圆盘)，因而点之间的空隙被覆盖，且其整体形状与点集十分贴近。它实际上是一种卷积形式，等同于由各采样点处径向函数所定义的隐式曲面，其中径向函数快速地衰减至零(故很容易计算)。由此我们可以直接对一个点集进行光线追踪(与相关的隐式曲面进行光线求交)。

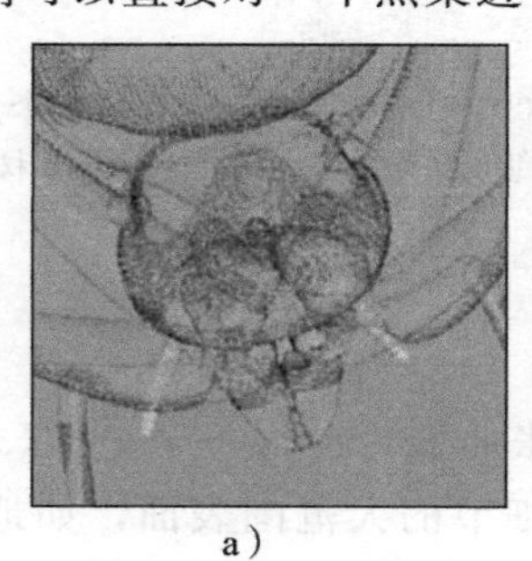
a)

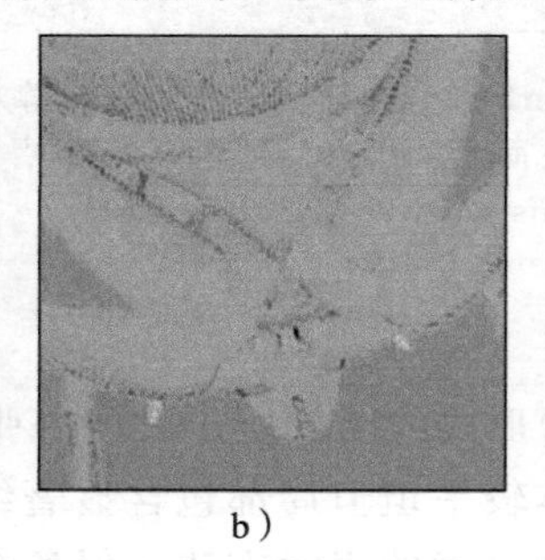
b)

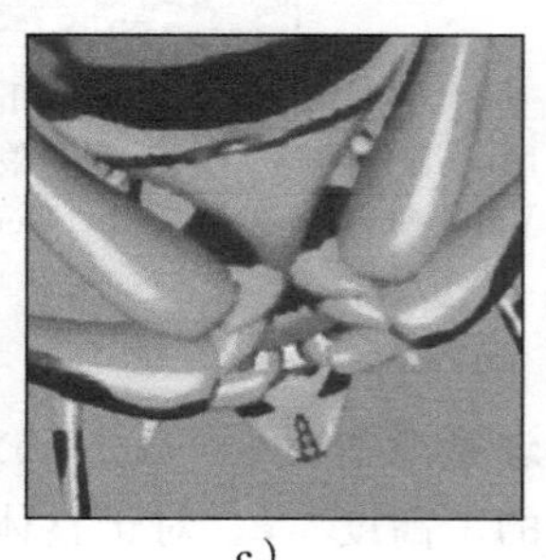
c)

图 14-19　a)一个附加了曲面属性的点集。b)按当前分辨率对点进行绘制时留下的空隙。c)由原始点集的抛雪球插值所定义的曲面[PZvBG00](授权：计算机科学 Wang 讲座教授 Hanspeter Pfister 提供，©2000ACM)

尽管基于点的表示方法十分适合于测量数据，但是在动画、建模和存储的效率上仍面临挑战，目前它主要用在科学和医学领域而不是娱乐和工程领域。

14.6 远距离物体

对于那些在屏幕上投影面积较小或者距离视点较远因而可以忽略其视差的物体，其绘制性能可以进一步提高。在透视投影下，视域四棱锥中大部分可见物体都离视点较远，这些物体上的小尺度细节将难以分辨。通过简化远距离物体或小物体的几何细节，我们可以提高绘制性能而对图像质量只造成轻微影响。实际上，简化表示甚至可能提高图像质量，因为剔除微小细节可避免它们引起的图像走样，对动画而言效果尤为明显(第 25.4 节对此将作进一步讨论)。

14.6.1 层次细节

图形学中常对单个物体构建不同层次的几何细节模型，绘制时基于物体在屏幕空间上的投影面积来选择相应的细节层次。这称为**层次细节**(LOD)技术[HG97，Lue01]。离散 LOD 表示中包含了几个不同的模型。在切换层次或对模型进行变形时，可通过融合稍低层次细节模型和稍高层次细节模型图像来抹去过渡痕迹。连续 LOD 表示则以一种模型结构内蕴的参数化方式实现连续的形变过渡。

当实际几何细节被抹去后，为了减少因简化几何细节而引起的感知缺失，常使用纹理图来近似表示被删除的几何细节。例如，模型中高清晰的细节变化常采用几何表示；中等分辨率的细节可使用法向映射或位移映射来模拟；最低分辨率的细节则通过调整着色算法来重现亚像素尺度上几何细节的绘制效果。

高度场是一种可简单地实现 LOD 的特殊情形。因为高度场数据相当于 2D 的高程“图像”，因此用于图像缩放的滤波操作(第 19 章)即可生成高度场的低分辨率版本。

14.6.2 贴图板和 Imposter 技术

对一个远处的大型静态物体而言，当相机的拍摄方向有所变化时，尽管其在画面上的位置会随之变化(少量的平移和旋转)，但该物体的投影基本保持不变。因此，在视图中，可以用一个贴有它在接近于当前视点处图像的平面图板(称为**贴图板**)来近似。贴图板很容易绘制，实际上，它只是将图像映射到四边形上。贴图板可用于表示 LOD 模型中的最低层细节。如果观察者不会靠近物体，它甚至可以作为 LOD 中的唯一层细节。在有些情形中，也采用贴图板来表示一些扁平状的物体、具有旋转对称性的物体或者旋转引发的视觉误差不明显的物体。例如，树上的一簇树叶、地面上的一簇草丛等都可以采用贴图板来表示。在绘制时，通常会使贴图板自动地转向观察者，以避免平板效应，当然这并非对所有情形都适用。例如，位于远处的树木的贴图板可绕着它们各自的垂直轴旋转以使其始终面向观察者，但是当观察者在森林上方飞行时，就不应如此处理，否则会形成树木半倒伏的视觉效果。

为了增加真实感，可以在贴图板上增加法向映射或位移映射[Sch97]，以支持动态重光照。

Décoret 等人[DDSD03]提出了**贴图板组合**(billboard cloud)技术自动生成同一模型的多块贴图板(这种关联展示方法常为艺术家所采用)，以逐步减小对贴图板绘制物体的错误感知(见图 14-20)。

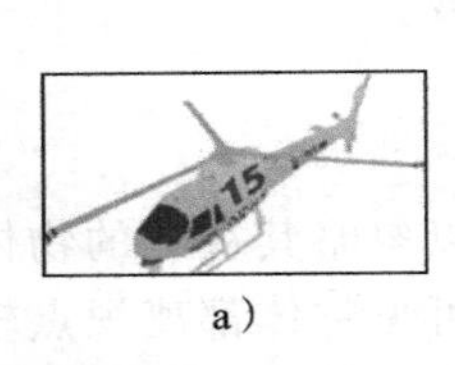

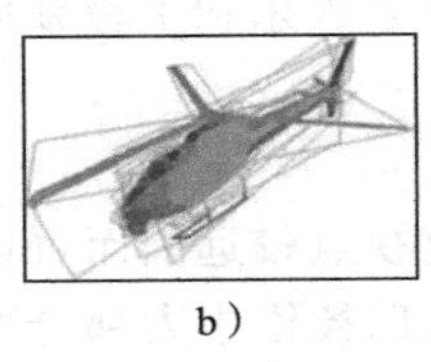

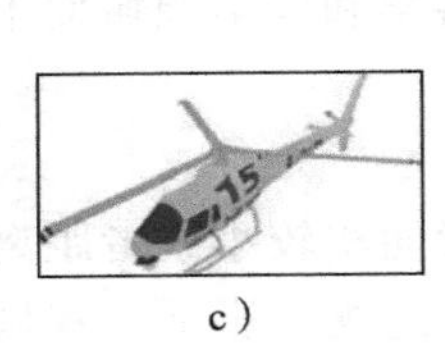

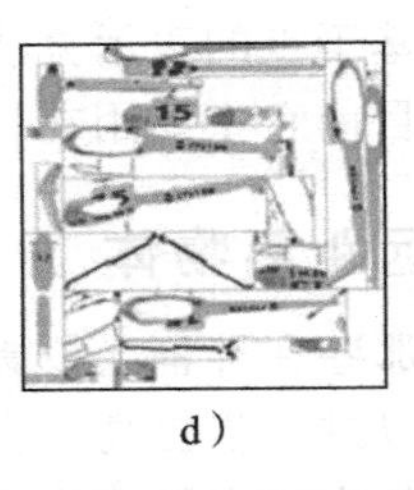

图 14-20　贴图板组合例子：a)原始模型(5138 个多边形)，b)在贴图板上对拼合在一起的每一组面片使用一种颜色来绘制，c)使用 32 块纹理贴图板所生成的视图(自动生成)，d)所用到的 32 块贴图板[DDSD03](授权：Xavier Décoret，© 2003 ACM)

单个贴图板的一个不足之处是不能表示动态物体，也不能展示当观察者靠近景物而其视差不可忽略时的画面效果。为了解决视差问题，我们可以预先计算多个贴图板，此方法在早期 3D 游戏(如 Doom 和 Wing Commander)中十分常见。也可采用变形策略[POC05]。对于特定物体的动态贴图板，可以在贴图板内设置动画控件[DHOO05，YD08]。而更一般的解决方法是在动画中每当贴图板的近似误差过大时就重新绘制一块新的贴图板。这种动态贴图板称为 Imposter[MS95]，它广泛应用于各种各样的模型，如地形[CSKK99]、人物角色、浮云[HL01]等。

14.6.3　天空立方盒

将部分场景(远处景物)的模型设置在“无限”远处会带来方便。在绘制时这部分景物仍取有限距离进行投影，但其距离不依观察者所在位置而改变。最常见的情形是天空和浮云。对于地面上的观察者，天空中的景物距离遥远，近似于恒定，即使视点移动也不会导致它们的视差和透视投影的变化。此类情形非常适合使用贴图板技术，只不过平面贴图板并不适于表现围绕地平线的场景变形。**天空立方盒**或**天空球面**可作为所有远景物体的几何代理。它们包裹整个场景并且使得观察者处于中心位置。几何代理实际上可取能将观察者包裹在其中的任意几何表面，例如正二十面体、正四面体……甚至封闭的茶壶表面。当其内部被绘上所要表现的远景物体的近似投影图像后，采用不同几何形状表面与采用球面几无差别。因此选择代理几何形状时应主要考虑给定投影图像生成的便利性和效率。立方体表面和球面由于投影方便而最为常用。

术语“天空立方盒”有时也指有限远处的物体，如建筑的正面，它们有少量的视差但是观察者不会进入其所在的场景区域。这种情形在视频游戏中较常见，玩家的移动范围往往受限于自然障碍，但是游戏设计者希望能展现比场景中可漫游区域更大的世界。

14.7　体模型

我们之前所讨论的大部分问题都是关于面表示的。由于这些方法不需要显式地表示物体的内部空间，所以非常高效。

体建模方法表示的是实体而不是表面。使用体模型可以产生更丰富的仿真效果，如物体的动力学行为和半透明光照效果。

14.7.1　有限元模型

有限元模型是将实体模型剖分成多面体网格的一种通用分割方法。它广泛应用于工程仿真分析中，用于计算物体内部的力、热传导和压力传导、流体流动等。但有限元模型很少应用于纯粹的绘制场合，因为与网格模型相比它在这方面并无优势。

将体内空间剖分为四面体或立方体等规则有限元网格对于建模和仿真而言还有另外的优点。对规则形状网格进行随机空间访问的时间为常数，且可实现稳定的邻域检索。四面体为 3D 单形(最简单的多面体)，因此四面体剖分非常适合于仿真，尤其适合表现断裂等效果。立方体剖分自然生成规则网格，这是一种直观的表示，容易以此构建层次结构。这种表示称为**体素**模型，广泛应用于流体模拟和医学或地理科学成像中，其源数据常来自规则网格采样。

14.7.2 体素

体素表示曾一度为绘制所偏好，尤其在娱乐产业中，但现已风光不再。图 14-21 展示了一款当代游戏 Minecraft，其场景采用大量体素进行建模旨在呈现一种积木风格。该游戏利用体素上局部图形操作的高效性，将所有光照和物理动力学计算设计成细胞有限自动机。因为体素表示仅需在每个单元上存储材质类型(其位置信息已由 3D 数组隐含表示)，该游戏能够以每立方米单个字节的储存量来高效地表示庞大的世界，大规模的均质区域还可做进一步的压缩。相比之下，即使采用立方体的三角形列表建模一个相同的场景也需要每立方米 12 个三角形×每个三角形 3 个顶点×每个顶点 3 个浮点数×每个浮点数 4 字节＝432 字节，并且不易压缩。

需要注意的是，图 14-21 中的场景似乎具有比每立方米体素更高分辨率的细节。例如，在体素单元内栅栏和芦苇表示为细长的窄条。这是因为系统虽使用体素进行仿真，但是绘制时每个体素会被替换成代理物体，与单一立方体相比，这些代理物体具有更多的细节。这是**几何实例化**的一种极端形式。在一些不需要精确表示的场景中常采用几何实例化来高效地表示许多相似的细节。例如，一个森林可以用少量的不同树的模型和大量树的位置、参考坐标系来建模。森林中的每棵树只需存储一个指向树模型的指针和一个坐标系，而无需存储树的完整几何信息。由较大尺度体素构成的场景可以利用类似的方案来呈现比体素分辨率更精细的细节，而不需要为每个体素显式地构建精细的几何。

图 14-21 游戏 Minecraft 用 1 立方体素构建整个世界，能够进行高效的实时的光照、仿真和充分地渲染动态地球规模的世界

图 14-22 展示了如何以更精细的方式使用体素来高效地绘制高分辨率、静态的场景。在体素网格场景中进行光线跟踪是高效的，这是因为光线和网格表面的求交十分简单，而且在存储系统中网格结构具有很好的空间局部性。树形数据结构可对大片空区域实施高效

编码。即使近距离观察，体素也不会呈现为块状。该图片采用了 Laine 和 Karras[LK10]提出的方法进行绘制，在每个体素处存储了相关的平面以及着色信息，可沿着这些平面进行更高分辨率的曲面重建。这样的技术已经存在；例如常用于流体仿真的移动立方体[LC87]（和移动四面体[CP98]），这些技术根据体素顶点处保存的密度信息，在每个体素内构建某种简单的几何面生成相对平滑的网格表面（见 24.6 节）。

图 14-22　由高分辨率表面位移所创建的体素数据，表面细节的局部阴影已预先计算并存储在体素网格中。整个建筑（包括从里面看不到的外墙面）的体素分辨率大约为 5mm。在 GPU 内存中总的数据量为 2.7GB。渲染时，Laine 和 Karras 的光线投射程序每秒投射 6100 万条光线；也就是说，相当于 2010 年的[LK10]中的光线投射算法以 60fps 的速度绘制 1M 像素（授权：Samuli Laine 和 Tero Karras，© 2010ACM）

14.7.3　粒子系统

液态或气态物体，如烟、云、火和水，常被建模为**粒子系统**[Ree83]。每个粒子都可高效地表示为一个具有质量的点。粒子系统可能包含大量粒子，例如，数千或数百万，它们扮演的角色类似于气体或液体中的单个分子。不过，仿真中所包含的粒子数远小于真实世界场景所包含的分子数（小多个数量级）。绘制时通常将每个粒子绘制成一个小的贴图板，以弥补粒子数目不足的缺陷。这和基于点的绘制中的抛雪球算法类似。通常称采用半透明贴图板表示的动态景物为粒子系统，而称采用不透明贴图板表示的刚性物体为点集。14.10 节介绍了模拟半透明网格和粒子的方法。

当贴图板交于场景中的其他几何体时，就会露出贴图板的平面特性。**软粒子**[Lor07]是一种解决此问题的技术（见图 14-23）。软粒子在靠近场景中的几何体时会变得更加透明。接近程度根据绘制时深度缓冲区保存的值决定。对于高密度且无明显可见结构的贴图板，如烟雾，效果尤佳。

之前

之后

图 14-23　左图：运用粒子系统绘制云时采用了多块贴图板，在这些贴图板与地形网格相交处，贴图板的平面、离散特性立刻暴露出来。右图：像素着色器改为采用“软粒子”技术淡化贴图板的贡献使之贴近于场景几何从而隐藏了人工痕迹（授权：Tristan Lorach，NVIDA）

14.7.4　雾

粒子和体素是无确定形状物体的离散表示形式。均质和半透明的物体可以采用连续的解析表示。一个典型的应用是大气透视效果的模拟，由于光穿越大气时存在小尺度的散射，使远处景物的色饱和度下降。一个更极端的例子是浓雾，它可能均匀分布于整个空间或者随着高度不同在密度上有所变化。

真实的大气透视必然涉及以光的传输距离为参数的指数吸收过程，但从画面效果考虑，常需对吸收速率进行调控。景物的均匀雾化效果可以采用两种方法实现：在绘制时混合像素的着色颜色和基于观察者距离的雾气颜色(可在像素着色器中实现或在 OpenGL 中调用固定功能的 `glFog` 程序)，或者在 2D 图像后处理阶段基于深度缓冲值实施混合。一个例子：基于距离 d，原始颜色 c，雾的颜色 f 和雾密度参数 k 计算最终颜色 c' 如下(按照 `glFogf` 文档)

$$c' = f + (c - f) \cdot e^{-dk} \tag{14-13}$$

同样的方法可以用于光在水下的散射和衰减。更复杂的大气散射模型也已开发出来(例如[NMN87，Wat90，NN94，NDN96，DYN02，HP03])，这种常见的指数近似仅仅是初始的模型。

局部雾气(见图 14-24)遵循与全局雾气相同的光衰减规律，但是其距离参数应取光线(沿视线方向)所穿过的雾的长度，而不是从观察者到被观察景物的距离。这个距离可由光线和雾气的包围体求交获得。只要此包围体为简单几何形状，每个像素着色时执行上述过程是可行的。常用包围体有半平面包围体、长方体和球体等。

图 14-24　方盒形状和椭球形状的雾气。使用像素着色器进行绘制时，求取视线与雾气包围盒的交(授权：Carsten Wenzel. © Crytek)

14.8　场景图

大型图形系统很少会将整个场景作为一个单独的物体来处理。场景常被分解为若干独立物体的集合，因而场景的不同部分可采用不同的模型来表示。这种方式也减少了需要处理的物体的内存量，使其能更好地适应硬件的计算能力，也更易于为建模工程师和程序员所操控。也就是说，这种场景分解策略符合经典的计算机科学和软件工程学的抽象原则。

梳理、列出场景中物体集合的数据结构称为**场景图**。这里的“图”指的是揭示物体之间相互关系的指针；在第 6 章的层次建模中曾描述过一个基本的场景图，并在第 10 章和第 11 章中讨论了它的遍历问题。有许多种场景图的数据结构。深层树数据结构适合于场景建模和用户界面设计，其大量而细致的概念抽象和较少的分支符合人类的设计直觉。而多分支和浅层的树数据结构则适用于包含许多并行处理单元的硬件绘制和物体层次上的高效视域剔除。此外，物理模拟经常需要使用完整的场景图来揭示模拟中的循环依赖关系。

与建模和交互、绘制以及模拟这三个目标相对接，存在三种场景分解的策略。经典的场景图和着色树把场景分解为若干**语义**元素。例如角色模型可能包含一个“头发”结点，它作为“头部”结点的子结点。这使得我们可以方便地改变头发的颜色或替换发型。我们也可能在角色躯干的根结点上附加“皮肤颜色”属性，以便此颜色属性作用于整个模型。语义结点类似于文本标记语言如 HTML 使用的属性级联模式。毫不奇怪，语义标记有效地描述了场景图的文本结构和绘制关系。语义场景图常常是有向非循环图，除了坐标系之外，子结点还从其父结点继承了着色和仿真属性。

物理场景图表达了物体(结点)之间的约束关系(边)。这些约束经常为关节。例如，人的腕关节定义了前臂和手之间的坐标变换约束。约束可能是短时的，例如跳动的球在接触地面的瞬时被约束为不能穿透地面(但可能发生少许横向滑动)。大多数动力系统都包含了预先设置的角色和机器的关节图、力的约束图、接触约束图。关于动力学仿真、关节数据结构和算法的讨论见第 35 章。

空间数据结构/场景图与计算机科学中的通用数据结构(如链表、树和数组)密切对应。它们把场景剖分成网格或树以支持高效的空间查询，如“在我的化身 4 米以内存在什么物体?”子结点必须包含于父结点的包围体内。空间数据结构广泛应用于仿真和绘制中，它们通常自动生成。已经出现了逐帧建立这些数据结构的高效算法，这已成为当前一个活跃的研究领域。第 36 章和第 37 章将讨论数据结构的建模、交互以及相关算法。

14.9　材质模型

如前面所述，我们通常认为物体由其表面定义，表面是物体和其他物体或周围介质之间的边界面。但是物体内部的材质也会影响光照效果。我们目前只考虑两种不同介质间的边界面，并假定光穿过边界面后有不同的传播方式。涉及两种介质这一点很重要，因此表面的外观与两者都有关，但在多数情形下，我们所看到的物体在空气中，这一点不是很明显。现在假设绘制的景物位于空气中，因而其外观可由单个材质参数定义。两种介质的情形将在 14.10 节讨论。

光与材质的交互作用非常简单。作为基本的近似，每个击中物体表面的光子有三种前景：被吸收并转换成热能、穿过表面进入物体内或被表面反射出去。每一种情形出现的概率和发生作用后光子的传播方向由物体的材质以及撞击点附近表面微平面的朝向所决定。整个模型可由物理学上几个简单定律描述。

然而，我们使用比这些简单物理定律更复杂的高层模型，从而使得我们能考虑落在表面上更大范围(更为宏观)的面片集合上的大量的光子。由于采用了复杂的材质模型，我们可以简化表面的几何模型和光采样策略。更复杂的材质模型可通过美学方式而不是物理方式进行控制，可以让画家基于直觉而不是测量数据来生成所需的视觉效果。

一般来说，我们至少需要区分下列 5 种在审美和感知上有意义的现象。

1）清晰的**镜面**反射，如玻璃上的反射光。

2）具有**光泽**的高光和反射，例如涂蜡苹果上的高光。

3）表面下的浅层散射，它导致独立于观察方向的**朗伯漫反射**，例如“平坦”墙上涂料的观察效果。

4）表面下的**深层散射**。这是由于光在表面下的漫散射，是皮肤和大理石等外观较

“柔和”的原因。

5）**透射**，当光通过几乎透明的材质（如水和雾）时，进入介质后发生折射。在光的路径上可能有少量的漫散射。

因为这些现象都源于散射（或者由于被吸收而无散射），所以常使用**散射函数**进行描述。有几种散射函数，其中包括：用于描述表面散射的**双向散射分布函数**（BSDF），仅考虑不透明表面反射的双向反射分布函数（BRDF），用于纯透射表面的双向透射分布函数（BTDF），用于描述表面反射和表面下浅层散射效果的双向散射反射分布函数（BSSDF）。即使只考虑双向散射分布函数，亦需要对具体的绘制算法和物体表面物理性质进行深入讨论。幸运的是，这一切可通过相对简单的模型及其应用来获得。过去 30 年里大部分像素绘制时采用的方法都属于同一简化模型的变体，该模型可能还会继续使用。

在下面的小节中我们将介绍双向散射分布函数的基本思想和一个至今仍常用的不透明表面的简单光照模型（经验模型）。然后我们再采用混合方法代替双向散射分布函数，来模拟一些常见的光传输现象。

14.9.1 散射函数

散射可以被描述为一个函数$(P, \boldsymbol{\omega}_i, \boldsymbol{\omega}_o) \rightarrow f_s(P, \boldsymbol{\omega}_i, \boldsymbol{\omega}_o)$，它表示当光照射到物体表面 P 点时其反射光从方向$-\boldsymbol{\omega}_i$散射到方向$\boldsymbol{\omega}_o$的概率密度（见图 14-25）。通常一个明亮或有较强反射能力的漫射表面具有较高的 $f_s()$ 函数值。（f_s 更严格的定义将在第 26 章给出。）

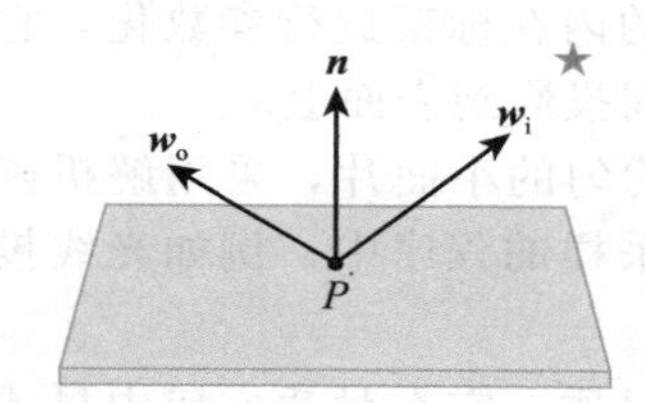

图 14-25 向量$\boldsymbol{\omega}_i$朝向光源（以星号标记），故入射光方向为$-\boldsymbol{\omega}_i$。在点 P 处的散射光朝不同的方向$\boldsymbol{\omega}_o$散射，其强度由函数 $f_s(P, \boldsymbol{\omega}_i, \boldsymbol{\omega}_o)$确定

> 在叙述函数 $f_s(P, \boldsymbol{\omega}_i, \boldsymbol{\omega}_o)$时，我们将引入一些记号，这些记号将贯穿本书后面对绘制的讨论中。函数 f_s 总是表示散射函数。点 P 常指我们正在计算其散射的曲面上的某一点，$\boldsymbol{\omega}_i$是 P 点到光源的方向（即光沿$-\boldsymbol{\omega}_i$方向入射到 P 点），$\boldsymbol{\omega}_o$表示离开 P 点的反射光的方向。

采用函数 f_s 带来了数学处理上的便利。在我们的程序中，f_s 通常由基本的散射函数 f 定义，函数 f 描述了位于 xz 平面、法向朝正 y 轴方向的面片上的光散射。例如，一个主要沿其法线方向进行散射的表面的散射率可表示为

$$f(k, \boldsymbol{\omega}_i, \boldsymbol{\omega}_o) = \begin{cases} 0 & \text{如果 } \boldsymbol{\omega}_i \text{ 或 } \boldsymbol{\omega}_o \text{ 位于} -y \text{ 轴的半平面上} \\ k \cdot \left(\boldsymbol{\omega}_0 \cdot \begin{bmatrix} 0 \\ 1 \\ 0 \end{bmatrix} \right)^2 & \text{其他情形} \end{cases}$$
$$= k \cdot \max(\boldsymbol{\omega}_0 \cdot \boldsymbol{y}, 0)^2 \tag{14-14}$$

其中 k 描述了表面的反射率（在这一简单例子中，它均匀地反射所有波长的光），其取值在 0～1 区间内。当$\boldsymbol{\omega}_o$靠近 y 轴正向时函数 f 的值较大，而当$\boldsymbol{\omega}_o$靠近 xz 平面时则取值较小。

当表面法向与正 y 轴方向不一致时，我们将该表面的散射函数记为 f_s，先将 $\boldsymbol{\omega}_i$ 和 $\boldsymbol{\omega}_o$ 变换到新的坐标系(以 P 点的表面法向为 y 轴的局部坐标系)，然后基于变换后的向量计算函数 f，得到 f_s。类似地，也可使用函数 f 来描述"有斑点"的表面。这些表面上有些区域的反射率比其他地方更高。我们可在表面不同的位置采用不同的 k 值来实现这种效果。f_s 函数如代码清单 14-5 所示。

代码清单 14-5　利用基本函数 f 来计算 f_s

```
1  fs(P, wi, wo)
2    k = getReflectivity(P)
3    b1,b2,b3 = getBasis(P)
4    wiLocal = wi written in the b basis
5    woLocal = wo written in the b basis
6    return f(k, wiLocal, woLocal)
```

如同有斑点的球面一样，大多数物体表面的外观并非均匀一致，这意味着，f_s 在物体表面上是变化的，不仅因表面法向不同，而且还由于表面属性有变化。这种变化大都因上面介绍的方式生成：其中采用了某些工具，如纹理映射，来确定在表面各点计算基本散射函数 f 所需的参数值。

我们很难设计一个程序，使整个场景只有一个单一的 BSDF，然后以场景中的点为变量，基于其位置选取相关参数的值。基于模块化思想，我们希望有不同的 BSDF 函数，可自由地将它们附着到不同的表面上。也就是说，我们将"BSDF"作为一个编程的界面，而具体的 BSDF(如玻璃和木头的 BSDF)通过此界面实现。但如何描述单一材质表面不同点处的材质属性仍然是一个问题。这一函数通常基于物体表面的内在标架进行参数化，它应与物体空间位置、朝向无关，它粘贴在物体表面而不是从空间投影到表面上。

BSDF 有两种自然的表示方式。一种方式是，对一个材质均匀的小面片，采用解析函数来表示。查找表面局部参数的问题可放置在对表面位置进行采样的程序中；例如光线投射引擎，其中将 `fs(wi, wo)` 作为计算 BSDF 值的函数。

另一种方法是采用 BSDF 来表示随空间位置而变化的物体材质，它在材质空间中显式地给出了各采样点的双向散射率(如基于纹理坐标)；此时将 `fs(u, v, wi, wo)` 作为计算 BSDF 值的函数(既然它是一个不同的函数，也许应使用一个不同于 `fs` 的名字来命名)。

上述方法中没有一种是明显占优的，使用哪一个方法取决于表面采样机制的约束和设计。类似地，还需决定选择哪一空间来表示方向矢量。迄今为止，我们仍然按照数学上的惯例假设 $\boldsymbol{\omega}_i$ 和 $\boldsymbol{\omega}_o$ 定义在场景坐标系中。但是 BSDF 模型通常是从表面切平面空间中导出的，倘若将其变量表示成场景坐标，则在 BSDF 函数中必须将它们变回到切空间中。这个变换可能是显式的，也可能通过将全部项均表示成与切向量或法向量的点积来隐式地实现。这意味着，我们的"BSDF"模型对场景中的每个采样点都要重新计算表面的朝向。

在本章中我们采样物体的表面属性而不是双向散射分布函数。每一面元中将包含其位置、参考坐标系、随空间位置变化的 BSDF 参数以及 BSDF 本身等。这种表达方式的优点是可将光线—表面求交和绘制程序中的散射计算分离开来，从而可以对绘制程序中的不同部分分别进行考虑。在设计上，由于各个部分被模块化，从而可以对不同的表面实施不同的散射率采样。这里没有考虑该方式的效率，但它已被应用于一些绘制程序库，例如 PBRT(http://pbrt.org)和 G3D 创新引擎(http://g3d.sf.net)中。

在实用中，f_s 需支持两种不同操作。第一种操作是给定两个方向，直接计算这个函数。当我们已经确定了光线的传播路径，希望知道沿该路径传播的强度时，可采用这一操作计算直接光照。第二种操作是采样：给定光的入射方向或出射方向，以与 f_s 成正比的概率密度选择其出射方向或入射方向，在选择时按该方向的投影面积进行加权。

在直接计算和采样中，对于镜面和透镜这类无漫反射而只存在纯镜面反射或透射的情形必须单独处理。函数 f_s 在理想镜面反射和透射方向上取无穷值，我们称之为**脉冲**函数。我们对有限散射和脉冲反射(折射)分别采用不同方法处理。

✓ **API 接口原则**：设计 API 界面要从用户使用的角度，而不是从程序实现的角度，也不是从其推导时采用的数学符号的角度考虑。例如，很容易将 $f(\boldsymbol{\omega}_i, \boldsymbol{\omega}_o)$ 映射为界面函数 `Color3 bsdf(Vector3 wi, Vector3 wo)`，但它难以为一个实际绘制程序所采用。

代码清单 14-6 给出了一个计算函数 f 有限散射部分的接口。这个接口是对像素着色器或光线跟踪器中通常采用的直接光照算法的抽象，且可方便地实现。

代码清单 14-6 直接计算散射函数的程序接口(类似于 G3D::Surfel)

```
1  class BSDF {
2  protected:
3      CFrame cframe; // coordinate frame in which BSDF is expressed
4
5      ...
6
7  public:
8
9      class Impulse {
10     public:
11         Vector3    direction;
12         Color3     magnitude;
13     };
14
15     typedef std::vector<Impulse> ImpulseArray;
16
17     virtual ~BSDF() {}
18
19     /** Evaluates the finite portion of f(wi, wo) at a surface
20       whose normal is n. */
21     virtual Color3 evaluateFiniteScatteringDensity
22     (const Vector3&    wi,
23      const Vector3&    wo) const = 0;
24
25     ...
```

代码清单 14-7 给出了光子映射、递归光线跟踪(Whitted 模型)和路径跟踪等算法中需用到的 BSDF 函数接口。这些算法的实现过程和数学原理相对较复杂，在这里不做进一步的讨论。在给定有限散射的概率密度和脉冲函数的条件下，倘若不考虑实现效率，这些接口仍容易实现。接口包含的各个具体方法并无特异之处。例如，在某些路径跟踪中，我们希望按照与 BSDF 成比例的分布对光线进行采样，而无需附加一个权重因子 $\boldsymbol{\omega}_i \cdot \boldsymbol{n}$，我们亦可将这一方法添加到接口中。

代码清单 14-7 一个计算散射函数散射和脉冲方法的接口

```
1  class BSDF {
2      ...
3
4      /** Given wi, returns all wo directions that yield impulses in
5          f(wi, wo). Overwrites the impulseArray. */
6      virtual void getOutgoingImpulses
```

```
7     (const Vector3&      wi,
8      ImpulseArray&       impulseArray) const = 0;
9
10
11    /** Given wi, samples wo from the normalized PDF of
12        wo -> g(wi, wo) * |wi . n|,
13        where the shape of g is ideally close to that of f. */
14    virtual Vector3 scatterOut
15    (const Vector3&     wi,
16     Color3&            weight) const = 0;
17
18
19    /** Given wi, returns the probability of scattering
20        (vs. absorption). By default, this is computed by sampling
21        since analytic forms do not exist for many scattering models. */
22    virtual Color3 probabilityOfScatteringOut(
23                const Vector3& wi) const;
24
25    /** Given wo, returns all impulses for wi. */
26    virtual void getIncomingImpulses
27    (const Vector3&     wo,
28     ImpulseArray&      impulseArray) const = 0;
29
30
31    /** Given wo, samples wi from the normalized PDF of wi -> g(wi, wo) *
        |wi . n|. */
32    virtual Vector3 scatterIn
33    (const Vector3&     wo,
34     Color3&            weight) const = 0;
35
36
37    /** Given wo, returns the a priori probability of scattering
        (vs. absorption) */
38    virtual Color3 probabilityOfScatteringIn(const Vector3& wo) const = 0;
39
40 };
```

实现 BSDF 有两类方法。**基于度量的 BSDF** 源于对真实面片的成千上万次测量。测量较为耗费时间(常涉及精细的操作)，但它是物理真实的。这种数据通常规模大但较为平滑，因此容易被压缩。

解析型 BSDF 函数则采用有物理或美学含义的一些参数来刻画物体的外观。它们通常表达为简单函数之和或其乘积。这些简单函数对大多数的参数取值为零而只在一个狭窄参数区域上呈现为光滑波瓣形状。基于对真实物理模拟的解析型 BSDF 函数可以预先估计其外观效果。下面我们介绍一些简单但常用的解析 BSDF 函数。

14.9.2 朗伯反射

朗伯发现大多数平坦且粗糙表面反射的光与表面法向和入射光方向夹角的余弦值成正比，这一规律称为**朗伯反射定律**。这是由于具有常数 BSDF 值的表面的投影面积和入射角的余弦值成正比。因此我们把常数 BSDF 命名为朗伯反射函数。

虽然很少有表面呈现理想的朗伯反射，但是大多数绝缘体表面可近似地视为朗伯反射面，其近似误差可用下一小节中描述的一些项来补偿。

近似朗伯表面的例子包括涂有油漆(即无光泽型涂料)的平面墙、干燥的尘土、在几米外观察皮肤和衣服等。采用朗伯分布描述这些表面的反射函数的主要误差是当视线接近掠入角时，实际观察到的表面比常数 BSDF 绘制的效果更明亮。

实际中发生近似朗伯反射的原因是光线会渗入表面下很浅的一层，当光线再次出现在表面外时失去了方向性。而明亮的高光是由于反射光集中在镜面反射方向的周围。无高光时，表面成了哑光面。

代码清单 14-8 给出了朗伯 BSDF 的计算程序。对每个频带，设定一个“朗伯常数”k_L，其类型为 Color3，表示表面对该频带入射光的反射率，取值在[0，1]内。k_L越大，表面看上去越亮，所以(1，0，0)是亮红色而(0.2，0.4，0.0)是深褐色。不过，真实表面很少会完全吸收某个频带的入射光或对其完全反射。当某一颜色通道的k_L值为 0 或 1 时，许多基于物理的绘制系统会有除以零的风险。所以一个明智的方法是在开区间(0，1)中选择朗伯反射率。

代码清单 14-8 计算近似朗伯表面简单 BSDF 中的反射分量

```
 1 class LambertianBSDF : public BSDF {
 2 private:
 3     // Each element on [0, 1]
 4     Color3 k_L;
 5
 6 public:
 7     virtual Color3 evaluateFiniteScatteringDensity
 8     (const Vector3&      wi,
 9      const Vector3&      wo) const {
10       if ((wi.dot(cframe.rotation.getColumn(1)) > 0) &&
11           (wo.dot(cframe.rotation.getColumn(1)) > 0)) {
12         return k_L / PI;
13       }
14       else {
15         return Color3::zero();
16       }
17     }
18     ...
19 };
```

注意到在 $f_s(P, \boldsymbol{\omega}_i, \boldsymbol{\omega}_o)=k_L/\pi$ 中并没有引进投影面积因子。这一几何因子需要在绘制器中考虑，如代码清单 14-11 所示。为保持能量守恒，BSDF 乘以入射角的余弦对面片上半球面的积分需小于 1，而 $\int_{S_+^2}(\boldsymbol{\omega}\cdot\hat{z})\mathrm{d}\boldsymbol{\omega}=\pi$，因此在程序中需将 k_L 除以 π。

因为朗伯表面的外观源于光的完全漫反射，所以朗伯反射也被称为漫反射或纯漫反射。我们用“漫反射”来描述所有非镜面反射。

14.9.3 归一化 Blinn-Phong 反射函数

第 6 章介绍了 Phong 的经验光照模型[Pho75]，该模型所描述的表面反射既包含了朗伯反射，也有会聚程度可调的表面高光。

原始的 Phong 模型已被改写成 BSDF 函数形式，许多学者对其进行了扩展。当前常用的形式是基于光照效果设计的，但保留了散射模型所需的一些基本属性。例如，符合能量守恒，考虑了投影面积因子。对于散射模型更详细的介绍可参见第 27 章，这里我们只简单地给出该模型一种便于实现的形式。

它是第 6 章介绍的光照模型的现代表述形式，以物理单位代替了其中的参数。采用 k_L 和 k_g 取代原模型中的 C_d 和 C_s 的原因有三。第一，“朗伯反射”是“漫反射”分布中的一个特定分布，任何非脉冲型的反射都可称为“漫反射”，但 Phong 模型中的项描述的是一个特定的、几何上有完整定义的朗伯分布。第二，根据英文定义和物理术语，我们使用

“specular”作为镜面反射的专业术语。而用“glossy”(光泽)来表达汇聚于特定方向周围的反射。第三，这个公式在参数和形式上都有别于原来的公式。参数 k 不再是意义不明确的 RGB 三元组数据(每个参数都在 0～1 之间)，而是表示了相关分量朝所有方向反射的总概率。

代码清单 14-9 中所含的变动包括可调节的 Blinn 高光项，为物理学所需的(隐式的)投影面积因子以及为保证能量守恒由 Sloan 和 Hoffman[AMHH08]引入的归一化因子。图 14-26展示了调整模型中的镜面反射系数和高光指数两个参数所产生的不同光照效果。

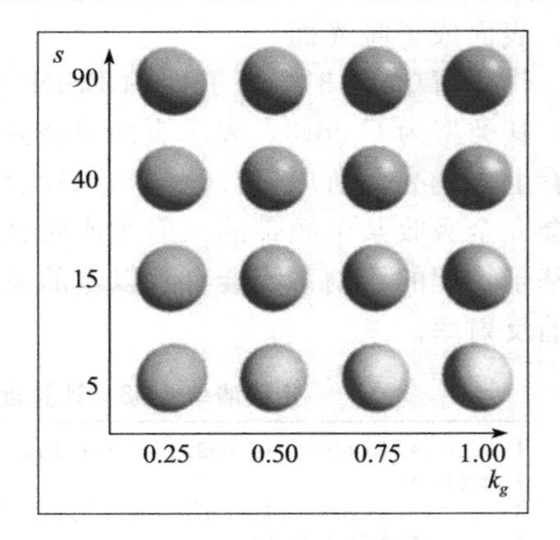

图 14-26　单个点光源照射下的球，球的材质为 Phong BSDF 分布，其中 k_g 为白色，k_L 为橙色。k_g 从左向右增长，s 向上增长(授权：Creating Games: mechanics, content, and technology, McGuire, Morgan 和 Jenkins Odest Chadwicke© 2009)

PhongBSDF 函数有三个参数。朗伯常数 k_L 控制漫反射的颜色和强度。类似地，k_g 控制光泽型镜面反射的颜色和强度，包括由明亮光源产生的高光。一个理想的光滑反射面看上去如同镜面，稍微粗糙一点的表面会模糊镜面图像，形成光泽的外观。当对 f_s 进行图示时，包含 k_g 的项在镜面反射方向附近形成泪滴状分布，所以 k_g 也称为光泽(或镜面)凸瓣的强度。

代码清单 14-9　无菲涅耳系数的归一化 Blinn-Phong BSDF 函数，基于实时绘制[AMHH08]系统的实现结果

```
1  class PhongBSDF {
2  private:
3      // For energy conservation, ensure that k_L + k_g < 1 on each color channel
4      Color3 k_L;
5      Color3 k_g;
6
7      // "Smoothness" parameter; the exponent on the half-vector dot
8      // product.
9      float s;
10
11 public:
12
13     virtual Color3 evaluateFiniteScatteringDensity
14     (const Vector3&    wi,
15      const Vector3&    wo) const {
16
17       if ((wi.dot(cframe.rotation.getColumn(1)) <= 0) &&
18          (wo.dot(cframe.rotation.getColumn(1)) <= 0)) {
19         return Color3::zero();
20       }
21       const Vector3& w_h = (w_i + w_o).direction();
22       return k_L / PI + k_g * (8 + s) / (8 * PI) * pow(max(0.0, n.dot(w_h)), s);
23     }
24
25     ...
26 };
```

高光指数 s 反映了任意尺度下表面的光滑度。较小的高光指数值，如 $s=60$ 会生成较大区域的高光，可较好地模拟皮革、木制品以及哑光塑料的光照效果。高的高光指数，如 $s=2000$ 会产生清晰的反射，适合模拟车漆、涂釉陶瓷以及金属等表面。

参数 s 的不同取值产生的高光视觉效果并不是线性的。例如，$s=120$ 产生的高光区域并不是 $s=60$ 时的一半。一个较好的方法是为画家设置一个更直观的参数 $\sigma\in[0, 1]$，再通过函数如 $s=8192^{(1-\sigma)}$ 将它映射为高光指数 s。

大多数绝缘体表面上的高光是没有颜色的，其 k_g 对各颜色通道通常取相同的值，或者取与 k_L 相反的色彩以产生灰色或白色外观。金属的朗伯漫反射近似为 0，其 k_g 取与所模拟的金属(如金、黄铜、银、青铜等)相一致的颜色。

当高光区域缩小时，归一化因子 $(8+s)/8\pi$ 使高光的亮度增加。这使得 s 和 k_g 呈现"正交"的感知效果并能通过一个简单的约束关系 $k_L+k_g\leqslant 1$ 实现能量守恒。公式中的常数"8"是实际求取镜面分量对半球面的积分时，对其中的常数四舍五入取整的结果。

14.10 半透明和颜色混合

倘若我们能透过物体或介质，如玻璃、雾或纱窗，看到其后面的景物，则称物体或介质是半透明的。此现象的原因是来自后面景物的光线透过这些物体或介质到达了我们的眼睛。

半透明现象是由于场景中多个位置对屏幕上的同一个点有直接的光能贡献。根据本章的几何光学模型，光线之间不产生交互作用，例如，两个手电筒的光会相互穿过。正由于它们互不干涉，我们可以单独考虑每条光线的能量贡献，并将到达同一点的所有光线的贡献叠加。刻画这一现象的光的性质(至少在宏观上)称为光的**叠加原理**。这个性质允许我们独立考虑不同波长(颜色)的光，分别计算每条光线的散射效果，最后再绘制场景中的所有光线。

如同场景中的点一样，到达图像平面上某一点的光可能来自多个方位。注意到相机的光圈遮挡了大多数方向的光，而在针孔相机的极端情形中，除了单个方向的光以外，其他方向的光全部被阻挡。此时，从虚拟相机(设为针孔相机)发出的单条光线(尽管是反向的)描述了到达相机成像平面该点的入射光的路径。当场景中存在半透明面时，沿视线方向可能有多个场景点贡献光能，因为这些点不一定会完全遮挡位于其后的点的光能贡献。

基于我们的表面反射模型，所有透过表面到达相机的光称为间接光照。换言之，在每个屏幕点处我们绘制的仍是单个面片，而只是允许来自它后面的光通过面片散射朝向前面一侧。对于绿玻璃这样的材质，由于某些频率的光具有更强的穿透能力而使透过的光线"染"上了颜色。

光的多种透射现象都可以用前面讨论的双向散射分布函数(BSDF)来描述，但是对于当前实时绘制系统而言，这些模型计算代价太高。如同前面建立散射模型和表面模型那样，大家都试图引入既能近似又稍微复杂一点的透射模型，以同时获得高效的计算性能和对绘制效果的调控能力。模拟半透明现象的常见方法是从后到前依序绘制各个面片，再通过**混合**生成最终的绘制效果。**混合**是对各面片的颜色加权求和过程。能模拟半透明现象的任何操作均可作为混合函数。为了在每个像素上能做并行处理，该模型通常不考虑漫反射和折射，但可以在屏幕空间采样[Wym05]或光线跟踪算法中计算漫反射和折射。多数图形应用程序接口均含有每个面片绘制时对其进行混合操作的控制入口。例如在 OpenGL 中，混合控制函数是 `glBlendFunc` 和 `glBlendEquation`。在下面的章节中我们将介绍使用它们的例子。

半透明现象的形成有多种原因。为了满足外观调控和绘制的物理准确性要求(虽然在一些特定的应用中这两者可能都不重要)，需对这些原因进行区分。由于在实现时它们均通过颜色混合进行模拟，很容易将这些原因混为一谈。人类视觉系统对于半透明现象很敏感，但对导致半透明的原因有时不大敏感。这意味着这种误差在一段时间内不会被觉察到。由于缺乏对于不同成因的单独控制，长期运行可能会导致差强人意的绘制结果。其典型表现包括在物体重叠处像素过亮、阴影莫名其妙地缺失或者颜色失真、像素色彩错误等。

为了弄清楚如何利用混合来正确模拟不同的光照效果，本节将介绍对混合过程进行控制(类似于 OpenGL 中 `glBlendFunc`)的具体例子。对 OpenGL 混合方法做完整说明超出了本节所需，事实上它随着应用程序 API 接口版本不同而不同，需要根据 OpenGL 的细节和使用它的 GPU 架构而定。为了通过这些具体例子阐述一些常见概念，我们定义了一个具体的混合函数，它只利用了部分混合功能。

如果你已经熟悉 OpenGL 和“不透明度”(alpha)，那请仔细阅读这一节，因为这一节跟它们看上去很相似。我们希望梳理你以前遇到过的不同物理方法，并提供一个具体的实现。下面的内容是对 McGuire 和 Enderton 提出概要[ME11]的扩展。

14.10.1　混合

假定成像平面上一个目的采样(例如图像累计缓冲区中的像素，参见第 36 章)的颜色需加以更新，以考虑来自新的源采样的光照贡献。这些采样可能源于光栅化、光线跟踪或者其他采样方法，并对应屏幕空间中的同一位置。

设源采样和目的采样的值均为光谱函数，由颜色通道 c 表示。对于每个颜色通道 c，目的采样更新后的值 d'_c 为

$$d'_c=\sigma_c(s, d)\cdot s_c+\delta_c(s, d)\cdot d_c \tag{14-15}$$

其中 δ 和 σ 为目的采样原有值 d 和新的源采样值 s 对 d'_c 的贡献函数。可采用 `BlendFunc(senum, denum)` 选取 δ 和 σ 函数。为了对渲染器中常见的情形进行优化，应用程序接口通常将 δ 和 σ 函数的选择限制于少量简单函数集中。因此 `BlendFunc` 的参量一般为枚举型而不是可选的函数本身。考虑到一般性，设 `senum` 和 `denum` 具有相同的类型。

部分混合函数的枚举类型及其实际对应的函数(在后面我们将会稍加扩展)如下：

`ONE:`	$b_c(s, d)=1$
`ZERO:`	$b_c(s, d)=0$
`SRC_COLOR:`	$b_c(s, d)=s_c$
`DST_COLOR:`	$b_c(s, d)=d_c$
`ONE_MINUS_SRC_COLOR:`	$b_c(s, d)=1-s_c$
`ONE_MINUS_DST_COLOR:`	$b_c(s, d)=d_c$

为了弄清楚 `BlendFunc` 如何使用，现在考察普通场景中常见的两个例子。相比于此处介绍的方法，OpenGL 中有实现这些例子的更有效的技术，特别地，OpenGL 可设置混合启动位和编辑位图掩码，但是这里描述的是实现混合功能的一般解决办法。

考虑一个静止的场景，其中包含了一面涂有红色乳胶漆的墙和一个针孔相机，一个薄且平坦的蓝色塑料星星悬挂在墙和相机之间，其投影占据了画面上约一半的区域。假设这些物体位于真空中，因而无需考虑空气之类的介质的影响。现在考虑星星在成像平面投影区域中心附近的一个采样位置。

蓝色塑料属反射材质，因此入射到星星表面相应点的光或者被吸收或者被反射。假设我们已经计算了该点处的入射光和反射光。令 s 表示该点朝图像空间中采样位置反射的光

亮度。如果我们正在绘制图像，则在采样位置的像素处已保存了某个 d 值，它或为初始化值($d_c=0\text{W}/(\text{srm}^2)$)，或者是程序先绘制墙壁而保存的“红色”。

在相机针孔与采样位置的连线方向上，任何来自背景墙的光都会被蓝色星星阻挡，因此我们无需深究保存的 d 值究竟是什么值，而是需要去更新它。此时，我们选择 BlendFunc(ONE, ZERO)生成总的绘制效果：

$$d'_c = 1.0 \cdot s_c + 0.0 \cdot d_c \tag{14-16}$$

$$= s_c \tag{14-17}$$

这似乎是一种用指定的新值来覆盖已有值的笨方法，但就混合函数的硬件实现而言，它有一定意义。因为有一种运算单元可以用新的数据对帧缓存器进行更新，在语义上该运算单元是执行某个函数所需的一种配置(尽管属于一般性配置)。

假定我们正通过光栅化来绘制场景。光栅化是一种遍历屏幕空间采样位置的方法。我们通常选择遍历物体边界面在屏幕上投影区域(例如物体表面)内的采样点。但也可以光栅化非物体边界面的几何面，以便能采样任何空间位置。例如，作为一种确定场景中哪些位置受到光源直接照射的保守方法，延迟着色通常对光源的包围体进行光栅化采样。在对位于真空中的这样一个包围体进行光栅化时，我们如何混合得到的光能贡献呢？一种办法是使用 BlendFunc(ZERO ONE)生成混合结果：

$$d'_c = 0.0 \cdot s_c + 1.0 \cdot d_c \tag{14-18}$$

$$= d_c \tag{14-19}$$

它保留了图像中先前保存的像素颜色。在这种情形中，进行光栅化的表面是完全**透明的**，对光源而言它们完全不可见。为什么要对它们进行光栅化但又不理会其颜色呢？其中一个原因是在每个像素处不仅保存了光亮度，还包含了其他属性。我们可能仅仅需要标识深度缓冲区或模板缓冲区中的某个区域，而不希望影响其图像，例如，通过光栅化构建模板化的阴影体的情形即是如此。另一个原因是，有时需要逐个样本地调整其混合权重，以选择性地剔除其中的部分采样点，我们将在 14.10.2 节对此进行讨论。

14.10.2 局部覆盖率(α)

让我们回到 14.10.1 节介绍的一个薄的蓝色星星悬挂在红色墙前的场景。一种对蓝色星星造型的方法是将它表示为双面矩形，并在矩形上定义一个函数(用纹理映射实现)，此函数在星星内部取值为 1 而在星星外取值为 0，它描述了星星是如何覆盖背景的，其在采样点处的值通常记为 α。

此处的覆盖与当前待绘制物体的采样是关联在一起的，因此将它记为 α_s。其具体实现包含一个表示三个可见频率(RGB)光亮度采样的类及其覆盖率值，如

```
1  class Color4 {
2      float r;
3      float g;
4      float b;
5      float a;
6  };
```

为了利用覆盖率作为矩形透明部分的掩码，我们引入两个新的混合函数的枚举值

SRC_ALPHA: $b_c(s, d) = s_\alpha$

ONE_MINUS_SRC_ALPHA: $b_c(s, d) = 1 - s_\alpha$

混合模式 BlendFuc(SRC_ALPHA, ONE_MINUS_SRC_ALPHA)产生

$$d'_c = s_\alpha \cdot s_c + (1 - s_\alpha) \cdot d_c \tag{14-20}$$

它是以 s_α 为权重的线性插值。在每个点处的覆盖率或者为0或者为1，符合星星的物理模型：在包围星星的矩形上的点或者是完全不透明，阻挡所有来自背景的光，或者完全透明，允许背景光透过。

基于单个采样点绘制每个像素且采用上述二值化覆盖模式会导致走样现象，所生成图像中的星星边界处会呈现阶梯状。如果增加每个像素内采样点的数量，可获得被星星覆盖区域的更好的估计。例如图14-27中位于星星轮廓线上的像素，星星和背景各覆盖50%。但如果采用三个采样点，则估计结果会变差。对那些非均匀覆盖的像素，即使采用如图所示的四点采样，仍会产生±12.5%的覆盖率误差。至于那些为解析方法定义形状所部分覆盖的像素，使用多个采样点来估计其覆盖率，代价无疑是高的。

我们以前使用纹理映射图来描述表面反射率时也遇到过这个问题。在第20章将要介绍的MIP-mapping是一种解决这一问题的可行方法。设想星星的包围矩形表面对应一幅已预滤波的表示覆盖率的纹理图，图14-27中的轮廓线像素对应于一个纹理单元，它的覆盖率为纹理图的二值覆盖率在此纹理单元上的积分(此处 $s_\alpha=0.3$)，称为**局部覆盖率**。式(14-20)同时适用于局部覆盖率和二值覆盖率。因为它表示局部覆盖率图像 s 叠加在背景 d 之上，所以也被称为**over 操作**。

混合的顺序非常重要。over操作意味着应以从后到前的顺序绘制各个面片(如在36.4.1节提到的画家算法)，所以总是把近处的物体叠加在较远的物体上。

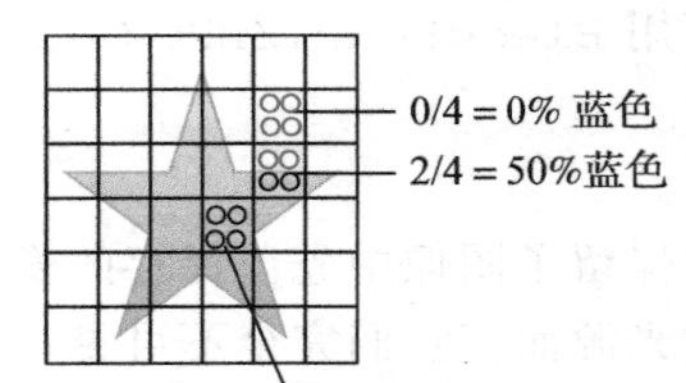

图14-27　在低分辨率像素网格上的理想蓝色向量星星形状。圆点代表要计算覆盖率的采样点

注意 s_α 表示覆盖比例而不是覆盖区域在纹理单元中的位置。s_α 的一种解释是当在纹理单元中均匀随机选择采样点时，所选取的采样点落在矩形不透明区域的概率。在星星这个例子中，除了星星边界上的纹理单元，在其他纹理单元中这个概率或者是0或者是1。对于其他的形状，有可能每个纹理单元都包含了某种边界。以纱门为例，我们可能构建一幅高分辨率的纹理图，在其相邻的行和列中，$s_\alpha=0$ 和1交替出现。这种纹理的空间频率甚高，可能引发严重的走样现象。但在其Mip-Map纹理图中，除了MIP底层外，其他层的纹理均为分数值。

采用概率来解释局部覆盖率的一大好处是在描述不同表面依次混合的结果时，不需要给出结果图像 d' 的高分辨率覆盖率掩码。例如，在透过两个相同的纱门观察后面的墙面时，可以通过以下公式计算每个颜色通道 $c\in$ r，g，b的最终颜色 d''_c：

$$d'_c = s_\alpha \cdot s_c + (1-s_\alpha)\cdot d_c \tag{14-21}$$

$$d''_c = s_\alpha \cdot s_c + (1-s_\alpha)\cdot d'_c \tag{14-22}$$

$$= (1-s_\alpha)\cdot s_\alpha \cdot s_c + (1-s_\alpha)^2 \cdot d'_c \tag{14-23}$$

上述解释的一个缺陷是它假设各 s 覆盖层中的子像素覆盖位置是统计独立的。但如果两道纱门完全对齐(并假设是平行投影)，则第二道门不会对背景形成新的遮挡，上述假设将不能成立，这时第二道门精准地位于第一道门的后面，对相机而言它是不可见的。此时我们需要的结果是 $d''_c=d'_c$ 而不是式(14-23)给出的结果。

当各个纱门对背景形成遮挡的位置是统计独立时，式(14-23)通常可给出我们所期望的结果。但如果由于某些原因使不同表面的覆盖率之间必须相互关联，则式(14-23)给出的结果是不正确的。例如，如果 s_α 的值源于平行细线的光栅化，(许多细线在屏幕空间是自然平行的，例如支撑悬索桥的钢绳缆)，就会产生错误。

Porter 和 Duff 关于混合运算规范化的经典论文[PD84]对各种覆盖情形进行了分析，并具体讨论了统计独立的情形，但实现时仍容易出错。例如，OpenGL3.0 和 Direct 10 应用程序接口包含了一个 **alpha-to-coverage** 特性，在同一像素内放置多个样本时可以将像素的 s_α 值转换为二值化的可见性掩码。由于此掩码是基于 s_α 值的一个固定的二值化模式，对两个具有相同 α 分数值的面片来说，它们所覆盖的子像素位置将完全重合。使用这一特性绘制相互重叠的半透明表面时可能得到不满意结果。Enderton 等人[ESSL11]讨论了这个问题，并提供了一种解决方法：使用基于深度值和屏幕空间位置的哈希值覆盖率。

我们已经讨论了面片的覆盖率，但结果图像的覆盖率 d'_α的情形又如何呢？假设我们要绘制一幅由距离相机 1m～2m 的所有面片组成的图像。然后将此图像叠加到由 2m 后的所有物体生成的另一幅图像上。在此例子中，最后图像的某些像素是完全透明的，而其他像素部分或者完全被覆盖。如果我们再次假设被不同面片覆盖的子像素位置是统计独立的，则可以按下式计算覆盖率：

$$d'_\alpha = s_\alpha + d_\alpha \cdot (1 - s_\alpha) \tag{14-24}$$

如此产生了一个混合值 d，其效果等同于被局部覆盖的表面。

14.10.2.1　预乘 α

在之前的章节中，s_c 从不单独出现，出现时总是乘以 s_α。这是由于 s 是一表面，假设它对屏幕空间当前像素的覆盖率为 α，在覆盖区域的颜色为 s_c(即其朝观察者方向自身发射或散射的光亮度)。因此 s 的总贡献为 $s_c s_\alpha$。

在实际应用中常将颜色**预乘 α** 后存储，即存储为($s_r s_\alpha$，$s_g s_\alpha$，$s_b s_\alpha$，s_α)。这样做有几个优点。例如，在混合时可节省一些乘法操作并且解决了面片的 $s_\alpha=0$ 时 s_c 意义不明确的问题。后一点在处理欠约束的图像**抠图**问题(需从 d'_c中还原出 $s_c s_\alpha$、s_α 和 d_c)时非常有意义。

14.10.3　透射

局部覆盖率模型使用简单的几何形状和对覆盖程度的统计度量来描述如花边和纱窗等精细但具有宏观结构的表面。此模型中，表面上被覆盖的部分完全不透明，而未覆盖区域由于为周围介质(如空气)所占据而能透过所有的光。

如果忽略折射(光进入新介质时其传播方向发生改变的现象)，我们可以将局部覆盖率的概念扩展到微观结构中。考虑一个极薄的无色玻璃，入射到玻璃上的光线或者击中玻璃的分子从而被反射或被吸收，或者从玻璃分子间的空白处穿过(此模型虽然简单，但属可行的经验模型)。我们可以用 α 表示玻璃分子对空间的覆盖并应用局部覆盖率模型来绘制玻璃。此简化模型常被使用，还可以在模型中引入一些更复杂的条件来去除极薄、无色的约束，以描述某一范围内的透视介质。

绿玻璃之所以呈现绿色，是因为它透射了绿光。如果将绿玻璃置于黑色背景上，则它主要呈现为黑色，因为其表面反射光中几乎没有绿光。如果我们继续使用微观局部覆盖率模型，则此时玻璃的 $s_g \approx 0$。事实上，绿玻璃对其他频率的光也无反射，因此 $s_r \approx s_g \approx s_b = 0$。但当绿玻璃放置在白色表面上时，我们难以使用单一的覆盖率值 α 来描述其外观，这是因为绿玻璃对红光和蓝光的覆盖率值较高(红、蓝光被遮挡)，而对绿光的覆盖率值较低(绿光可透过玻璃)。此时需要对覆盖率模型进行扩展。设 s_c 表示表面在频率 c 附近频域的反射光或自发光的颜色，$1-t_c$ 为表面对频率为 c 的光的微观覆盖率，其中 t 是光的透射率。我们仍采用 s_α 来表示透射介质的宏观局部覆盖率，则可以通过将来自背景的光能贡献乘以 t 再叠加当前采样表面 s 的贡献来描述它放置在背景上的混合效果。

为了用代码实现此模型，我们使用 SRC_COLOR 枚举类型选择性地遮挡来自背景的光，再在第二步中添加表面的贡献。

```
1  // Selectively block light from the background
2  // where there is coverage
3  SetColor(t * s.a + (1 - s.a));
4  BlendFunc(ZERO, SRC_COLOR);
5  DrawSurface();
6
7  // Add in any contribution from the surface itself,
8  // held out by its own coverage.
9  SetColor(s);
10 BlendFunc(SRC_ALPHA, ONE);
```

注意，这个例子模拟的是具有宏观局部覆盖率的薄表面对光的透射。如果表面被完全覆盖且没有散射光，整个例子将简化为：

```
1  SetColor(t);
2  BlendFunc(ZERO, SRC_COLOR);
3  DrawSurface();
```

我们将它表述为类似于 OpenGL API 中的实时光栅化绘制形式。这一数学模型亦可逐个像素地应用于其他绘制框架中(如光线跟踪)。这也是绘制中常用的方法。假如你已经编写了一个光线跟踪器，其中包含了精巧的光线散射代码，则可轻而易举地基于 BSDF 实现比混合方法更精确的透视效果。但如果选择使用混合模型，则其代码如下：

```
1  Radiance3 shade(Vector3 dirToEye, Point3 P, Color3 t, Color4 s, ...) {
2      Radiance3 d;
3      if (bsdf has transparency) {
4        // Continue the ray out the back of the surface
5        d = rayTrace(Ray(P - dirToEye * epsilon, -dirToEye));
6      }
7
8      Radiance3 c = directIllumination(P, dirToEye, s.rgb, ...);
9
10     // Perform the blending of this surface's color and the background
11     return c * s.alpha + d * (t * s.alpha + 1 - s.alpha);
12 }
```

上述透射混合模型可计算表面对不同频率(颜色)光的透射和对某一颜色光的散射或自发射。不过它仍然假设物体是无限薄的，表面透射可一次计算完成。如果物体的厚度非零，由于光在材料中会不断地被吸收，对同一材质的物体，厚物体透射的光要比薄物体少。

考虑两个薄物体放置在一起的情形，假设它们的宏观覆盖率 $s_\alpha=1$，微观覆盖率为 $1-t_{rgb}$(透射率)。第一个物体可透射比率为 t 的背景光，即 $d'=td$；第二个物体透射比率为 t 的 d'，因而来自背景的光的总贡献为 $d''=t^2d$。这一结果与先前介绍的基于宏观局部覆盖率的双层混合例子相同。类似地，对于 3 个薄物体重叠的情形，总的透射光为 t^3d。按照这一模式，一个由 n 层薄物体组成的厚物体可透射 t^nd 的光。因此，光在材质中被吸收的量与其穿过的距离呈指数变化，如式(14-13)所示。

如果我们能基于光在介质中传输的距离 x，预先计算出厚物体总的有效透射系数 t，则可以采用简单的混合模型来模拟透射效果。三种常见的计算物体厚度的算法是跟踪一根光线(即使在光栅化算法环境中也是如此)、绘制多个深度缓存区来确定物体的前面和后面

(例如[BCL[+]07]),或者简单地假定一个恒定的厚度值。常用常数 k 表示光的吸收率,沿该光线路径厚物体的总透射率为 $t=e^{-kx}$,可以采用这一常数直接调用薄物体的混合模型来计算透射效果。指数衰减模型是一个相当准确的模型,而且 k 可以依据第一原理计算获得;然而基于本节所给出的绘制框架,用户在实现时更可能从审美角度选择 k 值。

14.10.4 自发光

我们常常需要绘制一些自身发光但不对其他面片产生光照的物体。例如,汽车的尾灯、计算设备的LED灯等对于场景的光照贡献可以忽略不计,但是在画面中它们需要显得发亮。这种效果可以采用以下方式实现:首先以正常方式绘制场景,然后将发光表面视为一个新面片,使用 `BlendFunc(ONE, ONE)` 对其进行绘制,实现自发光表面与已绘制场景的叠加混合。

某些看似透明介质的自发光会产生一些特殊的光照效果,例如霓虹灯发出的光、闪电、科幻小说中的力场、虚幻魔法效果等。虽然这些例子中的自发光面片并不可见,但不影响对其光照贡献的叠加混合。

14.10.5 光晕和镜头眩光

镜头眩光和光晕是在真实相机的光程中发生的现象。我们可以对真实光程进行建模,但如果仅为模拟这种现象,则采用 `BlendFunc(ONE, ONE)` 函数将多镜片引起的光能贡献叠加混合到绘制画面上更为高效。光晕模拟了入射光在透镜内的扩散和传感器饱和现象。常通过对屏幕上的最亮区域进行模糊处理并将模糊结果叠加到画面上来模拟光晕效果。镜头眩光源于镜头各镜片间的多重反射,常通过在屏幕上沿着一根指向最亮处(如太阳)的直线绘制一系列虹膜形状的光圈(如六边形或者圆盘)来模拟眩光现象。

14.11 光源模型

计算机图形学中的**光源**是光的来源。在日常生活中,我们遇到的光源具有不同的光谱、不同的表面形状和不同的强度。例如,太阳大而遥远,聚光灯小而明亮,交通灯相对较暗并且是彩色的。我们在虚拟世界遇到的光源具有更多的变化;例如,洞穴里的磷光菌类、魔幻的独角兽光环或者在星际船上的航向灯。

在我们提出光源模型前,首先需要讨论光。光是在空间中沿着直线传播并在表面上发生散射的能量(以光子形式)。计算机图形学中有许多光学模型,但它们都从表示单位时间内通过空间某一点的光能开始。这里先给出一个简单介绍,在第 26 章我们将进行详细的讨论。读者可以在尚未理解光传播的机制和物理原理的情况下使用本章所介绍的模型去绘制场景,但是建议你在绘制第一幅图像后,阅读第 26 章以加深对这些模型的理解。

14.11.1 辐射度函数

我们希望知道空间中一点 X 处的光照,该点常为场景中某个表面上的一点,但也并非都如此。从方向 ω 入射到点 X 的光能量记为 $L(X, \omega)$,它隐式地定义了以变量 X 和 ω 为参数的函数 L,称为**辐射度函数**,也称为**全光函数**。为明确起见,变量 ω 表示光的传输方向。如果有光子沿方向 ω 通过 P 点,则 $L(P, \omega)\neq 0$,但很可能 $L(P, -\omega)=0$。按照惯例我们取方向 ω 为单位向量。L 的单位是瓦特/每平方米每立体弧度,即 $W \cdot m^{-2} \cdot$

sr^{-1}。面片面积用平方米度量。立体弧度是对球面角度的测量，称为**立体角**。角度可以度量平面上2D圆周上的1D区间。可以用“每弧度”来度量通过1D区域的某一物理量的速率。同样我们使用“每立方弧度”来测量通过单位球上的2D区域的能量。

当光线在真空中传播时其辐射度保持不变。若已知$L(X, \omega)$值，只要沿着光线从X到距离t内无遮挡体，就能知道$L(X+t\omega, \omega)$的值(其中$t>0$)。

14.11.2　直接光和间接光

我们将到达物体表面的光分为光源直射光和经过场景中物体表面的反射和透射间接到达的光。例如在户外的游泳池旁，太阳光直射你的头顶，同时也会通过水面的反射间接照到你的下巴。如果没有这些间接光的照射，你的下巴将完全无光照。间接光源产生于光源和场景的交互，所以我们把它视为光的传输模型而不是光源模型的一部分。

14.11.3　实用和艺术考虑

代码清单14-10定义了一个光源类基类的典型实现方法。此方法着眼于将光源并入绘制程序的实用性，而不是光源的物理性质。

代码清单14-10　所有光源的基类(略去了一般实现细节)

```
1  /** Base class for light sources */
2  class Light {
3  public:
4      const std::string name() const;
5
6      virtual CoordinateFrame cframe() const;
7
8      /** for turning lights on and off */
9      virtual bool enabled() const;
10
11     /** true for physically-correct lights */
12     virtual bool createsLambertianReflection() const;
13
14     /** true for physically-correct lights */
15     virtual bool createsGlossyReflection() const;
16
17     /** true for physically-correct lights */
18     virtual bool createsGlobalIllumination() const;
19
20     /** true for physically-correct lights */
21     virtual bool castsShadows() const;
22
23     ///////////////////////////////////////////
24     // Direct illumination support
25
26     /** Effective area of this emitter. May be finite,
27      zero, or infinite. */
28     virtual float surfaceArea() = 0;
29
30     /** Select a point uniformly at random on the surface
31         of the emitter in homogeneous coordinates. */
32     virtual Vector4 randomPoint() const = 0;
33
34     /** Biradiance (solid-angle-weighted radiance) at P due
35      to point Q on this light, in W / m^2. Q must be a value
36      previously returned by randomPoint(). */
37     virtual Biradiance3 biradiance
38         (const Vector4& Q, const Point3& P) const = 0;
39
40     ///////////////////////////////////////////
```

```
41     // Photon emission support
42
43     /** Total power; may be infinite */
44     virtual Power3 totalPower() const = 0;
45
46     /** Returns the position Q, direction of propagation w_o, and
47         normalized spectrum of an emitted photon chosen with
48         probability density proportional to the emission density
49         function for this light. */
50     virtual Color3 emitPhoton(Point3& Q, Vector3& w_o) const = 0;
51 };
```

我们为每个光源设置一个参考坐标系(cframe)。对于有限距离处的光源，取其中心和光源的朝向。而对于无限远光源(即方向光源)，则设置参考坐标系并在场景中设定一个显示用户界面的窗口用于操作此光源。

14.11.3.1 非物理学工具

在光源和场景的交互中，采用非物理学方式进行操作常常是必备的选项。为了获得某种画面效果，这些操作也许偏离了物理原理，但有时可用它们来弥补绘制模型的错误。众所周知，如果数据错误，即使采用正确的绘制模型也不能生成正确的图像(反之亦然)。为了生成更为真实的画面效果，有时我们会刻意违反物理规则对一些已知的局限性和近似进行补偿。图 14-10 中列举的类中包含了几种这样的工具，例如设置的光源不产生阴影或者不参与朗伯漫反射计算。显然使用这个类的绘制器应因这些设置能产生满意的画面效果而庆幸。

在该类中，不产生光泽反射(例如高光)的光源提供了所谓的“填色”或“漫射”效果，可创建 3D 形状、柔和色调、近似的全局光照、浅表面散射效果等感知线索。只包含光泽的光源则生成明显高光但无其他着色效果。这些特设的光源对模拟**实际光源**生成的感知线索非常有用。实际光源是在场景中可见到的光源，而不是照亮大部分场景但看不到的光源。这个术语来自电影或戏剧作品；例如电影中的餐厅，桌上的蜡烛实际上只提供了极少的光照，场景照明主要来自镜头外的明亮的舞台灯。在产生窗户的感知效果方面，仅包含光泽光的光源甚为有用，因其无需考虑来自这些窗户的室外入射光对场景的光照影响。注意到“朗伯”和“光泽”反射率属于表面的材质属性，而非光源属性，上述使用隐含了对某一具体材质和着色模型的假设。

真实世界中光源发射的光在被感知之前可能经历了多次反射。从画面效果考虑，直接调亮入射到一个特定物体上的光而无需经过耗时的计算和对其全局多次散射的模拟是非常实用的。一个局部光源只在它直接照射到的表面上产生散射。注意，在光照模型中，“局部”也指光源与场景中可见部分为有限距离。

我们也许希望能选择性地取消对某些光源的阴影计算。这一功能可以减小可见性测试的代价，同时消除可能引起视觉混乱的阴影，例如由手持火炬产生的阴影。

14.11.3.2 直接光照的应用接口

把光源类 Light 嵌入绘制程序中的关键方法是 randomPoint 和 radiance。randomPoint 方法在光源表面随机均匀地选取一个点(“随机均匀选择”这个术语在第 30 章有精确的定义，现在只需理解为“每个点被选取的概率相同”)。由于这个点离场景中其他物体可能无限远，所以我们采用齐次向量来表示其返回值。倘若光源表面上各点发射光的强度不同，一个较好的界面是在光源表面选取采样点时，使该点入选的概率与其发射的光能成正比。进一步的实现细节包括如何以随机但相当均匀的方式在光源表面上选择采样点。第 32 章中简述的分层采样即为这样一种采样方法。

radiance 方法返回光源上一采样点(假定由调用 randomPoint 获得)入射到场景中的一点(假设其间无遮挡)所产生的辐射度。我们将在光源上获取采样点与计算其辐射度的过程分离开来，以便加入阴影算法。此外还必须确定场景点的具体位置而不仅仅是光源的入射方向，以计算非平行光源光强沿径向的衰减。

代码清单 14-11 显示了如何使用这些方法来计算因光源的直接光照所产生的朝观察者方向的辐射度值。其中点 p 是待着色点，w_o 是 p 朝视点方向的单位向量，n 是 p 点处的表面单位法向量，bsdf 是表面的光散射模型(参见第 27 章中对基于物理的散射模型的详细讨论)。

代码清单 14-11　任意光源的直接光照

```
 1 /** Computes the outgoing radiance at P in direction w_o */
 2 Radiance3 shadeDirect
 3 (const Vector3& w_o,  const Point3&  P,
 4  const Vector3& n,    const BSDF&    bsdf,
 5  const std::vector<Light*>& lightArray) {
 6
 7   Radiance3 L_o(0.0f);
 8
 9   for (int i = 0; i < lightArray.size(); ++i) {
10     const Light* light = lightArray[i];
11
12     int N = numSamplesPerLight;
13
14     // Don't over-sample point lights
15     if (light->surfaceArea() == 0) N = 1;
16
17     for (int s = 0; s < N; ++s) {
18       const Vector4& Q = light->randomPoint()
19       const Vector3& w_i = (Q.xyz() * P - P * Q.w).direction();
20
21       if (visible(P, Q)) { // shadow test
22         const Biradiance3& M_i = light->biradiance(Q, P);
23         const Color3& f = bsdf.evaluateFiniteScatteringDensity(w_i, w_o, n);
24
25         L_o += n.dot(w_i) * f * M_i / N;
26       }
27     }
28   }
29
30   return L_o;
31 }
```

如果这是你第一次遇到如代码清单 14-11 所示的代码，那么现在只需简单看一下然后把它当作一个黑箱。第 32 章将从辐射度学给出关于这一实现的更完整的解释。下一节则对这个实现的推导做简要说明。

14.11.3.3　与绘制方程的关系

我们现在试图使传统图形流水线中(如在第 6 章)的“光源”和第 31 章描述的基于物理的绘制模型协同一致。关键办法是使用 biradiance[⊖] 单位来度量光照，这样传统图形学

⊖ 我们不知道之前已有光能接受点的立体角面积加权辐射度这个名称，所以在此处引入“biradiance”来表明它跟两个点相关。这个量和辐射度(考虑了整个半球的光照情况)、光照度(基于光源表面的量度)、发射率(类似的概念)以及其他具有相同单位的常见物理量有显著的不同。

模型就可视为光源的物理模型和绘制方程的简化形式。

在本章中涉及材质是因为它是基于光源真实物理的传统近似模型的组成部分，因此在介绍完整理论前我们先介绍材质模型。阅读第 26 章和 31 章或者具有应用图形系统的经验后回到这一节对读者也会有所帮助。

对于只包含点光源和 Phong 双向散射分布函数的场景，`numSamplesPerLight= 1`，代码清单 14-11 退化为大家熟悉的 OpenGL 固定功能的着色算法。本章给出的框架提供了对 OpenGL 中光源参数含义的解释，这使我们在使用基于物理的绘制器绘制经典的点光源场景时更为踏实。它也使我们在生成真实感图形时更有可能采用类似于 OpenGL 的 API 界面。

对所有场景，代码清单 14-11 计算直接光照的方式既适合路径跟踪一类的一些算法也适合在光栅化过程中显式进行计算。它可作为对绘制方程中直接光照项的估计(图 14-28 显示了其涉及的一些关键变量)。这个预料之外的光辐射量单位是源于对我们常用来表示绘制方程变量的一种变化。根据绘制方程，我们通常将直接光照的散射表示为：

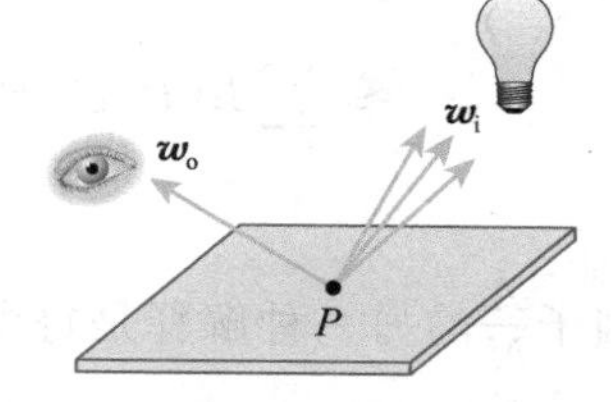

图 14-28 在 P 点的反射光

$$L(P,\boldsymbol{\omega}_o)=\int_{\Omega^+}L(P,-\boldsymbol{\omega}_i)f_P(\boldsymbol{\omega}_i,\boldsymbol{\omega}_o)\boldsymbol{n}\cdot\boldsymbol{\omega}_i\mathrm{d}\boldsymbol{\omega}_i \tag{14-25}$$

其中光照计算的积分域是位于 P 点上方的半球面 Ω^+。

可具体实现如下：

```
1  repeat N times:
2      dw_i = 2 * PI / N;
3      L_i = ...;
4      L_o += L_i * bsdf.evaluate(...) * n.dot(w_i) * dw_i;
```

但是路径跟踪和其他需进行直接光照采样的算法一般对光源表面进行采样，而不是对着色点的入射方向进行采样。

我们必须把积分域从 Ω^+ 变换为光源的表面，这就必须对变量作适当的替换。考虑位于表面 ΔA 的单个光源，其 Q 点处的表面单位法向量为 $\boldsymbol{m}$(如图 14-29 所示)。

从 P 点到光源表面 ΔA 的距离近似为 $r=\|Q-P\|$，而 P 点到其上方单位半球面上小块区域 $\Delta\Omega$ 距离为 1。如果 Q 点周围的区域 ΔA 不是倾斜的(即 $\boldsymbol{m}$ 和 $\boldsymbol{\omega}_i$ 方向相反)，则它的面积是 $\Delta\Omega$ 面积的 r^2 倍。7.10.6 节指出，倾斜时的面积须乘以一个余弦因子，即 ΔA 的面积近似为 $\Delta\Omega$ 面积的 $r^2|\boldsymbol{m}\cdot\boldsymbol{\omega}_i|$ 倍，其近似精度随着 $\Delta\Omega$ 变小而提高。所以当积分变量从 $\mathrm{d}\boldsymbol{\omega}_i$ 变为 $\mathrm{d}A$ 时，被积函数的改变量(常标记为类似于 $\frac{\mathrm{d}\boldsymbol{\omega}_i}{\mathrm{d}A}$ 的符号)为 $\frac{|\boldsymbol{m}\cdot\boldsymbol{\omega}_i|}{\|Q-P\|^2}$。我们以 $\mathcal{S}(Q-P)$ 替换 $\boldsymbol{\omega}_i$，则式(14-25)变为：

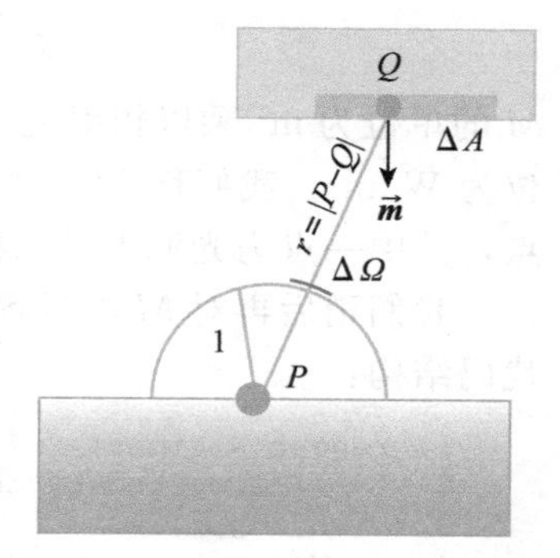

图 14-29 小的立体角 $\Delta\Omega$ 及其光源表面上的对应区域 ΔA

$$L(P,\boldsymbol{\omega}_o)=\int_{\Omega^+}L(P,-\boldsymbol{\omega}_i)f_P(\boldsymbol{\omega}_i,\boldsymbol{\omega}_o)\boldsymbol{n}\cdot\boldsymbol{\omega}_i\mathrm{d}\boldsymbol{\omega}_i \tag{14-26}$$

$$=\int_{Q\in R}L(P,\mathcal{S}(P-Q))f_P(\mathcal{S}(Q-P),\boldsymbol{\omega}_o)\boldsymbol{n}\cdot\mathcal{S}(Q-P)\cdot\frac{\boldsymbol{m}\cdot\mathcal{S}(Q-P)}{\|Q-P\|^2}\mathrm{d}A \tag{14-27}$$

公式中的某些地方我们用 $P-Q$ 代替 $Q-P$，以消除负号或者绝对值。

一种估算任意函数 g 在任意区域上的积分的方法是在该区域内随机选择采样点 X，并计算 $g(X)$的值，然后乘以区域的面积(在第 30 章将讨论更多细节)。如果我们重复这个过程，虽然每一个单独的估算结果可能不是很准确，但是随着选取的独立样本点的增加，它们的平均值会越来越逼近真实的积分值。把这一方法应用于上述积分，如果我们在光源上选择 N 个采样点 $Q_j\in R$，其反射光可表示为：

$$L(P,\boldsymbol{\omega}_o)=\int_{Q\in R}L(P,\mathcal{S}(P-Q))f_P(\mathcal{S}(Q-P),\boldsymbol{\omega}_o)\boldsymbol{n}\cdot\mathcal{S}(Q-P)\cdot\frac{\boldsymbol{m}\cdot\mathcal{S}(Q-P)}{\|Q-P\|^2}dQ \tag{14-28}$$

$$\approx\sum_{j=1}^{N}L(P,\mathcal{S}(P-Q_j))f_P(\mathcal{S}(Q_j-P),\boldsymbol{\omega}_o)\boldsymbol{n}\cdot\mathcal{S}(Q_j-P)\cdot\frac{\boldsymbol{m}\cdot\mathcal{S}(P-Q_j)}{\|Q_j-P\|^2}\frac{A}{N} \tag{14-29}$$

因子$\frac{A}{N}$的另一种解释是每个样本点 Q_i 代表光源面积的 N 分之一。

令 $\boldsymbol{\omega}_{i,j}$为从 P 点到光源上第 j 个采样点 Q_j 的单位向量 $\mathcal{S}(Q_j-P)$，则得到以下表达式：

$$L(P,\boldsymbol{\omega}_o)\approx\sum_{j=1}^{N}L(P,\boldsymbol{\omega}_{i,j})f_P(\boldsymbol{\omega}_{i,j},\boldsymbol{\omega}_o)\boldsymbol{n}\cdot\boldsymbol{\omega}_{i,j}\cdot\frac{-\boldsymbol{m}\cdot\boldsymbol{\omega}_{i,j}}{\|Q_j-P\|^2}\frac{A}{N} \tag{14-30}$$

记 $M(P, Q_j, \boldsymbol{m})$为：

$$M(P, Q_j, \boldsymbol{m})=AL(P, \boldsymbol{\omega}_{i,j})\frac{-\boldsymbol{m}\cdot\boldsymbol{\omega}_{i,j}}{\|Q_j-P\|^2} \tag{14-31}$$

则反射辐射度可表示为：

$$L(P,\boldsymbol{\omega}_o)\approx\frac{1}{N}\sum_{j=1}^{N}M(P,Q_j)f_P(\boldsymbol{\omega}_{i,j},\boldsymbol{\omega}_o)\boldsymbol{n}\cdot\boldsymbol{\omega}_{i,j} \tag{14-32}$$

$$=\frac{1}{N}\sum_{j=1}^{N}M(P,Q_j,\boldsymbol{m})f_P(\mathcal{S}(Q_j-P),\boldsymbol{\omega}_o)\boldsymbol{n}\cdot\mathcal{S}(Q_j-P) \tag{14-33}$$

M 的单位为 m^2 乘以辐射度单位再乘以 $d\boldsymbol{\omega}/dA$ 的单位(每平方米对应的立体角)，最后的单位为 W/m^2。我们称 M 为 biradiance(非标准的辐射学术语)，表示它依赖于空间中的两点，其中一点为光源上的采样点，另一点在接收面上。

我们稍后再对 M 进行解释，但是此公式导致如下的伪代码，仍取代码清单 14-11 中的代码结构：

```
1  repeat N times:
2     // Computed by the emitter
3     L_i = ...
4     M_i = L_i * max(-m.dot(w_i), 0.0f) * A / ||P - Q||^2
5
6     // Computed by the integrator (i.e., renderer)
7     if there is an occluder on the line from P to Q then M_i = 0
8     L_o += M_i * bsdf.evaluate(...) * n.dot(w_i) / N
```

因此，对于弃用的固定功能 OpenGL Phong 着色和 WPF 着色的一种解释是其中的“光强”即为函数 M，单位是瓦特/平方米。这个特殊的量在辐射度学中没有名字。值得注意的是，在大多数使用经典模型的简单绘制中，并没有模拟 $1/r^2$ 径向衰减，所以其中的光强即为 M 尚存置疑。而你如果想使用经典模型去逼近物理真实，则需引入 $1/r^2$ 衰减，并按 M 表达式计算光源的“光强”值。

14.11.3.4 光子发射的接口

双向光线跟踪和光子映射等算法跟踪从光源发射到场景中的虚拟光子的路径。这些虚拟光子和它们所模拟的真实光子存在两方面的差别。第一，虚拟光子的状态包含光子位置、传播方向和光子功率等信息。真实光子传播的是能量，但是绘制时假设光处于稳定的传播状态，此时模拟的是能量传播的速率。更准确地说，每一个虚拟光子表示的是一个光子流，或一段光的传播路径。第二，一幅真实图像涉及数以万亿计的光子的贡献，而绘制时只采样了几百万个虚拟光子(因为每个虚拟光子代表了一个光子流，所以实际上隐式地模拟了大量的真实光子)。

光子跟踪的第一步是从光源发射光子到场景中。代码清单 14-12 显示了如何使用光源接口采样 numPhotons 个发射出来的虚拟光子，采样时的概率密度函数与每个光源的功率成正比。

代码清单 14-12 为进行光子映射，从一套光源产生 numPhotons 个光子

```
 1 void emitPhotons
 2 (const int                          numPhotons,
 3  const Array<Light*>&               lightArray,
 4  Array<Photon>&                     photonArray) {
 5
 6   const Power3& totalPower;
 7   for (int i = 0; i < lightArray.size(); ++i)
 8     totalPower += lightArray[i]->power();
 9
10   for (int p = 0; p < numPhotons; ++p) {
11     // Select L with probability L.power.sum()/totalPower.sum()
12     const Light* light = chooseLight(lightArray, totalPower);
13
14     Point3       Q;
15     Vector3      w_o;
16     const Color3& c = light->emitPhoton(Q, w_o);
17
18     photonArray.append(Photon(c*totalPower/numPhotons, Q, w_o));
19   }
20 }
```

14.11.4 矩形面光源

图 14-30 显示了一个从矩形单侧发射光的面光源。它是一个“朗伯发射体”。“朗伯发射体”指如果将我们的视域限定为整个面光源，那么不论光源的朝向和距离，我们所感受到的光源亮度相同。我们使用一个正交坐标系来描述光源的方向。在这个坐标系中 m 是发射光子的矩形表面的单位法向量，u 和 v 是沿着其两条边的坐标轴。边的长度由 extent 变量给定，光源中心在点 C 处。

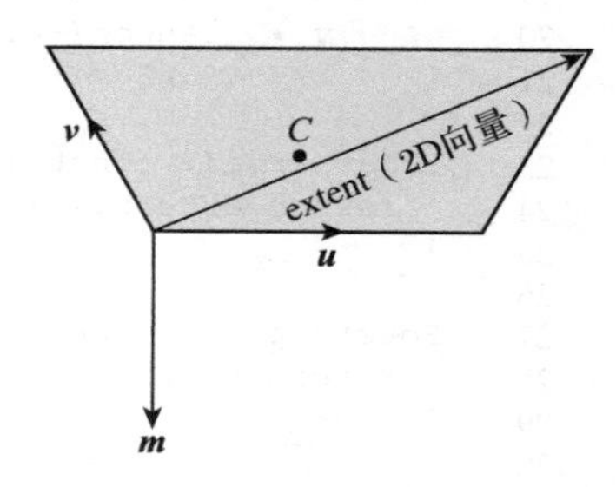

图 14-30 位于天花板上的矩形面光源的参数化

光源发射的总功率为 Phi。这意味着如果增加 extent，场景中的光照将保持不变，但是因为同样的能量发射于一个更大的光源表面，因而光源表面会变暗。

朗伯发射体上的 Q 点沿方向 $\boldsymbol{\omega}$ 的辐射度(W/(m^2 sr))为总发射功率(W)除以发光体的面积(m^2)和“投射立体角”(sr)

$$L(Q,\boldsymbol{\omega})=\frac{\Phi}{A\int_{\Omega^+}|\gamma\cdot\boldsymbol{m}|\,\mathrm{d}\gamma} \tag{14-34}$$

$$=\frac{\Phi}{A\pi\mathrm{sr}} \tag{14-35}$$

有关它和其他辐射度学名词的讨论，可参见 26.7.1 节。

下面计算 P 点在 Q 点照射下的辐射度。令 $\boldsymbol{\omega}_i=S(Q-P)$，光沿方向 $-\boldsymbol{\omega}_i$ 从 Q 点到达 P 点。根据公式(14-35)，离开 Q 点的光辐射度为 $\Phi/(A\pi\mathrm{sr})$。所以

$$M_i(Q,P)=L(P,-\boldsymbol{\omega}_i)\frac{A}{\|Q-P\|^2}(-\boldsymbol{m}\cdot\boldsymbol{\omega}_i)\mathrm{sr} \tag{14-36}$$

$$=\frac{\Phi}{A\pi\mathrm{sr}}\frac{A}{\|Q-P\|^2}(-\boldsymbol{m}\cdot\boldsymbol{\omega}_i)\mathrm{sr} \tag{14-37}$$

$$=\frac{(-\boldsymbol{m}\cdot\boldsymbol{\omega}_i)\Phi}{\|Q-P\|^2\pi} \tag{14-38}$$

此公式假定了点 P 是在矩形光源的发射面上，并且与 Q 点之间无遮挡。基于上述推导，代码清单 14-13 给出了此类光源的 `Light` 方法的实现代码。

代码清单 14-13　单侧矩形面光源模型

```
 1  class RectangularAreaLight : public Light {
 2  private:
 3     // Orthonormal reference frame of the light
 4     Vector3 u, v, m;
 5
 6    Vector2 extent;
 7
 8    // Center of the source
 9    Point3 C;
10
11    Power3 Phi;
12
13 public:
14
15    ...
16
17    Vector4 randomPoint() const {
18      return Vector4(C +
19         u * (random(-0.5f, 0.5f) * extent.x) +
20         v * (random(-0.5f, 0.5f) * extent.y), 1.0f);
21    }
22
23    float area() const {
24      return extent.x * extent.y;
25    }
26
27    Power3 power() const {
28      return Phi;
29    }
30
31    Biradiance3 biradiance(Vector4 Q, Vector3 P) const {
32      assert(Q.w == 1);
33      const Vector3& w_i = (Q.xyz() - P).direction();
34
35      return Phi * max(-m.dot(w_i), 0.0f) /
36           (PI * (P - Q.xyz()).squaredLength());
37    }
38  };
```

14.11.5　半球面光源

一个朝球面内发射光的半球面光源常用来表示天空或者环境中远处的景物。代码清单14-14将矩形面光源概念应用到半球面光源中。两处自然的扩展是：引入一个坐标系使得半球面的中心可以取任何位置和任意朝向；通过纹理图像来调控半球面光源上各点的发射功率，以模拟复杂多变的周围环境和天空。

代码清单 14-14　以原点为中心、关于 y 轴旋转对称、朝球内侧照射的半球面光源模型

```
 1 class HemisphereAreaLight : public Light {
 2 private:
 3   // Radius
 4   float r;
 5   Power3 Phi;
 6
 7 public:
 8
 9   ...
10
11   Vector4 randomPoint() const {
12     return Vector4(hemiRandom(Vector3(0.0f, 1.0f, 0.0f)) * r, 1.0f);
13   }
14
15   float area() const {
16     return 2 * PI * r * r;
17   }
18
19   Power3 power() const {
20     return Phi;
21   }
22
23   Biradiance3 biradiance(Vector4 Q, Vector3 P) const {
24     assert(Q.w == 1 && Q.xyz().length() == r);
25
26     const Vector3& m = -Q.xyz().direction();
27     const Vector3& w_i = (Q.xyz() - P).direction();
28
29     return Phi * max(-m.dot(w_i), 0.0f) /
30            (PI * (P - Q.xyz()).squaredLength());
31   }
32 };
```

14.11.6　全向光源

全向点光源（全向光源或点光源）朝所有方向均匀地发射光，且其包围球半径与离它最近的场景点的距离相比几乎可忽略。真正点光源的表面面积为零，但能发射出一定量的光能，因此光源表面将无限亮，显然这种光源是不存在的。不过现实中确有许多光源，它们的体积和其所在场景的尺度相比可以忽略不计，例如手电筒的灯泡和汽车仪表板上的LED灯。对体积更大些的光源，也常用一个位于其中心点的全向光源来近似。包围它的几何面在观察者看来仍为光源，但在场景光照计算中并不发射光能。例如，在生成篝火画面时，可以在飘忽的火焰中心加入一个闪烁的全向点光源，而火焰自身却采用粒子系统来绘制。

全向光源通常可用它朝所有方向发射的总的功率 Φ 来描述，其单位为瓦特的标量值；也可以采用红-绿-蓝三元组来表示在这三个频率上所发射的功率。现实生活中的经验提供了对场景中全向光源功率的很好的估计，例如，电灯泡即以它消耗的瓦数进行标记。我们之前曾说过，100W 电灯泡发出的光大约为 4W。日光灯的发光效率是白炽灯的 6 倍，所以标有“相当于 100W 白炽灯”的日光灯也发射大约 4W 的可见光，但它所消耗的电量要小得多。

令 Q 为全向光源的中心，从光源发出直接到达 P 点的光线沿方向 $\boldsymbol{\omega}_i=\mathcal{S}(Q-P)$ 传播。这里 $\boldsymbol{\omega}_i$ 从物体表面指向光源，称为**光照矢量**，它有时用 $\hat{\boldsymbol{L}}$ 表示(尽管我们避免使用这个符号，因为它和辐射函数符号 $L(\cdot)$ 类似)。

全向光源是对非常小的球状光源的一种抽象。我们可以通过计算更小的球状光源的光照效果来估计全向光源的光发射辐射度。在我们的公式中，唯一出现的光源尺寸是公式(14-37)中的光源面积项 A。但是这一项同时出现在分子和分母中，可以被消去，故最终结果与面积无关。公式中的余弦项在面光源中随采样点位置而变化，但对于全向点光源，它是恒定的。有人也许会说，这说明光源尺寸还是有关系的。不管怎样，结论是我们可以采用相同公式计算面光源和点光源的光发射辐射度。

如果从 Q 到 P 之间不存在遮挡，则在 Q 点的全向光源对 P 点的光发射辐射度(见图 14-31)为

$$M_i(Q, P)=\frac{\Phi}{4\pi\|Q-P\|^2\mathrm{sr}} \tag{14-39}$$

否则此项为 0。

注意我们可以称下式为有效的辐射度

$$L(P, -\boldsymbol{\omega}_i)=\frac{\Phi}{4\pi\cdot\mathrm{sr}\|Q-P\|^2} \tag{14-40}$$

即它正比于光源的总的功率，而且按与光源距离的平方衰减。事实上，如果将此表达式用于绘制程序中，只要 $\|Q-P\|$ “足够大”，就能生成满意的图像。但它不是真实辐射度的表达式。由于对全向光源所做的不切实际的零面积假设，导致辐射度值随距离增加而衰减，所生成的是一个物理不真实的空间辐射度场。注意，当 $\|Q-P\|\to 0$ 时，按上式计算得到的辐射度值趋于无穷大。此时关于物体与光源的距离远大于光源尺寸的初始假设不再成立，从而使估算出来的光强值超过了我们的预计。常见的做法是实施最大值截断。另一个效率稍低但更为正确的修正方法是当这一距离小于某个阈值时，将光源表示为具有非零面积的物体(例如球面)。

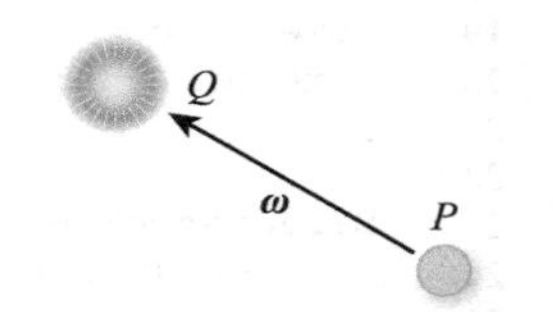

图 14-31　在点光源公式中的点和方向

若表面上的采样位置与全向点光源之间存在遮挡，则这些位置无光照，从而在图像中形成阴影。由点光源生成的阴影边界为“硬边界”，它在物体表面上形成一条清晰的分界线将光照区域和阴影区域分开。这与面光源产生的具有模糊边缘的软阴影有所不同。如在阴影映射等光照算法中采用低于辐射度计算采样的精度进行阴影测试，也会导致点光源出现软阴影。事实上这是由采样走样引起的重建伪迹。不过在实用中它的视觉效果并不差。

14.11.7　平行光源

对于离场景中所有物体都较远的全向点光源而言，场景各点处的 $\boldsymbol{\omega}_i$ 和 $L(P, -\boldsymbol{\omega}_i)$ 几乎无变化。此时 L 和 $\boldsymbol{\omega}_i$ 可以看作场景中的常量，因而全向光源可进一步简化为**平行光**。这种假设可能会损失部分精度，但避免了在场景建模时将光源置于遥远处的困难，为太阳等遥远光源提供了一个合理的建模方案。

我们可以表示远处点光源的总的功率，但是其功率极大而且“远处”在概念上是含糊

的，较为简单的方法是将场景中各点朝光源方向 $\boldsymbol{\omega}_i$ 的入射辐射度设为常数，即取 $L(P,\boldsymbol{\omega})=L_0$，而朝其他方向的入射辐射度设为 0。一个有用且值得记住的常数是太阳在地球表面各点的 L_0（在可见光谱内）大约为 $1.5\times10^6\,\mathrm{W/m^2 sr}$。而太阳照射到地球表面某一区域的可见光的总功率大约为 $150\mathrm{W/m^2}$。当然，随着日期、季节和海拔的变化，这两个常数也会有所变化。

14.11.8　聚光灯

聚光灯模拟的是被“遮光板”或圆锥形灯罩部分遮挡的全向光源。剧场灯、闪光灯、车头灯以及真实聚光灯是适合这一模型的真实光源的例子（如图 14-32 所示）。通常将遮挡聚光灯的几何面表示为一个完全吸光的球面，球面上有一个类似于虹膜的圆孔，光源发射的光只能通过此孔射出。灯罩内侧完全吸光的假设使我们可以忽略如车前灯和闪光灯内镀银层间的复杂光反射。将小孔造型成圆形的便利之处是只需判断一点积值是否大于某个阈值即可确定光线能否通过该圆孔。圆形小孔形成圆锥形的方向光。

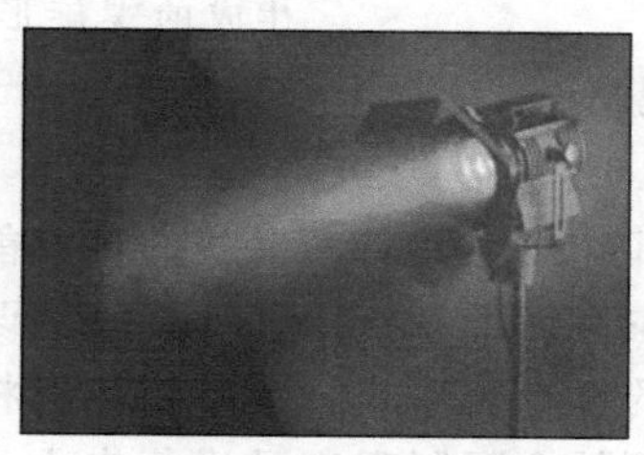

图 14-32　装有正方形“遮光板”的剧场灯和有圆形出射口的聚光灯（授权：左图，Jim Barber/Shutterstock；右图，Matusciac Alexandru/Shutterstock）

令 Φ 为遮光板里全向光源的总功率。这比给出实际发射到场景的光能更为方便，它使光照设计师在调整聚光灯的圆锥体照射区域时无需考虑对该区域内物体亮度的影响。

令 $0\leqslant\theta\leqslant\pi$ 是聚光灯光轴与圆锥面之间的夹角。当 $\theta=\pi$ 时，虹膜完全张开，对光源无任何遮挡，而 $\theta=0$ 时，虹膜处于完全闭合状态。请留意，有些 API 程序接口使用弧度单位，而另一些则使用角度单位。有些接口取的是整个圆锥角而有些则取半圆锥角。

半圆锥角为 $0\leqslant\theta\leqslant\pi$ 的圆锥对应立体角：

$$2\pi(1-\cos\theta) \tag{14-41}$$

故通过圆孔进入场景的光能（功率）占光源总光能比例为

$$\frac{2\pi(1-\cos\theta)}{4\pi} \tag{14-42}$$

对于光能为 Φ 的全向光源，射向场景的光能 Φ' 为

$$\Phi'=\frac{\Phi}{2}(1-\cos\theta) \tag{14-43}$$

它是重要性采样绘制代码中变量 `Light:: power` 的值。

角度为 $\theta\leqslant\pi/4$ 的聚光灯广泛应用于绘制中，它们为光源空间中平面投影提供了一个较好的解。具体而言，我们以光源中心为视点，其视线沿光源轴线方向，视角与光源圆锥角相同，则可生成场景在光源空间中的视图，且视图边缘处变形较小。此技术可用于生成阴影映射图和反射阴影映射图。前者为光源空间中场景投影的深度图像，后者为场景投影的彩色图像。而六个修剪成正方形的聚光灯可以覆盖立方体的六个面，生成全向光源的阴影。

光源空间投影的另一项应用是**投射聚光灯**。真实的剧场灯常通过在光源出射口附近放置**遮光板**或**投影遮罩**对灯光进行调节(见图14-33)。它们在发射光中加入颜色或者进行选择性遮挡，使最终投向场景的光呈现为某个图像或者形状。在计算机图形学中，则可以将P点沿入射方向投影在光源上，基于存储在光源图像上相应位置的值来调节P点处的入射光。这一方法可以用来创建非圆形和非均匀分布的聚光灯出射孔，模拟真实聚光灯反射器的复杂光照模式和画面外物体的投射阴影，如通风管中旋转风扇产生的阴影效果。

14.11.9　统一的点光源模型

图14-33　由安放在聚光灯旁的遮光板生成的螺旋形光影的照片(授权：R. Gino Santa Maria/Shutterstock.com)

这一小节描述了一个点光源模型，它适用于与着色点之间的距离相比，其尺寸很小的光源。在此情形中，每一个光源可近似为一个点。点光源模型统一了几个常见的光源模型，为固定功能的图形处理器所乐于采用，但由于其简单，也广泛应用于其他图形处理器。

固定功能单元直接在电路或者微代码上实现特定算法。这种单元易于进行参数控制，但不能执行类似于可编程单元或通用处理器上的通用计算，即它们不具有图灵机的计算能力。处理器通常同时包含了可编程单元和固定功能单元。很少有处理器构架允许程序员改写高速缓存区的替代机制，但大多数允许在程序内设置任意的算术表达式。图形架构可将整个绘制算法嵌入在固定功能逻辑单元中。显然，固定功能硬件会限制程序员进行自由表达，但与通用处理器单元相比，它的能效特别高，其设计和生产的成本更低廉。因此设计硬件构架时需在费用和设计目标两者之间进行权衡。

在编写本书期间，固定功能硬件多次面临被淘汰的危险。现在大多数设备已避免使用固定功能的光照逻辑单元，但至少2011年发布的(Nintendo 3DS[KO11])仍包含了它。

我们并不推荐在新编写的可编程着色或者基于软件的绘制API中采用本小节介绍的统一光源模型，因为此模型难以得心应手地嵌入基于物理的绘制系统中，使光源模型的灵活性受到限制，并且与后面章节介绍的光源模型相比，它的抽象性略差。

由于若干原因，了解和熟悉采用固定功能逻辑的光源模型仍然是必要的。老的设备以及少数新设备仍在使用此模型。这个模型也许在将来还会重新受欢迎。许多可编程图形管线仍然在固定功能光源模型附近徘徊，因为它们是从固定功能系统进化而来，或者必须使用一些专为实现固定功能而设计的工具。

统一光源模型的基本思想是使用单一、可分支且具有相同参数的聚光灯光照方程来统一描述聚光灯光源、平行光源和全向光源。聚光灯的中心取为(x, y, z, w)，其中$w=1$表示全向光源或聚光灯光源，而$w=0$表示平行光源。如果我们将聚光灯的轴线和圆锥面的夹角参数化，则角度为π时为全向光源。现在唯一剩下的问题是径向衰减。在现实世界中，如果一均匀球面光源的半径与它离观察点的距离r相比特别小，则在观察点获得的总的功率与$1/r^2$成正比。我们通过以下包含二次倒数的M值来统一表示各种情况下的径向衰减：

$$M=\frac{\Phi}{(a_0 r^0 m^2+a_1 r^1 m^1+a_2 r^2 m^0)4\pi} \tag{14-44}$$

如果我们定义$\boldsymbol{a}$和$\boldsymbol{r}$为

$$\boldsymbol{a} = (a_0 m^2, a_1 m^1, a_2 m^0) \tag{14-45}$$

$$\boldsymbol{r} = (r^0, r^1, r^2) \tag{14-46}$$

则将公式 M 重写为

$$M = \frac{\Phi}{(\boldsymbol{a} \cdot \boldsymbol{r}) 4\pi} \tag{14-47}$$

这一看似奇怪的表达式让我们能使用具有非物理衰减的点光源来近似表示局部面光源或者遥远的点光源……或者满足视觉审美的要求。在这个模型中，平行光源可通过设置衰减常数 $\boldsymbol{a}=(1, 0, 0)$获得，此光源在场景中各点处产生相同的光强度，且其光强度相当于功率为 Φ 的局部光源对 1 米外的表面产生的光照。

代码清单 14-15～14-17 提供的接口遵循了 OpenGL 固定功能光照模型思想，虽然其中的单位和边界情形稍有改变。我们不推荐使用这个模型进行基于物理的绘制。

代码清单 14-15　对于聚光灯光源、平行光源、点光源的统一简化模型

```
1  class PointLight : public Light {
2  private:
3
4    /** For local lights, this is the total power of the light source.
5        For directional lights, this is the power of an equivalent
6        local source 1^m from the surface.*/
7    Power3       Phi;
8
9    Vector3      axis;
10
11   /** Center of the light in homogeneous coordinates. */
12   Vector4      C;
13
14   Vector3      aVec;
15
16   float        spotHalfAngle;
17
18   ...
19 };
```

代码清单 14-16　直接光照明的 PointLight 方法

```
1  Vector4 PointLight::randomPoint() const {
2      return C;
3  }
4
5  Biradiance3 biradiance
6      (const Vector4& Q, const Point3& P) const {
7      assert(C == Q);
8
9      // Distance to the light, or zero
10     const float r = ((Q.xyz() - P) * Q.w).length();
11
12     // Powers of r
13     const Vector3 rVec(1.0f, r, r * r);
14
15     // Direction to the light
16     const Vector3& w_i = (Q.xyz() - P * Q.w).direction();
17
18     const bool inSpot = (w_i.dot(axis) >= cos(spotHalfAngle));
19
20     // Apply radial and angular attenuation and mask by the spotlight cone.
21     return Phi * float(inSpot) / (rVec.dot(aVec) * 4 * PI);
22 }
```

代码清单 14-17　发射光子的 PointLight 方法

```
1  Power3 PointLight::totalPower() const {
2    // the power actually emitted depends on the solid angle of the cone; it goes to
3    // infinity for a directional source
4    return Phi * (1 - cos(spotHalfAngle)) / (2 * C.w);
5  }
6
7  Color3 PointLight::emitPhoton(Point3& P, Vector3& w_o) {
8    // It doesn't make sense to emit photons from a directional light with unbounded
9    // extent because it would have infinite power and emit practically all photons
10   // outside the scene.
11   assert(C.w == 1.0);
12
13   // Rejection sample the spotlight cone
14   do {
15      w_o = randomDirection();
16   } while (spotAxis.dot(w_o) < cos(spotHalfAngle));
17
18   P = Q.xyz();
19
20   // only the ratios of r:g:b matter
21   const Color3& spectrum = Phi / Phi.sum();
22   return spectrum;
23 }
```

14.12　讨论

本章介绍的每一种近似和表示方法在图形学上都有其用处。处理器速度、带宽、可用数据等不同方面的约束使得它们各具应用背景。当处理器速度提高时，新的约束，如移动设备的功率限制，可能使某些近似方法重新焕发活力。因此在学习它们时，不仅仅将它们看作现在或以前的有用技巧，而且要把它当作未来有潜在用途的技术，同时将它们作为在有限资源下如何有效地进行近似表达的实例。

14.13　练习

14.1　给出一个并不是其所有运算都满足交换律的算术表达式(例如，按从左至右的顺序代替正常的运算顺序来计算此表达式会得到错误的结果)。

14.2　请解释为什么直接将区间$[0, 2^b-1]$映射为$[-1, 1]$会使得 0 不能确切表示(提示：先考虑 $b=1$ 的情形)。

14.3　编写一个可将三角形条带转换为三角形表(又称三角形汤)的函数。

14.4　编写一个可将三角形扇转换为三角形条带的函数(在三角形的边处可能需要引入退化三角形)。

14.5　考虑一个可将整个场景表示为 3D 不透明体素数组的程序。为简单起见，假设这些体素在数组中存在或为空。由于大多数绘制应用程序 API 绘制的对象为网格表面而不是体素，所以此程序必须先将体素转换为面。每个非空的体素有 6 个面，但是由于体素不透明，场景中的大多数面无需绘制——它们位于相邻的非空体素之间，因而不可见。

给出一个遍历场景的算法，并输出可见面。

14.6　画一个树数据结构图，用以描述汽车的场景图，请将图中的结点标注为其代表的零件。

14.7　考虑白色桌子上一个绿色啤酒瓶，它处于夜总会灯光照射下(假设每只灯光均为狭窄频率范围的红色)，那么瓶子、瓶子阴影下的桌子和瓶子阴影外的桌子的颜色分别是什么？

14.8　按代码清单 14-13 的形式，构建圆盘和球面朗伯发射体。

14.9　按代码清单 14-13 的形式，构建任意网格面朗伯发射体。

光线投射与光栅化

15.1 引言

前面的章节基于 WPF 所提供的绘制引擎对 2D 和 3D 场景的建模与交互进行了讨论。这一章，我们聚焦于如何编写一个基于物理的 3D 绘制程序。

绘制是一个积分过程。为了生成一幅图像，我们需要计算到达虚拟相机成像平面上每个像素的光能。由于光能通过光子传播，故需要模拟场景内光子运动的物理过程。然而，我们不可能模拟所有的光子运动，只能对其中的一部分进行采样，并据此估计最终到达成像平面的光能。因此，从某种意义上也可以说绘制是一个采样的过程。下面我们将把基于采样的积分与采样的概率关联起来。

本章将介绍对沿光线到达成像平面的光进行采样的两种策略。这两种策略分别是**光线投射**和**光栅化**。我们将为每一种策略构建其相应的绘制器，另外还将使用光栅化硬件 API 构建第三种绘制器。这三种绘制器都可以对沿特定方向传输到场景中某一点的光实施采样。由于点和方向定义了一条光线，图形学的行话又把这样的采样叫作“沿着一条光线的采样”，或简称“光线采样”。

对光能的传输有多种采样方式。本章所介绍的方法可推广到所有方式。但这里我们聚焦于对圆锥内的光线进行采样(假定圆锥的顶点位于点光源或针孔相机的光圈处)。可以对这些策略中的技术进行修改和做新的组合。因此，本章的精髓并非告诉你对两种采样策略如何进行选择，而是提供一组工具，你可以对其进行修改并应用于任何绘制问题中。本章的介绍侧重于两个方面：作为数学工具的采样原理和实际绘制器实现时所涉及的具体细节。

当然，我们还会用很多章节来解答本章所提出的理论和实用问题。由于图形学是一个活跃的领域，有些问题甚至在本书完成时也未能彻底解决。为了兼顾理论和实践，我们在阐述一些想法时将先运用伪代码和数学语言，然后再提供可编译的实际代码。这些代码遵循了最基本的软件工程规范，如数据抽象，使其看起来像一个真实的绘制器。如果读者从这些代码片段出发创建自己的程序(应当如此)，并添加一些小的细节(这些细节已留作本章练习)，那么在本章结束时，你将拥有三个可用的绘制器。当你想要实现本书其他算法时，它们将成为可扩展的基础代码库。

我们将构建的三个绘制器足够简单，读者可以很快理解并可以在一到两次编程课内实现其中任何一个。本章末尾将清理代码并推广其设计思路，以便可对其进行修改、加入对复杂场景的表达并构建高效绘制这类场景所需的数据结构。

我们假设有关绘制的本书后续各章中，读者实现的每项技术都是本章中某个绘制器的扩展。在实现过程中，我们建议读者遵循两条良好的软件工程实践原则：

1) 对绘制器进行修改前对其备份(此备份成为**参考绘制器**)。

2) 将修改后的绘制结果与之前的绘制结果进行比较。

提升性能的技术通常不应该降低图像质量。有助于提升仿真精度的技术应能产生可见及可测的效果提升。通过比较修改前后的绘制性能和图像质量，我们可以验证所进行的改变是否合理。

我们从本章开始做这类比较。将考虑三种绘制策略，它们应生成相同的绘制结果。在介绍完每种策略后，我们将对其实现方法进行扩展。在你调试自己的实现代码时，若程序的运行结果与其他程序不一致，则表明存在潜在的程序错误(这是可视化调试原则的又一个例子)。

15.2 顶层设计概述

本节从顶层设计开始，先解决编程整体架构中的一些实际问题，然后把顶层设计落实到具体的采样策略中来。

15.2.1 散射

进入相机镜头并被传感器感知的光来自场景中某些表面点的散射或者自发射。这些场景点位于我们选取的采样光线上。采样光线始于成像平面上的某个点，穿过相机光圈沿一定方向投向场景，这些点即采样光线与场景的交点。

为简单起见，我们取针孔相机模型，其虚拟成像平面位于投影中心的前方，并且采用瞬时曝光。这意味着所生成的图像不会因失焦或运动而出现模糊。当然，光圈面积、曝光时长均为零的相机不可能捕获到任何光子，我们这里采用常见的图形学近似方法从极限情况来估计小光圈和短曝光时间下的成像结果。此近似在真实世界中无法实现，但在仿真计算中却很容易做到。

我们还假设虚拟传感器像素组成规则的正方形阵列，并通过像素中心采样来估计每个像素的测量值。在这些假设下，采样光线将从投影中心(即针孔)出发，穿过每个传感器像素的中心，向场景投射。⊖

最后，为简单起见，我们选取如下坐标系：投影中心位于原点，相机朝负 z 轴方向，投影中心取为视点。参见 15.3.3 节中的正式描述及图 15-1 所示的结构图。

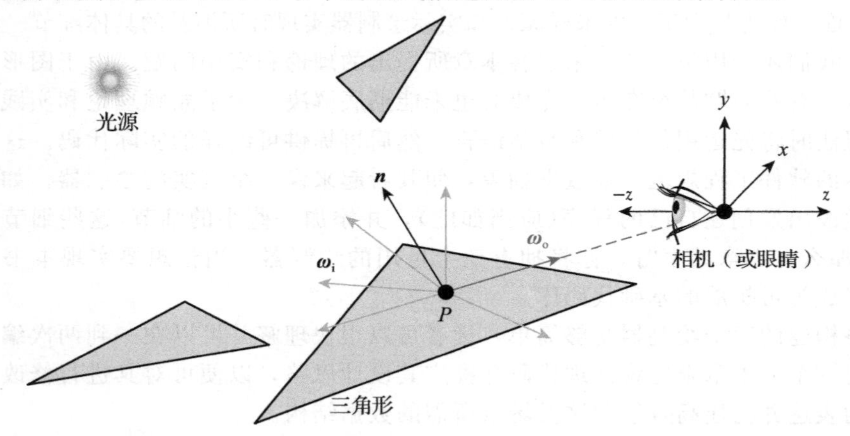

图 15-1　相机可见的表面点 P 的位置、入射到 P 点的不同入射光的方向 $\{\boldsymbol{\omega}_i\}$ 以及其中朝向相机的方向 $\boldsymbol{\omega}_o$

⊖ 从更深层次看，我们认同 Alvy Ray Smith 的说法："像素并非小的正方形"（即离开了重构滤波器，任何采样样本都无济于事）。由于 Smith 这一论断的巨大影响力，现今"样本"一词通常指点采样的数据，而"像素"一词指的是显示器或者传感器上的"小正方形区域"，其值可以基于样本估计得到。我们将使用"传感器像素"或者"显示器像素"来指物理实体，而用"像素"来指成像平面上的矩形区域。

为传感器像素所感知的来自场景中 P 点的光是由于场景中其他方向的光对它的照射。比如，场景中最亮光源提供了主要的光照。但是并非所有入射光都来自最亮的光源。场景中可能还有一些稍暗的光源，还有许多光线是通过其他点的散射间接到达 P 点的。这告诉我们两点：第一，需要考虑入射到 P 点的来自所有方向的光线以生成准确的图像；第二，如果可容忍一定的采样误差，则可以在其中选取有限的离散方向进行采样。更进一步，我们可以对这些方向的重要性进行排序(至少对于光源)，然后选择采样误差最小的一个子集。

课内练习 15.1： 以下问题并不要求你给出完美的答案，但希望你能思考并建立起对以下问题的直觉：采样方向有限时会导致怎样的误差？是什么导致了误差？什么可能是比较好的采样策略？统计学中的期望值和方差的概念如何应用到这里，统计独立性和偏差又如何应用？

在伪代码中，我们首先考虑所有可能方向的入射光，当稍后需要实施方向采样时，再对采样方向进行排序。

为了不错过所有可能影响图像的点和方向，我们的程序如代码清单 15-1 所示。

代码清单 15-1　顶层绘制结构

```
1  for each visible point P with direction ωo from it to pixel center (x,y):
2      sum = 0
3      for each incident light direction ωi at P:
4          sum += light scattered at P from ωi to ωo
5      pixel[x, y] = sum
```

15.2.2 可见点

现在我们制定一个策略来表示场景中的点、确定其中的可见点并计算其散射到相机中的光线。

对于场景的表示，我们将使用第 14 章介绍的绘制中常见近似表示方法来进行建模。采用近似表示并非必需，我们之后完全可用更精确的模型来替代。

假设只需对物体的边界表面进行建模。“物体”是一个主观词，而**表面**在技术上是指具有同质物理属性的体之间的边界。其中有些物体为日常语言所认可，如一块木头或者池子里的水。而另一些则习惯上并不被视为物体，比如空气或真空。

我们采用三角形网格来表示这些表面，并忽略周围的空气媒介。假设所有网格都是封闭的，从物体外部无法看到其内部，因此只需考虑单一朝向的三角形。我们采用以下约定：从物体外面看，三角形的顶点在表面周边以逆时针方向排列。为了基于三角形网格生成近似于光滑表面的光照效果，我们把三角形内任一点的表面法向取为各顶点法向量(预先给定)的重心坐标插值。这些法向量仅用于着色，因此物体的轮廓依然呈现为多边形。

第 27 章将详细讨论表面如何散射光线。为简单起见，我们首先假设所有表面将入射光均匀散射到所有的方向(我们将很快对此作精确描述)。正如第 6 章所述，这类散射称为朗伯反射。因此我们现在要绘制的是朗伯表面。表面的颜色取决于散射光的光谱分布，我们将它表示成熟悉的 RGB 三元组。

网格表示描述了在位置集合$\{P\}$上所有的潜在可见点。为了绘制一个像素，我们必须确定哪些潜在的可见点会投射到该像素的中心。然后选取其中离相机最近的点，该点即为像素中心的实际可见点。从该点发出并穿过像素的光辐射度与从场景中入射到该点的光以及该点的反射率成正比。辐射度的准确定义将在第 26.7.2 节给出，通常用字母 L 表示。

为了找到最近的潜在可见点，我们首先把代码清单 15-1(详见下一节)中的外循环转换为同时遍历像素中心(对应光线)和三角形(对应表面)的循环。常见的实现方法是把“for each visible point”替换为两层嵌套循环，一层循环遍历像素中心，另一层循环遍历三角形。这里任何一层都可以设置为外层循环。但选择哪一层作为外层对于绘制器剩下部分的结构有很大的影响。

15.2.3　光线投射：像素优先

我们考虑将遍历像素中心作为外层循环的策略，如代码清单 15-2 所示。这个策略称为**光线投射**，因为它对每个像素创建一条光线，并把该光线投射到每个表面上。此策略可以扩展为**光线跟踪**算法，其最内层循环递归地朝每个方向投射光线。对此我们现在暂不讨论。

代码清单 15-2　光线投射伪代码

```
1 for each pixel position (x,y):
2     let R be the ray through (x,y) from the eye
3     for each triangle T:
4         let P be the intersection of R and T (if any)
5         sum = 0
6         for each direction:
7            sum += ...
8         if P is closer than previous intersections at this pixel:
9             pixel[x, y] = sum
```

光线投射允许我们对每个像素进行独立处理。这意味着可以对像素进行并行处理来提升性能。该方法需要将整个场景保存在内存中，因为我们不知道处理每个像素时会涉及哪些三角形。这一结构也提示了一种可估计间接光线光能贡献的极好方法：从最内层循环投射出更多的光线。

15.2.4　光栅化：三角形优先

现在我们讨论将遍历三角形作为最外层循环的策略(代码清单 15-3 所示为其伪代码)。此策略称为**光栅化**，这是因为其内层循环通常是对图像进行逐行扫描，而这些行被称为**光栅**。当然也可以逐列扫描。选择逐行扫描是由于历史的原因，和电视机的构造方式有关。阴极射线管(CRT)显示器按从左到右、从上到下的顺序扫描当前图像，和阅读英文文本的顺序一致。现逐行扫描已成为大家公认的约定。除非有明显的理由需要另行选择，所有图像均以行为序进行存储，也就是说，2D 位置(x, y)所对应的元素储存在数组中(x+y* width)的位置。

代码清单 15-3　光栅化伪代码；O 代表原点或者视点

```
1 for each pixel position (x,y):
2     closest[x, y] = ∞
3
4 for each triangle T:
5     for each pixel position (x,y):
6         let R be the ray through (x,y) from the eye
7         let P be the intersection of R and T
8         if P exists:
9             sum = 0
10            for each direction:
11                sum += ...
12                if the distance to P is less than closest[x, y]:
13                    pixel[x, y] = sum
14                    closest[x, y] = |P − O|
```

光栅化让我们可以独立地处理每个三角形[㊀]，其中包含了多重含义。首先这意味着可以绘制比内存容量大得多的场景，因为该方法一次只需占用一个三角形的存储空间。同时，它提示我们可以将三角形作为并行处理的单元。三角形的属性可以保存在寄存器或者缓存中以避免内存存取的开销。由于我们对该三角形上的相邻像素进行连续处理，因而可以用像素间的有限差分来逼近三角形表面的任意导数表达式。这对我们后面深入研究采样策略特别有用，因为它可根据某内在函数在屏幕空间的变化来调整采样率。

注意代码清单 15-3 第 12 行的条件指的是该像素处记录的前一个最近交点。该交点位于另一三角形上，因此需将此值存储在与图像平面平行的另一个 2D 数组中(这个数组在原始伪代码或者光线投射算法中尚未出现过)。由于在遍历三角形时可能多次涉及同一个像素，因此需要为每个像素建立一个数据结构来确定不同交点之间的可见性。判定时需用到两个距离：视点与当前交点的距离、与上一个最近点的距离。我们并不关心之前处理过的比上一个最近点更远的交点，因为它们已被上一个最近点遮挡，不会对图像产生影响。closest 数组保存了每个像素处上一个最近点的距离，被称为**深度缓存器**，或者 ***z*-buffer**。由于计算点的距离会比较耗时，因此深度缓存器通常保存的是沿着光线方向和距离具有相同排序的另一数值。常见的选择有 $-z_P$，P 点的 z 坐标和 $-1/z_P$。注意相机朝向负 z 轴方向，因此这些值与交点至相机所在的 $z=0$ 平面的距离相关。目前我们使用更为直观的从 P 到原点的距离 $|P-O|$。

深度缓存和所显示图像的维度相同，因此也需消耗大量的内存。在并行实现中，它还必须支持对任一像素的访问，因此可能潜在地影响同步速度。第 36 章会介绍可避免以上缺陷的另一个光栅化可见性算法。尽管如此，深度缓存器仍然是迄今为止使用最为广泛的方法。它在实用中不仅效率高，而且计算性能可预测。在采样之外，它还提供另一些优点。比如，3D 绘制最终生成的画面上每个像素的深度可视为一个“2.5D”的结果。可支持对相同场景多趟绘制的结果进行合成，以及后处理滤波(如生成失焦的模糊效果)。

上述的深度比较是一种基础算法，目前已为图形硬件中的特殊固定功能单元所支持。自 20 世纪 80 年代初期这一思想提出后，计算机图形生成的性能发生了巨大的飞跃。

15.3 实现平台

15.3.1 选择标准

本节所讨论的选择都是很重要的。我们想先介绍这些选择，并希望将它们放在一起，以便读者日后参考。其中很多选择只有当你研习图形学一段时间后才会显出其重要性。建议读者先阅读这一节，然后搁置一旁，一个月之后再回头来读。

在计算机图形学的学习中，你很可能需要学习很多 API 和软件设计模式。例如，第 2、4、6 和 16 章讲述了 2D 和 3D 的 WPF API 和围绕它们的相关构造。

本章的目的显然不是讲授这方面的内容，而是如何来创建光线采样算法。所介绍的实现方式只是为了让算法具体化，并为今后的探索提供测试平台。尽管学会一个具体的平台并非目的，但明晰评价一个平台时应着重关注的几个方面，应是本章题中之意。这一节将讨论这些问题。

㊀ 也许你会担心在处理当前三角形时，不得不遍历成像平面上的所有像素(即便其中很多像素并未被该三角形所覆盖)。这种担心有一定道理。更好的处理策略请见 15.6.2 节。我们以这种方式开始是为了使代码尽可能与光线投射的代码结构保持平行。

我们选择 G3D 创新引擎(http://g3d.sf.net)第 9 版的一个子集作为代码的示例。读者可以使用这个平台，或者基于自己的目标和计算环境对相关因素做出不同的权衡而对平台实施某些改动。从很多方面来看，如果你的平台，包括语言、编译器、支持类和硬件 API，与这里所描述的不完全相同，则更好。本章选择的平台只包含一套最精简的支持类。它可使我们的表述简单通用，并适合在教科书中使用。但读者的目的旨在基于最新技术来开发软件，而不是编写一部应独立于目前流行工具的教科书。

因为你可能要在这个绘制器上投入大量的工作，所以更加丰富的支持类会使其实现和调试变得简易。读者可以不用 G3D 的支持类来编译我们的代码。但是，如果打算对代码稍加改写以适应不同的 API 或语言，那就必须逐行阅读每一行代码并思考它们为什么要这么写。举例来说，可能你选择的语言和我们所用的语言传递参数的语法有所不同(如直接使用数值而不是采用指针)。在对参数做重新说明来调整这一语法时，首先需要思考为什么参数要通过值传递，这样做的计算开销或软件抽象是否合理。

为了避免那些分散注意力的细节，对于低层次绘制器，我们会把图像写入内存中的一个数组然后结束程序。除了简单的 PPM 文件写入函数，我们不会在本章讨论依赖于具体系统实现的把图像保存到磁盘或显示到屏幕上的方法。这些方法通常来说简单直接，但阅读和配置却很冗长。PPM 文件写入函数只是一个概念原型，它是一种低效的格式并需要使用外部阅读器来检查每个结果。G3D 和许多其他平台都有图像显示和图像写入函数，可以更方便地呈现你所绘制的图像。

对于基于 API 的硬件化光栅器，我们将使用稍显抽象的 OpenGL API 的子集，注意 OpenGL API 可视为大多数其他硬件 API 的代表。我们将特意跳过与系统有关的硬件初始化的具体细节，并不会利用特定 API 或 GPU 的特性。这些细节可以在读者中意的 API 或 GPU 供应商的手册中找到。

尽管我们在很大程度上可以忽略外围实现平台，但仍必须选择一种编程语言。比较明智的考虑是选择一种具有较高程度抽象特性(例如类和操作符重载)的语言，这将有利于通过源代码将算法的思路表达出来。

选择一种可以转换为高效的本机执行码的语言也是明智之举。尽管性能并非图形学追求的最终目标，但它仍是相当重要的因素。如今即使简单的视频游戏场景也包含了数百万面片，每帧需要绘制数百万像素的画面。为调试程序方便，本章我们将从一个三角形和一个像素的简单情形开始，但很快扩展为数百个三角形和像素。尽管解释型语言或内存管理系统的固定开销不会影响我们程序的计算性能估计，但它可能会导致我们的绘制器是用两秒还是两个小时来生成一张图。毕竟，对需运行两个小时的程序进行调试不是一件愉快的事。

计算机图形学的代码往往将包含重要状态(比如表达场景和物体)的高层类和存储点与色彩的低层类(也称为“记录”或“结构”，低层类并不反映状态信息，而且它们所存储的具体内容通常为程序员所知晓)组合在一起。实时绘制器每秒钟常能轻易地处理数十亿的低层类。为了支持这一功能，我们需要一种语言，能够高效创建、删除和存储这些类。对小型类采用堆进行存储管理往往比较耗时，影响缓存效率，而堆栈方式通常是更好的解决方案。通过值传递和常量引用进行传递的语言特性能帮助程序员控制大型和小型类实例的复制。

最后，硬件 API 一般在机器层面上通过字节和指针(如 C 语言所抽象的那样)来实现。它们还需要对内存分配、回收、类型和映射进行人工控制以便提高操作效率。

为了同时满足高层次抽象和对从数百到数百万图形基元和像素进行处理的性能需求，实现对内存的直接操作，我们使用 C++ 语言的一个子集。除了某些次要的语法变化外，对这个语言子集，Java 和 Objective C++ 程序员应已相当熟悉。它是 C 语言的超集，可被原始版(非托管)的 C# 直接编译。基于上述理由，而且考虑到围绕它已有很好的工具和库，C++ 成了当今编写绘制器的主流语言。显然，我们的选择和介绍真实绘制器如何实现这一主题是一致的。

注意，很多硬件 API 也备有由 API 供应商或第三方提供的高级语言封装器。一旦你熟悉了其基本功能，则可使用此类封装器来提高你在硬件 API 上开发软件的效率。

15.3.2 工具类

本章假设程序中已提供了明显的工具类(如代码清单 15-4 中所列出的类)。对于这些类，读者可以使用 WPF、Direct3D 的 API 版本、内建 GLSL、Cg 和 HLSL 着色语言版本或 G3D 语言中的等价类，也可以编写自己的版本。依照常规，`Vector3` 和 `Color3` 类代表坐标轴，每一轴上的数值可变但单位不变。譬如，`Vector3` 常表示三个空间轴，可能它在某处代码中表示一个无单位的方向向量，而在另一处则表示以米为度量单位的位置。我们使用类型的别名来区分点和向量(向量是两点之间的差)。

代码清单 15-4 工具类

```
1  #define INFINITY (numeric_limits<float>::infinity())
2
3  class Vector2 { public: float x, y;    ... };
4  class Vector3 { public: float x, y, z; ... };
5  typedef Vector2 Point2;
6  typedef Vector3 Point3;
7  class Color3 { public: float r, g, b;  ... };
8  typedef Radiance3 Color3;
9  typedef Power3 Color3;
10
11 class Ray {
12 private:
13     Point3  m_origin;
14     Vector3 m_direction;
15
16 public:
17     Ray(const Point3& org, const Vector3& dir) :
18        m_origin(org), m_direction(dir) {}
19
20     const Point3& origin() const { return m_origin; }
21     const Vector3& direction() const { return m_direction; }
22     ...
23 };
```

注意有些类，如 `Vector3`，采用公共类型的变量进行表示；而另外一些类，如 `Ray`，则以更为抽象的方式来隐藏该方法后面的内部表示。这些公开型的类是图形学中的骨干类。但它们必须通过一定的方法才能访问其中的分量，这将会对具体函数的实现在语法上添加麻烦。为了与硬件 API 直接进行交互，这些类的字节布局必须是已知而且固定的。它们不能表示成抽象的形式，以便可对它们进行直接访问。而那些将其内部表达保护起来的类则是我们后面想要(事实上一定会)进行修改的类。举例来说，表中 `Triangle` 的内部表示是一个顶点数组。如果程序中需要频繁地计算边向量或面的法向，那么显式地存储这些值可能会更加高效。

对于图像，我们采用Radiance3数组作为其内部表示，每个数组元素代表入射到图像中一个像素中心的辐射度。然后把这个数组包装为一个类，并将它表示成如代码清单15-5中配有适当功能方法的2D结构。

代码清单15-5　Image类

```
1  class Image {
2  private:
3     int                  m_width;
4     int                  m_height;
5     std::vector<Radiance3> m_data;
6
7     int PPMGammaEncode(float radiance, float displayConstant) const;
8
9  public:
10
11    Image(int width, int height) :
12         m_width(width), m_height(height), m_data(width * height) {}
13
14    int width() const { return m_width; }
15
16    int height() const { return m_height; }
17
18    void set(int x, int y, const Radiance3& value) {
19       m_data[x + y * m_width] = value;
20    }
21
22    const Radiance3& get(int x, int y) const {
23       return m_data[x + y * m_width];
24    }
25
26    void save(const std::string& filename, float displayConstant=15.0f) const;
27 };
```

在C++的约定和语法中，类型申明后面的&表示对应的变量或其返回值将通过指针传递。前缀m_则为避免成员的变量名和拥有相似名字的方法或参数名之间的混淆。std::vector类是标准库中的动态数组。

读者可以设计一个拥有边界检查、文档以及实用函数等更丰富功能的图像类。扩展并实现这些功能对读者而言将是很好的练习。

set和get方法遵循了将2D数组转换为1D数组的行优先映射惯例。注意：尽管在这里我们不需要用到，从1D索引i到2D索引(x，y)的反向映射为

```
x = i % width; y = i / width
```

其中，%为C++整数模操作。

当width为2的指数次幂时，即width$=2^k$，可以通过位操作来实现正向和反向映射，这是因为对于整数a，它满足

$$a \bmod 2^k = a \& (2^k - 1) \tag{15-1}$$

$$a / 2^k = a \gg k \tag{15-2}$$

$$a \cdot 2^k = a \ll k \tag{15-3}$$

这里我们使用≫来表达左操作数向右位移的操作，右移的位数由右操作数指定，&为按位与操作符。

这是在历史上很多图形学 API 要求图像大小为 2 的幂的一个原因(另一原因是为实施 MIP 映射)。非 2 的幂的整数可以表达为多个 2 的幂之和。事实上，二进制编码就是这么做的！例如，640=512+128，所以 $x+640y=x+(y\ll 9)+(y\ll 7)$。

课内练习 15.2：对常见的 1920×1080 分辨率，只使用位操作、加法和减法，来实现位于整数坐标(x, y)的像素到 1D 数组索引 i 的正向和反向映射。

熟悉 1D 和 2D 数组之间进行映射的位操作方法很重要，由此读者可以理解别人的代码。它还可帮助你领会基于硬件加速的绘制是怎样通过一些底层操作来实现的，以及为什么绘制 API 接口会有某些限制条件。不过，此类底层优化在当前阶段尚不会实质性地提升绘制器的性能，因此目前尚无需考虑。

我们的 Image 类存储的是一些具有物理意义的数值。沿一条光线到达某处的光采用**辐射度**来度量，它的具体定义和单位将在第 26 章中描述。图像通常代表将要投射到传感器的每个像素或者胶片的某片区域上的光量，它不体现传感器对光的响应过程。

显示器和图像文件通常采用任意尺度的 8 位显示值。注意，该显示值和像素实际辐射的光能之间为非线性映射。例如，如果我们将显示像素的值设置为 64，与将该像素的值设为 32 相比，前者并不会发射两倍于后者的辐射度。这意味着按照辐射度和显示值的比例进行简单的缩放并不能忠实地显示我们所需的图像。事实上，这个关系涉及一个叫作伽马的指数变换。我们将在下面简要描述，并在 28.12 节中做详细介绍。

假设取一乘数因子 d，它可对图像的辐射度值进行重新缩放，使得我们希望表达的最大光能被映射为 1.0，而最小光能映射为 0.0(相当于相机的快门和光圈)。这个值由用户指定，并作为场景定义的一部分。把它映射为 GUI 滑标进行调节是一个不错的主意。

历史上，大部分图像都存储 8 位数值，但其含义未曾明确指定。现在一般都需要给出图像文件的含义。存储辐射度值的图像被非正式地称为存储**线性辐射度**，表示像素值将随辐射度值线性变化(见第 17 章)。因为一个包含阴影的典型室外场景的辐射度的取值范围可能跨越 6 个数量级，如果把这个数值压缩为每通道 8 个二进制位，则将导致产生因量化形成的视觉误差。不过，人对亮度的感知曲线大致呈对数变化。这意味着，如果在映射时非线性地分配精度，则可以减少有限位存储所引起的视觉误差。**伽马编码**是一种常见的根据分数次幂定律来分配精度的方法，其中 $1/\gamma$ 为幂指数。此编码曲线大致符合人类视觉系统的对数响应曲线。大部分计算机显示屏均接受按照 sRGB 标准曲线实行伽马校正的输入数据，其中 γ 约为 2.2。很多图像文件格式，如 PPM，也默认这种伽马编码。基于伽马值 $\gamma=2.2$，将辐射度值映射到 8 位显示值的程序如下：

```
1  int Image::PPMGammaEncode(float radiance, float d) const {
2      return int(pow(std::min(1.0f, std::max(0.0f, radiance * d)),
3                     1.0f / 2.2f) * 255.0f);
4  }
```

注意，$x^{1/2.2}\approx\sqrt{x}$。因为在大多数硬件上取平方和求平方根比计算幂更快，因此在实时绘制中它们经常用作 $\gamma=2.0$ 的高效编码和解码。

save 例程是我们从绘制器中导出数据以供显示的主要方法。它把图像保存为可读的 PPM 格式[P^+10]，具体实现参见代码清单 15-6。

代码清单 15-6　把图像保存到 ASCII RGB PPM 文件

```
1 void Image::save(const std::string& filename, float d) const {
2     FILE* file = fopen(filename.c_str(), "wt");
3     fprintf(file, "P3 %d %d 255\n", m_width, m_height);
4     for (int y = 0; y < m_height; ++y) {
5         fprintf(file, "\n# y = %d\n", y);
6         for (int x = 0; x < m_width; ++x) {
7             const Radiance3& c(get(x, y));
8             fprintf(file, "%d %d %d\n",
9                     PPMGammaEncode(c.r, d),
10                    PPMGammaEncode(c.g, d),
11                    PPMGammaEncode(c.b, d));
12        }
13    }
14    fclose(file);
15 }
```

以上代码片段固然是专为保存图像而设计的，但它还有另外的参考价值。该程序结构经常出现在 2D 图形学代码中。其外层循环遍历图像的每一行，可执行任何以行为单位的计算(在本例中打印行号)。内层循环则遍历当前行中位于每一列上的像素，逐个像素进行操作。注意，如果我们希望避免 get 子例程中的 y* m_width 计算，可以把它移入逐行操作中，只需在内循环中每次累加一个单像素的位移即可达到目的。但在这里我们并没有这样做，原因是这么做会使代码变得复杂而且不能带来明显的性能提升，因为与每像素执行一次乘法操作相比，写入格式化的文本文件更为费时。

对 PPM 格式的图像文件进行加载和保存需要一定的时间，并且存储图像需占用大量空间。由于这些原因，该格式很少在学术领域以外使用。但它很适合用于程序间的数据交换。此外，对小尺寸图像进行调试时采用该格式也比较方便，原因有三：一是便于读写；二是很多图像程序和库都支持这一格式，包括 Adobe Photoshop 和 xv；第三，我们可以在文本编辑器中打开该文件以直接检查(伽马校正后的)各个像素的值。

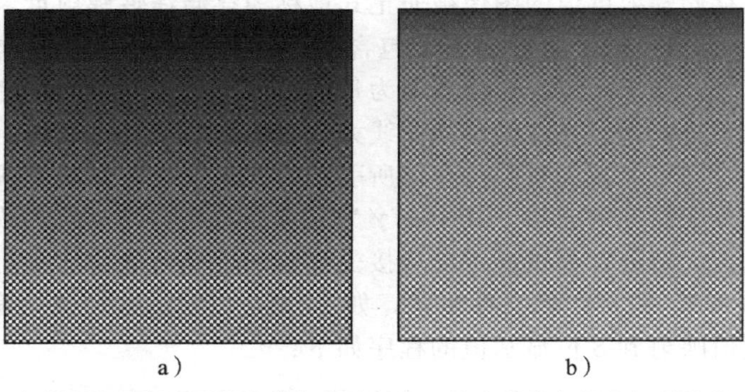

图 15-2　一个 Image 类的测试图案。图案为单像素棋盘格，其中蓝色方格的辐射度为 1/10W/(m^2sr)，白色方格的亮度沿竖直方向形成 0～10 的渐变。a) 取 deviceGamma＝1.0，displayConstant＝1.0，此时暗的方格呈现为黑色且其亮度沿竖直方向呈现线性变化。b) 取 deviceGamma＝2.0，亮度的线性渐变呈现为非线性渐变，暗方格也变得清晰可见(打印或者在线浏览时因需对图像进行转换可能会影响其效果)

写完保存图像的代码之后，我们通过显示图 15-2 中的简单图案来辅助调试。如果你有意实现自己的图像保存或显示功能，也要做类似的调试。测试图案由交错相间的深蓝色像素和亮度渐变的白色像素组成。创建单像素棋盘格图案是为了验证图像在显示过程中是否被拉伸或被裁切。倘若如此，会出现一条或多条垂直或水平的细线(如果读者在电子显示屏上观看，则会观察到这一现象，这表明你的显示软件确实拉伸了图像)。采用渐变亮度的原因是为了检验是否正确应用了伽马校正。当正常显示时，辐射度的线性渐变应该呈现为亮度的非线性渐变。具体来说，图案看上去应该偏亮。左边的图案是无伽马校正时的情况：图案的亮度呈现出线性渐变，表明显示不正确。右边的图案是实施了伽马校正后的情况，它被正确显示为整体偏亮的图案。

注意到虽然我们使用了深蓝色方格，但在左侧未经伽马校正的图案中，它们呈现为黑色。这是因为伽马校正能让较暗的颜色凸显出来，就像在右图中一样。除了带来色调上的偏移外，色彩偏移是伽马校正必须要仔细关注的另一个问题。当然，我们并不知道显示器的准确特性(尽管可以大致确定其伽马指数)或房间内精准的光照条件，因此进行精确的颜色校正和色调映射已超出了我们的能力。即便如此，实施简单的伽马校正便能抓住这一过程中最为重要的方面，同时其计算代价低，而且鲁棒。

课内练习 15.3：有如下的两幅图像。为了打印和在线显示，两者都使用了 $\gamma=2.0$ 的伽马编码。左图绘制的是亮度线性变化的渐变色，旨在呈现线性的颜色变化。右图绘制了辐射度线性变化的渐变色(它是图 15-2 的右图去掉深蓝色方格后的结果)，应呈现为非线性的颜色变化。图像以 200×200 的分辨率绘制。请问应用哪一公式来计算左图(x, y)像素的值(处于$[0, 1]$之间)？

线性亮度

线性辐射度

15.3.3 场景表示

代码清单 15-7 展示了 `Triangle` 类，它通过显式存储三角形的三个顶点来保存每个三角形。每个顶点附有一个专用于着色的法向量；因为该法向量并不描述实际的几何，故有时也称为**着色法向量**。当顶点的法向量和三角形所在平面法向量为同一向量时，三角形的着色效果和真实几何表面相一致。如两者存在差异，则将产生近似的着色效果。注意三角形的轮廓线仍然为多边形，这一方法应用于包含大量小三角形的场景最为逼真。

代码清单 15-7 `Triangle` 类的接口

```
 1 class Triangle {
 2 private:
 3     Point3     m_vertex[3];
 4     Vector3    m_normal[3];
 5     BSDF       m_bsdf;
 6
 7 public:
 8
 9     const Point3& vertex(int i) const { return m_vertex[i]; }
10     const Vector3& normal(int i) const { return m_normal[i]; }
```

```
11    const BSDF& bsdf() const { return m_bsdf; }
12    ...
13 };
```

我们还在每个三角形上关联一个 BSDF 类的值。该值描述了三角形所在表面的材质属性，相关细节将在 15.4.5 节中介绍。目前可将它视为三角形的颜色。

上述三角形类采用了一种不共享成员变量的隐藏表示方式。尽管在该类的实现中包含了返回各成员变量的方法，但其三角形表示的空间效率并不高，读者将来可基于此抽象化表示创建更为高效的三角形类。例如，允许多个三角形共享相同的顶点和双向散射分布函数(BSDF)。除此之外，三角形还有其他属性，比如边长和几何法向量。有时我们需要频繁地重新计算这些属性，这时将它们显式存储起来较为有利。

课内练习 15.4： 计算表示一个 Triangle 所需的字节数。由一百万个三角形组成的网格呢？是否合理？试将其与以二进制 3DS 格式或 ASCII OBJ 格式存储的网格文件相比较。除了减小所占用的空间外，同一网格上的三角形之间共享顶点之外还有其他什么优点？

代码清单 15-8 展示了一个全方向点光源的实现方式。我们将其表示为在三个波长(或波段)上辐射的光能和点光源的位置。注意，在该表示中，点光源在几何上无限小，因此它们本身并不可见。如果希望在最终绘制的画面上看到光源，就需要添加一个以它为中心的几何表面或在画面中直接绘制额外的信息。不过在本章中我们并没有这么做，尽管读者在调试光照代码时会发现这很有必要。

代码清单 15-8　均匀点光源接口

```
1 class Light {
2 public:
3     Point3    position;
4
5     /** Over the entire sphere. */
6     Power3    power;
7 };
```

代码清单 15-9 将场景表示为三角形和光源的集合。在采用数组来储存这些集合的同时，也引入了顺序。保持一个一致性的、可重现的环境有利于程序调试。但下面我们将按照另外的方式来创建新的顺序。注意，排序的方式不仅会影响计算性能，甚至还会在一定程度上影响所生成的图像，比如在两个表面相交处判断哪个表面更近。更复杂的场景数据结构可能包括在场景内建立另外的辅助结构，以形成特定的排序。

代码清单 15-9　将场景表示为无结构的三角形和光源列表

```
1 class Scene {
2 public:
3     std::vector<Triangle> triangleArray;
4     std::vector<Light>     lightArray;
5 };
```

代码清单 15-10 表示相机类。相机有针孔光圈、瞬时快门以及虚拟的近平面和远平面(对应常数的负 z 值)。我们假设相机位于原点并朝向负 z 轴方向。

代码清单 15-10　位置在原点的针孔相机的接口

```
1 class Camera {
2 public:
3     float zNear;
4     float zFar;
```

```
5        float fieldOfViewX;
6
7        Camera() : zNear(-0.1f), zFar(-100.0f), fieldOfViewX(PI / 2.0f) {}
8    };
```

我们将相机的水平视域限定为 fieldOfViewX，即从相机视域水平线的最左边像素的中心到最右边像素的中心之间所张的弧度(如图 15-3 所示)。在绘制过程中，我们会计算目标图像的宽高比并利用它来确定垂直视域。当然，也可以指定垂直视域，再通过宽高比来计算相机的水平视域。

15.3.4 测试场景

用来测试我们绘制器的场景只包含一个三角形。该三角形的顶点为：

```
Point3(0,1,-2), Point3(-1.9,-1,-2), and Point3(1.6,-0.5,-2)
```

顶点处的法向量为：

```
Vector3( 0.0f, 0.6f, 1.0f).direction()
Vector3(-0.4f,-0.4f, 1.0f).direction()
Vector3( 0.4f,-0.4f, 1.0f).direction()
```

我们在场景中创建一个光源，其位置在 Point3(1.0f,3.0f,1.0f)，所发射的光能为 Power3(10,10,10)。相机位于原点并朝向负 z 轴方向，在屏幕空间中，y 轴正方向朝上，x 轴正方向向右。图像的大小为 800×500，并初始化为深蓝色。

选择这样的场景数据是基于下面的考虑。在调试时，取非正方形的长宽比、非标准色、不对称的物体等，有助于发现坐标轴或者颜色通道意外出错的情况。将每个顶点的属性设置成不同的值则可使在代码中跟踪数值变得更容易。比如，对于本例中的三角形，仅通过 x 坐标即可确定你正在检查的是哪个顶点。

另一方面，这里采用了标准相机，因而无需变换光线和几何，这使实现更为高效和简单，也使调试变得方便——因为输入数据可精确地映射为绘制数据。在实践中，大多数绘制算法也是在相机的参照坐标系中执行的。

课内练习 15.5：请做完以下必做题后再继续：

画出上述场景在以下三个视点下的示意图。

1. 沿 x 轴方向的正投影视图。在该视图中，z 轴正向朝右，y 轴正向向上。画出相机及其视域。

2. 沿 y 轴负方向的正投影视图。在该视图中，x 轴正向朝右，z 轴正向朝下。画出相机及其视域，并画出顶点法向量。

3. 沿相机正面朝向(z 轴负方向)的透视图；相机不应出现在图中。

15.4 光线投射绘制程序

我们通过扩展并实现代码清单 15-2 中的初始伪代码开始构建光线投射绘制程序。代码清单 15-11 将提供更多的细节。

代码清单 15-11 光线投射绘制程序的详细伪代码

```
1  for each pixel row y:
2     for each pixel column x:
3        let R = ray through screen space position (x + 0.5, y + 0.5)
```

```
4          closest = ∞
5          for each triangle T:
6             d = intersect(T, R)
7             if (d < closest)
8                 closest = d
9                 sum = 0
10                let P be the intersection point
11                for each direction ωi:
12                    sum += light scattered at P from ωi to ωo
13
14                image[x,y] = sum
```

以上三重循环将遍历每一条光线和每一个三角形的组合。在对三角形进行遍历的循环中，检验光线与当前三角形的交点是否比之前的交点更近，如果是，则对该交点进行着色。我们将光线与三角形求交和采样的操作抽象为辅助函数 sampleRayTriangle。代码清单 15-12 给出了该辅助函数的接口。

代码清单 15-12　光线-三角形求交和着色的函数接口

```
1  bool sampleRayTriangle(const Scene& scene, int x, int y,
2      const Ray& R, const Triangle& T,
3      Radiance3& radiance, float& distance);
```

函数 sampleRayTriangle 的具体说明如下。它测试一条指定的光线和三角形是否相交。如果存在交点并且比之前该光线可见的所有交点更近，则计算从该点朝观察者散射的辐射度并返回 true。与此同时，最里层的循环将像素(x, y)的值设置成新的辐射度值 L_o。从更远的三角形发射来的辐射度已不再重要，因为(概念上)它会被最近三角形的背面所阻挡而永远无法到达成像平面上。代码清单 15-15 展示了 sampleRayTriangle 的实现过程。

为了绘制整张图像，我们需要对每个像素中心以及每个三角形调用一次 sampleRayTriangle。代码清单 15-13 定义了执行此迭代的 rayTrace 程序，以实施光线投射的长方形区域作为参数(见 15.4.4 节)。我们用 L_o 表示来自三角形的辐射度；下标“o”代表“出射”。

代码清单 15-13　对位于(x0,y0)和(x1-1,y1-1)之间的每个像素跟踪一条光线的代码

```
1  /** Trace eye rays with origins in the box from [x0, y0] to (x1, y1).*/
2  void rayTrace(Image& image, const Scene& scene,
3    const Camera& camera, int x0, int x1, int y0, int y1) {
4
5    // For each pixel
6    for (int y = y0; y < y1; ++y) {
7      for (int x = y0; x < x1; ++x) {
8
9        // Ray through the pixel
10       const Ray& R = computeEyeRay(x + 0.5f, y + 0.5f, image.width(),
11                          image.height(), camera);
12
13       // Distance to closest known intersection
14       float distance = INFINITY;
15       Radiance3 L_o;
16
17       // For each triangle
18       for (unsigned int t = 0; t < scene.triangleArray.size(); ++t){
19         const Triangle& T = scene.triangleArray[t];
20
```

```
21            if (sampleRayTriangle(scene, x, y, R, T, L_o, distance)) {
22               image.set(x, y, L_o);
23            }
24         }
25      }
26   }
27 }
```

为了能在整张图像上调用 rayTrace，我们使用如下接口：

```
rayTrace(image, scene, camera, 0, image.width(), 0, image.height());
```

15.4.1 生成视线

假设相机的投影中心位于原点(0, 0, 0)。在相机坐标系中，y 轴指向上方，x 轴指向右方，z 轴指向屏幕外。因此相机在该右手坐标系中朝负 z 轴方向。我们可以使用第 11 章中的变换把任意场景变换到这个坐标系中。

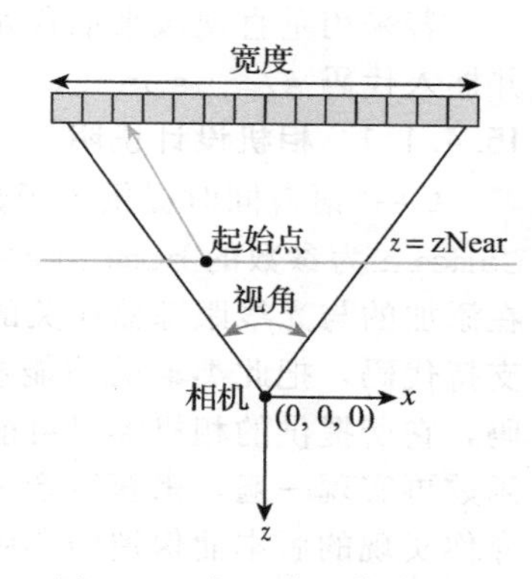

图 15-3 穿过某一像素中心的视线（基于图像分辨率和相机的水平视域）

我们需要用工具函数 computeEyeRay 来找到穿过某一像素中心的光线。对整数坐标 x 和 y，其对应的像素中心的屏幕空间坐标为($x+0.5$, $y+0.5$)。代码清单 15-14 给出了实现。图 15-3 描述了其中关键的几何关系。此图为场景的俯视图，其中 x 轴正向朝右，z 正向朝下。在图中，近平面呈现为一根水平线，start 点位于该平面上，视线从相机原点出发指向给定像素的中心。

为了实现这一函数，我们需要按图像平面的深度或者理想的视域对相机进行参数化。相比之下，视域是一种更为直观的相机参数，因此在前面建立场景模型时我们选择了这种参数化形式。

代码清单 15-14 计算穿过像素(x, y)中心的视线(图像大小为 width×height)

```
1  Ray computeEyeRay(float x, float y, int width, int height, const Camera& camera) {
2      const float aspect = float(height) / width;
3
4      // Compute the side of a square at z = -1 based on our
5      // horizontal left-edge-to-right-edge field of view
6      const float s = -2.0f * tan(camera.fieldOfViewX * 0.5f);
7
8      const Vector3& start =
9          Vector3( (x / width - 0.5f) * s,
10                 -(y / height - 0.5f) * s * aspect, 1.0f) * camera.zNear;
11
12     return Ray(start, start.direction());
13 }
```

我们将视线的起点设置在 z= camera.zNear 近平面(有时称为 hither 面)上。当然视线也可以始于原点而不是近平面上的一点。之所以这么做是为了使其结果更易于与后面的光栅化程序精确对接。

因为视线方向是从投影中心(位于原点(0, 0, 0))指向近平面上的 start 点，所以我们对 start 点进行归一化处理。

课内练习 15.6： 根据第 7 章的规则，光线方向应为 (start - Vector3(0,0,0)).direction()。该式显式地设定了相机的位置，即使之后相机方位有所变化，由于代码采取强制设定来匹配对应的数学类型，将不易引入程序错误。如此一来，代码中程序会充满这样的语句。坚持使用强制设定可能会让算法可读性变差而导致得不偿失(偶尔发现一次错误也许是好事)。如何选择取决于个人喜好和经验(可以采用下述方法协调输入数据和数学之间的绑定关系：让 P.direction()返回至 P 点的方向，而不是将该点归一化)。

试基于第 7 章中有明显区别的 Point 和 Vector 抽象概念重写 computeEyeRay，以感受在代码中强制设定是如何影响表达和程序正确性的。假如对你有所启发，建议你采用这一方法重写本章的所有代码。这将是有价值的。

注意 start 的 y 坐标已反号。这是因为这里的 y 定义在 2D 屏幕空间中，按约定，y 向下为正。而光线位于 3D 坐标系中，约定 y 向上为正。

若采用垂直视域来取代水平视域，则需要用 fieldOfViewY 来代替 fieldOfViewX 并插入代码 s/= aspect。

15.4.1.1　相机设计说明

C++ 语言同时提供了函数和方法(方法可视为程序过程的抽象)。我们已经介绍了以 Camera 为参数的 computeEyeRay 函数，以区分 Camera 类“支持代码”和读者现在正在添加的与光线跟踪器相关的代码。随着读者继续阅读本书后面各章，可以考虑重构这些支持代码，把此类辅助功能整合到合适的类中。(如果你在使用现有的 3D 库作为支持代码，它所提供的相机类里可能已经包含了类似的方法。在这种情况下，值得把该方法作为函数再实现一遍，来获得亲历实现和调试该程序的经验。当获取了这个经验以后，可以抛弃你实现的版本而保留经典版本。)

软件工程中有一个窍门：尽管我们没有做底层优化，但小心地使用引用(比如 Image&)来避免过度的参数和中间结果复制依然很重要。这么做有两点理由，但均不涉及本程序的计算性能。

第一个理由是希望养成不过度复制的习惯。一个 Vector3 只占据 12 字节的存储空间，但一幅全屏的 Image 则是几百万字节。如果我们有意识地避免复制数据(除非是为了复制语义)，那么以后就不会存在意外复制 Image 或其他大型数据结构的风险。内存分配和复制操作可能出奇得慢，并极大地增加程序的内存占用。因此复制数据所耗费的时间并不只是性能估计的一个恒定的额外开销。在内循环中逐像素地执行复制图像操作会让光线投射算法的运行时间估计从 $O(n)$ 变化为 $O(n^2)$。

第二个理由是有经验的程序员会依靠一系列的习惯编程风格来避免错误。对这些风格的任何偏离则会引发警惕(因为它可能是一个潜在的错误)。从长远的性能考虑，C++ 所采用的一种习惯风格就是尽可能用常数索引来传递数值，除非另有需要。对没有遵循习惯风格的代码，有经验的程序员将需要花费更长的时间来审核，以检查程序的正确性及其性能是否受到影响。如果你是一名有经验的 C++ 程序员，那么这样的习惯编程风格将有助你阅读代码。如果不是，请忽略所有的 & 符号并把它当成伪代码，或者通过它来成为一名更好的 C++ 程序员。

15.4.1.2　测试视线计算

在继续下一步之前，我们需要先测试 computeEyeRay。一种方法是写一个单元测试程序来计算通过特定像素的视线并将其与手动计算的结果进行比较。这通常是一种很好的测试策略。此外，我们还可以对视线进行可视化。可视化是快速观察多种计算结果的好方法，它让我们可以更直观地检查结果，倘若结果和预期不符，则有助于找出错误所在。

在本节中，我们将对视线的方向进行可视化。对其起始点可以采用相同的方法。相比之下，方向更容易出错，而且其取值有一定范围，因此更加重要也更容易被可视化。

方向可视化的一种自然的方案是将(x，y，z)场映射为(r，g，b)的颜色三元组。将光线方向转换为像素颜色当然严重违反了单位的语义约束，但它确实是有用的调试技术，而且在这里我们并不指望得出具有指导性的结果。

因为成像平面上每个像素的坐标都在[−1，1]区间内，我们通过 $r=(x+1)/2$ 将其区间调整至[0，1]。而且我们的图像显示程序要调用曝光函数，因此需将得到的亮度值乘上一个其数量级为曝光值倒数的常数比例因子。目前暂时将以下代码：

```
image.set(x, y, Color3(R.direction() + Vector3(1, 1, 1)) / 5);
```

插入 rayTrace 中代替 sampleRayTriangle，它将生成图 15-4 所示的图像(其中比例因子取 1/5，以便将调试值缩放到适合于输出的合理范围，注意显示器已针对辐射度进行过初始校正，该常数因子由实验得到)。我们期望视线的 x 坐标(可视化为红色)会从左边的最小值增加到右边的最大值。类似地，y 坐标(可视化为绿色)会从图像底部的最小值增加到顶部的最大值。如果你的结果不一样，则需要检查你的图案，并思考什么样的错误会导致该情形的出现。在本章的后面部分测试更复杂的求交程序时，我们还会再次回到作为调试技术的可视化方法。

图 15-4　视线方向的可视化结果

15.4.2　采样框架：求交和着色

代码清单 15-15 展示了一根光线对一个三角形进行采样的代码。此代码本身不执行繁重的工作，只计算 intersect 和 shade 所需要的值。

代码清单 15-15　一根光线对一个三角形进行求交和着色

```
1  bool sampleRayTriangle(const Scene& scene, int x, int y, const Ray& R,
     const Triangle& T, Radiance3& radiance, float& distance) {
2
3      float weight[3];
4      const float d = intersect(R, T, weight);
5
6      if (d >= distance) {
7        return false;
8      }
9
10     // This intersection is closer than the previous one
11     distance = d;
12
13     // Intersection point
14     const Point3& P = R.origin() + R.direction() * d;
15
16     // Find the interpolated vertex normal at the intersection
17     const Vector3& n = (T.normal(0) * weight[0] +
18                         T.normal(1) * weight[1] +
19                         T.normal(2) * weight[2]).direction();
20
21     const Vector3& w_o = -R.direction();
22
23     shade(scene, T, P, n, w_o, radiance);
24
25     // Debugging intersect: set to white on any intersection
26     //radiance = Radiance3(1, 1, 1);
27
28     // Debugging barycentric
```

```
29      //radiance = Radiance3(weight[0], weight[1], weight[2]) / 15;
30
31      return true;
32  }
```

当没有找到比 distance 更近的交点时，sampleRayTriangle 例程返回 false；否则，更新 distance 和 radiance，并返回 true。

在调用这一例程时，调用者将新得到的 distance 值(其初始值为 INFINITY，C++ 中 INFINITY=std::numeric_limits<T>::infinity()，或简单地等于 1.0/0.0)传递给当前的最近交点。倘若 R 和 T 之间无交，则让 intersect 例程返回 INFINITY，以保证 sampleRayTriangle 不会返回 true 值。

将(d>=distance)测试置于着色之前是一种优化。假如在测试之前就进行着色计算，而不管新求得的交点是否为最近交点，尽管最终获得的结果仍然是正确的，但它会引入不必要的计算。注意，shade 例程的开销可能会非常大。事实上，在一个全功能的光线跟踪器中，几乎所有的计算时间都花费在 shade 中(该例程将递归地采样新的光线)。在本章中我们不会对着色优化做进一步讨论，但读者应该意识到：倘若还有其他距离更近的表面，不对当前交点执行着色计算是明智的。

调用例程 rayTrace 时三角形的顺序将影响例程的性能。如果三角形从远到近排列，则每一个三角形都需进行着色计算，最后，除了最后一个外，之前所有的计算结果都被抛弃，这无疑是最坏的状况。相反，如果这些三角形从近到远排列，则只着色第一个交点，然后拒绝剩下的所有三角形而无需执行进一步的着色计算。为了保证 sampleRayTriangle 具有最佳的性能，我们常将它分解成两个辅助的子例程：一个寻找最近交点，另一个对交点着色。这是光线跟踪器中的常见做法。请记住这一点，但暂时不必调整代码。写完光栅化绘制器程序后，我们将分析上述优化对光线投射和光栅化的时间和空间耗费的影响，从而为每个算法的不同的实现版本提供参考。

下面我们将首先实现和测试 intersect 子例程。为此，暂时注释掉第 23 行对 shade 的调用，并取消对位于该行下面的两组调试代码的注释。

15.4.3　光线-三角形求交

根据 7.9 节所述并为代码清单 15-16 实现的方法，我们将分两步找到视线和三角形的交点。首先求取视线所在直线与三角形所在平面的交点，然后计算交点关于三角形的重心坐标，以确定交点是否落在三角形内。我们将忽略该直线与三角形所在平面背面的交点，以及位于直线上但不在视线区间内的交点。

除了用来判断交点是否位于三角形内，重心坐标还可用于对顶点属性(如顶点的法向量)进行插值。在我们的实现中，重心坐标将返回给子程序调用者。调用者可以根据重心坐标或者沿光线的距离来找到交点。之所以返回距离值，是因为接下来需要用它来确定该交点是否为场景中(包含多个三角形)离观察者最近的交点。而返回重心坐标是为了支持后面的插值计算。

图 15-5 显示了相应的几何关系。令 R 为光线，T 为三角形。令 $\boldsymbol{e}_1$ 为 V_0 到 V_1 的边向量，$\boldsymbol{e}_2$ 为 V_0 到 V_2 的边向量。向量 $\boldsymbol{q}$ 垂直于光线以及 $\boldsymbol{e}_2$。注意如果 $\boldsymbol{q}$ 也垂直于 $\boldsymbol{e}_1$，那么光线将与三角形平行而无交点。如果 $\boldsymbol{q}$ 位于 $\boldsymbol{e}_1$ 的负半球中，那么光线将远离三角形而去。

向量 $\boldsymbol{s}$ 是光线起始点到 V_0 的位移向量，向量 $\boldsymbol{r}$ 是 $\boldsymbol{s}$ 和 $\boldsymbol{e}_1$ 的叉积。这些向量用来求解重心坐标，如代码清单 15-16 所示。

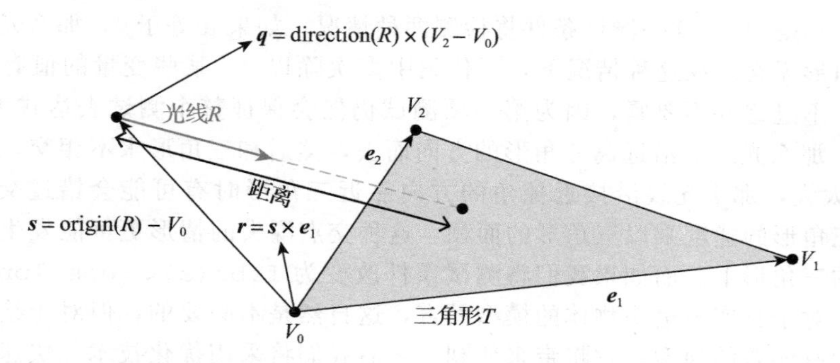

图 15-5 计算光线和三角形相交所涉及的变量(详见代码清单 15-16)

代码清单 15-16 光线-三角形求交(由[MT97]导出)

```
 1 float intersect(const Ray& R, const Triangle& T, float weight[3]) {
 2     const Vector3& e1 = T.vertex(1) - T.vertex(0);
 3     const Vector3& e2 = T.vertex(2) - T.vertex(0);
 4     const Vector3& q = R.direction().cross(e2);
 5 
 6     const float a = e1.dot(q);
 7 
 8     const Vector3& s = R.origin() - T.vertex(0);
 9     const Vector3& r = s.cross(e1);
10 
11     // Barycentric vertex weights
12     weight[1] = s.dot(q) / a;
13     weight[2] = R.direction().dot(r) / a;
14     weight[0] = 1.0f - (weight[1] + weight[2]);
15 
16     const float dist = e2.dot(r) / a;
17 
18     static const float epsilon = 1e-7f;
19     static const float epsilon2 = 1e-10;
20 
21     if ((a <= epsilon) || (weight[0] < -epsilon2) ||
22         (weight[1] < -epsilon2) || (weight[2] < -epsilon2) ||
23         (dist <= 0.0f)) {
24         // The ray is nearly parallel to the triangle, or the
25         // intersection lies outside the triangle or behind
26         // the ray origin: "infinite" distance until intersection.
27         return INFINITY;
28     } else {
29         return dist;
30     }
31 }
```

变量 a 是光线接近三角形的速度乘以两倍的三角形面积。从其计算方法无法看出以上关系，但可以通过三重叉积恒等关系导出：

令 $d = \mathrm{R.direction()}$

令 $\mathrm{area} = |\boldsymbol{e}_2 \times \boldsymbol{e}_1|/2$

$$a = \boldsymbol{e}_1 \cdot \boldsymbol{q} = \boldsymbol{e}_1 \cdot \boldsymbol{d} \times \boldsymbol{e}_2 = \boldsymbol{d} \cdot \boldsymbol{e}_2 \times \boldsymbol{e}_1 = -(\boldsymbol{d} \cdot \boldsymbol{n}) \cdot 2 \cdot \mathrm{area} \tag{15-4}$$

最后一步利用了 $\boldsymbol{e}_2 \times \boldsymbol{e}_1$ 和三角形的法向量方向相反的事实。因为向量 $\boldsymbol{q}$ 在之后计算重心坐标的代码中还会用到，在实现中选取这种形式的表达式有其便利之处。

在许多情况下我们需要将某个值和零进行比较。两个 epsilon 常数避免了做比较时由于有限数值精度而导致的误差。

采用a<=epsilon这一测试条件将检测两种情况。如果a等于0，那么光线平行于三角形并和三角形无交。在这种情况下，因代码中多次除以0，某些变量的值有可能为无穷大或非数值。不过这并不要紧，因为第一项测试仍然会保证整个测试表达式为true。如果a为负值，那么光线会沿远离三角形的方向而去，然后和三角形永不相交。注意，如果epsilon值太大，那么光线沿接近掠角的方向靠近三角形时有可能会错过交点。由于a是光线接近三角形的速度乘以三角形的面积，这种交点漏失的情形更可能发生在大面积而不是小面积的三角形上。而如果我们将测试条件改变为fabs(a)<=epsilon，那么三角形会有两面。对于真实不透明物体的模型而言，这自然是不必要的，但对于绘制基于数学的模型或者含有误差的模型，它将带来便利。之后我们将采用优化技术，快速剔除场景中的背面(几乎占一半)，因此在这里我们只考虑单面三角形以保证程序的一致性。

常数epsilon2允许光线与三角形的交点略偏离三角形的边缘之外，可确保含有公共邻边的三角形完全覆盖边上的像素，而不受数值精度的影响。如果epsilon2太小，则这些边上偶尔会出现单像素的空洞。但如果它取值太大，则所有三角形都会变大。

取决于处理器的架构，针对a≈0的情况提早进行测试并即刻返回可能比稍后返回一非数值或无限大的数值执行起来更快。此外，许多值可以预先计算(比如三角形的边长)，或者被重用(至少在求交计算中如此，比如1.0f/a)。针对不同的架构、编译器、场景类型(比如分别针对标量处理器[MT97]与矢量处理器[WBB08])优化其求交代码已形成作坊式工业。在这里，我们将跳过这些底层优化，而关注算法层面上的决策。在实践中，大多数光线投射程序花费在光线求交代码上的时间甚少。判断光线与三角形是否相交的最快方法是压根就不问这个问题。在第37章中，我们将介绍可快速并保守地去除与当前光线不可能相交的三角形集合的数据结构，因此从根本上避免了光线与这些三角形的求交计算。对目前这个例程进行优化只会使问题变复杂而无助于增进算法的长远性能。

我们的绘制器目前只能处理三角形，但可轻易地将它扩展到包含任何一种几何基元的场景(只要我们能提供光线与该类基元的求交方法)。由低阶方程定义的表面，如平面、矩形、球和圆柱体，已有显式求解方法。对于其他表面，比如双三次面片，可以采用求根方法来求交。

15.4.4 调试

我们现在来确认求交代码的正确性。(本书提供给读者的代码是正确的，但是如果你调用时使用了错误的参数，或者在移植到另一种语言或支持代码库时引入了错误，则需要学习如何来发现错误。)这是一个学习额外的图形调试技巧的好机会，这些技巧无一例外地体现了可视调试原则。

逐一检查调试器或者打印输出中的每一个求交结果是不切实际的。这是因为rayTrace函数调用了intersect数千次。所以，与其检查单个结果，不如根据可视调试原则，将像素的辐射度设置成正比于重心坐标，实现重心坐标可视化。图15-6展示了正确的结果图。如果你的程序生成了类似的结果，那么你的程序可能是正确的。

图15-6 单个三角形场景，其颜色取为交点的重心坐标，通过这种可视化来调试求交代码

如果你的结果看上去和图15-6不一样，那该怎么办呢？显然，你无法检查每一条结果。如果在intersect

代码中设置断点，在找到你感兴趣的求交测试情形之前，你可能需要跟踪数百条与三角形并不相交的光线。

这就是为什么我们构造 rayTrace，它跟踪的不是整个图像，而是调用者指定的长方形区域。我们完全可以在 main()中对单个像素执行光线跟踪程序。一个更好的做法是创建一个调试界面，通过点击鼠标来选定像素，实施单像素光线跟踪，进而通过设置断点或打印中间结果，来查证为什么会在该像素上会出现错误。对于单个像素而言，所涉及的数学极为简单，完全可以手动计算出正确结果并和程序生成的结果进行比较。

一般而言，即便是简单的图形程序也会涉及大量的数据：如大量的三角形、像素或者许多动画帧。对它们进行处理时可能需要启动很多线程，或需在 GPU 上运行。传统的调试方法难以应付如此大规模的数据和高度的并行结构。此外，图形开发环境可能不支持打印输出或者设置断点之类的传统技术。比如，在某个硬件绘制 API 下，你的程序可能运行在一个嵌入式处理器上，而该处理器大多数情况下不能访问控制台，你的调试程序也无法访问它。

但是幸运的是，有三条策略适用于图形调试：

1）大量使用断言。在程序的优化版本中它并不产生开销。在调试版本中，当程序运行正确时它们无反应，但当断言被违反时则会在测试位置处终止程序。因此使用断言有助于快速发现错误，而不需要人工先跟踪正确的部分直至错误出现。

2）直接简化到最小测试样例。通常取单个三角形的场景、单根光线和单个像素。关键是如何找到可能导致不正确结果的光线、三角形和像素的组合。断言和基于 GUI 界面进行点击-调试是可行的方法。

3）中间结果可视化。我们刚绘制了一幅基于视线和三角形交点重心坐标的可视化图像。该图像为 400 000 像素，如果打印出这些值或者采用调试器逐一进行跟踪，我们将很难在海量的数据中识别出异常值。但是如果从图中看到黑色或白色的像素，或者发现其红色和绿色分量错位，则可推断出该错误的性质，或者至少知道哪些输入导致例程出错。

15.4.5　着色

现在我们已经准备就绪来实现 shade 例程。该例程将计算入射到交点 P 的辐射度以及表面的反射光中有多少沿视线方向射向了观察者。

我们仅考虑从光源直接入射到表面再反射到相机的光线传播路径。在此限定下，除了来自光源的直射光外，无其他任何方向的光线到达表面，故只需考虑有限数量的 $\boldsymbol{\omega}_i$。再假设光源到表面交点的入射光线不受遮挡，这意味着生成的图像中不会出现阴影。

代码清单 15-17 对场景中的光源进行遍历(在目前的测试场景中只设了一个光源)。对于每个光源，循环体将计算待着色点到光源的距离和方向。假设光源朝各个方向发射的光是均匀的，且与待着色点为有限距离。在此假设下，点 P 处的入射辐射度 L_i 正比于光源的总能量除以光源到 P 点距离的平方。这是因为对于给定的距离，光源的能量在以该距离为半径的球面上呈现均匀分布。我们暂时忽略阴影，所以目前让 visible 函数总是返回 true。在将来，如果光源到 P 的入射路径被遮挡，则光源对该点将不贡献任何入射光能，该函数将返回 false。

代码清单 15-17　单次反射的着色代码

```
1 void shade(const Scene& scene, const Triangle& T, const Point3& P,
      const Vector3& n, const Vector3& w_o, Radiance3& L_o) {
```

```
2
3     L_o = Color3(0.0f, 0.0f, 0.0f);
4
5     // For each direction (to a light source)
6     for (unsigned int i = 0; i < scene.lightArray.size(); ++i) {
7        const Light& light = scene.lightArray[i];
8
9        const Vector3& offset = light.position - P;
10       const float distanceToLight = offset.length();
11       const Vector3& w_i = offset / distanceToLight;
12
13       if (visible(P, w_i, distanceToLight, scene)) {
14           const Radiance3& L_i = light.power / (4 * PI * square(distanceToLight));
15
16           // Scatter the light
17           L_o +=
18              L_i *
19              T.bsdf( ).evaluateFiniteScatteringDensity(w_i, w_o) *
20              max(0.0, dot(w_i, n));
21       }
22    }
23 }
```

入射到表面 P 点的光继续朝各个方向散射，其中一部分朝相机方向。令 L_o 为朝该方向散射光的总和。我们将散射分布函数表达为 BSDF 模型，并采用类来实现，这样它能在不同的调用中保持同一状态，并具有类的继承结构。在本书的后面章节中，我们还会发现，除了调用这个函数，还希望利用它执行其他操作；例如，我们可能想基于它定义的概率分布进行采样。类的表示框架允许我们以后引入实施这些操作的相关方法。

给定入射角和出射角，利用这个类的 evaluateFiniteScatteringDensity 方法可求出相应的散射函数的值。我们取该函数的值和入射辐射度的乘积，再乘以 w_i 和 n 夹角的余弦来计算入射辐射度在出射方向上的投影(根据倾斜原理)。

15.4.6 朗伯散射

最简单的 BSDF 模型是不论观察者在什么方向，所看到的物体表面均具有相同的光亮度，即 evaluateFiniteScatteringDensity 恒返回常数值。这类反射称为**朗伯反射**。它非常适合于描述纸张或者油漆墙面一类的哑光表面。代码清单 15-18 给出了它的实现(14.9.1 节提供了少许细节，更多的细节可参见第 29 章)。它只有一个成员——lambertian，用来表示表面的“颜色”。为保持能量守恒，其所有分量的值都必须在[0，1]区间内。

代码清单 15-18 按照代码清单 14-6 格式实现的朗伯 BSDF 实现

```
1 class BSDF {
2 public:
3    Color3 k_L;
4
5    /** Returns f = L_o / (L_i * w_i.dot(n)) assuming
6    incident and outgoing directions are both in the
7    positive hemisphere above the normal */
8    Color3 evaluateFiniteScatteringDensity
9       (const Vector3& w_i, const Vector3& w_o) const {
10         return k_L / PI;
11      }
12 };
```

图 15-7 显示了采用朗伯 BSDF 以及 k_L=Color3(0.0f,0.0f,0.8f)所绘制出的一个三角形场景。由于该三角形的顶点法向量与三角形所在平面的法向量略有偏离，因此三角形看上去像曲面。具体来说，三角形的底部颜色趋深，这是因为代码清单 15-17 第 20 行的 w_i.dot(n)项朝着三角形的底部自上而下衰减。

图 15-7 一个绿色的朗伯三角形

15.4.7 光泽型散射

朗伯表面因无高光而显得单调。如要生成更有趣的光泽表面，可采用类似 Blinn-Phong 的散射函数来建模。代码清单 15-19 中给出了一个满足能量守恒的 Blinn-Phong 函数实现(来自 Sloan 和 Hoffmann[AMHH08，257])。第 27 章将介绍这一函数的由来及各种改进方案。它属于我们在第 6 章见过的 WPF 着色函数的变化形式，只是现在我们正在具体地实现它而不是调节黑箱的参数。该模型的基本思想很简单：对朗伯 BSDF 进行修改，使它在表面法向靠近入射和出射方向的角平分向量时，取一个大的径向峰值。这个峰值用余弦函数的幂来模拟，因其容易用点积来计算。对峰值需作适当缩放以保证出射辐射度不超过入射辐射度，且使峰值的锐度和总的光强度为相当独立的参数。

对于这个 BSDF 的每个颜色通道选择 lambertian+glossy<1 以保证能量守恒。glossySharpness 通常取在[0，2000]的范围内。这是因为 glossySharpness 属于对数尺度，当它的值变大时必须取更大的增量以产生同样的感知效果。

图 15-8 显示了使用归一化的 Blinn-Phong BSDF 绘制的绿色三角形。这里 k_L=Color3(0.0f,0.0f,0.8f),k_G=Color3(0.2f,0.2f,0.2f)并且 s= 100.0f。

图 15-8 使用归一化的 Blinn-Phong BSDF 绘制的三角形

代码清单 15-19 Blinn-Phong BSDF 的散射密度

```
1  class BSDF {
2  public:
3      Color3  k_L;
4      Color3  k_G;
5      float   s;
6      Vector3 n;
7      ...
8
9      Color3 evaluateFiniteScatteringDensity(const Vector3& w_i,
10         const Vector3& w_o) const {
11         const Vector3& w_h = (w_i + w_o).direction();
12         return
13             (k_L + k_G * ((s + 8.0f) *
14                 powf(std::max(0.0f, w_h.dot(n)), s) / 8.0f)) /
15             PI;
16
17     }
18 };
```

15.4.8 阴影

代码清单 15-17 中的 shade 函数仅在光源和着色点 P 之间无遮挡时才计算光源的照

明贡献。被遮挡的区域自然会显得暗一点。这种光照被屏蔽的现象称为阴影。

在我们的实现中，光线的遮挡测试由 visible 函数执行。当且仅当入射光线不受遮挡时，该函数返回 true。在编写着色程序时，我们曾暂时让 visible 函数总返回 true，这意味着所生成的图像中无阴影。现在重回 visible 函数来实现阴影。

我们已有一个强大的光线测试工具：intersect 函数。如果入射光线和其他三角形相交，那么对于 P 点光源是不可见的。因此只需简单地再次遍历场景来进行测试，在测试中我们采用从 P 点到光源(而不是相机到 P 点)的阴影探测光线。当然，也可以测试光源到 P 的光线。

代码清单 15-20 显示了 visible 函数的实现。其结构与 sampleRayTriangle 非常类似，但在细节上有三大不同之处。第一，检测到交点后，无需对交点进行着色，而是立即返回 false 值。第二，阴影探测光线无需投射到无穷远处，一旦它跨过光源便立即终止跟踪。事实上，位于光源后的三角形不可能对 P 点形成阴影，因而无需理会。第三点也是最后一点，并非真正从 P 点开始发射阴影探测光线，而是沿着光线投射方向前移少许，以避免光线投射后立即与 P 点所在平面再次求交。

代码清单 15-20　用于阴影判定的视线可见性测试

```
1  bool visible(const Vector3& P, const Vector3& direction, float
       distance, const Scene& scene){
2      static const float rayBumpEpsilon = 1e-4;
3      const Ray shadowRay(P + direction * rayBumpEpsilon, direction);
4
5      distance -= rayBumpEpsilon;
6
7      // Test each potential shadow caster to see if it lies between P and the light
8      float ignore[3];
9      for (unsigned int s = 0; s < scene.triangleArray.size(); ++s) {
10         if (intersect(shadowRay, scene.triangleArray[s], ignore) < distance) {
11             // This triangle is closer than the light
12             return false;
13         }
14     }
15
16     return true;
17 }
```

由单个三角形组成的场景不足以测试阴影。我们需要一个物体投射阴影，而另一个物体则接收阴影。为此，对该场景做一简单的扩展，即增加一个四边形的“地平面”，以便绿色三角形可朝地面投射阴影。代码清单 15-21 给出了创建这一场景的代码。注意在代码中我们还增加了一个和绿色三角形具有相同顶点，但排序相反的三角形。这是因为场景中的三角形是单面的，而绿色三角形的法向指向光源，因此需要添加它的反面，来遮挡从地面投向光源的阴影探测光线。

代码清单 15-21　构建双面三角形和地平面场景的代码

```
1  void makeOneTriangleScene(Scene& s) { s.triangleArray.resize(1);
2
3      s.triangleArray[0] =
4        Triangle(Vector3(0,1,-2), Vector3(-1.9,-1,-2), Vector3(1.6,-0.5,-2),
5            Vector3(0,0.6f,1).direction(),
6            Vector3(-0.4f,-0.4f, 1.0f).direction(),
7            Vector3(0.4f,-0.4f, 1.0f).direction(),
8            BSDF(Color3::green() * 0.8f,Color3::white() * 0.2f, 100));
9
```

```
10     s.lightArray.resize(1);
11     s.lightArray[0].position = Point3(1, 3, 1);
12     s.lightArray[0].power = Color3::white() * 10.0f;
13 }
14
15 void makeTrianglePlusGroundScene(Scene& s) {
16     makeOneTriangleScene(s);
17
18     // Invert the winding of the triangle
19     s.triangleArray.push_back
20       (Triangle(Vector3(-1.9,-1,-2), Vector3(0,1,-2),
21           Vector3(1.6,-0.5,-2), Vector3(-0.4f,-0.4f, 1.0f).direction(),
22           Vector3(0,0.6f,1).direction(), Vector3(0.4f,-0.4f, 1.0f).direction(),
23           BSDF(Color3::green() * 0.8f,Color3::white() * 0.2f, 100)));
24
25     // Ground plane
26     const float groundY = -1.0f;
27     const Color3 groundColor = Color3::white() * 0.8f;
28     s.triangleArray.push_back
29       (Triangle(Vector3(-10, groundY, -10), Vector3(-10, groundY, -0.01f),
30           Vector3(10, groundY, -0.01f),
31           Vector3::unitY(), Vector3::unitY(), Vector3::unitY(), groundColor));
32
33     s.triangleArray.push_back
34       (Triangle(Vector3(-10, groundY, -10), Vector3(10, groundY, -0.01f),
35           Vector3(10, groundY, -10),
36           Vector3::unitY(), Vector3::unitY(), Vector3::unitY(), groundColor));
37 }
```

课内练习 15.7： 执行求交代码来验证如果没有"背面"，绿色三角形不会投射阴影。

图 15-9 显示了未包含阴影前的新场景的绘制结果。如果在你的实现中未见到地平面，最有可能出现的错误是某一光线投射例程未能遍历所有的三角形。

图 15-10 显示了正确执行 `visible` 测试后的场景绘制结果。如果 `rayBumpEpsilon` 取值太小，则着色后的绿色三角形上可能出现**麻点**。图 15-11 中可看到这种瑕疵。和特地从离开 P 点处发射阴影探测光线的方法相比，另一种方法是将之前处理过的三角形排除在阴影光线求交计算之外。我们未做这一选择是因为该方法较为适合非结构化的三角形集合，随着场景变得越来越复杂，将很难运行这一套自定义的光线求交代码。比如，我们希望以后能从简单的三角形数组中提取出场景的数据结构，而这个数据结构可能是哈希表或树结构并涉及一些复杂的算法，允许从数据结构中动态剔除表面会使得这类数据结构变得复杂化并且损害其通用性。而且，虽然我们现在绘制的仅仅是三角形，但希望将来扩展到其他几何表面，例如球或者隐式曲面。此类表面很可能与一根光线相交多次。如果限定阴影探测光线永远不和当前表面相交，那么这类物体将永远不会产生自身阴影。

图 15-9 绿色三角形场景中添加了由两个灰色三角形构成的地"平面"。同时引入绿色三角形的背面

图 15-10 由四个三角形组成的场景，其中绿色三角形是双面的，采用 `visible` 函数生成光线投射阴影

15.4.9 更复杂的场景

我们已为只包含一到两个三角形的场景构建了绘制器。该绘制器同样可以绘制由多个三角形组成的场景。图 15-12 显示了一个位于白色地板上的发亮的金色茶壶。我们解析了包含有其相应三角形网格顶点的文件，将这些三角形添加到场景的三角形数组中，然后采用现有的绘制器对它进行绘制。此场景包含大约 100 个三角形，与单三角形场景相比，其绘制速度大约慢 100 倍。我们可以构建更为复杂的几何场景和着色函数，唯一受限的是模型的质量和绘制的性能，这两者都会在接下来的章节中加以改进。

图 15-12 所示画面令人印象深刻(至少相对于单三角形场景)，其中有两点原因。第一，它呈现了一些真实世界中的现象，比如高光、阴影以及柔和的光照过渡，是基于我们场景中光源和表面间的几何关系自然而然产生的。

图 15-11　绿色三角形上的**麻点**。产生这种瑕疵的原因是由于阴影探测光线交于当前正在着色的三角形的背面，本质上属于自身阴影

图 15-12　由很多三角形构成的场景

第二，这个图像模拟了一个我们熟悉的物体，具体来说是一个茶壶。和模拟光照现象不同，代码里并没有哪一部分显示出其结果像茶壶，我们只是简单地加载了某人人工创建(最早由 Jim Blinn 构建)的一个数据文件中的三角形表。这个茶壶的三角形表是图形学中的一个经典模型。你可以从 http://graphics.cs.williams.edu/data 下载此图用到的三角形网格文件。如何构建这样的模型是绘制之外的另一个问题，将会在第 22 章和其他章中讨论。幸运的是，可以找到许多这样的模型，因此在讨论绘制时对建模的问题可暂缓考虑。

从这里我们可以悟到一点：作为一个技术领域，计算机图形学的优势(同时也是弱点)在于：对于最终图像的质量，贡献最大的通常是数据而不是算法。绘制茶壶和绿色三角形的算法是相同的，但因其数据更好，茶壶看上去更吸引人。当大师级艺术家创建了输入数据后，即便采用低水平的近似算法也能产生极佳的视觉效果——电影和游戏产业的商业成功很大程度上有赖于此。由于大家都是依据绘制结果来评价算法，因此务请记住这一点并不妨加以利用，即尽量引入好的艺术模型来展示你的算法。

15.5 间奏曲

为了绘制场景，我们需要同时遍历三角形和像素。在之前的章节中，我们选择由外循环遍历像素，而由内循环来遍历三角形，从而形成了光线投射算法。光线投射算法具有三个好的性质：它在一定程度上模拟了物理过程；将可见性测试和着色分为两个例程；采用相同的光线-三角形求交例程来处理视线和阴影探测光线。

必须承认，这里所展示出的光线投射和物理过程的关联仍是肤浅的。真正的光子从光源沿着光线传播到景物表面再到眼睛，而我们是沿着相反的路径对其进行跟踪。真正的光子也不会全部朝相机方向散射。直接来自光源的光子经表面散射后大都朝别的方向，而大部分从表面散射到相机的光并不是源于光源对表面的直接入射。尽管如此，通过光线对光的传播进行采样的算法是光子采样的一个良好的开端，它与我们对光传播过程的直觉相吻合。也许你已在思考如何更好地对光的真实散射行为进行建模。本书余下的大部分章节都聚焦于这些方面。

在下一节中，我们将交换循环的嵌套顺序来构建**光栅化算法**，并将探索由此带来的影响。我们现已经有了一个可用的光线跟踪程序，故可通过比较光线跟踪程序生成的图像和新生成的结果，方便地检查这一改变的正确性。我们还有度量新算法性质的标准。当你阅读接下来的章节并实现其中描述的算法时，请思考所做的改变对代码的清晰度、模块化以及计算效率带来了怎样的影响，特别是应从实际运行时间和理论运行时间两方面来比较算法的效率。具体来说，针对不同的应用，考量光栅化和光线跟踪哪一个将更为适用。

上面这些问题并不仅发生在我们选择外循环的对象时。所有的高性能绘制器都采用复杂的方式对场景和图像进行剖分。用户需要决定如何进行剖分并对每一种分割考虑究竟是先遍历像素(即光线方向)还是先遍历三角形。同样的考量在每个层次都会遇到，但是随着该层次待处理数据的尺度以及机器架构不同而有不同的评估标准。

15.6 光栅化

现在我们开始实现光栅化绘制，并把它和光线投射绘制程序作对比，考察每个绘制器在哪些地方更高效，以及重新编排的代码是怎样提升效率的。事实证明，这些看上去并不起眼的改变对计算时间、通信需求以及缓存一致性产生了很大的影响。

15.6.1 交换循环次序

代码清单 15-22 给出了 rasterize 的一种实现，其代码结构和 rayTrace 密切对应，只是内外循环的嵌套顺序相反。变更循环顺序的直接影响是必须将每个像素当前最近交点的距离值存储到一个大缓冲器(depthBuffer)，而不是仅仅表示成一个简单的浮点数。这是因为我们不再是先对当前像素进行处理直至结束，然后再移到下一像素，因此必须存储每个像素的中间处理状态。在一些实现中，取交点沿 z 轴的距离作为深度(或取其倒数)。我们选择存储其沿着视线方向的距离，以便更好地与光线投射的结构保持一致。

对于光线 R 也存在存储其中间状态问题。当然也可以创建一个光线缓冲器。但在实现时发现，重新计算这些光线的代价相当小，不值得加以存储。而且我们很快就会看到可完全避免逐像素进行光线计算的替代方法。

代码清单 15-22 光栅化绘制程序，通过简单地交换光线跟踪程序中的循环嵌套顺序并引入深度缓存实现

```
 1 void rasterize(Image& image, const Scene& scene, const Camera& camera){
 2
 3   const int w = image.width(), h = image.height();
 4   DepthBuffer depthBuffer(w, h, INFINITY);
 5
 6   // For each triangle
 7   for (unsigned int t = 0; t < scene.triangleArray.size(); ++t) {
 8     const Triangle& T = scene.triangleArray[t];
 9
10     // Very conservative bounds: the whole screen
11     const int x0 = 0;
12     const int x1 = w;
13
14     const int y0 = 0;
15     const int y1 = h;
```

```
16
17     // For each pixel
18     for (int y = y0; y < y1; ++y) {
19       for (int x = x0; x < x1; ++x) {
20         const Ray& R = computeEyeRay(x, y, w, h, camera);
21
22         Radiance3 L_o;
23         float distance = depthBuffer.get(x, y);
24         if (sampleRayTriangle(scene, x, y, R, T, L_o, distance)) {
25           image.set(x, y, L_o);
26           depthBuffer.set(x, y, distance);
27         }
28       }
29     }
30   }
31 }
```

DepthBuffer 类和 Image 类相似，但它在每个像素处存储的是一个单精度浮点数。在整幅图像域上定义的缓冲器在计算机图形学中很常见。故可利用多态性来实现代码重用。在 C++ 中，最主要的多态语言特征就是模板，它对应于 C# 中的模板以及 Java 中的泛型。我们可以先定义 Buffer 模板类，再采用 Radiance3、浮点数或者其他基于单个像素的数据对它进行实例化。由于存入磁盘或 gamma 校正的方法不一定适用于该模板的所有参数，因此最好把这些方法交由各模板实例的具体子类来实现。

不过，光栅化的初始实现并未涉及上述层次的设计。读者可简单地复制 Image 类的实现方式来实现 DepthBuffer，然后用浮点数替代原代码中的 Radiance3，并删除随后的显示和保存步骤。我们把这个实现留作练习。

课内练习 15.8：如上文所述，实现 DepthBuffer。

在实现代码清单 15-22 所示代码之后，我们尚需对光栅化程序进行测试。由于我们已信任光线跟踪的结果，故针对同一个场景分别运行光栅化和光线跟踪程序，它们应该生成完全相同的图像像素。和之前一样，如果两者的结果不相等，其差别之处可能提供错误性质的线索。

15.6.2 包围盒优化

到目前为止，我们通过简单地交换光线跟踪程序中 for-each-triangle 和 for-each-pixel 的循环嵌套顺序实现了光栅化。但其中执行了很多无效的光线与三角面片相交测试，因此称为**低效采样测试**。

对于小的三角形而言，如果只考虑其中心靠近三角形在屏幕上投影区域的像素，可以显著改善采样测试的效率并由此提升性能。为此我们需要一个启发式的方法来有效估计每个三角形的投影区域。这种估计必须是保守的，以保证不会漏过任何可能的交点。在初始的实现中我们使用的是一个非常保守的估计，即假设屏幕上的每个像素都“接近”每个三角形的投影。对于大的三角形，这一假设或许是合适的。但对于在屏幕空间上真实投影很小的三角形来说，这个估计就过于保守了。

最佳的估计是三角形在屏幕上的真实投影。事实上，许多光栅化程序采用了这一估计。然而，在对图像上的三角形进行逐行扫描时，会遇到许多特殊情形，因此这里我们采用相对保守但仍然合理的估计：包围三角形投影区域沿轴向对齐的 2D 包围盒。对于非退化的大三角形来说，它将覆盖大约两倍于三角形本身面积的像素。

课内练习 15.9：为什么大面积三角形最多覆盖大约其包围盒一半的样本？对于面积小

于一个像素的小三角形会怎么样？如果事先知道要绘制的三角形大小，这对于样本测试效率会有什么样的影响？

轴对齐包围盒的计算极为方便，并能为很多场景带来明显的加速。它也是许多硬件光栅化设计所青睐的方法，因为其性能可预测。注意到，对于非常小的三角形，若对其投影区域进行更为准确的估计，其计算成本甚至可能占据光线-三角形的相交测试开销的大部分。

代码清单15-23中的代码可计算三角形 `T` 的包围盒。这段代码将每个顶点从相机的3D坐标系投影到 $z=-1$ 平面上，再将其映射到屏幕空间的2D坐标系。此操作完全由 `perspectiveProject` 辅助函数执行。然后代码计算出所有顶点在屏幕空间坐标分量的最小和最大值并取整(加0.5后由浮点数转换为整数)，作为for-each-pixel循环的边界。

这其中有趣的工作是通过 `perspectiveProject` 来实施的，它是 `computeEyeRay` 所执行的寻找视线起点(在将其推进到近平面之前)过程的逆过程。代码清单15-24给出了直接基于这一导出过程的实现方法。第13章对此操作给出了另一种推导，即在执行矩阵-向量乘法之后做齐次除法运算。如果透视投影后紧接着一系列变换，而且这些变换均采用矩阵来表示，则该章的实现方法可使矩阵-向量乘法的成本能平摊到所有变换上，显然更为适用。但当不存在其他变换时，该版本的计算效率会更高(假定常数表达式已预计算好)；列出这一版本的另一个理由是让读者再次重温透视投影矩阵的推导过程。

代码清单15-23 将顶点投影到屏幕空间并计算其包围盒

```
 1 Vector2 low(image.width(), image.height());
 2 Vector2 high(0, 0);
 3
 4 for (int v = 0; v < 3; ++v) {
 5    const Vector2& X = perspectiveProject(T.vertex(v), image.width
         (), image.height(), camera);
 6    high = high.max(X);
 7    low = low.min(X);
 8 }
 9
10 const int x0 = (int)(low.x + 0.5f);
11 const int x1 = (int)(high.x + 0.5f);
12
13 const int y0 = (int)(low.y + 0.5f);
14 const int y1 = (int)(high.y + 0.5f);
```

代码清单15-24 透视投影

```
 1 Vector2 perspectiveProject(const Vector3& P, int width, int height,
 2       const Camera& camera) {
      // Project onto z = -1
 3    Vector2 Q(-P.x / P.z, -P.y / P.z);
 4
 5    const float aspect = float(height) / width;
 6
 7    // Compute the side of a square at z = -1 based on our
 8    // horizontal left-edge-to-right-edge field of view
 9    const float s = -2.0f * tan(camera.fieldOfViewX * 0.5f);
10
11    Q.x = width * (-Q.x / s + 0.5f);
12    Q.y = height * (Q.y / (s * aspect) + 0.5f);
13
14    return Q;
15 }
```

把本节代码清单中给出的代码集成到你的光栅化程序然后运行，其结果应该与光线跟踪程序和简化版的光栅化程序完全一致。而且，它应该明显地比简化版的光栅化程序运行更快(尽管对于简单场景两者都可能非常快甚至可瞬时完成绘制)。

简单地验证输出结果是否一致对于测试包围盒优化是否为最优并不充分。很可能是，我们计算得到的投影区域估计虽能覆盖测试场景中的三角形，但仍过于保守。

一种好的后续测试和调试工具是画出所有 3D 顶点在屏幕上的 2D 投影位置。为此，在场景光栅化后，我们再次遍历场景中的所有三角形。对于每个三角形，像前面一样计算其顶点的投影。不同的是，这次我们不计算包围盒，而是直接将顶点投影所在像素绘制为白色(当然，如果场景中有很亮的白色物体，亦可选择其他颜色，比如红色)。我们采用了非对称的单个三角形作为测试场景，故能揭示常见错误，比如错置坐标轴，或者在光线求交和投影程序结果之间相差半个像素等。

15.6.3 近平面裁剪

注意在调用光栅化程序时，对那些 $z \geqslant 0$ 的点，我们无法调用 perspectiveProject 来产生正确的边界估计。解决此问题的一种常用方法是引入“近”平面 $z=z_n$，$z_n<0$，并用它对三角形进行裁剪。这和我们早些时候计算光线起点时采用近平面(代码中的 zNear)的道理是一样的——由于光线始于近平面，光线跟踪器亦使用该平面对可见场景进行裁剪。

裁剪可能会产生三角形、退化的三角形(为近平面上的一条线或者一个点)，无交或者产生一个四边形。在最后一种情形中，我们可以沿对角线对四边形进行分割，因而裁剪算法总是输出零个、一个或两个(有可能退化的)三角形。

裁剪是许多光栅化算法的基本组成部分。然而，正确实现裁剪并非易事，这会干扰我们简单地通过光栅化来生成一张图像的尝试。虽然有些光栅化算法无需进行裁剪[Bli93, OG97]，但相比之下这些算法更难实现和优化。目前，我们暂时忽略这个问题，并要求整个场景与相机分别处于近平面的两侧。裁剪算法将在第 36 章中讨论。

15.6.4 提升效率

15.6.4.1 2D 覆盖采样

在重构了绘制程序之后，内层循环遍历的是像素而不是三角形，因此有机会实质性地分摊光线-三角形求交的计算量。这将有助于我们构建对 3D 三角形和它的 2D 投影之间的关系的深入理解，进而发现离线绘制区别于交互式绘制的大的常数性能因子。

第一步是通过投影将 3D 空间中的光线-三角形求交测试转换为 2D 空间中点是否位-三角形内的测试。在光栅化文献中，这通常称为**可见性问题**或**可见性测试**。如果某一像素的中心不在三角形的投影内，那当我们通过该像素的投影中心去观察时，这个三角形必然“不可见”。当然三角形也可能由于其他原因而不可见，比如被距离更近的三角形所遮挡，对这一问题我们在此暂不做讨论。另一个日益流行的术语：**覆盖测试**，表达更为确切，意指“三角形是否*覆盖*了该采样点?”对可见性而言，覆盖是一必要但并非充分的条件。

我们通过求取包围盒内每一像素中心关于该三角形的 2D 重心坐标来进行覆盖测试。如果像素中心的 2D 重心坐标显示该像素中心落在三角形的投影内，那么穿过像素中心的 3D 光线也会与 3D 三角形相交[Pin88]。我们很快将会看到，与 3D 空间中的光线-三角形的求交测试相比，计算若干相邻像素的 2D 重心坐标可以非常高效地完成。

15.6.4.2 透视校正插值

为了进行着色，我们需要计算光线与三角形每一个交点的 3D 重心坐标，或者采用其他可用来对每个顶点的表面法向、纹理坐标以及颜色等属性进行插值的等效方法。我们并不能直接使用覆盖测试中求得的 2D 重心坐标来着色。因为通常来说，一个点在三角形中的 3D 重心坐标和其投影点在三角形投影区域内的 2D 重心坐标并不相等。图 15-13 显示了这一情形，图中所示为 3D 空间中的一个正方形，其顶点分别为 A、B、C 和 D，由于取倾斜透视，其 2D 投影为一个梯形。3D 正方形的中心 E 位于两条对角线的交点处。在 3D 空间中，点 E 与 AB 和 CD 两条边等距，但在 2D 投影图中，点 E 明显更靠近 CD。从三角形来看，对于三角形 ABC，点 E 的 3D 重心坐标为 $w_A=\frac{1}{2}$，$w_B=0$，$w_C=\frac{1}{2}$，但 2D 空间中，E 的投影点明显不是由 A 和 C 的投影点构成的 2D 线段的中点。（我们在第 10 章中曾见过类似情形。）

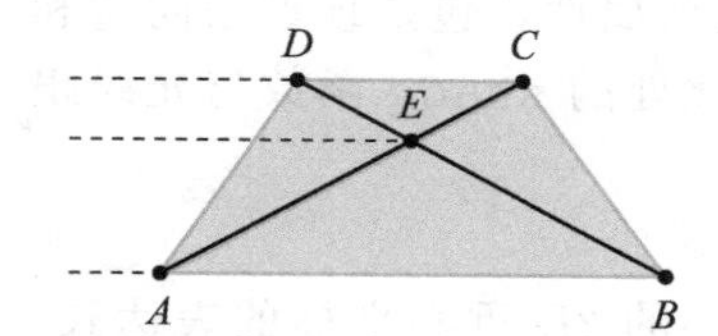

图 15-13　点 E 是 3D 空间中正方形 $ABCD$ 的中心，但其投影并非该正方形投影区域的中心。这可以从 2D 平面上三条虚线呈现非等距分布看出

幸运的是，对于 3D 线性插值结果的投影，存在一种高效的类似于 2D 线性插值的方法。这种方法并称为**双曲线插值**[Bli93]、**透视校正插值**[OG97]或者**有理线性插值**[Hec90]。

透视校正插值方法非常简单。我们可以直观地将其描述为：对每个顶点的标量属性 u，在屏幕空间中同时对 $u'=u/z$ 和 $1/z$ 做线性插值。然后在每个像素处，通过公式 $u=u'/(1/z)$ 还原属性 u 的 3D 线性插值结果。下面的补充材料给出了其工作原理更正式的解释。

令 $u(x, y, z)$ 为在多边形内线性变化的某一标量属性（例如，反射率、纹理坐标 u 等）。两种可能更直观的等价定义为：(a) 给定 u 在顶点处的值，通过重心插值得到其在多边形内任一点处的值；(b) 以 3D 平面方程形式定义：$u(x, y, z)=ax+by+cz+d$。

当多边形通过变换 $(x, y, z)\rightarrow(-x/z, -y/z, -1)$ 投影到屏幕空间中的 $z=-1$ 图像平面时，**函数 $-u(x, y, z)/z$ 在屏幕空间上呈线性变化**。为正确地计算 u，我们需要执行“双曲线插值”而不是在屏幕空间的线性插值，具体方法如下。

设 P 和 Q 是 3D 多边形内的两点，$u(P)$ 和 $u(Q)$ 是定义在 3D 多边形所在平面上的某一线性函数在 P 和 Q 点的值。令 $P'=-P/z_P$ 和 $Q'=-Q/z_P$ 分别为 P、Q 在图像平面上的投影点。那么对于线段 PQ 间的一点 M，其投影点为 $M'=\alpha P'+(1-\alpha)Q'$，$u(M)$ 满足

$$\frac{u(M)}{-z_M}=\alpha\frac{u(P)}{-z_P}+(1-\alpha)\frac{u(Q)}{-z_Q} \tag{15-5}$$

同时 $-1/z_M$ 满足

$$\frac{1}{-z_M}=\alpha\frac{1}{-z_P}+(1-\alpha)\frac{1}{-z_Q} \tag{15-6}$$

解得 $u(M)$ 为

$$u(M)=\frac{\alpha\dfrac{u(P)}{-z_P}+(1-\alpha)\dfrac{u(Q)}{-z_Q}}{\alpha\dfrac{1}{-z_P}+(1-\alpha)\dfrac{1}{-z_Q}} \tag{15-7}$$

对每个屏幕光栅(即一行像素)，我们保持 P 和 Q 不变，让 α 线性变化，从而可以简化上式构建一个直接的参数化函数 $u'(\alpha)$：

$$u'(\alpha)=\frac{\alpha\cdot z_Q\cdot u(P)+(1-\alpha)z_P\cdot u(Q)}{\alpha\cdot z_Q+(1-\alpha)z_P} \tag{15-8}$$

上式经常非正式地(但更易记住)表述为“在屏幕空间中，u 的透视校正插值是 u/z 的线性插值和 $1/z$ 的线性插值的商”。

我们可以用透视校正插值策略插值在每个顶点处定义的任何属性，包括顶点法向量和顶点处的纹理坐标，从而为 shade 函数提供输入数据，注意此处的 shade 函数与光线跟踪器中的实现相比并无改变。

15.6.4.3　2D 重心坐标

为了实现透视校正插值策略，我们需要构建每个像素中心的 2D 重心坐标的表达式。现考虑三角形 ABC 内任一点 Q 相对于顶点 A 的重心权重。回忆在 7.9 节中提到的，该权重是 Q 到 BC 所在直线的距离与 A 到 BC 所在直线的距离的比值，即它为三角形内任一点到该顶点对边的相对距离。代码清单 15-25 给出了计算 2D 重心权重的代码。

代码清单 15-25　计算 2D 重心权重

```
1  /** Returns the distance from Q to the line containing B and A. */
2  float lineDistance2D(const Point2& A, const Point2& B, const Point2& Q) {
3      // Construct the line align:
4      const Vector2 n(A.y - B.y, B.x - A.x);
5      const float d = A.x * B.y - B.x * A.y;
6      return (n.dot(Q) + d) / n.length();
7  }
8
9  /** Returns the barycentric weight corresponding to vertex A of Q in
       triangle ABC */
10 float bary2D(const Point2& A, const Point2& B, const Point2& C, const
             Point2& Q) {
11     return lineDistance2D(B, C, Q) / lineDistance2D(B, C, A);
12 }
```

课内练习 15.10： 在什么情形下 lineDistance2D 会返回 0，或 n.length()结果为 0，导致除以 0 的错误？修改你的光栅化程序以确保这种情形不会发生。为什么这不会影响最终的绘制结果？在光线投射程序中这对应什么情况？在光线投射时应该如何处理呢？

现在我们要对之前版本的光栅化程序的结构做一些修改。为了进行插值，需要在计算包围盒后对三角形的顶点进行投影后置处理。我们可以在计算包围盒时保留这些值，或者在后面需要时再重新计算。我们选择在需要的时候重新计算，因为这样可以使包围盒构建函数的界面更简洁，从而使相关代码更容易编写与调试。代码清单 15-26 列出了构建包围盒的函数。在光栅化程序中必须计算多个顶点属性，这里只考虑了顶点的法向量，对每个经过投影后置处理的顶点，该属性值被缩放了 $1/z$(我们称之为 w)。以上均涉及对程序中逐个处理三角形的代码的修改。最后，在内层循环中，还必须依据每个像素中心点的 2D

重心坐标来判定其可见性(即其是否为当前三角形的投影所覆盖，先前采用光线投射判定)。至于着色计算，则与原光线追踪程序相同。这样做的好处是，我们只需关注可见性计算的策略，而不用管着色，从而使得每个部分尽可能模块化。代码清单 15-27 列出了对原光栅化程序中循环设置的更新，其中增加了包围盒和 2D 重心坐标计算。代码清单 15-28 显示了内层循环的改变。

代码清单 15-26 构建三角形投影区域的包围盒，在 rasterize3 中会调用它来确定内循环拟遍历像素的范围

```
1  void computeBoundingBox(const Triangle& T, const Camera& camera,
2                          const Image& image,
3                          Point2 V[3], int& x0, int& y0, int& x1, int& y1) {
4
5      Vector2 high(image.width(), image.height());
6      Vector2 low(0, 0);
7
8      for (int v = 0; v < 3; ++v) {
9          const Point2& X = perspectiveProject(T.vertex(v), image.width(),
10             image.height(), camera);
11         V[v] = X;
12         high = high.max(X);
13         low = low.min(X);
14     }
15
16     x0 = (int)floor(low.x);
17     x1 = (int)ceil(high.x);
18
19     y0 = (int)floor(low.y);
20     y1 = (int)ceil(high.y);
21 }
```

代码清单 15-27 引入 2D 重心坐标后光栅化程序的内循环设置

```
1  /** 2D barycentric evaluation w. perspective-correct attributes */
2  void rasterize3(Image& image, const Scene& scene,
3          const Camera& camera){
4    DepthBuffer depthBuffer(image.width(), image.height(), INFINITY);
5
6    // For each triangle
7    for (unsigned int t = 0; t < scene.triangleArray.size(); ++t) {
8      const Triangle& T = scene.triangleArray[t];
9
10     // Projected vertices
11     Vector2 V[3];
12     int x0, y0, x1, y1;
13     computeBoundingBox(T, camera, image, V, x0, y0, x1, y1);
14
15     // Vertex attributes, divided by -z
16     float    vertexW[3];
17     Vector3  vertexNw[3];
18     Point3   vertexPw[3];
19     for (int v = 0; v < 3; ++v) {
20       const float w = -1.0f / T.vertex(v).z;
21       vertexW[v] = w;
22       vertexPw[v] = T.vertex(v) * w;
23       vertexNw[v] = T.normal(v) * w;
24     }
25
26     // For each pixel
27     for (int y = y0; y < y1; ++y) {
28       for (int x = x0; x < x1; ++x) {
```

```
29        // The pixel center
30        const Point2 Q(x + 0.5f, y + 0.5f);
31        ...
32
33      }
34    }
35  }
36 }
```

代码清单 15-28　重心(边对齐)光栅化器的内循环(循环设置参见代码清单 15-27)

```
1  // For each pixel
2  for (int y = y0; y < y1; ++y) {
3    for (int x = x0; x < x1; ++x) {
4      // The pixel center
5      const Point2 Q(x + 0.5f, y + 0.5f);
6
7      // 2D Barycentric weights
8      const float weight2D[3] =
9        {bary2D(V[0], V[1], V[2], Q),
10        bary2D(V[1], V[2], V[0], Q),
11        bary2D(V[2], V[0], V[1], Q)};
12
13     if ((weight2D[0]>0) && (weight2D[1]>0) && (weight2D[2]>0)) {
14       // Interpolate depth
15       float w = 0.0f;
16       for (int v = 0; v < 3; ++v) {
17         w += weight2D[v] * vertexW[v];
18       }
19
20       // Interpolate projective attributes, e.g., P', n'
21       Point3 Pw;
22       Vector3 nw;
23       for (int v = 0; v < 3; ++v) {
24         Pw += weight2D[v] * vertexPw[v];
25         nw += weight2D[v] * vertexNw[v];
26       }
27
28       // Recover interpolated 3D attributes; e.g., P' -> P, n' -> n
29       const Point3& P = Pw / w;
30       const Vector3& n = nw / w;
31
32       const float depth = P.length();
33       // We could also use depth = z-axis distance: depth = -P.z
34
35       // Depth test
36       if (depth < depthBuffer.get(x, y)) {
37         // Shade
38         Radiance3  L_o;
39         const Vector3& w_o = -P.direction();
40
41         // Make the surface normal have unit length
42         const Vector3& unitN = n.direction();
43         shade(scene, T, P, unitN, w_o, L_o);
44
45         depthBuffer.set(x, y, depth);
46         image.set(x, y, L_o);
47       }
48     }
49   }
50 }
```

如果仅判定是否覆盖，我们其实并不需要 2D 重心坐标的具体数值，只需知道它们是否均为正数，即当前测试的采样点是否在围成三角形的每条直线的正向一侧。我们可以采用点到直线的距离而不是完整的 bary2D 结果来进行测试。故这种光栅化的方法也被称为对每个采样点进行**基于边**(edge align)的测试。因为在插值时终究要用到重心坐标，所以计算距离时对其做归一化处理是有意义的。我们的第一反应是应至少等到已确定将对该像素着色时再进行归一化计算。但即便是为了提升性能，这么做也是不必要的——如果要优化内循环，还有效果更为显著的优化方法。

一般而言，三角形内任意一条线上各点的重心坐标均呈线性变化。因此，对于循环变量 x 和 y 而言，重心坐标为线性表达式。可以基于 lineDistance2D 函数内的变量展开 bary2D 来验证这一点(见代码清单 15-25)，见下式：

$$\text{bary2D(A,B,C,Vector2(x,y))} = \frac{(\text{n}\cdot(\text{x,y})+\text{d})/|\text{n}|}{\text{n}\cdot\text{C}+\text{d}/|\text{n}|} = r\cdot \text{x}+s\cdot \text{y}+t \tag{15-9}$$

其中，常量 r、s 和 t 只取决于具体的三角形，因此在整个三角形中保持不变。我们尤其对那些沿水平线和垂直线保持不变的性质感兴趣，因为这两个方向是我们进行迭代的方向。

举例来说，在最内层循环沿着一条扫描线进行扫描时，y 保持不变。因此内层循环中的所有表达式对 y 均取恒定值(也包括三角形 T 的所有属性)，而对于 x 则按线性变化，可以通过累加 x 的导数来进行增量式计算。这意味着，我们可以将内层循环之内以及分支之前的所有计算简化为三个加法。同一理由也适用于 y：我们可以将移向下一行的计算简化为三个加法。唯一不可避免的操作是，对于每个进入着色分支的采样点，对每个标量属性，我们必须执行三次乘法运算以及一次除法运算 $z=-1/w$(其成本可分摊到所有属性上)。

15.6.4.4　增量式插值的精度

在通过累加导数进行增量式计算而不是基于重心坐标显式执行线性插值时，必须仔细考虑精度的问题。为了在光栅化中，具有公共边的相邻三角形能形成互补的像素覆盖(“密封光栅化”)，在各自的包围盒内分别对两个三角形进行扫描迭代时，必须保证在公共边处它们累加相同的重心坐标值。这意味着需要建立重心坐标导数的精确表达式。为了实现此目标，我们首先需要将顶点舍入到某个固定的精度(例如像素宽度的四分之一)，然后选择一种可实现精确存储的表示形式和最大屏幕尺寸。

光栅化程序中的基本操作是 2D 点乘，用于判定采样点位于直线的哪一侧。因此我们关心乘法和加法的精度。如果屏幕分辨率为 $w\times h$ 且将每个像素分割为 $k\times k$ 个子像素位置来进行超采样或反走样处理，每个标量值将需要 $\lceil \log_2(k\cdot \max(w,\ h))\rceil$ 位来存储。对于 1920×1080 的屏幕分辨率(即所占位数实际上相当于 2048×2048)和 4×4 的子像素精度，需要 14 位。对于其乘积，所需位数还需要增加一倍，在上面的例子中是 28 位。而 IEEE 754 32 位浮点数格式只有 23 位尾数，这意味着我们不能用单精度浮点数类型来实现上述光栅化程序。注意我们可以使用 32 位的整数，来表示 24.4 的定点值。事实上，在 32 位整数的取值范围内，我们可以将屏幕分辨率扩展到 8192×8192，每个像素仍分割为 4×4 子像素。这其实还是属于低分辨率的子像素网格。与之对比的是，DirectX 11 规定每个维度具有 8 位子像素精度。这是因为在低的子像素精度下，尽管进行了反走样处理，一条沿着屏幕缓慢移动的斜边依旧呈现为离散的跳跃而不是连续的位置变化。

15.6.5　光栅化阴影区域

尽管目前我们实施光栅化主要是为了判定景物表面的可见性，shade 例程仍然需要通过光线投射来确定阴影的位置。实际上，确定局部点光源投射的阴影等价于以点光源投射为视点的景物表面“可见性”计算。因此我们也可以把光栅化应用于这类“可见性”计算。

阴影贴图(shadow map)[Wil78]是以光源为视点绘制场景得到的辅助深度缓冲器。其中保存的距离信息与从光源向场景投射光线得到的结果相同。在以相机为视点绘制场景之前，可以一次性地绘制生成场景几何的阴影贴图。图 15-14 是阴影贴图的可视化结果，而可视化是一种常见的辅助调试方法。

图 15-14 左图：阴影贴图的可视化：黑＝靠近光源，白＝远离光源。右图：以相机为视点绘制生成的场景图(含阴影)

当绘制以相机为视点的画面涉及阴影计算时，可使用阴影贴图求解。对于一个不在阴影中的绘制点来说，它必然同时为光源和相机可见。注意我们假设的是针孔相机和点光源，因此从待绘制的点到相机和点光源的路径可为长度和方向均已知的线段所定义。将 3D 场景空间中的一个点投影到阴影贴图所在的图像平面上将得到一个 2D 点。在此 2D 点上(更准确地说，是根据阴影贴图中的离散采样网格取整所得到的点)，先前已存储了光源与最先遇到的点之间的距离，即存储了这条线段的关键信息。如果待绘制的 3D 点到 3D 光源的距离与存储的距离值相同，则在该点与光源之间一定不存在任何遮挡面，因而被照亮。如果存储的距离值较小，则表明光源沿该光线先遇到了另外一个点并朝后面投射阴影，因此当前点位于阴影中。这里的深度测试必然是保守和近似的；无论是阴影贴图的 2D 离散化过程以及在每个点处的有限精度表示都会造成走样。

尽管我们在光栅化的背景下引入了阴影贴图，但它既可由光栅化程序又可由光线投射绘制程序创建并用来计算阴影。出于各种原因，人们常倾向于在整个应用程序中使用相同的可见性策略(比如存在高效的光栅化硬件)，但并不存在算法层面上的约束让我们一定要这样做。

在三角形光栅化中使用阴影贴图时，我们可以在顶点处执行大部分计算并对结果进行插值，从而将向阴影贴图所在图像平面进行透视投影的代价分摊到整个三角形上。当然，这里必须采取透视校正的插值方式。而关键之处在于，我们透视校正的映射矩阵是将 3D 场景空间内的点投影到阴影贴图所在平面而不是屏幕空间中的视窗。

我们曾对位置和纹理坐标实施透视校正插值(参见前面的注释条目，其核心是对 $\boldsymbol{u}/z$ 和 $w=-1/z$ 两个量进行线性插值)。如果我们将场景空间中的顶点乘以将它们投影到阴影贴图坐标系的变换矩阵，但不执行齐次除法，则将得到一个值，该值在生成阴影贴图的光源**齐次裁剪空间**内线性变化。换句话说，我们先把每个顶点投影到观察者视点和光源视点的齐次裁剪空间中。然后对可见相机执行齐次除法，在屏幕空间内按透视校正的方式对表示阴影贴图坐标、含有 4 个分量的齐次向量进行插值。接下来，再对每个像素处的阴影贴图坐标执行透视除法，其成本将只有除法而不涉及矩阵乘法。这允许我们一次性地将每个顶点变换到光源的透视视域体，然后采用之前已建立、用来插值别的属性的机制来插值这些坐标。对通用插值机制的重用以及变换的优化表明此方法适合于图形流水线的硬件实现。第 38 章讨论了这些思想在特定的图形处理器上的实现细节。

15.6.6 包围盒算法之外

对覆盖 $O(n)$ 个像素的三角形来说，其包围盒可能包含 $O(n^2)$ 个像素。对三边都很短，尤其是面积差不多是一个像素的三角形，通过遍历包围盒内的像素来实现光栅化是非常高效的。此外，对于由这类三角形构成的网格，很容易预估光栅化的工作量，这是因为从包围盒的边界可立即得到可见性测试的次数，并且通常来说遍历矩形比遍历三角形要容易。

但对于某些边较长的三角形来说，遍历包围盒内的像素并非好的选择，因为 n 较大时 $n^2 \gg n$。在这种情况下，其他策略可能会更高效。下面简要介绍其中的一些。尽管我们不会深入探讨这些策略，它们是用来学习含硬件考量的算法和主要为可见性计算的极好的项目。

15.6.6.1 分层光栅化

由于对于小三角形而言，采用包围盒的光栅化效率高且易于实现，一个自然的想法是以逐步提高分辨率的方式对大的三角形递归地应用包围盒算法。这种策略称为**分层光栅化**(hierarchical rasterization)[Gre96]。

首先将整个图像平面划分为非常粗的网格，例如分割成 16×16 个像素块。然后应用保守的包围盒算法对这些像素块进行覆盖分类。再对当前的粗网格作进一步细分，在与包围盒重叠的像素块内递归地进行光栅化。

该算法可一直执行到像素块变成单个像素。不过，在某些时候，我们可以使用单指令多数据(Single Instruction Multiple Data，SIMD)操作或以整数存储的位掩码来一次执行大量的测试，因此把单像素作为递归的终止状态并不一定是个好主意。这类似于快速排序算法不应该递归调用直到数组长度为 1 为止；对于小规模的问题，常数因子对性能的影响可能比渐近界限更大。

在给定精度下，可以预计算出一条线穿过一个采样点方块的所有可能的情形。结果可以存储为位掩码，并按线所截取的块中诸点的情况来索引[FFR83，SW83]。对于每条线，可使用一个二进制位来记录某个采样点是否位于该直线的半平面的正向一侧，因而我们对每个像素可使用 8×8 模板，它恰好可存储为一个无符号的 64 位整数。对构成三角形的三边所在直线的截取模板做按位“与”操作，即可生成像素内所有 64 个采样点的覆盖掩码。可以使用这一技术对整个采样点块进行高效剔除，避免逐个采样点分别进行可见性测试。(Kautz 等人[KLA04]把此方法扩展为一个在半球上对三角形进行光栅化的巧妙算法，这是对间接光照进行采样时经常遇到的情形。)还可以在并行处理器上同时处理多个块。这和当今很多 GPU 的光栅化方法类似。

15.6.6.2 带状/分片光栅化

带状光栅化又称为**分片光栅化**，将图像细分为矩形区域，类似于分层光栅化的第一次迭代。但它并非是通过递归地细分图像平面来对三角形进行光栅化，而是将场景中的所有三角形根据其与哪个矩形区域有交来进行桶分类。注意单个三角形可能出现在多个桶中。

然后，分片光栅化程序使用一些其他的方法对每个矩形区域进行光栅化。一个好的选择是每个矩形区域采用 8×8 或类似的可以基于查找表实现蛮力 SIMD 光栅化的分辨率。

将屏幕划分为若干小区域可同时发挥光栅化和光线投射方法的优势，保持了三角形表和缓存区内存的连贯性。它允许对三角形进行排序，使得可见性测试可通过解析方法实现，而不必采用深度缓冲区进行判定。这将导致更为高效的可见性算法并为以更复杂的方式来处理半透明表面提供了可能性。

15.6.6.3　增量扫描线光栅化

在位于包围盒内的每行像素内都有一个像素区段为三角形所覆盖(注意该区段的起始和终止位置)。因为包围盒以直立的方式包含三角形并且三角形是凸的，所以每个扫描行内也只有一个这样的区段(当区段很小时，可能无法覆盖任何像素的中心)。

扫描线光栅化程序在三角形垂直方向居中的顶点处划出一根水平线，将该三角形分成两个三角形(见图 15-15)。当原始三角形包含水平边时，其中一个三角形的面积为 0。

扫描线光栅化算法先计算上面三角形左、右两边的斜率(有理数)。然后从上到下，并行地对两边进行迭代(见图 15-16)。由于这两条边划出了每条扫描线上为三角形所覆盖的像素区段的边界，所以在该区段内无需再逐个像素进行显式的测试：中心处于扫描线与左、右两边交点之间的像素一定为三角形所覆盖。随后，光栅化程序从下面三角形的底部顶点开始以相同的方式朝上迭代，或者也可以继续从上向下迭代直到底部顶点。

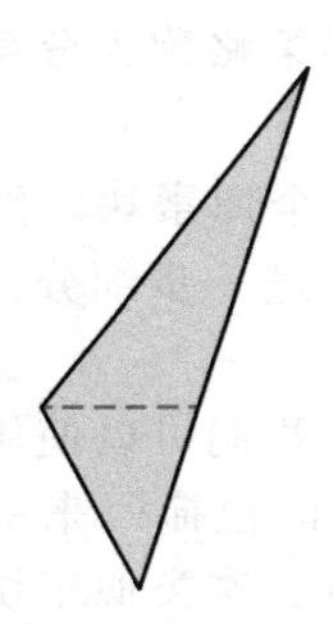

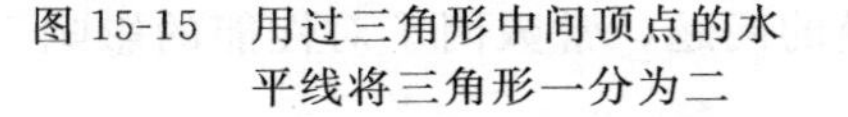

图 15-15　用过三角形中间顶点的水平线将三角形一分为二

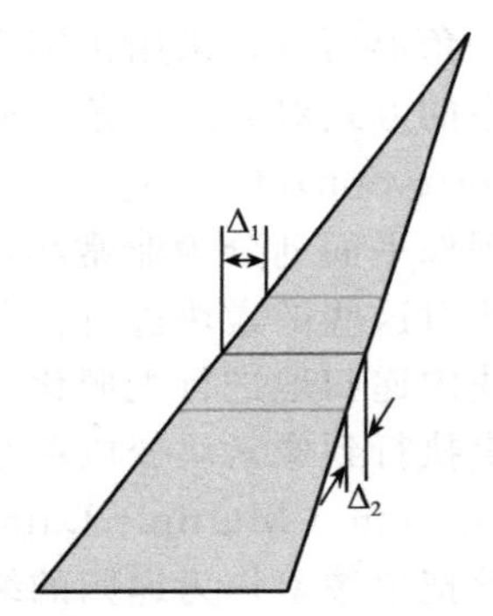

图 15-16　相邻扫描线上为同一三角形覆盖的像素区段其起点的 x 坐标偏移了 Δ_1，终点的 x 坐标偏移了 Δ_2

沿着边进行迭代的过程通常由略加改动的 DDA 或 Bresenham 画线算法[Bre65]执行。这些算法具有高效的浮点和定点实现能力。

Pineda[Pin88]讨论了几种方法，它们均通过改变迭代模式以最大程度地利用内存的连贯性。不过在当前的处理器架构下，为支持分片光栅化，通常应避免运用此类方法，因为它们很难连贯性地并行实现而且容易导致低效的快速缓存。

15.6.6.4　微多边形光栅化

分层光栅化递归地细分图像，使得以当前图像中的像素块为单位度量时三角形的面积总是较小。另一种方法是保持像素的分辨率不变，而对三角形进行细分。例如，每个三角形可以分成四个相似的三角形(见图 15-17)。这是当前最流行的电影绘制软件——RenderMan 中的 Reyes 系统[CCC87]所采用的光栅化策略。细分过程递归进行，直到每个递归生成的三角形大约覆盖一个像素为止。这些三角形被称为**微多边形**(micropolygons)。除了三角形以外，这

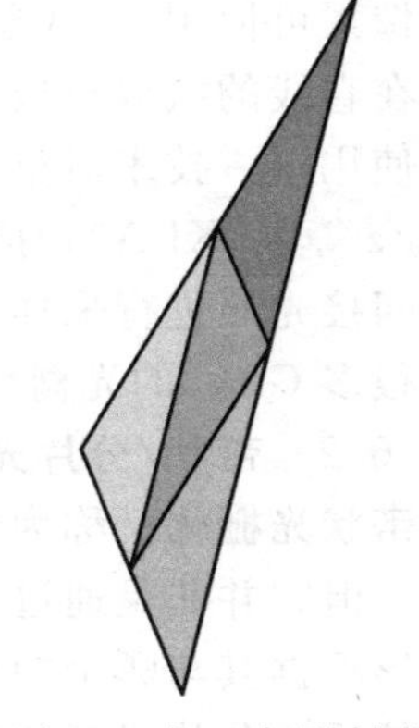

图 15-17　一个三角形被细分为四个相似三角形

一算法也常用于双线性面片，即由四个控制点定义的 Bézier 曲面片(见第 23 章)。

与细分图像相比，对几何表面进行细分有多个好处。它允许细分后对顶点做额外的几何处理，例如位移映射，从而保证位移的分辨率等于(或略高于)图像的分辨率，可高效地生成精细的层次细节。此外，可以在微多边形的顶点处进行着色计算并将其插值到像素中心。这表明着色计算基于物体空间中的位置而不是屏幕空间中的位置。在进行表面动画时，这能使表面上的高光和边等光照特征跟随表面而平滑地移动，与基于屏幕空间的着色方法相比，引发更少的走样。最后，诸如运动模糊和散焦之类的效果可在光栅化之前通过对即将着色的几何微面片的变形来实现。这使得着色计算的速度与可见几何复杂度成正比，而与时间和镜头的采样率无关。

15.7 使用光栅化 API 进行绘制

光栅化算法已被封装成 API。我们看到，尽管基本的光栅化算法非常简单，但在提高其运算性能的过程中，算法的复杂度也迅速增加。高性能的光栅化程序可能会变得非常复杂。因而我们希望将光栅化程序中随具体应用不同而需加改变的部分分离出来，而只封装那些只需做一次优化、抽象为 API 后不再改变的部分。当然，很少有人会真打算不对算法做任何修改，所以这意味着，在将光栅化程序的某些部分封装成 API 时，我们实际上在为它在某些情况下的高性能和易用性与在其他情况下的灵活性之间进行权衡。硬件光栅化器是实现上述优化策略的一个极端例子，为了获取非常高的性能而严重牺牲了算法的灵活性。

有若干个流行的光栅化 API。对实时应用而言，OpenGL 和 DirextX 是当今最流行的硬件 API。而 RenderMan 是流行的、用于离线绘制的光栅化软件 API。在这两者之间，即运行在 GPU 上的实时软件光栅化程序，是当前一个热门的研究领域，并且已有了一些开源实现程序[LHLW10，LK11，Pan11]。

相比于相对标准化而且流行的光栅化 API，若干个光线投射系统也已构建起来，并提出了一些 API，不过它们尚未达到光栅化 API 那样的标准化水平和普及程度。

本节将以通用的术语介绍 OpenGL-DirectX 的宏观框架。我们更倾向于通用性，原因是这些 API 的准确入口点定期更改。当前版本的具体细节可以通过查阅各自的开发手册来了解。细节对系统实现固然很重要，但是过多地展开细节会掩盖对重要概念的讨论。

15.7.1 图形流水线

考虑任何光栅化软件需执行的基本操作：

1)(顶点)将每个顶点变换到屏幕空间。

2)(光栅化)将每个三角形(对视域体的近平面进行裁剪)在像素平面上进行迭代，同时做透视校正插值。

3)(像素)逐个像素着色。

4)(输出合并)将着色结果合并到当前的颜色缓冲器和深度缓冲器(比如 alpha 混合)。

这些是光栅化 API 的几个主要阶段，它们构成的操作序列称为**图形管线**(在第 1 章中曾介绍过)。在本章的余下部分，我们将调用 API 入口点的软件称为**主机代码**(host code)，而把被 API 回调的软件称为**设备代码**(device code)。在硬件加速实现的背景下，比如在 GPU 上运行 OpenGL，它意味着在 CPU 上运行的 C++ 代码是主机代码，而在 GPU 上执行的顶点着色器和像素着色器是设备代码。

15.7.1.1　光栅化阶段

我们想要通过API来封装的大部分细节位于光栅化阶段。在当前的算法下，调用的参数越少，光栅化就越高效，因此这一阶段通常采用**固定功能**单元实现。在硬件上，这意味着一个只能进行光栅化计算的特定电路。在软件上，它指一个无参数的计算模块。

15.7.1.2　顶点和像素阶段

在光栅化的基本操作中，逐顶点操作和逐像素操作是API程序员需要做大量定制才能生成所需图像的两项操作。例如，某工程应用也许需要的是每个顶点的正交投影，而不是透视投影。为了支持朗伯模型、Blinn-Phong模型以及Blinn-Phong模型外加阴影效果，我们曾对像素着色代码做了三次修改。显然，在这个阶段中进行定制是重要的。在逐顶点和逐像素操作中进行几乎无限制的定制当然会对计算性能带来一定的影响，但相比于定制带来的好处，并与光栅化和输出结果合并阶段的开销相比，影响并不大。大多数API通过在每个顶点和像素处执行的回调函数来实现顶点和像素阶段的定制。因而，这些阶段也被称为**可编程**单元。

带有可编程单元的管线有时也直接称为**可编程管线**。注意在这里，管线中各个阶段执行的顺序实际上是固定的，只是其中的实现单元可编程。可改变各阶段运行顺序的真正可编程管线已被提出[SFB+09]，但目前尚未普遍使用。

由于历史原因，这些回调函数常被称为**着色器**或**着色程序**。**像素着色器**(pixel shader)或“像素着色程序”是指在逐像素操作阶段执行的回调函数。对三角形光栅化来说，这个阶段常称为**片段着色**(fragment shader)。片段指的是三角形和一个像素相重叠的部分。是计算像素中相应片段的光照并采样此颜色，还是直接计算该像素的着色，是从哪个角度观察的问题。其中的区别仅当需要单独计算其可见性(独立于着色计算)时才变得重要。基于**多个采样点的反走样**(Multi-Sample Anti-Aliasing，MSAA)即为一例。这种光栅化策略意味着我们将在每个像素内取多个采样点计算其可见性(附有相应的深度缓冲区和辐射度采样值)，最终对通过深度和可见性测试的所有采样点赋予单一的颜色。这里我们真正是对片段而不是对像素进行着色。

15.7.1.3　输出合并阶段

作为API的使用者，我们可能也想对输出结果的合并进行定制，举例来说，将当前的辐射度值和保存在帧缓冲区中的之前的辐射度值进行混合来模拟半透明的表面。然而，输出合并程序需要在多个像素着色单元潜在生成的并行实例之间进行同步，这是因为它们的输出结果将写入一个共享的帧缓冲区。由于这一原因，大多数API在输出合并阶段只提供有限的定制。这种定制将能对底层数据结构做自由访问，具体实现时则通过显式地安排像素着色的顺序以避免在写入帧缓冲区时发生冲突。该定制选项通常会让程序员在几种用于深度比较的操作之间进行选择，对混合颜色的操作也是如此，选择范围仅限于线性混合、选取最小值和最大值。

当然还有许多我们希望提供抽象接口的操作，包括依次对每个物体和每个网格实施变换、将曲面细分为多个三角形，以及对每个三角形实施的操作，诸如轮廓检测或表面拉伸等。各种API在类似于顶点着色器、像素着色器的编程模型中提供了对这些操作的抽象。

第38章将讨论如何设计GPU来高效地执行这条管线。读者可以参考API用户手册也许能找到关于其他阶段(例如细分或几何)的讨论。

15.7.2　接口

光栅化软件API的接口可以非常简单。因为光栅化软件程序使用与主机程序相同的内存空间和实现模型，所以可以通过指针来传递场景，并使用函数指针或带有虚函数的类来作为回调函数。最好将整个网格一次性传递给光栅化软件，而不是每次传递一个三角形，以减少逐个三角形传递的额外开销。

对于硬件光栅化 API 来说，主机(即 CPU)和图形设备(即 GPU)可能各自具有独立的存储空间和实现模型。在这种情况下，采用共享存储和函数指针就不行了。因此，硬件光栅化 API 必须给出明确的存储边界并限定函数入口，以应对这个问题(这一点对于实现基于这些 API 的备用和参考软件，例如 Mesa 和 DXRefRast，也是成立的)。这样的 API 需要以下入口点，它们将会在后续部分详细介绍。

1）分配设备内存。

2）在主机和设备内存之间复制数据。

3）释放设备内存。

4）加载(并编译)源代码来得到着色程序。

5）配置输出结果合并程序和其他固定功能状态。

6）绑定着色程序并设置其参数。

7）启动**绘制程序**(draw call)，即一些设备线程来绘制三角形表。

15.7.2.1 内存管理原则

内存管理例程在概念上非常简单。它们对应 `malloc`、`memcpy` 和 `free` 函数，并且通常用于大数组，比如顶点数据的数组。由于在某些情况下数据必须逐帧传输，而不是对整个场景只传输一次，为了获得传输的高性能，故这些函数都相对复杂。这种情况发生在场景的几何数据流超出设备内存时；例如，我们面对一个非常大的场景，而观察者一次只能看到它的一小部分。当绘制算法输入的数据流来自其他设备(例如相机)时也会发生这种情况。此外，软硬件混合绘制和某些基于物理的算法需在主机和设备端都进行一定处理，这必然涉及逐帧的数据传输。

导致数据传输和内存变动复杂化的一个因素是，我们经常希望在传输过程中调整数据的组织方式和数组的精度。在主机上的 2D 缓冲区(如图像和深度缓冲区)的数据结构通常采用“线性”、“以行为序”的方式。而在图形处理器上，2D 缓冲区则经常按 Hilbert 或者“之”字形(Morton)曲线排列，或者至少分割为很小的以行为序的块(即“线性块”)，以避免在垂直方向进行迭代时的缓存冲突。缓冲区的起始点可能会不同，故常需做额外填充来保证各行存储对齐以支持统一的向量操作和减小指针的数量。

另一个使数据传输变得复杂的因素是，常常需要在内存操作的同时进行计算，以避免主机或设备出现拥堵。异步传输通常通过由设备内存到主机地址空间的语义映射来实现。执行常规的主机内存操作时可认为两者共享同一个内存空间。这种情况下，程序员必须人为地对主机程序和设备程序进行同步，以保证其中一个程序正在写入的数据不会同时被另一个程序读取。映射后的内存通常没有高速缓存加速，但必须对齐，因此程序员还需注意对其访问的模式。

注意到上述内存传输策略是针对大数据的。对于少量的数据，例如标量或 4×4 的矩阵，甚至短的数组，对它们显式地分配、复制和释放会造成一些负担。对于约有 20 个参数的着色程序来说，它将在运行和软件管理上产生额外的开销。因此小规模数据经常通过关联于着色器的另一 API 来进行传递。

15.7.2.2 内存实践

代码清单 15-30 列出了三角形网格类实现的一部分代码。编写启动绘制的代码时将三角形逐个地从主机传输到图形设备是低效的。API会要求我们在构建场景时将几何大数组一次性地加载到设备中，并尽可能对几何信息进行高效编码。

很少有程序员直接写过图形硬件API。那些API是由各种委员会设计、在不同的供应商之间进行协商的产物。它们确实提供了必需的功能，但其接口隐藏了调用代码的底层函数语义。因为代码直接对指针进行操作并使用人工方式管理内存，所以用起来很容易出错。

比如在OpenGL中，要在设备上配置一个数组并将它和着色器的输入进行绑定，其代码看起来类似于代码清单15-29。大多数程序员把这些对主机的直接调用抽象为独立于供应商的、更易于使用的接口。

代码清单 15-29 将顶点数组传输到图形设备并绑定为着色器输入的主机代码

```
1 // Allocate memory:
2 GLuint vbo;
3 glGenBuffers(1, &vbo);
4 glBindBuffer(GL_ARRAY_BUFFER, vbo);
5 glBufferData(GL_ARRAY_BUFFER, hostVertex.size() * 2 * sizeof(Vector3),
       NULL,GL_STATIC_DRAW);
6 GLvoid* deviceVertex = 0;
7 GLvoid* deviceNormal = hostVertex.size() * sizeof(Vector3);
8
9 // Copy memory:
10 glBufferSubData(GL_ARRAY_BUFFER, deviceVertex, hostVertex.size() *
       sizeof(Point3), &hostVertex[0]);
11
12 // Bind the array to a shader input:
13 int vertexIndex = glGetAttribLocation(shader, "vertex");
14 glEnableVertexAttribArray(vertexIndex);
15 glVertexAttribPointer(vertexIndex, 3, GL_FLOAT, GL_FALSE, 0, deviceVertex);
```

大多数程序员会将底层的硬件API包裹在自己开发的、更易于使用且提供类型安全检查和内存管理的实现层中。同时可将绘制程序从具体的硬件API中抽象出来。多数控制台、操作系统和移动设备制造商则有意使用功能相等但不兼容的硬件绘制API。将各具体的硬件API抽象为通用形式有利于采用单一代码库来支持多个平台，其代价是增加了一层额外的函数调用。

在代码清单15-30中的代码面向的是这样一个抽象的平台，而不是直接写入硬件API。在此代码中，`VertexBuffer`类是在设备RAM上的内存管理数组，而`AttributeArray`和`IndexArray`是它的子集。类名中的“Vertex”表明它们存储的是每个顶点的数据。当然并不意味着其中只有顶点的位置——举例而言，`m_normal`数组存储在`AttributeArray`中。这种命名约定可能令人稍感困惑，但它从OpenGL和DirectX继承而来。读者可以把这些代码植入到你选择的硬件API中，来实现`VertexBuffer`和`AttributeArray`类，或者利用更高层的API(例如G3D)来提供这些抽象。

代码清单 15-30 可索引的三角形网格的主机代码(等效于共享同一`BSDF`的`Triangle`实例集合)

```
1 class Mesh {
2 private:
3     AttributeArray    m_vertex;
4     AttributeArray    m_normal;
5     IndexStream       m_index;
6
7     shared_ptr<BSDF>  m_bsdf;
8
```

```
 9 public:
10
11     Mesh() {}
12
13     Mesh(const std::vector<Point3>& vertex,
14         const std::vector<Vector3>& normal,
15         const std::vector<int>& index, const shared_ptr<BSDF>& bsdf) :
               m_bsdf(bsdf) {
16
17         shared_ptr<VertexBuffer> dataBuffer =
18           VertexBuffer::create((vertex.size() + normal.size()) *
19             sizeof(Vector3) + sizeof(int) * index.size());
20         m_vertex = AttributeArray(&vertex[0], vertex.size(), dataBuffer);
21         m_normal = AttributeArray(&normal[0], normal.size(), dataBuffer);
22
23         m_index = IndexStream(&index[0], index.size(), dataBuffer);
24     }
25
26     ...
27 };
28
29 /** The rendering API pushes us towards a mesh representation
30     because it would be inefficient to make per-triangle calls. */
31 class MeshScene {
32 public:
33     std::vector<Light>    lightArray;
34     std::vector<Mesh>     meshArray;
35 };
```

代码清单 15-31 显示了如何创建“三角形加上地面”场景代码。在代码中，将几何数据上传到图形设备的处理过程整个被抽象到 Mesh 类中。

代码清单 15-31 为“三角形加上地面”场景创建可索引的三角形网格的主机代码

```
 1 void makeTrianglePlusGroundScene(MeshScene& s) {
 2     std::vector<Vector3> vertex, normal;
 3     std::vector<int> index;
 4
 5     // Green triangle geometry
 6     vertex.push_back(Point3(0,1,-2)); vertex.push_back(Point3(-1.9f,-1,-2));
           vertex.push_back(Point3(1.6f,-0.5f,-2));
 7     normal.push_back(Vector3(0,0.6f,1).direction()); normal.
           push_back(Vector3(-0.4f,-0.4f, 1.0f).direction()); normal.
           push_back(Vector3(0.4f,-0.4f, 1.0f).direction());
 8     index.push_back(0); index.push_back(1); index.push_back(2);
 9     index.push_back(0); index.push_back(2); index.push_back(1);
10     shared_ptr<BSDF> greenBSDF(new PhongBSDF(Color3::green() * 0.8f,
11                                              Color3::white() * 0.2f, 100));
12
13     s.meshArray.push_back(Mesh(vertex, normal, index, greenBSDF));
14     vertex.clear(); normal.clear(); index.clear();
15
16     ///////////////////////////////////////////////////////////////
17     // Ground plane geometry
18     const float groundY = -1.0f;
19     vertex.push_back(Point3(-10, groundY, -10)); vertex.push_back(Point3(-10,
20         groundY, -0.01f));
21     vertex.push_back(Point3(10, groundY, -0.01f)); vertex.push_back(Point3(10,
22         groundY, -10));
23
24     normal.push_back(Vector3::unitY()); normal.push_back(Vector3::unitY());
25     normal.push_back(Vector3::unitY()); normal.push_back(Vector3::unitY());
26
```

```
27     index.push_back(0); index.push_back(1); index.push_back(2);
28     index.push_back(0); index.push_back(2); index.push_back(3);
29
30     const Color3 groundColor = Color3::white() * 0.8f;
31     s.meshArray.push_back(Mesh(vertex, normal, index, groundColor));
32
33     ///////////////////////////////////////////////////////////
34     // Light source
35     s.lightArray.resize(1);
36     s.lightArray[0].position = Vector3(1, 3, 1);
37     s.lightArray[0].power = Color3::white() * 31.0f;
38 }
```

15.7.2.3　创建着色器

顶点着色器必须将世界坐标系下的输入顶点变换为图像平面上的齐次点。代码清单15-32实现了这一变换。我们选择OpenGL着色语言(OpenGL Shading Language，GLSL)来实现。GLSL是其他当代着色语言，如HLSL、Cg和RenderMan的一个代表。这些着色语言都和C++很像。不过，GLSL和C++之间还是有一些语法上的小差别，我们将在下面指出以帮助读者阅读这个例子。在GLSL中，

- 对于所有三角形均为常量的参数作为全局("uniform")变量传递。
- 点、向量和颜色存储为vec3类型。
- Const具有不同的语义(编译时间常数)。
- in、out和inout替代C++中的引用语法。
- length、dot等函数替代向量类中的方法。

代码清单15-32　顶点着色器进行顶点投影。其输出结果在执行除法前属于齐次空间。它对应于代码清单15-24中的perspectiveProject函数

```
1  #version 130
2
3  // Triangle vertices
4  in vec3 vertex;
5  in vec3 normal;
6
7  // Camera and screen parameters
8  uniform float fieldOfViewX;
9  uniform float zNear;
10 uniform float zFar;
11 uniform float width;
12 uniform float height;
13
14 // Position to be interpolated
15 out vec3 Pinterp;
16
17 // Normal to be interpolated
18 out vec3 ninterp;
19
20 vec4 perspectiveProject(in vec3 P) {
21     // Compute the side of a square at z = -1 based on our
22     // horizontal left-edge-to-right-edge field of view .
23     float s = -2.0f * tan(fieldOfViewX * 0.5f);
24     float aspect = height / width;
25
26     // Project onto z = -1
27     vec4 Q;
28     Q.x = 2.0 * -Q.x / s;
29     Q.y = 2.0 * -Q.y / (s * aspect);
```

```
30     Q.z = 1.0;
31     Q.w = -P.z;
32
33     return Q;
34 }
35
36 void main() {
37     Pinterp = vertex;
38     ninterp = normal;
39
40     gl_Position = perspectiveProject(Pinterp);
41 }
```

上面列举的任一点都不会影响基本语言的表达能力或性能。着色语言的语法细节随着新版本的发布经常改变，对此读者不必过于关注。这个例子的要点是除了按照硬件 API 的风格做相应的调整外，它仍然保持了原始程序的大体形式。

根据 OpenGL API，顶点着色器的输出是一组属性和一个$(x, y, a, -z)$形式的顶点，属尚未执行透视除法的齐次点。将采用$a/-z$值进行深度测试。我们选择$a=1$，这样可以基于$-1/z$进行深度测试(对于 z 坐标为负值的视点可见位置而言，$-1/z$为正)。我们之前曾提到，任何能维持同一深度顺序的函数都可以用来进行深度测试。其中测试点沿视线的距离、$-z$和$-1/z$值均为常见的选择。通常可以缩放a值使$-a/z$落在[0，1]或[-1，1]区间内，不过为了简单起见，在这里我们暂时略去。有关这种变换的推导可参见第 13 章。

注意这里我们并未如同软件绘制程序那样，将输出的顶点坐标缩放到图像的大小、将y轴取反或把原点移动到屏幕空间的左上角。因为传统上 OpenGL 假定屏幕的左上角的坐标为(-1，1)，而右下角为(1，-1)。

我们将顶点的 3D 位置及其法向量作为三角形的属性。硬件光栅化程序将沿着三角形表面以透视校正的方式自动地对它们进行插值。我们需要将顶点位置视为属性，因为 OpenGL 并不提供当前着色点的 3D 坐标。

代码清单 15-33 和代码清单 15-34 给出了像素着色器中的 `shade` 例程代码，对应代码清单 15-17 中的着色函数，而 `helper` 函数则对应光线追踪程序和软件光栅化程序中的 `visible` 例程和 `BSDF::evaluateFiniteScatteringDensity` 例程。着色器的输出属尚未实施除法操作的齐次空间，对应于代码清单 15-24 中的 `perspectiveProject` 函数。插值得到的属性值通过全局变量 `Pinterp` 和 `ninterp` 传入着色器，然后我们采用与软件绘制程序完全相同方式进行着色。

代码清单 15-33　像素着色器：计算一个三角形在单一光源的照射下朝视点方向所散射的辐射度

```
1 #version 130
2 // BSDF
3 uniform vec3    lambertian;
4 uniform vec3    glossy;
5 uniform float   glossySharpness;
6
7 // Light
8 uniform vec3    lightPosition;
9 uniform vec3    lightPower;
10
11 // Pre-rendered depth map from the light's position
12 uniform sampler2DShadow shadowMap;
13
14 // Point being shaded. OpenGL has automatically performed
15 // homogeneous division and perspective-correct interpolation for us.
```

```
16 in vec3            Pinterp;
17 in vec3            ninterp;
18
19 // Value we are computing
20 out vec3            radiance;
21
22 // Normalize the interpolated normal; OpenGL does not automatically
23 // renormalize for us.
24 vec3 n = normalize(ninterp);
25
26 vec3 shade(const in vec3 P, const in vec3 n) {
27 vec3 radiance                = vec3(0.0);
28
29   // Assume only one light
30   vec3 offset            = lightPosition - P;
31   float distanceToLight = length(offset);
32   vec3 w_i               = offset / distanceToLight;
33   vec3 w_o               = -normalize(P);
34
35   if (visible(P, w_i, distanceToLight, shadowMap)) {
36       vec3 L_i = lightPower / (4 * PI * distanceToLight * distanceToLight);
37
38       // Scatter the light.
39       radiance +=
40           L_i *
41           evaluateFiniteScatteringDensity(w_i, w_o) *
42           max(0.0, dot(w_i, n));
43   }
44
45   return radiance;
46 }
47
48 void main() {
49     vec3 P = Pinterp;
50
51
52     radiance = shade(P, n);
53 }
```

代码清单 15-34　像素着色器的 helper 函数

```
1 #define PI 3.1415927
2
3 bool visible(const in vec3 P, const in vec3 w_i, const in float distanceToLight,
      sampler2DShadow shadowMap) {
4     return true;
5 }
6
7 /** Returns f(wi, wo). Same as BSDF::evaluateFiniteScatteringDensity
8     from the ray tracer. */
9 vec3 evaluateFiniteScatteringDensity(const in vec3 w_i, const in vec3 w_o) {
10     vec3 w_h = normalize(w_i + w_o);
11
12     return (k_L +
13             k_G * ((s + 8.0) * pow(max(0.0, dot(w_h, n)), s) / 8.0)) / PI;
14 }
```

不过，这里有一个例外。对于每个进行着色计算的点，软件绘制程序会遍历场景中的所有光源。而像素着色器却被硬编码为单一光源。这是因为处理数量不确定的参数在硬件层面上是个挑战。从性能上考虑，着色器的输入通常会通过寄存器传递，而不是通过堆内存。而寄存器分配通常是优化的一个主要因素。因此多数着色编译器要求拟使用的寄存器的数目是确定的，从而排除了传递可变长度数组的可能性。程序员们开发了三种**前向绘制**

(forward-rendering)设计模式来应对这种限制。它们均使用单帧缓存器，从而限定了算法在整体上的空间需求。当前正流行的称为**延迟渲染**(deferred-rendering)的第四种方法另需额外的空间。

1) **多遍绘制**(multipass rendering)：每遍只针对一个光源绘制全部景物，再把各遍绘制的结果累加起来。这一方法之所以可行是由于光满足叠加原理。值得注意的是，在第一遍绘制时必须求解得到正确的可见性，并在之后不再改变景物的深度顺序。从算法上讲，这是最简洁的解决方案。不过它也是最慢的，这是因为像素着色器启动带来开销较大，因此针对同一个点多次启动像素着色器将导致效率低下。

2) **超级着色器**(übershader)：将光源的总数限定在一定数量内，在给定数量光源的假设下编制着色器程序，使用时将实际不存在光源的能量取为零。这是最常见的解决方案。如果像素着色器的启动开销很高而且读取 BSDF 参数的工作量很大，相对而言，着色器中包含虚设光源的额外代价可能会比较低。这是对着色器基本版本的一种相当直观的改进，并且是在性能和代码简洁性之间的较好折中。

3) **代码生成**(code generation)：生成一系列的着色程序，每个程序针对某个数量的光源。它们通常是通过编写一个能自动生成着色器代码的程序来完成的。在运行时加载所有的着色器程序，根据照射特定物体的光源的数量为其绑定相应的着色器。如果在生成每一帧画面时只需切换着色器几次，这种方法能达到很高的性能，而且也是潜在的最快方法。但它需要复杂的架构来管理生成这些着色器的源代码和各种编译版本，并且如果切换着色器是一种耗时的操作，那么它实际上会比保守方案更慢。

如果不同的曲面具有不同的 BSDF，则必须考虑光源数目和 BSDF 变化的所有可能的组合。我们还是从以上三种方案中选择。组合爆炸问题是当前常用的着色语言的主要缺陷之一，问题的产生源于我们总是希望着色编译器能生成高效的代码。设计一些更灵活的语言并为它们编写编译器并不困难。但是我们转向硬件 API 的主要动机是为了提高性能，因此不太可能接受一种更通用但会显著降低性能的着色语言。

4) **延迟光照**(deferred lighting)：有一种方法可以解决上述问题，但需占用更多内存。该方法将每个像素的可见点判定从光照计算中分离出来。在首遍绘制过程中生成多个并行的缓冲区，分别存储每个像素可见点的着色系数、表面法向及其位置信息(假设使用超级着色器)。在后面几遍的绘制中，则针对每个光源，遍历可能受其光照的屏幕空间区域中各像素，计算并累加光照。在光照计算中两种常用的数据结构是：照耀大面积屏幕空间区域的各个光源，以及覆盖每个光源在屏幕空间可能照射区域的椭球体。

对于单个光源的情况，从软件光栅化程序转向硬件 API 并不需要实质性地改变我们的 `perspectiveProject` 和 `shade` 函数。

然而我们的着色函数并非特别强大。在我们的软件光栅化程序中，虽非刻意设计，但可以在着色函数中执行任意代码。例如，我们可以将结果写入帧缓冲器当前像素之外的另一位置；或者发射阴影探测光线或反射光线。这样的操作在硬件 API 中通常是不允许的，因为这会影响在没有显式(低效的)内存锁的情况下，对着色程序所生成的并行实例进行高效调度的能力。

在设计一种可进行较为复杂处理的算法时(尤其是在像素层面上)，我们将面临两种选择。第一种选择是构建一个混合绘制器，其中的一些处理由更通用的处理器来执行，例如主机，或者通用的计算 API(比如 CUDA、Direct Compute、OpenCL 或 OpenGL Compute)。混合绘制器通常会引起额外的内存操作开销以及同步方面的复杂性。

第二种选择是将算法完全架构在一系列的光栅化操作上，通过多遍光栅化来实现。例如在大多数硬件绘制 API 中，无法方便地进行光线投射，但我们可以对之前绘制生成的阴影贴图进行采样。

同样，也可单纯地使用光栅化操作来实现反射、折射和间接光照。这种方法可以避免混合绘制器中许多间接开销，并充分利用硬件光栅化的高性能。然而，它们并非描述算法的最自然的方式，还会导致低的效率并使软件变得复杂。回顾从光线投射到光栅化，由于改变了算法的迭代次序，专门增设了一个深度缓冲器来存储中间结果，这必然使得绘制所需的空间增大。一般而言，基于光栅化来实现任意一种算法时都会遇到这个问题。当中间结果的数据很大时，增长的空间需求可能超过实际负荷能力。

着色语言几乎都是运行时在 API 内编译为可执行代码。这是因为即使是同一厂商的产品，其底层微架构也可能存在很大的差别，进而导致编译器在优化目标代码和快速生成可执行程序间之间发生矛盾。多数实现错误发生在优化时，因为对每个场景，着色器通常只加载一次。如果在绘制的过程中对多个着色结果进行合成或流式传递，则可能会带来相当大的开销。

某些语言(例如 HLSL 和 CUDA)允许执行初始编译来生成中间表示。这消除了运行时进行语法分析和执行某些底层的编译操作的开销，同时保持了针对具体设备进行优化的灵活性。它还使软件开发者能以可读文件的方式向终端用户发布图形应用而不致泄露着色程序。对于有固定技术规范的封闭式系统，比如游戏操纵台，可将着色程序直接编译为真实的机器码。这是因为对这些系统而言，其具体的运行设备在主机程序编译时已经完全确定。然而，这样做会泄露一些拥有专利的微架构细节，因此即使在这种情况下，硬件厂商也不会总是让他们的 API 执行完整的编译步骤。

15.7.2.4　执行绘制程序

我们通过调用 draw 来启动着色器。它在主机上执行，通常是初始化帧缓冲区，再对每个网格执行以下操作。

1）设置固定函数的状态。

2）绑定着色器。

3）设置着色器参数。

4）调用 draw。

执行完这些操作之后，会调用一个函数，将帧缓冲区的内容发送到显示器，常称为**缓冲区交换**(buffer swap)。此过程的抽象实现如代码清单 15-35 所示，由主绘制循环(如代码清单 15-36)调用。

代码清单 15-35　主机代码，用来设置固定函数状态和着色器参数，并在抽象硬件 API 下启动 draw 程序

```
 1 void loopBody(RenderDevice* gpu) {
 2     gpu->setColorClearValue(Color3::cyan() * 0.1f);
 3     gpu->clear();
 4 
 5     const Light& light = scene.lightArray[0];
 6 
 7     for (unsigned int m = 0; m < scene.meshArray.size(); ++m) {
 8         Args args;
 9         const Mesh& mesh = scene.meshArray[m];
10         const shared_ptr<BSDF>& bsdf = mesh.bsdf();
11 
12         args.setUniform("fieldOfViewX",      camera.fieldOfViewX);
13         args.setUniform("zNear",             camera.zNear);
14         args.setUniform("zFar",              camera.zFar);
```

```
15
16         args.setUniform("lambertian",          bsdf->lambertian);
17         args.setUniform("glossy",              bsdf->glossy);
18         args.setUniform("glossySharpness",     bsdf->glossySharpness);
19
20         args.setUniform("lightPosition",       light.position);
21         args.setUniform("lightPower",          light.power);
22
23         args.setUniform("shadowMap",           shadowMap);
24
25         args.setUniform("width",               gpu->width());
26         args.setUniform("height",              gpu->height());
27
28         gpu->setShader(shader);
29
30         mesh.sendGeometry(gpu, args);
31     }
32     gpu->swapBuffers();
33 }
```

代码清单 15-36　用来设置硬件绘制主循环的主机代码

```
1  OSWindow::Settings osWindowSettings;
2  RenderDevice* gpu = new RenderDevice();
3  gpu->init(osWindowSettings);
4
5  // Load the vertex and pixel programs
6  shader = Shader::fromFiles("project.vrt", "shade.pix");
7
8  shadowMap = Texture::createEmpty("Shadow map", 1024, 1024,
9      ImageFormat::DEPTH24(), Texture::DIM_2D_NPOT, Texture::Settings::shadow());
10 makeTrianglePlusGroundScene(scene);
11
12 // The depth test will run directly on the interpolated value in
13 // Q.z/Q.w, which is going to be smallest at the far plane
14 gpu->setDepthTest(RenderDevice::DEPTH_GREATER);
15 gpu->setDepthClearValue(0.0);
16
17 while (! done) {
18     loopBody(gpu);
19     processUserInput();
20 }
21
22 ...
```

15.8　性能和优化

我们将考虑几个基于硬件绘制的优化例子。这些例子并没有覆盖所有的情况，但它们体现了若干建模的技术，读者在需要时可以借鉴其中的思路来进行自己的优化。

15.8.1　关于抽象的思考

很多性能上的优化常伴随着代码复杂度的显著增加。因此需要在优化带来的性能提升和所引起的调试和代码维护代价之间进行权衡。高层次的算法优化可能需要经过重大的思考和代码重构，但它们试图在代码复杂度和性能之间取得最好的折中。例如，简单地将屏幕一分为二，并在不同的处理器上异步绘制每一部分，几乎可使性能提升一倍，而代价仅仅是增加约 50 行代码，而且这些代码无需对绘制器的内循环做任何改动。

相比之下，考虑一些我们会常有意略过的低层次优化。这些优化包括简化共用子表达式(比如将所有重复的除法转换为与除数倒数的一次性相乘)、将常量放到循环外部等。执行这些优化会破坏算法的清晰度，且只能带来50%的计算能力的提升。

这并不是说低层次优化不值得去做。当实现高层次优化后，它们会变得重要起来；到那时读者宁愿让代码和维护变得复杂，因为它增添了新的优化功能。

15.8.2 关于架构的思考

本章讨论的简单光栅化程序和光线投射程序之间的主要区别在于：前者主循环的遍历对象是“每个像素”，而后者主循环的遍历对象则是“每个三角形”，两者的内外循环的嵌套顺序正好颠倒了一下。这看上去只是一个小的变化，两者内循环的主要内容仍是相似的。但这个简单的变化对内存访问模式以及如何对每一算法进行优化却有着深刻的影响。

场景中的三角形通常存储在堆中，可采用普通1D数组或者更复杂的数据结构形式。若为简单的数据结构(如数组)，则可以按它们在内存中存储的顺序对它们进行遍历，从而确保内存访问的连贯性，实现高效的高速缓存。然而，这一遍历也需占用大量的带宽，因为在每个像素上的可见性计算会涉及整个场景。倘若我们采用较为复杂的数据结构，则在减小带宽的同时很可能也降低了内存访问的连贯性。此外，相邻像素可能涉及对同一三角形采样，而当我们在遍历过程中再次对此三角形进行测试时，它可能已经不在高速缓存中了。

一种流行的低层次光线跟踪优化方法是针对相邻像素跟踪一簇光线(称为**光线包**)。这些光线在遍历场景数据结构时可能具有相似的路径，从而提升了内存访问的连贯性。在SIMD处理器上，单一线程即可同时跟踪整个光线包的各条光线。然而，光线包跟踪可能会受到计算一致性的困扰。有时候同一包内的不同光线会投射到场景数据结构中的不同部位，或在求交测试时转入不同的分支。在这些情况下，因内存连贯性不复存在，或者分支的两种情况都必须执行，采用单线程同时处理多条光线并无优势。所以，设计快速光线跟踪器程序时常会采用非常复杂的数据结构来进行光线包跟踪。这类跟踪通常受限于因高速缓存效率低下而导致的内存性能问题，而不是计算量。

因为逐个像素进行处理所涉及的帧缓冲区通常比逐个三角形进行处理所涉及的场景结构小很多，光栅化程序在内存性能上较光线跟踪程序有明显的优势。光栅化程序依次将每个三角形读入内存，然后进行处理直至完成，期间遍历了多个像素。这些像素在空间上必然相邻。对于以行为序的图像，如果逐行进行遍历，则被该三角形覆盖的像素在内存中也是相邻的，因此内层循环将有很好的内存连续性以及相当低的存储带宽。此外，我们可以采用SIMD架构并行处理多个水平或垂直相邻的像素。由于是在同一三角形内逐个像素推进，故具有高度的内存连贯性和分支一致性。光线投射和光栅化都有很多的改进版来改善其性能估计。但历史上这些算法面向的是百万级的三角形和像素。在此规模下，连贯性之类的恒定因素仍然是算法性能的主导性因素，而光栅化因为较好的连贯性而成为高性能绘制的首选。聚焦于这种连贯性带来的代价是，在对光栅化程序进行一些必要的优化以获得实时绘制性能后，代码中会杂乱地掺杂着位操作和高度派生项，以至于从软件工程的角度看，简洁的光线投射程序更具吸引力。这种差别只有在我们编写更复杂的绘制算法时才会凸显出来。传统观点认为，光线跟踪算法简洁并易于扩展，但难于优化，而光栅化算法高效却很难应对，并且不易增加新的特性。当然，人们也可以使光线跟踪变得快速但代码复杂化(例如光线包跟踪所取得的令人钦佩的成功)而让光栅化程序可扩展但效率降低(例如在过去的20年中广泛用于电影绘制的Pixar公司出品的RenderMan系统)。

15.8.3 提前深度测试的例子

一个简单但却能显著提升性能，并对代码的清晰度影响甚微的优化方法是提前进行深度测试。无论光栅化还是光线跟踪都存在以下情况：有时已对一个点着色，但后来却发现了其他离视点更近的点。作为优化措施，我们可以在着色之前先找到最近的点，然后再对最终确定的最近点实施着色。注意在光线跟踪中，其外层循环处理完一个像素才转入下一个像素，在单个像素迭代的整个过程中一直在进行可见性测试，并在每一步迭代后保留当前的最近交点，直到迭代结束后才进行着色。而在光栅化中，同一像素会经历多次处理，因此有必要将整个光栅化过程分解为两次处理，在第一轮处理中确定每个像素的可见点，然后在第二轮处理中进行着色。如果备好 depthBuffer，使得只有最终着色的表面可以通过该轮测试，则上述策略称为**提前深度处理**(early-depth pass)[HW96]。如果在这个过程中还累积了着色参数以避免之后重新计算，则该过程称为**延迟着色**(deferred shading)。这种绘制策略最早由 Whitted 和 Weimer[WW82]提出(那时基本的可见性计算的成本还很高)，它使可见性测试与着色计算相互独立。此后的十年内，该策略被认为是对复杂绘制进行加速使之趋近实时绘制性能的一种方法(其间提出了“deferred”这个术语)[MEP92]，而今天它作为硬件平台上的进一步优化手段被广泛使用，并已实现了复杂场景的实时绘制。

倘若场景的**深度复杂度**很高(即很多三角形投影于图像平面上的同一点)而着色过程代价昂贵，则提前进行深度测试带来的性能提升将非常明显。未实施提前深度测试时，绘制一个像素的代价是 $O(tv+ts)$，其中 t 是三角形个数，v 是可见性测试时间，s 是着色时间。这是代价估计的上界。如果在运行中很幸运，总是首先遇到最近的三角形，那么实际性能可以接近下界 $\Omega(tv+s)$，这是因为我们只进行了一次着色计算。提前深度测试可保证算法总是处于下界的情形中。我们前面讨论过在光栅化过程中如何降低 v 的代价(每个像素只需做几次加法)，因此，现在的挑战是在每个像素上如何减少需进行测试的三角形数。遗憾的是，实现这一点并非易事。已有一些策略，对具有某些特定性质的场景，其绘制时间可达到 $O(v\log t+s)$的估计值，但代码的复杂度也显著增加。

15.8.4 什么情况下需进行早期优化

为避免过早进行优化，图形学针对基于时间的通用经验法则提出了两点例外。这些例外的重要的意义在于，当低层次优化足以加速绘制算法使其达到交互帧频时，则有必要在开发过程的初期进行这些优化。显然，对交互式绘制系统进行调试远比对离线式系统简单。交互性能允许你快速地检验新的视点和变化的场景，可为读者提供对数据的真实 3D 感知，而不仅仅是它们的 2D 投影。如果这能让你调试代码更快，则优化已经增强了你处理代码的能力(尽管代码的复杂度有所增加)。另一种情况是绘制时间突破了编程人员耐心的极限。大多数程序员愿意花 30 秒等待一幅图像绘制完成。倘若绘制时间超过两分钟，他们很可能会离开计算机或切换到其他任务上。每次程序员切换任务或离开计算机，实际上都会增加调试的时间成本。因为返回时，他必须回忆之前所做的事并重新进入开发流程中。如果可以将绘制时间减小到可以等待的范围内，则将缩短调试时间，调试过程也会变得更加愉快，从而使工作效率得以进一步提升(尽管这会增加代码的复杂度)。我们将这些思想总结为如下原则：

✓ **早期优化原则**：如果早期优化能使可交互程序与需要几分钟才能运行的程序性能差异

明显，则值得一做。代码测试周期的缩短以及对交互式测试的支持可回报所付出的额外努力。

15.8.5　改进性能估计界限

即使是线性时间的绘制算法，也无法处理真正的大规模场景，因此必须设法将场景中的某部分数据整个抹去而完全不必访问。面向这一策略的数据结构是计算机图形学中的经典方向，至今仍是热门的研究课题。这些数据结构背后的基本思想与使用树或桶结构进行搜索或排序的思路完全一致。可见性测试实质上属搜索操作，即找到光线与场景的最近交点。如果我们能通过预计算生成一个类似于树形的场景数据结构，而该结构能以某种方式对场景中的几何图元进行排序，使得我们在每一层都能保守地剔除恒定比率的图元，则整个场景的可见性测试可以接近 $O(\log n)$的时间复杂度，而不是 $O(n)$，其中 n 为图元的数量。当遍历树结点的开销足够低时，这种策略可以很好地推广到任意规模场景，在固定的时间内我们能绘制的图元数将按指数倍增长。对于具有某些特殊结构的场景，我们还能做得更好。例如，假设我们能找到一个索引模式或哈希函数把场景划分为 $O(n)$个桶，经过保守的剔除后每个桶内只存放 $O(1)$个图元。则该场景的可见性测试可达到 $O(d)$时间复杂度，其中 d 是到光线与场景的第一个交点的距离。当这个距离很小(比如曲折的走廊)时，此方案下的静态场景绘制时间将独立于场景的图元数目，这意味着在理论上该算法可以绘制任意大的场景。对基于此类想法的算法的更深入讨论请见第 37 章。

15.9　讨论

这一章的目标并不是让读者能构建一个光线跟踪程序或光栅化程序，而是让读者理解绘制过程涉及对光源、物体、光线的采样，其中在采样的累计和插值方面有许多可用的算法方面的策略。这为所有未来的绘制提供了基础：我们可以更高效和更符合统计特性来进行采样。

对沿着穿过像素中心的视线对场景的采样，我们提供了三种测试方法——显式的 3D 光线-三角形的相交测试，基于增量式计算重心坐标的 2D 平面上光线-三角形交点测试，以及基于边方程增量式计算交点坐标的 2D 平面上光线-三角形测试——这些方法在数学上是等价的。我们也讨论了如何实现这些方法，使得在计算精度有限的情况下它们能生成数学上等价的结果。在每种情况下，我们都基于重心坐标计算一些相关的值，同时检测这些重心坐标所对应的点是否在三角形内部。确保这些测试在数学上的等价性是非常重要的。否则，我们将无法保证所有的方法都能生成同一图像。在算法层面上，这些方法各有不同的策略。这是因为它们以不同的方式分摊算法的开销，并采用不同的内存访问模式。

采样是基于物理的绘制的核心。读者在本章中面对的选择会对绘制的所有方面产生影响。实际上，这些选择对所有高性能计算都很重要，所涉及的领域甚至包括生物、金融和气象模拟等。这是因为很多有趣的问题不能解析求解，只能通过离散采样来逼近。人们通常希望以并行的方式进行采样，以减小计算上的延迟。因此如何对一个复杂域进行采样(本章的问题是求取三角形集合和视线集合的交)，是科学的基础性问题，其意义远超出图像合成领域。

本章中的光线跟踪程序极为直观，没有添加任何装饰，但它仍能够很好地工作。十年前为了绘制一个茶壶可能需要耗费一个小时，而今天在你的计算机上可能最多只需几秒。这种性能的飞跃可以使读者比前人更自由地来实验本章的算法。同时也允许读者去体验更清晰的软件设计方式，快速探索更为复杂的算法，因为读者不再需要为确保合理的绘制帧频而花费大量的时间来进行低层次优化。

尽管现在的机器具有相当高的计算性能，我们仍考虑了各种设计方案的选择，并在算法的抽象层次和性能之间折中。这是因为几乎没有什么地方像计算机图形学中的可见性计算那样面临如此强烈的压力：如果在绘制算法中不对此有所考虑，绘制过程可能仍然会慢得无法接受。这主要是因为作为基础的可见性计算受制于很大的常量——场景的复杂度和画面的像素数——而且可见性计算实际上位于图形管线的末端。

也许将来有一天，机器会足够快，我们不再需像今天这样为了实现可接受的绘制帧频而做出诸多折中。例如，人们期望直接在算法层面上操作而不需要暴露 Image 类的内部存储布局。这一天是否能早日到来取决于算法和硬件的发展。早期硬件性能的快速提升在某种程度上归功于更快的时钟速度，以及并行处理和内存单元的高速成倍增长。但是今天基于半导体的处理器无法在更快时钟速度上运行，因为它已经达到了电压泄露和电感容量的上限。所以未来的速度提升将无法依赖于因对相同基片采用更好制造工艺而带来的更高时钟频率。更进一步来看，当今处理器内部线路的宽度接近一个分子，所以我们已接近电路微型化的极限。当前图形学的很多算法主要受限于并行处理单元之间以及内存和处理器之间通信。这意味着简单地增加 ALU、通道或处理内核的数量无法提升性能。事实上，当通信主导了运行时，更多的并行性甚至会降低性能。因此我们需要从根本上创新算法和硬件架构，或者构建更加复杂的编译器，来获得更好的抽象同时保持当今的性能。

显然还存在采样统计和原始效率之外的设计考虑。例如，如果采样的对象是非常小的三角形，那么微多边形或分片光栅化似乎是较好的绘制策略。然而，如果采样的形状不是三角形或不能方便地被细分时该怎么办？简单的球面就属于这种类型。在此情况下，光线投射似乎是很好的策略，因为可以简单地将光线-三角形求交替换为光线-球面求交。对光栅化程序所做的任何微小优化都必须考虑这样一个问题“如果绘制的是非三角形形状，而不是成千个小三角形呢?”在某种程度上，性能估计中的相关常数使得我们更倾向于用诸如球和样条曲面等更抽象模型，而不是很多三角形。

当我们不只是考虑对空间可见性的采样，同时还需要考虑对曝光时间和镜头位置的采样时，采样的对象将从单个三角形变成六维的非多面体形状。尽管最近已经开发了一些关于这些形状的光栅化算法，这些算法显然比光线采样策略更加复杂。我们已经看到：哪怕是微小的改变，例如颠倒两个循环的嵌套顺序，都可能对算法产生显著的影响。其中一些改变可用于可见性采样，而且之前不少已被采用。在开始构建一个绘制程序时最好先思考如何平衡其性能和代码的可管理性、三角形的数量和目标图像大小以及想要的采样模式。随后可以先从适合这些目标的最简单的可见性算法开始，逐步尝试其他的改变。

研究者已提出了关于这类算法的许多变化版本并发表在文献上。这里引用的只是很少一部分。Appel 在 1968 年提出了首个重要的基于光线投射的 3D 可见性计算方法。近半个世纪之后，新的采样算法仍时常见诸顶级出版物上，而工业界则努力设计面向可见性采样的新硬件。这意味着最好的策略仍有待我们去挖掘，所以读者应该尝试做自己的设计！

15.10 练习

15.1 将 Image 和 DepthBuffer 的实现代码推广到单个模板缓冲区类的不同个例。

15.2 利用 7.8.2 节中的方程扩展你的光线跟踪程序以支持球面求交。注意球面上并没有可定义重心坐标系或者顶点法向量。那你该如何计算球面各点的法向量呢？

15.3　扩展 bary2D 函数中所提练的重心权重计算方法，并将它显式列入逐像素的循环中。然后提取其中对于行或列取常数值的表达式并移到循环外面。所得代码的内循环中应该包含一个除法操作。

15.4　分析 15.6 节描述的每一算法的计算复杂性。根据分析结果，说明在什么样的情况下应该使用哪种算法。

15.5　考虑“1D 光栅化”问题，即对被一根连接若干实数顶点的线段所覆盖的像素中心(例如位于整数位置)的着色问题。

1. 未覆盖任何像素中心的最长线段是什么样的？画出该线。
2. 如果我们在光栅化时将实数位置的顶点移入与之最近的整数位置，答案又将如何？(提示：超过 0.5 像素长度的线段无法隐藏在两个像素中心之间。)
3. 如果我们取具有 8 位子像素精度的定点数来进行光栅化，即在光栅化前把各实数顶点按最近距离归并到这些子像素网格点上，这对你的答案有何影响？(提示：像素中心现在间隔 256 个单元。)

15.6　假设我们对光线跟踪的最终场景做一些变换：把茶壶向右移动 10cm，(可通过对每个顶点的 x 坐标加上 10cm 来实现)。我们也可以保持茶壶的初始位置不变而将光线的起点向左移动 10cm 来实现同样的效果。这叫作坐标系/基底原理。现在考虑绘制具有不同位置和朝向的 1000 个形状完全相同的茶壶。其核心问题是在不显式存储 1000 份茶壶副本的情况下如何表示这个场景。请描述如何修改你的光线跟踪算法，并描述如何在这个场景中进行跟踪。(这种思想叫作**实例化**。)

15.7　场景建模的一种方法是**体素构造表示**(Constructive Solid Geometry，CSG)：构建如球、实心立方体等的基本体素，然后对它们进行变换并通过布尔运算来进行组合。例如，可定义两个单位球，一个位于原点，而另一个在(1.7，0，0)处。可将它们的交定义为一个“透镜”，或者让它们的并表示一个氢分子。倘若这些形状的边界采用网格面片来表示，物体的形状由边界定义，那么求得它们的交、并或差(任何属于形状 A 的部分都不属于形状 B)的边界表示将是复杂而且代价昂贵的。对于光线投射而言，这个问题就变得简单了。

(a) 假设光线 R 与物体 A 和 B 相交，a 和 b 是 R 位于它们体内的区段，则 $a \cup b$ 是 R 与 $A \cup B$ 相交的区段；证明对物体 A 和 B 的交和差有类似结论。

(b) 假设场景的 CSG 表示用树来描述(边对应变换，叶结点表示基本体素，中间结点对应于并、交和差等 CSG 操作)；描述光线与采用 CSG 树表示的场景的求交算法。注意：尽管本练习中提到的思想非常简单，第 37 章提到的包围盒层次结构所带来的性能提升证明了这一方法的优势，至少对于复杂场景如此。

实时 3D 图形平台综述

16.1 引言

至此，你已经了解了应用计算机图形学生成图形的核心思想。本章将描述基于这些思想所开发的各类算法。它们使程序员不再困扰于计算机图形硬件的细节，有助于程序的后续维护；它们使应用程序的开发人员可以专注于应用领域内的特定问题，而不是将结果图像展示给用户的方式。硬件的发展在一定程度上导致了算法的多样性。我们的综述将从这里开始。

在过去 40 多年里，商用 CPU 性能提升的速度令人印象深刻，但图形硬件的改进更为显著。20 世纪 60 年代后期的向量显示器与 80 年代的光栅显示器首次实现了商用的基于硬件的图形加速技术。该技术将原本在中央处理器上运行的 3D 流水线转移到外围设备上。随着几何与像素处理芯片的发展，绘制流水线从软件实现转移至光栅图形硬件，并被集成到诸如 SGI、Evans&Sutherland 等高端实时 3D 图形设备供应商开发的图形工作站中，而 Apollo 和 Sun Microsystems 等在内的工作站供应商则提供了中级水平的光栅图形设备。不过，这些设备都很昂贵，只有科研机构和企业才买得起。直到 20 世纪 90 年代中期，随着价格便宜、性能优异的 GPU 图形卡出现，并为个人计算机所采用，这一技术才进入成熟，真正实现商用(详见 38 章)。

由于每个品牌/型号的 GPU 都有自己的指令集以及接口，因此需要制定一套标准的、与硬件无关的 API。提供这一重要抽象层的两大主流 API 为 Microsoft 专有的 Direct3D[⊖](可在个人计算机/笔记本、智能手机以及诸如 Xbox 360 之类的游戏设备上运行)和开源跨平台的 OpenGL。

这些低层平台旨在以与硬件无关的方式和最小的资源代价提供对图形硬件的访问；它们是位于图形硬件驱动程序之上的薄层。一个显著特征就是它们并不保留场景；在对显示器进行更新时，应用程序必须重新为平台指定场景。作为通向图形硬件的管线，这些基于**立即模式**(IM)的平台将与设备无关的图形指令和数据变换为底层 GPU 的专用指令集。

作为一个开发者，你有两个选择：直接采用低层次的 IM API，它可提供最大程度的控制，使应用程序更接近于硬件；或采用**基于保留模式**(RM)可提供场景图抽象表示的中间件平台(如 WPF)。RM 平台(将在 16.4.2 节中详细介绍)提供了自动优化性能的机会，由于它表达复杂的场景构造更为方便，从而简化了许多开发任务。然而，在使用 RM 平台的同时，也错失了潜在的性能峰值，因需等待下一代的中间件版本而无法及时体验最新的硬件功能。一个比较好的想法是选择一个性能指标符合实际应用需求的高层平台来编程，并采用有限量的低层指令来支持那些实时性至关重要的特征。

需要注意的是，当 GPU 性能变得越来越强大、服务越来越广泛的时候，图形硬件的

⊖ Direct3D 是名为 DirectX 的多媒体 API 库的 3D 图形部分。在一些与 3D 相关的出版文献上这两个名词是混用的，但是如果特指 3D 功能模块最好采用“Direct3D”或者其缩写“D3D”。

架构也在不断变化。GPU正快速蜕变成高度并行处理单元，从而使得商用图形硬件也可以进行光线跟踪，并能实现实时绘制。注意，我们的关注点是基于目前的GPU多边形绘制架构所构建的平台。

16.1.1 从固定功能流水线到可编程的绘制流水线

在过去的数十年里，图形硬件与立即模式的API相互影响，共同发展。硬件上新的特性需要API作相应的扩展以便访问这些新增的特性。同时，在应用开发中遇到的IM层与硬件上的瓶颈和限制会导致图形硬件的创新。随着时间的推移，图形硬件与API的共同发展造成了IM层功能模式的重大转变。图16-1展示了在商用图形硬件上最常见的两个IM平台的演化过程。

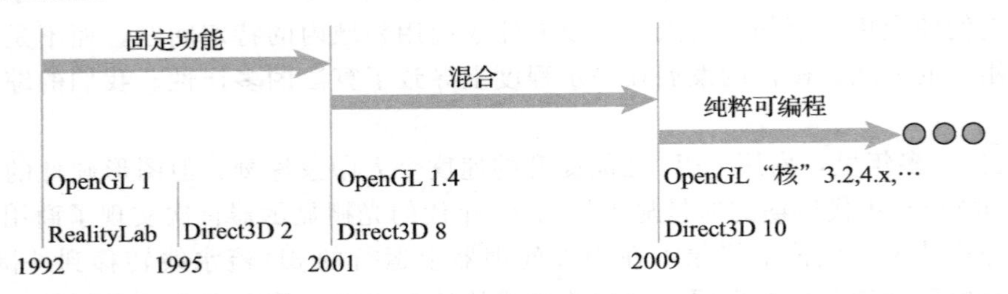

图16-1 两大商用实时3D图形平台的演化：OpenGL和Direct3D

16.1.1.1 固定功能流水线时代

在20世纪90年代的早中期，基于商用图形加速硬件的**固定功能**(FF)流水线(与WPF的类似)，采用的是工业标准的局部光照和着色模型(Phong或者Blinn-Phong光照模型，Gouraud或者Phong着色模式)，以及基于深度缓存的可见面判定方法(参见36.3节)。流水线中的各模块可通过参数来设置，但是它们的算法已经硬化，用户无法自行定义或者替换。因此，那个时代的IM平台关注的是对固定功能流水线功能的访问，当后面推出的硬件增加新的功能时，立即模式API就会随之提供对应的访问接口。

16.1.1.2 基于着色器的扩展：混合流水线时代

Rob Cook在1984年的一篇文章中提出了**着色器**的概念，Hanrahan等将其作为Pixar公司RenderMan软件的一个组成部分开发实现。在此后将近20年，由于CG群体对绘制过程进行更高层次的控制和对GPU功能更大访问权限的迫切需求，着色器自2000年初开始迅速流行。“着色器”一词具有某种误导性，因为望文生义可能会认为其功能仅限于确定表面的颜色。实际上，该技术封装了绘制流水线的多个阶段，这一名词实际上包含了可动态装入3D绘制流水线的任何可编程模块。

多年来，由于着色器程序采用汇编语言格式书写，因此呈现为一条陡峭的学习曲线。但是，在2003～2004年间，随着诸如HLSL/Cg(源自Microsoft/NVIDIA公司)与GLSL(由OpenGL架构评审委员会设计，在OpenGL 2.0中引入)等高级编程语言(与C语言类似)的开发，着色器编程已不再难以上手。

IM层最初将着色器作为固定流水线的附加功能，多年来固定功能与可编程功能一直并存。在实际应用中一般采用固定流水线，必要时才安装着色器作为补充。例如，制作电影的动画工作室可在执行昂贵的光线跟踪绘制之前利用混合流水线对场景进行实时测试；而采用着色器来实时绘制一些固定流水线无法实现的特殊效果(如波光粼粼的水面)。

16.1.1.3 可编程流水线

正如所预期的，随着电影观众与视频游戏玩家对于画面质量的期望越来越高，应用开发人员与 GPU 设计人员竞相提供“酷炫效果”，人们对固定流水线的依赖也越来越低。结果，在 20 世纪头十年的中期，OpenGL 和 Direct3D 相继开启了摈弃固定流水线的进程。从 OpenGL 3.2 开始，固定功能接口已经转移至 OpenGL 的兼容配置文件中，不再作为 API 的主体。与此类似，从 Direct3D10 开始，不再提供固定功能流水线接口。因此，如 16.3 节所述，现代 IM API 更加简洁，与图形硬件相关的入口点更少。

16.2 编程模型：OpenGL 兼容(固定功能)配置文件

本节我们将介绍在使用固定功能 IM 平台过程中所涉及的技术。鉴于 OpenGL㊀的操作系统与编程语言相互独立，我们采用它作为示范平台。

OpenGL 使用客户端/服务器模式。其中，应用程序相当于客户端(采用 CPU 作为其处理器，RAM 作为存储)，图形硬件相当于服务器(可利用资源为 GPU 以及相关联的高性能 RAM——用来存储网格的几何信息、纹理图像等)。

API 提供了一个薄层，将对 API 的调用转化成从客户端推送到服务器的指令。本节，我们主要叙述固定功能 API(现已成为 OpenGL 兼容配置文件的一部分)。固定功能 IM 平台按**状态机**的模式运行。在大多数情况下，每次 API 调用要么设置一个全局的**状态变量**(例如当前颜色)；要么启动一项操作，基于当前的全局状态来决定下一步应如何做。

状态变量用来保存与几何图元放置/投影(比如建模变换、相机特性等)以及呈现(比如材质)相关的信息。还可以通过设置或者关闭状态变量的某些绘制功能(比如雾)对图形流水线进行控制。

以下伪代码示例为基于状态机生成三个 2D 图元：

```
1 SetState (LineStyle, DASHED);
2 SetState (LineColor, RED);
3 DrawLine (  PtStart = (x1,y1), PtEnd = (x2,y2) ); // Dashed, red
4 SetState (LineColor, BLUE);
5 DrawLine (  PtStart = (x2,y2), PtEnd = (x3,y3) ); // Dashed, blue
6 SetState (LineStyle, SOLID);
7 DrawLine (  PtStart = (x3,y3), PtEnd = (x4,y4) ); // Solid, blue
```

而在类似于 WPF 的面向对象的系统中，图元是与其属性绑定在一起的，如以下伪代码所示：

```
1  BundleDASHR =
2     AttributeBundle( LineStyle = DASHED, LineColor = RED );
3  BundleDASHB =
4     AttributeBundle( LineStyle = DASHED, LineColor = BLUE );
5  BundleSOLIDB =
6     AttributeBundle( LineStyle = SOLID, LineColor = BLUE );
7  DrawLine ( Appearance=BundleDASHR,
8             PtStart = (x1,y1), PtEnd = (x2,y2) );
9  DrawLine ( Appearance=BundleDASHB,
10            PtStart = (x2,y2), PtEnd = (x3,y3) );
11 DrawLine ( Appearance=BundleSOLIDB,
12            PtStart = (x3,y3), PtEnd = (x4,y4) );
```

为了尽可能准确地表示底层图形硬件，IM 平台被设计成状态机形式。这样设计有利有弊。好处是设计简洁、可对下属各模块实施控制等。考虑以下绘制虚线三角形的函数：

```
1  function DrawDashedTriangle (pt1,pt2,p3)
2  {
```

㊀ 高层 Direct3D 的编程模型是类似的，不过其 API 有所不同。

```
3        SetState( LineStyle, DASHED );
4        DrawLine( PtStart=pt1, PtStart=p2 );
5        DrawLine( PtStart=pt2, PtStart=p3 );
6        DrawLine( PtStart=pt3, PtStart=p1 );
7    }
```

生成的三角形会呈现什么颜色呢？由于上面的函数只设置了线条类型，并未指定颜色，所以三角形的颜色取决于流水线将控制权转移给函数时的状态。这样做当然有优点(API调用者可以控制下属函数的行为，而由于可控，下属函数能够生成不同的颜色)；但也有不利之处：未能完整定义函数所能生成的效果，当生成异常结果时，需要通过指令流回溯最近设置的所有相关属性，导致调试困难。

注意，这种行为的不确定性是双向的，因为下属函数的设置未被隔离，很可能在不经意间产生副作用，从而背离调用者的意图。例如，DrawDashedTriangle在函数里改变了线型状态变量的值，这可能会影响到调用者的行为以及后续执行的逻辑。这个影响将会一直持续下去，直至下一次显式设置线型状态变量时为止。为了避免这种副作用，凡是修改了状态变量的函数在返回之前必须恢复原有的状态变量，如下面的伪代码所示：

```
1  function DrawDashedTriangle (pt1,pt2,p3)
2  {
3      PushAttributeState();
4      SetState( LineStyle, DASHED );
5      ...
6      PopAttributeState();
7  }
```

显然，除非按此约定来编写程序以减少或消除副作用，否则基于这种状态机平台的应用程序难免会出现异常行为而且难以调试。所以说编程规则是很重要的。

16.2.1 OpenGL 程序结构

一个典型的OpenGL应用程序的main函数一般始于对流水线的初始化，然后指定**视窗**(与WPF类似，视窗指输出设备上用来显示所绘制场景的矩形区域)在屏幕或窗口内的位置，设置相机与光照特性，导入或者直接计算景物的表面网格与纹理，设置事件处理器，最后将控制权转交给事件查询循环(在该循环中，应用程序的作用仅限于对事件做出响应)。

OpenGL本身是与窗口系统无关的，因此没有创建、管理窗口或者处理事件的相关模块。应用程序开发人员可以通过第三方库调用这些与操作系统高度关联的技术。在众多的第三方库之中，我们选择在OpenGL开发中已流行数十年的GLUT(OpengGL Utility Toolkit)库来编制示例程序。此外，我们采用GLU(OpenGL Utility)库作为矩阵运算工具。

GLUT支持多种事件类型，以下为其中最为基础的事件。

- **显示：** 当需要呈现生成的初始图像(即当控制权转移给GLUT的事件查询主循环时)或者视窗显示内容需要刷新(例如，需要执行1.11节描述的“损坏修复”)时，GLUT将调用已注册的显示事件处理器。
- **鼠标/键盘等：** 当用户试图通过鼠标或者键盘之类的输入设备与应用程序进行交互时，GLUT将调用已注册的交互事件处理器通知应用程序。
- **空闲：** 为了使图形系统能以尽可能快的速度连续绘制新的帧，应用程序可注册一个“idle”事件处理器。当图形流水线处于空闲状态、等待新指令时，将启动该事件处理器。此项技术对于诸如查询外部实体和执行耗时的操作也是非常有用的。

16.2.2 初始化和主循环

图 16-2 展示的是一个典型的 OpenGL 应用程序高层模块调用图的结构。其中，黄色框表示应用程序中的模块，灰色框表示 OpenGL 及相关辅助工具包提供的函数。接下来我们将详细介绍此调用图。

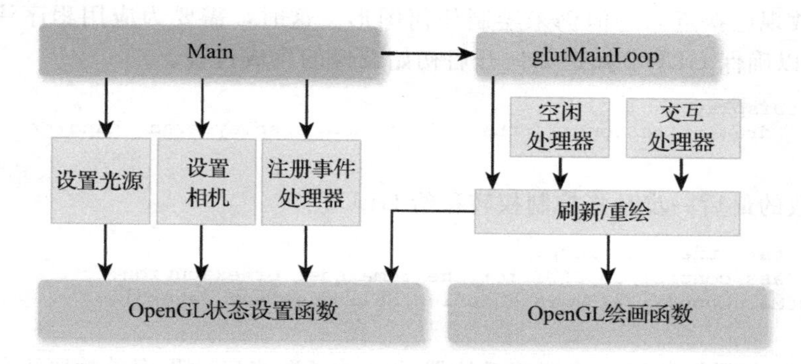

图 16-2 简单 OpenGL 应用程序的结构

OpenGL 库与多种编程语言兼容，在本次讨论中，我们将采用 C/C++ 语言进行演示。我们程序的 main() 函数都以调用 glutInit 开始，运用 GLUT 执行一系列初始化操作：

```
1  int main( int argc, char** argv )
2  {
3     glutInit( &argc, argv ); // Boilerplate initialization
```

接下来，我们设置颜色支持和深度缓存(也称为 Z-buffering，用于隐藏面消除，在第 36 章中有详细说明)：

```
glutInitDisplayMode( GLUT_RGB | GLUT_DEPTH );
```

然后，我们接连调用三个 GLUT 函数创建应用程序的窗口。前两个函数分别用于指定窗口的初始尺寸和位置。

```
1     // Specify window position (from top corner)
2     glutInitWindowPosition( 50, 50 );
3     // Specify window size in pixels (width, height)
4     glutInitWindowSize( 640, 480 );
5     // Create window and specify its title
6     glutCreateWindow( "OpenGL Example" );
```

执行结果是一个客户区(见 2.2 节)大小与位置被指定的窗口。应用程序可以将客户区细分为多个不同区域，如用户界面的控件区域等。在下面对 glViewport 的调用中，我们将整个客户区用作 3D 场景的视窗：

```
1     glViewport(
2                /* lower-left corner of the viewport */   0, 0,
3                /* width, height of the viewport */    640, 480 );
```

OpenGL 可生成一系列的绘制效果，通过调用下面代码中的函数，每一个三角面片的正面将采用 Gouraud 平滑着色方法填充颜色。(此外，我们还可以指定流水线绘制点图或线划图。)

```
1     // Specify Gouraud shading
2     glShadeModel( GL_SMOOTH );
3
```

```
4       // Specify solid (not wireframe) rendering
5       glPolygonMode( GL_FRONT, GL_FILL );
```

初始化继续调用初始化例行程序。我们将在稍后解释这些例程：

```
1       setupCamera();
2       setupLighting();
```

main 函数现已接近末尾但仍未绘制任何图形。这时，需要为应用程序注册一个显示事件处理器，以确保 GLUT 知道如何开启初始图像的生成过程。

```
1       glutDisplayFunc(
2            drawEntireScene // the name of our display-event handler
3       );
```

main 函数的最后一步是将控制权转移给 GLUT：

```
1       // Start the main loop.
2       // Pass control to GLUT for the remainder of execution.
3       glutMainLoop(); // This function call does not return!
4   }
```

GLUT 一旦获得控制权，将调用已注册的显示函数来启动程序首帧画面的绘制过程。

16.2.3　光照与材质

OpenGL 的固定功能光照/材质模型与第 6 章描述的 WPF 有所不同，但是其中一个系统能够生成的效果很容易在另一个系统中模拟重现。由于它们之间的相似性，我们省略这一部分代码(本章的网上材料里包含了该部分的代码)。

16.2.4　几何处理

OpenGL 固定功能绘制流水线的简图[⊖]如图 16-3 所示。如果读者对图中某些术语(例如“片元”)不熟悉，可参阅 1.6.2 节。在固定功能绘制流水线中，应用程序的焦点在于配置模块和向顶点处理阶段提供数据，这从表示应用程序输入的两个方框所在的位置以及其靠近流水线前端的多项内容可以看出。流水线的余下部分，包括光栅化、片元操作(处于流水线末端)等，则通过由一系列配置参数控制的算法硬件完成。

每个 3D 图形系统都包括如下的**几何处理过程**(参见 1.6 节)：依次将几何数据(例如网格顶点)从景物坐标系(在 OpenGL 里称为“对象坐标”)变换到场景坐标系，然后到相机坐标系(即图 1-15 所示 OpenGL 的“视点坐标系”或“观察者空间”)，最后到物理“设备”坐标系。

如第 7 章和第 11 章所述，坐标系统变换是通过矩阵运算实现的。这些矩阵由应用程序基于 IMAPI 提供的抽象层建立。接下来我们介绍 OpenGL 固定功能抽象层。IM 平台对矩阵进行必要的操作以便其传输到 GPU。GPU 则对矩阵实施进一步操作，以提升计算速度，而且它必须延伸到流水线层面来生成物理/屏幕像素坐标。在这里，我们只关注 IM 级的抽象层。

在固定功能 OpenGL 中，几何处理包括图 16-4 所示的多个步骤，由被称为**变换流水线**的模块执行。

⊖　简图中忽略了如位图、图像、纹理设置以及帧缓存访问等像素数据与操作。

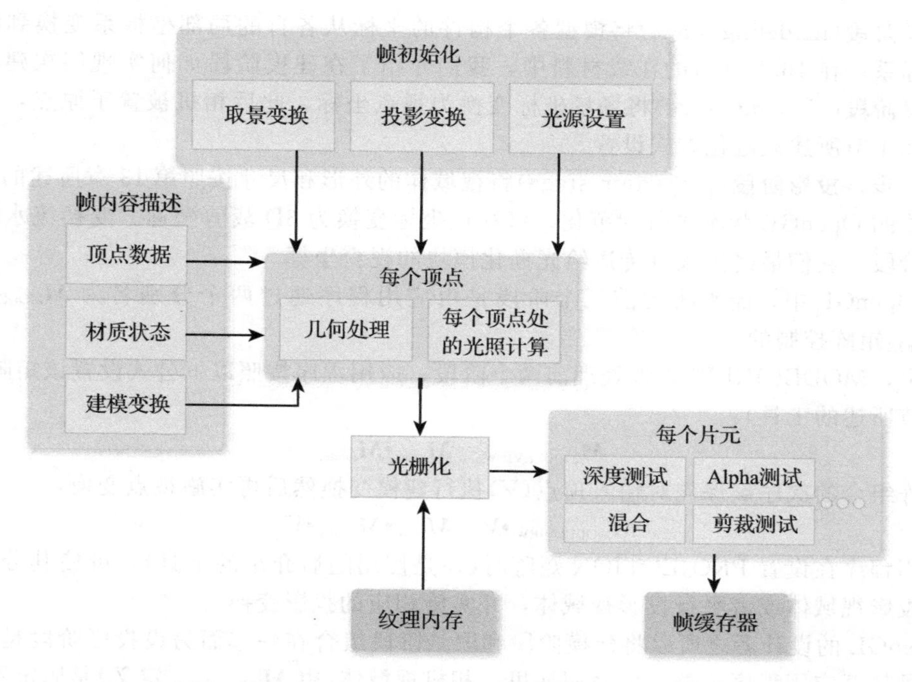

图 16-3　OpenGL 固定功能流水线的基本模块简图

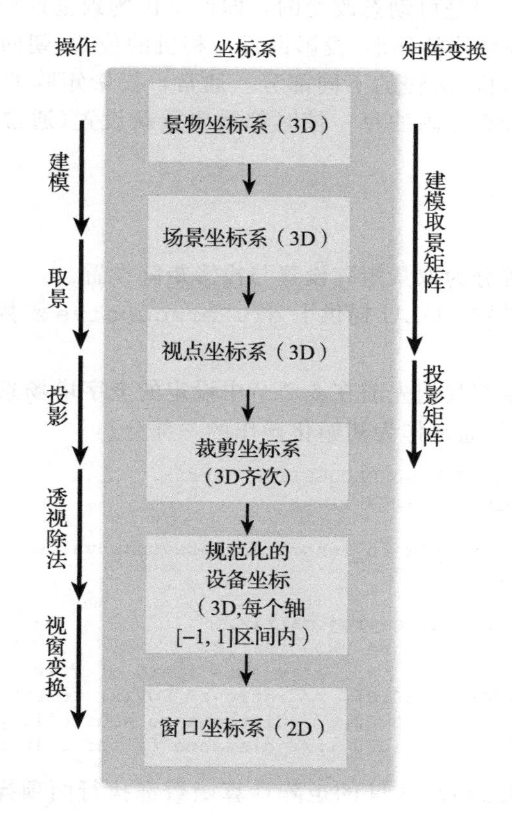

图 16-4　OpenGL 的几何处理流水线：将原始模型的每一个 3D 顶点变换到 2D 显示设备上的相应位置所涉及的坐标系统

建模阶段(modeling stage)将模型各个构件的坐标从各自的局部坐标系变换到统一的场景坐标系。在16.2.9节的在线材料中，我们介绍了在建模阶段如何实现层次建模。然后，**取景阶段**(viewing stage)将场景坐标变换为视点坐标，此后相机被置于原点，其朝向按照1.8.1节所述规范化方式设置。

下一步，**投影阶段**(projection stage)将视域体的外形和尺寸按照第13章所述的标准透视视域体的OpenGL版本进行规范化，将视点坐标变换为3D裁剪坐标。变换流水线还包括两个阶段，它们最终生成可传送给光栅化模块的视窗坐标。

在OpenGL中，流水线的前三个阶段是由应用程序通过两个分别名为$\boldsymbol{M}_{\text{MODELVIEW}}$与$\boldsymbol{M}_{\text{PROJECTION}}$矩阵控制的。

其中，MODELVIEW矩阵处理前两个阶段；应用程序按照以下公式设置该矩阵(利用下一小节所述的工具)：

$$\boldsymbol{M}_{\text{MODELVIEW}} = \boldsymbol{M}_{\text{view}} \cdot \boldsymbol{M}_{\text{model}}$$

两个矩阵组合的次序确保先对输入顶点(V)执行建模变换然后再实施视点变换：

$$\boldsymbol{M}_{\text{MODELVIEW}} \cdot V = \boldsymbol{M}_{\text{view}} \cdot \boldsymbol{M}_{\text{model}} \cdot V$$

应用程序在设置PROJECTION矩阵时(还是使用随后介绍的工具)，可使其分别对应于透视投影视域体或者平行投影视域体，并实施相应的投影变换。

OpenGL的设计者之所以将建模阶段和取景阶段组合在一起而另设投影阶段是因为在整个场景甚至应用程序的整个生命周期里，相机视域体(由$\boldsymbol{M}_{\text{PROJECTION}}$定义)是固定不变的。但相机的位置和朝向($\boldsymbol{M}_{\text{view}}$)是可动态改变的，即使不比场景里景物变化大，至少也是相当的。OpenGL的设计将视域体的外形/投影设置与相机的位置/朝向设置分开，从而可以自然地将它们放置在程序结构/流程的不同部分。通常，投影矩阵的设置可列入初始化操作中，而取景变换矩阵在计算动画的每一帧时都需要重新设置(通常在构建下一帧画面中的场景之前完成)。

16.2.5　相机设置

如上所述，相机设置分为取景矩阵设置与投影矩阵设置。

为了支持对后者的设置，GLU提供了`gluPerspective`函数，用于计算常见的对称视域锥的透视投影矩阵。

举个例子，为了设置与我们先前在6.2节中设定的金字塔场景相匹配的投影矩阵，我们需要执行以下指令序列(通常作为初始化操作的一部分)：

```
1  // Prepare to specify the PROJECTION matrix.
2  glMatrixMode( GL_PROJECTION );
3
4  // Reset the PROJ matrix to ignore any previous value.
5  glLoadIdentity();
6
7  // Generate a perspective-proj matrix,
8  // append the result to the PROJ matrix.
9  gluPerspective(           45, // y-axis field of view
10               (640.0/480.0), // ratio of FOV(x) to FOV(y)
11                         0.02, // distance to near clip plane
12                         1000 );// distance to far clip plane
```

注意，每个OpenGL或者GLU的矩阵计算函数都执行两项操作：1)针对给定参数，计算出相应的矩阵；2)通过矩阵乘法将它“合并”到目标矩阵的当前值上。这也说明了为什么`glLoadIdentity`这么重要；如果没有该函数，那么计算得到的透视矩阵将会并入投影矩阵的当前值而不是取代它。

现在，让我们来建立取景变换，这通常是绘制每一帧动画之前所做准备工作中的第一项。我们介绍如何采用 GLU 的函数来指定相机的位置与朝向，需提供的参数与在 WPF 中设置相机时相同：

```
1  // Prepare to specify the MODELVIEW matrix.
2  glMatrixMode( GL_MODELVIEW );
3  glLoadIdentity();
4
5  // Generate a viewing matrix and append result
6  // to the MODELVIEW matrix.
7  gluLookAt( 57,41,247, /* camera position in world coordinates */
8             0,0,0,     /* the point at which camera is aimed */
9             0,1,0 );   /* the "up vector" */
```

16.2.6 绘制图元

OpenGL 提供包括第 14 章所述的高效三角形条带与三角形扇等技术在内的多种网格描述策略。

应用程序需通过三角形细分将曲面表示成网格面，此外还需提供每个顶点的法向。因为复杂模型通常源于数学计算(此时顶点的法向很容易通过公式导出)，或直接由外部导入(一般已包含预计算的法向)，所以以上要求不难满足。

将网格数据传输到平台有多种策略，包括如何管理和使用 GPU 硬件 RAM(例如 15.7.2 节所述的顶点缓存或者 VBO)，应用程序可选择其中一种。在这个例子中，为简单起见，我们选择兼容配置文件中的逐顶点函数调用，尽管低效(已不再包含在核心 API 内)但它们在演示程序及“hello world”程序中很流行。基于这一策略，我们设置当前材质并初始化网格描述，然后一次枚举一个顶点(交错地插入 current-vertex-normal 状态变量)，最后结束网格的定义，如下面代码所示。下面我们具体定义在 6.2 节中构建过的纯黄色金字塔。

```
1  // Specify the material before specifying primitives.
2  GLfloat yellow[] = {1.0f, 1.0f, 0.0f, 1.0f};
3  glMaterialfv( GL_FRONT, GL_AMBIENT, yellow );
4  glMaterialfv( GL_FRONT, GL_DIFFUSE, yellow );
5
6  glBegin( GL_TRIANGLES );
7
8   The platform is now in a mode in which each trio of calls to
9   glVertex3f adds one triangle to the mesh.
10
11 // Set the current normal vector for the next three vertices.
12 // Send normalized (unit-length) normal vectors.
13 glNormal3f( ... );
14
15 // Specify the first face's three vertices.
16 // Specify vertices of the front side of the face
17 // in counter-clockwise order, thus explicitly
18 // identifying which side is front versus back.
19 glVertex3f(   0.f, 75.f,  0.f );
20 glVertex3f( -50.f,  0.f, 50.f );
21 glVertex3f(  50.f,  0.f, 50.f );
22
23 // Set the current normal vector for the next three vertices
24 glNormal3f( ... );
25
26 glVertex3f(  0.f, 75.f,    0.f ); // Specify three vertices
```

```
27 glVertex3f( 50.f,  0.f,  50.f );
28 glVertex3f( 50.f,  0.f, -50.f );
29
30   ... and so on for the next two faces ...
31
32 glEnd(); // Exit the mesh-specification mode
33
34  The mesh is now queued for rendering.
```

16.2.7 组装：静态帧

WPF会自动更新显示内容来呈现场景图的当前状态，与之相比，在立即模式中，显示更新的任务是由应用程序自行负责的。我们先看静态画面生成程序，然后再添加动态效果。

倘若程序只需生成单张静态图像，只需针对下面情形执行绘制任务：

- 初始化时生成首帧图像。
- 当窗口管理器向GLUT发送消息表明图像已被破坏需要进行修复时(例如当与OpenGL窗口的部分区域重叠的另一窗口被关闭)。

在这种情况下，显示函数通常如下所示：

```
1  void drawEntireScene()
2  {
3      Set up projection transform, as shown above.
4      Set up viewing transform, as shown above.
5      Draw the scene, via an ordered sequence of actions, such as:
6          Set the material state.
7          Specify primitive.
8          ...
9
10   // Final action: force display of the newly-generated image
11   glFlush();
12 }
```

16.2.8 组装：动态效果

我们现在对脚本进行扩展使之包含动态效果：让简单金字塔模型绕着y轴旋转，就像被放在了一个不可见的转盘上一样。在第6章曾用实验软件里的这项可视化技术来演示有向光源的光照效果。

在一个面向对象的系统里，场景层次结构里的每个结点都可关联一个变换。因此，可以给金字塔图元关联一个旋转变换，并且分配一个动态修改旋转角度的`Animator`元素，即可实现动画效果。该技术与第2章所用的时钟旋转技术相同。

在立即模式的平台上，可直接操纵MODELVIEW矩阵来进行建模。我们已经了解如何基于取景变换对MODELVIEW矩阵实施初始化。为了达到动态旋转的效果，需要稍微调整一下场景生成函数：在对场景进行绘制之前在MODELVIEW矩阵上关联一个旋转变换。

本章的在线材料详细叙述了这项技术，并且提供了源代码例子。

16.2.9 层次建模

之前我们曾介绍过两个构建场景层次模型的例子：第2章的2D时钟和6.6节的3D骆驼。在这些例子中，我们学会了如何基于WPF一类的保留模式平台来创建一个场景：应用程序通过建立构件结点的层次结构来创建场景(每个结点上关联一个实例变换以指定相关构件的初始位置)，通过调整关联在结点上的复合变换的值来实现场景动画效果。因为场景图的结构准确反映了该场景的实际结构，这无疑是一种很直观的实现方式。

现重新回顾图 6-41 所示骆驼的层次结构。如果采用立即模式平台，该如何建立这个模型呢?

我们面临两个方面的挑战：

- IM 平台没有存储模型的设施，应用程序应负责构建模型层次结构的数据结构、计算用来控制构件位置与朝向的所有变换的值，并予以存储。
- 10.11 节描述了图遍历和矩阵堆栈技术，以计算用于确定层次结构中叶结点位置与朝向的**复合变换矩阵**。当使用保留模式平台时，平台会自动执行这些计算；而使用 IM 平台时，这些负担都落在应用程序上。

有两种方法可以使之满足模型表示的需求：⊖

- 创建一个定制的场景图模块，该模块复制典型 RM 层(参见 16.4 节)所有的存储功能(例如构件层次图、变换值数据)和处理功能(IM 指令的遍历和生成)。
- 为每一类型的结点(组合结点或者基本结点)各写一个函数，通过高层结点函数调用低层结点函数，采用程序调用的层次结构来表示模型的结构。

在本章的在线材料中，我们详细介绍了后一方法及其完整可运行例子的源代码。

16.2.10 拾取关联

RM 平台的优点之一是支持**拾取关联**(判断一个图元是否为用户点击鼠标或操作其他类似设备的目标)。例如，WPF 会将 2D 视窗中给定拾取点的坐标转化为从场景图的根结点到相关叶结点的**拾取路径**。

当然，由于 IM 平台不保存场景，所以无法自动实现该功能。因此，IM 应用常常利用定制的关联逻辑，在遍历应用程序的场景数据时采用诸如光线投射(第 15 章)之类的算法来进行关联。OpenGL 则提供了另一种技术，即利用名称堆栈自动实现层次结构的关联拾取。本章的在线材料中介绍了该技术。

16.3 编程模型：OpenGL 可编程流水线

在本质上讲，实时图形生成离不开光照、网格、材质、取景变换和建模变换等。从固定功能流水线进化到可编程流水线并没有改变这一本质。但是，这些操作在应用程序源代码中的位置却被转移到由着色器语言编写的程序中，并安装在 GPU 中。有关细节可参阅第 33 章。

16.3.1 可编程流水线的抽象

我们在接下来的篇幅里将介绍可编程流水线的抽象流程图，如图 16-5 所示。为了保持流程图的简洁，我们只显示了顶点着色器与片元着色器，而略去了纹理数据/操作以及反馈循环。虽然我们在图中使用的是 OpenGL 术语，但是该图同样适用于 Direct3D。

如果觉得这张图似乎有点不完整，那么你的判断是对的。光照、材质与相机在什么位置呢？它们都在，只不过是以“精神”的形式：位于与输入相关的空方框和两个着色器方

⊖ 在这里，我们关注的是只包含生成目标图像所需的几何数据的模型。但是真实世界中的应用关注的是“应用模型”，其中包含有图形和非图形等诸多类型的数据(参见 16.4 节)。

框中。如果说固定功能流水线是一个可调配组装的器具，那么可编程流水线就是一台计算机，在其上可以装入自己构建的应用程序。我们首先在不涉及具体应用程序的情况下了解流水线的语义，然后再考察加载了实际程序后流水线会呈现出怎样的形态。

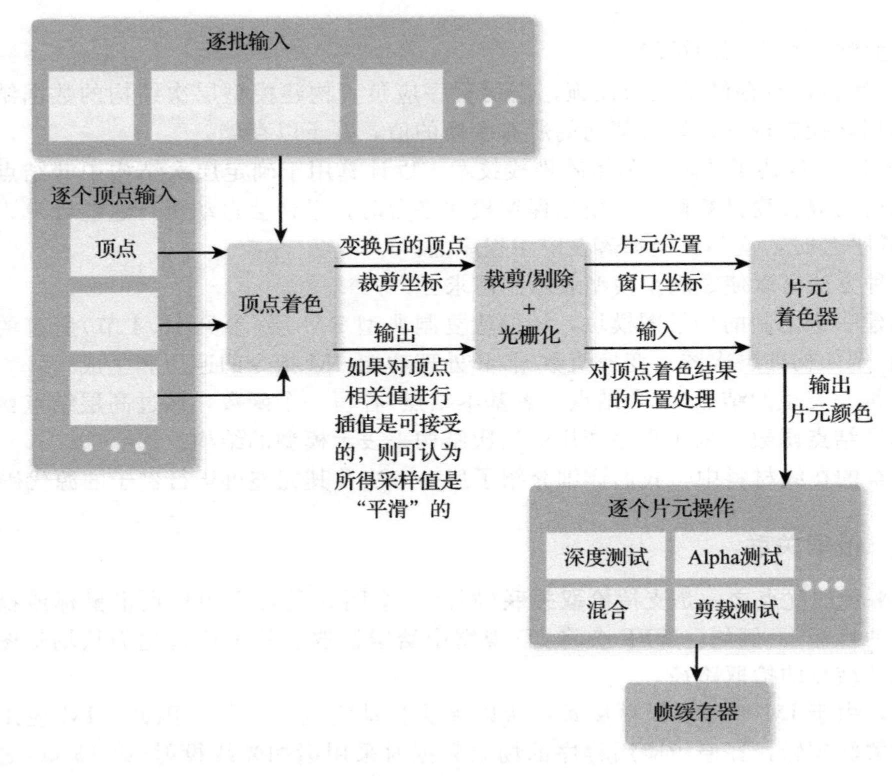

图 16-5　OpenGL 可编程流水线基本模块简图

应用程序通过流水线成批地发来顶点，每一批顶点表示一个网格，该网格上的所有顶点具有一些共同的属性(如材质、光照等)。**顶点着色器**是一个函数，它以顶点及关联于该顶点的属性(例如顶点法向或其纹理坐标)作为输入，网格中的每个顶点都要调用一次着色器。顶点着色器可以访问为每一批顶点共享的每一个“常数”变量(例如相机特性)。

顶点着色器所执行的任务取决于程序员。它的输出至少包含已转换为裁剪坐标的顶点(也就是已经经过了建模、取景与投影变换)，还可能包含一些“跟随”当前顶点进入流水线下一阶段的其他数据值。一般来说，顶点颜色值是输出值之一，但输出值的数量或语义并无限制。每个输出一般都标记为“smooth”，用来告知流水线中的光栅化阶段采用插值方式计算顶点之间的像素的相应值(另一标记为“flat”，意味着取消该插值功能)。

位于顶点着色器与片元着色器之间的是一段由数个模块⊖组成的迷你流水线(如图 16-5 中位于两者之间的单一方框所示)。这些模块协同将变换流水线的结果转换为窗口坐标、对视域体进行裁剪/剔除、光栅化并输出一系列的片元。

每个片元都要调用**片元着色器**(等同于 Direct3D 中的“像素着色器”)一次，其输入包括片元的位置(窗口坐标)以及由顶点着色器插值得到的属性值。在一些简单的例子中，片

⊖ 在某些硬件平台，流水线的这个部分也是可编程的。针对该部分的着色器是被称为“几何着色器”的第三种着色器。

元着色器除了将颜色值原封不动地传递给下一阶段外不做任何处理。但是片元着色器对光照计算来说很重要，这是因为采用简单的线性插值有时并不够。而且，它有助于实现一些诸如模糊之类的特殊效果。

与 OpenGL FF 流水线类似，在可编程流水线的末端是逐个片元操作模块。

16.3.2 核心 API 的本性

OpenGL 的核心 API 只保留了一部分可支持 FF 流水线的入口点。用于设置和传输纹理与网格的方法没有明显的改变，流水线末端的行为，像混合与双缓存等，也是类似的。但是所有其他信息与操作现位于变量统一、具有属性的着色器代码中。精简后的 OpenGL 核心 API 主要与以下类型的行为有关：

- 缓存对象管理——控制存储在 GPU 上的数据，包括存储的分配/释放和数据传输；
- 绘制命令——发送网格到流水线；
- 着色器程序管理——下载、编译、激活和设置统一变量和属性；
- 纹理管理——设置与管理顶点着色器和片元着色器需要用的纹理数据结构；
- 逐片元操作——控制流水线末端的逐片元操作(诸如混合和抖动)；
- 直接访问帧缓存——像素层次的读/写访问。

16.4 图形应用程序的架构

我们现在讨论一个典型图形应用的通用结构、对这个结构某些部分进行加速的方法，以及可以减轻应用程序设计者工作负担的各类软件。

16.4.1 应用程序模型

一个典型的 3D 应用程序包括一个**应用程序模型**(AM)——驻留在数据库或者数据结构中的一系列数据。应用模型的内涵并不仅仅是一幅生成的图像，图像只是 AM 的一个可能的展示方式。

在 WPF 版 2D 时钟的应用程序里，AM 包含的仅仅是当前时刻。但可对它进行扩展，使之包括与闹钟相关的数据(日期、闹铃的选择、“贪睡控制”等)或显示多个时区。注意，AM 无需包含任何内在的几何数据。例如，当日时间就不涉及任何几何信息，而基于时针旋转来模拟时钟也仅仅是一种数据显示的方式。

大部分的应用程序都有一个既包含非几何数据又包含几何数据的异构 AM。其中，几何数据又可分为**“抽象几何数据”**(IM 层不能直接处理的数据形式)与**“可供绘制的几何数据”**(IM 层可以直接处理的数据形式，如三角形网格)。

现在来看象棋应用程序的例子，其 AM 可分解成如下内容：

- 非几何数据可包括
  - 每个棋子在棋盘中的当前位置(也就是它所在的方格)。
  - 开始行棋后，每一步的记录，以便输出行棋的文字副本。
  - 用于策划下棋中每一步走法的象棋策略。
  - 已耗去的行棋时间、现在轮到谁走棋、所剩时长等。
- 抽象几何数据可包括
  - 数学定义的每个棋子的形状(该形状必须先转化成网格表示才能用于绘制)。
  - 棋子移动的路径，采用三次 Bézier 曲线定义，用于模拟棋子从一个方格移动到另一方格的过程。

- “IM 平台可直接采用的几何数据”包括
  - 绘制棋盘涉及的几何与材质。
  - 不同视点处的相机定义(如果用户界面上设有多个视点可供选择)。
  - 棋子的建模变换(除了棋子所在棋盘方格的抽象位置，如果用户还可以控制棋子的 3D 位置与朝向)。

现在再来看一个非常复杂、采用 CAD/CAM 表示的喷气式飞机的 AM。喷气机由数百万个零部件组成，每个零部件包含几何、空间布局、连接/关联数据；用于飞机操作模拟的行为数据；用于采购的零件编号、价格、供应商 ID；保养/维修指南或警告信息等。此外，为了便于查找或者过滤，每个零部件都“驻留”在多个组织系统中。例如，一个按空间组织的系统会将零部件按其所在区域归类(例如座舱、主舱等)；但按照功能组织的系统则将零部件分为电气或者液压等不同的系统。

数据库相当于这些不同类型数据的汇集，供各种各样的系统和应用程序使用和操作，而“计算机图形”程序只是其中的一小部分。

此处我们只关注那些原本就是几何数据，或为了便于绘制而采用几何方式表示的数据。

16.4.2　从应用程序模型到 IM 平台的流水线

现在研究基于立即模式的应用程序是如何驱动 IM 平台、进而驱动 GPU 的。除了其特定的语义/逻辑之外，每个这样的图形应用程序都要实施一个被称为“从应用模型到 IM 平台的流水线”(AMIP)的多阶段处理步骤。AMIP 位于完整绘制流水线客户(CPU)一侧的前端，该流水线从概念上可以划分成多个阶段，每一阶段执行一项任务，如图 16-6 所示。

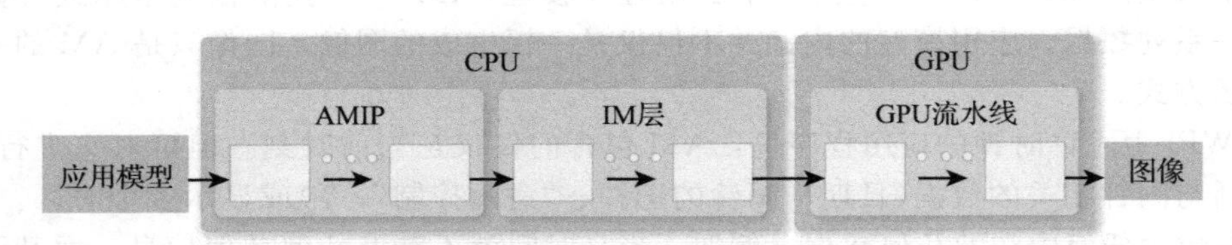

图 16-6　典型应用程序流水线的简图。该流水线将应用模型转换为场景，送交 IM 平台绘制

简单地说，AMIP 遍历 AM 以完成以下工作：

- **明确要绘制的场景**，包括所有的几何、材质、光照/特殊效果以及相机设置等。应用程序遍历 AM，提取出与场景相关的数据，并将其中的非几何数据转换成几何表示然后添加到场景中。这项操作类似于生成数据库的一个“视图”，它涉及选择(基于查询条件进行提取)与变换(对被提取数据字段进行任意计算或更换其格式)。
- **对 API 的一系列调用进行计算**，以驱动 IM 层来生成场景图像。

图 16-6 从功能角度勾画了一条完整的绘制流水线。描述图形应用程序的另一种方式是从软件工程的角度，列出各部分的层次**软件堆栈**。自定义的应用程序代码位于栈顶，图形硬件驱动程序在栈底，中间的平台/库位于二者之间。

一个典型 3D 图形应用程序中与图形相关的软件栈至少包含三层(见图 16-7)；如果采用保留模式中间件平台来辅助 AMIP，则可能包含四层(见图 16-8)。

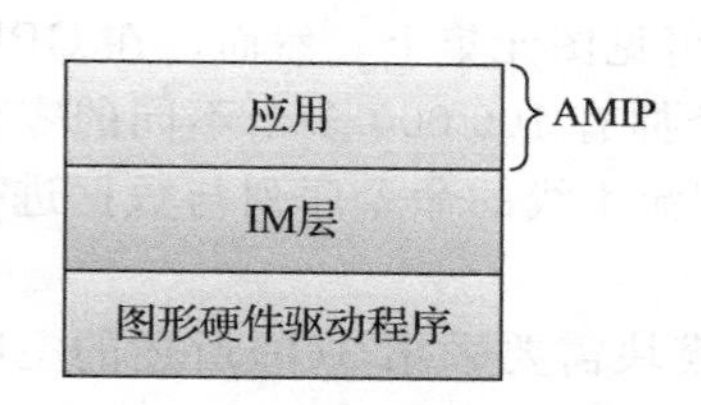

图16-7 应用程序的软件栈：场景数据被直接传送到立即模式平台

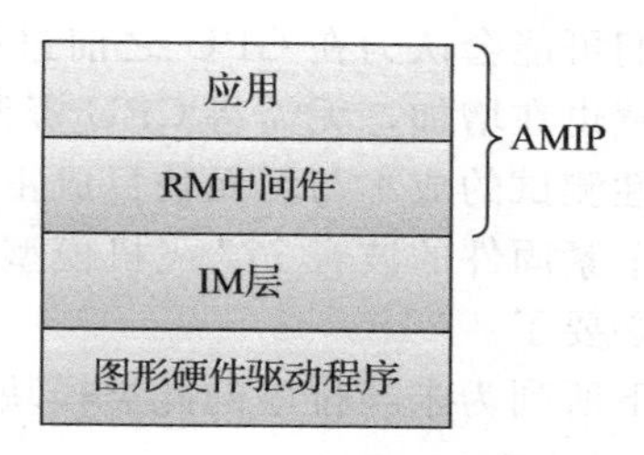

图16-8 另一类应用程序的软件栈：在构建场景时采用了保留模式的中间件

随着技术的发展，在流水线里AMIP任务的排列顺序以及它们所归入的软件栈的层级不断变化。而且，随着GPU可编程性能的不断开发，当前仍在CPU端处理的任务将逐渐转移到图形硬件上。我们将在稍后讨论“分工”问题，现在首先来了解AMIP中的各类任务。

在所有应用程序中(除了最简单的情形)，为了保证应用规模**可扩展**，AMIP必须以高度优化的方式运行，也就是说即使场景的规模与复杂程度增加，也要确保其足够的性能(尤其是对实时动画)。术语“Large-Model Visualization”(简称LMV)常常用来形容可处理像喷气式飞机或者巡洋舰的CAD模型之类极其复杂场景的应用程序或者平台。

优化AMIP的首要目的是减少对以下资源的消耗：

- CPU与GPU之间的带宽：可通过最小化传输到GPU的数据量实现；
- GPU显存消耗：比如减少GPU上几何数据的缓存；
- GPU的处理周期：为GPU绘制场景提供高效IM层指令序列。

执行这些优化任务需消耗CPU端的资源，这意味着减少流水线后半段的耗费(尤其是GPU)需要流水线的前端做额外的工作，两者之间存在一个折中问题。

一般来说，AMIP由多个阶段组成，其间场景数据流贯穿始终。这些阶段依序执行或者部分并行执行，它们从三个方面进行优化：

1）降低场景复杂度。

2）为IM层提供高效指令流。

3）通过合理缓存避免冗余计算。

16.4.2.1 减低场景复杂度

减小传送到IM层处理的图形数据总量的方法有三类，我们现在分别介绍。

16.4.2.1(a) 从“宏观场景”中提取待绘制的场景

在一个大型应用中，AM所表示的“宏观场景”中的景物并非同时可见。因此，AMIP需要根据用户确定的绘制目标，从宏观场景中抽取相应的子集。例如，在一架飞机的CAD应用中，其宏观场景为整架飞机的完整定义，要绘制的子集可能是用户正关注的某个子系统(例如电气、暖通空调或者液压系统等)。

再来看一个多级游戏的例子。游戏的每一级都对应于一个完全不同的子场景。因此应用程序只需提取出当前层级的子场景作为绘制的对象。

16.4.2.1(b) 将场景简化为潜在可见图元的最小集

此处AMIP关注的是高层剔除——消去场景中无需绘制的全部或大部分图元。这与GPU中的隐藏面剔除形成对比。由GPU执行的隐藏面剔除包括背面剔除(参见36.6节)和基于深度缓存逐个像素的遮挡剔除(参见36.3节)等。

高层剔除(由CPU实现)与低层剔除(由GPU实现)协同工作，其共同目标是降低场景复杂度，减小GPU的工作负担。

人们可能会认为在GPU之前进行图元剔除是不必要的，因为GPU正变得越来越强大，带宽也在增加，无需将CPU资源浪费在确定潜在可见图元集上。然而，在GPU中实施可见性测试的成本与图元数目成正比。显然，对一个拥有100 000多个不同的零件以及数百万个紧固件的波音777飞机模型，对送往硬件绘制流水线的命令序列与数据进行优化就非常必要了。

以下所列为未经排序的此类模块清单，其中多个模块需要采用3(b)所述的空间数据结构：

视域体剔除：如第13章所述，相机的位置及取景参数决定了视域体的几何形状，只有位于视域体内的景物是可见的。这一阶段试图确定并消去场景中完全位于视域体外的景物。视域体剔除一般通过将场景中的景物组织成层次包围盒结构(如36.7节所述)来实现；但在某些特定情形(如静态场景)中，也可使用其他数据结构(例如36.2.1节所述的BSP树结构)。

区域剔除：在许多应用中，其场景为建筑，也就是说场景位于建筑物内，墙将建筑物空间分割成若干“区域”，而窗/门是相邻分区之间相连接的“通道”。针对这类场景，也有许多剔除不可见景物的算法(参见36.8节)，这类算法也称为**通道剔除**算法。

遮挡剔除：考察一个行人站在曼哈顿中心区一个交叉路口时看到的场景。如果视域体的深度覆盖多个街区，那么行人看到的每个可见面，尤其是距离行人较近的那些可见面，将会遮挡它们后面的大量景物。在此类环境中，剔除这些被遮挡的景物将明显获益。

基于贡献的剔除/细节剔除：如果一个可见图元或者场景的某一部分在观察者的视野中太小或者离观察者太远，其对绘制结果的影响可能会很小。本步的工作是发现并去除这类景物。由于观察者在运动过程中不会留意到场景中某些小物体的缺失(在相机静止时则容易被发现)，该类的应用程序可能会采用这种剔除方法。

16.4.2.1(c)　减小传输/绘制几何形状的开销

在这类操作中，要么通过对复杂几何形状的网格的编码来减少GPU绘制的开销或减少将其几何表示传输到GPU的数据缓存器的尺寸，要么通过网格简化来降低几何表示的复杂度(例如减少网格的三角面片数与顶点数)。

重新编码是为了将网格的几何表示转化为可被图形硬件更快处理的格式。例如，将网格转化为三角形条带[EMX02]是一种很常见的做法，许多硬件流水线都针对这种简洁的编码格式作了充分的优化。

简化是一种压缩形式，类似于JPEG图片压缩或者MP3音频压缩。这种压缩是**有损的**，压缩后的网格不如原始网格精确。但是正如MP3压缩过的音乐文件对很多应用来说依然“足够好”，几何简化也可针对特定应用调整到令人满意的效果。

举个例子，如果景物或者视点处于运动过程中，则此时对景物的几何表示进行适度简化可能不会被观察者所觉察。或者，景物的“重要度”(以其在视窗内投影的像素数目来度量)低于某个阈值，一定程度上的简化不会影响对该景物的辨识。

包括以下方法在内，有多种几何简化算法：

- **连续层次细节简化/多分辨率/几何变形/选择性简化/渐进网格简化/分层次动态简化**

有一系列可实现网格自动简化的算法，它们可根据景物在图像上的重要性(如上所述)精细地调整简化的程度。在所采取的策略、应用场合方面，这些算法各不相同。倘若在简化时想要“刚刚好又不过度”，则应该研究这些算法。

举个例子，渐进网格(详见25.4.1节)可以多种分辨率采用单一数据结构来存储一个网格。该结构可被视为一个序列：先是最粗的网格(开销最小，质量最差)作为“核心”，紧跟着一系列如何以递增的方式恢复上一层分辨率信息的“重建记录”。在绘制该网格时，该多分辨率网格的重建过程可止于序列中的任意位置，处理的重建记录越多，所得到的网格越接近于原始的分辨率。

注意，这些算法既可以在 AMIP 实现，也可以直接由图形硬件实现。

- **离散层次细节**

当应用程序希望对网格简化实施完全的控制时，可以采用这一技术来取代网格自动简化算法。关键景物可表示成数种不同分辨率的网格(例如高、中、低分辨率的版本)，应用程序按照景物当前的重要度选用某一分辨率的网格表示。

- **复杂几何形状的模拟**

对于某些特定应用(比如橘皮，或者远处怪石嶙峋的地表等)可采用一些技巧让眼睛误以为看到的是复杂的几何表面，而无需对真实的几何进行建模并承担相应的光照/着色计算代价。1.6.1 节介绍的纹理映射是一种最早的采用图像来覆盖网格表面以提供颜色、透明度变化的技术。在第 20 章中，还会介绍像法向映射、位移映射、凹凸贴图以及过程纹理等更多的精巧方法。一个减小开销的极端例子是 14.6.2 节中介绍的“广告牌”方法，该方法通过将纹理映射到平面多边形上来降低远处景物的复杂性。

- **细分曲面/GPU 细分**

与网格简化技术相比，这种技术的目标恰恰相反——它利用迭代细分算法(见 14.5.3 节以及第 22 章和 23 章)增加表面的细节，使得粗糙的“基网格”看起来更平滑。这是一种由 GPU 执行细分的优化方法。CPU 端只需处理粗的基网格，因此减少了 CPU/GPU 带宽消耗。由于这是一个迭代的过程，GPU 细分会根据图元与观察者之间的距离调整细分的程度，因而提供了一种可变的层次细节控制。

16.4.2.2 生成高效 IM 层指令序列来绘制简化后的场景

图形硬件流水线是多个功能单元的复杂组合，只有在充分了解流水线的特点及其潜在瓶颈的情况下才能达到最大吞吐量。某些类型的操作序列会引起“流水线拖延”从而急剧降低其性能。多年来，随着流水线的不断调整，原来的瓶颈得到缓解，但又出现了新的瓶颈，进而呼唤对流水线做进一步的调整。

具体而言，状态的改变(比如，当前材质状态变量的变化，或者切换到另一顶点着色程序)会打乱流水线的吞吐量，应通过仔细调整图元的绘制顺序来最小化状态切换带来的影响。实际的影响与 API、硬件平台、驱动软件以及待改变的状态变量的类型有关。不过，作为一项规则，每一次对状态变量进行修改后都应该生成尽可能多的图元；因此，作为 AMIP 的一部分，其执行逻辑应当对潜在的可见集合进行分析，在此基础上对图元重新排序，将对应于相同状态配置要求的图元成批地进行处理。在象棋应用程序中，设计者可能会将黑色与白色棋子的材质分别设置为黑曜石与缟玛瑙。以便一次性地绘制完黑色棋子，然后再绘制所有的白色棋子，或者将顺序反过来。

对状态变量定义次序的改动一般不会影响到最终绘制生成的图像，但如果涉及半透明材质，则是例外，它会让优化(还有遮挡剔除等)过程变得复杂。

16.4.2.3 利用缓存技术避免第 1 类与第 2 类任务中的冗余计算

执行如 16.4.2.1(a～c)节和 16.4.2.2 节所述各类任务中运算需占用大量的 CPU 与内存资源。但是，对于其中的许多运算来说，如果相邻两帧之差满足一定的要求，则得到的第 i 帧计算结果对第 $i+1$ 帧也是适用的。因此，采用缓存技术可降低这类运算的 CPU 开销。

用于此项目的缓存称作**加速数据结构**，有两种不同的用法：

- **对计算结果进行缓存**
  - 例如，在 16.4.2.2 节中，可以缓存与场景中静态部分相关的 IM 层指令序列并为后续帧所重用；而且为了避免在 CPU/GPU 之间重复传递，可将这部分缓存内容作为**显示列表**下载到图形硬件上。
  - 考虑 16.4.2.1(b)节中的例子，通过该节所列算法计算得到的网格简化结果也应当被缓存，这对减少客户端(CPU)和服务器端(GPU)的存储来说都是有利的。
- **对计算中要用到的数据进行缓存**
  - 考虑 16.4.2.1(a)节中的例子。视域体剔除一般将候选图元组织成 BVH(层次包围盒结构，见第 37 章)，将该数据结构进行缓存以便为各帧所重用；另外，还可针对几何发生改变的部分场景选择性地更新 BVH 相关部分，从而延长该缓存数据结构的生命周期。
  - 又如 16.4.2.1(b)节中的例子。对每一图元是否执行简化的决策逻辑一般都基于其相应的计算**成本**(对该图元几何复杂性以及绘制开销的度量)和效应**值**(对该图元的图像在屏幕上所占区域的度量)。算法依据其效应值/计算成本的比率来决定可对该图元实施何种程度的简化。可将这一比率进行缓存。注意，当 POV 发生改变时，缓存中的“效应值”将失效。

要设计一个包含加速数据结构的软件并非易事；我们将在 16.4.3 节中作进一步的描述。

当你读完以上常见的 AMIP 任务时，你可能已经在脑海里构建出类似图 16-9 所示的完整定义的流水线图。

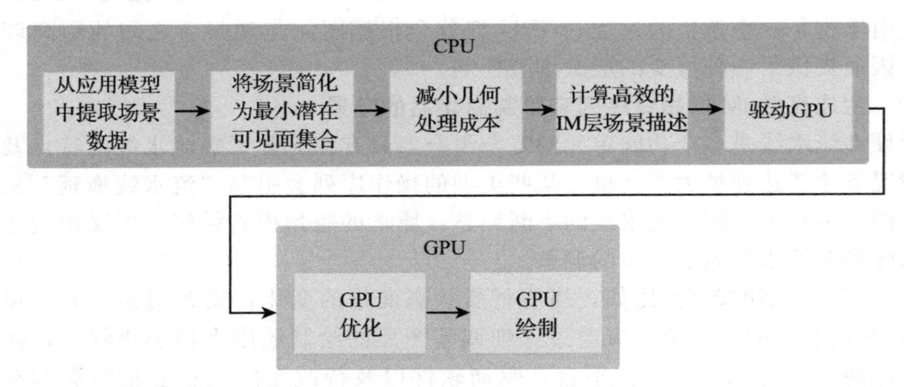

图 16-9　典型 AMIP 中各部件的一种组合方式

需要注意的是，这只是一个高度抽象的、从应用模型到绘制图像的完整图形流水线的概念图。真实的实现方式与该抽象图之间在以下几个方面可能有所不同。

- 各项任务不一定需要顺序执行，某些任务可以并行进行计算。
- 该流水线中所展示的任务次序是概念性的，在实际软/硬件实现中不必完全照此次序。
- 某些任务可以分划到数个软/硬件模块中，甚至跨越多个 CPU 与 GPU(针对场景规模高度扩展的情况)。
- 我们的讨论尚未涉及 GPU 的内部结构，有关现代图形硬件的讨论可参考第 38 章。

接下来我们将注意力转向 CPU 端的软件栈，尤其是包含保留模式中间件层的四级栈。该中间层将承担 AMIP 的大部分职责。

16.4.3 场景图中间件

前面介绍了描述3D图形场景的两个抽象层：立即模式(IM)和高层次的保留模式(RM)，也讲述了RM层的两大职责：其一是存储场景图；其二是对场景图进行遍历，生成将要发送到IM层的图形生成指令。

另外，在16.2.9节中，我们还注意到，直接基于IM层的应用程序通常都包含具有RM层基本功能的定制模块，这是因为在图形应用中场景存储(以及将之转化为图像)是一个常见的功能。

我们现在来更完整地考察RM中间件的功能。一个基于RM的应用程序从应用模型中提取信息并利用RM API构建场景图(该图驻留于中间件层)。由中间件来维护场景定义给程序员带来以下便利：

- 以面向对象的方式表示关键3D图形概念(图元、变换、材质、纹理、相机、光源)，为程序员构建场景提供了一个直观的API界面。
- 支持层次建模。
- 通过对场景描述进行递增式编辑实现动态仿真。
- 支持层次拾取关联。

几乎所有RM中间件都能提供这些便利；然而，除了这些特征之外，为优化性能而设计的RM中间件还可以执行16.4.2节所列的任意一项应用模型后置处理(post-application-model)的AMIP优化任务(如图16-10所示)。大多数RM层都不提供优化，某些RM层针对场景规模的可扩展性和计算性能进行了优化，另一些为了简便起见则不提供优化功能。(具体介绍可参见本章的在线材料，其中包含了一个关于场景图平台的导引表。)

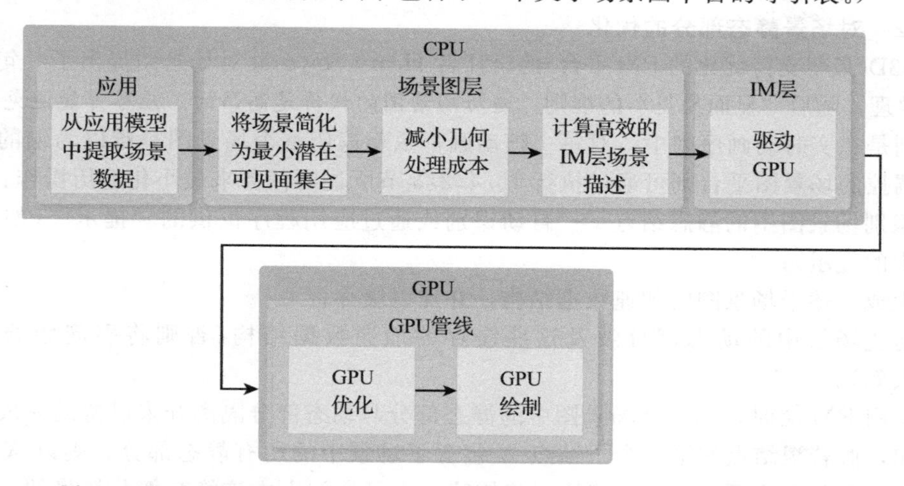

图16-10 采用保留模式中间件的应用程序中的AMIP功能模块分布示意图

16.4.3.1 基于加速数据结构的优化

为了获得性能提升，一些RM在具体实现中构建加速数据结构(如16.4.2.3节所述)，存储用来支持优化的信息。设计一个软件逻辑来维护这些数据结构并非一项轻松的任务(图16-11为该软件逻辑的示意图，相关细节将在第36章和37章进行讨论)，这是因为当场景图改变时加速数据结构也必须随之更新，其中需要进行精细的判断以避免一些缓存信息过早地被舍弃，同时避免该数据结构的大规模重构。

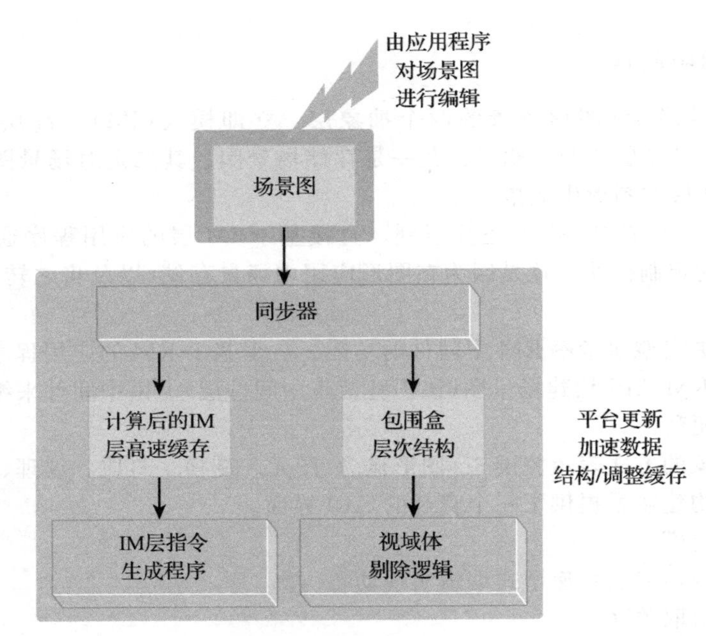

图 16-11　示意图描述了一个具有视域体剔除和 IM－指令复用两种优化功能（参见 16.4.2 节）的 RM 层，展示了当场景图改变时对加速数据结构（在本例中是指 BVH 和 IM－指令缓存）进行更新的软件逻辑

除了维护加速数据结构的 CPU 时间开销之外，还涉及对 CPU 内存资源的占用。在本节的最后，我们将讨论场景图中间件的运行代价和在代价/收益之间如何进行权衡。

16.4.3.2　对场景静态部分的优化

Java3D（最早支持优化的 RM 平台）的设计者 Henry Sowizral 对场景图提出了一句初看似乎不合常理，随后“显而易见”的准则：*遍历场景图的代价是高昂的，应尽可能避免遍历。*

特别是在实时动画序列中，对每一帧动画都重新遍历整个场景图是难以为继的。一个规模可调控的场景图平台则可通过执行 16.4.2.3 节所述的任务来最小化遍历操作：

- 识别场景图中的静态结点——自动识别或通过应用程序提供的“提示”（如 Java3D 中的提示）；
- 生成上述子场景图的加速数据结构，并加以缓存；
- 防止场景中的动态部分波及这些缓存的加速数据结构（否则将引起频繁的缓存失效）。

在使用 RM 层时，你可将场景图中的静态部分与动态部分隔离开来以协助完成上述任务。例如，假若根结点的第一个子结点 X 包含了场景中的所有静态部分，则以 X 为根结点的场景子图只需遍历一次，在遍历时将构建一个可高效生成该静态部分场景的加速数据结构。场景图根结点的其余子结点则标记为动态结点，且不允许它们改变场景静态部分的加速数据结构。

倘若应用程序允许观察者在其静态场景中游历，只需遍历一次场景图即可构建一个可用来高效生成每一帧动画的加速数据结构。

有趣的是生成加速数据结构并对其进行缓存时通常会尽量“展平”场景图的层次结构以消除遍历时的上下关联。为什么呢？想想 Sowizral 关于*避免遍历*的警句！建立加速数据结构的目标是使优化算法能快速访问为优化所需的即用数据；如果优化逻辑需要遍历场景图的层次结构才能解读加速数据，则将严重降低效率。

16.4.3.3 保留模式中间件的代价与弊病

RM 层带来的收益是有代价的。与开发相关的成本包括：软件包 API 的学习曲线，以及为在开发过程中快速诊断、修复程序错误而积攒经验所花费的时间。（当然，还有商用中间件产品的财务成本。）

运行成本包括对 CPU 端内存与处理器的占用，主要分为以下两方面。

1）场景图本身存储在 CPU 端，对于复杂场景来说，其占用的内存不容忽视。而且，如果应用模型(AM)占主导的是几何，则对该模型而言，场景图很可能是冗余的。

2）中间件的优化模块内使用的加速数据结构/缓存将占用 CPU 端的内存，当场景高度复杂时，所占用的内存相当可观。

重新审视我们的骆驼-建模应用程序、将基于 OpenGL 函数的方法与第 6 章描述的场景图方法进行比较会很有意思。考虑一个沙漠场景，该场景里有一支由 100 只骆驼组成的驼队。那么对两种方法来说，各自占用的 CPU 端的内存分别是多少呢？

在 6.6.4 节中，我们展示了在场景层次结构不同层次处重用组合构件可以改变场景图中的结点数。构件重用固然可以节省资源，但也会失去动画控制的细节。如果从目标动画质量出发，要求独立控制场景中的每个关节，则不能重用组合构件，在这种情况下，场景图占用的内存量将达到最大。（当然，可以共享基元构件的网格表面数据而不影响对各关节运动的独立控制。）

与之相比，初看之下会觉得 16.2.9 节介绍的基于函数的方法是高度可扩展的。层次设计的成本是固定的，因为它存在于编译好的可执行文件中，与骆驼数目无关。事实上，如果我们的目标仅是为绘制一帧静态画面，画面中有 100 只位置随机分布的骆驼，那么只需编写一个程序，调用 `Camel()`函数 100 次，每一次调用采用随机、非保留的实例和关联变换即可。所占用的 CPU 内存将会是一个与骆驼数无关的常量。然而，如果要模拟驼队的动态效果，那么应用程序模型至少要考虑每只骆驼的当前位置和朝向。倘若为了生成高质量动画而需要对每个关节分别进行控制，那么包括每只骆驼信息(位置、朝向、每个关节的状态)的 AM—驻留存储看上去将越来越像一张场景图。对场景细节的控制要求越高，则 AM 越具备场景图的特质，开发团队为实现定制场景图与定制 AMIP 特质所花的时间就越多。

因此开发团队在建立定制 AMIP 与使用中间件平台来降低其工作负荷时必须做出选择，在选择时需要考虑相关成本。如前指出，某些成本(例如构建加速数据结构)是无法避免的；然而，自定义的 AMIP 可以避免复制应用模型(AM)中的数据，而驻留在中间件上那些冗余的 AM 数据副本、其占用的内存和处理周期方面的 CPU 成本是独立于应用领域的通用场景图中间件技术的基本问题。

然而，层次场景图与 AMIP 的自动优化所带来的便利显而易见，因此在一些特殊领域，融合了 AM 与场景图的高效平台架构(在下一小节中介绍)越来越受欢迎。

16.4.4 图形应用程序平台

在一些拥有庞大开发团队的关键应用领域，由于需要方便地使用场景描述数据库、优化其功能并为领域内常见问题提供解决方案，导致了**图形应用平台**的发展。

其中最突出的应用领域是游戏开发。开发 3D 交互游戏会涉及以下任务：

- 高度优化的 AMIP。
- 统计/历史记录/计分。

- 声音(背景音乐，同步声效)。
- 真实动态过程的物理模型。
- 网络(基于局域网或者广域网的多人游戏)。
- 人工智能(角色/对象的自主行为)。
- 输入设备处理。

为了为游戏开发提供一个功能丰富的基础，若干**游戏应用平台**(即通常所称的**游戏引擎**)已经以商用产品或者开源库的形式供开发者使用，其中不少是作为团队开发特定游戏或者系列游戏时的副产品发展起来的。游戏应用平台的运行模块内部是一组数据库，这些数据库相当于一张"超级场景图"，其中保存的场景信息与应用模型中的信息交织在一起。例如，在一款赛车游戏中，一个可实例化的汽车模板不仅要包括预设的几何信息(例如表示该汽车几何与外观的场景图模板)，还要包括它的操作特征(例如，加速极限、急转弯时的操作特性等)。而且，在表示一辆正在比赛中的实际赛车时，模板的实例除了包括正常场景图需记载的当前位置/朝向等信息外，还应额外设置与比赛相关的信息(比如，当前速度、当前角动量等)。

游戏开发不仅仅涉及可执行的运行程序，成熟的游戏开发系统一般还包括辅助设计的工具集/集成开发环境。例如，流行的虚幻游戏开发环境包括可处理以下事务的工具：

- 3D模型的构建/编辑，包括从各种格式文件中下载现有模型的能力。
- 在构建可真实行走的人形/兽形角色时对其进行蒙皮或装配。
- 艺术方面，包括背景上色、材质设计、灯光设计等。

当然，图形应用程序平台也适用于其他领域。例如，在CAD/CAM领域，Autodesk的AutoCAD系统已经从一个简单的应用程序发展成一个高度可配置、具有"超级场景图"数据库、丰富API的平台。AutoCAD没有采用一刀切的统一模式，而是为多个子领域(如机械、建筑、工厂平面布局等)提供了具有不同目标AM语义的开发环境。

16.5　其他平台上的3D应用

在过去，3D应用的计算需求使得这些应用只能作为单机程序运行在桌面/笔记本电脑上或者像Xbox 360、PlayStation、Wii等之类的专用游戏平台上。然而，随着软件开发/硬件性能的稳步发展，"嵌入式"3D已经逐渐变得可行。

16.5.1　移动设备上的3D应用

典型的高端智能手机或者平板电脑都有一个包含顶点与片元着色器、硬件加速的可编程流水线。为了向这些设备提供与硬件无关的、一致的API，一个名为**OpenGL ES**(嵌入式系统)的轻量级的OpenGL API已经开发出来。除了基于Windows系统的手机和平板电脑(由DirectX 9 API驱动)外，这个API目前已在移动设备领域广泛应用。

各种ES版本的设计主要是根据相应移动设备的处理能力、可用内存、带宽以及电池寿命等性能指标对API进行适当的调整。例如，在着色语言中增加了精度修饰符，以便应用程序能选择较低数值精度来减小处理器的负担。而那些会大幅增加处理器负荷的功能(如计算伪随机噪声)则被删除。此外，因为对着色器代码进行编译的计算成本很高，这些ES的变化版本大都采取了下载已经预编译(二进制)的着色器的策略。

16.5.2　浏览器中的3D应用

在定义一个便于从互联网传输到浏览器的(以及场景/模型的跨应用转换)3D场景描述

的文本格式方面，最早的工作可追溯到 1994 年的首版 VRML(Virtual Reality Modeling Language)。VRML 现已全面改进并改名为 X3D，并已成为由 Web3D 联盟维护的 ISO 标准。它提供了 3D 场景图的 XML 陈述型定义，可支持固定功能流水线与着色器的扩展功能。而特殊的脚本语言和交互/动画结点提供了动态模拟的功能，导航结点则可设置漫游/飞行导航，这使 X3D 不仅仅是一个静态图片生成器。然而，当今流行的浏览器仍缺乏对 X3D 的天然支持，从而影响了 X3D 的普及，该格式尚未吸引到学术圈之外的网站作者。

网站广泛使用 3D 内容的潜力远高于 WebGL。WebGL 是一个与众多主流浏览器同源的 JavaScript API，支持在 HTML5 画布上采用立即模式的 3D 绘制。由于它基于 OpenGL ES，故没有固定功能流水线，需要使用着色器来控制所有的外观。因此，希望拥有固定功能模型与保留模式场景图的程序员只能依赖中间件平台，其中一些平台目前正在开发中。

有关这个快速发展的主题的更多信息，可查看本章的在线材料。

16.6 讨论

本章简要介绍了对应不同设计目标和抽象层次的图形平台。哪个平台模型都不会比已经起主导作用的某种编程模型或者主流语言更占据优势地位。开发者可以选择对 GPU 硬件施加何种程度的控制，就像他们在编写程序时可以选择汇编语言、C 语言、高级过程语言、面向对象语言或者函数式语言一样。3D 图形的开发者可以选择在“底层”进行编程(采用不同形式的 OpenGL 或者 Microsoft 的 Direct3D 语言)，通过直接编写着色器程序来利用飞速发展中的绘制科学(基于物理的照片真实感图形生成和卡通模拟)所提供的最新算法和技巧。另一方面，他们也可以放弃对 GPU 的直接控制，而选择在高级抽象层次上进行编程(这种编程方式具有较为平缓的学习曲线)。在这一层次上，他们可以采用立即模式进行编程，通过自己的数据结构来驱动 GPU；也可以采用保留模式，发挥其在显示层次模型方面所特有的优势。就像使用拥有许多功能的高级语言一样，软件包为开发者提供的辅助功能越多，在性能指标上牺牲的可能性就越大。在撰写本书的时候，着色器编程显然是占主导地位的编程模型，但这可能也会变。我们可以轻松预测到的一个趋势是：由于可以充分利用移动设备快速增长的性能与更好的云服务，移动计算将在智能手机和平板电脑上提供只有现今高端显卡才拥有的惊人实时图形能力。

推荐阅读

计算机图形学原理及实践（基础篇）

作者：[美]约翰·F. 休斯（John F. Hughes） 安德里斯·范·达姆（Andries van Dam）
摩根·麦奎尔（Morgan Mcguire） 戴维·F. 斯克拉（David F. Sklar）
詹姆斯·D. 福利（James D. Foley） 史蒂文·K. 费纳（Steven K. Feiner）
科特·埃克里（Kurt Akeley）

译者：彭群生 等 ISBN：978-7-111-61180-6 定价：99.00元

计算机图形学原理及实践（进阶篇） 即将出版

本书是计算机图形学领域久负盛名的著作，被国内外众多高校选作教材。第3版全面升级，新增17章，从形式到内容都做出了很大的调整，与时俱进地对图形学的关键概念、算法、技术及应用进行了细致的阐释。为便于教学，中文版分为基础篇和进阶篇两册。其中基础篇取原书的第1~16章，内容覆盖基本的图形学概念、主要的图形生成算法、简单的场景建模方法、二\三维图形变换、实时3D图形平台等。进阶篇则包括原书第17~38章，主要讲述与图形生成相关的图像处理技术、复杂形状的建模技术、表面真实感绘制、表意式绘制、计算机动画、现代图形硬件等。

推荐阅读

交互式系统设计：HCI、UX和交互设计指南（原书第3版）

作者：David Benyon 译者：孙正兴 等 ISBN：978-7-111-52298-0 定价：129.00元

本书在人机交互、可用性、用户体验以及交互设计领域极具权威性。
书中囊括了作者关于创新产品及系统设计的大量案例和图解，
每章都包括发人深思的练习、挑战点评等内容，适合具有不同学科背景的人员学习和使用。

以用户为中心的系统设计

作者：Frank E. Ritter 等 译者：田丰 等 ISBN：978-7-111-57939-7 定价：85.00元

本书融合了作者多年的工作经验，阐述了影响用户与系统有效交互的众多因素，
其内容涉及人体测量学、行为、认知、社会层面等四个主要领域，
介绍了相关的基础研究，以及这些基础研究对系统设计的启示。

交互设计：超越人机交互（原书第4版）

作者：Jenny Preece 等 ISBN：978-7-111-58927-3 定价：119.00元

本书由交互设计界的三位顶尖学者联袂撰写，是该领域的经典著作，被全球各地的大学选作教材。
新版本继承了本书一贯的跨学科特色，并与时俱进地更新了大量实例，
涉及敏捷用户体验、社会媒体与情感交互、混合现实与脑机界面等。

推荐阅读

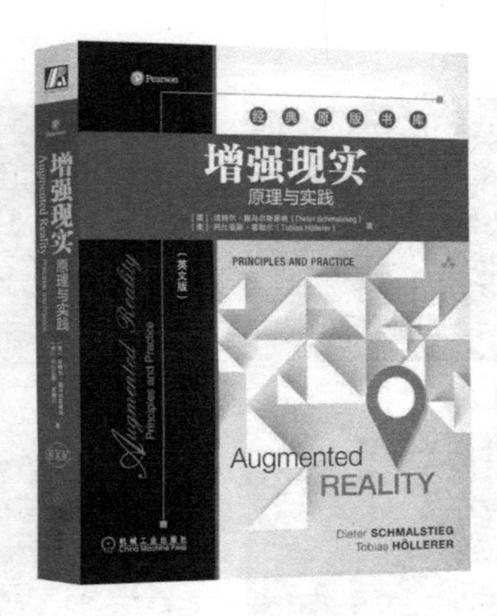

增强现实：原理与实践

作者：[奥] 迪特尔・施马尔斯蒂格 [美] 托比亚斯・霍勒尔 译者:刘越 ISBN：978-7-111-64303-6

增强现实：原理与实践（英文版）

ISBN：978-7-111-59910-4

随着真实世界中计算机生成的信息越来越多，增强现实（AR）可以通过不可思议的方式增强人类的感知能力。这个快速发展的领域要求学习者掌握多学科知识，包括计算机视觉、计算机图形学、人机交互等。本书将这些知识有机融合，严谨且准确地展现了当前颇具影响力的增强现实技术和应用。全书从基础理论、核心技术、系统架构和领域应用的角度深入浅出地介绍增强现实的相关知识，实现了理论与实践的有机融合，适合开发者、高校师生和研究者阅读。

本书要点：

- 显示：涵盖头戴式显示器、手持式显示器和投影式显示器等。
- 跟踪/感知：包括物理原理、传感器融合以及实时计算机视觉等。
- 标定/注册：实现可重复、精确且一致的操作。
- 真实和虚拟物体的无缝融合。
- 可视化：使信息的呈现更直观、更容易理解。
- 交互：从简单的情境信息浏览到全面的三维交互。
- 通过增强现实创建新的几何内容。
- AR的表示和数据库的开发。
- 具有实时、多媒体和分布式元素的AR系统架构。